MINISTÈRE DE L'AGRICULTURE

OFFICE DE RENSEIGNEMENTS AGRICOLES

SERVICE DES ÉTUDES TECHNIQUES

NOTICE

SUR

LE COMMERCE DES PRODUITS AGRICOLES

TOME SECOND

PRODUCTION ANIMALE

PARIS

IMPRIMERIE NATIONALE

MDCCCCVIII

NOTICE

SUR

LE COMMERCE DES PRODUITS AGRICOLES

TOME SECOND

PRODUCTION ANIMALE

MINISTÈRE DE L'AGRICULTURE

OFFICE DE RENSEIGNEMENTS AGRICOLES

SERVICE DES ÉTUDES TECHNIQUES

NOTICE

SUR

LE COMMERCE DES PRODUITS AGRICOLES

TOME SECOND

PRODUCTION ANIMALE

PARIS

IMPRIMERIE NATIONALE

MDCCCCVIII

RAPPORT AU MINISTRE.

Monsieur le Ministre,

J'ai l'honneur de vous présenter la seconde partie de la *Notice sur le commerce des produits agricoles*. Le présent ouvrage consacré exclusivement à la production et au commerce des denrées agricoles de nature animale constitue la suite logique et nécessaire du volume précédemment publié, qui a trait aux produits d'origine végétale.

Je suis persuadé que cette importante étude, conçue dans le même esprit que la précédente et exécutée par le Service des Études techniques de l'Office de Renseignements agricoles, d'après des méthodes identiques d'investigation, trouvera, auprès du monde agricole, un accueil particulièrement favorable, car l'exploitation des animaux de ferme constitue, dans la plupart des régions de la France, l'un des facteurs les plus importants de la richesse agricole.

C'est seulement vers le milieu du XIXe siècle qu'on a compris le rôle que devait jouer le bétail dans les exploitations rurales. Avant cette époque, les animaux domestiques étaient considérés par les cultivateurs comme des auxiliaires nécessaires, mais onéreux, comme un des moyens auxquels ils devaient forcément avoir recours pour atteindre leur but qui était uniquement, à ce moment, la production végétale. C'est ainsi que les agronomes d'alors, même les plus éminents, s'accordaient à considérer le bétail comme un « mal nécessaire ».

Les travaux scientifiques des savants professeurs de l'Institut agronomique de Versailles, et en particulier ceux de Baudement sur l'alimentation rationnelle du bétail, eurent pour conséquence de grandes améliorations dans les méthodes d'élevage et d'exploitation des animaux de la ferme. Une orientation nouvelle provoquée également, il faut le reconnaître, par des modifications dans les conditions économiques générales, s'imposa rapidement aux populations rurales et le bétail fut dès lors considéré comme une source importante de bénéfices venant s'ajouter à celle que les produits végétaux procuraient uniquement jusqu'alors à l'agriculture.

La richesse de la France en bétail a subi de ce fait, depuis un demi-siècle, un accroissement considérable, et il est permis de prévoir que cette évolution des spéculations animales s'accentuera encore dans l'avenir. Ce phénomène, d'une importance capitale pour la vie économique de notre pays, méritait d'être étudié au double point de vue de la production et de la consommation, et les investigations ont été poursuivies de telle sorte que la publication des renseignements recueillis peút permettre aux agriculteurs de spécialiser leurs spéculations animales suivant les conditions de milieu commercial, de climat, de production et de modes d'exploitation.

Il n'est pas sans intérêt de constater qu'en dehors du bétail et de ses produits dérivés (lait, beurre, fromage, laine, etc.); certaines spéculations animales secondaires, telles que la production des volailles, des œufs, etc., ont acquis dans certaines régions, sous l'influence de la prospérité générale et l'accroissement du bien-être, une importance considérable. Elles constituent un appoint de plus en plus précieux surtout dans la moyenne et la petite culture où l'activité de l'exploitant et des membres de sa famille est utilisée au maximum. Aussi la présente notice contient-elle une mention spéciale à ces spéculations secondaires qui donnent lieu à des transactions commerciales de plus en plus actives tant en France qu'à l'étranger.

Le dépouillement et la coordination des renseignements recueillis ayant fait ressortir l'intérêt tout particulier de l'adjonction au texte de photographies des types caractéristiques des races animales exploitées par notre agriculture, il a été inséré dans l'enquête des reproductions dues à M. Bodmer, le photographe animalier bien connu, reproductions dont les agriculteurs apprécieront la valeur documentaire.

Vous pouvez constater, Monsieur le Ministre, que tout en relatant dans la présente étude les diverses phases de l'évolution des spéculations agricoles d'ordre animal, le Service des Études techniques s'est constamment efforcé de consacrer à cette enquête un caractère essentiellement pratique.

Veuillez agréer, Monsieur le Ministre, l'hommage de mon respectueux dévouement.

Le Directeur de l'agriculture,

L. VASSILLIÈRE.

NOTICE

SUR

LE COMMERCE DES PRODUITS AGRICOLES.

TOME SECOND.

PRODUCTION ANIMALE.

AIN.

Grâce à sa configuration, le département de l'Ain se prête relativement bien aux productions d'origine animale, qui trouvent des débouchés assurés à Lyon, Genève, Mâcon et les centres industriels de la région.

Voici les chiffres concernant l'effectif des animaux des diverses espèces en 1905 :

		animaux.			animaux.
Espèce	chevaline	20,458	Espèce	ovine	33,850
	mulassière et asine	2,095		porcine	96,100
	bovine	247,000		caprine	25,000

ESPÈCE CHEVALINE.

La production chevaline a particulièrement progressé en Dombes et en Bresse, grâce aux bons étalons mis à la disposition des cultivateurs par le dépôt national d'Annecy et aux encouragements de l'État, du département et des sociétés hippiques.

Le cheval actuel, type demi-sang, du carrossier ou du cheval de selle, a remplacé avantageusement l'ancien type dombiste, lourd et disgracieux, à grosse tête et au ventre bas.

L'effectif reste à peu près stationnaire ou s'accroît lentement; les populations mulassière et asine ont légèrement décru.

Les principaux centres de production sont les cantons de Chalamont, Châtillon-sur-Chalaronne, Saint-Trivier-sur-Moignans et Thoissey. Les jeunes animaux sont vendus, si possible, la première année ou gardés jusqu'à 3 ou 4 ans pour être vendus au dépôt de remonte de Mâcon ou à Lyon. Les centres de vente les plus importants sont Ambérieux-en-Dombes, à la foire de printemps, et Montmerle-sur-Saône, à la foire de septembre. Pour la Bresse, dont les chevaux assez étoffés se vendent quelquefois en Dauphiné, le marché le plus important est celui de Pont-de-Vaux.

ESPÈCE BOVINE.

La population bovine compte environ 247,000 têtes, parmi lesquelles 130,000 vaches et 30,500 bœufs, en majorité de l'ancienne variété bressanne, mélangée plus ou moins d'animaux des races charolaise, fémeline, tachetée suisse, montbéliarde, tarine, etc.

La variété bressanne est très rustique, mais elle produit peu; elle tend d'ailleurs à décroître. Pour les Dombes, près de Lyon, on rencontre surtout des animaux de race charolaise, purs ou croisés, qui donnent des bœufs de travail et de boucherie et des veaux pour la vente à Lyon. On exploite les vaches montbéliardes pour la vente du lait en nature.

En Bresse proprement dite, où la culture est plus réduite qu'en Dombes, la race bressanne est plus répandue; elle fait à la fois les travaux de la culture et produit un peu de lait, pour Bourg, Mâcon, etc. Les races charolaise et montbéliarde tendent à s'y répandre de plus en plus.

Dans la partie montagneuse ou Bugey (Nantua, Belley et Gex), la spéculation principale est celle de la fabrication du fromage façon gruyère. On rencontre là des animaux de tous les types, mais rappelant les races de la Suisse et de la Savoie.

Dans l'arrondissement de Gex, le bétail bovin est remarquable par ses qualités laitières et sa grande production. Il est, du reste, bien soigné et judicieusement amélioré par l'importation d'animaux suisses (races fribourgeoise, simmenthal, etc.) et une sélection constante de la variété locale (herd-book gessien).

Environ le tiers de l'effectif des bovins est abattu pour la consommation, soit près de 80,000 têtes, dont 60,000 veaux, 1,500 vaches, 3,400 bœufs et 3,800 bouvillons ou génisses, produisant environ 7,150,000 kilogrammes de viande de boucherie.

L'Ain est exportateur de bovins vers le Rhône, l'Isère, la Savoie et la Saône-et-Loire : 5,200 bœufs ou vaches par voie ferrée et 7,500 par voie de terre.

Les animaux de l'arrondissement de Trévoux sont en général expédiés à Lyon et à Villefranche. Les centres de production sont les cantons de Villars, Châtillon-sur-Chalaronne, Saint-Trivier-sur-Moignans; la production laitière est plus spéciale aux cantons de Trévoux, Meximieux, Montluel, Chalamont et Thoissey.

Dans la région de Nantua, la population bovine a tendance à s'accroître, mais surtout en vaches laitières par suite de l'augmentation très sensible de la consommation du lait et du fromage dans les villes industrielles de la région : Bellegarde, Oyonnax, Saint-Rambert-en-Bugey, Tenay, etc.

Les vaches laitières sont assez rustiques et produisent 2,200 à 2,400 litres de lait par an.

Dans le Bugey, région de Belley, on pratique également la vente du lait en nature et des animaux à Belley, Saint-Rambert et Tenay, Genève et Lyon.

L'excellent bétail de Gex, exploité surtout en vue de la production laitière pour Genève, fournit également beaucoup de viande de boucherie à cet important centre de consommation, ainsi qu'aux villes du Midi, Cannes, Nice, pendant la saison d'hiver. Beaucoup de vaches laitières de Gex se vendent dans le Midi, où les nourrisseurs les achètent de 4 à 10 ans, prêtes au lait, les gardent un an et les engraissent pour la boucherie.

Ce commerce s'accroît chaque année.

A titre de document, voici la composition d'une étable moyenne, mais bien tenue, du pays de Gex (à Cessy), avec le poids, la valeur et la destination des animaux qui la composent :

Veau de 10 jours, en bon état pour l'élevage, valant 55 francs et pesant 52 kilogrammes; de 21 jours, en bon état pour l'élevage, valant 95 francs et pesant 80 kilogrammes; de 30 jours, en bon état pour la boucherie, valant 80 francs et pesant

75 kilogrammes; de 45 jours, en bon état pour la boucherie, valant 100 francs et pesant 90 kilogrammes.

Génisse de 26 mois, pleine de 8 mois, pour l'élevage, valant 425 francs et pesant 400 kilogrammes; de 40 mois, fraîche vêlée, pour l'élevage, valant 530 francs et pesant 480 kilogrammes.

Vache de 4 ans, prête au veau, pour le Midi, valant 730 francs et pesant 750 kilogrammes; de 5 ans, fraîchement vêlée, pour le Midi, valant 620 francs et pesant 650 kilogrammes; de 10 ans, prête au veau, pour le Midi, valant 550 francs et pesant 525 kilogrammes.

Bœuf de 5 ans, fin gras, pour la boucherie, valant 1,050 francs et pesant 1,020 kilogrammes; de 6 ans, fin gras, pour la boucherie, valant 1,250 francs et pesant 1,200 kilogrammes.

Le même cultivateur, en 1904, avait dans son étable 9 vaches et 3 génisses. Il a obtenu 27,276 litres de lait, soit 3,030 litres par tête et par an, sans compter le lait consommé par les génisses jusqu'à 5 mois.

Dans une commune voisine, à Chevry, un cultivateur ayant 2 vaches laitières a obtenu, en 1905, 7,285 litres de lait, soit 3,642 litres pour chacune d'elles, vendu 0 fr. 14 le litre à la fruitière de façon gruyère, ce qui a rapporté 1,020 francs, plus deux veaux vendus 120 francs, soit un rapport brut de 1,140 francs pour une dépense d'entretien de 547 fr. 50.

Produit de laiterie. — On peut évaluer la production annuelle du lait dans l'Ain à 1,830,000 hectolitres, dont 380,000 transformés en fromage façon gruyère, 450,000 en divers fromages et 1 million consommés sur place ou vendus en nature à Lyon, Genève, Mâcon et les centres industriels de la région. La production du façon gruyère atteint environ 31,000 quintaux (près de 8,000 kilogrammes par jour) vendus de 150 à 160 francs les 100 kilogrammes (1905-1906), soit près de 5 millions de francs. Ce fromage est exporté dans toutes les directions. Le lait est vendu en moyenne 0 fr. 125 le litre.

La production du beurre est relativement importante dans le département : d'après les chiffres les plus récents, on peut l'évaluer à 33,340 quintaux, dont 12,600 sont vendus au prix moyen de 2 fr. 30 le kilogramme.

Les principaux marchés au beurre sont Bourg, Montrevel, Saint-Julien-sur-Reyssouze, Attignat, Saint-Trivier-de-Courtes, Trévoux, Neuville-sur-Saône, Villefranche-sur-Saône, Châtillon-sur-Chalaronne, Saint-Trivier-sur-Moignans, Mézériat, Vonnas, Montluel, Miribel, Meximieux, Ambérieux-en-Dombes, Montmerle-sur-Saône, Thoissey, Villars, Marlieux, Nantua, Saint-Germain-de-Joux, Échallon, Belleydoux, Bellegarde, la Cluse, Saint-Rambert, Hauteville, Ruffieu, Belley, Culoz, Artemare, Seyssel, Tenay, Champagne, Gex, Ferney, Collonges, Saint-Genis-Pouilly, Thoiry.

Les pays destinataires sont Bourg, Mâcon, Nantua, Bellegarde, Genève, Oyonnax, Saint-Claude, Lyon, Paris.

ESPÈCE OVINE.

La population ovine compte 33,800 animaux, dont 23,000 environ au-dessus d'un an. Cet effectif peu important pourrait cependant être augmenté pour tirer parti de certaines friches et terrains dénudés en montagne par les ravinements, les déboisements mal compris, etc.

Dans la région plus humide de la Dombes, où les troupeaux de moutons réussissaient mal autrefois, l'espèce ovine est très peu répandue et localisée dans les cantons de Montluel, Meximieux et Trévoux.

Les moutons sont répandus un peu partout, mais sans former de troupeaux importants.

L'Ain importe environ annuellement 4,000 moutons, provenant de la Savoie et de Saône-et-Loire, et en exporte environ 3,000 têtes en Suisse et dans le Rhône. La production en laine est d'environ 800 quintaux.

ESPÈCE PORCINE.

Elle est représentée par 96,000 têtes environ, appartenant en grande partie à la race bressanne, quelquefois croisée avec les races noires de Savoie, qui donnent des animaux faciles à élever et à engraisser. L'élevage et l'engraissement des porcs, avec la production de la volaille, constituent pour les petites fermes bressannes de 12 à 15 hectares l'une des sources de revenu les plus assurées; la fermière s'occupe à peu près exclusivement de la porcherie et de la basse-cour dont les produits permettent souvent de payer le fermage. La Bresse fournit en grande partie les jeunes porcelets destinés à l'engraissement pour Nantua, Belley et Gex, où les fruitières à façon gruyère ont à utiliser les sous-produits de la fabrication : petit lait, lait de beurre, lait écrémé à la centrifuge, etc.

La production et l'engraissement des porcs varient comme importance chaque année et, notamment pour la Bresse, ils sont subordonnés en partie à l'importance de la récolte des pommes de terre : on achète des porcelets pour la consommation exclusive des tubercules produits sur l'exploitation.

Dans l'arrondissement de Trévoux, les deux tiers des porcs ont moins de huit mois et sont achetés en grande partie par le Rhône, la Suisse, la Savoie, etc. Les animaux plus âgés, truies et verrats, après deux ans, se vendent surtout dans le Forez, département de la Loire.

Le département de l'Ain exporte environ 22,000 porcs chaque année vers le Rhône, la Saône-et-Loire et la Suisse.

Bourg, Montrevel, Saint-Trivier-de-Courtes, Châtillon-sur-Chalaronne, Ambérieux-en-Dombes, Vonnas, Saint-Laurent-lès-Mâcon, Villars, Chalamart, etc., sont les principaux marchés aux porcs.

ANIMAUX ET PRODUITS DE BASSE-COUR.

L'élevage et l'engraissement des volailles donne lieu, dans l'Ain, à un des commerces des plus florissants. Localisée surtout en Bresse, la production de la volaille a pris, depuis 1901 surtout, une importance exceptionnelle.

Depuis longtemps, la volaille de Bresse est connue et appréciée des consommateurs; mais le peu de publicité faite à son sujet, la réserve observée par les agriculteurs de la Bresse, qui devraient mieux tenir leur place dans les concours et expositions de volailles, et aussi la grande distance et les frais de transport élevés pour expédier cette excellente race vers Paris, expliquent dans une certaine mesure qu'elle ait été en partie supplantée par d'autres sur le marché.

Pour donner une idée de la progression rapide de ce commerce de volailles de la Bresse, voici le montant des ventes annuelles depuis 1844 :

	francs.		francs.
1844	200,000	1896	2,500,000
1864	500,000	1901	10,000,000
1882	850,000	1903	12,000,000
1892	1,600,000		

Les marchés aux volailles sont nombreux dans la Bresse et d'importantes transactions s'y traitent.

D'après l'un des principaux acheteurs de la région, voici approximativement le montant des ventes effectuées sur les marchés principaux, par année :

	francs.		francs.
Bourg	5,000,000	Vonnas	250,000
Feillens	3,000,000	Saint-Trivier-de-Courtes	250,000
Pont-de-Veyle	500,000	Saint-Julien-sur-Reyssouze	200,000
Attignat	300,000	Saint-Étienne-du-Bois	200,000
Mézériat	250,000		

Soit 9,950,000 francs; ajoutons 1,875,000 francs achetés par les commissionnaires de Lyon. C'est, en tenant compte de plus de 500,000 francs pour la vente d'autres oiseaux de basse-cour, canards, oies, dindons, etc., et de la fabrication de conserves de volailles pour l'exportation, un chiffre qui atteint environ 13 millions de francs.

Les poulets achetés dès le matin par les «coquetiers» sont emportés, préparés et expédiés le plus souvent le jour même. Voici, à titre d'indication, le nombre de poulets vendus en *un seul jour* sur certains marchés de la région :

	poulets.		poulets.
Bourg	10,000	Saint-Laurent	4,000
Châtillon-sur-Chalaronne	7,000	Foissiat	4,000
Montrevel	6,000	Vonnas	3,000
Mézériat	6,000	Cras-sur-Reyssouze	2,000
Attignat	5,000	Saint-Julien-sur-Reyssouze	2,000
Pont-de-Vaux	5,000	Polliat	2,000
Marboz	4,000	TOTAL	64,000
Bagé-le-Châtel	4,000		

Cette abondante production de volailles a donné lieu à une industrie toute locale, qui n'a d'importance que pendant quelques semaines, à l'automne, mais qui est assez développée, quoique relativement récente (1893); c'est la fabrication de conserves de volailles rôties ou bouillies pour l'exportation. Ces produits s'expédient dans tous les pays du globe, aux colonies, etc.

Cette industrie comporte la fabrication d'environ 50,000 boîtes de conserves de grosseurs différentes (un poulet entier, un demi-poulet et un quart de poulet), aux prix respectifs de 4 fr. 50, 2 fr. 50 et 1 fr. 50 la boîte. On utilise ainsi 30,000 volailles. Il faut ajouter à cela 25,000 boîtes environ de galantine et pâtés de volaille.

Voici, à titre de renseignements, quels sont, à l'époque de Noël, les prix des volailles fraîches :

Volailles mi-grasses, de 1 kilogr. 500, 3 à 4 francs; de 2 kilogrammes, 5 à 6 francs.

Volailles fines : poulardes de 3 kilogrammes, 8 à 10 francs; chapons de 4 kilogrammes, 10 à 12 francs; chapons de 5 kilogrammes, 15 à 18 francs et 20 francs; premiers prix du concours, 25 à 30 francs la pièce.

Les deux tiers de la volaille de Bresse sont consommés en France. Paris vient en première ligne; puis les grandes stations balnéaires : Vichy, Aix-les-Bains, etc.; les stations de la Côte d'azur : Nice, Cannes, etc. Le reste est expédié à l'étranger, et surtout en Suisse; le complément va en Allemagne, en Belgique, en Italie, en Russie, mais relativement peu en Angleterre.

SÉRICICULTURE.

L'élevage des vers à soie n'a plus l'importance d'autrefois. Il occupe environ 800 éleveurs, ayant produit, en 1905, 21,000 kilogrammes de cocons frais.

APICULTURE.

On compte environ 18,300 ruches dans le département, fournissant 150,000 kilogrammes de miel, à 1 franc ou 1 fr. 25 le kilogramme, et 30,000 kilogrammes de cire, à 3 francs. L'apiculture, représentée par une société importante de plus de quatre cents membres, a fait de grands progrès depuis vingt ans dans l'Ain.

PISCICULTURE.

La moitié environ des étangs de l'Ain ont été desséchés de 1855 à 1865 (sur 18,000 hectares, environ 9,000 hectares). Depuis la loi Bérard (1901), il a été remis en eau 757 hectares.

Le produit net varie de 60 à 100 francs par hectare et par an, selon les années plus ou moins sèches, selon le cours du poisson sur le marché et aussi selon la qualité des étangs. En 1905-1906, les cours ont été relativement élevés et les poissons, qui se vendent en grande partie dans la région et à Lyon, ont même été quelquefois demandés en Allemagne.

Les cultivateurs ont grandement amélioré les méthodes de fabrication du fromage, renouvelé le matériel de fabrication vieux ou défectueux, construit des locaux et des caves mieux aménagés, etc. Les progrès réalisés ne se sont pas bornés là : les surfaces consacrées aux cultures fourragères ont été augmentées; l'emploi des engrais chimiques, des phosphates surtout, s'est répandu d'une manière presque générale.

Pour tirer parti des fourrages plus abondants et augmenter la production du lait, les animaux du pays, producteurs médiocres, ont été peu à peu remplacés par des animaux de meilleure race. Depuis sept ans, en effet, les comices et les sociétés agricoles du département achètent et mettent à la disposition des cultivateurs des taureaux de races montbéliarde, d'Abondance, etc. La production du lait a sensiblement augmenté, et cette denrée trouve un débouché avantageux dans les villes industrielles de la région et les grands centres de consommation, comme Lyon et Genève. Comme le vignoble, entièrement reconstitué, produit en abondance un vin qui ne se vend pas toujours à un prix suffisamment rémunérateur, la situation se présente encore comme il y a vingt ans, c'est-à-dire que la vente du lait permettra aux cultivateurs possédant des prés et des vignes d'attendre de meilleurs jours pour la viticulture.

Aussi, pour conserver ce bétail, qui constitue une source importante de revenus, les agriculteurs de l'Ain, après quelques hésitations au début, se sont nettement lancés dans la voie de la mutualité, en créant de nombreuses «mutuelles-bétail».

On compte actuellement environ 160 de ces sociétés dans le département de l'Ain.

D'autre part, deux sociétés d'élevage ont été créées, l'une à Gex, l'autre à Nantua; elles comptent de 1,500 à 2,000 membres chacune.

Ces sociétés contribuent très efficacement à l'amélioration du bétail bovin du pays par l'introduction d'animaux des races charolaise, montbéliarde, tachetée suisse, etc.

AISNE.

Les pâturages du nord du département, la culture intensive de la betterave industrielle, qui laisse d'abondants résidus, les pâturages à moutons des hauts plateaux du Soissonnais permettent d'élever, d'entretenir et d'exploiter un nombreux bétail bovin et ovin dans le département de l'Aisne.

Dans la Thiérache, on produit également quelques chevaux de demi-sang et de trait des races belge, picarde et ardennaise.

La production laitière pour les bovins, l'élevage et l'engraissement pour les bovins et les ovins sont les spéculations importantes.

Le département importe, mais ne produit pas de bœufs de trait.

1° ESPÈCE CHEVALINE.

Le département produit des chevaux de trait, mais en quantité à peine suffisante pour ses besoins. Exceptionnellement quelques éleveurs, plutôt amateurs, produisent quelques chevaux de demi-sang.

Les races de trait qui ont la préférence des éleveurs sont les races belge, picarde et ardennaise.

La monte est faite par 200 étalons environ et le chiffre des naissances atteint environ 6,000 chaque année.

L'élevage du cheval pourrait certainement tenir plus de place dans le département. Les pâturages de la Thiérache conviendraient, en effet, particulièrement à cette industrie, mais ceux qui les exploitent ont préféré jusqu'à ce jour les spéculations bovines.

2° ESPÈCE BOVINE.

L'engraissement des bœufs se pratique de deux façons absolument différentes dans le département. On engraisse :

a. Les bœufs de travail réformés après deux ou trois ans de services et nourris à la pulpe avec supplément de tourteau;

b. Les jeunes bœufs et génisses importés sur les pâturages.

Bœufs de réforme. — Il entre annuellement dans le département 25,000 à

30,000 têtes de bétail bovin. Le déficit à la sortie est de 5,000 à 6,000 qui, avec les naissances, représentent les besoins de la consommation locale.

Le reste, soit 24,000 têtes environ, se divise en deux catégories bien distinctes :

La première comprend des bœufs de travail importés du Nivernais et du Charolais, de juillet à octobre, en vue des charrois de betteraves. Ces animaux font deux à trois campagnes et sont ensuite livrés à l'engraissement, qui commence dans la première quinzaine de décembre et se poursuit jusqu'au commencement de mai. C'est durant cette période que se font, d'une façon continue, les exportations de bœufs gras. Presque tous sont achetés par des commissionnaires et dirigés sur le marché de La Villette. Le nombre des bœufs ainsi exportés annuellement peut être évalué à 10,000 ou 12,000 têtes environ.

Il y a lieu de ranger dans cette catégorie un certain nombre d'animaux dits *bœufs champenois* — plutôt en raison de leur provenance qu'en raison de leur aspect — qui sont exclusivement achetés pour l'engraissement d'hiver à l'étable, au moyen de pulpes et de fourrages complémentaires.

Leur entrée a lieu dès le début de la campagne sucrière, et leur engraissement est généralement terminé un peu plus tôt que celui des bœufs de réforme.

Bœufs de pâtures. — Cette catégorie, dont les sujets sont engraissés sur les riches pâtures de la Thiérache pendant la saison estivale, comprend des bœufs de 2 à 3 ans, des génisses et des vaches qui proviennent le plus souvent de la Sarthe et de la Mayenne.

Les arrivages les plus importants ont généralement lieu en mars et avril. Ils se poursuivent, mais avec moins d'importance, jusqu'en août, car on pratique souvent sur la même prairie des engraissements successifs ou partiels.

Ces animaux sont livrés à la consommation à partir du mois d'août, jusqu'en octobre.

Ce mouvement porte sur 9,000 à 10,000 têtes environ.

Le département de l'Aisne offre donc un intérêt relativement important pour l'approvisionnement des marchés à viande, notamment celui de La Villette, et un précieux débouché pour l'élevage du Nivernais, du Charolais, de la Sarthe et de la Mayenne.

En raison des importantes transactions dont ce bétail fait l'objet, les cultivateurs auraient le plus grand intérêt à constituer des coopératives d'achat et de vente. Le principal obstacle à cette organisation consiste dans les délais de payement accordés par les commissionnaires ou marchands de bestiaux aux acheteurs qui ne disposent pas toujours des fonds nécessaires à l'époque de leurs approvisionnements. Dans cette circonstance, les caisses rurales de crédit mutuel pourraient rendre de réels services, mais les principes de mutualité n'ont pas encore suffisamment pénétré parmi les populations agricoles picardes.

Vaches laitières. — Le nombre des vaches laitières dans le département oscille entre 90,000 et 95,000. Ce sont presque exclusivement des animaux de race flamande qui se reproduisent sur place : quelques importations de taureaux et de génisses des pays d'origine suffisent à maintenir les aptitudes de la race.

Une partie des génisses sert à la reproduction. Les veaux mâles et les femelles réformées sont engraissés pour la production de veaux gras de qualité ordinaire, presque exclusivement réservés à l'alimentation locale.

Industrie laitière. — La production moyenne annuelle du lait peut varier de 1,400,000 à 1,500,000 hectolitres. L'exploitation de ce lait donne lieu à une industrie prospère qui a tendance à prendre chaque jour une plus grande importance.

Indépendamment de la vente en détail, qui se pratique dans un grand nombre de fermes pour les besoins locaux, il existe dans l'arrondissement de Château-Thierry des industriels qui exportent le lait à Paris.

Quatre établissements, dont trois sont la propriété des «Fermiers réunis», exportent annuellement environ 35,500 hectolitres de lait.

Ces laiteries, qui ramassent en moyenne chacune de 10,000 à 15,000 hectolitres, vont journellement chercher le lait à domicile dans les communes voisines. Ce lait, préalablement traité à l'établissement, est dirigé chaque matin sur la capitale.

Le lait des vaches flamandes et de leurs sous-variétés convient tout particulièrement pour la fabrication du beurre et l'industrie beurrière, qui s'est implantée depuis une quinzaine d'années dans la Thiérache, prend de plus en plus d'extension.

Près de vingt établissements sont actuellement en activité et leur nombre s'accroît chaque jour.

La qualité du beurre produit est supérieure, et quand on aura vulgarisé les procédés perfectionnés de fabrication : stérilisation, emploi de ferments sélectionnés, — de conservation et transports : appareils frigorifiques, — le beurre de la Thiérache pourra rivaliser de finesse avec les meilleurs crus qui alimentent aujourd'hui le marché parisien.

L'exportation atteint en ce moment 1,200,000 kilogrammes pour une valeur de 3 millions de francs environ. Le principal débouché est Paris, mais une notable quantité est encore expédiée dans les départements du Nord, de la Marne, de l'Oise et du Pas-de-Calais.

Parallèlement à l'industrie beurrière, la fabrication de fromages divers prend de l'extension dans le département de l'Aisne.

Elle se localise le plus souvent dans des fermes d'une certaine importance qui limitent leur fabrication à leur seule production; néanmoins il existe quelques établissements industriels.

On fabrique principalement la façon Marolles ou Maroilles dans la Thiérache. Il existe une fabrique industrielle de façon Port-Salut dans l'arrondissement de Château-Thierry, et on fabrique la façon Brie ou Coulommiers et d'autres sortes de fromages locaux, mais toujours affinés et à pâte molle, tels que le Manicamp, le Ly-Fontaine, etc., dans des fermes disséminées dans tout le reste du département.

On peut évaluer au minimum suivant les exportations annuelles de fromages :

		QUANTITÉ.	VALEUR.
		kilogrammes.	francs.
Façon	Marolles	800,000	700,000
	Port-Salut	15,000	17,000
	Brie	75,000	112,500
Divers à pâte molle		15,000	27,000
	Totaux	905,000	866,500

Il convient en outre de signaler le commerce des caillés frais provenant des beurreries de la Thiérache, qui s'écoulent surtout vers le Nord et la Belgique.

Ces exportations annuelles atteignent environ un million de kilogrammes. Le prix moyen de ce produit varie de 16 à 17 francs le quintal. En hiver, ce prix peut atteindre 24 francs en raison de la rareté de la marchandise; l'été, dans la période de forte production, le prix redescend à 14 francs. A cette époque, ce caillé est expédié par quantités qui ne sont pas inférieures à 1,000 kilogrammes, aux marchands de fromage de Hal (Belgique), qui l'emploient pour fabriquer des fromages dits «*de Bruxelles*».

La presque totalité des caillés de Thiérache est vendue dans cette région. Le reste est livré aux marchands de beurre qui le détaillent aux ouvriers mineurs français et belges.

ESPÈCE OVINE.

Les troupeaux se rencontrent dans tout le département, mais ils sont surtout nombreux et importants sur le plateau qui forme la ligne de partage des bassins de l'Aisne et de la Marne, comprenant le nord de l'arrondissement de Château-Thierry et le sud de l'arrondissement de Soissons.

La race mérinos domine, mais on trouve également des races anglaises ou leurs croisements, dishley, southdown, dishley-mérinos, charmoise, etc.

L'effectif moyen des brebis mères a oscillé pendant ces dernières années entre 185,000 et 190,000 têtes. Les exportations l'emportent sur les importations de 55,000 à 60,000 têtes.

Les brebis réformées et engraissées sont en général conservées pour la consommation locale, et les animaux vendus hors du département sont surtout des moutons gras.

Les achats sont faits dans l'exploitation agricole par des marchands de bestiaux ou des courtiers. Cependant des marchés francs ont lieu, à La Fère, le troisième mercredi de chaque mois, et il s'y traite d'importantes affaires.

Indépendamment de l'engraissement des adultes, on pratique également dans le département l'engraissement de jeunes agneaux dits *blancs* lorsqu'ils ne dépassent pas l'âge de 6 mois, et *gris* lorsqu'ils sont âgés de 6 mois à 1 an.

Certains éleveurs se sont assurés avec cette spécialité une clientèle stable de bouchers et marchands de comestibles, auxquels ils font des envois réguliers et périodiques.

Ces agneaux gras sont expédiés vivants ou tués et habillés à la ferme, puis emballés dans des mannequins en osier.

Il est difficile d'évaluer la quantité des animaux qui font l'objet de ces transactions, mais leur nombre n'est certainement pas inférieur à 5,000 ou 6,000.

La vente des animaux reproducteurs est pratiquée dans ce département principalement pour la race mérinos du Soissonnais, universellement réputée. Les troupeaux de cette race se trouvent principalement dans les cantons de Neuilly-Saint-Front et d'Oulchy-le-Château. Des éleveurs nombreux expédient des béliers de choix non seulement en France, mais encore à l'étranger, notamment en Amérique du Sud et en Australie.

Les figures ci-jointes représentent plusieurs individus de cette variété de mérinos qui possède de précieuses qualités zootechniques. Les éleveurs sont parvenus à réduire

PLANCHE I.

RACE MÉRINOS DU SOISSONNAIS.

BÉLIER.

BREBIS.

le volume de la tête, la longueur du cou a été diminuée et on s'est attaché avec soin à faite disparaître les larges plis que portait la peau du col. Une alimentation raisonnée a provoqué une précocité qui permet de réduire la durée de l'exploitation.

Grâce à une sélection très serrée, on a obtenu une parfaite uniformité; la taille moyenne se maintient vers 0m80 et le poids vif des brebis et moutons entre 65 et 70 kilogrammes environ. Au point de vue de la production et de la qualité de la laine, la toison est tassée, la mèche longue, le brin fin et nerveux.

On peut évaluer le produit de la tonte du troupeau ovin de l'Aisne à environ 12,000 quintaux de laine en suint.

Elle est ramassée et rassemblée par des courtiers ou commissionnaires, qui opèrent pour le compte d'industriels du Nord.

ESPÈCE PORCINE.

Le département ne produit pas la quantité de porcs nécessaires à la consommation de ses habitants. L'importation, ou mieux la différence entre les importations et les exportations, soit 12,000 à 15,000 têtes, vient combler le déficit.

Il n'en existe pas moins des courants commerciaux qui méritent d'être signalés.

Chaque année, il entre dans le département 35,000 à 40,000 porcs destinés à être exportés après engraissement sur les marchés des grands centres du Nord et de La Villette.

Ils entrent maigres, soit à l'état de lancerons, ici vulgairement appelés coureurs, soit à l'état de jeunes porcelets.

L'élevage local apporte également un fort appoint dans la production des porcelets, qui sont élevés et engraissés dans le département.

L'importation se fait surtout par les laiteries coopératives ou industrielles pour la consommation des résidus ou par les adjudicataires de ces résidus.

Dans les beurreries comme chez les cultivateurs qui manipulent de grandes quantités de lait, dans le but de fabriquer le beurre ou le fromage, la préférence est accordée aux porcs «coureurs», dont le poids initial varie de 50 à 60 kilogrammes pour atteindre 120 à 140 kilogrammes après l'engraissement. Ces porcs sont importés du Limousin et du Périgord.

La petite culture et la culture industrielle préfèrent les porcelets au sevrage appartenant aux variétés dérivées de la race normande, et principalement à la variété craonnaise.

ANIMAUX ET PRODUITS DE BASSE-COUR.

Volailles. — L'exportation de la volaille ne se fait guère que dans l'arrondissement de Château-Thierry, région de petite culture et de viticulture. L'arrondissement exporte pour environ 75,000 francs de volailles sur un total de 100,000 francs pour tout le département.

La plus grande quantité est expédiée sur les marchés d'Épernay, Reims et Châlons.

OEufs. — Pour les mêmes raisons, c'est encore Château-Thierry qui exporte la plus grande quantité d'œufs. Cependant d'autres régions apportent aussi un appoint sensible dans les exportations.

Les renseignements recueillis à ce sujet en dehors de toute statistique autorisent à admettre que le commerce se partage entre ces diverses régions dans la proportion suivante :

Château-Thierry	1,100,000 œufs.
Laon et Soissons	300,000
Vervins	250,000
Total	1,660,000

Sur cette quantité, la moitié environ est expédiée sur Paris.

Les produits de basse-cour, volailles et œufs, sont recueillis par de petits commerçants appelés coquetiers ou «cossonniers», qui visitent les fermes et fréquentent les marchés du département.

Par l'exposé qui précède, on voit que le département de l'Aisne offre des ressources animales très importantes. S'il n'exporte pas ou presque pas de bétail bovin né sur son territoire, du moins il fournit par ses pulpes et ses plantureux pâturages de la Thiérache une alimentation copieuse, qui permet aux animaux entrés maigres d'en sortir, après un court séjour, avec un supplément important de poids et de qualité. Si on estime en moyenne à 2 quintaux par tête l'augmentation de poids pendant la période d'engraissement, avec une exportation de 24,000 têtes, c'est donc en moyenne 48,000 quintaux de graisse et de viande qui ont été élaborés pendant le séjour de ces animaux sur le territoire du département.

L'espèce ovine constitue un appoint encore plus important dans l'approvisionnement des marchés à viande de l'extérieur et produit également en abondance une laine très fine et très recherchée.

Enfin l'industrie laitière, et plus particulièrement la fabrication industrielle et coopérative du beurre, a pris depuis quinze ans dans le département une rapide extension qui suit toujours une marche ascendante.

ALLIER.

La production animale a une importance considérable pour l'agriculture du département de l'Allier.

Les bêtes bovines et porcines font l'objet de transactions importantes.

ESPÈCE CHEVALINE.

L'élevage des chevaux dans l'Allier se partage entre la production des demi-sang, qui sont issus des étalons des haras, et celle des chevaux de gros trait et de trait léger qui proviennent des étalons rouleurs.

Les haras entretiennent 30 étalons dans les stations de monte de Bourbon-l'Archambault, Dompierre, Hérisson, Lapalisse, Montmarault, Montluçon et Moulins.

Les étalons rouleurs sont au nombre de 280 et appartiennent aux races nivernaise, bretonne, percheronne et ardennaise.

Tous ces étalons ont à servir un effectif de 2,000 juments poulinières. La plupart d'entre elles sont des juments de ferme qui fournissent un service de trait léger.

Les poulains provenant des étalons des haras font l'objet d'un élevage, qui, numériquement, n'a qu'une faible importance. Ceux qui sont obtenus des étalons rouleurs sont vendus à six mois, après sevrage, à des prix variant de 300 à 450 francs.

Les principales foires aux chevaux ont lieu :

A Moulins (troisième vendredi d'avril et troisième vendredi d'octobre);
A Montluçon (deuxième samedi d'avril);
A Dompierre (premier mercredi de mai et troisième samedi d'octobre);
A Limoise (15 septembre);
A Montmarault (premier mercredi de septembre).

ESPÈCE BOVINE.

La population bovine de l'Allier s'élève environ à 300,000 têtes, dont 280,000 appartiennent à la race charolaise et 20,000 à des races diverses importées (normande, bretonne, limousine, salers-ferrandaise).

Ces 300,000 animaux se répartissent en :

Taureaux	3,000	Élèves de plus d'un an	77,000
Bœufs	55,000	Élèves de moins d'un an	50,000
Vaches	115,000		

Chaque année, 50 p. 100 environ des veaux produits sont conservés pour l'élevage. Les autres sont vendus à la boucherie, entre six semaines et deux mois.

L'élevage se pratique le plus généralement au pâturage; les jeunes sont laissés en liberté avec leurs mères jusqu'au moment du sevrage. Ils en sont alors séparés et mis dans une prairie qui leur est spécialement affectée, à proximité des bâtiments de la ferme.

Il est en général interdit aux métayers de traire les mères des veaux d'élevage; une ou deux vaches, dont les veaux sont sacrifiés, étant réservées pour fournir le lait nécessaire à la consommation familiale. Ce n'est qu'aux environs des grandes villes (Montluçon, Moulins, Commentry, Vichy) et chez les petits cultivateurs, que les vaches sont exploitées pour le lait. Ces dernières appartiennent en général à des races importées (normande et bretonne).

Les élèves sevrés vivent au pré, ou dans des pacages constitués par une seconde année de prairies temporaires (mélange de trèfle et de ray-grass) pendant toute la belle saison. Ils sont dressés au joug à l'âge de dix-huit mois à deux ans. Les mâles sont castrés à un an. Les génisses sont couvertes pour la première fois à deux ans.

On conserve les meilleures vaches jusqu'à huit et neuf ans, les médiocres étant vendues deux ou trois ans plus tôt. Les bœufs de travail sont conservés jusqu'à l'âge de quatre ou cinq ans et sont ensuite vendus, soit comme bœufs de travail, aux betteraviers du Nord, soit aux emboucheurs de la Nièvre; cependant quelques-uns de ces animaux sont engraissés sur place à l'étable, pendant l'automne et l'hiver.

Ce n'est qu'exceptionnellement, et seulement sur les confins du département de la

Nièvre, que les bœufs sont «embouchés», c'est-à-dire engraissés au pré pendant la belle saison.

L'importance des transactions auxquelles donnent lieu annuellement les animaux de l'espèce bovine porte en moyenne sur 35,000 bœufs, 25,000 vaches ou génisses, 25,000 jeunes animaux d'élevage et 45,000 veaux de boucherie.

Ces chiffres comprennent, outre la production du département de l'Allier, une dizaine de mille d'animaux importés.

Le mouvement de fonds qui résulte de ces échanges est compris entre 50 et 55 millions de francs.

Les neuf dixièmes de ces transactions ont lieu aux foires de Moulins, le premier vendredi de chaque mois (auxquelles on compte de 350 à 800 bœufs, de 400 à 600 vaches ou génisses et de 300 à 500 jeunes élèves); de Dompierre, le troisième samedi de chaque mois; de Lapalisse, le deuxième jeudi de chaque mois; de Varennes, le troisième mardi de chaque mois; de Montmarault, le premier mercredi de chaque mois; de Le Montet, le troisième jeudi de chaque mois; de Gannat, le deuxième samedi de chaque mois; de Montluçon, le troisième samedi de chaque mois.

Les meilleures foires pour les bœufs de travail sont celles des mois de juin, juillet et août à Moulins, Dompierre et Le Montet. Les animaux gras sont particulièrement nombreux aux foires de Moulins, Montmarault, Varennes et Lapalisse, de novembre à avril.

Le concours annuel de la Société d'agriculture de l'Allier, qui se tient chaque année à Moulins au commencement de février, donne lieu à d'importantes transactions sur les animaux reproducteurs. Les achats portent sur 350 à 400 veaux mâles et taureaux âgés de dix mois à deux ans, et sur une vingtaine de génisses. Les prix de vente moyens sont de 1,000 à 1,200 francs par tête, mais ils atteignent et dépassent même souvent 2,000 francs.

ESPÈCE OVINE.

Le nombre des bêtes à laine entretenues dans l'Allier est en diminution constante. Alors que l'effectif des troupeaux était de 294,675 têtes d'après la statistique agricole de 1892, il n'est plus aujourd'hui que de 210,000 à 215,000.

Ces animaux sont disséminés un peu partout, en troupeaux variant de 20 à 200 têtes. Ils appartiennent pour la plupart à des croisements southdown.

Il est importé chaque année de 40,000 à 50,000 agneaux et antenais des départements de la Creuse et de l'Indre.

Les meilleures foires pour les moutons sont celles de Montmarault (toute l'année), de Saint-Clément (28 janvier), de Cosne-sur-l'Œil (28 avril), de Voussac (14 octobre) et de Cérilly (deuxième lundi de novembre).

ESPÈCE CAPRINE.

Les chèvres sont peu nombreuses (17,000) et exclusivement possédées par la petite propriété; leur lait sert à la fabrication de petits fromages (chevretons) qui trouvent un écoulement local des plus faciles dans les villes du département.

Les transactions qui les concernent sont rares et peu importantes.

ESPÈCE PORCINE.

L'élevage et l'engraissement des porcs tient la seconde place dans les spéculations animales de l'agriculture du département de l'Allier.

L'effectif de ces animaux est environ de 200,000, dont :

Verrats	1,000
Truies	25,000
Porcs à l'engrais	70,000

Le nombre annuel des naissances des porcelets est de 150,000 à 160,000.

Les porcs que l'on trouve le plus abondamment sont grands, fortement charpentés, de poil blanc avec de grandes oreilles tombantes et couvrant complètement les yeux (race celtique). Les croisements de ces animaux communs avec les craonnais, les normands et les yorkshire sont fréquents. On trouve aussi assez communément des animaux améliorés, surtout des craonnais purs ou des yorkshire-craonnais.

Les jeunes porcelets sont ordinairement produits par certaines exploitations qui se sont créées en quelque sorte une spécialité. Ils sont conduits en foire à l'âge de deux ou trois mois (laitons) ou quelquefois de huit ou neuf mois (nourrains). Les premiers sont élevés au dehors sur des champs de trèfle ou dans les friches avec complément d'alimentation à la porcherie. Les seconds sont mis immédiatement à l'engrais.

L'engraissement est poussé, en deux ou trois mois, à l'aide de farine d'orge et de pommes de terre auxquelles on ajoute souvent quelques aliments concentrés, principalement des tourteaux.

Les domaines où l'on engraisse chaque année une soixantaine de porcs ne sont pas rares dans l'Allier.

Toutes les foires précédemment indiquées pour les bêtes bovines sont également bien fournies en porcs gras ou maigres. Les foires de Moulins (1er vendredi de chaque mois) comptent toujours de 350 à 500 porcs gras et de 600 à 900 laitons et nourrains).

Les foires de Souvigny (20 septembre) et de Cosne-sur-l'Œil (18 octobre) sont aussi bien achalandées.

ANIMAUX ET PRODUITS DE BASSE-COUR.

La basse-cour constitue une importante spéculation agricole dans le département de l'Allier.

Les poules appartiennent en grande partie à une race locale dite « race bourbonnaise », dont il existe deux variétés : l'une entièrement blanche, l'autre blanche à collier noir. Ces deux variétés ont comme caractères communs la crête simple et retombante, les oreillons blancs et bien marqués, les pattes à quatre doigts, grises et entièrement dépourvues de plumes.

Il n'existe pas d'établissement d'aviculture, et l'élevage des poulets ne donne lieu à aucun soin particulier.

L'incubation se fait naturellement, sous des poules couveuses, du mois de mars à la fin de juillet. Les jeunes reçoivent quelques soins et une nourriture spéciale pendant deux ou trois jours, puis ils sont livrés à eux-mêmes et doivent trouver aux champs la presque totalité de leur nourriture, car les fermières ne leur distribuent que très peu de grains. La ponte cesse complètement en octobre pour reprendre à la fin de janvier. Pendant tout l'hiver, les œufs sont rares et chers (0 fr. 15 pièce) et une entreprise de production d'œufs serait certainement lucrative en cette saison.

L'élevage des oies et des dindons est très important; il est en général pratiqué avec beaucoup de soins et il procure des bénéfices très appréciables.

Ces volailles sont légèrement engraissées avant la vente par la réclusion en parquets ou la mise en épinette. On ne pratique pas le gavage. Les prix de vente varient de 6 à 8 francs la paire pour les oies et de 4 à 8 francs la pièce pour les dindons. La production annuelle de l'Allier est évaluée à 200,000 oies et à 80,000 dindons.

Les canards, les pigeons et les lapins sont peu nombreux dans les exploitations agricoles. Ces derniers sont presque exclusivement élevés pour la consommation familiale, car leur vente est très concurrencée par celle des lapins de garenne, qui abondent dans tous les grands domaines.

Toutes les volailles sont vendues, par petites quantités, par les ménagères, aux marchés les plus voisins, qui sont fréquentés par de nombreux revendeurs et coquetiers qui viennent parfois de fort loin, jusqu'au delà de Saint-Étienne et de Lyon.

APICULTURE.

L'apiculture semble diminuer d'importance d'année en année dans le département. En vingt ans, le nombre des ruches a été réduit de plus des deux tiers. Certains domaines, qui possédaient autrefois des ruchers comprenant plus de 50 populations, en comptent à peine 10 ou 12 aujourd'hui.

Le pays est cependant mellifère: le sainfoin est cultivé sur d'importantes surfaces et pourrait favoriser d'abondantes miellées, si les connaissances apicoles étaient plus répandues dans nos campagnes.

On trouve encore l'antique petite ruche en paille, de 20 à 30 litres de capacité, et la récolte se fait presque partout par le procédé barbare d'étouffage au soufre.

L'usage des ruches à cadres mobiles est en effet peu répandu; aussi le produit moyen par ruche ne dépasse-t-il pas 3 kilogrammes de miel, et cette récolte ne donne lieu qu'à un commerce fort restreint.

BASSES-ALPES.

Les spéculations zootechniques sont peu importantes dans le département des Basses-Alpes, si l'on en excepte l'exploitation du mouton, qui se fait un peu partout dans le département, et l'industrie mulassière, qui est localisée dans le canton de Seyne et aux environs de Castellane.

D'une façon générale, les industries se rapportant aux animaux de la ferme ne sont pas très prospères dans le département. Les méthodes d'exploitation du bétail n'ont guère subi de modifications depuis trente ans. Il faut cependant faire une exception pour l'élevage des agneaux de lait et l'engraissement du mouton, qui s'effectuent beaucoup plus rationnellement depuis quelques années sur certains points du département.

On peut aussi signaler deux ou trois essais d'organisation d'industrie laitière et quelques efforts pour un meilleur choix des vaches; mais ces tentatives sont toutes récentes et on ne peut encore en apprécier les résultats.

La valeur totale du bétail agricole dans le département peut s'évaluer à environ 30 millions de francs, en chiffres ronds.

Ce chiffre est inférieur à ce qu'il était il y a une cinquantaine d'années. A cette époque, on pouvait évaluer le capital bétail dans les Basses-Alpes, en chiffre rond, à 37 millions de francs.

Le tableau ci-dessous donne d'une façon approximative la proportion des existences en bétail agricole, il y a cinquante ans et aujourd'hui :

VALEUR TOTALE APPROXIMATIVE DU BÉTAIL BAS-ALPIN EN 1850.

25,000 chevaux, mules et mulets de tout âge	15,000,000 francs.
10,000 animaux de l'espèce bovine	4,000,000
350,000 animaux de l'espèce ovine (jeunes et adultes)	15,000,000
35,000 animaux de l'espèce porcine	2,400,000
28,000 à 30,000 animaux de l'espèce caprine	600,000
TOTAL	37,000,000

VALEUR TOTALE APPROXIMATIVE DU BÉTAIL BAS-ALPIN EN 1906.

20,000 chevaux, mules et mulets de tout âge	12,000,000 francs.
6,000 animaux de l'espèce bovine	2,000,000
250,000 animaux de l'espèce ovine (jeunes et adultes)	11,000,000
48,000 animaux de l'espèce porcine	3,800,000
25,000 animaux de l'espèce caprine	700,000
TOTAL	30,000,000

Cela fait approximativement une diminution de 20 p. 100 sur la valeur totale du cheptel vivant dans les Basses-Alpes.

Mais ce n'est pas, comme on pourrait le croire en ne considérant que les chiffres totaux, à une diminution progressive du nombre des animaux de ferme qu'est due cette moins-value. Elle résulte de profondes modifications économiques qui ont eu lieu dans le pays depuis un demi-siècle sous des influences très diverses et qui ont amené des variations dans les effectifs des espèces d'animaux domestiques entretenus dans les différentes régions du département et quelquefois aussi dans les méthodes d'exploitation du bétail.

Le département s'est sensiblement dépeuplé depuis cinquante ans et le chiffre de la population va sans cesse en diminuant : de 170,000 habitants en 1850, il n'était plus que de 113,126 habitants, lors du dernier recensement en 1905. Nombreuses sont les communes du département, surtout dans les parties montagneuses des hautes vallées, dont la population s'est réduite du tiers et même de la moitié; aussi beaucoup d'exploitations qui, autrefois, occupaient plusieurs attelages, sont aujourd'hui complètement abandonnées et incultes; quoique dans les vallées plus fertiles on cultive mieux et qu'on y emploie un plus grand nombre de bêtes de trait, le total général des chevaux et mulets servant aux travaux des champs a assez sensiblement diminué. D'autre part, on n'emploie presque plus de bœufs comme animaux de labour ou pour les charrois. On trouve difficilement aujourd'hui des garçons de ferme sachant soigner et conduire des bœufs; l'habitude s'en est perdue (les jeunes gens du pays émigrent en grand nombre, et les charretiers venant s'employer dans les fermes de la région préfèrent conduire les chevaux); aussi nombre de cultivateurs ont remplacé leurs attelages de bœufs par des chevaux et mulets.

Il n'y a guère que dans le nord de l'arrondissement de Sisteron et dans quelques fermes des cantons de Castellane, Annot et Entrevaux qu'on emploie encore des attelages de bœufs. Leur nombre a diminué des 4/5 depuis trente ans, tandis que celui des chevaux a diminué dans des proportions moindres. Celui des mulets a peu varié.

Pour les moutons, le reboisement des montagnes est la cause de la diminution assez sensible de leur nombre. Depuis que l'administration forestière a acheté de grands périmètres (dans les bassins du haut et bas Verdon, de l'Asse, de la haute Durance, de la haute et basse Bléone; dans les environs de Seyne, de Barcelonnette, etc.) pour les reboiser, beaucoup d'agriculteurs, se trouvant ainsi privés de parcours pour leurs troupeaux, ont abandonné l'exploitation des moutons ou n'en entretiennent plus qu'un petit nombre. Il y avait autrefois, dans la montagne, bien des fermes où l'on possédait un troupeau important et d'un bon rendement. Les difficultés d'exploitation et la diminution de la population ayant fait abandonner ces domaines, les troupeaux ont naturellement disparu. Aujourd'hui, sur bien des points, ce qui était naguère des pâturages bien gazonnés, des pacages riches, est devenu, par suite du trop grand nombre des transhumants amenés l'été, un amas de montagnes absolument nues.

L'abus du pâturage a eu de fâcheuses conséquences. La crise des laines a pu contribuer aussi à l'abandon du mouton. En général, dans la montagne, les troupeaux ont beaucoup diminué. Sur d'autres points, au contraire, dans les vallées riches où les communications sont faciles relativement, le nombre des moutons a augmenté et les méthodes d'exploitation se sont perfectionnées. Mais, dans l'ensemble, le nombre des bêtes ovines est très inférieur à ce qu'il était autrefois; il a cependant tendance à augmenter depuis quelques années.

Le nombre des porcs a toujours été en augmentant; les agriculteurs en tirent en général un bon profit.

Les spéculations bovines sont loin d'avoir l'importance qui pourrait leur être consacrée dans ce département. Bien comprises, elles feraient, sur certains points, la richesse des cultivateurs. De ce côté, de grands progrès pourraient être réalisés.

Un certain nombre d'améliorations ont bien été realisées depuis une quinzaine d'années, mais les difficultés sont nombreuses. La routine règne encore dans quelques endroits et les systèmes d'exploitation du sol ont besoin d'être modifiés sur certains points. Il conviendrait de développer les cultures fourragères et de diminuer les emblavures de céréales qui sont en général peu rémunératrices : souvent dans une région où de nombreux bovins pourraient être entretenus l'été, les provisions de nourriture pour l'hiver sont insuffisantes. D'autre part, la nature et le relief tourmenté du sol, la rareté des voies de communication, le morcellement des terres, le manque de capitaux, etc., constituent de sérieux obstacles devant lesquels les meilleures volontés s'émoussent.

ESPÈCES CHEVALINE ET MULASSIÈRE.

L'élevage du cheval n'est pas pratiqué dans les Basses-Alpes, sauf par quelques éleveurs du canton de Seyne-les-Alpes où l'on entretient six étalons. Il n'y a d'ailleurs que très peu d'étalons et de juments poulinières dans le département, exception faite pour les cantons de Seyne et de Castellane. Le pays n'est d'ailleurs guère favorable à cette spéculation. Les animaux de l'espèce chevaline qui existent dans les Basses-Alpes sont achetés sur les foires dans les départements voisins. Ces animaux ne présentent aucun type de race quelconque. Le mulet est bien préférable au cheval dans ce pays pour les travaux des champs. Autrefois, d'ailleurs, il n'y avait guère que des mules et mulets dans les Basses-Alpes employés à tous les travaux de la campagne et aux transports en montagne; l'industrie mulassière se pratiquait avec succès et l'on exportait de grandes quantités d'animaux mulassiers. Puis, dans beaucoup de fermes on a remplacé, par une question de mode surtout, le mulet par un cheval et l'élevage de celui-là a périclité. Cependant il semble qu'il conviendrait de développer l'élevage des mulets si utiles au point de vue du travail de la terre et des transports dans les régions montagneuses. L'élevage du cheval est fait dans les Basses-Alpes la plupart du temps sans beaucoup de méthode et souvent sans sélection, et les sujets obtenus sont assez souvent médiocres. Les agriculteurs sont pauvres et il est rare qu'ils se procurent des sujets de choix. La plupart des chevaux qu'on rencontre dans les fermes ne rendent certainement pas les services que rendrait un bon mulet. Les mulets produits dans le pays sont forts, vigoureux, actifs au travail, sobres et bien plus habiles et solides que le cheval pour les transports et les travaux en montagne. Beaucoup de cultivateurs reviennent aujourd'hui à l'emploi du mulet.

Par l'importation de bons baudets dans la région, et par une sélection judicieuse des juments mulassières, l'élevage des mules et mulets, qui paraît péricliter et ne se pratique plus que sur deux ou trois points, pourrait devenir prospère et les exportations augmenter.

ESPÈCE BOVINE.

Il y a peu de bovins dans les Basses-Alpes et cependant leur nombre pourrait devenir important, surtout dans les vallées, où les conditions naturelles sont favorables au développement de l'industrie laitière. Les bœufs, qu'on employait beaucoup autrefois, surtout dans le nord du département, pour les travaux agricoles, sont maintenant en grande partie abandonnés, sauf dans les environs de Sisteron et dans quelques cantons de l'arrondissement de Castellane. Il ne se fait de transactions que pour les bœufs de boucherie qu'on achète dans les départements voisins.

On ne peut songer à pratiquer l'engraissement des bêtes bovines dans le département, sauf dans des cas particuliers très rares. Mais la population des vaches laitières pourrait être augmentée dans de notables proportions, dans beaucoup de cantons, dans les herbages bien entretenus si les superficies consacrées aux cultures de racines fourragères étaient augmentées.

De louables tentatives ont été faites dans ce sens dans les régions de Barcelonnette, d'Allos, dans la vallée du haut Verdon, Colmars et Saint-André.

C'est dans le développement de l'industrie laitière que paraît être l'avenir agricole de toutes les vallées hautes du département à mesure que le reboisement leur aura rendu leurs riches pâturages, leur fraîcheur, et un régime des eaux plus régulier.

ESPÈCE OVINE.

L'élevage et l'entretien du mouton ne constituent pas des spéculations zootechniques avantageuses dans toutes les régions du département.

Dans l'arrondissement de Forcalquier et la vallée de la Durance, où les agriculteurs vendent surtout des agneaux de lait, et dans le sud de l'arrondissement de Digne, où l'on engraisse le mouton de quatorze à quinze mois, les bénéfices obtenus constituent généralement un des principaux revenus de l'exploitation; il en est de même aux environs immédiats de Barcelonnette où l'on fait l'agneau et aussi le mouton gras, aux environs de Sisteron où se pratique l'engraissement du mouton acheté maigre, ainsi que dans les cantons d'Annot et d'Entrevaux. Dans ces régions, on opère en général sur un petit nombre d'animaux choisis et dirigés avec des soins tout particuliers.

Mais dans la montagne, où se trouvent les plus nombreux troupeaux qu'on entretient seulement pour utiliser les pâturages et pacages et qu'on revend ensuite aux engraisseurs, les bénéfices sont très aléatoires, même pour les cultivateurs qui exploitent les brebis. Les prix varient beaucoup sur les foires et, comme ce genre d'exploitation nécessite des transactions continuelles, les gains sont en général très faibles.

En somme, pour le mouton, l'agriculteur bien placé pour l'expédition, s'il sait bien choisir les sujets et pratiquer l'engraissement des agneaux ou des moutons, peut faire d'assez beaux bénéfices. Cette industrie est assez prospère dans les Basses-Alpes : elle mérite d'être encouragée en enseignant la sélection des animaux et les méthodes rationnelles d'alimentation. De sensibles progrès ont déjà été réalisés dans cette voie.

Quant au cultivateur de la montagne, qui ne peut qu'utiliser ses pâturages avec des variétés de moutons du pays peu améliorées, difficilement engraissables et de faible rendement, qui ne récolte pas suffisamment pour nourrir toute l'année ses bêtes sur son domaine, l'exploitation du mouton ne paraît pas avantageuse, surtout maintenant avec la rareté des bons bergers.

Le mouton, d'ailleurs, commet beaucoup de dégâts dans les pâturages de montagne. Le trop grand nombre d'ovins mis dans les endroits gazonnés, l'abus de la transhumance sont les causes les plus graves de la dénudation des montagnes. Il semble qu'il y aurait un grand intérêt pour le pays à remplacer petit à petit, dans la partie montagneuse du département, dans les vallées hautes, le bétail ovin par des vaches laitières.

ESPÈCE PORCINE.

Les porcins sont relativement peu nombreux dans les Basses-Alpes et répartis à peu près uniformément sur tous les points. Dans la vallée de la Durance à Mison, et dans la partie de l'arrondissement de Forcalquier qui confine au département du Vaucluse, l'élevage est un peu plus important. On fait dans ces régions un peu d'exportation; partout ailleurs on engraisse ces animaux pour la consommation locale.

En général, les porcs sont d'assez bonne qualité, provenant de types de race celtique croisés avec les variétés que l'on trouve dans le Dauphiné et dans la Vaucluse. Le corps est très allongé, la tête forte, les membres volumineux couverts de soies abondantes et grossières. Ces animaux pourraient avec avantage être améliorés au point de vue de la précocité des aptitudes à l'engraissement et de la qualité de la viande.

Dans la région de Mison, où les glands abondent, et où du reste la race est plus sélectionnée, les porcs sont de meilleure qualité. Il en est de même pour les animaux élevés sur certains points de l'arrondissement de Forcalquier où on a l'habitude de les laisser courir dans les champs et sous les chênes verts. Mais partout où l'on engraisse à l'étable, l'opération est longue et la qualité du produit un peu inférieure.

Il serait possible d'augmenter beaucoup le nombre des animaux de l'espèce porcine, car les débouchés seraient faciles et les agriculteurs pourraient en retirer un important revenu.

ANIMAUX ET PRODUITS DE BASSE-COUR.

Les animaux de basse-cour sont relativement très peu nombreux dans le département; on n'élève que pour la consommation locale. Dans chaque ferme il y a une certaine quantité de poules de race commune. Rarement on peut rencontrer un type se rapportant à une race connue qui aura été importée par hasard. Dans la partie nord du département il y a cependant quelques padoues croisées et dans l'arrondissement de Forcalquier des leghorn, des croisements houdan et quelques rares croisements de la Bresse. On ne s'occupe en aucune façon de l'élevage et de l'engraissement de la volaille, qui erre en liberté aux environs de la ferme et souvent ne reçoit pas d'autre nourriture que celle qu'elle trouve dans les champs avoisinant le domaine. Près des petites villes, l'élevage est un peu plus important pour la vente au marché; mais on ne vend généralement que des vieilles poules ou des poulets maigres. La majeure partie des œufs produits sont ramassés dans les fermes et exportés dans les grandes villes voisines.

Deux ou trois tentatives ont été faites pour créer un établissement d'aviculture dans l'arrondissement de Forcalquier; elles n'ont pas réussi. Cependant, l'élevage des volailles pourrait être développé, car, à proximité du département, les grandes villes telles que Marseille, Nice, Toulon, etc., constituent de faciles débouchés pour les volailles grasses. Si dans les fermes de l'arrondissement de Forcalquier et de la vallée de la Durance on entretenait de bonnes poules pondeuses et de bonnes races d'engraissement précoces, bien préparées, les agriculteurs en retireraient des ressources importantes.

APICULTURE.

Le département des Basses-Alpes produit une assez grande quantité de miel et de cire. Le miel est très réputé. Il s'écoule à Paris, Marseille et dans les grandes villes des départements voisins. L'apiculture a sensiblement progressé dans le département et la production du miel augmente chaque année. Il reste encore une assez grande quantité de ruches ancien modèle, mais elles diminuent de plus en plus et sont remplacées par des ruches à cadres mobiles.

CONSIDÉRATIONS GÉNÉRALES SUR LE COMMERCE DES ANIMAUX ET DE LEURS PRODUITS.

Bien que peu importantes, les exportations des animaux et de leurs produits constituent une des principales ressources de l'agriculture des Basses-Alpes. Les exportations sont doubles des importations.

Les principales exportations portent sur les mulets, les agneaux de lait, les moutons gras, les porcs gras, les laines en suint, le miel, la cire, les œufs, un peu de lait. Depuis quelques mois seulement, une laiterie coopérative fondée à Saint-André expédie chaque jour sur Marseille 500 litres de lait. Il convient en outre de signaler les exportations de gibier des Alpes, surtout de grives qui font l'objet d'un commerce local relativement assez important.

Les principales importations concernent les chevaux de trait, les bœufs de travail et de boucherie, les vaches laitières, les moutons maigres barbarins importés d'Afrique et les métis-mérinos de la Crau. On importe également des porcelets qui sont élevés, engraissés et consommés dans le pays. Enfin le beurre et le fromage, dont on fait une grande consommation dans le pays, font l'objet d'achats importants.

Le tableau ci-dessous, dressé après enquête, dans les principaux centres de production des animaux et produits exportés, auprès des compagnies des chemins de fer et des entreprises de transports en voiture dans le département, donne approximativement, mais dans des proportions très sensiblement exactes, l'état actuel des exportations et des importations des animaux et principaux produits animaux dans les Basses-Alpes :

EXPORTATIONS PAR ORDRE D'IMPORTANCE.

Moutons gras (35,000 têtes en moyenne par an à 40 fr.)	1,400,000 francs.
Agneaux de lait (60,000 têtes en moyenne par an à 20 fr.)	1,200,000
Mulets (1,000 à 1,200 têtes en moyenne par an à 700 ou 800 fr.)	800,000
Porcs gras (6,000 têtes en moyenne par an à 120 fr.)	720,000
Laines en suint (4,000 quintaux à 1 fr.)	400,000
Miel (30,000 kilogr. en moyenne à 2 fr.)	80,000
Cire (25,000 kilogr. en moyenne à 2 fr. 50)	62,500
Œufs (60,000 douzaines en moyenne à 0 fr. 75)	45,000
Lait (1,600 hectolitres en moyenne à 20 fr.)	32,000
Gibier des Alpes. Grives des Alpes, le reste est insignifiant et se consomme dans le pays (60,000 grives à 0 fr. 50 en moyenne)	30,000
Total	4,769,500

IMPORTATIONS PAR ORDRE D'IMPORTANCE.

Bœufs de travail et de boucherie (1,800 à 2,000 têtes de bœufs de travail, 1,500 à 1,800 têtes de bœufs de boucherie, soit un total d'environ 3,500 têtes valant en moyenne 350 fr.)	1,225,000 francs.
Fromages : gruyère, fromage bleu des Alpes, façons camembert et divers (de 350,000 à 400,000 kilogr. à 2 fr. 50 le kilogr. en moyenne)	950,000
Chevaux de trait (on achète de 800 à 900 chevaux d'un prix moyen de 800 fr.)	700,000
Moutons maigres (20,000 à 25,000 têtes à 25 fr.)	625,000
Porcelets (15,000 têtes environ à 45 fr.)	225,000
Beurre (40,000 à 45,000 kilogr. à 3 fr. le kilogr.)	135,000
Vaches laitières (200 à 250 têtes environ à 500 fr.)	125,000
Total	3,985,000

Les exportations surpassent comme on le voit les importations de près de un million de francs.

Dans le chiffre des importations, les bêtes bovines et leurs produits, beurre et fromage surtout, dont on fait une très grosse consommation dans les Basses-Alpes, entrent pour plus des deux tiers de la somme totale. Pour ces denrées, les Basses-Alpes sont tributaires pour une grosse somme des départements voisins et même de l'étranger. Cet état de choses fait fort bien ressortir tout l'intérêt qu'auraient les agriculteurs à développer l'élevage des bêtes bovines et l'industrie laitière, dont les produits s'écouleraient certainement sur place à des prix très rémunérateurs.

HAUTES-ALPES.

ESPÈCES CHEVALINE, ASINE ET MULASSIÈRE.

La population chevaline du département comprend 287 chevaux entiers, 3,687 juments et 2,063 chevaux hongres; dans ces chiffres figurent 30 étalons et 1,487 juments poulinières, dont 800 environ sont saillies par des étalons et les autres par des baudets.

Il n'y a dans le département que 4 étalons de l'État; tous les autres appartiennent à des particuliers; ces derniers sont de force moyenne, nés pour la plupart dans la région. Il y a cependant à Embrun 2 étalons percherons subventionnés par l'État.

Avec les étalons de l'Etat appartenant aux races percheronne, bretonne ou ardennaise, on obtient des produits convenant bien à la région. Les étalons demi-sang donnent par contre des carrossiers moins aptes aux travaux agricoles.

Les produits des étalons des particuliers sont moins beaux que ceux obtenus avec les étalons de l'Etat.

Il naît chaque année 700 poulains environ, et ce nombre tend à augmenter.

Les principaux centres de production sont le Gapençais, l'Embrunais et le Serrois.

Quelques propriétaires conservent quelques poulains pour les élever, mais le plus souvent les jeunes sont vendus à 6 mois aux foires d'automne de Gap et de Chorges. Ces poulains sont achetés par des agriculteurs des Hautes-Alpes, de Seyne (Basses-Alpes) et quelques-uns vont en Provence.

L'espèce asine compte 1,821 individus; dans ce nombre, une vingtaine de baudets sont employés pour la production de mulets. Presque tous les propriétaires qui ont des étalons possèdent en même temps un ou deux baudets moins forts que ceux du Poitou et à poil court. Certains viennent de Florence (Italie) et sont très appréciés.

L'espèce mulassière comprend 8,210 mules ou mulets. Le département en produit chaque année 600 environ, et ce nombre tend à augmenter.

On préfère souvent faire saillir les juments par des baudets, car cela fatigue moins la mère, et le jeune animal est plus rustique que le poulain. Les mulets obtenus sont petits ou de taille moyenne et conviennent bien au pays.

Les centres de production du mulet sont les mêmes que ceux des poulains : le Gapençais, l'Embrunais, le Serrois. Les mulets sont vendus à six mois, aux foires de Gap et de Chorges, à des propriétaires du Briançonnais, du Queyras et de l'Embrunais. Quelques-uns sont dirigés vers la Drôme, à Nyons et Séderon.

ESPÈCE BOVINE.

Elle comprend 25,191 têtes, dont 450 taureaux, 2,450 bœufs, 15,481 vaches, 4,229 élèves d'un an et au-dessus, 2,611 élèves de moins d'un an.

Le département ne possède pas de race bovine spéciale et, d'une manière générale, la population bovine est constituée d'animaux issus de croisements très divers.

Cependant, du côté de la frontière italienne, on rencontre la race d'Aoste de petite taille, rustique, et enfin, dans quelques vacheries du Gapençais et du Champsaur, on entretient des animaux de la race d'Abondance. Le Briançonnais et l'Embrunais vont s'approvisionner dans la Maurienne.

C'est surtout la race tarine qui tend à se répandre dans les Hautes-Alpes, et cela sous l'influence des sociétés d'élevage qui, chaque année, achètent dans la Tarentaise des génisses et des taureaux que l'on revend aux sociétaires à prix réduit. Par sa rusticité et ses aptitudes laitières, cette race convient tout particulièrement au département.

La production des veaux est importante. Une grande partie est utilisée pour la consommation locale dès qu'ils ont atteint l'âge de 6 semaines. Dans le Queyras, les veaux se vendent à 10 et 15 jours à des propriétaires de Guillestre et des environs; ils sont revendus après engraissement à la boucherie ou quelquefois sont élevés pour la reproduction.

De Gap on expédie chaque année à destination de Marseille, d'octobre à fin juin, environ 800 veaux abattus provenant surtout du Champsaur.

L'élevage des bovidés présente une certaine importance dans les régions qui possèdent des pâturages : le Devoluy, l'Embrunais, le Briançonnais, Chorges, Ancelles, Orcières.

Il y a peu de bœufs; on les achète jeunes au printemps, pour être employés aux travaux pendant l'été, et en hiver on les engraisse. Les régions qui se livrent à cette spéculation sont le Champsaur, les environs de Gap et Sigoyer. On y engraisse annuellement 700 à 800 bœufs qui sont en grande partie dirigés sur Aix et Marseille.

On reçoit quelques bœufs pour l'approvisionnement de la garnison de Briançon.

Les vaches sont nombreuses dans le Champsaur, le Queyras, le Briançonnais, le Devoluy et quelques communes de l'Embrunais. Elles proviennent de l'élevage local ou de génisses achetées en Savoie.

Les laitiers de la Provence achètent dans le Champsaur et aux foires d'automne de Gap des vaches pleines ou qui viennent de vêler.

Les foires les plus importantes pour l'espèce bovine sont celles de Gap, du 11 novembre, de l'avant-dernier lundi du carnaval, du 1er mai, et le retour de chacune de ces foires quinze jours après, de Briançon 2e lundi de septembre et 2e lundi d'octobre, d'Embrun le 25 octobre.

ESPÈCE OVINE.

Elle comprend 4,150 béliers, 111,017 brebis, 33,616 moutons de plus d'un an et 63,310 agneaux de moins d'un an. A ces chiffres il faut ajouter 30,000 transhumants qui viennent de la Provence et restent dans les Alpes de mai à octobre.

La venue de ces transhumants présente de nombreux inconvénients. Très fréquemment ces troupeaux font des dégâts sur leur parcours et gênent la circulation sur les routes. Enfin, dans les montagnes où ils sont en général trop nombreux, ils dégradent le sol et détruisent le gazon.

On trouve le métis-mérinos dans le Gapençais; la race de Barcelonnette ou du Piémont, appelée encore «gros commun», dans l'Embrunais, le Queyras et le Briançonnais; la race de Savournon à partir de Veynes et dans le sud du département; c'est une petite brebis à toison peu fournie, dont le cou, les joues et le ventre sont nus; elle est rustique, sobre, bonne laitière, nourrissant bien les agneaux et donnant une viande d'excellente qualité.

Enfin, on rencontre des moutons mérinos (transhumants) et des algériens aux environs de Gap.

Les brebis font en général trois portées tous les 2 ans; les naissances ont lieu au printemps et en automne, beaucoup d'agneaux sont vendus à 6 mois, après avoir été engraissés. On emploie cette méthode dans toute la région sud du département. Ces agneaux sont expédiés à Lyon, Aix et Marseille, au nombre de 20,000 environ.

Pour renouveler le troupeau, on conserve toujours quelques agnelles.

Dans la région montagneuse qui possède des pâturages, on fait de l'élevage; les agneaux sont conservés un an et quelquefois deux ans; ils sont vendus dans le Gapençais, le Champsaur et l'Embrunais pour être engraissés, et expédiés d'octobre à avril vers Aix, Marseille et Paris.

On expédie de Gap pour Marseille environ 300 moutons gras abattus. Depuis quelques années on importe dans cette région environ 10,000 moutons algériens chaque année pour les engraisser.

On peut estimer à 40,000 le nombre total de moutons engraissés et exportés annuellement du département des Hautes-Alpes.

Les principales foires pour l'espèce ovine sont celles de Briançon, 2e lundi de septembre et 2e lundi d'octobre; Guillestre, 3e lundi d'octobre; Laragne, 25 octobre; Veynes, 28 octobre; Serres, 2 novembre; Saint-Bonnet, le 22 septembre et 8 octobre; Gap, le 18 septembre; Chorges, le 8 octobre; Tallard, le 21 octobre; Embrun, le 25 octobre : moutons de 18 mois à 2 ans pour l'engraissement.

La tonte des brebis a lieu au printemps et celle des moutons à l'engrais se fait trois semaines avant la vente. La laine de mérinos et métis-mérinos est de bonne qualité; mais celles de la race de Savournon, du gros commun et de l'algérien sont grossières.

Le métis-mérinos et le gros commun produisent de 2 à 3 kilogrammes de laine par tête, et la race de Savournon un kilogramme seulement.

La production en laine atteint environ 300,000 kilogrammes. Une faible partie est utilisée par quelques fabriques locales pour la confection de matelas et de drap de vêtements. La plus grande partie est vendue à des commerçants qui font la commission pour des maisons de Lille, de Tourcoing et de Roubaix.

ESPÈCE PORCINE.

Elle comprend 64 verrats, 2,656 truies, 20,448 porcs de plus de 6 mois et 15,449 porcs de moins de 6 mois.

La race celtique est la plus répandue, mais il semble y avoir tendance à exploiter des craonnais croisés.

Les truies se trouvent dans le Gapençais et la région sud du département. Elles font deux portées dans l'année. Les porcelets sont vendus à 2 mois, au printemps et en automne, et sont achetés par des propriétaires du Champsaur, de l'Embrunais, du Queyras, du Briançonnais. Il s'en expédie un peu dans la Drôme et dans l'Isère, et on en importe des Basses-Alpes et de la Provence.

Ces porcelets sont élevés, engraissés et presque tous consommés dans le département.

Cependant quelques porcs gras sont vendus aux foires de Gap à destination de Grenoble et de Lyon.

Les principales foires pour l'espèce porcine sont celles de Gap, le 1er mai et le 11 novembre; Veynes, 4e lundi de Carême et 28 octobre; Aspes-sur-Buech, le 6 mai; Serres, 1er samedi de mars et 2 novembre; Laragne, 25 avril et 25 octobre (surtout pour les porcelets de 2 mois).

Embrun, 1er juin (pour les porcs de 4 à 5 mois, pesant 40 kilogrammes environ).

PRODUITS ET ANIMAUX DE BASSE-COUR.

Le département possède environ 146,000 poules et coqs, 45,000 pigeons, 2,300 dindes ou dindons, 1,300 canards, 160 pintades, 70 oies et 20,000 lapins.

La production des poulets et des canards est insuffisante pour les besoins du département, et on en importe des départements voisins et de la Bresse. Il vient aussi des volailles d'Italie pour l'approvisionnement du Briançonnais et du Queyras.

Dans le canton d'Orpierre, on élève quelques dindons qui se vendent surtout à la foire de Lagrand le 9 septembre.

Tous les œufs ne sont pas consommés dans le département; on en expédie environ 300,000 à Marseille.

Les marchés de Gap du samedi sont les plus importants du département en volailles et œufs.

Industrie laitière. — On peut estimer à 12 hectolitres de lait la production annuelle d'une vache, ce qui fait pour le département un total de 185,000 hectolitres. Au prix de 0 fr. 10 le litre, cela représente une valeur de 1,850,000 francs.

Le lait de chèvre et celui des quelques brebis est consommé dans le ménage. Toutefois à Champoléon on fait un fromage bleu, très estimé, avec un mélange de lait de brebis, de chèvre et de vache. C'est là une exception, car il n'y a que le lait de vache qui subisse une transformation pour la vente.

Sur les 185,000 hectolitres de lait de vache, 63,000 hectolitres sont recueillis par 46 fruitières ou laiteries pour être transformés en beurre et fromage. La production annuelle est de 85,000 kilogrammes de beurre et de 460,000 kilogrammes de fromage, surtout du bleu (façon roquefort) et un fromage blanc (l'alpin), façon camembert. On fait très peu de façon gruyère.

Le tiers de cette production est consommé dans le département et le reste est vendu à Marseille, Toulon, Nice et en Algérie.

La fruitière de Saint-Laurent-du-Cros expédie, chaque jour, 300 litres de lait congelé, à Marseille, que l'on vend 0 fr. 40 le litre.

Les 122,000 hectolitres de lait de la production annuelle qui restent sont utilisés de la manière suivante :

Lait consommé en nature et pour l'alimentation des veaux, 60,000 hectolitres. Lait servant à la fabrication du beurre et de la tomme dans le ménage, 62,000 hectolitres; ce lait peut donner 120,000 kilogrammes de beurre environ, qui est en grande partie consommé par la famille du cultivateur ou vendu dans le département. Quant aux tommes, on en vend peu.

APICULTURE.

Le nombre des ruches est de 11,000 environ. Depuis quelques années, les ruches à cadres système Layens et Dadant se propagent et tendent à remplacer les ruches ordinaires.

La ruche à cadres produit, en moyenne, 20 kilogrammes de miel et la ruche ordinaire 5 kilogrammes seulement.

La production totale en miel peut être estimée à 60,000 kilogrammes. Ce miel est consommé dans le département. La production en cire est de 10,000 kilogrammes environ, mais elle tend à diminuer depuis l'emploi des ruches à cadres.

Le prix de la cire brute est de 1 fr. 60 et elle ne rend que de 40 à 50 p. 100 de cire pure. Gap est le centre de ce commerce.

SÉRICICULTURE.

Cette industrie est localisée dans le sud du département. Les agriculteurs reçoivent gratuitement des graines de vers à soie et en échange ils s'engagent à vendre à leurs fournisseurs de graines les cocons à un prix fixé d'avance (4 francs en 1906).

On fait surtout de petites éducations d'une once et au-dessous.

Ribiers, Laragne et Serres sont les trois principaux centres séricicoles.

A Laragne, il y a sept sériciculteurs de la localité ou étrangers au département qui achètent les cocons et font du grainage.

Statistique de 1906 :

Nombre d'onces mises en incubation	407
Production totale en cocons	22,798 kilogr.
Quantité de cocons employés pour le grainage	12,446
Quantité de graines obtenues (onces de 25 grammes)	36,785 onces.

L'once de graines se vend en moyenne 6 fr. 50.

AMÉLIORATIONS À RÉALISER DANS L'EXPLOITATION DES ANIMAUX.

La production des espèces chevaline et mulassière pourrait être encouragée dans les Hautes-Alpes par la distribution de subventions aux étalons et baudets des particuliers de bonne race et bien conformés, et par l'augmentation du nombre d'étalons de trait de l'État.

De même, le développement des sociétés d'élevage de l'espèce bovine pourrait être favorisé par d'importantes subventions.

En ce qui concerne les ovidés, la suppression de la transhumance serait très désirable, et elle pourrait se faire par l'allocation aux communes d'une indemnité égale à celle qu'elles reçoivent des bergers de la Provence.

Étant données l'importance et la nature des expéditions de denrées agricoles faites dans la région, il serait très utile que la compagnie des chemins de fer mît à la disposition des expéditeurs des wagons frigorifiques spécialement aménagés pour le transport des animaux abattus, du lait, et d'une manière générale de tous les produits qui s'altèrent rapidement.

ALPES-MARITIMES.

Les opérations zootechniques sont très variées dans les Alpes-Maritimes. Si le climat et la configuration du sol s'opposent à une abondante production fourragère sur le littoral et dans le centre du département, à l'exception toutefois des milieux restreints soumis à l'irrigation, par contre la région montagneuse est plus favorisée à ce point de vue et elle possède la majeure partie du bétail. Il y a lieu cependant de mentionner l'industrie des nourrisseurs des villes de la côte.

ESPÈCE CHEVALINE.

Les chevaux utilisés pour le service des voitures de maître ou de place, des hôtelleries ou du camionnage dans les villes du littoral sont d'origine variée. Les principales races françaises y sont représentées, ainsi que quelques-unes des meilleures races étrangères.

En montagne, on ne rencontre guère que le cheval de Saint-Bonnet, le plus souvent dégénéré. Sa sobriété et sa rusticité le font justement apprécier.

L'élevage est localisé dans le canton de Saint-Auban (arrondissement de Grasse). L'administration des haras a tenté d'améliorer le Saint-Bonnet en introduisant des étalons de demi-sang, mais les résultats n'ont pas été aussi satisfaisants qu'on pouvait l'espérer.

Il existe environ 300 poulinières et une dizaine d'étalons, dont deux de l'État, qui produisent en moyenne 250 poulains. Ces jeunes animaux sont vendus, à l'âge de 6 mois, de 200 à 300 francs aux agriculteurs de la région.

L'effectif total de l'espèce chevaline est d'environ 9,000 têtes.

L'État et le département accordent annuellement chacun 1,500 francs, soit 3,000 francs, aux éleveurs du canton de Saint-Auban pour être distribués sous forme de primes aux reproducteurs et aux produits de l'espèce chevaline. Les résultats obtenus ne sont pas en rapport avec les sacrifices consentis, car les agriculteurs, tentés par l'appât immédiat du gain, vendent leurs produits les meilleurs et ne conservent pour la reproduction que les autres moins réusssis.

ESPÈCE MULASSIÈRE.

Le mulet rend de précieux services dans la région méridionale et surtout en montagne, où l'absence ou l'insuffisance de voies carrossables impose l'obligation d'effectuer les transports à bâts. Les 4,000 têtes qui existent proviennent en grande partie du sud-ouest et des Alpes. Comme pour le cheval, ce n'est que dans le nord de l'arrondissement de Grasse qu'on se livre à la production des mulets.

Il n'existe guère que 6 baudets qui couvrent annuellement 150 juments environ de race de Saint-Bonnet. Il naît de 100 à 125 mules ou muletons qui trouvent preneurs à 300 francs à l'âge de 6 mois, aux marchés de Grasse, d'Entreveaux et de Beuil.

ESPÈCE ASINE.

La population asine s'élève environ à 5,000 têtes. La production des jeunes est presque nulle.

Les principaux marchés sont ceux de Nice, Grasse, Pujet-Théniers, Beuil et Roquebillière. Les sujets qui y sont amenés sont de provenances diverses.

ESPÈCE BOVINE.

Il existe, de Cannes à Menton, de nombreuses vacheries pour l'alimentation en lait des villes du littoral. Les animaux qui peuplent ces étables appartiennent aux races montbéliarde, tarentaise, d'Abondance, et de Villard-de-Lans. Les races schwitz et milanaises ont à peu près disparu.

Les vaches laitières sont amenées par wagons, en automne, de leur pays d'origine par des maquignons qui les revendent ensuite aux nourrisseurs. A la fin de la saison d'hiver, elles sont généralement livrées à la boucherie. Il n'y a pas de marchés spéciaux pour ce genre de trafic. C'est le plus souvent en gare qu'il a lieu.

La région montagneuse se livre seule à l'élevage. Les animaux qu'on y rencontre dérivent de la race des Alpes, mais faute de soins entendus et de sélection judicieuse, ils ont dégénéré. La taille et le poids sont moindres que dans la race pure.

Les principaux centres d'élevage sont Roquebillière, Saint-Martin-Vésubie, Valdeblore, Beuil, Guillaumes, Moulinet, Sospel, Breil et Saorge.

L'ancien comté de Nice a donc la spécialité de l'élevage de l'espèce bovine, tandis que l'arrondissement de Grasse a celui de l'espèce chevaline.

Les bœufs, au nombre de 3,000, sont utilisés pour les travaux agricoles; mais les cultivateurs les réforment en général à un âge trop avancé, de telle sorte que ces animaux s'engraissent difficilement et ne se vendent pas toujours à des prix avantageux.

Les vaches servent parfois également aux travaux des champs.

Les 12,000 vaches qui existent se répartissent approximativement comme suit :

Littoral	4,000
Montagne	8,000

Sur le littoral, une vache produit par saison :

1 veau vendu en moyenne	60 francs.
2,250 litres de lait à 0 fr. 30	675
Total	735

soit pour l'ensemble (735 francs × 4,000) 2,940,000 francs.

A la montagne, les vaches ne donnent, en moyenne, que 1,200 litres de lait. On n'en tire qu'un faible revenu en dehors des associations coopératives.

Le veau peut être évalué à 50 francs et le lait vendu ou consommé par la famille à 90 francs. C'est une production totale par vache de 140 francs et pour l'ensemble de 140 francs × 8,000 : 1,120,000 francs.

Le développement des coopératives ayant pour objet la vente du lait en nature sur le littoral aura pour effet d'augmenter dans de sensibles proportions la valeur de la production. A Guillaumes, le lait est payé en moyenne 0 fr. 17 le litre. C'est un prix exceptionnel qui incite à n'entretenir que des vaches dont l'aptitude laitière est très développée et à les nourrir rationnellement. De sérieux progrès ont déjà été réalisés dans cet ordre d'idées.

Le pâturage en montagne a lieu en commun par troupeaux de 60 à 120 têtes, d'après des règles qui remontent à un temps immémorial.

ESPÈCE OVINE.

Les vastes surfaces rocheuses, à maigre végétation, qui conviennent de préférence à l'entretien des moutons, abondent dans toutes les régions du département. Sur les montagnes élevées où la neige recouvre le sol en hiver, c'est le pâturage d'été qui est pratiqué. Il donne lieu à la transhumance des moutons de la Crau. Sur le littoral, là où la température s'abaisse rarement au-dessous de zéro, ce sont les troupeaux italiens de Tende et de la Briga qui y passent l'hiver.

Les Alpes-Maritimes, au point de vue de l'exploitation des ovidés, se divisent donc en deux zones distinctes : la zone nord ou zone d'été et la zone sud ou zone d'hiver. La population ovine locale ou sédentaire n'est pas assez nombreuse pour utiliser entièrement ces pâturages. De là la nécessité pour les propriétaires de ces pâturages, particuliers ou communes, de les louer en partie à des bergers étrangers.

Les ovidés locaux sont au nombre d'environ 85,000, dont 50,000 brebis. Ils ne présentent aucune homogénéité. Dans les arrondissements de Grasse et de Puget-Théniers, les métis mérinos dominent. Ailleurs, c'est une race locale, de taille plutôt petite et à laine grossière.

Les métis mérinos représentent les deux tiers de la population. A l'état adulte, ils rendent de 20 à 25 kilogrammes de viande. La race locale n'en rend guère que 15 kilogrammes.

Les principaux centres d'élevage se trouvent à Coursegoules, Saint-Auban, Guillaumes, Beuil, Saint-Sauveur, Isola, Saint-Étienne, Roquebillère, Belvédère, Saint-Martin-Vésubie, Saorge et Fontan.

Les moutons de Coursegoules et de Saint-Étienne sont très appréciés pour la finesse et la saveur de leur chair.

L'exploitation des ovidés a pour objet la production de la viande et de la laine. Le lait sert parfois à la fabrication d'un fromage spécial, mais les quantités produites sont insignifiantes.

La viande d'agneau trouve un débouché rémunérateur dans les villes du littoral. Les agneaux de lait sont très recherchés, surtout à la Noël et à Pâques. Il est ainsi livré, dans le cours de l'année, de 20,000 à 25,000 agneaux de 6 semaines à 1 an, au prix moyen de 15 francs, soit au total pour une somme de 300,000 francs à 375,000 francs.

Les bêtes réformées, au nombre de 10,000 à 12,000, ont une valeur moyenne de 25 francs, ce qui représente 250,000 francs à 300,000 francs.

Au total, la production de la viande atteint donc une valeur de 550,000 francs à 675,000 francs.

Les métis-mérinos sont tondus une fois par an, en avril-mai. La race locale est tondue deux fois, en mai et en septembre.

La production et la valeur de la laine des ovins d'un an et au-dessus peut s'évaluer ainsi :

	QUANTITÉ.		VALEUR.
	kilogr.		francs.
Métis-mérinos (45,000 à 2 kilogr.)	90,000	à 1 fr. 25	112,500
Race locale (22,000 à 2 kilogr.)	44,000	à 1 franc	44,000
TOTAUX	134,000		156,500

Les troupeaux transhumants de Provence comptent approximativement 35,000 têtes et les troupeaux italiens 25,000. Il est difficile d'évaluer les bénéfices réalisés par les propriétaires. Ces bénéfices ne semblent pas moindres de 1 franc par tête pour la saison.

ESPÈCE PORCINE.

L'élevage de l'espèce porcine est limité aux ressources locales et il est disséminé dans toute la région. La production des jeunes est à peu près nulle.

Des maquignons de Manosque (Basses-Alpes) passent dans les villages avec des bandes de porcelets et permettent ainsi aux propriétaires de se procurer les jeunes sujets dont ils ont besoin. Le prix de ces animaux varie de 20 francs à 30 francs.

Les porcs engraissés sont abattus à l'âge de 6 mois à 1 an par les propriétaires eux-mêmes, qui vendent sur place une partie de la viande et gardent le surplus pour l'alimentation familiale.

Le poids des animaux abattus varie de 100 à 200 kilogrammes. On évalue leur nombre à 8,000 à 10,000.

ESPÈCE CAPRINE.

La chèvre, qui est indispensable pour utiliser les pâturages escarpés, se trouve dans son véritable milieu dans les Alpes-Maritimes. Le nombre en diminue cependant d'une façon continue; les opérations de reboisement effectuées par l'administration forestière en paraissent en partie la cause.

L'espèce caprine compte à peine 20,000 représentants, dont 16,000 chèvres. Les vallées de la Tinée et de la Vésubie en possèdent la majeure partie. Le lait est généralement consommé par les propriétaires et les chevreaux sont achetés par les bouchers de campagne.

On admet qu'une chèvre rapporte 5 francs par chevreau et 15 francs de lait. Comme la mise bas est presque toujours double, c'est un rapport de 25 francs par tête.

En tablant sur 15,000 chèvres, dont 12,000 donneraient 2 chevreaux, on obtient 27,000 chevreaux, desquels il convient de déduire 3,000 pour l'élevage, soit 24,000 qui, à 5 francs, représentent une valeur de 120,000 francs. La production du lait, à 15 francs par tête, donne 225,000 francs.

Les animaux réformés, au nombre de 2,500 à 3,000, valent de 15 à 20 francs, soit de 37,500 francs à 60,000 francs.

Lorsque les chèvres sont nombreuses dans un pays, elles sont réunies en troupeau communal; sinon elles vont pâturer avec les moutons.

PRODUITS ET ANIMAUX DE BASSE-COUR.

La volaille n'est l'objet d'aucun soin particulier ni d'aucune entreprise importante dans les Alpes-Maritimes. Chaque propriétaire possède quelques poules de race commune pour ses besoins personnels. Cependant les villes du littoral absorbent des quantités considérables d'œufs et de volailles qu'elles font venir de diverses régions de la France et même d'Italie. Cette branche de la production mériterait d'être développée.

Les canards, oies, dindons et pigeons existent à peine. Les lapins sont plus répandus. Ils contribuent à l'alimentation familiale et sont rarement portés au marché.

SÉRICICULTURE.

L'éducation des vers à soie conserve son importance depuis quelques années, grâce aux primes. La production annuelle varie de 15,000 à 20,000 kilogrammes.

Les principaux centres de production sont :

	kilogr.		kilogr.
Touët de Beuil	2,500	Châteauneuf-de-Coutes	1,250
Villars	2,300	Malaussène	1,000
Mandelieu	2,200	Pujet-Théniers	800

Les chambrées ne comprennent, en moyenne, qu'une once de graines. Les maladies sont des plus rares et la réussite est bonne. Aussi les producteurs de graines du Var passent des contrats pour s'assurer à l'avance les meilleurs lots de cocons à raison de 0 fr. 50 au-dessus du cours. Les quantités destinées au grainage dépassent 8,000 kilogrammes.

APICULTURE.

Les ruches ne sont pas aussi répandues que la douceur du climat pourrait le faire supposer. Toutefois il convient de remarquer que la partie montagneuse est longtemps privée de végétation et que le littoral souffre d'une sécheresse excessive en été. Pour remédier à ces inconvénients, il conviendrait de transporter les ruchers de la montagne au bord de la mer et *vice versa*. C'est ce que font quelques spécialistes qui obtiennent ainsi d'excellents résultats.

La production du miel est évaluée de 25,000 à 30,000 kilogrammes pour 4,000 ruches environ. Le rendement en cire dépend du système adopté : fixiste ou mobiliste. Il est de 15 p. 100 dans le premier cas et de 2.5 p. 100 dans le second cas.

Les deux tiers des ruches sont exploitées d'après le système fixiste. Elles produisent environ 2,500 kilogrammes de cire. Les autres en produisent beaucoup moins.

Les communes de Saint-Vallier, de Saint-Auban, de Nice et de Breil possèdent le plus grand nombre de ruches.

Les débouchés du miel sont peu nombreux et le marché est vite encombré. Les prix dans les villes du littoral atteignent 1 franc pour le miel et 3 francs pour la cire par kilogramme.

AVENIR DES SPÉCULATIONS D'ORIGINE ANIMALE.

La production des espèces chevaline, mulassière et asine ne paraît pas appelée à se développer, malgré les efforts persévérants de l'administration des haras et du conseil général. Le milieu ne s'y prête qu'imparfaitement.

Lorsque les voies de communication seront plus développées, lorsque le réseau départemental des tramways permettra les transports rapides et économiques, l'attention des cultivateurs se portera probablement davantage vers la production du lait et l'organisation de laiteries coopératives. On améliorera la race bovine existante et les cultures fourragères seront étendues.

Grâce aux primes accordées par le conseil général et l'État, il a été introduit à ce jour 44 taureaux et 92 vaches de race tarentaise, et l'influence de ces reproducteurs d'élite a déjà donné des résultats très satisfaisants.

L'espèce ovine doit jouer un rôle important dans la production agricole du département. Par une sélection judicieuse, par des croisements appropriés et surtout par une alimentation rationnelle, on peut en obtenir d'excellents résultats.

Quels que soient les dégâts de la chèvre en montagne, on ne saurait économiquement en vouloir la disparition. Il convient simplement d'en réglementer le parcours, tout comme, du reste, pour les autres espèces. Les pâturages de montagne ne sont productifs et à l'abri des dégradations que s'ils sont spécialisés.

Il y aurait lieu d'essayer d'acclimater la chèvre de Savoie, qui paraît meilleure laitière.

L'élevage des volailles est appelé à bénéficier sérieusement du développement de la coopération et des moyens de locomotion, ainsi que de l'afflux croissant des étrangers en hiver. Des établissements spéciaux comme ceux qui existent dans diverses régions sembleraient devoir prospérer.

La sériciculture, malgré les résultats avantageux qu'elle donne, semble condamnée à végéter. On n'a pas confiance en l'avenir et on ne remplace pas les mûriers arrachés. L'apiculture restera également stationnaire tant que les produits s'écouleront difficilement.

L'avenir des spéculations agricoles dans les Alpes-Maritimes est sans contredit à l'entretien des espèces bovine et ovine.

ARDÈCHE.

Le département de l'Ardèche ne forme point une région naturelle bien déterminée. La nature variée de son sol, les altitudes différentes de ses diverses parties y créent autant de pays distincts par l'aspect, les productions agricoles et les mœurs des habitants.

Au Sud, le calcaire domine, le climat est chaud, la sécheresse est souvent à craindre. C'est le pays des arbres fruitiers, de la vigne, du mûrier, de l'olivier; les animaux y sont peu nombreux, le cheval et le mulet sont les bêtes de travail; la vache est rare et les troupeaux de moutons dominent; quoique moins riches qu'autrefois, les cantons de Bourg-Saint-Andéol, Viviers, Vallon, les Vans, Villeneuve-de-Berg, ont plus d'ovins que tout le reste du département. C'est aussi le pays du miel et des truffes.

Plus au Nord, on trouve en grandes masses les grès, les gneiss, les granits. Là les crêtes sont saillantes, les pentes raides, enserrant de profondes vallées, juste assez larges pour permettre le passage de la rivière, de la route et plus rarement de la voie ferrée. Les habitations sont accrochées aux flancs des montagnes ou quelquefois agglomérées dans les bas-fonds aux points de rencontre de plusieurs vallées. Le sol est léger, souvent caillouteux, difficile à travailler à cause de la déclivité du terrain, les sources sont nombreuses mais toujours trop peu abondantes pour l'arrosage de grandes surfaces. C'est le pays de petite culture et de faibles productions. Les bovidés, les porcs, les chèvres s'y trouvent un peu partout parcourant de larges espaces pour trouver de maigres pâturages. La production des veaux, la fabrication du beurre, l'engraissement du porc constituent les seules spéculations animales pratiquées dans cette région.

Sur les hauts plateaux, l'agriculture est plus prospère; les prairies couvrent de grandes surfaces, et sur de nombreux points, elles sont avec la forêt les seules cultures que permet le rude climat de ces altitudes élevées. Les étables sont peuplées de nombreux et bons animaux. Les vaches, mieux nourries, mieux traitées que celles «d'en bas» produisent plus de lait; la fabrication du beurre et du fromage y est des plus actives. Enfin l'élevage des veaux est régulièrement pratiqué.

En résumé, les productions animales de l'Ardèche sont peu importantes. L'exploitation de la vache et du porc sont les spéculations dominantes, spéculations qui pourraient d'ailleurs prendre plus d'importance si le sol était mieux fertilisé, si l'hygiène et l'alimentation des animaux étaient encore mieux comprises.

ESPÈCE CHEVALINE.

La population chevaline de l'Ardèche (10,200 têtes environ) comprend presque exclusivement des animaux de trait, appartenant à l'excellente race auvergnate.

L'élevage est peu développé, sauf sur les plateaux du Coiron, de Vernoux et d'Annonay.

11 étalons nationaux sont répartis entre les stations de monte de Privas, Aubenas, Vernoux, Annonay. 22 étalons autorisés appartiennent à des particuliers. Beaucoup d'éleveurs donnent pour la reproduction la préférence à l'étalon de race auvergnate ou bretonne, qui fournit un produit susceptible d'être vendu avantageusement au bout de cinq à six mois, alors qu'il faudrait garder le poulain demi-sang trois ou quatre ans, et courir tous les risques que peuvent entraîner un système nerveux trop facilement excitable et des pâturages particulièrement dangereux.

En 1905, l'Ardèche possédait 2,200 poulains de moins de trois ans. La production des jeunes est insuffisante pour la consommation, et les agriculteurs, ou plus souvent les maquignons, vont s'approvisionner dans la Haute-Loire, aux foires du Puy principalement. Deux ou trois cents animaux sont annuellement importés de cette région.

ESPÈCES ASINE ET MULASSIÈRE.

Si la population mulassière est assez nombreuse dans le département, — 6,196 individus, — elle n'y fait point l'objet d'un commerce important. Les animaux sont employés aux labours et aux charrois; quelquefois on les achète jeunes pour les revendre adultes et l'opération est souvent avantageuse.

On compte 2,250 ânes dans l'Ardèche. C'est la bête des petits transports; on la trouve surtout au voisinage des grandes villes, où elle est utilisée par les laitières pour le transport du lait. Ces animaux sont presque tous importés de l'Algérie et du Poitou, quelquefois de la Camargue.

ESPÈCE BOVINE.

Les bovidés sont nombreux dans le département de l'Ardèche; l'élevage des jeunes, et la production du lait — avec ses dérivés beurres et fromages — donnent lieu à un commerce très actif. Voici quelle était la répartition de la population bovine dans le département à la fin de 1905 :

ARRONDISSEMENTS.	TAUREAUX.	BOEUFS.	VACHES ADULTES.	JEUNES	
				DE PLUS D'UN AN.	DE MOINS D'UN AN.
Privas	257	3,299	7,921	3,462	2,353
Tournon	2,064	2,909	37,010	7,215	4,456
Largentière	914	2,132	9,538	3,424	2,485
TOTAUX	3,235	8,341	54,469	14,101	9,294

L'engraissement est assez rarement pratiqué, car les fourrages sont peu abondants ou peu nutritifs.

Lorsque le bœuf a achevé sa carrière d'animal de trait, on le nourrit à l'écurie et on le vend à la boucherie. La vache est fréquemment utilisée pour les labours et les charrois; la légèreté du sol, la difficulté des routes ne permettant que le transport de faibles charges, font de la vache une bête de travail très utile. La production laitière ne diminue pas beaucoup au moment des travaux des champs, car les vaches reçoivent en général une nourriture plus soignée. Aux altitudes plus élevées et sur les plateaux, la vache n'est guère utilisée comme bête de trait, elle est exploitée pour son lait et son veau.

La production des veaux gras est très développée dans le département, surtout dans l'arrondissement de Tournon. Pendant deux mois, les jeunes sont abondamment nourris de lait, tétant une seconde vache si la mère ne peut leur fournir une ration suffisante. On peut estimer à 35,000 le nombre de veaux gras produits annuellement et exportés en grande partie sur Lyon et Saint-Étienne.

Le veau d'élevage est sevré de bonne heure, et sa nourriture se compose habituellement d'herbes fraîches, de menus foins, de son. C'est surtout dans la haute Ardèche, sur les plateaux du Vivarais, que cet élevage est pratiqué. Le nombre des animaux ainsi conservés tous les ans s'élève à 15,000; ils sont vendus aux foires de Saint-Agrève, de Saint-Martin-de-Valamas, de Lamastre, du Cheylard, du Béage, de Coucouron, d'Aubenas, et vont garnir les étables des vallées, ou sont exportés dans la Drôme.

Lait, beurre, fromage. — On peut évaluer à environ 6,600,000 hectolitres la quantité de lait produite annuellement.

Au voisinage des villes, une partie de ce lait est vendue en nature, au prix moyen de 0 fr. 20 le litre. Annonay, Aubenas et surtout Valence constituent de très importants débouchés pour ce produit.

Le lait qui n'est pas vendu en nature est transformé en beurre et plus rarement en fromage.

On peut évaluer la production beurrière annuelle à 20 millions de kilogrammes, dont la majeure partie sert à approvisionner les villes et les régions de l'Ardèche qui n'en produisent pas; le reste est exporté hors du département. Lamastre, le Cheylard, Annonay, Aubenas, Joyeuse, sont les principaux centres où se font des achats importants. Mais très fréquemment des acheteurs parcourent les campagnes et y «lèvent» le beurre, le fromage, les œufs et les volailles.

Le beurre de l'Ardèche est en général de bonne qualité. Il importe de faire observer que l'emploi des écrémeuses centrifuges et des malaxeurs s'est répandu chez un certain nombre de propriétaires et l'usage de ces instruments se développera, car les marchands accordent une certaine faveur aux beurres bien préparés.

La fabrication des fromages est très importante dans le département; de grandes quantités sont portées sur les marchés pour la consommation intérieure; l'exportation hors du département est insignifiante.

Le «fromage de vache» est toujours obtenu avec du lait écrémé, quelquefois — et c'est le meilleur — avec un mélange de lait de vache et de lait de chèvre; c'est la *forme* ou *fourme*, fromage cylindrique haut de trente centimètres, qui est de bonne qualité, lorsque le lait est peu écrémé et la fabrication soignée.

Saint-Agrève, Desaignes, Le Béage, sont les pays qui produisent les fromages les plus estimés. Les «fourmes» se vendent de 0 fr. 60 à 0 fr. 80 le demi-kilogramme.

ESPÈCE OVINE.

On rencontre 178,000 moutons répartis un peu partout dans le département de l'Ardèche; mais ce sont les régions calcaires qui nourrissent les plus nombreux troupeaux. L'arrondissement de Tournon possède peu de moutons, tandis que les cantons de Bourg-Saint-Andéol, Villeneuve-de-Berg, Viviers, Vallon, les Vans en comptent un grand nombre.

Les spéculations ovines auxquelles on se livre n'ont rien de bien défini. Souvent, les propriétaires entretiennent un troupeau afin d'obtenir des agneaux qui sont vendus comme «agneaux de lait» ou comme «demi-moutons»; d'autres fois, on achète au début de l'année des mères portières qu'on vend avec leurs produits aux approches de l'hiver, quelquefois enfin on achète des antenais pour les revendre après engraissement. Ces diverses opérations sont souvent avantageuses; pourtant la production et l'élevage des jeunes paraissent être celles qui procurent les plus sérieux bénéfices. Malheureusement, il est extrêmement difficile de trouver de bons bergers.

La production annuelle de la laine ne dépasse pas 2,000 quintaux.

Quelques troupeaux viennent chaque année du sud de la France, du Gard principalement, pour aller estiver sur les pâturages des Cévennes. On conduit également vers ces hautes régions des moutons d'Algérie; nourris d'herbes odorantes et de bonne qualité, ces animaux se refont vite, prennent de l'embonpoint, tandis que leur chair acquiert une certaine finesse. A la fin de la campagne, quand les premiers froids obligent les troupeaux transhumants à redescendre, la plus grande partie de ces moutons exotiques sont vendus aux bouchers de la région pour leur clientèle.

ESPÈCE CAPRINE.

Environ 100,000 chèvres paissent sur les montagnes de l'Ardèche; sauf sur les hauts plateaux, on trouve cet animal dans toutes les fermes, où souvent même il constitue l'unique bétail. Son lait sert à la nourriture de la famille et à fabriquer un excellent fromage qui se vend sous le nom de «rigotte» ou «piccodon» de 0 fr. 20 à 0 fr. 25 pièce; mais le commerce d'exportation est insignifiant.

Le chevreau est un produit très important. On peut estimer à plus de 150,000 le nombre des chevreaux vendus annuellement de février à mars et expédiés à Valence, Avignon, Marseille, Lyon, Paris. On les paye en moyenne cinq francs pièce.

ESPÈCE PORCINE.

L'Ardèche élève un grand nombre de porcelets.

20,000 truies produisent annuellement 80,000 à 100,000 petits. Cet élevage domine dans les arrondissements de Privas et de Tournon; les foires de Vernoux, Lamastre, Aubenas, sont très importantes.

L'engraissement du porc se pratique dans tout le département. Les animaux sont nourris de pommes de terre, de petites châtaignes, de lait écrémé ou de petit lait; ils atteignent souvent, au bout de huit ou dix mois, des poids très élevés; leur chair est excellente et facile à conserver.

Chaque exploitation agricole engraisse plusieurs porcs par an; l'un d'eux est conservé pour les besoins de la famille, les autres sont vendus sur les marchés.

En automne et en hiver, principalement en novembre et décembre, les porcs gras sont très abondants aux foires de Privas, Aubenas, Lamastre, Saint-Agrève, Annonay.

Les bouchers les achètent pour la consommation locale; quelques animaux — mais c'est le petit nombre — sont exportés vers les villes de Lyon, Saint-Étienne, Nîmes, Valence, Bessèges, Barjac (dans le Gard).

On peut estimer à 60,000 le nombre de porcs engraissés annuellement dans le département.

ANIMAUX ET PRODUITS DE BASSE-COUR.

On estime que le département de l'Ardèche possède environ :

Poules	400,000	Pintades	1,500
Canards	8,500	Pigeons	30,000
Oies	2,000	Lapins	200,000
Dindons	5,000		

Toutes les exploitations ont leur basse-cour. C'est l'élevage des poulets qui est le plus en honneur; cet élevage est fait avec assez de soin, et les produits qu'on livre au commerce sont estimés. Toutefois les transactions ne sont point importantes et les exportations qui se font presque toutes sur Lyon, Valence et Saint-Étienne restent faibles. Le prix moyen de la paire de poulets varie entre 3 et 4 francs.

La production des œufs est assez considérable et on peut estimer la production annuelle à 6,000,000 de douzaines d'œufs vendus 0 fr. 75, 1 franc et même 1 fr. 25 la douzaine.

Les volailles et les œufs sont souvent portés aux marchés, mais ils sont également ramassés chez les cultivateurs par des commissionnaires, des «coquetiers», quelquefois même par les voituriers.

APICULTURE.

L'apiculture est peu développée dans le département; le nombre de ruches paraît moins considérable qu'autrefois; si l'on rencontre des abeilles un peu partout, ce sont surtout les cantons de Vallon et Bourg-Saint-Andéol qui possèdent les ruchers les plus garnis et les mieux traités. Le miel qu'on récolte dans cette région est d'excellente qualité.

On peut estimer à 20,000 le nombre de ruches existant dans le département. La production du miel ne dépasse guère 60,000 kilogrammes, et celle de la cire 30,000 kilogrammes. Les communes de Bidon, Saint-Remèze, Gras, sont celles qui produisent le plus de miel, et le miel le plus estimé.

SÉRICICULTURE.

L'élevage du ver à soie est pratiqué par un très grand nombre d'agriculteurs; et malgré la situation défavorable du marché de la soie, la récolte des cocons est encore très importante dans l'Ardèche; c'est une des productions sur laquelle le petit cultivateur compte toujours pour équilibrer son budget.

PRODUCTION DE LA SOIE EN 1906.

ARRONDISSEMENTS.	NOMBRE D'ONCES MISES en incubation.	RENDEMENT MOYEN À L'ONCE.	RÉCOLTE en COCONS.	PRIX DE VENTE en KILOGRAMME de cocons.	VALEUR TOTALE EN ARGENT.
			kilogrammes.	fr. c.	francs.
Privas	17,351	39	690,940	3 55	2,452,887
Largentière	23,082	39	902,402	3 60	3,248,647
Tournon	1,910	39	74,814	3 50	261,849
TOTAUX	42,343	....	1,668,156	....	5,963,333

Nombre des éducateurs : 22,681.

Les grandes éducations ont presque disparu. Les principales causes de ce changement doivent être attribuées : 1° à la rareté de la main-d'œuvre, plus chère et plus exigeante qu'autrefois; 2° à la disparition des mûriers; 3° enfin, aux aléas que présente cet élevage, très sensible aux brusques variations de température et réclamant une hygiène très rigoureuse.

L'élevage familial est la règle générale; il n'y a guère de ménages agricoles qui, au printemps, ne mettent en incubation une ou deux onces de graines. La femme s'occupe de l'éclosion; c'est elle le plus souvent qui, aidée de ses enfants, ramasse les feuilles nécessaires à la nourriture des jeunes vers pendant les quinze premiers jours de leur existence. Le mari n'intervient qu'à la fin de l'éducation, à l'époque des dernières mues, lorsque l'appétit des vers est considérable, et demande à être entièrement satisfait si l'on veut une production abondante de cocons.

A ce moment, le travail est énorme; pendant deux semaines environ, le magnanier doit, sans relâche, jour et nuit, s'occuper de ses vers.

La vente des cocons suit immédiatement la récolte : il faut se débarrasser rapidement d'un produit qui, chaque jour, diminue de poids, et que les papillons ne tarderaient pas à détériorer en sortant de leur prison.

Les cocons sont vendus aux filateurs de la région. Ce sont des courtiers, des «leveurs», qui visitent les agriculteurs dès la montée à la bruyère des vers à soie, et qui achètent la récolte *au plus haut prix de la saison.*

Le commissionnaire reçoit du filateur au compte duquel il agit, en général 10 centimes par kilogramme, et l'éducateur est payé en fin de campagne au prix fixé par le commerce.

Les payements ne se font pas toujours sans désappointements pour les producteurs, qui souvent espèrent des prix plus avantageux. Aussi quelquefois les producteurs étouffent eux-mêmes les papillons, font sécher leurs cocons, et les conservent pour des marchés meilleurs. Fréquemment l'opération serait bonne, mais les agriculteurs sont mal outillés pour cette conservation, et leur élevage n'est point en rapport avec les dépenses qu'entraînerait un outillage complet. Dans cet ordre d'idées, l'association s'impose, et plusieurs syndicats agricoles projettent la création d'étouffoirs coopératifs.

La récolte séchée et conservée pourrait alors être donnée en garantie aux emprunts faits aux caisses de crédit agricole; le producteur obtiendrait ainsi l'argent qu'il attend de ses cocons, que des engagements ou la nécessité d'une dépense obligent souvent à liquider tout de suite à un acheteur au comptant.

Au moment où la vigne ne donne plus les bénéfices d'autrefois, il serait imprévoyant d'abandonner l'élevage du ver à soie. De nouvelles plantations de mûriers doivent remplacer les arbres morts. La sériciculture restera l'apanage des petits propriétaires, des ouvriers agricoles, et la coopération doit, à l'avenir, permettre d'avoir des graines de qualité et de vendre avantageusement sa récolte.

COMMERCE.

Le département de l'Ardèche est un pays de petite culture; la médiocre fertilité du sol, les moyens de communication insuffisants ou mal aisés qui rendent les voyages longs et les transports coûteux, ne permettront de longtemps encore une agriculture intensive.

Les productions agricoles sont faibles, presque insuffisantes pour les besoins des habitants. Les transactions sont nombreuses à l'intérieur du département, parce que les climats des différentes régions, localisant les cultures, obligent à aller chercher ailleurs ce que le sol est incapable de produire. C'est ainsi que la montagne envoie du beurre, des animaux, des pommes de terre, des châtaignes aux pays d'« en bas », tandis qu'elle en reçoit des grains, des vins, quelques fruits et quelques légumes.

Les exportations hors du département sont restreintes; les produits exportés : fruits, primeurs, animaux, beurres, sont dirigés sur Saint-Étienne, Nîmes, Marseille, Lyon et Paris.

Il n'y a point de grands marchés; en revanche, beaucoup de villages ont des foires relativement importantes. Le peu d'étendue des bassins, enserrés par de hautes crêtes, fait que chaque agglomération placée au centre est un point de concentration des produits récoltés sur les pentes, et devient le siège d'échanges nombreux. Quand le bassin s'étend ou que la ville se trouve placée au point de rencontre de plusieurs vallées, les foires et les marchés sont plus fréquentés; telles sont Aubenas, Le Cheylard, Lamastre; la situation intermédiaire de ces villes entre les bas plateaux et la montagne augmente encore leur activité commerciale.

Quelques centres situés en bordure du département assurent des débouchés pour les produits du haut Vivarais; Langogne, dans la Lozère; Pradelle, le Monastier, le Puy, Tence, dans la Haute-Loire.

Toutes les ventes ne se font pas sur le marché, beaucoup d'achats se réalisent également chez le cultivateur; les « maquignons » lui achètent ses animaux, les « leveurs » lui prennent surtout ses fruits, les « coquetiers » ramassent les œufs, le fromage, le beurre.

Mais les paysans aiment leurs marchés; ils y viennent en grand nombre, s'imposant de vrais voyages à pied ou cahotés sur le dos d'un cheval ou d'un mulet au milieu des sacs de provisions, à travers des chemins souvent peu praticables pour n'apporter que de petites quantités de produits.

ARDENNES.

On rencontre dans ce département les formations géologiques les plus variées. A ce point de vue, c'est par excellence le pays des contrastes, des oppositions.

Cependant il existe une corrélation intime entre les divers milieux, les « contrées » ou « pays », et les spéculations animales qui en sont la résultante.

Dans ses grandes lignes, le département se divise comme suit :

I. La partie nord, nord-est et nord-ouest du département est caractérisée par la pénurie générale du sol en calcaire et pendant longtemps on y cultivait, sans beaucoup de succès d'ailleurs, le seigle, un peu d'épeautre et de méteil. Les cultivateurs ont compris ensuite qu'il y avait mieux à faire en tirant parti de l'aptitude naturelle du sol, celle de la production de l'herbe.

Les prés et surtout les pâturages y ont pris une extension considérable, qui a été, d'ailleurs, notablement favorisée, à une certaine époque, par le bas prix des céréales, et actuellement par la rareté, la cherté et les exigences sans cesse croissantes de la main-d'œuvre.

L'élevage du cheval et des bovidés sont devenus les spéculations dominantes de la région. C'est en réduction la Bretagne, sauf la rigueur du climat qui oblige les cultivateurs ardennais à entretenir les animaux en stabulation permanente de novembre à mai, soit six mois de l'année.

Cette zone, où les spéculations animales sont presque exclusives et très productives, comprend le nord des arrondissements de Mézières, de Sedan et de Rocroi; elle est nettement caractéristique, au point qu'on la désigne sous le nom de «Pays de Rocroi».

Il convient d'ajouter qu'une partie de cette zone — les vallées de la Meuse et de la Semoy, de Charleville à Givet — est presque improductive (roches plus ou moins boisées), essentiellement industrielle, à population très dense, et constitue de ce chef un excellent et très important débouché pour une grande partie des produits agricoles du département.

Dans cette contrée, impropre à l'entretien du mouton, on s'adonne à l'élevage du cheval et des bovins, à la production du lait et de ses dérivés et enfin à l'embouche.

II. Au sud de cette première zone, on rencontre des terrains jurassiques qui se prêtent à des cultures plus variées : céréales, plantes industrielles, prairies artificielles, plantes sarclées, prairies naturelles, herbages, etc. Ces derniers ont pris, là encore, un très grand développement pour les raisons économiques précitées; ils y sont en général de meilleure qualité que dans l'autre zone, grâce à la présence des marnes calcaires et permettent d'obtenir des animaux à plus forte ossature. Les spéculations animales y sont à peu près les mêmes avec, en plus, quelques troupeaux de moutons; cependant l'entretien des ovins a sensiblement diminué par suite de l'avilissement du prix des laines, de la réduction ou de la suppression de la jachère, et on n'y rencontre plus que de rares troupeaux, quelques-uns chez des cultivateurs, mais le plus souvent chez des marchands de moutons.

Cette région comprend la partie centrale du département et embrasse le sud des arrondissements de Mézières, Rocroi et Sedan, et le nord de ceux de Rethel et Vouziers.

III. La partie du département contiguë à celui de la Marne et comprenant le sud des deux arrondissements de Rethel et Vouziers est constituée, pour sa plus grande partie, par des sols exclusivement crayeux; on l'appelle «pays de Champagne». C'est la région des céréales, des prairies artificielles; là, plus de prairies naturelles, encore moins d'herbages, le manque de fraîcheur du sol et sa nature aride s'opposant à leur création; la stabulation des animaux y est donc permanente, sauf toutefois pour le mouton à l'élevage duquel il est encore réservé une place importante.

Voici maintenant, espèce par espèce, les spéculations animales très variées auxquelles donnent lieu ces diverses zones.

ESPÈCE CHEVALINE.

Si le département des Ardennes n'a pas de race proprement dite en tant qu'espèce bovine, par contre il possèdait une race chevaline des plus estimées. L'ancienne race ardennaise (le «cheval des bois», comme on l'appelait) était caractérisée par l'énergie, l'endurance, la sobriété; elle était de taille relativement exiguë; c'était le cheval par excellence pour débarder les bois en forêt, par des chemins plus que rudimentaires, vivant sous bois la moitié de l'année; son berceau était le nord de l'Ardenne française et l'Ardenne belge, la vallée de la Semoy, etc. Cette race a subi de profondes modifications, notamment au point de vue de l'augmentation de la taille et du poids : c'est aujourd'hui une race de trait.

La population chevaline du département est représentée par :

Animaux au-dessous de 3 ans	13,421
Animaux de 3 ans et au-dessus	36,125

Sauf une seule exploitation où l'on pratique l'élevage du cheval fin, du cheval de guerre, on n'élève dans les Ardennes que le cheval de gros trait, cet élevage paraissant être plus lucratif et plus en harmonie avec le système de culture de la région.

De plus, il y a un bien moindre aléa avec ce genre d'élevage qu'avec celui du cheval de sang ou de demi-sang, chez lequel la moindre tare, la plus légère défectuosité de conformation constituent pour ainsi dire une non-valeur. Un poulain de gros trait n'est-il pas impeccable dans ses formes qu'on en tirera néanmoins un très bon parti. Aussi les éleveurs de notre pays réclament-ils toujours à l'administration des haras le plus grand nombre possible d'étalons de gros trait dans les stations.

Autrefois, pour encourager l'amélioration de l'espèce chevaline, le conseil général votait annuellement un crédit de 15,000 à 20,000 francs, à l'aide duquel une commission nommée par lui se rendait dans le Boulonnais, achetait quelques étalons revendus ensuite aux enchères publiques, à Charleville, avec cahier des charges à l'appui pour les acquéreurs de ces étalons. Cet encouragement n'a pas donné de résultats.

Les deux régions bien nettes des Ardennes (le nord et le centre, zones I et II), la Champagne (zone III) d'autre part, se livrent, sous le rapport des spéculations chevalines, à des opérations absolument différentes.

Dans la première zone, celle des pâturages, surtout dans le pays de Rocroi, Maubert, Auvillers, Rumigny, Carignan, Buzancy et à peu près tout le centre, l'élevage du cheval se pratique en grand. Là, en présence des terres fortes, difficiles à cultiver, on exige du cheval un travail énergique; l'animal doit être fort, bien musclé. Les tentatives d'élevage du demi-sang n'ont donné là que des déboires et on y a renoncé.

La petite et la moyenne culture sont prédominantes dans cette région, et voici comme type un exemple de la façon de procéder. Un cultivateur qui a besoin de quatre ou cinq chevaux de trait pour son exploitation ne possède aucun hongre; il fait donc saillir ses quatre ou cinq juments poulinières desquelles il obtient, selon réussite, trois ou quatre poulains. Comme il ne récolte pas assez pour nourrir une aussi nombreuse cavalerie (en moyenne trois poulains de l'année, trois de un an, trois de deux ans et, en plus, ses quatre ou cinq juments), il vend un poulain, quelquefois

Planche II.

ÉTALON ARDENNAIS.

deux, à l'âge de huit à dix mois, à des prix variant de 250 à 400 francs. Il conserve ordinairement les pouliches. Il est rare de rencontrer chez le cultivateur de ce rayon un poulain hongre de trois ans; on les vend toujours, vers trente mois, de 800 à 1,100 francs. Ils sont achetés par des marchands, qui les revendent à des cultivateurs champenois à qui ils les rachètent un ou deux ans plus tard comme chevaux de camionnage pour Reims, Paris, etc. Dans cette contrée nord et centre, on prend aussi des poulains en pension, au pâturage, à forfait, moyennant 80 à 100 francs, ou des chevaux fatigués auxquels une cure au vert est nécessaire.

Les marchands belges et allemands achètent aussi bon nombre de chevaux ardennais, juments, poulains, pouliches pour les revendre dans leurs pays respectifs où les prix pratiqués sont beaucoup plus élevés qu'en France; depuis que l'administration des haras a introduit dans le département des reproducteurs ardennais de mérite, les marchands Belges viennent acheter au sevrage presque tous les poulains mâles qui naissent dans la région.

Les transactions commerciales se font surtout à domicile. Les foires, autrefois très importantes, ont une tendance très marquée à s'amoindrir; beaucoup même ont disparu; toutefois il en existe encore quelques-unes à Carignan, Maubert-Fontaine et Auvillers, tant pour l'espèce chevaline que pour les bovidés.

De plus en plus, le cultivateur-éleveur recherche pour la saillie l'étalon ardennais et ses efforts pour arriver à l'homogénéité, à la fixité des caractères de la race ardennaise grossie, sont incités par de nombreux encouragements. Mais le principal stimulant réside surtout dans les bons prix que l'éleveur n'est pas en peine d'obtenir des chevaux ardennais bien conformés, capables d'un bon service et qui sont toujours très demandés.

L'élevage du cheval est pour ainsi dire nul en Champagne; à peine y rencontre-t-on une ou deux juments poulinières par village. Cela tient au manque absolu de pâturages dans cette région crayeuse; de plus, on a constaté que la nourriture assez échauffante dont l'espèce chevaline y est l'objet n'est pas sans nuire à la réussite de la saillie des juments et à la vitalité des jeunes poulains.

Dans cette zone on se livre à une spéculation toute particulière qui consiste à acheter des poulains de deux, trois et quatre ans, soit dans la vallée de l'Aisne, sur la Bar, ou dans le pays de Carignan, Maubert, Auvillers, etc. Ces animaux, choisis parmi les meilleurs, atteignent des prix d'achat de 900 à 1,100 francs. Comme le sol crayeux est d'une culture très facile, exigeant peu de traction, que la nourriture y est abondante tant en grains qu'en fourrages de bonne qualité, ces animaux, tout en travaillant, vont prendre un certain embonpoint.

Ces chevaux, *engraissés* en une période variant de six mois à un an, sont, par l'intermédiaire de marchands, revendus à des prix oscillant entre 1,100 et 1,600 francs et dirigés plus spécialement sur la Brie, le Soissonnais, les camionnages de Paris, Nancy, Lyon, Marseille, etc.; vers l'étranger : l'Allemagne, la Belgique, la Suisse, etc.

Il est à remarquer que depuis la diffusion des machines agricoles (faucheuses, lieuses, etc.) dont l'emploi est devenu général, les conditions d'existence ont été moins douces pour le cheval qui, aux époques des grands travaux, subit même actuellement un certain surmenage qui n'existait jamais autrefois, alors que tout s'exécutait à bras. Aussi, cet engraissement se fait à l'heure actuelle avec beaucoup plus de lenteur et de difficulté que par le passé; pour remédier à cette nouvelle situation économique, il serait nécessaire d'entretenir dans chaque exploitation un plus grand nombre de chevaux pour fournir la même somme de travail. Cette observation justifie la hausse assez sensible qui s'est manifestée dans les cours des chevaux cette année. Les animaux se sont vendus 75 à 100 francs de plus qu'en 1905.

Boucherie chevaline. — Depuis une vingtaine d'années, la consommation de la viande de cheval est entrée dans les mœurs et s'est généralisée au point qu'il existe plusieurs boucheries chevalines dans chacune des villes des Ardennes. Avec la densité de la population industrielle du nord du département, il est facile de concevoir le nouveau débouché ainsi ouvert. Aussi tous les chevaux sains, abattus par suite d'accidents ou par raison d'âge, sont-ils sans exception livrés à la boucherie hippophagique. Les animaux sont vendus, selon taille ou poids, état de chair, etc., 80, 100, 150 et même 200 francs. Les poulains font naturellement prime sur le marché; le filet se vend 1 franc le demi-kilogramme, le reste 0 fr. 30 à 0 fr. 40.

Voici quelques chiffres empruntés à l'abattoir et à l'octroi de Charleville, et qui, pour cette ville seulement, donneront une idée de la progression sans cesse croissante de la consommation de la viande de cheval dans la région :

	VIANDE NETTE. — kilogr.		VIANDE NETTE. — kilogr.
1890	84,000	1900	110,400
1895	96,000	1905	150,700

Ainsi, en quinze ans, la consommation a pour ainsi dire doublé, pour une ville d'environ 18,000 habitants, dont la population ne s'est accrue, durant cette même période, que de 2,000 à 3,000 habitants.

ESPÈCES MULASSIÈRE ET ASINE.

La production du mulet n'existe pas dans les Ardennes; les quelques rares animaux (23 têtes) de cette catégorie qu'on y emploie proviennent d'importation; d'ailleurs, depuis la disparition des petits moulins et la création de routes à peu près partout, l'animal de bât n'a guère de raison d'être.

L'espèce asine est représentée par 784 têtes; l'âne, qui n'est l'objet d'aucun élevage ici, n'y est employé que par quelques petits maraîchers, quelques laitiers, la très petite culture, le commerce nomade du chiffonnage, etc. D'ailleurs ici, comme sur toute la frontière belge, c'est plutôt l'attelage de chiens qui est en vigueur, de même qu'autrefois le chien actionnait la roue dans chacune des boutiques des cloutiers.

ESPÈCE BOVINE.

Les chiffres empruntés à la statistique donnent, pour l'ensemble du département :

	têtes.		têtes.
Taureaux	1,816	Elèves d'un an et plus	24,188
Bœufs	6,778	Élèves de moins d'un an	19,800
Vaches	59,783		

Comme on le voit tout d'abord, le nombre des bœufs est relativement faible, comparé à celui des vaches laitières. Cela tient à ce que — contrairement à ce qui se passe dans l'ouest et le sud-ouest de la France — on n'entretient pas de bœufs de travail. En effet, sauf les sucreries d'Attigny, Vouziers, Saint-Germainmont, Ecly et les distilleries de betteraves d'Amagne, Coucy, etc., où l'on effectue les labours, extirpages, transports de fumier, de betteraves et de pulpes à l'aide de bœufs achetés dans le Nivernais, engraissés ensuite à l'étable, nulle part ailleurs en culture non industrielle le bœuf n'est utilisé comme animal de trait.

Le nombre de bœufs relevé doit être considéré comme un minimum ou population bovine sédentaire; il y a lieu de l'augmenter de la «population flottante» ou de passage, c'est-à-dire des bœufs d'embouche importés dans le département chaque année en mars-avril et liquidés de juillet-août à fin d'octobre.

Le département des Ardennes ne possède pas de race bovine spéciale, mais une population des plus hétéroclites, faite de croisements désordonnés. Rien ne donne mieux une idée de cet amalgame que la vue d'un troupeau communal de 300 à 400 têtes lors de sa rentrée au village au retour du pâturage. On trouve là des produits de croisements durham, flamand, normand, hollandais, etc.

Depuis longtemps, en effet, les associations agricoles du département, pour encourager l'amélioration des bovins du pays, mal définis, sans aptitudes bien marquées, se sont imposé des sacrifices en achetant chaque année, dans les pays d'origine, des reproducteurs d'élite pour les revendre ensuite aux enchères publiques — souvent avec une perte assez sensible — dans la circonscription du cercle ou du comice agricole et aux membres de ces associations, à charge par les acheteurs de conserver les taureaux tant qu'ils sont aptes à la reproduction (ce qu'une commission *ad hoc* a pour mission de constater et de contrôler), avec un prix modique pour la saillie, de façon à faire bénéficier de ces importations le plus grand nombre possible d'éleveurs.

Par suite, il a été répandu dans le département des durham, des normands et des hollandais, et il en est résulté les croisements les plus divers.

Longtemps on a opéré ainsi à titre d'essai. Les éleveurs ayant en vue la production du lait pour l'extraction du beurre avaient recours au normand; les emboucheurs lui préféraient naturellement un peu de sang durham pour améliorer les formes, diminuer la charpente grossière, trop développée, en même temps que donner un peu de précocité aux produits. Enfin, près des villes (Mézières, Charleville, Sedan, Rethel, Vouziers, etc.), où la vente du lait en nature constitue la spéculation presque exclusive, la race hollandaise avait nettement la préférence.

D'une manière générale, on peut dire que beaucoup de progrès ont été réalisés dans ces dernières années : on soigne mieux les animaux qu'autrefois, les conditions d'hygiène sont mieux observées. Cependant la majeure partie des animaux sont osseux, étroits et pointus de la croupe, à fanon très developpé; en un mot, grossiers et tardifs.

Mais il convient de constater que la plupart des éleveurs font de louables efforts pour améliorer leur bétail. Grâce au choix plus judicieux des reproducteurs, grâce aussi aux encouragements en nature et en espèces prodigués par les sociétés d'agriculture, les bonnes vacheries sont maintenant très nombreuses dans les Ardennes.

Les éleveurs ont, en général, donné la préférence à la race hollandaise. Chaque année, la majeure partie d'entre eux se rendent en Hollande et ramènent bon nombre de jeunes reproducteurs. Les comices et cercles procédant de même l'influence de ces importations s'est fait sentir d'une façon manifeste, et il existe aujourd'hui un excellent bétail hollandais pur ou croisé en de nombreux points du département.

Vaches et production du lait. — Aux environs des centres populeux comme Mézières, Charleville, Sedan, on rencontre des vacheries soit chez des nourrisseurs, en ville même ou dans la banlieue, soit chez de petits cultivateurs où sont entretenus presque exclusivement des animaux de race hollandaise. Le lait est conduit en ville une fois (le matin) en hiver, deux fois (matin et soir) en été, ou pris chez le nourrisseur lui-même; ce lait est vendu o fr. 20 et o fr. 25 le litre.

Les stations de chemins de fer de Tagnon et Le Châtelet (ligne de Charleville à Paris) en expédient quotidiennement à Reims des centaines de litres, pour la vente en nature.

Ailleurs, loin des centres populeux, le lait est livré à des beurreries, à des fromageries, ou converti à la ferme même en beurre et fromages maigres. L'industrie du lait achète ce liquide au litre ou au kilogramme; seule, la beurrerie coopérative de Carignan le paye au prorata de sa teneur en crème.

Dans les zones I et II (nord des Ardennes), notamment dans le «pays de Rocroi», on produit beaucoup de vaches pour le commerce. Celles-ci sont conduites en foires ou, plus généralement, achetées à domicile, prêtes à vêler ou fraîches vêlées, par des marchands pour être vendues ensuite aux nourrisseurs des villes ou aux laitiers des environs de celles-ci, dans le département et notamment en Champagne (zone III).

Le surplus et les meilleures de ces laitières sont expédiées sur Reims, Nancy, Paris, par les marchands précités. Leur prix, selon l'âge, la taille, les aptitudes laitières, varie de 450 à 550 francs, atteignant parfois 600 et 650 francs pour de très beaux sujets.

Les nourrisseurs s'empressent, le cas échéant, de se débarrasser des veaux dont l'élevage — en présence du prix élevé qu'ils retirent de la vente du lait — serait pour eux une spéculation onéreuse; ils sont vendus à la boucherie entre trois et cinq semaines.

Ailleurs, les veaux mâles sont, selon les circonstances, élevés pour la reproduction ou comme bouvillons pour l'engraissement.

En Champagne, on a conservé l'ancienne coutume de faire des «veaux blancs», veaux de lait de Champagne dont la vieille réputation sur les marchés de Reims et de Paris est bien connue.

Ils sont nourris avec le lait de plusieurs mères et absorbent, vers la fin de l'engraissement, jusqu'à 30 litres de lait par jour. Ces veaux, bien engraissés, sont vendus aux prix de 45, 50 et même 60 francs les 50 kilogrammes, poids vif. Les cours varient avec les saisons et l'importance des arrivages.

La valeur moyenne de ces veaux gras atteint facilement 200 francs. Cette spéculation de Champagne est renouvelée de la Dordogne, de la Haute-Vienne, où l'on procède de même avec des veaux de race limousine.

Les bouvillons d'un an valent de 100 à 200 francs; ceux de deux ans, 200 à 300 francs, selon taille, poids et avenir, le tout en vue de la continuation de l'élevage ou pour l'embouche.

Quant aux génisses, toutes celles qui promettent sont généralement conservées et élevées.

En un mot, pour la vente, le cultivateur s'organise de façon à avoir un nombre à peu près constant d'animaux dans son étable.

Quant aux vaches, les nourrisseurs les réforment dès que la lactation tombe au point de ne plus rémunérer suffisamment de la nourriture, des soins, etc., au plus tard vers 10 à 12 ans. Ces bêtes réformées, que l'on désigne ici sous le nom de «lignières», sont vendues directement à la boucherie quand leur état de chair le permet, ou à des courtiers, marchands ou commissionnaires en bestiaux, comme bêtes d'embouche.

Les vaches laitières procurent les plus sérieux bénéfices vers octobre, à l'entrée de l'hiver. C'est en effet l'époque de la recrudescence de la consommation du lait dans les villes, comme aussi celle de la reprise du plus haut prix du lait dans les beurreries et fromageries (ces établissements industriels payant le lait 0 fr. 10 et 0 fr. 12 le litre en hiver, contre 0 fr. 08 à 0 fr. 09 seulement en été).

Le régime des vaches laitières est le suivant :

1° Dans les deux premières zones : stabulation en hiver, pâturage exclusif en été.

2° En Champagne, stabulation permanente.

A l'étable, les vaches reçoivent en hiver des mélanges de pulpes, betteraves, choux, navets, drèches de brasserie, avec des menues pailles de céréales, fourrages ou pailles hachés, etc.; parfois, des farineux, grains concassé set tourteaux à dose légère. En été, le pâturage dans le Nord; à l'étable, en Champagne, des fourrages verts.

On réserve, pour les vaches laitières, des pâturages à proximité des bâtiments de ferme, pour faciliter l'opération de la traite. Les animaux sont rentrés chaque soir à l'étable.

Dans les pays de petite culture, il existe des pâtres ou vachers communaux conduisant (une ou plusieurs fois par jour) et gardant à vue le troupeau banal de vaches et élèves à la vaine pâture, après la première coupe des foins des particuliers et sur des terrains communaux.

En juillet, août, parfois septembre, selon la chaleur, les animaux sortent deux fois par jour : le matin après la traite, de 5 heures à 9 heures; le soir, après la traite également, de 4 heures à 9 heures. Plus tard, le pâtre ne sort plus les vaches qu'une fois, dans le milieu du jour, de 10 heures du matin à 3 ou 4 heures de l'après-midi; cette période comprend fin septembre, octobre et commencement de novembre, selon la rigueur de la température. Le salaire du pâtre est fixé, pour ces 4 à 5 mois, à 2 francs par animal.

Bêtes d'embouche. — Des pâturages couvrent une forte proportion de la surface du département; en dehors des prairies à une ou deux coupes, on trouve, en effet, dans les Ardennes, environ 40,000 hectares d'herbages, pâturages et pacages; principalement dans les deux zones nord et centre.

Les pâturages sont clos; la main-d'œuvre étant trop onéreuse pour garder à vue ou même faire pâturer au piquet. Les clôtures consistent généralement en piquets de bois (cœur de chêne, traverses de chemin de fer réformées), ou piquets de bois alternant avec des piquets fer à T ou cornière (un piquet bois contre quatre poteaux fer), ou enfin, tous piquets fer à T.

Chaque pâturage est pourvu d'un abreuvoir ou d'un gué. Il s'y trouve également quelquefois un abri naturel (bouquet ou massif d'arbres), ou un hangar pour permettre aux animaux de se garer contre les intempéries.

On plante souvent des haies au pied des clôtures métalliques, non pas tant comme défense que pour mieux limiter l'horizon. C'est là une excellente mesure de précaution pour les poulains, qui se livrent souvent à de véritables courses sans souci des lignes de fils qu'ils n'aperçoivent pas, ce qui provoque parfois des accidents.

L'exploitation de l'herbe se fait ou par des bovins seuls (c'est le cas le plus fréquent), ou mieux par des bovins auxquels on associe des chevaux ou poulains, combinaison permettant de réaliser une meilleure utilisation de l'herbage, les espèces végétales délaissées par les uns étant mises à profit par les autres. Ces animaux d'espèces différentes vivent d'ailleurs en parfaite harmonie.

Un herbage d'une certaine étendue est toujours divisé en «compartiments» au moyen de lignes de refend moins solidement établies que les lignes périmétriques; les animaux placés dans un premier compartiment en utilisent l'herbe radicalement, puis ils sont passés successivement dans chacun des autres, au fur et à mesure que l'herbe repousse.

Cette division ne peut avoir lieu toutefois qu'autant qu'il y a possibilité de donner accès à l'abreuvoir à ces diverses fractions. Quand on dispose d'un cours d'eau, d'une source abondante et surtout ne tarissant pas, c'est facile; mais parfois il faut capter l'eau assez loin, l'amener ou creuser un puits, le munir d'une pompe et d'un bac. Dans le cas le plus fréquent, on ne peut compter que sur les eaux pluviales dont la répartition laisse fréquemment à désirer, surtout à l'époque du pâturage. On creuse alors un abreuvoir dans le sol argileux imperméable, en lui donnant d'assez grandes dimensions pour que l'eau en s'y accumulant constitue une certaine réserve à la saison des pluies; l'un des côtés étant formé par un plan incliné à pente douce pour l'accès des animaux.

Les animaux sont mis en pâture du 1er au 15 avril selon les zones (dans le pays de Rocroi, plateau froid, 15 jours plus tard que dans la partie centrale), selon la température, l'état de la végétation, etc.

Les animaux y séjournent nuit et jour jusque fin octobre et même parfois jusqu'à la mi-novembre.

Les bêtes de pâtures consistent en jeunes bœufs de 2 ans 1/2, 3 et 4 ans, en vaches «lignières», poulains, juments, etc. On prend parfois des poulains en pension pour quatre à cinq mois, moyennant une redevance fixe de 80 à 100 francs.

Les jeunes bœufs sont parfois élevés, pour partie du moins, chez l'emboucheur; pour le reste, ces animaux sont achetés en mars-avril dans les étables ou sur les foires de la Meuse (Étain, etc); ou dans la Mayenne (durham-manceaux), les Côtes-du-Nord (bretons) quelques nivernais, des normands, etc. Ils sont amenés par wagons complets soit par les herbagers eux-mêmes, soit par des courtiers ou commissionnaires auxquels on donne 10 francs par tête pour l'achat.

Il y a vingt à vingt-cinq ans, la spéculation de l'embouche était plus facile, plus rémunératrice; les animaux maigres coûtaient sensiblement moins cher qu'actuellement. Avec l'extension prise par le métier d'emboucheur, les éleveurs ont revendiqué leurs droits aux bénéfices, ont tenu les cours plus fermes et le maigre se maintient à des prix très élevés.

Dès leur mise au parc, les animaux sont marqués et numérotés au fer rouge à la corne, parfois même vaccinés contre la péripneumonie. Chez les emboucheurs soigneux, ils sont pesés afin de pouvoir les suivre dans leur accroissement.

Le poids vif dont on charge l'hectare de pâture varie selon la qualité de l'herbage, de une demi-tête de bétail à une tête et demie, soit de 200 à 750 kilogrammes.

L'augmentation de poids vif à l'hectare varie de 100 à 150 et même parfois 200 kilogrammes chez certains sujets.

Dans les bonnes pâtures, traitées par les scories, on obtient facilement le maximum précité, et qui plus est, les premières bêtes peuvent être vendues de bonne heure, en juillet-août, à des cours beaucoup plus rémunérateurs qu'en fin de campagne, époque de liquidation où l'offre dépasse la demande.

Quand on met des vaches réformées en pâture pour l'engraissement, on joint souvent un taureau vers les derniers mois pour que lesdites vaches, récemment pleines, prennent plus facilement la graisse que lorsqu'elles en sont plus ou moins empêchées par le retour des chaleurs.

Les bœufs de petite taille, de même que les vaches, se vendent à la boucherie locale; le surplus est écoulé vers les villes de garnison de l'Est. Les animaux de choix vont sur Reims, Nancy, Bruxelles, etc.

On vend ou bien à la «branche», c'est-à-dire à forfait à la tête sans faire intervenir le poids; ou encore poids vif avec 40 kilogrammes de *jeûn*, ou poids vif, vingt-quatre heures de *jeûn*, ou enfin poids mort, viande nette, toutes conditions très différentes en apparence, mais qui, en définitive, donnent des résultats sensiblement égaux.

ESPÈCE OVINE.

Le département, exception faite des villes, consomme très peu de moutons. Au village, la boucherie ne tue que peu ou point d'ovins, le paysan dédaignant cette viande, malgré toutes les qualités qui la font rechercher en général. La base de l'alimentation des campagnards est le porc, puis le lapin, dont la consommation est également très importante; le bœuf et le veau viennent ensuite; le mouton, jamais. La consommation locale étant de ce chef très réduite, on peut considérer la production du mouton comme presque exclusivement faite en vue de l'exportation.

La population ovine du département, localisée en Champagne, dans ces sols crayeux qui lui sont si favorables, se décompose comme suit :

Béliers de plus d'un an	838
Brebis au-dessus d'un an	118,983
Moutons au dessus d'un an	32,668
Agneaux et agnelles de moins d'un an	57,429

Les races dominantes sont : le mérinos, le métis-mérinos et le dishley-mérinos dont le croisement n'est que d'un quart de sang anglais au plus.

Le mérinos et le métis-mérinos donneront de très bons sujets, lourds, une laine abondante et de très bonne qualité.

D'un autre côté, le dishley-mérinos, plus précoce, conviendra mieux chez un nourrisseur ne disposant que de ressources moyennes; mais si cet animal est d'entretien plus facile, il donne moins de viande et surtout moins de laine, cette dernière sensiblement de moindre qualité. Enfin il importe d'observer que le croisement du sang dishley avec le mérinos, poussé un peu trop loin, donne un animal dégénérant vite comme taille, bien que conservant une constitution normale. Il ne peut être obvié à cette dégénérescence qu'en introduisant de temps en temps dans le troupeau de bons béliers mérinos. Ceci s'observe surtout en terrain crayeux.

Le mouton existe dans tous les villages de la Champagne. Son abondance résulte moins de l'importance et de l'étendue du territoire que de la présence d'un bon berger communal permettant un groupement de petits cultivateurs pour constituer un troupeau collectif, et aussi de bergers particuliers pour les cultures plus importantes qui nourrissent 200, 300 et 400 moutons.

La décroissance constante du nombre de moutons n'a pas pour cause le manque de revenus, mais est plutôt la résultante du manque de bergers; cette pénurie commence à se faire sentir d'une façon inquiétante, malgré la bonne rétribution et les divers avantages dont bénéficient ces ouvriers agricoles. Ainsi bon nombre de bergers particuliers, nourris chez le patron, gagnent annuellement 600, 650 et jusqu'à 750 francs, ceci sans compter les pièces de vente des moutons.

Les bergers non nourris gagnent 1,200 à 1,400 francs par an, pièces en sus encore, soit 0 fr. 15 ou 0 fr. 20 par tête de mouton vendu. La plupart du temps, ces bergers ont encore le logement gratuit ce qui, tout compte fait, équivaut à un salaire annuel de 1,500 à 1,700 francs. Néanmoins, les bergers se font de plus en plus rares et ce n'est pas du côté des salaires qu'il faut chercher la cause de cet état de choses.

Doit-on l'attribuer à l'obligation d'un travail continuel pour le berger, travail sans fatigue il est vrai, mais ne permettant aucun répit, ni dimanches, ni jours fériés, pendant que son collègue, le domestique agricole, se repose, est au milieu de sa famille, va au cabaret, aux fêtes voisines?...

Serait-ce pour cela que les fils délaissent le métier de leur père et que les jeunes apprentis bergers sont extrêmement rares? Si l'on veut conserver le mouton en Champagne, il faut au plus tôt remédier à cette situation. Or, comme le cultivateur de son côté ne peut, à ce sujet, s'imposer de nouveaux sacrifices, c'est à ceux qui s'intéressent aux grandes questions agricoles à s'en préoccuper; aux comices, aux cercles de donner des primes plus sérieuses aux bergers, de récompenser le père qui destine son fils à reprendre sa profession, ou ceux enfin qui forment de jeunes bergers.

Il est grand temps d'agir en ce sens, car chaque jour bon nombre de troupeaux particuliers disparaissent faute de bergers et tous sont menacés du même sort, sauf peut-être les troupeaux communaux dont les bergers jouissent d'une plus grande liberté.

En général, les troupeaux champenois sont des troupeaux d'élevage, depuis les bergeries de 20 brebis jusqu'à celles de 150. A peine un dixième des propriétaires nourrissent des béliers et en font une spéculation.

Dans toutes les régions s'adonnant à l'élevage du mouton, il existe des éleveurs qui, par une sélection sérieuse, et en attribuant à chaque brebis le bélier qui lui convient, parviennent à créer un type de mouton bien supérieur à ceux des environs. Ce que cherchent les éleveurs en question, ce sont surtout les formes, la précocité et l'uniformité, l'homogénéité, toutes qualités essentielles à un beau troupeau. Il n'est pas rare chez ces éleveurs de voir des agneaux béliers de 6 à 7 mois atteindre le poids respectable de 50 à 55 kilogrammes et des adultes de 18 mois peser 110 et même

120 kilogrammes! A ces résultats s'adjoindra une bonne laine dont la finesse sera fonction des ressources et du sol.

Les béliers de nos contrées portent des cornes ou en sont dépourvus; le bélier sans cornes a toujours la préférence en Champagne; mais c'est là un préjugé, car ils peuvent donner, les uns et les autres, d'aussi bons produits.

Le bélier, comme reproducteur, se vend, à l'état d'agneau blanc de 6 à 7 mois, au prix de 100 et 125 francs, et adulte, aux prix de 200 et 250 francs.

Les étrangers, les Allemands surtout, achètent chaque année en France quelques-uns des meilleurs sujets mérinos et payent ces béliers adultes 700, 1,000 et 1,500 francs. Leur choix se porte surtout sur les béliers à laine fine, amples de formes et près de terre.

La monte a lieu presque toujours courant juin et juillet. Le berger donne généralement de 70 à 80 brebis à un même bélier. Cette monte dure cinq à six semaines.

L'agnelage a donc lieu courant novembre et décembre. C'est l'époque la plus convenable pour donner tous les soins désirables aux jeunes agneaux.

Ceux-ci restent sous la mère trois et quatre mois, après quoi ils commencent à recevoir une nourriture substantielle en rapport avec leur jeune âge : grains concassés, farine d'orge, son, bon foin artificiel, etc.

A cette époque a lieu la castration des mâles, opération faite à l'aide de cassots, de caoutchouc, etc.

A ce moment déjà, on donne à ces jeunes sujets deux destinations différentes : on distingue ceux destinés à l'engraissement et ceux devant aller au pâturage.

L'engraissement de l'agneau ne se fait que très peu en Champagne, où l'on ne dispose pas des aliments nécessaires (pulpes, regain, etc.). Cependant, depuis quelques années, cette spéculation tend à prendre de l'extension, par suite de la demande des bouchers de Reims. Cet engraissement porte non seulement sur les agneaux mâles, mais aussi sur les femelles défectueuses. Cette manière de procéder, bien que très coûteuse, n'en reste pas moins rémunératrice; c'est, en effet, le moyen d'obtenir le rendement maximum dans le moindre laps de temps possible et aussi d'éviter les accidents, notamment le « tournis » ou tœnia, qui peuvent survenir un peu plus tard.

Ces agneaux bien engraissés, sacrifiés à l'âge de 6 à 7 mois, atteignent un poids moyen de 40 à 45 kilogrammes; leur prix est d'environ 50 francs les 50 kilogrammes, avec réduction de 3 à 5 kilogrammes par tête, selon conventions.

Dans la presque totalité des troupeaux, les agneaux suivent les mères aux champs dès fin mars, vivant d'herbes, de luzerne, de sainfoin; puis sur les chaumes de blé et de seigle, et ceci avec un petit supplément de grains en gerbes donné chaque soir à la bergerie.

Arrivé fin août et fin septembre, époque des foires de Suippes (Marne), les premiers agneaux, alors âgés de 10 mois, sont vendus aux prix de 30, 35 et 38 francs à ceux qui nourrissent des moutons sans pratiquer l'élevage. A la même époque a lieu la vente des moutons antenais, dont le prix varie entre 40 et 45 francs, suivant leur taille et leur engraissement.

Chez les propriétaires de bergeries ne faisant pas l'élevage, les plus vieux moutons sont vendus à une certaine époque et remplacés par des jeunes qui, après avoir hiverné, sont mis aux champs l'année suivante.

4.

La vente des moutons se fait aux foires de Suippes (Marne), les 29 août, 21 septembre et 3 novembre. On ne voit plus à ces foires que 3,000 à 4,000 moutons, alors qu'il y a trente et quarante ans leur nombre atteignait 30,000 et même 40,000 têtes. Le commerce s'y fait entre cultivateurs d'abord, en prévision des remises d'hiver; on y rencontre également des marchands de la Somme, du Nord et de la Picardie. Ces foires passées, les bons moutons sont dirigés sur La Fère et Noyon (où, chaque mois, existe un marché franc) et, de là, conduits sur Rouen, les villes d'eaux, etc., où il se fait une consommation très active de viande de mouton. Généralement, après la rentrée du pâturage, les brebis oiseuses, c'est-à-dire celles n'ayant pas accepté le bélier, sont en bonne viande et se vendent au prix de 0 fr. 80 et 0 fr. 90 le demi-kilogramme de viande nette; elles sont achetées par les bouchers de Reims, Charleville, Sedan, Longwy, Verdun, qui, à cause de leur prix moindre, les préfèrent aux gros moutons.

Laines. — Chaque année, des acheteurs, agents des maisons de Reims, Roubaix, etc., recherchent les laines aussitôt la tonte; ils les achètent au cours, avec 2 et 4 p. 100 de droit. Pendant longtemps, ces cours étaient établis par les marchands eux-mêmes. Aujourd'hui, le marché central des laines, siégeant à Reims, procède à la vente aux enchères publiques des lots qui lui sont expédiés. Une vente de ce genre a lieu tous les quinze jours, d'avril à juillet, et tous les lots exposés, numérotés, portés sur le catalogue sont visités par les amateurs quelques jours à l'avance.

A la Bourse du commerce, ces laines sont adjugées sur enchères au plus offrant et le marché central prélève 0 fr. 09 au kilogramme sur le compte du vendeur. Ce marché attire tous les acheteurs de laines français et même quelques étrangers.

En 1906, les prix des laines en suint ont varié entre 2 francs, 2 fr. 25 et 2 fr. 50 pour les lots exceptionnels et, pour les lavées à dos, entre 3 fr. 80, 3 fr. 90, 4 francs et 4 fr. 25, le tout au kilogramme.

Ces cours sont ceux des laines de Champagne métis-mérinos et dishley-mérinos, peu croisées. Les laines fortement croisées de Dishley sont vendues 10 p. 100 en moins; il en est de même des laines mérinos très chargées du soissonnais (dites *boutées*) qui, en suint, n'ont pas atteint 2 francs le kilogramme.

Les lots les plus recherchés sont ceux de laine fine et légère, le marchand se basant sur le rendement pour cent en laine nette.

ESPÈCE PORCINE.

Elle est représentée par :

Verrats	202
Truies	2,862
Animaux à l'engrais de plus de 6 mois	29,958
Porcelets de moins de 6 mois	18,404

On élève relativement très peu de porcs dans le département des Ardennes, bien que la consommation de la viande de ces animaux y soit cependant considérable, surtout dans les campagnes. On comble le déficit par l'importation, d'une part, d'animaux gras; d'autre part, de porcelets qui sont engraissés dans le département.

Les porcs gras arrivent de La Villette par wagons complets en quantité considérable et sont plus particulièrement dirigés sur les villes (Charleville, 102 wagons complets par an; Sedan, etc.) et les centres industriels de la vallée de la Meuse.

Au village on engraisse, dans chaque ménage, un, deux ou plusieurs porcs pour les besoins de l'alimentation; rarement ces animaux ont été élevés sur place. Ils sont le plus communément achetés à des marchands de porcelets qui circulent de bourgade en bourgade avec des voitures chargées de jeunes animaux. Ces porcelets, qui viennent du département de la Meuse, du Boulonnais, de la Mayenne, etc., sont vendus, à un mois ou six semaines, à des prix extrêmement variables d'une année à l'autre; ainsi, cette année, ils atteignent le prix excessif de 65 francs et même 70 francs la paire, alors que certaines fois ce prix s'abaisse à 15 et 20 francs.

Il n'y a pas de race spéciale au pays, et très peu de reproducteurs de race anglaise. Les animaux appartiennent aux races lorraine, boulonnaise, craonnaise, mais sans caractères nettement définis.

ANIMAUX ET PRODUITS DE BASSE-COUR.

Les poules, lapins et autres animaux de basse-cour sont entretenus dans les fermes surtout en vue des besoins de l'alimentation du personnel de l'exploitation. Le surplus, y compris les œufs, est vendu, une, deux ou trois fois par semaine, à des marchands nomades nommés *coquetiers*, qui conduisent ces produits soit sur les marchés des villes, soit chez des revendeurs au détail.

Pendant les mois de mars, avril, mai, au moment où les œufs sont à très bas prix, quelques négociants en conservent dans un bain de chaux pour la période de pénurie.

Les œufs frais valent, en été, 70 francs les 1,040; en hiver, 120 francs; les œufs conservés, 87 francs les 1,040. C'est par plus de 100,000 œufs par semaine que l'exportation a lieu vers la Marne, Reims, etc. Quant aux animaux de basse-cour, ils ne sont l'objet d'aucune exportation hors le département.

ARIÈGE.

L'importance de la production animale du département de l'Ariège est égale, sinon supérieure, à celle de la production végétale.

ESPÈCES CHEVALINE, ASINE ET MULASSIÈRE.

La population chevaline est d'environ 9,000 têtes, qui se vendent aux foires d'Ax, de Tarascon et de Saint-Girons, et sont utilisés dans le pays.

La production mulassière est en décroissance; elle a eu une réelle importance autrefois. Les mules sont vendues aux foires de Carlat et de Laroque-d'Olmes à des marchands espagnols. Les mulets sont utilisés comme bêtes de somme par les meuniers du pays.

L'espèce asine comprend 9,000 têtes environ.

ESPÈCE BOVINE.

Le bétail bovin compte 102,000 têtes environ.

La production et l'élevage ont lieu dans les cantons de montagne. Les jeunes sont vendus aux foires d'Ax, Tarascon, Saint-Girons, Massat, Castillon.

Le bétail croît en travaillant et est ensuite engraissé dans les cantons de plaine de Pamiers et de Saint-Girons. Les foires où l'on vend les animaux de trait se tiennent à Foix, Saint-Girons, Pamiers, Varilhes, Saverdun. Les foires pour bêtes de boucherie se tiennent surtout à Pamiers, Varilhes, Saverdun. Les gares de Pamiers, Foix, Varilhes, Saverdun accusent une exportation de 16,000 têtes qui sont surtout expédiées dans les villes du Sud-Est.

Le lait est surtout utilisé pour la consommation locale.

La production du beurre varie autour de 1,500 quintaux; le centre de vente est Saint-Girons.

La production du fromage varie autour de 1,500 quintaux. La fabrique la plus importante est celle d'Oust, qui fait le camembert; puis viennent les fabriques de fromage dit *des Pyrénées*.

ESPÈCE OVINE.

L'espèce ovine est représentée par 310,000 têtes environ.

La production et l'élevage se font surtout en montagne, mais les fermes les plus riches de l'arrondissement de Pamiers entretiennent fréquemment des troupeaux d'élevage dont les jeunes agneaux sont vendus à la boucherie. Les jeunes des troupeaux de montagne sont vendus aux foires d'Ax, Tarascon, Saint-Girons, Castillon.

L'engraissement est pratiqué dans les riches cantons de la plaine. La boucherie achète aux foires de Saint-Girons, Foix, Pamiers, Varilhes, Saverdun. Les gares de ces villes accusent une exportation de 100,000 têtes qui sont dirigées sur les villes du Sud-Est ou sur Paris.

Les laines sont vendues dans des foires spéciales appelées «foires de la laine», à Pamiers, Foix et Saint-Girons.

ESPÈCE PORCINE.

La population porcine s'élève à 60,000 têtes environ. La production des jeunes se fait surtout dans la plaine de Pamiers; l'élevage et l'engraissement sont pratiqués dans tout le département.

Les porcs sont vendus dans les foires de Pamiers, Foix, Saint-Girons, Varilhes, Saverdun. Ces gares accusent une exportation de 12,500 têtes pour la région du Sud-Est.

ANIMAUX ET PRODUITS DE BASSE-COUR.

La production de la volaille constitue une spéculation assez importante pour l'agriculture du département. La dernière statistique faite à ce sujet évalue à 364,000 le nombre de têtes de l'espèce galline. L'exportation peut être évaluée à 100,000 têtes environ. Elle a lieu par les marchés de Pamiers, Foix et Saint-Girons.

La production des œufs suit la production galline. On peut l'estimer à 12,000,000. Le prix des œufs a doublé depuis que les marchands de Toulouse viennent les enlever sur nos marchés.

L'élevage de l'oie est aussi important dans le département. Les oies sont parfaitement engraissées et sont, généralement, consommées par le paysan qui les produit. Les foies d'oie sont vendus sur les marchés de Foix et Pamiers. On en fabrique des pâtés excellents, à Foix notamment, où quelques maîtres d'hôtel ont donné à cette fabrication une réelle importance.

Le département produit 40,000 kilogrammes de miel et 10,000 kilogrammes de cire environ.

L'association pour la vente n'est pas pratiquée dans le département et elle ne semble pas appelée à s'y implanter. En effet, les marchés sont nombreux et rapprochés, ce qui donne satisfaction à la consommation locale, et, en ce qui concerne l'exportation, la concurrence de nombreux acheteurs assure la vente à des cours satisfaisants.

AUBE.

Par la nature de son sol et son climat, le département de l'Aube ne constitue pas une région distincte. Il forme un trait d'union, une sorte de zone neutre entre d'autres régions naturelles mieux caractérisées; aussi, lorsqu'on l'envisage au point de vue spécial des spéculations zootechniques, on constate qu'il ne possède aucune race localisée, quelle que soit l'espèce animale considérée; il reste tributaire des départements voisins, dont les races transgressent plus ou moins vite et se pénètrent entre elles par voie de croisements indéfinis.

Les entreprises relatives aux diverses productions animales y sont donc variées, mais ne présentent rien de bien spécial. L'Aube reste, à ce point de vue, un département de facile pénétration, n'ayant aucune barrière naturelle à opposer contre l'envahissement qui se produit de la part des régions voisines.

Une telle situation, si elle présente quelques avantages, entraîne par contre des inconvénients nombreux.

ESPÈCE CHEVALINE.

Tous les sols de l'Aube sont, en général, légers et d'une culture facile; le cheval est à peu près exclusivement employé comme animal de trait en agriculture, et pourtant la population chevaline est peu élevée, eu égard à l'étendue des terres arables.

Il existait, dans l'Aube, 35,000 chevaux de tout âge en 1882; la statistique en accuse 32,600 en 1892, puis, 32,200 et 32,300 en 1902 et 1905. Cette population reste à peu près stationnaire depuis 1892, mais elle avait diminué, sans compensation, pendant la période décennale précédente. Y a-t-il corrélation entre cette diminution et la dépopulation des campagnes? Il est permis de le supposer.

Sur les 32,000 chevaux actuellement existants, on peut évaluer de 25,000 à 26,000 le nombre des chevaux de trait d'âge adulte, le supplément étant formé par les jeunes poulains, les chevaux de selle et les reproducteurs. Sur un tel effectif, il faut renouveler annuellement 2,500 à 2,800 unités; or, il naît seulement 550 à 600 poulains; pour le complément, le département de l'Aube importe des autres départements.

On se livre plus spécialement à la production et à l'élevage du cheval dans la vallée de l'Aube, entre Bar-sur-Aube et Brienne-le-Château; à Chavanges, puis dans le canton de Lusigny et les environs de Troyes; enfin, à un titre moindre, auprès de Bar-sur-Seine.

Il existe dans le département, pour 1906, 21 étalons approuvés, dits *rouleurs* et 14 étalons de l'administration des Haras, provenant du dépôt de Montiérender (Haute-Marne), et répartis dans les cinq stations de Bar-sur-Aube, Vendeuvre, Brienne-le-Château, Chavanges et Bar-sur-Seine. Ces étalons comprennent 7 chevaux demi-sang (aux Haras) et 28 chevaux de trait, qui appartiennent aux races percheronne, ardennaise, boulonnaise et nivernaise, ou à des croisements de ces races entre elles. Les chevaux percherons légers sont préférés parce qu'ils travaillent à allure assez vive, ce qui convient aux sols du département, et qu'ils fournissent le cheval dit *à deux fins*, très recherché par la petite et la moyenne culture. Les ardennais sont estimés pour leur robusticité et leurs exigences réduites; on apprécie moins les chevaux des autres races.

Le département de l'Aube achète les jeunes animaux de remplacement soit au sevrage (ils se payent couramment de 300 à 500 francs), soit, plus généralement, entre 18 mois et 2 ans, au moment de les soumettre au dressage, soit enfin à l'âge adulte, vers 4, 5 et 6 ans, comme chevaux de travail. On paye 500 à 800 francs les poulains de 18 mois à 2 ans, 800 francs à 1,200 francs les chevaux adultes.

Exceptionnellement, les propriétaires vont s'approvisionner directement dans le Perche, le Boulonnais, les Ardennes ou le Morvan; le plus souvent, ils s'en remettent pour ce soin à des négociants qui puisent aux mêmes sources.

Des foires aux chevaux assez importantes se tiennent à Troyes, Dienville, Bar-sur-Aube, Brienne, Chavanges et Nogent-sur-Seine; celles de Dienville, localité située au centre de la région de production du cheval dans l'Aube sont particulièrement réputées; bien qu'en décroissance depuis quelques années, elles réunissent encore 400 et 500 chevaux à certaines foires d'hiver.

Actuellement, le commerce des jeunes chevaux se fait de plus en plus à l'écurie; on ne voit guère figurer sur les champs de foire que les sujets les plus ordinaires ou les vieux chevaux.

Tous les chevaux finissent leur carrière soit à l'abattoir, soit à l'atelier d'équarrissage. La consommation de la viande de cheval a fait de rapides progrès dans la région. La ville de Troyes en débite annuellement 1,200 à 1,600 têtes; la viande se vend suivant qualité 0 fr. 80 à 2 francs le kilogramme. L'âge moyen d'abatage est de 16 à 17 ans; la période de travail fournie par un cheval de trait est donc de 12 ans en moyenne.

ESPÈCES MULASSIÈRE ET ASINE.

Il y avait dans l'Aube 134 mulets en 1882, 34 seulement en 1892; le nombre a varié de 44 à 53 de 1902 à 1905. Tous sont importés dans le département par des négociants en bestiaux.

Un peu plus nombreux sont les ânes, qui rendent des services aux petits propriétaires dans les régions viticoles plus accidentées du sud du département. On en comptait 801 en 1882, 482 en 1892, 450 et 463 en 1902 et 1905. Aucun de ces animaux n'est originaire du département. On ne saurait d'ailleurs dire à quelle race appartiennent plus spécialement les mulets et les ânes, le commerce se les procurant à des sources très diverses.

Les uns et les autres finissent leur carrière, comme les chevaux, soit à l'abattoir, soit dans les ateliers d'équarrissage.

ESPÈCE BOVINE.

Les populations bovines du département de l'Aube se répartissent entre diverses races. Les races tachetées des Alpes et du Jura (montbéliarde, fribourgeoise, bernoise, simmenthal) occupent surtout le sud-est du département (arrondissement de Bar-sur-Aube) et une partie de la Champagne crayeuse; elles sont numériquement les mieux représentées dans le département. La race schwitz est plus localisée dans l'arrondissement de Bar-sur-Seine qui avoisine le Châtillonnais, où on l'exploite depuis longtemps déjà. La race normande fournit la majorité des vaches laitières qui se rencontrent dans l'arrondissement de Nogent-sur-Seine; de là elle remonte, par la vallée de l'Aube, jusqu'à Arcis-sur-Aube, et, par la vallée de la Seine, jusqu'à Troyes et même au delà, sur Saint-Parres-lès-Vaudes et les environs de Bar-sur-Seine.

A titre exceptionnel, il faut signaler l'existence de quelques étables de vaches flamandes, hollandaises, ainsi que des charolaises et des durham.

La promiscuité d'un aussi grand nombre de races, dans un pays de petite exploitation où chaque propriétaire ne possède pas son taureau, a pour conséquence la création de croisements nombreux, dus au hasard bien plus qu'à toute autre cause, et dont les résultats ne sont pas toujours heureux.

Comme on ne se livre pas à l'élevage proprement dit, les qualités de pureté de race semblent secondaires aux exploitants qui se préoccupent essentiellement de l'aptitude laitière des sujets choisis.

Les tentatives d'introduction de vaches appartenant aux grandes races laitières (hollandaise, flamande et normande) n'ont pas toujours été couronnées de succès; le climat sec et la nature perméable du sol ne permettent pas l'entretien de bons pâturages; aussi la production en lait diminue rapidement chez les sujets importés parmi ces races et la dégénérescence se manifeste très rapidement. Par contre, les races de l'Est (tachetées et brune des Alpes) se trouvent dans de meilleures conditions relativement à leur acclimatement; elles doivent de plus en plus empiéter sur les autres races bovines exploitées dans l'Aube.

Voici quels ont été le mode de répartition et les variations survenues dans la population bovine du département de l'Aube pendant les vingt-cinq dernières années :

ANNÉES.	TAUREAUX.	BŒUFS		VACHES PLEINES ou À LAIT.	ÉLÈVES			TOTAL des EXISTANTS.
		de TRAVAIL.	D'ENGRAIS.		DE PLUS D'UN AN. MÂLES.	DE PLUS D'UN AN. FEMELLES.	DE MOINS D'UN AN.	
1882.........	983	321	223	70,259	517	7,508	14,811	94,619
1892.........	1,079	249	244	65,879	584	10,450	14,825	93,310
1902.........	1.152	285	457	66,346	572	8,694	6,487	83,993
1905.........	1,283	779		66,400	10,477		7,213	86,152

Comme on le voit, le nombre des animaux entretenus a plutôt tendance à diminuer, alors que les produits vont en s'accroissant par suite de l'amélioration qui se constate dans les méthodes d'alimentation et d'exploitation.

On constate aussi une l'augmentation progressive et continuelle du nombre des taureaux, ce qui semble un indice évident de l'amélioration des étables; de plus en plus les propriétaires et les fermiers se décident à avoir leur taureau particulier dès que leur étable est de moyenne importance, alors qu'on se contentait jusqu'ici du taureau banal ou communal.

Les bœufs de travail sont en nombre insignifiant; leur utilisation est d'ailleurs très restreinte : il en existe aux environs de la sucrerie de Nogent-sur-Seine, dans les grandes exploïtations où ils effectuent le transport des betteraves et des pulpes; on les emploie également dans la zone des grandes forêts du département de l'Aube (cantons de Chaource, Lusigny et Piney), où ils servent aux charrois de bois d'œuvre vers les scieries mécaniques et principalement vers la ville de Troyes.

Depuis quelques années, il a été créé une certaine étendue de pâtures, plus particulièrement dans la zone à sol compact et humide de l'infra-crétacé. Sans constituer de véritables embouches, ces pâtures suffisent à engraisser des bovins qui sont ou des vaches de réforme, ou des jeunes bœufs que l'on fait venir du Morvan ou du Parthenais et que l'on livre ensuite à la boucherię après un séjour de cinq à six mois au pâturage.

C'est une spéculation nouvelle encore, mais qui semble en voie d'extension dans le département. Les bœufs gras s'expédient ordinairement sur le marché de La Villette; les sujets médiocres sont consommés sur place (marchés de Troyes et autres villes du département).

Les vaches laitières constituent dans l'Aube la grande majorité du troupeau bovin.

Les vaches sont surtout abondamment entretenues aux environs des villes, qui fournissent un précieux débouché pour la vente du lait. Dans un grand nombre de petites bourgades du département, il existe une population industrielle assez élevée qui se livre à la confection de la bonneterie; dans tous ces centres, les agriculteurs visent à la production du lait qui devient ainsi la spéculation dominante dans tout le département.

On conserve les vaches laitières jusqu'à 8 et 9 ans en moyenne, ce qui oblige à réformer chaque année environ 1/6 de l'effectif, soit 10,000 à 12,000 sujets.

Le nombre des veaux que l'on fait naître annuellement varie de 42,000 à 45,000, ce qui laisse supposer l'existence d'un nombre égal de vaches laitières; pour le supplément, elles sont introduites principalement des départements de l'est de la France, Doubs, Haute-Saône, Haute-Marne, Côte-d'Or, ainsi que de Normandie; il en arrive même de Suisse, qu'on achète à l'état de veaux ou de génisses.

Le commerce des vaches laitières se fait sur le champ de foire, notamment à Troyes et Nogent-sur-Seine; pourtant les affaires se traitent de plus en plus exclusivement par l'intermédiaire des négociants en bestiaux.

L'élevage est fort peu pratiqué dans l'Aube ; sur 42,000 à 45,000 veaux qui naissent chaque année, les 4/5 vont à l'abattoir; on sèvre ces jeunes animaux à 4 ou 5 semaines, afin de disposer du lait pour la vente en nature. Ces veaux s'en vont soit à la boucherie locale, soit chez des agriculteurs plus éloignés des centres populeux qui se livrent à la production des veaux gras. Ceux-ci sont soumis à une alimentation intensive et à un régime anémiant ; ils sont ensuite achetés par des négociants qui les dirigent sur le marché spécial de La Villette, qui se tient les lundi et jeudi de chaque semaine. L'Aube expédie annuellement 12,000 à 15,000 veaux gras sur Paris; les cours pratiqués varient de 0 fr. 80 à 1 fr. 10 le kilogramme de poids vif, ce qui fait ressortir le prix moyen d'un animal entre 150 et 200 francs.

La consommation annuelle du département est d'environ 16,000 à 20,000 bovins adultes, et de 30,000 à 35,000 veaux. Sur ces nombres, la ville de Troyes intervient pour 3,800 à 4,500 bovins adultes et 8,000 à 10,000 veaux, soit un quart de la consommation totale. Le poids moyen en viande nette des animaux abattus est de 350 kilogrammes pour les taureaux, 325 kilogrammes pour les bœufs et 220 kilogrammes pour les vaches de tout âge; il est de 72 kilogr. 500 pour les veaux abattus dans le département, mais les meilleurs sujets s'expédient sur Paris.

Il s'établit pour les bovins adultes un double courant; tandis que les marchés locaux, et principalement celui de Troyes, s'alimentent par des importations venant des départements voisins (Côte-d'Or, Yonne, Nièvre) et aussi du marché de La Villette, à Paris, l'Aube expédie du bétail de boucherie dans l'est de la France (villes de garnison de Meurthe-et-Moselle, de la Meuse) et vers les camps de Châlons-sur-Marne et de Mailly, pendant la période des manœuvres. Au contraire, pour les veaux, l'approvisionnement se fait presque exclusivement sur place. Toutefois l'arrondissement de Nogent-sur-Seine importe beaucoup de veaux des environs de Provins (Seine-et-Marne) pour les engraisser et les revendre comme veaux gras.

L'élevage des génisses est spécialisé dans les communes ou fermes éloignées des centres; encore est-il considéré en général comme peu lucratif; on importe annuellement plus de la moitié de la partie de l'effectif qui se renouvelle, soit 5,000 à 6,000. On achète les vaches entre 3 et 6 ans; on les revend entre 8 et 10 ans.

Lait. — Le département de l'Aube fournit annuellement 750,000 à 800,000 hectolitres de lait qui se vend au prix moyen de 0 fr. 125 le litre; les cours extrêmes varient de 0 fr. 08 à 0 fr. 25 suivant les débouchés.

Depuis peu, le ramassage du lait se fait par des industriels aux environs de Nogent-sur-Seine, Romilly, Villenauxe et Méry, en vue de l'expédition sur Paris où il est vendu en nature. On cherche actuellement à étendre ce rayon d'approvisionnement dans le sens des grandes voies ferrées et jusqu'au delà de la ville de Troyes; le canton de Lusigny semble convenir particulièrement à cet effet; les tarifs spéciaux de la Compagnie des chemins de fer de l'Est permettent en effet de déposer sur le marché de Paris, après un trajet de 200 kilomètres, des laits dont le prix de revient n'excède pas ceux provenant du nord de Paris ou de l'ouest, dans un rayon moitié moindre.

Les agriculteurs se sont ressentis de cette demande active du lait; aussi ils se préoccupent à juste titre de l'augmentation de cette production qui se présente avantageuse, comparativement aux spéculations précédentes. Plus loin des villes ou des voies ferrées, des laiteries s'organisent, tantôt sous le régime coopératif, tantôt entre les mains de particuliers. Dans ce cas, on se livre plus particulièrement à la fabrication du beurre et du fromage.

Beurre. — On fabrique chaque année 650,000 à 750,000 kilogrammes de beurre qui se vend en totalité, ou presque sur les marchés du département, au prix de 2 fr. 20 à 3 francs le kilogramme. On utilise depuis quelques années un outillage perfectionné, écrémeuses, malaxeurs, etc.; les beurres ainsi obtenus font prime sur les marchés locaux. La quantité fabriquée dans l'Aube est insuffisante pour les besoins de la consommation; il est importé des beurres de la Haute-Saône, de la Haute-Marne, de la Côte-d'Or et aussi de Normandie. Par contre, l'Aube expédie des beurres de centrifuge dans les villes de l'Est (Meuse, Meurthe-et-Moselle) et du Centre (Nevers, Bourges, etc.).

La recherche du lait en nature explique pourquoi on ne constate pas un accroissement plus sensible dans la production du beurre, malgré l'élévation des prix qui, de 2 fr. 19 le kilogramme en 1882 et 2 fr. 28 en 1892, sont montés à 2 fr. 60 et 2 fr. 80 en 1905 et 1906.

Fromages. — L'Aube produit surtout des fromages fermentés à pâte molle. On fabrique, dans la vallée de l'Armance, un fromage connu sous le nom d'*Ervy* ou de *Chaource*, indiquant les localités d'origine; ce fromage ressemble d'ailleurs à celui fabriqué sur les confins du département de l'Yonne et vendu sous le nom de *Soumaintrain* ou *Saint-Florentin.*

Aux environs de Troyes, à Barberey, Bouranton, la Chapelle-Saint-Luc, on produit un fromage intermédiaire entre le brie et le camembert et vendu sous le nom de *Troyen*. Il s'écoule presque en totalité sur le marché de la ville de Troyes. Sa fabrication était autrefois spécialisée dans les petites exploitations et rentrait dans les attributions de la fermière; actuellement, il existe un certain nombre de laiteries industrielles qui se livrent en grand à cette production. Les laitiers payent 0 fr. 09 à 0 fr. 12 le litre de lait et vendent 1 fr. 80 à 2 francs le kilogramme de fromage obtenu avec une moyenne de 12 à 14 litres de lait.

La laiterie coopérative de Granville expédie beaucoup de fromages du même genre sur Mailly (camp), Châlons-sur-Marne et Nancy.

Le fromage d'Ervy s'exporte sur Paris et le centre de la France. On importe du gruyère, du brie et du camembert.

Cuirs verts. — Les peaux des animaux passés par l'abattoir ou l'atelier d'équarrissage sont exportées dans les départements voisins possédant de nombreuses tanneries, notamment sur la Côte-d'Or et la Marne.

Il n'existe pas de marché aux cuirs dans l'Aube; les bouchers livrent directement aux tanneurs (Bar-sur-Aube et Bar-sur-Seine). A Troyes, le syndicat de la boucherie possède un local pour la conservation des peaux salées et roulées. Le syndicat traite ensuite par voie d'adjudication, tous les deux ou trois mois, avec de grands négociants de Dijon et de Reims, villes où il existe des marchés spéciaux de ces produits.

Les cours actuels des cuirs verts sont de 1 fr. 05 le kilogramme pour taureau, 1 fr. 28 à 1 fr. 375 pour bovins adultes, 2 francs à 2 fr. 19 pour veaux et 1 franc à 1 fr. 18 pour moutons.

ESPÈCE OVINE.

S'il est une exploitation animale qui semble bien à sa place dans le département de l'Aube, c'est celle des ovidés. Cependant la statistique enregistre une diminution très caractéristique dans l'importance des troupeaux entretenus en 1882 et en 1892. La principale cause réside dans l'avilissement du cours des laines pendant la même période; d'autre part, la propagation de l'emploi des engrais chimiques ou complémentaires a eu pour conséquence la suppression partielle de la jachère nue et la réduction du parcours pour les troupeaux ; enfin il faut joindre une dernière cause, la rareté des bons bergers.

Pourtant, de 1892 à 1905, on constate une légère augmentation de l'effectif des troupeaux. Les existences constatées à ces dates différentes sont relatées dans le tableau qui suit :

ANNÉES.	BÉLIERS.	MOUTONS DE PLUS DE DEUX ANS.	BREBIS ADULTES.	AGNEAUX ET AGNELLES.	TOTAL des EXISTENCES.
1882	1,226	73,304	87,618	88,628	250,766
1892	995	43,539	68,921	74,848	188,303
1902	838	35,154	83,731	78,682	198,405
1905	1,095	48,835	105,735	53,595	209,260

Il existait autrefois beaucoup de petits troupeaux entretenus à la campagne par des propriétaires de moyenne ou de faible importance, et réunis sous la conduite d'un berger communal. Aujourd'hui, la spéculation ovine se restreint de plus en plus aux seules grandes exploitations disposant par elles-mêmes d'un parcours suffisant ; elle porte en outre presque exclusivement sur des races à laine fine : mérinos amélioré, qui se rencontre surtout dans l'arrondissement de Bar-sur-Seine et les plateaux jurassiques du sud-est du département ; croisements mérinos et dishley-mérinos, plus particulièrement localisés dans le nord du département (arrondissements d'Arcis-sur-Aube et Nogent-sur-Seine).

On fait naître, chaque année, 100,000 à 110,000 agneaux, sur lesquels on élève la presque totalité des femelles, plus les meilleurs mâles, en vue de la sélection des béliers. Les agneaux mâles sont castrés, puis engraissés tout jeunes pour la boucherie ; c'est ce mode nouveau de spéculation qui explique l'importante diminution constatée dans les existences des moutons adultes. Les agneaux gras sont vendus en grande partie à Paris (marché de La Villette), tandis que les brebis de réforme sont mises en état et vendues sur les marchés locaux.

Il s'expédie annuellement 25,000 à 30,000 ovins de l'Aube sur le marché de La Villette, où ils font prime et se vendent couramment de 0 fr. 80 à 1 franc le kilogramme de poids vif.

D'autre part, la consommation de la viande de mouton s'est accrue dans des proportions considérables dans le département de l'Aube depuis un quart de siècle ; elle portait sur 30,000 têtes en 1882, s'élevait à 35,000 en 1892, et atteint 40,000 à l'époque actuelle, laissant encore, comme on le voit, des disponibilités considérables sur les 70,000 à 80,000 ovins qui peuvent être livrés chaque année à la vente.

On n'importe pas de moutons dans l'Aube, exception faite pour quelques reproducteurs de choix mâles et femelles que les grands éleveurs vont chercher à l'École nationale d'agriculture de Grignon et chez les spécialistes du département de l'Aisne pour ce qui concerne les dishley-mérinos et dans les meilleures bergeries du Châtillonnais, lorsqu'il s'agit du mérinos amélioré.

Nous croyons pourtant devoir signaler encore l'introduction dans quelques fermes de l'infra-crétacé de quelques troupeaux de moutons solognots ou berrichons qui sont achetés maigres, à la veille de l'hiver, sur les foires du Cher ou de l'Indre et entretenus en vue d'utiliser les ressources fourragères disponibles. Les brebis mères donnent un agneau au printemps; après la période d'allaitement, elles sont engraissées et livrées à la boucherie, ainsi d'ailleurs que les agneaux gras.

Les principales foires aux moutons se tiennent à Nogent-sur-Seine, Arcis-sur-Aube et Troyes. Mais le commerce des ovins se concentre de plus en plus entre les mains de négociants qui achètent à la ferme et expédient directement sur les abattoirs sans passer par les marchés.

La reprise constatée en 1906 sur les cours des laines, et la hausse constante sur les prix de la viande de mouton devront déterminer un nouvel accroissement dans l'importance des troupeaux.

Laine. — En 1882, il a été tondu, dans le département, 227,480 ovins, donnant au total 666,516 kilogrammes de laine, dont le prix de vente moyen était de 2 fr. 60 le kilogramme; en 1892, il fut tondu seulement 147,910 animaux, fournissant 387,050 kilogrammes de laine à 1 fr. 60 le kilogramme; il y avait alors une baisse considérable sur ce produit et beaucoup de propriétaires abandonnaient leurs troupeaux. Les cours se sont maintenus très bas jusque vers 1900, mais depuis lors, il y eut une reprise progressive qui n'a fait que s'accentuer en 1906. En 1902, l'Aube a produit 104,000 kilogrammes de laine en suint vendue 1 fr. 26 le kilogramme, et 252,878 kilogrammes de laine lavée à dos du prix de 2 fr. 22 le kilogramme. En 1906, on a payé 1 fr. 75 à 2 francs le kilogramme de laine en suint et 3 francs à 3 fr. 50 la laine lavée à dos.

La vente des laines se fait par l'entremise d'intermédiaires qui revendent aux grandes filatures du Nord (Tourcoing, Roubaix, Lille), ou qui expédient par lots importants aux marchés spéciaux de Dijon et Reims créés depuis quelques années.

La foire de Saint-Phal (Aube) et celle de Troyes, dite *de la Saint-Jean*, sont des lieux de rendez-vous des producteurs et des négociants ou intermédiaires avec lesquels se traitent les marchés.

ESPÈCE CAPRINE.

La «vache du pauvre» trouve sa place tout indiquée, d'une part, chez les petits propriétaires exploitants des régions viticoles situées au sud du département; d'autre part, dans toutes les grandes exploitations de la Champagne proprement dite (arrondissements de Nogent-sur-Seine et Arcis-sur-Aube), où elle sert à la conduite des troupeaux. Leur nombre est très restreint: il s'élevait à 5,122, en 1882, dont 175 boucs, 4,244 chèvres et 703 chevreaux; il se réduit à 4,014 en 1892, avec 211 boucs, 3,392 chèvres et 411 chevreaux; il se maintient à 4,000 environ de 1902 à 1905, montrant ainsi une diminution, peu sensible il est vrai, mais ininterrompue.

Il naît annuellement 3,000 à 3,500 chevreaux, sur lesquels il en est consommé 1,500 environ dans le département; la consommation porte également sur 400 chèvres et boucs adultes, dont le poids moyen en viande nette varie de 20 à 25 kilogrammes; les chevreaux donnent chacun 4 à 5 kilogrammes de viande.

Le lait de chèvre est utilisé directement pour la consommation dans les petites exploitations ou mélangé au lait de vache dans les fermes plus importantes. Il ne fait jamais l'objet d'une transformation en produits spéciaux.

ESPÈCE PORCINE.

Voici le relevé des existences comparées, lors des trois dernières statistiques décennales agricoles et en 1905 :

ANNÉES.	VERRATS.	TRUIES.	PORCS À L'ENGRAIS.	PORCELETS.	TOTAL des EXISTENCES.
1882	54	977	29,621	6,290	36,942
1892	40	678	27,696	5,750	34,164
1902	36	352	25,521	" [1]	25,909 [1]
1905	37	324	27,797	" [1]	28,158 [1]

[1] C'est encore une diminution progressive qui s'enregistre ici ; mais elle est moins importante qu'elle ne le semble en réalité, le nombre des porcelets ne figurant pas dans les deux plus récentes statistiques dont les chiffres figurent au tableau.

L'exploitation du porc, pourtant lucrative, est de plus en plus abandonnée à la ferme, depuis qu'à la consommation de la viande de porc salé est venue se substituer en grande partie celle de la viande de boucherie ; elle tend à se localiser entre les mains d'éleveurs spécialistes. La consommation annuelle du département de l'Aube exige 30,000 à 50,000 porcs gras, le nombre variant d'ailleurs dans de grandes proportions d'une année à l'autre, suivant les cours pratiqués. A elle seule, la ville de Troyes reçoit pour ses besoins 8,000 à 10,000 animaux par an, qui fournissent en moyenne 65 à 70 kilogrammes de viande nette. Depuis très longtemps déjà, la fabrication de la charcuterie est importante à Troyes où une foire aux jambons, créée dès 1534, a lieu le jeudi qui précède Pâques ; elle réunit encore chaque année 1,500 à 2,000 jambons.

L'Aube ne fournit pas suffisamment de porcs gras pour suffire à ses besoins ; le supplément vient de l'Est (environs de Nancy), de la Mayenne et du marché de La Villette.

Les naissances des porcelets sont loin d'être suffisantes ; on importe des jeunes animaux de Meurthe-et-Moselle, du Bourbonnais et du Morvan ; le commerce s'en fait exclusivement par des négociants qui vendent au détail soit sur les champs de foire, soit dans chaque ferme, où ils vont faire leurs offres à la clientèle des agriculteurs.

ANIMAUX ET PRODUITS DE BASSE-COUR.

Tous les animaux de basse-cour que l'on élève dans le département de l'Aube sont destinés essentiellement à la consommation locale. Il existe approximativement 650,000 à 700,000 poules de race commune, 30,000 oies, 35,000 canards, 17,000 dindes, 120,000 pigeons et 250,000 lapins domestiques. Les autres espèces ne méritent même pas une mention dans cette nomenclature. L'élevage ou l'engraissement de ces espèces ne fait jamais l'objet d'une exploitation méthodique ou spéciale. Toutes les disponibilités s'écoulent sur le marché local ; les villes complètent en outre leur approvisionnement, en ce qui concerne les poulardes grasses, en Bresse et dans la Sarthe.

Bien que la production des œufs soit assez abondante, on n'en fait que de faibles exportations sur le marché de Paris.

On élevait autrefois une variété spéciale de lapins, dits *argentés de Champagne*, très renommés pour leur fourrure; cet élevage est abandonné et ne se rencontre plus que chez de rares amateurs.

APICULTURE.

L'apiculture est depuis longtemps en honneur dans le département de l'Aube. Le tableau qui suit montre quelle est l'importance de la production, en miel et cire :

ANNÉES.	RUCHES.	MIEL PRODUIT.	PRIX du KILOGRAMME DE MIEL.	CIRE PRODUITE.	PRIX du KILOGRAMME DE CIRE.	ÉVALUATION de la PRODUCTION TOTALE miel et cire.
		kilogrammes.	fr. c.	kilogrammes.	fr. c.	francs.
1882............	37,542	171,192	1 71	45,801	1 90	379,759
1892..	33,329	179,976	1 56	43,994	1 66	353,790
1902............	36,493	129,100	1 235	31,894	1 40	204,130

Si le nombre des ruches a diminué de 1882 à 1892, il faut observer que, pendant cette période, une grande partie des anciennes ruches en paille (capots) furent remplacées par les ruches à cadre plus productives.

Aussi la production en miel n'a pas diminué; elle varie surtout avec les ressources que chaque année peut offrir aux abeilles. La substitution des ruches à cadre aux ruches en paille a entraîné une importante réduction dans la production de la cire, ainsi qu'il ressort de l'examen comparé des chiffres de la statistique.

Très régulier se montre l'abaissement continuel des cours du miel et de la cire. Le miel se vend actuellement de 1 franc à 1 fr. 10 le kilogramme. Bien que le département produise une assez grande quantité de miel, on exporte peu; toutefois on expédie sur Dijon en vue de la fabrication des pains d'épice. La cire est moulée en pains et vendue à Troyes et à des négociants qui l'exportent principalement sur Paris.

Avenir des spéculations d'origine animale. — La première amélioration dont se préoccupent d'ailleurs les agriculteurs consiste dans le perfectionnement des aptitudes des vaches laitières.

D'autre part, la production laitière devra s'accroître par suite des progrès réalisés dans le mode d'alimentation et par l'usage des aliments concentrés (tourteaux, grains, farines).

Le lait étant plus abondamment produit, il sera désirable pour les agriculteurs d'en obtenir une utilisation plus lucrative par voie d'association. Déjà quelques sociétés coopératives sont constituées; elles sont jusqu'ici trop peu nombreuses, ou bien elles restent trop timides pour la recherche de débouchés rémunérateurs pour leurs produits.

Dans la région de l'infra-crétacé, il serait désirable de voir de plus en plus réduire l'étendue des terres arables au profit des prairies ou des pâturages. Parfois le drainage s'impose avant toute amélioration de ce genre; il ne peut être réalisé sur une propriété très morcelée que par l'association des petits exploitants.

L'extension de la production ovine semble tout indiquée sur certains points du département. La hausse des laines doit la favoriser, et l'on peut suppléer à la réduction de la jachère par la création de pâturages à moutons dans les terres les plus pauvres des grandes exploitations. Quant à la difficulté de se procurer des bergers, si la question reste embarrassante, elle n'est peut-être pas insoluble.

Judicieusement conduite, l'exploitation ovine des races à laine fine améliorées dans leurs aptitudes en vue de la boucherie pourrait laisser à l'agriculteur des bénéfices assurés.

Les autres productions d'origine animale sont trop peu importantes pour laisser entrevoir une amélioration prochaine ou une spécialisation avantageuse.

AUDE.

ESPÈCE CHEVALINE.

L'élevage du cheval a subi de profondes modifications dans l'Aude. Autrefois peuplé de *manados* de petits chevaux de la taille de 1 m. 40 environ, sobres, nerveux, servant au dépiquage du grain et à la selle, le département ne compte aujourd'hui que 24,500 animaux de l'espèce chevaline.

Dans toute la région viticole, le cheval de manade a été remplacé, pour la culture de la vigne, par le cheval breton ou percheron et la mule du Poitou. L'élevage du cheval ne se fait pas dans cette région.

Dans la zone des céréales, Razès et Castelnaudary, on rencontre des juments bretonnes et quelques juments normandes, percheronnes et du Poitou, qui sont employées à la fois aux divers services agricoles et à la reproduction.

Quelques-unes de ces juments sont livrées aux étalons de l'État et donnent naissance à des chevaux de 1 m. 50 à 1 m. 55, aux aptitudes très diverses, mais qui conviennent cependant au service de l'armée quand ils sont bien réussis. Sur 800 saillies annuelles, 600 sont faites par des étalons de trait approuvés.

34 étalons sont répartis dans 15 stations, toutes situées dans les arrondissements de Carcassonne, Castelnaudary et Limoux.

D'après leur taille on peut diviser les juments de l'Aude en 3 groupes :

1° *Petites juments.* — Les cantons montagneux de Belcaire, d'Axat, de Quillan et Couïza sont peuplés de petites juments du type léger, qui dérivent de l'ancien petit cheval de l'Aude, plus ou moins modifié par les étalons de demi-sang de l'État. Dans le canton de Chalabre, les poulinières sont déjà plus développées, quoique du même type.

2° *Grosses juments.* — Dans le Razès et la plaine de Castelnaudary, la grosse jument de trait a remplacé l'ancienne bête du pays. Sur 1,200 juments poulinières,

800 environ sont importées du Nord; les neuf dixièmes proviennent de Bretagne et un dixième de Normandie.

3° *Juments moyennes.* — Entre ces deux catégories se place un groupe important de poulinières. Plus grandes que celles de la région montagneuse, elles possèdent un certain degré de sang. L'élevage du cheval de guerre est possible dans cette zone, mais il n'y est guère pratiqué que par des éleveurs qui achètent leurs poulains dans les Basses-Pyrénées ou la plaine de Tarbes.

ESPÈCES ASINE ET MULASSIÈRE.

L'espèce asine est représentée par 5,070 animaux, dont bien peu sont nés dans l'Aude. Le plus grand nombre est importé de l'Aveyron et le reste du Poitou. L'âne est utilisé dans les pays agrestes, où la nourriture est rare.

L'industrie mulassière, autrefois prospère dans l'Aude, a presque disparu. Il n'y a presque plus de mulets indigènes sur les 5,000 qui sont utilisés dans la région viticole du département. Tous sont importés du Poitou. On préfère en général les mules aux mulets, parce qu'elles sont plus faciles à conduire et plus dociles.

ESPÈCE BOVINE.

Le département de l'Aude ne possède pas de race bovine qui lui soit spéciale. La race gasconne à muqueuses noires forme les deux tiers environ de l'effectif bovin, puis vient la race dite de la Montagne-Noire, et enfin la race garonnaise.

Les animaux de l'espèce bovine se répartissent de la manière suivante :

ARRONDISSEMENTS.	TAUREAUX.	BŒUFS.		VACHES.	ÉLÈVES				TOTAUX.
		TRAVAIL.	ENGRAIS.		BOUVILLONS.	GÉNISSES.	de 6 MOIS à 1 AN.	de MOINS de 1 AN.	
Carcassonne.....	41	2,114	24	2,943	146	484	315	333	6,400
Castelnaudary.....	110	8,157	433	2,884	760	425	346	420	13,535
Limoux........	54	4,617	111	4,807	1,192	1,314	879	681	13,655
Narbonne........	5	66	"	612	2	2	4	9	700
TOTAUX.....	210	14,954	568	11,246	2,100	2,225	1,544	1,443	34,290

Les arrondissements de Castelnaudary et de Limoux réunis possèdent 80 p. 100 environ de la population bovine du département.

Ce sont les agriculteurs du pays de Sault, du Roquefortès et de la Montagne-Noire qui se livrent à l'élevage des bovidés. Là les vaches sont employées pour la reproduction et pour l'exécution des travaux agricoles.

On ne fait guère naître dans les pays de plaines ou de coteaux. Le bœuf y est presque seul exploité : il est le principal moteur utilisé pour la culture dans la région du maïs et des prairies artificielles, où les terres compactes, tenaces, difficiles à retourner, demandent une grande puissance de travail. Les bœufs travaillent jusqu'à un âge avancé. Avant de les réformer, ils sont engraissés avec des grains, principalement du maïs et les fourrages très alibiles récoltés sur l'exploitation.

Une très faible partie du bétail entretenu dans les plaines à céréales et à fourrages est née dans l'Aude. Presque tout le bétail est acheté à des marchands de la Haute-Garonne, du Gers et du Garonnais.

Sur 31 cantons du département, 8 seulement produisent une quantité appréciable de bouvillons et de génisses. Ce sont les cantons situés dans les zones montagneuses.

CANTONS.		BOUVILLONS.	GÉNISSES.	ÉLÈVES DE 6 MOIS à 1 AN.
Pays de Sault et Roquefortès.	Belcaire	872	947	665
	Axat	294	522	248
Montagne Noire	Saissac	105	317	238
	Castelnaudary-Nord	440	428	234
	Mas-Cabardès	2	239	127
Zone avoisinant l'Ariège	Belpech	260	138	97
	Salles-sur-l'Hers	259	131	82
	Chalabre	244	120	49

Les éleveurs font naître les veaux de février à mai, de manière à disposer de fourrages verts pour les mères.

Dans le pays de Sault, le bétail est exploité selon trois méthodes :

1° Les petits et moyens propriétaires emploient les vaches comme animaux de trait et vendent une partie des veaux obtenus dans les plaines de l'Ariège.

2° Quelques cultivateurs achètent dans l'Ariège des mâles de 1 à 2 ans qui hivernent dans les étables et pâturent pendant six mois, de mai à octobre, dans les montagnes forestières des environs. Ces animaux sont ordinairement revendus le 14 septembre à la foire d'Ax-les-Thermes (Ariège). C'est surtout à Aunat, Rodome, Mazuby, Mérial, qu'a lieu cet élevage de seconde main; 400 paires sont ainsi vendues annuellement.

Ces animaux, dont l'âge varie entre 18 mois et 3 ans, après un second séjour dans les vallées de l'Ariège ou de l'Hers, reviennent en majeure partie dans les plaines de l'Aude comme bêtes de travail.

3° Quelques propriétaires aisés entretiennent 3, 4 ou 5 paires de bœufs de 1 à 5 ans. Ils vendent tous les ans la paire qui atteint sa cinquième année. C'est surtout vers les régions de Belesta, Quillan et Chalabre que se dirigent ces attelages.

Dans la Montagne-Noire, les vaches sont saillies entre 2 et 3 ans; les produits mâles ne sont vendus qu'à l'âge de 3 ou 4 mois, sauf ceux, bien rares, que l'on destine au travail et qui ne changent de mains que vers 3 ans. Un certain nombre de génisses sont gardées pour remplacer les animaux usés. C'est vers l'âge de 2 ans et demi que commence leur dressage. On n'a généralement pas assez d'égards pour ces jeunes animaux en période de croissance, qu'un travail exagéré arrête souvent dans leur développement. La vache de la Montagne-Noire est peu laitière; elle nourrit son veau et rien de plus. D'ailleurs, l'usage du lait est fort peu répandu et celui du beurre l'est encore moins; on se sert presque exclusivement de graisse de porc pour la préparation des aliments.

Veaux de boucherie. — La production des veaux de boucherie ne constitue pas dans l'Aude une industrie spéciale. Les éleveurs vendent aux bouchers de la région tous les jeunes mâles et quelques rares génisses.

Les veaux sont nourris autant que possible avec le lait de la mère. Les éleveurs se plaignent que le manque de lait des races exploitées les oblige souvent à donner deux mères à un jeune élève. On vient en aide à cette insuffisance de production lactée en distribuant aux jeunes des fèves cuites à l'eau, un peu de son et parfois, quoique plus rarement, de la farine de maïs et des pommes de terre cuites.

Tous les veaux de boucherie sont vendus entre 3 et 4 mois; leur poids moyen est de 100 à 140 kilogrammes dans la région du maïs et des prairies artificielles et de 80 à 100 kilogrammes dans les zones montagneuses. Les principaux marchés se tiennent à Revel, Carcassonne, Mazères, Mirepoix et Ax-les-Thermes.

Quelques producteurs de veaux de boucherie des environs de Castelnaudary font saillir leurs vaches — de la Montagne-Noire ou Gasconne — par des taureaux limousins.

Ils obtiennent, en général, des produits d'une très belle venue et à viande blanche, qui sont très recherchés par la boucherie.

Production laitière. — La production laitière n'existe pour ainsi dire pas dans l'Aude, en dehors des nourrisseurs qui alimentent les villes. Les vaches exploitées à cet effet appartiennent surtout aux races suivantes : Schwitz et Tarentaises, 50 p. 100; Saint-Gironnaises, 20 p. 100; Bordelaises et Lourdaises, 20 p. 100.

La consommation journalière du lait atteint 2,350 litres à Carcassonne, 850 litres à Narbonne, 250 litres à Limoux.

L'administration des forêts avait tenté en 1877 à Mérial, dans la région pyrénéenne, de créer une fruitière, mais cet essai n'eut pas de résultats satisfaisants et l'établissement n'existe plus.

Améliorations à réaliser. — Les bovins carolais qui peuplent le pays de Sault et celui de la Montagne-Noire doivent rester d'excellents travailleurs pour répondre aux besoins de l'agriculture locale. Ils sont d'ailleurs d'une grande rusticité, et celle-ci est indispensable, étant données les conditions particulièrement pénibles de la vie dans la région. Les aptitudes motrices et la rusticité sont des qualités que les cultivateurs s'efforcent de maintenir et de développer par une sélection progressive, surtout parmi les animaux qui sont doués d'aptitudes à la production laitière et à l'engraissement.

Cette sélection est en outre complétée par l'introduction de taureaux gascons améliorés qui, faisant partie d'un même groupe ethnique, possèdent une affinité naturelle pour les vaches carolaises et de la Montagne-Noire.

ESPÈCE OVINE.

La population ovine est surtout répartie dans les arrondissements de Carcassonne, Castelnaudary et Limoux. On compte dans le département de l'Aude :

	têtes.		têtes.
Béliers	3,448	Agneaux et agnelles de 1 à 2 ans	50,651
Moutons	46,914	Agneaux et agnelles de 1 an	36,265
Brebis	152,949		

On rencontre dans l'Aude trois races distinctes : la race lauragaise dans la région de Castelnaudary et de Carcassonne; la race des Corbières dans toute la région de ce nom; la race de la Montagne-Noire dans les Cévennes. On trouve encore le mouton ariégeois dans la région des Pyrénées et, chez les viticulteurs, des animaux de la race barbarine qui consomment les feuilles et les marcs de raisins pendant trois ou quatre mois d'hiver et sont revendus après engraissement.

La race lauragaise est très estimée. Elle donne une viande très prisée sur les marchés.

Les spéculations auxquelles donnent lieu les troupeaux de race lauragaise sont :

1° La vente des agneaux de lait; 2° la vente des agneaux de 6 à 8 mois; 3° l'engraissement des moutons. L'aptitude laitière des brebis n'est pas exploitée dans l'Aude.

Le revenu brut d'un troupeau de 45 têtes peut se décomposer ainsi :

Vente de 22 agneaux de 6 à 8 mois, à 20 francs l'un	440 francs.
Vente de 10 brebis, à 25 ou 30 francs	300
100 kilos de laine, à 1 fr. 20	120
TOTAL	860

soit 19 francs environ par tête.

La race ariégeoise, entretenue dans le pays de Sault et le Roquefortès, possède une toison assez grossière, tachée de roux et de brun. Les animaux de cette race sont d'un engraissement difficile.

Le mérinos des Corbières est bien dégénéré par suite de l'absence de toute sélection et d'un régime alimentaire souvent insuffisant. Ces animaux vivent la plupart du temps sur des collines dénudées et ils ne reçoivent que très rarement une nourriture complémentaire à la bergerie. C'est tout au plus si quelques propriétaires leur donnent pendant l'hiver un peu de paille et de foin. La production de la laine varie entre 2 kilogrammes et 2 kilogr. 500 ou 3 kilogrammes. Cette laine est très estimée par les fabricants de drap.

La race de la Montagne-Noire est rustique, mais douée de peu d'aptitudes pour la boucherie.

Les moutons de cette race sont vendus vers l'âge de deux ans aux engraisseurs de l'Ariège. Ils pèsent à ce moment 35 à 40 kilogrammes. A la base de la montagne, dans la zone calcaire, le développement est beaucoup plus rapide et les moutons pèsent, à 6 mois, de 30 à 35 kilogrammes.

Dans les propriétés bien conduites, dont les terres ont été améliorées par des chaulages et des phosphatages, la race ovine de Lacaune, qui est originaire du Tarn, tend à remplacer complètement la variété dite de la Montagne-Noire.

ESPÈCE CAPRINE.

Cette espèce, qui compte dans l'Aude près de 20,000 têtes, est surtout localisée dans les Corbières et la région pyrénéenne. La race des Pyrénées, au pelage brun et aux cornes très développées, est à peu près seule adoptée. Au printemps, des chevriers ariégeois parcourent les communes pour la vente du lait. Le lait est souvent employé à la fabrication de fromages qui sont consommés dans la région même.

ESPÈCE PORCINE.

L'exploitation des animaux de l'espèce porcine n'a quelque importance que dans l'arrondissement de Limoux et la Montagne-Noire.

Chaque métairie engraisse 2 ou 3 porcs pour les besoins du ménage. L'achat des jeunes a lieu sur les foires de la Haute-Garonne, notamment à Cazères. La race périgourdine est la plus répandue; puis vient la race craonnaise.

La population porcine se répartit ainsi :

Verrats	40
Truies	955
Porcs de plus de 6 mois	24,635
Porcs de moins de 6 mois	9,174
TOTAL	34,804

Les gorets, achetés à l'âge de 3 mois environ, sont tenus au pâturage dans les bois, les terres vagues, les landes, jusqu'à l'âge de 1 an. Là, ils consomment des glands, des châtaignes, de la faîne, etc. A ce moment commence l'engraissement, qui dure 3 ou 4 mois : le pacage est alors réduit à 2 ou 3 heures par jour et les animaux reçoivent dans la porcherie des soupes de pomme de terre, de son, de choux, des fèves concassées ou cuites, et enfin, pendant la dernière période, du maïs en grain, ou mieux de la farine de maïs.

La commune de Pexiora se livre tout spécialement à l'engraissement des porcs qui sont achetés à Cazères (Haute-Garonne). Au début, la ration se compose de 3 litres de farine de maïs délayée dans de l'eau froide; cette ration augmente progressivement et peut atteindre 5 litres. Un peu de son de blé est mélangé au maïs.

La dépense d'engraissement et d'achat s'élève, pour un porc d'un poids initial de 125 kilogrammes, à 188 francs. L'animal est vendu au cours de 50 francs les 50 kilogrammes lorsqu'il atteint le poids moyen de 225 kilogrammes, ce qui laisse à l'éleveur un bénéfice moyen de 36 francs par animal engraissé.

Beaucoup de cultivateurs se livrent à l'industrie de la salaison et certains d'entre eux abattent chaque année de 100 à 150 cochons d'un poids moyen de 225 kilogrammes. Ces animaux produisent 170 kilogrammes de viande :

	kilogr.		kilogr.
Saucisse	45	Graisse	28
Lard	60	Saindoux	10
Cansalade ou petit lard	25	Foie	2

La vente de ces produits rapporte en moyenne 300 francs, dont il faut déduire 15 francs de frais de préparation, soit un produit net de 295 francs.

Carcassonne, Limoux, Béziers, Narbonne, Bize, Siran, Coursan, Azille sont les principaux débouchés de ces produits.

APICULTURE.

L'apiculture, autrefois très en honneur dans l'Aude, a beaucoup perdu de son importance depuis que la culture de la vigne a pris de l'extension. On ne compte guère plus de 7,000 à 7,500 ruches dans tout le département. Presque toutes se trouvent dans la région des Corbières, ainsi que dans les arrondissements de Castelnaudary et Limoux. Le miel de Narbonne jouissait autrefois d'une très grande réputation.

Les ruches sont établies avec des troncs d'arbre (saule) ou des caisses en bois verticales, formées par quatre planches assemblées et recouvertes d'une dalle en pierre ou d'une simple planche. Les ruches perfectionnées à cadres sont très peu nombreuses. La production moyenne est de 4 kilogr. 200 de miel par ruche et 1 kilogr. 500 de cire. Le miel vaut 1 fr. 50 le kilogramme et la cire 2 fr. 50 environ.

Le miel est consommé dans le département ou vendu sur les marchés de Toulouse, Béziers, Perpignan. Il sert, dans le Limouxin notamment, à la préparation des nougats et d'une spécialité particulière à la ville de Limoux : les *Tourrons*.

ANIMAUX ET PRODUITS DE BASSE-COUR.

Les produits de basse-cour sont particulièrement importants dans l'arrondissement de Castelnaudary où l'on cultive beaucoup de maïs. Il se fait un important commerce de volailles et d'œufs sur les marchés hebdomadaires de Castelnaudary, de Salles-sur-l'Hers, de Belpech. Les débouchés sont fournis par les villes de la région : Montpellier, Béziers, Narbonne, Perpignan, Carcassonne, Lézignan, Pamiers, Foix, etc.

L'importance de cette production peut s'estimer ainsi :

ESPÈCES.	TÊTES.	PRIX MOYEN.	VALEUR TOTALE.
		fr. c.	francs.
Poules	240,000	2 00	480,000
Oies	19,000	6 00	114,000
Canards	20,500	2 70	55,350
Dindes et dindons	5,600	5 80	31,480
Pintades	4,900	3 50	17,150
Pigeons	54,000	1 00	54,000
Lapins	56,000	1 60	89,000

La basse-cour représente donc une valeur de près de 850,000 francs. Les oies jouent un grand rôle dans l'alimentation des ménages agricoles. La graisse d'oie est d'un usage presque journalier, ainsi que la viande conservée dite *salé d'oie*. Le foie, dont on augmente prodigieusement le volume, est très recherché. Les oies grasses se vendent surtout en novembre et décembre.

FOIRES ET MARCHÉS.

FOIRES PRINCIPALES.	NOMBRE D'ANIMAUX PRÉSENTÉS.			
	OVINS.	BOVINS.	PORCINS.	CHEVAUX.
Arrondissement de Carcassonne.				
Alzonne (2 janvier)	50	30	400	"
Pezens (26 décembre)	"	"	200	"
Conques (14 janvier)	4,000	200	"	20
Montlaur (17 janvier)	5,000	"	150	"
Talairan (12 septembre)	3,000	"	200	"
Salsigne (26 novembre)	200	20	1,500	"
Laprade (9 août)	20,000	200	"	"
Montréal (7 septembre)	2,500	150	300	150
Mouthoumet (5 octobre)	8,000	10	100	"
Cabrespine (20 novembre)	400	"	200	"
Rieux-Minervois (22 décembre)	"	"	400	"
Fontiès-Cabardès (15 juillet)	3,000	300	"	"
Saissac (10 mai)	600	200	300	"
Saint-Denis (1er août)	2,000	150	"	"
Arrondissement de Castelnaudary.				
Lafage (7 septembre)	5,000	20	"	20
Belpech (2 janvier)	1,600	500	250	50
Saint-Papoul (27 janvier)	600	500	400	200
Montmaur (24 août)	1,000	250	"	"
Bram (20 janvier)	1,000	300	300	200
Fanjeaux (4 février)	6,000	1,200	500	100
Villasavary (4 septembre)	3,000	250	250	150
Salles-sur-l'Hers (18 décembre)	2,000	700	200	150
Saint-Michel-de-Lanès (17 mars)	700	300	600	80
Arrondissement de Limoux.				
Alaigne (21 janvier)	6,000	60	150	12
Belvèze (15 janvier)	100	80	350	60
Le Bousquet (25 octobre)	600	500	60	10
Espezel (22 octobre)	500	350	150	"
Belcaire (25 novembre)	1,000	400	200	"
Roquefeuil (1er mars)	3,200	1,200	300	"
Rodome (6 octobre)	1,200	600	150	"
Aunat (10 janvier)	1,000	500	100	"
Puivert (21 février)	600	300	100	20
Couïza (29 août)	6,000	"	200	"
Quillan (3 février)	600	200	200	100

AVEYRON.

ESPÈCES CHEVALINE ET MULASSIÈRE.

Le département de l'Aveyron fait naître quelques chevaux et mulets, notamment autour des centres de Rodez, Laguiole, Montbazens, Villefranche, Sévérac-le-Château,

Sauveterre, Salles-Curan, Réquista, Laissac, qui possèdent des stations de monte de l'État; dans ces mêmes régions, on trouve aussi des étalons communs et des baudets pour la production mulassière. Les jeunes poulains ou mulets sont vendus à l'âge de 5 à 6 mois aux foires d'automne de Rodez (1er décembre), Villefranche (22 novembre), Gabriac (18 et 19 novembre), à des marchands, le plus souvent étrangers, qui les envoient dans le Languedoc ou en Espagne. Les compagnies de chemin de fer ont expédié en chevaux, ânes ou mulets dans les stations du département :

Orléans (en 1892)	788 têtes.
Orléans (en 1902)	489
Midi (en 1905)	1,340

ESPÈCE BOVINE.

Le département de l'Aveyron se livre à l'élevage des animaux de l'espèce bovine (race d'Aubrac et race de Salers) sur la frontière ouest du département.

L'Aveyron fournit sur le marché[1] les catégories suivantes :

1° Des jeunes animaux d'élevage produits dans l'arrondissement d'Espalion et une partie de celui de Rodez, qui sont revendus pour la remonte des vacheries ou des bouveries dans les autres arrondissements et dans les départements voisins. Les principales foires approvisionnées en jeunes animaux sont : Alpuech (6 octobre), Aubrac (3 octobre), Espalion (4 octobre, 11 novembre, 22 janvier), Gabriac (18 novembre), Lacalm (3 novembre), Laguiole (23 septembre, 25 octobre, 25 novembre, 29 décembre, 19 janvier), Laissac (25 septembre, 15 novembre), Mur-de-Barrez (30 septembre), Rodez (lundi après la mi-carême, 30 juin, 9 septembre, 1er décembre), Saint-Côme (22 décembre), Saint-Eulalie d'Olt (19 septembre, 10 décembre), Saint-Geniez (5 novembre), Salles-Curan (14 octobre);

2° Des animaux de travail que l'on trouve sur tous les points du département et pour lesquels il s'est créé un courant d'exportation, soit dans le Languedoc, soit dans les régions betteravières. Les principales foires où l'on trouve des animaux de travail sont : Aubrac (3 octobre), Espalion (22 janvier, mercredi avant les Rameaux, mercredi avant la Pentecôte, 31 août, 11 septembre), Gabriac (18 novembre), Lacalm (29 août, 3 novembre), Laguiole (mardi-gras, samedi avant la Passion, 8 août, 23 septembre, 25 octobre), Laissac (15 février, 23 avril, 8 juin, 25 septembre, 15 novembre, 13 décembre), Lapanouse de Sévérac (29 août), Lunel (12 juin), Pont-de-Salars (15 mai, 16 août), Rodez (1er lundi après la mi-carême, 30 juin, 9 septembre, 1er décembre), Saint-Affrique (6 février, 16 juin, 14 septembre), Saint-Côme (22 décembre), Saint-Cyprien (le 9 de chaque mois), Saint-Geniez (18 mai, 26 août), Salles-Curan (25 mai, 22 juillet, 2 septembre), Sévérac-le-Château (6 mars), Villecomtal (20 juin), Villefranche de Panat (25 juin, 25 août);

3° Des animaux gras que l'on expédie dans les villes du Midi : Nîmes, Marseille, Montpellier, Béziers et que l'on achète plus particulièrement sur les marchés suivants : Laissac (3 décembre), Pont de Salars (15 décembre), Rieupeyroux (29 décembre),

[1] Il y a de très nombreux marchands et courtiers en bestiaux bovins dans les cantons de Rodez, Cassagnes, Réquista, Rignac, La Salvetat, Naucelle, Sauveterre, Mur-de-Barrez, Sainte-Geneviève, Saint-Amans, Laguiole, Saint-Chély-d'Aubrac, Saint-Geniez, Salles-Curan, Vezins, Camarès, Saint-Sernin, Montbazens, Asprières, Rieupeyroux, Villeneuve.

Rignac (7 janvier), Rodez (1er lundi après la mi-carême), Sévérac-le-Château (25 octobre);

4° Des veaux de boucherie que l'on trouve en abondance à toutes les foires de : Arvieu, Asprières, Cassagnes-Bégonhès, la Barraque-de-Fraysse, Decazeville, Lédergues, Montbazens, Naucelle, Pont-de-Salars, Réquista, Rieupeyroux, Rignac, Rodez, Salles-Curan, Salmiech, Sauveterre, Villefranche-de-Panat, Villefranche-de-Rouergue, Villeneuve, pour ne citer que les plus importantes et que l'on expédie à Paris et dans le Languedoc [1].

Les compagnies de chemin de fer ont exporté, dans les gares de leur réseau qui se trouvent dans le département :

	BOEUFS ET VACHES.	VEAUX ET PORCS.
	têtes.	têtes.
Orléans (en 1892)	5,829	19,157
Orléans (en 1902)	5,853	22,453
Midi (en 1905)	6,240	25,472

ESPÈCE OVINE.

L'espèce ovine est entretenue dans tout le département, mais plus spécialement dans les arrondissements de Saint-Affrique, Millau, Rodez, et donne lieu à un commerce important [2]. Ces animaux appartiennent presque tous à la race du Larzac.

Ce sont d'abord les animaux d'élevage, que l'on vend à l'âge de dix-huit mois pour remonter les troupeaux entretenus en vue de la production laitière. On les trouve surtout dans les foires de Bezonne (1er mardi de juin), Camarès (18 février, mars et avril), Cassagnes-Bégonhès (11 mai et juin), Durenque (30 avril), Laissac (23 avril), Pont-de-Salars (15 mai), Rodez (marchés-foires des premiers samedis de mai et juin), Salles-Curan (25 mai), Salmiech (14 février-22 mai-22 juin), Ségur (2 mai et marchés-foires des jeudis de mai).

Ce sont ensuite les brebis laitières réformées de la région où l'on fabrique le roquefort, que l'on expédie après engraissement sur les marchés du Languedoc.

Les foires les plus importantes pour les brebis réformées ou *garches* sont : Arvieu (30 septembre), Bezonne (premier mardi de juin), Cornus (19 septembre), Cruéjouls (10 octobre), Cassagnes-Bégonhès (11 juillet, 6 août), Laissac (16 mai, 12 octobre), Lamothe (12 septembre, 20 novembre), Pont-de-Salars (25 octobre, 15 décembre), Roquecézières (28 septembre), Saint-Affrique (14 septembre), Saint-Félix-de-Sorgues (9 septembre), Saint-Rome de Cernon (1er septembre), Salles-Curan (14 octobre, 7 novembre), Salmiech (22 juin, 17 août), Vabres de Saint-Affrique (26 septembre).

Ces mêmes animaux ou des animaux plus jeunes (18 mois ou 2 ans) sont vendus, une fois gras, sur les foires de : Cassagnes-Bégonhès (29 décembre), Cornus (19 sep-

(1) Voir, pour de plus amples renseignements : *La race d'Aubrac et le fromage de Laguiole*, par E. Marre.

(2) On trouve des courtiers et marchands d'ovins surtout dans les cantons de Belmont, Camarès, Cornus, Saint-Affrique, Saint-Rome-de-Tarn, Saint-Sernin, Nant, Sévérac, Campagnac, Millau, Bozouls, Naucelle, Rignac, Sauveterre, Rodez, Mur-de-Barrez, Saint-Geniez.

Voir, pour de plus amples renseignements : *Le Roquefort*, par E. Marre.

tembre, 24 novembre). Laissac (15 février, 23 avril, 16 mai, 13 décembre), Lamothe (14 mai, 12 juin, 18 décembre), L'Hospitalet (10 octobre), Naucelle (28 mai et juin), Pont-de-Salars (25 octobre, 15 décembre), Roquecézières (28 septembre), Salles-Curan (14 octobre, 7 novembre), Salmiech (17 octobre, 7 novembre), Villefranche-de-Panat (11 novembre-22 décembre).

Les animaux de cette catégorie sont dirigés sur Paris ou sur les marchés du Languedoc. Les brebis réformées grasses pèsent de 40 à 50 kilogrammes et valent de 0 fr. 60 à 0 fr. 80 le kilogramme de poids vif, soit de 24 à 40 francs la pièce. Les animaux plus jeunes, recherchés surtout pour Paris, pèsent de 40 à 70 kilogrammes et valent de 0 fr. 75 à 0 fr. 80 le kilogramme de poids vif, soit 30 à 56 francs la pièce.

Ce sont enfin les agneaux de lait (de 20 à 25 jours), sacrifiés en vue de la production laitière dès qu'ils pèsent 6 à 8 kilogrammes, que l'on expédie de janvier à avril sur divers marchés du Midi, parmi lesquels Béziers, Narbonne, Montpellier, Bordeaux, Toulouse sont les principaux.

Ces derniers animaux sont achetés à la ferme et égorgés sur place par des courtiers ramasseurs qui les expédient comme viandes mortes. Ils valent de 70 à 90 francs, exceptionnellement 100 francs les 100 kilogrammes de poids vif, et rendent 50 à 60 p. 100 de viande de boucherie. On en fait aussi une grande consommation dans le pays de production.

D'autre part, certains pays étrangers, tels que l'Espagne, le Portugal, l'Autriche, la Hongrie et certains départements français, ont fait, depuis quelques temps, des achats d'animaux reproducteurs des races laitières de l'Aveyron.

Les seules gares et stations de chemin de fer du département ont exporté, en moutons et chèvres, les animaux ci-après :

Orléans (en 1892)	42,550 têtes.
Orléans (en 1902)	65,710
Midi (en 1905)	16,490

Laine. — La laine provenant de la tonte des brebis[1] fait l'objet d'un commerce important. Elle est achetée dans les domaines par des courtiers ou ramasseurs[2], qui la revendent soit aux filatures du département, Camarès, Sainte-Geniez, Lapeyre, Le Monastère-sous-Rodez, Salles-la-Source, soit aux usines de Lodève, Clermont-l'Hérault, Mazamet. On trouve aussi de la laine sur les marchés de Villefranche, Figeac, Cajarc, où elle vaut de 0 fr. 70 à 1 fr. 90 le kilogramme en suint.

La plus grande partie de la laine produite dans la contrée sert à fabriquer des *draps de troupe* ou des étoffes dites *de pays*. Le rendement est de 2 kilogrammes à 2 kilogr. 500 par tête.

Les seules stations du Midi ont expédié, en 1905, 644 tonnes de laine.

Fromages. — L'Aveyron produit deux fromages estimés qui donnent lieu à une exportation considérable; ce sont le roquefort et le laguiole.

(1) Les brebis sont tondues du 1er juin au 25 juillet.

(2) Les marchands de laine sont nombreux dans les arrondissements de Saint-Affrique et de Millau et dans les cantons de Pont-de-Salars, Réquista, Villefranche, Estaing.

Le roquefort, fabriqué presque exclusivement avec du lait de brebis, constitue le revenu principal des arrondissements de Saint-Affrique et de Millau et d'une grande partie de celui de Rodez. Il intéresse aussi les populations agricoles de la Lozère, du Gard, de l'Hérault et du Tarn, limitrophes de l'Aveyron qui, ensemble, représentent environ 1/15 de la production totale.

Le lait est traité dans les laiteries-fromageries disséminées dans toute la région productrice, ou, plus exceptionnellement, transformé en fromage par les producteurs. Le fromage frais arrive ensuite à Roquefort pour être affiné dans les caves naturelles où il séjourne 30 à 60 jours environ, suivant le cas.

Le roquefort est ensuite expédié dans tous les pays du monde, mais principalement en France, en Europe et dans l'Amérique du Nord.

Les courants commerciaux les mieux établis existent avec tout le midi de la France, Paris, les États-Unis, le Danemark, l'Allemagne, l'Autriche, la Suède, la Norvège, la Belgique, la Russie, l'Espagne. C'est la vente à l'étranger qui est la plus rémunératrice.

Ce commerce, déjà prospère, serait susceptible de prendre un développement beaucoup plus grand si les transports par bateaux et wagons frigorifiques pouvaient être organisés. Les négociants de Roquefort sont réduits à ne vendre en Amérique et dans les autres pays lointains que de septembre (lorsqu'il ne fait pas trop chaud) à avril. On consommerait, dans tous ces pays, beaucoup plus de fromage si on pouvait y expédier toute l'année.

La quantité de fromage frais reçu annuellement à Roquefort oscille autour de 7 millions de kilogrammes. Cela représente, à un prix moyen de 200 francs les 100 kilogrammes, un chiffre d'affaires d'environ 14 millions de francs[1].

En 1905, les gares de Tournemire et de Saint-Rome-de-Cernon ont expédié exactement 8,129,000 kilogrammes de roquefort.

Le laguiole est fabriqué sur les montagnes d'Aubrac (arrondissement d'Espalion) avec le lait des vaches de race d'Aubrac, qui passent l'été sur la montagne. Ce fromage fait l'objet d'un commerce important qui a aujourd'hui pour centres principaux Laguiole, Rodez et Aubrac. Des marchands spéciaux ou des négociants en épicerie de ces localités achètent le fromage aux propriétaires des montagnes après dégustation. Les formes sont ensuite marquées au moyen d'une gouge qui permet de faire sur la croûte des inscriptions en creux (lettres, chiffres, marques diverses, etc.).

En attendant la vente définitive, les fromages sont conservés dans des caves très fraîches et retournés de temps à autre. Certains marchands en gros doivent leur réputation aux qualités de leur cave, qui donne aux fromages qu'on y dépose une consistance et une fermeté qu'ils peuvent perdre ailleurs, dans des caves insuffisamment fraîches.

Le laguiole doit être consommé dans l'année, car il ne se conserve guère au delà d'un an (trois mois en été et huit à dix mois en hiver).

Le prix du laguiole varie de 90 à 150 francs les 100 kilogrammes suivant la qualité et suivant la saison. Celui qui est fabriqué après le mois de juin est meilleur et se vend environ moitié plus cher que celui produit avant cette époque.

[1] Voir, pour de plus amples détails, *Le Roquefort*, par E. MARRE.

PLANCHE II

TAUREAU RACE D'AUBRAC.

BREBIS DU LARZAC.

De la montagne à Rodez, les transports se font la nuit; les fromages sont emballés dans beaucoup de paille pour être à l'abri de la chaleur.

A Rodez, au moment de l'expédition, les fromages sont emballés dans des paniers cylindriques en osier et entourés de beaucoup de paille. Jusqu'au mois de septembre, on est obligé de faire voyager les fromages en grande vitesse, et, autant que possible, la nuit. Pendant l'hiver, on peut, sans risquer de compromettre leur conservation, les expédier en petite vitesse.

C'est dans les départements du midi de la France (Hérault, Gard, Bouches-du-Rhône, Aude, Tarn, Haute-Garonne) que l'on expédie la plus grande partie des fromages produits sur les montagnes d'Aubrac. On en envoie aussi un certain nombre à Paris. Depuis quelques années, on en expédie des quantités importantes en Algérie, dès que les chaleurs sont passées.

La réfrigération des bateaux et des wagons serait des plus avantageuses pour le commerce de ce fromage comme pour celui du roquefort.

D'après l'enquête sur la production laitière industrielle à laquelle il a été procédé en 1901, 7,116 vaches sont employées à la production du fromage de Laguiole; elles produisent annuellement au pâturage 4,500,000 litres de lait qui sont traités dans 153 burons. Ce lait permet la fabrication de 500,000 kilogrammes de fromage, d'une valeur de 500,000 francs, et de 27,000 kilogrammes de beurre salé et de petit lait, d'une valeur totale de 25,000 francs.

La seule compagnie du Midi a expédié, en 1905, au départ des gares de Rodez, Bertholène, Laissac et Recoules, 125,000 kilogrammes de laguiole.

ESPÈCE PORCINE.

L'élevage et l'engraissement des porcs, pratiqués dans tout le département, constituent les principales ressources de la région du Ségala. La viande de porc forme la base de l'alimentation du paysan aveyronnais. Une bonne partie des cochons élevés est de ce fait consommée sur place, ce qui n'empêche pas l'exportation d'un grand nombre de ces animaux [1].

On les trouve en abondance à l'état d'animaux gras sur toutes les foires des pays où on les engraisse, depuis novembre jusqu'à avril. Les marchés les plus importants sont ceux de Rodez, Cassagnes, Réquista, Sauveterre, Naucelle, Rieupeyroux, la Salvetat, Salles-Curan, Aubin, Decazeville, Montbazens, Villefranche, Najac. Ces produits sont expédiés en grande partie sur les marchés du Languedoc et de la Provence; quelques-uns vont à Paris.

Dans certaines fermes, on tire aussi un revenu important de la vente des porcelets pour l'élevage. Mais ces produits restent dans le pays et ne donnent lieu à aucune exportation.

Nous avons indiqué plus haut les chiffres d'exportation en porcs de la compagnie d'Orléans, confondus avec ceux des veaux. La compagnie du Midi a expédié, en 1905, des gares de son réseau, 17,256 porcs.

[1] Les courtiers et marchands de porcs résident principalement dans les cantons du Ségala : Rodez, Cassagnes, Naucelle, Sauveterre, Rignac, Montbazens, Asprières, Vezins, et aussi dans les cantons de Saint-Affrique, Camarès, Belmont, Saint-Sernin.

Jambons. — L'arrondissement de Villefranche exporte en moyenne, chaque année, 6,000 jambons du poids moyen de 11 kilogrammes (7 à 15 kilogrammes), valant environ 18 francs, soit, au total, 100,000 francs. Les principaux marchés sont Villefranche, Najac, Laguêpie, Lanuéjouls, Vabre, Labastide-l'Evêque, Sanvensa. Les expéditions se font dans les gares de Najac, Villefranche, Laguêpie, Salles-Courbatiès.

ANIMAUX ET PRODUITS DE BASSE-COUR.

Les produits de la basse-cour sont une source de revenus importants. C'est avec l'argent procuré par la vente de ces produits que les femmes de cultivateurs font face à la plus grande partie des dépenses du ménage.

Dans presque toutes les foires, des ramasseurs, connus sous le nom de *coquetiers* [1], achètent, en œufs et volailles, tout ce qui n'a pas été absorbé par la consommation locale et l'expédient un peu partout.

Les volailles (poules, poulets, chapons, canards, dindons, pintades, pigeons et lapins) sont généralement dirigés sur les marchés du Languedoc; les œufs sont expédiés sur Paris ou dans le Languedoc.

Le seul arrondissement de Villefranche exporte en année moyenne pour 120,000 fr. environ de poules et poulets; 30,000 francs de canards; 120,000 francs de dindes et dindons, 30,000 francs de lapins domestiques et 225,000 francs d'œufs.

Les oies grasses produites principalement par le sud-ouest du département (arrondissement de Villefranche et partie de celui de Rodez) sont en partie consommées sur place; leur graisse et leurs quartiers complètent les provisions de ménage dont la base est la viande de porc.

L'arrondissement de Villefranche produit 12,000 à 15,000 oies pesant de 7 à 10 kilogrammes, au prix de 1 fr. 50 à 2 francs le kilogramme, valant 15 francs en moyenne la pièce, soit, pour l'ensemble, 180,000 à 200,000 francs dont la moitié environ est exportée.

Les foies gras d'oies, additionnés de truffes que l'on récolte aussi dans le sud-ouest du département, servent à fabriquer des pâtés renommés qui donnent lieu à une exportation considérable. La fabrique de conserves alimentaires de Capedenac, qui traite en même temps que les foies d'oies des quantités considérables de charcuterie, de gibier, de légumes, etc., expédie ses produits dans tous les pays du monde. L'Aveyron produit environ 100,000 kilogrammes de foies d'une valeur de 450,000 fr.; la moitié est exportée directement, vers Toulouse principalement; le reste est acheté par l'usine susdésignée, les hôtels et les particuliers.

En 1905, la gare de Saint-Affrique a expédié 80,000 kilogrammes de volailles.

APICULTURE.

Les miels et cires sont presque complètement absorbés par la consommation locale et ne donnent pas lieu à un commerce important.

[1] Les coquetiers sont répandus un peu dans toutes les régions du département, mais plus spécialement autour des centres importants et dans l'arrondissement de Villefranche.

La production totale a été évaluée en :

	MIEL.	CIRE.
	kilogr.	kilogr.
1882	88,335	37,286
1892	56,037	20,993
1901	54,200	17,420

Sériciculture. — La sériciculture est peu en honneur dans l'Aveyron; cependant on rencontre encore quelques éducateurs dans la vallée du Tarn et de quelques-uns de ses affluents : cantons de Peyreleau, Nant, Millau, Saint-Affrique, et aussi dans les environs de Capdenac-gare, aux bords du Lot. En 1906, 97 éducateurs ont produit 6,222 kilogr. 900 de cocons et ont reçu du Ministère de l'agriculture 3,733 fr. 74 de primes.

BOUCHES-DU-RHÔNE.

Les entreprises zootechniques n'offrent de l'importance, dans le département des Bouches-du-Rhône, qu'en ce qui concerne les ovidés et les suidés. L'élevage des bovidés et des équidés n'existe, pour ainsi dire pas. Quant aux spéculations spéciales relevant de l'aviculture, de l'apiculture, etc., elles ne donnent lieu qu'à une production fort restreinte.

ESPÈCE CHEVALINE.

Le département importe la presque totalité des chevaux et des mulets qu'il utilise; les sujets produits dans la région ne sont que des exceptions. Les agriculteurs se servent surtout de mulets ou de mules provenant du Poitou et aussi de la Drôme. Les chevaux sont de races très diverses et forment une population fort mélangée. L'espèce asine est aussi utilisée par la très petite culture, mais surtout par les éleveurs de moutons, qui, lors de la transhumance, affectent à leurs troupeaux un certain nombre d'ânes pour le transport des bagages du personnel, des bêtes malades, des agneaux, etc.

Le département possède une race spéciale de chevaux. Ce sont ceux de la Camargue. On les utilisait autrefois pour le dépiquage des grains que le Delta produit en quantités importantes. Mais l'apparition des batteuses mécaniques a eu pour conséquence de faire disparaître bon nombre de ces sujets, dont la petite taille ne permettait pas l'emploi aux travaux ou aux transports de la culture. Les éleveurs qui ont continué leur élevage ont donc été obligés de changer leurs méthodes de production. Ils ont à cet effet amélioré l'hygiène et l'alimentation, autrefois fort négligées, de leurs animaux, et ils ont fait des croisements avec des étalons arabes et anglo-arabes. Ils ont obtenu ainsi des chevaux plus grands, mieux conformés, plus dociles, qui, sans avoir conservé la vigueur et la sobriété légendaires des anciens camarguais, présentent cependant à ce point de vue spécial des qualités remarquables. Leur taille atteint 1 m. 50. Ces chevaux sont vendus à l'âge de trois ans et demi ou de quatre ans, au service de la remonte, qui les affecte aux régiments de cavalerie légère stationnés à Tarascon et à Marseille. Leur prix moyen est de 900 francs. Quant aux produits qui ne sont pas aptes au service de l'armée, on les vend à tout âge, au prix moyen de 300 francs. Ils sont utilisés comme chevaux de trait léger.

On compte actuellement 15 «manades» de chevaux camarguais, dont l'effectif total ne dépasse pas 650 têtes. On peut donc dire, dès à présent, que l'ancienne race camargue a disparu, comme disparaîtra sans doute, dans un avenir peu éloigné, celle des bœufs de cette région.

ESPÈCE BOVINE.

L'élevage des bovidés n'est pas à considérer dans les Bouches-du-Rhône. C'est à peine si on y compte 500 bœufs de travail. L'effectif des taureaux et des jeunes ne dépasse pas 400 têtes. Ces animaux sont d'ailleurs presque tous importés des régions voisines.

Le nombre des vaches laitières est de beaucoup plus élevé : il atteint 12,500 environ. Mais elles sont exploitées à peu près exclusivement par des nourrisseurs, en vue de la production du lait nécessaire à la consommation des grands centres : Marseille, Aix, Arles, La Ciotat, Salon, Aubagne. On les soumet généralement à la stabulation permanente, et elles sont nourries le plus souvent avec du foin sec, du tourteau et des remoulages. Les vaches ainsi utilisées appartiennent aux races comtoise, tarentaise et schwitz.

Les seuls bovidés produits dans le département sont les petits bœufs à demi sauvages de la Camargue qu'on élève spécialement en vue des courses. Ces animaux, réunis en manades, vivent en liberté dans les plaines du Delta. Les adultes peuvent fournir deux ou trois courses par an et rapportent ainsi 80 à 100 francs à leur propriétaire. Les animaux qui ne sont pas aptes à courir, ainsi que ceux qui sont réformés, lorsque, vers leur cinquième ou leur sixième année, ils ne présentent plus les qualités de vigueur nécessaires pour les courses, sont livrés à la boucherie après avoir été engraissés tant bien que mal.

Le nombre des bœufs camarguais va en décroissant à mesure que la culture s'étend dans le Delta. Leur nombre total ne dépasse pas 900 à l'heure présente. La pureté de la race s'atténue elle-même de plus en plus, car depuis de longues années on a introduit dans le pays des taureaux espagnols, plus fougueux et de taille plus élevée, par conséquent plus recherchés pour les courses.

ESPÈCE OVINE.

L'effectif des ovidés a été, en 1905, de 445,000 têtes. Il se répartit en deux centres d'élevage qui correspondent à deux races bien distinctes : celle des métis-mérinos d'Arles dans l'ouest du département, et celle des barbarins dans l'est.

L'origine des métis-mérinos d'Arles remonte au commencement du siècle dernier. Elle résulte du croisement de l'ancienne race, fort primitive, du pays avec des mérinos de provenance espagnole. Actuellement, les métis-mérinos se rencontrent surtout dans les plaines du Bas-Rhône et de la Crau et dans les régions légèrement accidentées qui les avoisinent. En définitive, l'aire géographique de cette variété s'étend un peu au delà des limites de l'arrondissement d'Arles. Elle comprend près de 250,000 individus.

L'exploitation des métis-mérinos a pour principal objectif la production des agneaux de lait et des agneaux gris.

Les troupeaux de la région d'Arles sont soumis au régime de la transhumance. Au mois de mai, ils gagnent les Alpes, en effectuant le trajet soit à pied, soit en chemin de fer. Ils trouvent dans la montagne la fraîcheur et les herbages, qui leur feraient défaut sous le climat torride de la Provence. Les brebis sont ordinairement saillies pendant cette période. Le retour s'effectue dans les premiers jours de novembre et la naissance des agneaux commence aussitôt. Pendant l'hiver, on réserve aux brebis les meilleurs pâturages; elles consomment en outre les regains des prairies naturelles (herbes d'hiver) et les orges en vert qu'on a semées à cet effet. Le restant du troupeau, désigné sous le nom de *vassieu*, et qui comprend les béliers, les brebis non suitées et les moutons, parcourt les pâturages de moindre valeur.

Les agneaux de lait sont nourris exclusivement avec le lait de leurs mères. Cependant on leur donne souvent un peu de grain pendant la dernière période de leur engraissement. Ils sont livrés à la boucherie à l'âge moyen de six semaines. Leur poids est alors de 12 à 14 kilogrammes et leur prix varie de 0 fr. 80 à 1 fr. 40 le kilogramme.

Certains éleveurs ne font naître les agneaux qu'au printemps. Leur régime est alors le même que celui des agneaux d'automne.

La vente des agneaux de lait se fait au marché spécial d'Arles qui a lieu tous les samedis. Les bouchers des villes avoisinantes : Montpellier, Nîmes, Avignon, Marseille, viennent s'y approvisionner, ou bien les agneaux y sont achetés par des commissionnaires qui les expédient vers ces mêmes centres de consommation, et plus loin encore, jusqu'à Toulon, Nice, etc.

La production des agneaux gris se fait suivant deux méthodes. Dans la première, ces agneaux sont vendus à l'âge moyen de six mois, sans qu'ils aient reçu de préparation spéciale. On les trouve en grand nombre aux foires très importantes qui se tiennent à Arles le 3 et le 20 mai. Ils sont achetés généralement par des éleveurs qui les envoient en montagne. Les mâles sont bistournés et vendus l'année suivante comme moutons. Quant aux femelles, elles sont revendues le plus souvent au retour de la montagne, pour la remonte des troupeaux.

La seconde méthode consiste à engraisser les agneaux gris avant de les livrer à la vente. A cet effet, on leur fait consommer de la luzerne et des grains tels que du maïs, de l'orge. Ces agneaux gras, bistournés ou non, sont expédiés sur les marchés voisins, et aussi sur ceux de Saint-Étienne, Lyon, Paris. La vente se fait le plus souvent par l'intermédiaire de courtiers ou de commissionnaires qui achètent les animaux à la propriété. On paye toujours au poids vif. Les prix varient de 0 fr. 70 à 1 franc le kilogramme. Ils sont cette année de 0 fr. 90 à 0 fr. 95. Le poids moyen des agneaux gras varie de 25 à 30 kilogrammes.

On réforme généralement les brebis à leur quatrième ou à leur cinquième année. Elles sont alors engraissées et livrées à la boucherie. Elles donnent en moyenne de 16 à 20 kilogrammes de viande nette.

La production du lait est en somme peu importante. L'aptitude laitière des brebis métis mérinos est peu élevée; on ne les trait que pendant trois semaines ou un mois après le sevrage des agneaux. Avec la presque totalité du lait on fabrique un fromage spécial, dit *fromageon*, qui entre dans l'alimentation habituelle du personnel des exploitations agricoles. Les fromageons non consommés sont vendus à Arles, au prix moyen de 2 fr. 50 la douzaine.

Exceptionnellement le lait est vendu en nature par quelques bergers. Le prix en est alors de 0 fr. 30 le litre.

On connaît la réputation des laines d'Arles. D'une grande finesse, elles sont recherchées pour la fabrication des draps fins. La tonte se pratique vers la fin du mois d'avril, et la laine est vendue peu de temps après. Elle est achetée par des négociants du pays ou de l'extérieur, qui l'expédient vers les centres manufacturiers de l'Hérault, du Vaucluse, de la Drôme, de l'Alsace et du nord de la France. Les transactions se font presque toujours par l'intermédiaire de courtiers. Le poids moyen de chaque toison est de 2 kilogr. 500. Les agriculteurs livrent toujours la laine en suint. Le prix en est actuellement de 2 francs à 2 fr. 30 le kilogramme.

On estime que les laines de métis-mérinos entrent pour les trois quarts dans la production du département, qui a atteint près de 9,000 quintaux en 1905.

La race barbarine occupe la plus grande partie de l'arrondissement d'Aix. On la rencontre aussi, mais en troupeaux peu nombreux, dans l'arrondissement de Marseille. Contrairement à ce qui a lieu pour les métis, les barbarins ne transhument pas. Leur existence est partagée entre la bergerie, où on leur distribue régulièrement des aliments riches, tourteaux, grains, luzerne, etc., et la pleine campagne, où ils ne trouvent pas toujours des pâturages suffisants.

Cette particularité exceptée, les méthodes d'exploitation des animaux de cette race sont analogues à celles pratiquées pour les métis-mérinos. Ici encore, l'objectif est la production des agneaux de lait et des agneaux gris. Mais l'époque et le nombre des agnelages varient avec les ressources fourragères de chacun. On fait souvent un seul agnelage par an; parfois aussi on en fait trois en deux ans.

Les barbarins sont de taille plus élevée que les métis; leur corps est plus étoffé. Les agneaux pèsent un peu plus, mais ils sont moins fins. On les vend généralement sur l'important marché d'Aix. On en expédie aussi une certaine proportion à Nice, à Toulon et à Marseille.

Les ressources fourragères de la région ne permettent guère de produire du mouton. Quant aux brebis, elles sont réformées et vendues sur le marché d'Aix à leur quatrième ou à leur cinquième année.

La laine des barbarins est plus grossière que celle des métis. Par contre, le poids des toisons est plus élevé. Il atteint 3 et 4 kilogrammes. Le prix ne dépasse pas 1 fr. 50 à 1 fr. 75 le kilogramme.

Au point de vue de l'aptitude laitière, la race barbarine l'emporte sur la race mérinos. On estime que la quantité de lait produite par tête est supérieure du tiers à la moitié chez les brebis de cette variété. Dans la région d'Aix, le lait est vendu en nature. On en consomme la plus grande partie sur place; le surplus est expédié à Marseille. Le prix du litre de lait est de 0 fr. 30, en moyenne.

L'effectif de la population ovine des arrondissements d'Aix et de Marseille ne dépasse pas 100,000 têtes. C'est dire que les entreprises zootechniques y présentent une importance bien moindre que dans l'arrondissement d'Arles.

A côté de la population normale que nous venons d'étudier, on trouve une population flottante qui comprend presque exclusivement des moutons importés de l'Algérie. Chaque année, des arrivages considérables ont lieu à Marseille pendant la période d'avril à octobre. Aussitôt débarqués, les animaux sont conduits au marché qui est annexé aux abattoirs, à proximité des ports. La consommation locale en achète un certain nombre; le restant est vendu soit directement, soit par l'intermédiaire des commissionnaires, à des négociants ou à des éleveurs du département des Bouches-du-Rhône et des départements voisins. Les cours sont sujets à des variations considérables. Ils sont actuellement de 140 à 145 francs les 100 kilogrammes de poids mort.

Ces moutons, souvent fatigués et amaigris par le voyage, séjournent plus ou moins longtemps chez les cultivateurs, suivant l'abondance des ressources fourragères. En dehors de la nourriture qu'ils trouvent au pâturage, ils reçoivent une ration supplémentaire de luzerne et de grains ou parfois de tourteaux. Lorsqu'ils ont atteint un degré d'engraissement suffisant, ils sont vendus principalement sur les marchés d'Aix et d'Arles. Le prix de ces moutons, dits *de réserve*, est en général supérieur au prix d'achat de 0 fr. 10 par kilogramme.

Les agriculteurs faisaient jadis des opérations d'engraissement analogues à la précédente avec des brebis pleines de provenance algérienne. Le bénéfice en était accru du produit de l'agneau et devenait souvent important. Mais les mesures prises par le Gouvernement général de l'Algérie pour restreindre l'exportation du bétail ont eu pour effet d'empêcher cette pratique. D'un autre côté, l'élévation progressive des prix d'achat a réduit dans une large mesure l'importance de la *mise en réserve* des ovidés algériens, qui, dans certaines zones de l'arrondissement d'Aix, tendent à être remplacés par des moutons du Montenegro ou des provinces méridionales de la Russie.

Les données font totalement défaut pour établir la statistique du bétail étranger engraissé chaque année dans le département.

ESPÈCE CAPRINE.

On comptait, en 1905, 10,191 chèvres dans le département. Elles se trouvent réparties, pour une certaine proportion, dans les moyennes et petites propriétés. Mais on les rencontre aussi en troupeaux plus ou moins nombreux dans les communes du Rove, de Gignac, de Châteauneuf, où elles vivent sur les collines déboisées de la Nerthe. On les utilise pour la production d'un fromage frais spécial, dit «brousse du Rove», qui est exclusivement consommé à Marseille.

ESPÈCE PORCINE.

Le nombre total des porcs exploités dans les Bouches-du-Rhône a été de 39,800 en 1905. La race la plus commune est celle de la Provence, dite race marseillaise. Mais les animaux de la race gasconne prennent une place de plus en plus importante.

Dans les arrondissements d'Aix et de Marseille, beaucoup de petits cultivateurs se livrent à la production des jeunes. Ils possèdent à cet effet une ou plusieurs truies, qui, le plus souvent, sont saillies par des verrats entretenus et loués par certains cultivateurs. Les gorets, sevrés vers la sixième semaine, sont vendus soit à des agriculteurs, soit surtout à des éleveurs, véritables industriels, qui les soumettent à une exploitation intensive.

Les petits cultivateurs n'engraissent que rarement des porcs. La grande et la moyenne propriété seules possèdent les animaux nécessaires à l'alimentation de leur personnel. Quant aux entreprises d'élevage, elles sont exercées, principalement dans les régions d'Aubagne et de Marignane, par des industriels dont les porcheries comptent souvent plusieurs centaines de têtes. Il est à remarquer que ces industriels ne possèdent le plus souvent que peu ou point de terres, de telle sorte que l'engraissement se fait à peu près exclusivement avec des produits achetés, tourteaux et grains.

Le débouché le plus important pour les porcs gras est le marché de Marseille. Il est cependant intéressant de constater que certains engraisseurs expédient en Allemagne les porcs gras produits chez eux.

ANIMAUX ET PRODUITS DE BASSE-COUR.

Il n'est pas exagéré de dire que l'élevage rationnel des animaux de basse-cour n'existe pas dans les Bouches-du-Rhône. Dans toutes les exploitations on trouve un certain nombre de poules qu'on laisse circuler librement, et auxquelles on ne distribue que quelques poignées de grains. La production des œufs se fait, pour ainsi dire, sans l'intervention du cultivateur qui ignore les principes d'alimentation et d'hygiène capables d'augmenter le nombre et la qualité des produits. Les établissements d'aviculture sont fort rares; c'est à peine s'il en existe quelques-uns dans les environs des grandes agglomérations.

Les produits de la basse-cour, volailles, œufs lapins, sont vendus au marché voisin, ou encore à des marchands spéciaux qui viennent les acheter sur place.

APICULTURE.

L'exploitation des abeilles ne peut être citée que pour mémoire. On trouve, il est vrai, quelques apiculteurs qui possèdent un outillage perfectionné, et mettent en pratique les méthodes rationnelles d'élevage, mais, si on considère l'étendue et les caractères des régions mellifères, on reste convaincu que cette industrie pourrait être une source appréciable de revenus pour l'agriculture du département.

SÉRICICULTURE.

En 1906, on a mis à l'incubation 6,638 onces de graines, réparties entre 4,813 éleveurs. La production des cocons a atteint 235,000 kilogrammes, de telle sorte que le rendement moyen a été de 37 kilogrammes par once. Le prix des cocons s'est fixé aux environs de 3 francs le kilogramme. Ces chiffres présentent une certaine importance. Mais, à cause du bas prix des cocons, cette industrie paraît être en décroissance. On ne remplace plus les mûriers qui meurent, et il est permis de prévoir que le nombre et l'importance des éducations iront sans cesse en diminuant.

On voit que l'exploitation de l'espèce ovine tient de beaucoup la plus large place dans les entreprises zootechniques du département. C'est, en effet, le mouton qui, de tous les animaux domestiques, est le mieux adapté à son sol et à son climat et qui permet de tirer le meilleur parti de ses maigres pâturages. Les races exploitées conviennent à un haut degré au milieu où elles vivent et il serait difficile de les remplacer avantageusement. Quant au développement de l'élevage, il est étroitement lié à celui de la production fourragère qui, sous le climat provençal, dépend entièrement de la possibilité des irrigations. Or, on sait les difficultés extrêmes qui empêchent, tout au moins pour le présent, la création de nouveaux canaux.

L'objectif principal de l'élevage est la production des agneaux. A ce point de vue, le croisement industriel pratiqué avec des béliers précoces et de forte taille, tels que les southdown ou les shropshiredowns, donnerait, semble-t-il, d'heureux résultats. Cette pratique tentée par plusieurs éleveurs a permis de produire des agneaux d'un poids bien supérieur à celui qu'on obtient habituellement. Peut-être aussi serait-il possible d'obtenir, par l'introduction nouvelle de sang mérinos dans les troupeaux d'Arles, des toisons à laine plus fine et plus abondante.

L'aridité du climat limite forcément l'élevage des bovidés et des équidés. Les herbages indispensables font totalement défaut. D'un autre côté, la vente en nature des foins de la région laissera longtemps encore des bénéfices supérieurs à ceux qu'on pourrait espérer de leur consommation par ces animaux.

L'élevage des suidés et leur engraissement est susceptible de prendre une certaine extension si on parvient à associer ces opérations avec la culture elle-même. Mais de grands progrès restent à réaliser dans l'alimentation.

Enfin les branches secondaires de la production zootechnique, aviculture, apiculture, sériciculture, très délaissées aujourd'hui, seraient de nature, si on les exploitait avec méthode, à augmenter sans trop de travail supplémentaire les revenus des petits exploitants, qui ont tendance à diminuer de jour en jour.

CALVADOS.

ARRONDISSEMENT DE CAEN.

ESPÈCE CHEVALINE.

Les éleveurs de la plaine de Caen ne font pas naître; ils achètent principalement dans la Manche, soit au sevrage, soit antenais, les sujets destinés aux travaux de leur culture et à être vendus ultérieurement à la remonte et au commerce.

La remonte achète 2,000 chevaux à Caen environ chaque année, au prix de 1,000 à 1,100 francs l'unité.

Le type qui réussit le mieux est le cheval de cuirassier et le cheval de dragon. On fait aussi dans la région l'artilleur-selle.

Les meilleurs sont achetés par l'armée en juillet, dès l'âge de trois ans et demi, ce qui donne un bénéfice appréciable à l'éleveur, lui procure de l'argent à une époque où il en a besoin pour acheter de jeunes chevaux.

Depuis quelques années, le nombre des percherons tend à augmenter dens les écuries de la Plaine. Dans le temps, chaque ferme n'en possédait qu'un seul, le *limonnier;* aujourd'hui, on en compte jusqu'à quatre ou cinq dans certaines exploitations. D'où, par suite, un nombre moins élevé de produits de demi-sang.

Toutefois l'acheteur qui vient à Caen dans le but de faire l'acquisition d'une paire de carrossiers est toujours certain de trouver chez les marchands et chez les éleveurs de la ville et des environs pour les animaux de cette espèce un choix unique, soit ocmme nombre, soit comme qualité.

ESPÈCE BOVINE.

Ce sont les animaux de la race normande qui peuplent surtout les étables de cet arrondissement.

On élève surtout dans les régions de Villers-Bocage, à quatre lieues à la ronde de ce chef-lieu de canton. Les marchés de Villers-Bocage sont très importants, notamment pour les vaches *amouillantes*. On estime que sur 100 vaches vendues sur le marché de Villers-Bocage, 25 ont été élevées dans le pays.

Le tableau suivant fait connaître l'importance relative de cette vente des vaches amouillantes à Villers-Bocage :

	MARCHÉ	
	DU 24 OCTOBRE 1906.	DU 31 OCTOBRE 1906.
	têtes.	têtes.
Vaches grasses	32	35
Vaches maigres	34	29
Amouillantes et laitières	695	683
Taureaux reproducteurs	70	64
Génisses de 15 à 30 mois	43	46
Veaux gras	347	340
Moutons	71	62
Porcs gras	318	305
Cochons de lait	109	120

Les génisses et les vaches amouillantes provenant du marché de Villers-Bocage sont dirigées dans les départements de Seine-et-Marne, de l'Yonne, de Seine-et-Oise, de la Seine-Inférieure et de la Seine. Celles qui ne proviennent pas de l'élevage des environs de Villers, viennent de Vire, Carentan, Isigny, Litry et Bayeux. Parmi les acheteurs, les uns préfèrent la robe bringée, les autres la robe caille; c'est là une question d'habitude locale.

Les bœufs gras se vendent surtout à Caen. Ceux-ci ont été achetés maigres à Avranches, La Haie-Pesnel, Montdebourg.

Lait. Beurre. Fromage. — Il est vendu beaucoup de lait en nature à Caen et dans les petites villes de la région.

Le consommateur paye le lait 20 centimes le litre.

Le lait vendu au fromager vaut 10 centimes en été, 15 centimes en hiver.

Le beurre est généralement fabriqué par le procédé ancien de l'écrémage spontané. On le fait deux fois par semaine en hiver et trois fois en été. En hiver, il faut de 20 à 25 litres de lait pour faire un kilogramme de beurre; l'été, 25 litres; 22 litres pourraient être adoptés comme chiffre moyen. Les appareils centrifuges se répandent de plus en plus dans la région.

Planche IV.

ÉTALON DEMI-SANG NORMAND.

Il existe à Argences une petite beurrerie coopérative «La Muance» qui donne de bons résultats.

Le prix moyen normal du beurre est de 2 fr. 10 à 2 fr. 50 le kilogramme en été, suivant qualité; en hiver, de 2 fr. 50 à 2 fr. 90.

ESPÈCE OVINE.

Le nombre des troupeaux a tendance à diminuer; le nouveau système de culture, peut-être aussi le manque de bergers, en sont les causes dominantes.

ESPÈCE PORCINE.

L'élevage et l'engraissement du porc sont prospères dans l'arrondissement.

Volailles. Lapins. — La race de poule la plus répandue dans l'arrondissement de Caen est la race de Crévecœur qui, sous des influences de milieu et peut-être aussi par faute de soins spéciaux, a perdu sa grosse huppe, une partie de son plumage primitif, mais a conservé sa rusticité et une grande partie de ses qualités premières.

Néanmoins l'aviculture est souvent mal comprise dans le pays et sous ce rapport il y a beaucoup à faire.

La production des *poulets de grain* est faible et souvent pratiquée sans méthode et sans grand profit.

Le prix moyen d'un poulet de six à sept mois est de 2 francs à 2 fr. 25. Les poulets précoces se payent jusqu'à 3 fr. 25. Ces poulets sont vendus sur les marchés.

Les œufs sont gros et blancs; la race est bonne pondeuse. Une poule pond de 125 à 150 œufs par an.

L'élevage est un peu abandonné au hasard et la mortalité atteint environ 25 p. 100.

Les débouchés sont cependant nombreux; la ville de Caen en particulier consomme des milliers de poulets de la Sarthe, vendus chez les grands épiciers de la ville; puis le littoral, Trouville, Cabourg, etc., les Halles centrales de Paris et enfin l'Angleterre pourraient être d'importants débouchés : le port de New-Haven est à 12 heures de Caen et le fret est peu élevé.

Il existe à Cormelles, près Caen, un établissement d'aviculture qui a pour objet la production du poulet fin pour la table. Cet établissement, qui est fort bien aménagé, envoie ses produits l'été sur les plages normandes et l'hiver à Paris, dans des maisons spéciales qui ne vendent que des poulets de choix.

L'exportation des dindes grasses en Angleterre, à l'époque de la Noël, a une certaine importance.

Le commerce de lapins angora est assez actif.

Œufs. — Les producteurs apportent sur le marché leurs œufs que des industriels achètent pour les revendre. Les prix ont augmenté depuis deux ans. La douzaine vaut 0 fr. 75 en février-mars et de 1 fr. 15 à 1 fr. 50 en morte saison. On consomme ces œufs, frais ou conservés, dans le pays, à Paris et en Angleterre.

Le 2 mai 1907, il a été fondé à Caen, par les soins du professeur départemental d'agriculture, une société d'aviculture départementale. Cette société est appelée à rendre de réels services à la cause avicole.

APICULTURE.

La qualité du miel varie suivant les années. Ainsi, en 1905, année moyenne de production, il a été récolté plus de 200,000 kilogrammes de miel. En 1906, on en a récolté à peine 50,000 kilogrammes, la grande sécheresse ayant empêché l'oxydation du nectar.

La quantité de cire produite peut être évaluée à 7,000 ou 8,000 kilogrammes. Les divers marchands de Caen en vendent annuellement 4,480 kilogrammes environ.

L'arrondissement de Caen compte 2,000 à 2,500 ruches donnant en moyenne, dans les bonnes années, 10 kilogrammes de miel et 1 kilogramme de cire par ruche.

Dans le département, il y a de 15 à 20,000 ruches.

En 1905, le miel se vendait de 60 à 70 francs les 100 kilogrammes. En 1906, il s'est vendu de 65 à 80 francs les 100 kilogrammes. La cire se vend de 3 fr. 50 à 4 francs le kilogramme, suivant le degré d'épuration.

La société d'apiculture l'*Abeille normande*, récemment créée, montre une activité et une compétence qu'on se plaît à reconnaître.

Cette société compte actuellement 247 membres.

ARRONDISSEMENT DE PONT-L'ÉVÊQUE.

ESPÈCE CHEVALINE.

L'arrondissement de Pont-l'Évêque fait naître principalement; la plupart des poulains mâles de demi-sang, sauf ceux d'origine trotteuse, sont vendus au sevrage dans la Plaine de Caen.

L'élevage du cheval de demi-sang est très développé et le pays produit des trotteurs et des carrossiers très recherchés.

L'élevage du cheval de trait percheron ou genre percheron est également pratiqué dans l'arrondissement.

Ses produits, très appréciés, sont de vente facile pour le transport et la culture en France et à l'étranger. Leur exploitation dans le pays ne peut d'ailleurs qu'augmenter en raison des bénéfices qu'elle procure. En effet, si le cheval demi-sang bien réussi a une valeur égale au percheron, en revanche un percheron de qualités médiocres se vend relativement beaucoup mieux qu'un demi-sang dans les mêmes conditions. A part le cheval de demi-sang grand trotteur ou le cheval de tête pour la remonte, un bon cheval de trait vaut aussi facilement 1,000 à 1,200 francs à quatre ou cinq ans qu'un bon demi-sang.

ESPÈCE BOVINE.

Les bœufs engraissés dans les riches pâturages de l'arrondissement de Pont-l'Évêque sont importés, pour les neuf dixièmes, des départements de la Manche, de l'Orne, de la

Mayenne, de Maine-et-Loire et de la Sarthe. La Bretagne et même le Nivernais fournissent aussi un certain nombre de bœufs maigres. Un dixième de ces bœufs sont élevés dans le pays même.

Le métier d'herbager ou d'engraisseur est très limité comme profit, à cause de l'écart trop restreint existant presque toujours entre le prix d'achat (cours maigre) et celui de la vente (cours gras). Si d'un côté la consommation a beaucoup augmenté, de l'autre la mise de terres de labour en herbe s'accroît toujours. Il y a également la concurrence des agriculteurs des pays de plaine qui achètent des bœufs maigres pour faire les charrois de betteraves et engraissent ensuite ces bœufs à la pulpe.

Chaque année, en effet, la baisse sur la viande de boucherie est nettement accusée quand les expéditions à Paris se font en grand, c'est-à-dire dès le mois d'août.

Le bénéfice réalisé après huit à dix mois d'herbage se trouve réduit actuellement à 100 ou 120 francs au maximum par tête, alors qu'il y a vingt-cinq ans le bénéfice était du double.

L'élevage et l'industrie laitière pourraient être, au contraire, une source de profits importants pour le cultivateur. Malheureusement, ces spéculations zootechniques sont trop négligées.

Une vache d'aptitudes moyennes donne, pendant trois mois, une moyenne de 16 litres de lait par jour; pendant trois autres mois, une moyenne de 12 litres et, pendant quatre mois, une moyenne de 6 litres, c'est-à-dire qu'une vache de qualité moyenne donne par an environ 3,300 litres de lait.

Une bonne vache laitière vaut à l'âge de 5 ans, suivant les saisons, de 450 à 550 francs, soit 500 francs en moyenne.

Les génissons valent de 350 à 450 francs.

Lait. Beurre. Fromage. — Le lait est de très bonne qualité. Il s'en consomme peu en nature et la majeure partie est transformée en fromage.

La caractéristique de l'industrie laitière est la création de grandes laiteries qui recueillent facilement du lait à bon marché.

Ce système a l'avantage de simplifier beaucoup les choses pour les cultivateurs qui n'ont dès lors qu'à traire leurs vaches. Il présente par contre plusieurs inconvénients. En premier lieu, le cultivateur abandonne toute initiative et il se prive de sérieux bénéfices. D'autre part, les campagnes se dépeuplent et la terre s'appauvrit.

Il ne semble pas avantageux que les cultivateurs se livrent en commun à la fabrication du fromage. Par contre, ils pourraient constituer des associations de cultivateurs d'une même contrée pour la vente de leur lait à un prix déterminé aux grands fromagers, et établir des beurreries coopératives à rayon moyen (deux ou trois communes par établissement) de façon à maintenir le prix du lait vendu à la fromagerie et à faire du beurre avec tout le lait produit quand la saison n'est pas favorable à la fabrication du fromage.

Généralement, le prix de la douzaine de fromages Pont-l'Évêque est de 6 francs d'octobre à mai et 5 francs de mai à octobre (saison des fruits).

Le bénéfice ne consiste pas seulement dans celui de la vente du fromage. Avec le petit lait résiduel, on fabrique du beurre de cuisine qui se vend couramment entre 0 fr. 75 et 1 franc le demi-kilogramme. En outre, on élève des porcs. Une exploitation qui entretient 12 vaches laitières peut réaliser sur les porcs un bénéfice de 800 à 1,000 francs par an.

Les cultivateurs qui n'élèvent pas leurs veaux les vendent à l'âge de huit jours au prix moyen de 20 francs.

ESPÈCE PORCINE.

L'élevage des porcs est une ressource appréciable dans les fermes, puisque la nourriture n'est pas exclusive comme dépense, lorsqu'il y a des déchets de laitage provenant de la fabrication du beurre et du fromage.

Le commerce des porcs est généralement rémunérateur.

PRODUITS DE BASSE-COUR.

L'élevage des volailles bien compris est une grande ressource pour la nourriture du personnel de la ferme et surtout par le profit que l'on peut obtenir des ventes d'œufs et de volailles.

Le système de culture permet l'obtention de poulets et d'œufs de toute première qualité, donnant lieu à un commerce considérable.

APICULTURE.

L'élevage des abeilles, quoique sujet à des aléas, est cependant recommandable.

Voici quelle est la production moyenne d'une ruche dans les environs de Touques.

8 kilogrammes environ de miel à 2 francs le kilogramme	16f 00c
500 grammes de cire à 3 fr. 50 le kilogramme	1 75
Total	17 75

ARRONDISSEMENT DE LISIEUX.

ESPÈCE CHEVALINE.

Les chevaux employés aux travaux agricoles sont surtout des anglo-normands et des percherons; mais on trouve aussi beaucoup d'animaux provenant de croisements divers (percherons, bretons, demi-sang).

L'élevage du cheval ne présente pas une bien grande importance dans l'arrondissement de Lisieux. Orbec, Moyaux, Saint-Pierre-sur-Dives, Mézidon, sont les principaux centres d'élevage. Les chevaux élevés dans le pays ne suffisent pas aux besoins locaux et cependant la plupart des poulains sont vendus au sevrage à des acheteurs des pays voisins produisant les fourrages et l'avoine indispensables pour un élevage rationnel.

Les étalons préférés sont les percherons et les demi-sang. Un certain nombre de particuliers possèdent des étalons percherons qui font la monte dans la région.

ESPÈCE BOVINE.

Les animaux de l'espèce bovine entretenus dans cet arrondissement appartiennent à la race normande, sauf les bœufs d'engrais, qui sont de races diverses.

La variété augeronne prédomine, mais beaucoup d'éleveurs vont chercher des taureaux dans le Cotentin. Ces taureaux sont choisis avec assez de soin, tandis que ceux élevés dans le pays ne sont au contraire l'objet d'aucune sélection bien comprise.

Quoique l'arrondissement soit considéré comme un pays d'engraissement, les vaches laitières sont beaucoup plus nombreuses que les bœufs (24,000 vaches, 4,300 bœufs).

La presque totalité des veaux femelles sont élevés, tandis que les veaux mâles sont en grande partie livrés à la boucherie vers l'âge d'un mois et demi. La plupart des veaux gras sont consommés dans le pays; on en expédie cependant à Caen et à La Villette, en quantité assez importante.

Les veaux d'élevage ne consomment du lait que pendant peu de temps; le lait pur est malheureusement remplacé bientôt par du lait écrémé et des farines diverses, souvent même le lait écrémé ne figure pas dans la ration.

Des marchands achètent sur les foires de la région des vaches et surtout des génisses qu'ils revendent dans les régions voisines et jusque dans le centre.

Les bœufs d'engrais sont fournis en petite partie par l'élevage local, le reste provient de la Manche, du Maine, de l'Anjou, de la Bretagne et aussi de la Nièvre. Le métier d'herbager est moins lucratif qu'autrefois; on engraisse cependant autant de bœufs qu'il y a trente ans, car si les vaches laitières ont remplacé les bœufs dans certaines exploitations, on a créé de nombreux herbages où sont entretenus des bœufs à l'engrais.

Les principaux centres d'engraissement sont Lisieux, Fervaques (vallée de la Touque). Méry-Corbon (vallées de la Dives et de la Vie), Mesnil-Mauger, Saint-Julien-le-Faucon (vallées de la Vie et de la Viette).

Les bœufs engraissés dans le pays sont en grande partie expédiés à La Villette; cette exportation donne lieu à des transactions très importantes. Quelques bœufs sont expédiés à Caen et à Rouen.

Lait. Beurre. Fromage. — Il y a une trentaine d'années, presque tout le lait produit était transformé en beurre; avec le lait écrémé on faisait à la ferme des fromages maigres (Livarot, Lisieux).

Actuellement, les deux tiers du lait sont vendus à des fromagers qui fabriquent du camembert et du Pont-l'Évêque. Pendant l'été, alors que le fromage se «fait mal», la plupart des fromagers font du beurre. D'ailleurs, beaucoup de cultivateurs ne vendent pas leur lait en cette saison, car les prix sont dérisoires : 7 à 8 centimes le litre, tandis qu'en hiver les prix atteignent 15 et 17 centimes.

Le beurre est fait une ou deux fois par semaine. On utilise les écrémeuses dans beaucoup de fermes et les laiteries sont en général assez bien tenues. Le prix moyen du kilogramme est de 2 fr. 50. Ce prix n'a pas sensiblement varié depuis longtemps. Les marchands en expédient des quantités importantes, surtout à Paris et en Angleterre.

Les fromages de fabrication industrielle sont envoyés en très grande quantité en dehors du département, principalement à Paris et en Angleterre. Les fromages faits à la ferme sont vendus à des «caveurs», qui les affinent et les livrent ensuite à la consommation.

ESPÈCE OVINE.

Les ovidés sont peu nombreux, car le système de culture, le climat, le terrain même ne se prêtent guère à leur élevage. Les animaux entretenus appartiennent à la race de pays, — race qu'on trouve surtout sur le littoral de la Manche, — à la race de Trun, ou bien ce sont des métis issus du croisement de ces races avec le dishley.

On engraisse surtout les moutons élevés dans la région, mais ce genre de spéculation est peu important; aussi la production ne suffit-elle pas aux besoins locaux.

ESPÈCE PORCINE.

Si les cultivateurs élèvent et engraissent moins de porcs qu'autrefois, puisqu'ils vendent une grande partie de leur lait, l'élevage des suidés tend plutôt à prendre de l'importance, car de grandes porcheries sont annexées à toutes les fromageries.

Les races normande et craonnaise sont souvent croisées avec des animaux de races anglaises.

On expédie des porcs gras en quantités assez importantes à La Villette. Moyaux et Orbec en fournissent aux marchés de l'Eure.

Volailles. Lapins. — On élève un peu moins de volailles qu'autrefois, mais cet élevage reste encore très important. Ce sont les poules qui constituent la population dominante de la basse-cour; on élève aussi des oies et des dindons que l'on engraisse avec ceux qu'on achète dans les régions voisines, principalement dans l'Eure.

Les volailles sont vendues aux marchés de Lisieux, d'Orbec, de Saint-Pierre, de Crèvecœur, de Cormeilles. On les expédie à Paris et surtout en Angleterre par l'intermédiaire de marchands du Havre, de Honfleur, de Trouville, qui viennent faire leurs achats aux marchés indiqués.

L'élevage des lapins est peu important; on en expédie cependant un certain nombre sur Paris et l'Angleterre.

Œufs. — La production des œufs est assez importante; il en arrive plus de 120,000 douzaines par an sur le marché de Lisieux et près de 100,000 douzaines sur celui de Livarot. Le prix moyen de la douzaine est de 1 franc à 1 fr. 10.

Des marchands de Lisieux, de Pont-l'Évêque, du Havre, achètent des œufs sur les principaux marchés de l'arrondissement et les expédient au Havre et en Angleterre.

APICULTURE.

Les ruchers sont rares et le commerce des abeilles, du miel, de la cire est à peu près insignifiant.

ARRONDISSEMENT DE FALAISE.

ESPÈCE CHEVALINE.

L'arrondissement de Falaise produit, élève ou entretient :

1° Des chevaux de demi-sang anglo-normands. Ces chevaux sont répartis un peu partout, mais surtout nombreux dans la plaine à sous-sol calcaire qui s'étend sur une partie des cantons de Bretteville-sur-Laize, Falaise-Nord et Morteaux-Coulibœuf;

2° Des chevaux de gros trait, percherons et bretons, entretenus un peu dans toutes les régions, avec prédominance presque exclusive dans le canton de Thury-Harcourt et certaines parties des quatre autres cantons.

La production sur place des chevaux anglo-normands entre pour un tiers environ dans le nombre des sujets élevés.

Les sujets importés, environ 70 p. 100 de la population chevaline, le sont les uns au sevrage, 40 p. 100; les autres à 18 mois, 2 ans et 3 ans, 30 p. 100.

80 p. 100 de l'importation totale proviennent du département de la Manche; le reste, soit 20 p. 100, d'autres localités du département du Calvados, un peu de l'Orne et même de la Vendée.

Les sujets de gros trait sont importés de la région du Nord-Ouest où l'on produit le cheval percheron et le cheval breton : Orne, Eure-et-Loir, Sarthe, Mayenne, sud de la Manche, Ille-et-Vilaine et même du Finistère. Le pays de Léon fournit chaque année à la région de Falaise quelques bons sujets, par l'intermédiaire de marchands de chevaux de l'Orne et de la Mayenne.

L'élevage du cheval de demi-sang comporte deux spéculations : la production du cheval d'attelage de luxe et celle du cheval de troupe.

Les concours de primes d'élevage sont assez suivis pour espérer obtenir bientôt une bonne sélection parmi les poulinières.

L'élevage du cheval de trait aurait besoin d'être mieux dirigé, car le type n'est pas suffisamment stable. Pour obtenir plus d'homogénéité, il faudrait :

1° Approuver et autoriser les étalons de race définie;

2° Créer des primes pour la monte. Ces primes, judicieusement accordées, aideraient les propriétaires d'étalons et leur permettraient de présenter des animaux d'un modèle parfait.

ESPÈCE BOVINE.

Le commerce des bœufs, dans l'arrondissement, n'est pas très important à cause du manque de pâture.

En revanche, le commerce des vaches y est considérable. Chaque commune de l'arrondissement possède une grande quantité de vaches laitières, dont le produit est vendu aux nombreuses fromageries de la contrée.

Les bœufs gras se trouvent surtout à la fameuse foire de Guibray. L'arrondissement produit environ les deux tiers des animaux gras qu'on y rencontre.

La Société d'agriculture de Falaise s'applique à l'amélioration de l'espèce bovine; ses concours sont très suivis et exercent une influence salutaire sur la sélection du bétail.

Lait. Beurre. Fromage. — Le lait est vendu en nature à Falaise et dans les villes ou bourgs voisins. On fabrique du beurre un peu partout et ce beurre est généralement de très bonne qualité.

Le marché au beurre de Falaise compte hebdomadairement un approvisionnement d'une moyenne de 4,000 kilogrammes.

La fabrication du fromage se pratique soit en petit, soit industriellement.

ESPÈCE OVINE.

Le commerce des moutons est très limité à cause de la diminution rapide du nombre des troupeaux.

ESPÈCE PORCINE.

Le commerce des porcs est également très limité. L'utilisation du petit lait provenant des fromageries se fait, pour l'engraissement du porc, en petit, sauf à Jort où cette industrie se fait en grand.

Volailles. Lapins. — Les races de volailles entretenues dans l'arrondissement de Falaise ne présentent pas de caractères particuliers.

Les poules de ferme semblent être un dérivé plus ou moins pur de la race de Crèvecœur. Toutefois on rencontre assez fréquemment des poulets n'ayant aucun caractère de cette race : il est certain que, sur les plateaux secs et calcaires de l'arrondissement de Falaise, les croisements avec la race de Houdan réussiraient à merveille.

Les poulets valent 2 fr. 50, 3 francs et 3 fr. 25, suivant époque et qualité. Il y a beaucoup à faire ici encore comme choix des races, élevage et vente des poulets.

Les lapins, dont la peau est de bonne qualité, appartiennent à la race de ferme du lapin normand qui est en effet le meilleur.

On fait dans l'arrondissement l'élevage des dindes et des oies valant 12 francs la pièce pour les premiers, 6 fr. 50 pour les seconds.

Œufs. — La production des œufs est assez considérable. Ils sont vendus sur le marché et acquis généralement par les acheteurs du beurre en mottes. Le prix moyen des œufs est de 1 franc la douzaine. En hiver, ils valent jusqu'à 2 francs.

APICULTURE.

Les abeilles sont exploitées par un certain nombre d'apiculteurs. Il existe à Falaise un rucher conduit d'après les nouvelles méthodes de l'apiculture rationnelle.

L'industrie apicole devrait se développer dans un pays où les abeilles peuvent trouver facilement une nourriture abondante et d'excellente qualité.

ARRONDISSEMENT DE BAYEUX.

ESPÈCE CHEVALINE.

Le commerce des chevaux dans l'arrondissement de Bayeux est divisé en deux parties : à l'est de Bayeux, pays de culture, on trouve peu de juments poulinières. Les agriculteurs achètent quelques poulains de lait et surtout des chevaux de 18 mois, qu'ils font travailler jusqu'à 3 ou 4 ans, époque de la vente. Les plus beaux passent comme étalons ou comme chevaux de luxe; le plus grand nombre va à la remonte, et le prix d'achat atteint 900 francs à 1,000 francs. Les plus mauvais font ce qu'on appelle *des parisiens*, c'est-à-dire des chevaux de fiacre pour Paris; ils se vendent de 500 francs à 800 francs.

A l'ouest de Bayeux et surtout dans les cantons d'Isigny et de Trévières, pays d'herbe, on entretient beaucoup de poulinières : les éleveurs gardent les pouliches et vendent presque tous les mâles derrière leur mère, c'est-à-dire à 6 ou 7 mois. Les prix sont très variables suivant la conformation du poulain et surtout suivant son origine; les bons poulains d'une origine modeste se vendent facilement de 400 francs à 500 francs.

Les poulains médiocres se vendent aux herbagers de la contrée; ces derniers les gardent un an seulement dans leurs herbages, pour les vendre ensuite aux agriculteurs de la plaine ou de la contrée.

Ces poulains sont payés de 80 francs à 300 francs par les herbagers qui les revendent au bout d'un an avec une plus-value de 250 francs à 300 francs.

Les mères de ces produits se vendent à 5 ou 6 ans à la remonte, au commerce ou aux marchands de Paris.

ESPÈCE BOVINE.

Les bœufs engraissés dans le pays proviennent du pays même pour un dixième; les autres sont importés des autres arrondissements du Calvados, de la Manche, du Morvan et de la Bretagne. Les premiers sont de race normande, les seconds des croisés-durham pour la plupart.

Généralement on ne fait pas l'élevage des veaux; pour la vente à la boucherie, à 3 ou 4 mois on les engraisse avec du petit-lait auquel on ajoute des farines de blé, de sarrasin et de la fécule de pomme de terre. Dans la dernière quinzaine de l'engraissement, on ajoute chaque jour pour la nourriture de chaque veau 3 à 4 litres de lait doux. Ces veaux sont vendus de 150 francs à 160 francs en moyenne.

Dans quelques cantons de l'arrondissement, principalement dans ceux de Balleroy, Rye et Caumont, on élève quelques génisses qui servent à renouveler la vacherie.

Les transactions concernant les vaches amouillantes et laitières sont très importantes sur les marchés de Bayeux, Le Molay et Isigny. La plupart de ces vaches sont achetées par des marchands qui les revendent aux laitiers parisiens et aux cultivateurs de la grande banlieue de Paris.

Le prix moyen d'une bonne vache amouillante est de 500 francs. Le rendement en lait est en moyenne de 16 litres pendant les quatre mois qui suivent la mise bas. Il faut de 28 à 32 litres de lait pour faire 1 kilogramme de beurre.

Lait. Beurre. Fromage. — Le lait est vendu en nature dans les villes, surtout à Bayeux.

La vente des beurres de l'arrondissement de Bayeux se fait aux Halles centrales de Paris, sur les marchés de la région et dans certaines localités où se rendent les représentants de maisons d'exportation de Valognes, Coutances et Vire, ainsi que certains petits négociants qui font les colis postaux et approvisionnements.

Les principaux marchés sont ceux de Balleroy, Bayeux, Isigny, Caumont et Trévières.

Le meilleur beurre provient du canton d'Isigny. Les qualités du beurre de cette région sont dues : 1° au climat; 2° à la qualité de l'herbe; 3° à la race; 4° à la méthode de fabrication.

Il existe depuis 1905 à Isigny une laiterie industrielle où le beurre est fabriqué par l'écrémage centrifuge avec pasteurisation des crèmes et ensemencement par les ferments naturels du pays. La qualité de ces beurres ressort de ce fait qu'ils sont payés jusqu'à 4 fr. 64 le kilogramme aux Halles de Paris.

ESPÈCE OVINE.

La race ovine n'a qu'une médiocre importance dans l'arrondissement de Bayeux.

ESPÈCE PORCINE.

C'est à Bayeux même que chaque semaine se tient le plus fort commerce de porcs de l'arrondissement, surtout en porcs de 3 à 6 mois. Il se vend également des porcelets de 2 à 4 ans sur les marchés hebdomadaires de Littry et de Trévières. Les prix varient très sensiblement suivant les saisons et les qualités des animaux. Depuis quelques années, le porc gras se vend bien. Il vaut de 0 fr. 70 à 0 fr. 80 la livre. Les marchés d'Isigny, Littry et Bayeux en sont toujours assez bien fournis.

A Bayeux, les porcelets sont quelquefois au nombre de 1,200 sur un seul marché; leur prix varie de 30 francs à 75 francs l'un.

Volailles, lapins. — Le commerce des volailles donne lieu à certaines transactions, mais il n'est pas ce qu'il pourrait être.

Œufs. — Généralement la vente des œufs a lieu sur les mêmes marchés que les beurres.

APICULTURE.

L'arrondissement de Bayeux ne possède que quelques rares colonies d'abeilles. Le miel est généralement consommé par le récoltant. La cire est vendue ou fondue pour les besoins de la ferme.

ARRONDISSEMENT DE VIRE.

ESPÈCE CHEVALINE.

Les chevaux sont des demi-sang qui proviennent du croisement continu opéré entre les juments du pays avec les purs sang et les demi-sang trotteurs et carrossiers du haras de Saint-Lô.

On trouve aussi, notamment dans les régions de Vassy et Condé-sur-Noireau, des chevaux de trait genre percheron.

L'arrondissement de Vire, pays d'herbe, est favorable à l'élevage. Aussi l'élevage des chevaux est très développé; il en est de même, d'ailleurs, pour celui des bovins.

ESPÈCE BOVINE.

Les animaux de l'espèce bovine entretenus dans cet arrondissement appartiennent tous à la race normande; ce sont des sujets petits ou de taille moyenne, assez bien conformés; le squelette est réduit à cause de la nature du sol, qui est granitique ou schisteux. Les vaches ne donnent pas autant de lait que les normandes du Cotentin, mais la période de lactation est de longue durée. Ce sont des bêtes rustiques et les cultivateurs sélectionnent les reproducteurs avec assez de soin; la Manche, notamment le canton de Percy, fournit chaque année quelques bons taureaux.

Les mâles sont assez souvent engraissés dans le pays même. Il se fait un grand commerce de vaches amouillantes à Vire et Condé-sur-Noireau. Beaucoup de ces animaux sont destinés à peupler les fermes de la région de Paris, où ils réussissent bien.

En 1905, il a été amené aux foires de Condé-sur-Noireau 5,256 bœufs, vaches et veaux.

Lait. Beurre. Fromage. — Le lait est vendu en nature dans les villes, notamment à Vire et Condé-sur-Noireau.

On fabrique dans l'arrondissement beaucoup de beurre qu'on vend en mottes sur les marchés. La production beurrière reste à peu près stationnaire depuis un certain nombre d'années. Le prix suit les fluctuations générales. La qualité s'est plutôt légèrement améliorée et correspond en moyenne à la qualité des Charentes. La pâte est plus courte, plus sèche que celle d'Isigny, mais moins onctueuse. Les beurres du Bocage normand réussissent surtout comme beurre salé.

L'expédition s'en fait principalement à l'exportation, un peu sur Paris et la France.

Une seule maison d'expédition existe dans l'arrondissement. Elle est située à Neuville, à proximité de la gare de Vire.

On ne fait pas de fromage dans l'arrondissement.

ESPÈCE OVINE.

L'élevage du mouton n'a qu'une importance moyenne dans cette région. Le climat, la nature du sol, le système de culture se prêtent peu à l'élevage de cet animal.

Les troupeaux sont de races très mélangées : ils se composent d'animaux de la race locale, croisée soit avec le dishley, soit avec d'autres types plus ou moins bien définis.

ESPÈCE PORCINE.

L'élevage du porc est très prospère et fort bien compris dans l'arrondissement de Vire. On y trouve des agriculteurs émérites parmi lesquels on pourrait citer des lauréats du concours général agricole de Paris.

Les porcs élevés dans l'arrondissement ont tous ou presque tous les caractères spécifiques de la race celtique. Les croisements sont donc peu nombreux.

En 1905, il a été amené aux foires de Condé-sur-Noireau 475 porcs. Les porcs de lait se trouvent surtout sur les marchés de Vire et Aunay-sur-Odon.

Œufs. — Les poulaillers sont parfois mal tenus et les poules peu sélectionnées. Néanmoins on produit encore une assez grande quantité d'œufs de bonne qualité. Cela tient à ce que les poules vont en liberté dans les herbages.

Les industriels qui font le commerce du beurre font aussi le commerce des œufs.

Il est amené annuellement sur les marchés de Vire 10,000 bœufs, vaches et veaux, 11,000 moutons et veaux de lait, 11,000 porcs de lait, 165,000 douzaines d'œufs,

20,000 couples de volailles, 49,000 mottes de beurre représentant un poids approximatif de 300,000 kilogrammes.

APICULTURE.

Dans l'arrondissement de Vire, on récolte du miel rouge de qualité supérieure.

Celui-ci est vendu en rayons, dont la production moyenne peut être évaluée à 100,000 kilogrammes, avec 4 p. 100, soit 4,000 kilogrammes, de cire.

Le prix moyen du miel *brut* varie suivant les années entre 60 francs et 90 francs les 100 kilogrammes. Au détail, il se paye 1 fr. 50 à 2 francs le kilogramme.

Dans le pays il y a des ruches à peu près partout. Mais la façon d'opérer des paysans est généralement défectueuse. Ils récoltent à peine le tiers du miel produit. Leurs emplacements sont mal tenus, humides, mal exposés. Les ruches sont trop petites et fournissent deux, trois, quatre essaims chaque année.

La mortalité y est par suite considérable. En outre on étouffe encore, au moyen d une mèche de soufre, toutes les ruches à vendre au mois de septembre.

Un apiculteur de Neuville s'applique à répandre des méthodes plus productives. Il se propose d'intéresser à son œuvre les instituteurs. Il a mis son rucher à la disposition du professeur d'agriculture pour des expériences pratiques et des conférences.

Cet apiculteur a installé autour de Vire vingt ruchers contenant chacun environ 50 colonies, ce qui fait un total de 1,000 ruches. Son exploitation est basée sur les théories modernes.

L'arrondissement de Vire est mellifère. Au-dessus de la ligne de Paris à Granville, dans la partie des cantons de Vassy et Condé-sur-Noireau notamment, on rencontre du sainfoin et du sarrasin pour un quart de la culture. Au sud de cette ligne, dans le granit, le sarrasin prend un tiers de la culture; il y a quelques bruyères, mais pas de sainfoin.

CANTAL.

Le département du Cantal, pour un territoire agricole de 500,000 hectares en consacre à la production fourragère 260,000, soit 52 p. 100, dont la moitié en pâturages de montagnes. Ces chiffres, si importants qu'ils soient, sont encore en progression constante, et si on considère que les prairies irriguées donnent jusqu'à quatre récoltes par an, on ne s'étonnera pas de la densité du troupeau cantalien qui, pour l'espèce bovine, dépasse 43 têtes par kilomètre carré.

On compte approximativement dans le Cantal :

Chevaux	11,002	Moutons	250,000
Bovins	280,000	Porcs	100,000

ESPÈCES CHEVALINE ET MULASSIÈRE.

La production du cheval avait autrefois une importance considérable lorsque l'on élevait le bidet d'Auvergne, solide, résistant, nécessaire pour transporter gens et produits par monts et par vaux dans des chemins impraticables. Mais l'amélioration des routes, la création des voies ferrées, l'établissement des droits sur les mules et chevaux à la frontière espagnole ont ralenti sensiblement la production et le commerce des équidés. Cependant, aux foires de la Saint-Martin à Aurillac, Mauriac, Saint-Flour, le trafic entre les deux nations est encore considérable et porte en moyenne sur 1,600 à 2,000 têtes, dont 400 ou 500 viennent de Bretagne et sont vendus aux marchands espagnols.

La production des poulains est disséminée dans tout le département, mais plus active dans les cantons d'Aurillac (Arpajon, Ytrac, Naucelles), de Pleaux, de Murat, Allanche, Pierrefort.

La production des muletons et bardots, bien restreinte maintenant, est confinée dans les mêmes régions.

La remonte achète d'assez nombreux chevaux dans le Cantal.

ESPÈCE BOVINE.

Une population bovine de 156,000 vaches, 7,000 taureaux, 8,000 bœufs, 100,000 élèves de 6 mois à 3 ans, place le Cantal au premier rang des départements d'élevage.

Les principaux centres de production sont les cantons de Mauriac, Salers, Aurillac, Riom-ès-Montagne, Saint-Cernin, Murat, pour la race de Salers.

Pour la race d'Aubrac, Pierrefort, Saint-Flour sud et Saint-Urcize dans le canton de Chaudesaigues sont les centres d'élevage les plus réputés.

Dans le Cantal, les bovins vivent en stabulation permanente pendant l'hiver du 15 novembre au 25 mai et au pâturage du 25 mai au 15 novembre. Pourtant, dans les vallées et partout où l'irrigation est possible, on procède au déprimage du 10 avril au 15 mai; c'est une pratique déplorable, car les prairies sont alors très humides et les herbes pauvres en principes alibiles.

Les fermiers des plateaux ont généralement leurs montagnes à proximité de leurs granges; mais dans les vallées de la Cère, de la Jodane, dans les cantons de Laroquebrou, Maurs, Vic-sur-Cère, Pleaux, Saignes, les *montagnes* sont très éloignées et voisinent avec celles des agriculteurs des plateaux. Les animaux transhument et mettent quelquefois trois ou quatre jours pour se rendre à destination, au grand détriment des veaux.

Les troupeaux pendant l'*estive* vivent en plein air à des altitudes variant de 600 à 1,300 mètres, entourant d'une couronne vivante l'imposant massif du Plomb du Cantal, du Puy-Mary, du Chavaroche, du Puy-Violent, rayonnant autour de ce *moyeu* sur les coulées basaltiques.

Les écarts de températures sont considérables, les nuits froides, les jours brûlants; aussi ménage-t-on pour les veaux des abris ou *védelats*.

Pendant cette période du 25 mai au 1er octobre et généralement avant le 1er août, a lieu la monte en liberté, au hasard des rencontres, bourrets et bourrettes, doubbones, vaches tersonnes, taureaux, etc., voisinant au pâturage; on ne connaît pas exactement la date de la fécondation, ni le père des jeunes.

En général les veaux naissent du 25 janvier au 25 avril. Les agriculteurs vendent ceux qu'ils ne pensent pas élever aux foires de mai à Aurillac, Mauriac, Murat, Salers,

Trizac, Allanche, etc., soit à la boucherie, soit aux éleveurs des vallées basses. Les veaux *blancs* sont généralement expédiés sur Paris; les veaux vieux à chair rouge sont livrés à la boucherie locale. La parcimonie avec laquelle on distribue le lait aux jeunes et, d'autre part, l'insuffisance de l'alimentation des mères pendant l'hiver fait que le poids des veaux gras ne dépasse guère 60 kilogrammes à l'âge de 6 semaines.

A la descente des montagnes (à la Saint-Martin), les veaux bourrets, en excès dans les vacheries, sont vendus aux foires signalées précédemment pour les chevaux. Le plus souvent ce sont les agriculteurs ne faisant pas d'élevage qui achètent ces veaux.

Les mâles sont castrés vers l'âge de 14 mois et vendus à des agriculteurs des régions ouest et nord de la France.

Engraissement. — On ne pratique presque pas l'engraissement dans le Cantal. Les animaux maigres sont vendus à des agriculteurs de Seine-et-Marne, de Seine-et-Oise, des Charentes. Les manes (vieilles vaches) sont engraissées sur place et livrées à la boucherie locale. Cependant, en février, on trouve quelques bœufs demi-gras qu'on parfait dans les Charentes.

Travail. — Les vaches de Salers et d'Aubrac sont bonnes travailleuses, mais dans le Cantal on les fait quelquefois travailler avec excès. Il convient de signaler la présence d'une assez forte proportion de vaches stériles, désignées sous le nom de *mules* et dont la force égale presque celle des bœufs.

Le Canta lexporte environ 50,000 têtes de bétail par an, surtout des veaux doublons et des bœufs de travail.

Production du lait. — Cette branche particulière de la production agricole a été traitée tout spécialement dans l'enquête sur l'industrie laitière. Les vaches de Salers donnent en moyenne 1,200 litres de lait par an, les Aubrac 1,000 à 1,100 litres le veau nourri. Ce sont là des quantités bien faibles qui pourraient être augmentées facilement par une sélection judicieusement pratiquée et par une alimentation plus rationnelle.

ESPÈCE OVINE.

Tandis que le centre du Cantal produit des bovins, la périphérie, entièrement constituée par des roches acides, schistes, quartz, granites, se livre à l'exploitation de l'espèce ovine. Mais cette spéculation s'est sensiblement amoindrie et le nombre des moutons et brebis a diminué de plus de 100,000 têtes depuis 1892. D'une manière générale on attribue cette disparition du mouton à la difficulté que les cultivateurs éprouvent pour se procurer des bergers. Les principaux centres de production sont Laroquebrou (canton), Chaudesaigues (canton), Saint-Flour nord et sud, Ruines, Pierrefort, Massiac, Allanche, Champs, Pleaux.

Les moutons entretenus dans les gorges abruptes de la Truyère fournissent une viande délicate, le gigot est très développé; c'est surtout à Chaudesaignes que le commerce des moutons est le plus actif.

Les bizets vivent sur les flancs des monts de la Margeride dans les gorges de l'Alagnon; leur réputation n'est plus à faire. Généralement ils sont vendus à Saint-Flour, à Massiac et Brioude aux foires les plus voisines du 23 avril; ils sont surtout achetés par des éleveurs de la Vienne qui les engraissent.

PLANCHE V.

RACE BOVINE DE SALERS.

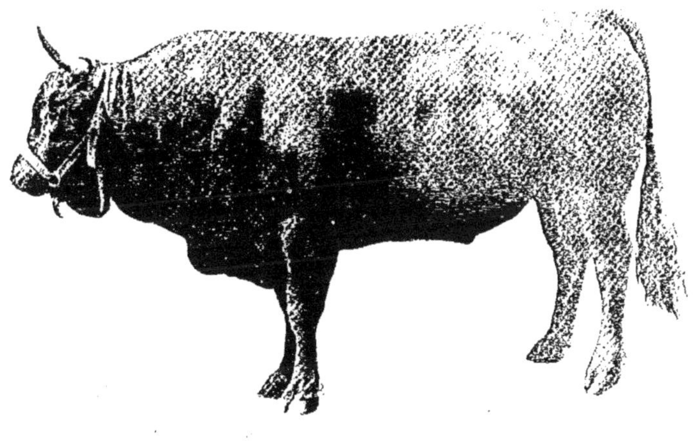

TAUREAU.

VACHE.

Les moutons de Laroquebron sont vendus dans cette localité et à Maurs aux foires de printemps.

La *laine* produite dans le Cantal est assez fine; elle est vendue à Aurillac, Saint-Flour, Mauriac et sert à la fabrication des draps du pays. Celle des bizets est recherchée par les habitants de la région, car elle a la teinte naturelle qu'ils affectionnent pour leurs vêtements.

On n'utilise pas le lait des brebis dans le Cantal.

ESPÈCE CAPRINE.

On rencontre dans les gorges des vallées cantaliennes environ 12,000 chèvres, dont le lait sert à fabriquer un fromage spécial appelé *cabrecou*. Le commerce des chevreaux et surtout de leurs peaux a une importance assez considérable.

La viande est consommée sur place; les peaux sont achetées par les gantiers de Lyon et Grenoble. C'est en mars, à Aurillac, que se pratiquent les transactions sur cet article.

ESPÈCE PORCINE.

L'élevage et l'engraissement du porc ont une grande importance dans le Cantal, surtout dans la châtaigneraie (Saint-Mamet, Maurs, Laroquebron, Montsalvy), où cet animal consomme le lait que les ménages ne se réservent pas et où la glandée et la châtaigne fournissent un appoint considérable à son alimentation. Malheureusement les porcs entretenus dans le Cantal sont d'une ossature grossière et lents à se développer; ils vivent presque continuellement dans les pâturages, les châtaigneraies et les bois; leur viande est de médiocre qualité.

Pour la consommation familiale, les habitants font des porcs de 200 à 250 kilogrammes.

Les porcs de laiterie plus fins font l'objet d'un commerce actif à Aurillac, Mauriac, Maurs, Allanche, Murat, Saignes, Saint-Cernin.

Les porcelets sont très recherchés au printemps pour la transhumance; ils consomment sur place le petit lait.

ANIMAUX ET PRODUITS DE BASSE-COUR.

Sauf dans le canton de Maurs, l'aviculture est délaissée dans le Cantal, où on est tributaire de Figeac pour les volailles grasses.

CHARENTE.

Le département de la Charente présente une grande diversité dans la nature de son sol, de ses cultures et de ses productions d'origine animale.

On y trouve, en effet, comme dans la presque totalité de l'arrondissement de Confolens, des terrains de nature argilo-siliceuse, se prêtant admirablement à la création des prairies naturelles et à l'élevage du bétail; mais la plus grande étendue est occupée par les sols calcaires du jurassique et du crétacé, où les prairies naturelles ne se rencontrent plus que sur les bords des cours d'eau. Là, par contre, la culture a fait une large place aux prairies artificielles, particulièrement à la luzerne, qui permettent l'entretien d'un nombreux bétail; mais l'élevage ne peut y être pratiqué en raison du morcellement extrême de la propriété.

ESPÈCE CHEVALINE.

L'élevage du cheval est très peu pratiqué en Charente. La plus grande partie, sinon la presque totalité des chevaux de trait employés à la culture, sont des animaux d'importation appartenant pour la plupart à la race bretonne. Pour les forts roulages dans les villes, on emploie aussi des chevaux percherons.

Ces chevaux de trait arrivent jeunes en Charente et sont vendus aux foires de Tusson, de Rouillac, etc. Ils sont le plus souvent achetés par des petits propriétaires qui les dressent, les font travailler pendant quelque temps et les revendent lorsqu'ils sont âgés de quatre, cinq ou six ans.

L'élevage du cheval demi-sang est pratiqué sur quelques points. L'État entretient annuellement 9 stations d'étalons demi-sang carrossier où 26 à 28 étalons servent une moyenne de 1,100 à 1,200 juments. Quelques-uns des produits sont achetés par la remonte, les autres font des chevaux de voiture ou des chevaux de trait pour la culture.

Dans la partie nord du département confinant aux Deux-Sèvres, on élève un peu le mulet. La gare de Ruffec expédie annuellement sur l'Espagne et le midi de la France 2,500 mules et mulets provenant presqu'exclusivement du sud du département des Deux-Sèvres.

ESPÈCE BOVINE.

L'espèce bovine est représentée en Charente par deux races principales : la race limousine et la race de salers. La première occupe la zone est, sud-est et sud, alors que la seconde est localisée dans la partie nord et ouest du département.

Une ligne partant du nord du département entre Pleuville et Épénède, se dirigeant sur Alloue, Saint-Laurent-de-Céris, Saint-Claud, Chasseneuil, Agris, Brie-La Rochefoucauld, Champniers, Angoulême, et qui suivrait ensuite la vallée de la Charente, délimiterait assez exactement la zone peuplée par chaque race.

Dans l'ouest, le centre et le sud du département, on rencontre un assez grand nombre de vaches laitières appartenant pour la plupart à la race parthenaise et quelques-unes aux races bordelaise, bretonne, normande, flamande et hollandaise. Çà et là, enfin, on trouve quelques rares bœufs garonnais et parthenais qui sont employés à la culture de la vigne.

Sauf pour l'arrondissement de Confolens, où se pratique en grand l'élevage de la race limousine, tous les bovidés de la Charente, sauf de rares exceptions, y sont importés : les animaux de race limousine proviennent du Limousin, dont l'arrondissement de Confolens fait partie, et ceux de race salers, du département du Cantal.

Élevage et engraissement. — L'élevage des bovidés est pratiqué dans les cantons de Confolens nord et sud, de Chabanais, de Montembeuf. Dans cette région, ce sont les vaches, auxquelles on procure un peu de repos à l'approche de la mise-bas, qui font la plus grande partie des travaux de la culture. Les veaux naissent à toute époque de l'année, vivent avec leurs mères et vont au pâturage. De huit mois à dix-huit mois, ces animaux sont vendus aux foires de Chabanais, Montembeuf, Saint-Germain, Confolens, etc. Les génisses sont achetées principalement par des propriétaires ou des courtiers de l'arrondissement de Barbezieux, alors que les bouvillons sont dirigés sur les cantons de Montbron, La Rochefoucauld, Angoulême et aussi un peu dans le sud, où on les emploie comme bœufs de travail et quelquefois comme reproducteurs.

Les génisses importées dans le sud du département sont dressées au travail et livrées à la reproduction. Les veaux issus de ces vaches limousines sont soumis, dans les cantons de Chalais, Montmoreau, Aubeterre et Brossac, à un régime intensif, consistant en une nourriture au lait et quelquefois même aux œufs vers la fin de l'engraissement. Ces veaux, vendus à la boucherie sous le nom de veaux blancs de Chalais, fournissent une chair tendre et blanche, fort estimée.

Chaque année, le département de la Charente expédie de 25,000 à 30,000 veaux, provenant des gares de Chalais, Montmoreau, Angoulême, etc., à destination de Paris principalement.

Les animaux de race de Salers arrivent en Charente à l'état de jeunes bouvillons non châtrés et sont vendus aux foires d'Aunac, Mansle, Ruffec, Rouillac, pour ne citer que les principales. Les agriculteurs qui les achètent les font castrer, les dressent au travail et les conservent six mois, un an ou plus. Ce sont alors des doublons; ils sont achetés par d'autres agriculteurs qui s'en servent comme bœufs de travail pendant plus ou moins longtemps; après quoi, ils sont engraissés par ces mêmes agriculteurs ou revendus à d'autres qui les préparent pour la boucherie. Les bouvillons de race limousine sont aussi dressés au travail et passent de mains en mains, comme ceux de Salers, puis ils sont soumis à l'engraissement vers l'âge de quatre à cinq ans.

L'engraissement est fort bien pratiqué en Charente. Il se fait à l'étable. Sa durée varie entre deux, trois, quatre et cinq mois, suivant l'état des animaux. On engraisse aussi, mais exceptionnellement, des jeunes bœufs et surtout des génisses qui n'ont pas travaillé, vers l'âge de deux à trois ans.

La nourriture qui sert de base à l'engraissement est, après le foin et le regain des prairies, la betterave, qui est donnée dès le début, et surtout le topinambour, qui est cultivé sur de grandes surfaces dans les cantons de La Rochefoucauld, Saint-Claud, Montbron, etc., où se pratique en grand l'engraissement du bétail. Au topinambour débité en cossettes on ajoute du son, des farines.

La majeure partie des bœufs gras sont vendus aux foires de La Rochefoucauld, Montbron, Chazelles, Saint-Claud, Angoulême, etc., et expédiés au marché de La Villette où ils font souvent prime, surtout ceux de race limousine.

Les nourrisseurs attribuent à la consommation du topinambour la haute qualité, la finesse de la viande des bœufs engraissés en Charente.

Dans l'arrondissement de Confolens, comme dans une partie de l'arrondissement de Barbezieux, ce sont souvent les vaches qui exécutent la plupart des labours. Lorsque ces animaux sont âgés et fatigués par la gestation et le travail, on les met plus ou moins en état et on les vend aux foires de Chabanais et autres lieux.

Le mouvement commercial des bœufs et des vaches par voies ferrées, le seul qu'il soit facile de chiffrer, se traduit d'après les relevés des compagnies de chemins de fer, par 15,000 têtes environ pour les arrivages et 30,000 pour les expéditions, soit

15,000 animaux exportés du département chaque année. Les principales destinations sont Paris, Bordeaux, pour les bœufs; Lyon, Saint-Étienne et le Midi de la France pour les vaches.

Industrie laitière. — Après la disparition du vignoble sous les attaques du phylloxéra, des laiteries ont été créées sur divers points du département, et le nombre des vaches laitières atteint actuellement un chiffre assez élevé.

Ce sont surtout des vaches de race parthenaise que l'on trouve en Charente; elles donnent un rendement assez élevé et un lait riche en beurre; en outre, les veaux qu'elles produisent sont de bonne qualité et rivalisent à la boucherie locale avec ceux de race limousine.

On rencontre également, mais dans une faible proportion, des animaux de races bretonne, normande, flamande, bordelaise et hollandaise.

Les vaches laitières sont en général achetées dans leur pays d'origine par des courtiers, puis vendues aux agriculteurs dans les foires locales. Quelques nourrisseurs vont eux-mêmes en Poitou, en Normandie, acheter des génisses et des vaches; ils y trouvent en général leur profit.

On estime que le département possède environ 12,000 vaches essentiellement laitières susceptibles de produire par an 200,000 hectolitres de lait.

Le lait est consommé en nature dans les fermes ou vendu à la population des villes, ou converti en beurre dans les beurreries coopératives ou d'industrie privée qui existent dans le département; quelquefois enfin, mais assez rarement, il est transformé en fromage.

Il n'est fait aucune expédition de lait en nature méritant d'être signalée. Quant au beurre produit en Charente, il trouve un débouché facile, en raison de sa haute qualité. Les expéditions se font vers de nombreuses régions, et principalement sur Paris. Elles atteignent une moyenne de 500,000 kilogrammes par an pour la France et 20,000 kilogrammes pour l'étranger et les colonies.

La production du fromage ne dépasse guère 100,000 à 120,000 kilogrammes; la moitié trouve un écoulement sur le marché local et le reste est dirigé sur divers centres de consommation.

ESPÈCE OVINE.

La population ovine de la Charente appartient surtout à la race poitevine, sauf pour l'arrondissement de Confolens où la race limousine domine. Chez divers éleveurs, surtout dans le nord du département, on rencontre la race de la charmoise et quelques croisements divers entre elle et les races southdown et dishley.

Il n'y a pas en Charente, sauf quelques exceptions, de troupeaux importants, bien que le nombre de têtes y soit assez élevé (250,000). Dans la majeure partie des exploitations on trouve un petit troupeau de 3, 4, 5, 10, 20 ou 30 moutons au maximum. Ces derniers nombres ne sont atteints que dans certaines fermes du nord et du nord-est du département; ailleurs, les tout petits groupes dominent.

Les agneaux sont vendus aux foires, quelquefois pour la boucherie, mais le plus souvent à des propriétaires assez importants qui les réunissent en troupeaux de 25 à 40 têtes, et les livrent à la boucherie vers l'âge de dix-huit mois environ.

Les animaux de l'espèce ovine sont surtout nourris au pâturage, mais on donne à la bergerie un supplément de nourriture consistant en foin, regain, racines et grains. Ils vont à la boucherie vers l'âge de dix-huit mois en moyenne.

Le mouvement commercial, par chemin de fer, se traduit par 6,000 têtes pour les arrivages et 72,000 pour les expéditions, soit 66,000 moutons expédiés annuellement du département, à destination de Paris pour les deux tiers et de Bordeaux pour le reste.

Laine. — Le mouton poitevin qui domine en Charente possède une toison peu fournie qui ne dépasse guère 2 kilogrammes en moyenne.

La production de la laine, estimée de 350,000 à 400,000 kilogrammes, est utilisée par les filatures et les fabriques de feutres qui existent dans le département.

ESPÈCE PORCINE.

L'effectif total de l'espèce porcine en animaux de tous âges est d'environ 120,000 têtes.

L'élevage du porc se pratique en grand dans l'arrondissement de Confolens et dans la partie nord-est de l'arrondissement d'Angoulême, et un peu partout dans le reste du département.

Un grand nombre de ces animaux sont achetés aussitôt le sevrage dans la région d'élevage et dirigés sur les localités où se sont fondées des beurreries. Le petit-lait leur est servi pendant quelque temps, puis ils sont vendus à l'état de *nourrains* à la petite culture qui en fait l'engraissement. Quelques beurreries pratiquent elles-mêmes ce dernier.

Chaque année il est expédié en moyenne 35,000 à 40,000 porcs de la Charente à destination de Bordeaux et du midi de la France. Un petit nombre est également dirigé sur Paris.

ANIMAUX ET PRODUITS DE BASSE-COUR.

Dans toutes les exploitations rurales, on élève des oiseaux de basse-cour, mais en général sans beaucoup de soins. Dans les fermes isolées, et même dans les villages, les volailles vivent en pleine liberté pendant le jour et ne rentrent que le soir au logement qui leur est affecté. C'est une sorte de communauté dans l'élevage des volailles, prélevant chez les uns et chez les autres, dans les champs, dans les cours, sur les tas de fumier, dans les écuries, la nourriture qui leur est nécessaire.

Les produits de la basse-cour sont souvent consommés à la ferme même; cependant, auprès des villes ou des agglomérations de quelque importance, les œufs et les volailles sont conduits sur les marchés; enfin sur divers points, des courtiers passent dans les fermes et achètent œufs et volailles, qu'ils expédient aux gares de Chalais, Montmoreau, Charmant, Saint-Amand-de-Boixe, Luxé, Ruffec, Confolens, Chabanais, Chasseneuil, Roumazières, Barbezieux, Châteauneuf, etc.

Les expéditions ont lieu sur Paris; elles se traduisent par un envoi annuel de 600,000 à 700,000 kilogrammes pour les œufs et 500,000 à 600,000 kilogrammes pour la volaille.

Une race de poules dite de Barbezieux donne lieu à une expédition d'œufs à couver pour amateurs.

Parmi les tentatives faites pour améliorer la production de la volaille, on peut signaler celle, toute récente, du syndicat des agriculteurs du canton d'Aigre, qui distribue à ses adhérents des œufs à couver ou des poussins de race faverolles dans le but de produire des poulets précoces susceptibles de trouver un écoulement facile sur le marché de Paris.

CHARENTE-INFÉRIEURE.

ESPÈCE CHEVALINE.

L'élevage du cheval se pratique principalement dans la plaine de Rochefort et dans les cantons de Marans et de Courçon. Cet élevage est placé sous la direction de l'administration des haras qui, d'accord avec les remontes, encourage surtout la production du cheval de guerre. En dehors des chevaux nés dans le pays, les grands éleveurs de profession vont acheter des poulains de lait dans les plaines de Tarbes et de Bidache, et même sur certaines foires du Lot-et-Garonne, notamment à Tonneins pour la foire de la Sainte-Catherine. Ces animaux importés sont mis dans les pâturages des bords de la mer et de la Charente, où ils passent toute la bonne saison. Là, ils prennent plus de corps que dans leur pays d'origine; leur squelette se développe davantage en même temps qu'ils perdent quelque peu de cette irritabilité qui caractérise le cheval des Pyrénées.

L'administration de la guerre achète chaque année une moyenne de 700 chevaux; le reste est vendu soit comme attelage de luxe, soit pour remonter le service des voitures de place de Bordeaux, de Nantes et même de Paris. Les cantons de Marans et de Courçon font aussi l'élevage du cheval de gros trait, en même temps que le mulet, qui se produit aussi dans l'arrondissement de Saint-Jean-d'Angely, notamment dans les cantons de Loulay et d'Aulnay.

Quelques éleveurs font l'étalon demi-sang avec un certain succès.

Les principales foires aux chevaux sont celles de Saint-Thomas, de Conac, pour les poulains; Bords, Rochefort dont les foires du 4 mars durent huit jours; celles de la Pentecôte deux jours et enfin celles du 11 juillet et du 10 novembre pour la même localité.

ESPÈCE BOVINE.

Avant l'invasion phylloxérique, le département de la Charente-Inférieure était essentiellement viticole et l'élevage n'y tenait qu'une bien faible place. La plaine de Rochefort avait ses chevaux qui ont toujours joui d'une réputation justement méritée; dans les marais des environs d'Enandes, on trouvait deux ou trois importants troupeaux de moutons et enfin les propriétaires riverains des marais de Marans produisaient le cheval de gros trait, quelques mulets et aussi quelques bêtes bovines maraîchines. Lorsque le phylloxéra eut détruit les vignes, la reconstitution en terrains calcaires offrant alors beaucoup d'aléas et nécessitant des avances de fonds dont la plupart des propriétaires ne pouvaient pas disposer, il se produisit une orientation spontanée de l'agriculture vers la production de la viande et la population bovine s'accrut dans d'énormes proportions. En 1882, on comptait 19.13 têtes par 100 hectares, tandis qu'aujourd'hui on en compte 26.55.

Au début de la période de transformation, les durhams étaient considérés comme la race par excellence, répondant à tous les besoins : production de force, de viande et de lait. Ce fut donc cette race qui se propagea avec une grande rapidité, notamment dans les arrondissements de Rochefort et de La Rochelle, concurremment avec la race maraîchine, tandis que dans le sud du département on rencontrait des salers, des limousins, des garonnais et autres sujets plus ou moins métissés. Les engraisseurs de profession sont restés attachés aux durhams et à leurs croisements. Mais les propriétaires exploitants, ne trouvant pas chez ces animaux les aptitudes nécessaires pour le travail, ont introduit tour à tour du limousin, du charolais, du normand, du salers, du manceau, du parthenais.

Quelques agriculteurs sont revenus à l'ancienne race maraîchine qui, croisée avec le normand ou avec ce qu'on appelle encore dans le pays le durham, a donné de bons sujets pour la boucherie, travaillant bien et produisant une quantité de lait supérieure à la race pure.

Les animaux de l'espèce bovine à entretenir dans le département de la Charente-Inférieure, tout en étant de bons animaux de boucherie, doivent donner en outre une quantité suffisante de lait butyreux. Or, il serait imprudent de substituer sans transition au troupeau actuel une race d'importation qui aurait à subir toutes les conséquences de l'acclimatement dans des milieux divers. Cette transformation doit être faite par sélection sur les sujets locaux et par absorption, par voie de croisement. Les associations agricoles ont compris qu'il importait de supprimer de leurs programmes la catégorie des durhams purs, pour lesquels elles s'imposaient des sacrifices sans profit pour la collectivité.

La sélection doit être faite à la fois parmi les femelles et les mâles. Il convient, en effet, de ne livrer à la reproduction que des taureaux de bonne origine issus de bonnes beurrières. Malheureusement la sélection du taureau ne repose que sur les formes extérieures, sans tenir compte des antécédents physiologiques des ancêtres; cependant les qualités acquises physiologiques sont beaucoup plus stables que les qualités physiques. Dans l'arrondissement de Marennes et une partie de l'arrondissement de Saintes, on trouve encore la souche de la vieille race maraîchine sur laquelle on ne saurait trop appeler l'attention, car cette race, bien traitée dans le jeune âge, répondrait aux besoins du milieu et pourrait donner à la fois de bonnes laitières et de bons animaux de boucherie. Dix-huit à dix-neuf litres de lait de vache maraîchine suffisent en effet pour faire un kilogramme de beurre.

Par les croisements avec des taureaux parthenais, on pourrait également obtenir de bons résultats. Du reste, des tentatives heureuses ont déjà été faites dans cette voie.

La vache parthenaise est bonne laitière et excellente beurrière, mais les caractères extérieurs de la race telle qu'on la comprend sont-ils actuellement réellement fixés et parfaitement bien déterminés? On ne saurait trop conseiller aux éleveurs de la Charente-Inférieure qui achètent des taureaux parthenais pour améliorer leur troupeau laitier de chercher à connaître les antécédents des ascendants et de s'attacher surtout aux marques extérieures qui caractérisent les bons laitiers.

Le mode d'élevage pratiqué dans la région n'est pas de nature à réaliser les améliorations désirables. La production du lait constituant la spéculation essentielle, les éleveurs sèvrent malheureusement les veaux beaucoup trop tôt, soit en moyenne lorsqu'ils ont atteint l'âge de cinq semaines.

La majeure partie des animaux sont conduits à la prairie dès les premiers beaux jours et y restent jusqu'à la mi-novembre, à condition toutefois que le temps ne soit pas trop rigoureux. Les vaches sont traites deux fois par jour. A la fin de leur carrière, ces vaches sont engraissées soit à l'étable, soit dans les prairies de marais.

Des engraisseurs achètent des bœufs dans les foires des environs vers la fin mars et les engraissent dans les prairies des marais des environs de Marans, de Rochefort et de Marennes. Ces bœufs sont expédiés du 25 mai à la fin de juillet sur les marchés de Paris ou de Bordeaux; on estime à 1,500 environ les animaux gras expédiés au marché de La Villette.

Les principales foires fréquentées par les commissionnaires de Paris, Bordeaux et Nantes sont celles de Nuaillé, le 3e jeudi de chaque mois; Marans, 1er mardi de chaque mois; tous les mardis il se tient un marché d'animaux gras; Jonzac, 2e vendredi du mois; Montlieu, dernier samedi du mois; Saint-Bonnet, dernier lundi du mois; Saint-Thomas-de-Conac, les foires du deuxième dimanche de juin et de novembre sont très importantes et bien approvisionnées en bêtes bovines; Montguyon, Aulnay, Saint-Jean-d'Angély, Loulay, Matha, Saint-Savinien ont toujours leur foirail bien garni en bêtes bovines; Taillebourg, Tonnay-Boutonne tiennent leur foire le deuxième lundi du mois, mais c'est surtout en mars qu'on est sûr d'y trouver un bon assortiment de bœufs et de vaches. Les foires de Cozes sont très renommées pour les bœufs; les foires de Tesson et de Pons, qui se tiennent le premier samedi de chaque mois, sont très suivies, ainsi que celle du 24 août, de Saint-Georges-des-Coteaux. Enfin les foires de Pont-Labbé, du 3e lundi du mois, méritent d'être signalées à cause du grand nombre d'animaux qui s'y trouvent réunis, de même que celles de Tonnay-Charente et d'Aigrefeuille.

L'industrie laitière se rattache directement à l'élevage de l'espèce bovine. On compte dans le département 42 laiteries coopératives comprenant près de 19,000 associés qui réunissent un troupeau de plus de 40,000 vaches, produisant en chiffres ronds 60 millions de litres de lait correspondant à une production totale de beurre de près de 3 millions de kilogrammes dans le département, vendu en moyenne 2 fr. 28 à 2 fr. 65 le kilogramme, par l'intermédiaire des laiteries coopératives. Le prix du lait oscille entre 0 fr. 10 et 0 fr. 14 le litre selon la saison.

A côté de la production laitière vient de se créer ce qu'on appelle localement la caséinerie : le petit lait est vendu à des industriels, qui en retirent la caséine pour l'industrie; le sérum est restitué aux laiteries qui le vendent à l'entrepreneur de la porcherie annexée 0 fr. 0038 à 0 fr. 0040. Ce qui porte le prix du petit lait de 0 fr. 0163 à 0 fr. 0180.

ESPÈCE OVINE.

La population ovine, qui comprend environ 198,000 têtes, est assez hétérogène. La race poitevine, haut montée sur jambes, dépourvue de laine sur une grande partie du corps, avec son cou démesuré et ses gigots immenses, sans être de très bonne qualité, ne répondait plus aux exigences du commerce de la boucherie. Les types ovins qu'on classe parmi les bons de la race poitevine tiennent autant du larzac que du poitevin pur. On trouve surtout des croisements southdown-poitevins, beaucoup plus précoces, donnant de la viande de première qualité, portant une toison plus forte et aussi beaucoup moins jarreuse. L'arrondissement de Jonzac a surtout fait des progrès immenses dans cet élevage; on y produit des moutons qui, à l'âge de dix à douze mois, se vendent entre 35 et 40 francs. C'est certainement la contrée du département où se trouvent les meilleurs troupeaux ovins.

Aux environs de la Rochelle, dans les cantons de Courçon et de Marans, la population ovine est aussi d'excellente qualité; elle se compose de croisements southdown ou charmois avec la race locale. Ces animaux, élevés dans des prés salés, sont très recherchés par la boucherie, et leur production est considérée par les éleveurs comme une entreprise des plus rémunératrices.

La race poitevine pure se trouve, avec tous ses défauts, dans l'arrondissement de Saint-Jean-d'Angély. Les grands troupeaux sont très rares; par contre, dans chaque ferme on trouve quatre, cinq, quelquefois jusqu'à vingt brebis, qui donneront chacune un agneau destiné soit à la boucherie, soit à l'élevage si c'est une femelle.

Lorsque le lot de brebis atteint une certaine importance, elles sont conduites au pâturage par un berger; mais si la ferme ne possède que quatre ou cinq animaux, on se contente de les mettre au pré attachées avec un licol. Une ration de foin, d'avoine et de son est servie à l'étable.

Le lait de brebis est quelquefois utilisé pour la fabrication de fromage blanc, connu sous le nom de fromage *de Ruffec*, destiné surtout à la consommation familiale. Cette fabrication a, d'ailleurs, perdu beaucoup d'importance depuis la création des laiteries coopératives.

La majeure partie de la laine est utilisée dans le pays; l'excédent est vendu à des commissionnaires pour la fabrication des feutres employés par la papeterie ou à des teinturiers de la Vendée, qui font le commerce des laines teintes.

Les principales foires sont celles de Jonzac, de Mirambeau, de Matha, de Cozes et de Burie.

ESPÈCE PORCINE.

L'élevage du porc a de beaucoup perdu son importance d'autrefois. Le rouget et la pneumo-entérite infectieuse n'ont pas peu contribué à restreindre cet élevage.

Pendant longtemps les laiteries exploitaient directement une porcherie annexée à leur industrie. Aujourd'hui, cette porcherie est louée à un entrepreneur, qui prend les réserves provenant de la fabrication de la caséine, au prix de 0 fr. 0058 le litre. Ce sérum, mélangé avec des farineux, permet d'engraisser les porcs très rapidement. La Dordogne et la Corrèze sont les deux départements où vont s'approvisionner les engraisseurs.

L'arrondissement de Jonzac, et notamment les cantons de Montlieu, Montguyon et Mirambeau, font encore l'élevage du porc; généralement, ce sont des croisements anglais avec la race du pays ou le craonnais; les animaux à l'engrais sont forcés le plus souvent avec du gland ou de la châtaigne, ce qui donne un lard et une graisse très fermes.

ANIMAUX ET PRODUITS DE BASSE-COUR.

L'élevage de la volaille est pratiqué dans toutes les exploitations agricoles.

Les volailles sont laissées libres dans les champs, toutes races mélangées ensemble, de sorte qu'après un temps relativement court, on n'a plus que des métis, dont quelques-uns cependant donnent de bons produits pour la table. On sert généralement un repas de grains le matin et, le reste de la journée, les oiseaux vivent de ce qu'ils trouvent dans les champs. Il y a cependant des exceptions à cet état de choses défectueux. C'est ainsi qu'il existe à Jonzac un élevage modèle, avec un parquet pour chaque race; les animaux y sont nourris deux fois par jour, soit avec du grain, soit avec un mélange de farineux et de matières animales. Les principales races qu'on peut se procurer dans cet établissement sont les Leghorns, les Langsham, les Dorkings, les Houdan, les La Flèche.

A Saint-Martin-de-Villeneuve, l'élevage des volailles a un caractère plus industriel; la race choisie est celle de Houdan; l'incubation, selon la saison, se fait au moyen de couveuses artificielles ou de poules mères; tout en étant en liberté, les animaux reçoivent par jour deux repas de grain ou de farineux mélangés à du petit lait. Les perchoirs sont nettoyés et blanchis à la chaux vive toutes les semaines, ce qui préserve le troupeau de la diphtérie et du choléra, maladies qui font de sensibles ravages dans toute cette contrée. Dans le sud du département, aux environs de Saint-Bonnet, se trouve aussi un élevage industriel de la volaille parfaitement compris et qui, pendant l'été, met en pratique le système des poulaillers roulants, de sorte que tour à tour toutes les pièces de terre sont visitées par les poules qui les débarrassent en partie des graines de plantes adventices en même temps que des insectes. Un des marchés les plus importants est celui de Marans, où se rendent des commissionnaires de Mauzé (Deux-Sèvres) pour y faire leurs achats et expédier sur Nantes, Paris et Versailles. Ces mêmes commissionnaires achètent aussi des œufs qu'ils expédient sur les mêmes points. Du reste, tous les marchés sont fréquentés par des revendeurs qui participent à l'approvisionnement des grands centres, La Rochelle exceptée. Il est difficile d'expliquer la raison pour laquelle le marché de La Rochelle est généralement si mal approvisionné; cependant les prix y atteignent des taux inconnus ailleurs; une volaille du poids de 1 kilogramme se paye, en moyenne, de 2 fr. 50 à 2 fr. 75. Les œufs, en octobre, novembre et décembre, se vendent 1 fr. 70 et 1 fr. 80 la douzaine.

CHER.

Les animaux domestiques et leurs produits font dans le Cher l'objet de spéculations et de transactions importantes.

Ces animaux et ces produits sont les chevaux; les animaux de l'espèce bovine dont la plus grande partie va, après engraissement, alimenter la capitale et d'autres villes; ceux de l'espèce ovine qui reçoivent la même destination; ceux des espèces caprine et porcine; les volailles mortes et vivantes; les œufs; les laines; le gibier (chevreuils, cerfs, sangliers, lapins, lièvres, faisans, perdreaux, etc.); les poissons; le miel et la cire.

ESPÈCE CHEVALINE.

On élève dans le département une grande quantité de chevaux. La population chevaline est en effet de plus de 42,000 têtes.

PLANCHE VI.

BÉLIER RACE BERRICHONNE DU CHER.

Presque toutes les fermes entretiennent une ou plusieurs juments poulinières, particulièrement dans les cantons de Baugy, Bourges, les Aix-d'Angillon, Lignières, Saint-Amand, Le Châtelet, Dun-sur-Auron, Sancergues et toute la Sologne. Dans ces diverses localités, il se tient de grandes foires de chevaux; celles-ci, fort connues au loin, attirent de nombreux acheteurs. On produit dans le Cher le cheval de gros trait, le cheval de trait léger, issus de croisements de boulonnais et de percherons, et aussi le cheval d'équipages de luxe.

Tous ces chevaux ont la réputation d'être rustiques, sobres et d'avoir beaucoup d'énergie et d'endurance.

ESPÈCE BOVINE.

La région des herbages est naturellement celle qui produit et exporte la plus grande quantité de bétail. Cette région comprend les cantons de Nérondes, La Guerche et Sancoins, formant la vallée de Germigny et une large bande longeant la Loire et s'étendant de Sancergues à Léré, appelée le Val de la Loire. Il faut y ajouter en outre une partie des cantons de Charenton, Saint-Amand, Le Châtelet, Lignières, Châteauneuf et Lury, c'est-à-dire les riches vallées du Cher et de la Marmande.

Toutes ces contrées sont formées par un sol riche en humus ou par des alluvions d'une grande fertilité et les herbages sont de très bonne qualité. L'élevage et l'engraissement du bétail s'y pratiquent sur une vaste échelle et y constituent deux spéculations importantes et lucratives. Les animaux qui en font l'objet appartiennent à la race charolaise, dont les qualités pour le travail et surtout pour la boucherie sont bien connues.

C'est aux foires de Saint-Amand, Sancoins, La Guerche et Sancergues que l'on trouve dans le département le plus grand choix de reproducteurs de la race charolaise. Cette contrée expédie toutes les semaines plusieurs wagons de bœufs gras aux abattoirs de La Villette.

La population bovine du Cher comprend actuellement 172,079 têtes, dont un douzième environ, soit 14,339, sort du département et est livré annuellement à la consommation. La valeur représentée par ce douzième n'est pas inférieure à 4 millions 500,000 francs.

ESPÈCE OVINE.

L'espèce ovine est représentée dans le Cher par 391,000 sujets appartenant aux races berrichonne du Cher et solognotte.

La race berrichonne du Cher possède un ensemble de qualités importantes; elle est remarquablement vigoureuse, bonne marcheuse, sobre, rustique, et s'accommode de l'herbe courte et parfois peu abondante des plaines calcaires du Berry. Les nuages épais de poussière, que le passage des troupeaux fait s'élever, pendant les temps secs, des routes et des terrains calcaires, ne semblent porter aucune atteinte à la santé du mouton berrichon, tandis que cette poussière devient toujours fatale, après un temps plus ou moins long, aux ovins qui ne sont pas originaires du pays.

Depuis un certain nombre d'années, la race berrichonne a acquis plus de taille, plus de poids et plus de précocité. Elle a naturellement profité des améliorations qui, dans ces derniers temps, ont été apportées à la culture des terres et à la production fourragère. La sélection, judicieusement appliquée dans un grand nombre de bergeries, a contribué pour une large part à l'amélioration de la race; mais il convient de noter qu'elle a conservé ses caractères de rusticité et de sobriété.

La race ovine berrichonne comprend deux variétés : celle du Cher et celle de Sologne.

Les caractères du type le plus parfait de la variété du Cher sont les suivants : taille moyenne, 0 m. 70; poids moyen, 80 kilogrammes; tête moyenne, sans chevilles osseuses, crâne plutôt brachycéphale, arcades orbitaires saillantes; face courte, front large, souvent couvert de laine ainsi que les joues; laine fine, blanche, à mèches longues demi-frisées, formant une toison épaisse qui descend sur les membres au-dessous du jarret; absence de taches à la tête et aux membres.

La variété de Sologne est encore plus rustique et plus sobre que celle du Cher, mais sa conformation est moins parfaite. Elle vit sur des terres siliceuses ou argilo-siliceuses, peu fertiles et souvent humides.

De vastes étendues de landes couvertes de bruyères constituent les principaux pâturages du mouton solognot, qui sait, comme on dit dans le pays, trouver sa nourriture entre deux mottes de bruyères.

Les principaux caractères distinctifs du type le plus parfait de la variété solognote sont les suivants : taille moyenne, 0 m. 65; poids moyen, 50 kilogrammes; tête fine, chauve, de couleur rousse; face étroite et longue, front et chanfrein formant une ligne régulière très légèrement bombée; laine souvent d'un gris roussâtre, membres nus et roux sur toute leur étendue.

La race berrichonne est surtout répandue dans la plaine calcaire du Berry comprenant les cantons de Bourges, Aix-d'Angillon, Baugy, Charost, Levet, Mehun, Lury, Dun-sur-Auron, Châteauneuf et Saint-Martin; la race solognote se trouve dans toute la Sologne, c'est-à-dire dans les cantons d'Argent, Aubigny, La Chapelle-d'Angillon, Henrichemont, Vailly et une partie de celui de Vierzon. L'exportation de l'espèce ovine élevée dans le département comprend 75,000 têtes, dont la valeur peut être estimée à 3 millions 750,000 francs. Les lieux de destination sont Paris et plusieurs villes du centre pour les animaux gras; la Beauce, l'Allier, la Nièvre et la Creuse, pour les animaux maigres. Des agriculteurs de ces contrées viennent acheter dans les foires du Cher de nombreux troupeaux de brebis pour les engraisser.

Il existe, en effet, dans le Cher des foires d'une grande importance pour la vente des moutons.

Les principales ont lieu, à Bourges, les 3 et 21 mai, le 17 octobre et le 12 novembre; à Baugy, le 25 avril, le 15 mai, 20 août et 9 octobre; à Dun-sur-Auron, les 28 avril, 25 mai et 27 octobre; à Châteauneuf, le 22 août; à Saint-Amand, le 22 octobre; à Aubigny, le 28 mai; à Argent, le 1er décembre; à Henrichemont, le 8 mai; à Mehun, le 4 juillet et le 3 octobre.

Laines. — La population ovine du Cher produit pour 775,000 francs de laines par an. Celles-ci sont expédiées en grande partie sur les marchés de Reims et de Dijon. Les manufactures de draps de Châteauroux et de Romorantin en utilisent une assez grande quantité.

ESPÈCE CAPRINE.

On trouve dans le département 22,200 chèvres. C'est surtout dans l'arrondissement de Sancerre que l'on entretient cet animal qui, par le lait qu'il donne, constitue une précieuse ressource pour de nombreux petits ménages.

Quelques contrées du Sancerrois se sont fait une véritable réputation par les fromages de chèvre qu'elles produisent. Ces fromages, d'une épaisseur de 3 à 4 centimètres et d'un diamètre un peu plus grand que celui d'une pièce de 5 francs, se vendent de 1 fr. 50 à 2 francs la douzaine et sont consommés dans le Cher et les départements limitrophes. On peut estimer la valeur annuelle de cette production, pour l'ensemble du département, à 500,000 francs.

Les peaux de chevreaux donnent lieu à un commerce d'une certaine importance. La statistique permet de l'évaluer à plus de 100,000 francs. Ces peaux sont dirigées sur Paris et sur l'Angleterre.

ESPÈCE PORCINE.

Dans toutes les fermes, on élève et on engraisse un assez grand nombre de porcs, mais quelques contrées s'adonnent plus particulièrement à cette spéculation. Ce sont les communes des cantons de Châteaumeillant et de Saulzais-le-Potier, limitrophes de la Creuse et toute la Sologne. Le sol de ces contrées, riche en potasse, est des plus favorables à la culture de la pomme de terre qui y a pris depuis quelques années une grande extension.

L'abondance de ce produit presque entièrement utilisé à la ferme, surtout pour l'alimentation du porc, explique le développement donné à la production de cet animal.

Après engraissement, une partie est consommée dans la région et l'autre partie, environ un quart de la production, est expédiée sur Paris.

L'expédition se fait en paniers, lorsque les animaux ont été abattus. Le nombre de porcs entretenus dans le Cher est de 56,000, représentant une valeur de plus de 2,500,000 francs.

ANIMAUX ET PRODUITS DE BASSE-COUR.

Il se fait en Berry et surtout en Sologne un commerce très important de volailles : dindons, oies, dindes, canards, poules, etc. L'élevage de ces animaux constitue une grande ressource pour la plupart des fermes de ces deux régions. Les principaux marchés sont ceux de Bourges, Baugy, les Aix-d'Angillon, Graçay, Saint-Amand et les cinq chefs-lieux de canton de la Sologne.

Paris et l'Angleterre constituent les deux principaux débouchés pour les volailles du Cher.

La valeur des animaux de basse-cour atteint le chiffre de 1,860,000 francs et l'exportation en serait annuellement de près de 400,000 francs.

Les œufs de poule font aussi l'objet d'un trafic important que l'on évalue à plus de 9 millions de francs. Les principaux lieux d'expédition sont Paris et l'Angleterre.

Gibier. — Le Cher est très giboyeux. Les oiseaux d'eau, canards, sarcelles, foulques ou judelles, poules d'eau, râles, bécassines, chevaliers, sont abondants en Sologne, sur le bord des étangs et des nombreux cours d'eau qui sillonnent le département.

La perdrix grise et la perdrix rouge se rencontrent fréquemment, la première sur toutes les plaines calcaires du Berry et la seconde dans les landes de la Sologne.

Les vanneaux, les pluviers, les bécasses, la cannepetière ou petite outarde ne sont pas rares non plus. Le faisan abonde dans quelques contrées.

Le lièvre se rencontre un peu partout, et le lapin pullule sur de nombreux points du département, particulièrement en Sologne. Cette région est celle qui produit le plus de gibier, surtout le grand gibier : le sanglier et le chevreuil sont très communs dans les grandes forêts et l'on y rencontre quelques cerfs. Les vastes propriétés que l'on trouve en Sologne, région très boisée par endroits, favorisent beaucoup la production et la conservation du grand gibier.

Il est peu de départements où il se fasse d'aussi grandes chasses que dans le Cher.

La plus grande partie du produit de ces chasses est dirigée sur Paris. Le reste est consommé dans le pays ou dans les départements voisins.

Il est difficile d'apprécier la valeur annuelle de ce produit, mais, d'après le résultat de diverses enquêtes faites auprès des propriétaires des grandes chasses et de nombreux chasseurs, et des renseignements recueillis dans les gares du département, à l'octroi de Bourges, etc., il semble qu'elle atteint 450,000 francs.

PISCICULTURE.

Les cours d'eau et les étangs sont nombreux dans le département et fournissent une grande quantité de poissons.

Les rivières et les ruisseaux forment ensemble une longueur de 3,455 kilomètres et couvrent une surface de 6,780 hectares. Les canaux ont une longueur de 334 kilomètres et leur superficie est de 432 hectares 96. L'étendue occupée par les étangs est de 2,550 hectares.

Les espèces de poissons qui se trouvent dans les eaux du département sont les suivantes : l'ablette, l'alose, l'anguille, le barbeau, la brême, le brochet, la carpe, le gardon, le goujon, la lamproie, la lotte, la perche, le saumon, la tanche, le têtard ou meunier et la truite. Toutes ces espèces se rencontrent en plus ou moins grande abondance dans toutes les rivières et dans tous les ruisseaux, sauf la truite qui devient rare et l'alose, la lamproie et le saumon, qu'on ne trouve qu'à quelques kilomètres de l'embouchure du Cher.

Les étangs sont peuplés par la carpe, la tanche, le brochet, l'anguille.

Presque tout le poisson du département est consommé dans la région ou dans les hôtels et restaurants des départements limitrophes.

La quantité mise en vente annuellement sur les principaux marchés de la contrée est de 25,800 kilogrammes. La quantité vendue sur les autres marchés ou directement dans les maisons particulières et les hôtels ou consommée par les pêcheurs eux-mêmes peut être évaluée à 8,000 kilogrammes.

Le produit annuel de la pêche est donc de 33,800 kilogrammes et on peut estimer sa valeur totale à 100,000 francs.

Les écrevisses se rencontrent dans plusieurs cours d'eau. On estime à 2,500 kilogrammes la quantité moyenne pêchée par an.

Il existe à Bourges une société départementale de pisciculture qui s'occupe du réempoissonnement des cours d'eau.

APICULTURE.

L'apiculture a fait dans le département, depuis une vingtaine d'années, de grands progrès, tant au point de vue de l'augmentation du nombre de ruches d'abeilles qu'au point de vue de l'emploi des ruches perfectionnées à cadres mobiles.

Les ruches en activité sont au nombre de 17,500 et produisent annuellement 72,000 kilogrammes de miel dont la valeur est de 117,000 francs et 26,000 kilogrammes de cire estimés 42,000 francs.

La moitié environ du miel et de la cire produits est utilisée dans le département, l'autre moitié est expédiée sur Paris.

Il existe encore beaucoup de ruchers dont l'installation laisse à désirer et qui, par des soins bien entendus, pourraient produire beaucoup plus. L'apiculture bien comprise peut trouver dans le département tous les éléments d'une réelle prospérité.

Les prairies artificielles sont nombreuses, surtout celles de sainfoin qui fournissent pendant une partie de l'été des fleurs si recherchées par les abeilles; enfin les bruyères et les sarrasins de la Sologne, entièrement en fleurs à d'autres époques de l'année, seraient une ressource considérable pour l'apiculture.

CORRÈZE.

Sans méconnaître l'importance du commerce des produits agricoles d'origine végétale, notamment des légumes et des fruits dans l'arrondissement de Brive, et la progression toujours croissante de la production du bois dans les arrondissements de Tulle et d'Ussel, il n'en est pas moins vrai que la Corrèze est surtout une région d'élevage du bétail et que les spéculations animales sont les plus importantes du département.

ESPÈCE CHEVALINE.

Malgré l'existence en Corrèze de l'important établissement du Haras de Pompadour, malgré les neuf stations de monte des Haras, la Corrèze élève peu de chevaux. Il y a cependant une progression croissante dans l'effectif de l'espèce chevaline. Cet effectif a été le suivant en 1892-1902-1905 :

1892	5,470 têtes.
1902	7,331
1905	8,074

Mais cet accroissement n'est pas en rapport avec l'étendue des prairies naturelles propres à l'élevage du cheval. En réalité, il y a peut-être divergence de vues entre les Haras et les éleveurs corréziens : les premiers visent à produire des chevaux de guerre destinés à la remonte, les éleveurs, devant les risques que présente l'élevage du cheval de guerre et en raison du peu d'importance des achats de la remonte, préfèrent se livrer à la production des chevaux de trait, qui sont d'un écoulement plus facile. Aussi les étalons privés, le plus souvent de race bretonne, que leurs propriétaires conduisent de village en village, ont-ils la préférence des éleveurs.

Le nombre des juments saillies par les étalons des haras est d'environ 700 annuellement.

Quelques chevaux de trois ans sont achetés par la remonte pour la cavalerie légère. L'excédent de la production ainsi que les poulains et pouliches vendus au sevrage trouvent preneur dans les foires de Tulle, de Brive (7 janvier, 12 juin); Ussel, Lagraulière (1er septembre); Uzerche (3 décembre); Terrasson (11 novembre).

D'une manière générale il est à remarquer que l'élevage du cheval n'a pas sensiblement augmenté en Corrèze depuis une dizaine d'années. Le morcellement du sol, la rigueur du climat sur les hauts plateaux en hiver, et peut-être aussi l'irrégularité dans la qualité des fourrages expliquent en partie pourquoi les autres espèces animales, plus sobres, réussissent mieux en Corrèze que l'espèce chevaline.

ESPÈCE ASINE.

On trouve en Corrèze une population asine assez nombreuse qui comprenait :

1892	9,147 têtes.
1902	10,819
1905	11,756

Cette population asine est de taille moyenne ou petite. Elle est en revanche très rustique et constitue un précieux moteur pour les petits cultivateurs. Son amélioration soit par sélection, soit par l'introduction de quelques sujets du Poitou, présente un certain intérêt, car les bons sujets se vendent bien. On pourrait aussi, avec des sujets un peu plus forts, produire des mulets ou des bardots dont la vente serait très facile.

L'excédent des sujets d'espèce asine non utilisés dans le département s'écoule dans les foires de chevaux déjà citées.

ESPÈCE BOVINE.

La première place dans les spéculations animales en Corrèze appartient à l'espèce bovine.

Le nombre total des bovins était en 1902 de 198,776.

Deux races sont exploitées : la race limousine dans la plus grande partie des arrondissements de Tulle et de Brive, ainsi que dans les trois cantons du nord de l'arrondissement d'Ussel, et la race de Salers dans quatre cantons de l'arrondissement d'Ussel, le sud de l'arrondissement de Tulle et quelques communes du sud de celui de Brive. La race limousine représente environ les deux tiers de la population bovine du département; l'autre tiers est constitué par la race de Salers, par quelques sujets de race ferrandaise et par une population métisse issue de ces trois races.

La spéculation dominante est la production des jeunes soit pour la boucherie, veaux dits *de lait*, soit pour l'élevage, veaux de commerce ou veaux *de corde*.

Les veaux de lait les plus recherchés appartiennent à la race limousine. Ces veaux sont engraissés au lait pur et vendus lorsqu'ils ont de quarante-cinq à soixante jours.

Leur poids moyen varie de 75 à 120 kilogrammes. Les meilleures foires de veaux de lait sont celles de Brive, Tulle, Ussel, Argentat, Objat, Allassac, Lubersac, Meyssac, Beaulieu, Beynat, Neuvic, Masseret, Le Lonzac, Égletons, Corrèze, Bort, Eygurande, Forgès, Lagarde, Aubazine, Saint-Martin-la-Meanne, Soursac, Sornac, Giat (Puy-de-Dôme), etc.

Ces veaux sont vendus soit pour la consommation locale, soit à des acheteurs de la Corrèze, de Limoges, de la Creuse, du Puy-de-Dôme, soit encore expédiés sur Paris ou sur Bordeaux, vivants ou abattus. Dans ce dernier cas, les bouchers de la Corrèze envoient le plus souvent l'abat complet.

Les veaux d'élevage, après réserve faite des meilleurs comme reproducteurs, sont vendus en général à 12 ou à 14 mois. Les veaux de race limousine s'écoulent dans les foires des lieux de production (tout le département, sauf les cantons d'Argentat, Lapleau, Saint-Privat, Mercœur, Neuvic, Ussel, Bort, Eygurande), à destination du Périgord.

Les veaux de race de Salers sont vendus à des acheteurs du Lot, du Cantal ou du Puy-de-Dôme.

Les foires les plus importantes pour les veaux d'élevage sont celles de Brive, Tulle, Objat, Lubersac, Pompadour, Ussel, Allassac, Juillac, Le Lonzac, Seilhac, Uzerche, Masseret, Égletons, Lagraulière, Saint-Privat, Terrasson, Meyssac.

Les génisses d'élevage sont le plus souvent conservées pour reconstituer les cheptels. Mais il s'en vend aussi un certain nombre après engraissement, à 15 ou 18 mois; ces animaux sont expédiés sur Lyon, Saint-Étienne, Bordeaux, Montpellier, Nîmes, Marseille.

Dans ces trois spéculations des veaux de lait, des veaux d'élevage et des génisses grasses, un progrès considérable a été réalisé au cours des dix dernières années. Les veaux de lait sont plus gras et d'un rendement en viande nette plus élevé qu'autrefois; leur viande est plus blanche. Les veaux d'élevage sont sevrés plus tard et vendus plus tôt. Il en résulte une plus-value qui est très profitable au producteur, surtout s'il pratique cette spéculation avec des sujets de race limousine.

Exception faite des quelques transactions qui se font entre les agriculteurs du département, de quelques sujets vendus par les éleveurs de la région de Tulle aux laitiers des environs de Brive, les vaches, quelle que soit leur race, sont livrées ordinairement à la boucherie à peine en état de chair, à la fin de leur carrière de reproductrices. Cependant dans l'arrondissement de Brive et dans les environs de Tulle, les vieilles vaches sont engraissées avant d'être vendues. Le poids des vaches grasses varie entre 450 et 550 kilogrammes.

Les principales foires de vaches grasses se tiennent à Brive, Tulle, Objat, Ayen, Sainte-Féréole (6 mai), Saint-Hilaire-Peyroux (8 mai et 26 mai), Terrasson. Il s'y fait des expéditions sur Paris, Lyon, Bordeaux, Carcassonne, Nîmes, Marseille, etc.

Parmi les bœufs il y a lieu de distinguer entre les bœufs de travail ou *de harnais* et les bœufs de boucherie.

On trouve des bœufs de harnais surtout dans le nord-ouest du département. Les foires les mieux approvisionnées sont celles de Brive, Tulle, Objat, Pompadour, Lubersac, Juillac, Masseret, Le Lonzac, Égletons, Seilhac, Terrasson.

Comme les veaux d'élevage, les bœufs d'attelage de race limousine sont achetés par des commerçants de la Dordogne et des Charentes qui les revendent aux agriculteurs de ces derniers départements. Les bœufs de race de Salers sont livrés à des acheteurs du Lot, du Cantal, du Puy-de-Dôme et des Charentes.

L'engraissement est pratiqué de préférence avec des bœufs de race limousine. Cependant quelques engraisseurs achètent des bœufs de Salers, soit dans le département, soit dans le Cantal ou le Lot. Cette spéculation n'a pas une grande importance en Corrèze. Le poids moyen d'un bœuf gras limousin est d'environ 700 kilogrammes. Dans les environs de Brive, quelques bons engraisseurs livrent exceptionnellement des bœufs pesant de 800 à 900 kilogrammes.

Les cantons d'Eygurande, Ussel, Bort livrent à la boucherie, à des marchands du Puy-de-Dôme, de l'Allier ou de la Creuse, quelques bœufs gras de la race de Salers.

Les foires les plus importantes de bœufs gras sont celles de Brive, Tulle, Turenne, Objat, Ayen, Terrasson, Quatre-Routes, Vayrac.

Les débouchés sont la consommation locale, Paris, Bordeaux, Montpellier, Toulouse, Carcassonne, Avignon, Saint-Étienne, Lyon, etc.

D'après les relevés des registres de la Compagnie d'Orléans, le nombre de bovins sortis de la Corrèze en 1902 par ses gares situées sur le territoire corrézien aurait été de 23,421 têtes. Il faudrait ajouter à ce nombre les sorties qui se font par les gares de Terrasson (Dordogne), des Quatre-Routes (Lot), Vayrac, Puybrun, Bretenoux (Lot), Saint-Denis près Martel (Lot), de Giat (Creuse) et les sorties très nombreuses qui se font par voie de terre. Les marchands de la Dordogne achètent des veaux d'élevage en Corrèze, les réunissent en troupeaux qui sont conduits à pied en Périgord et échappent par suite au contrôle.

Aux spéculations bovines précédemment indiquées, il convient de rattacher le commerce du lait, du beurre et du fromage.

Dans les villes et les bourgs, le lait est vendu en nature directement par les producteurs voisins, propriétaires, fermiers ou métayers. Il résulte de l'enquête sur l'industrie laitière que 1,600 exploitations vendraient annuellement 58,400 hectolitres de lait en nature pour l'alimentation des habitants des villes et bourgs.

De même les marchés des villes sont approvisionnés de beurre produit dans le département. On évalue la production annuelle à 218,600 kilogrammes représentant une valeur totale de 437,200 francs. Dans ces marchés le beurre est présenté en petits pains dont le poids varie de 0 kilogr. 250 à 1 kilogramme, sans emballage de luxe. L'excédent non consommé en Corrèze, excédent peu important d'ailleurs, est expédié sur Limoges, Clermont-Ferrand, Bordeaux et Paris.

Enfin l'enquête sur l'industrie laitière porte à 625,500 kilogrammes la production totale annuelle en fromage pour l'ensemble du département. Cette quantité est en majeure partie consommée sur place.

ESPÈCE OVINE.

Le département de la Corrèze convient admirablement à la production des ovins et surtout à leur élevage. Deux races ovines sont exploitées, la race des Causses du Lot et la race limousine. La première est spéciale aux cantons de Beaulieu, Meyssac, Brive, Larche, Ayen, et à une partie du canton de Donzenac. La seconde se rencontre dans tous les autres cantons corréziens.

Le nombre total des ovins existant en Corrèze en 1902 était de 418,916.

Les spéculations sont : 1° La production des agneaux gras; 2° La vente des moutons demi-gras; 3° La vente des antenaises pour la reproduction; 4° La vente des moutons gras.

Les agneaux gras sont achetés par la boucherie locale ou par les bouchers de la Haute-Vienne, de la Dordogne, de la Creuse, de l'Allier et du Puy-de-Dôme.

Les moutons demi-gras sont vendus à des engraisseurs du Poitou, des Charentes, de la Dordogne, de la Haute-Vienne, de l'Allier, du Centre-Nord et de l'Est de la France.

Les antenaises pour la reproduction sont très demandées par les agriculteurs de la Haute-Vienne, de la Dordogne, des Charentes et de l'Allier.

Les moutons gras sont expédiés par des marchands du département sur Paris, Lyon, Périgueux, Limoges, Bordeaux, Marseille, Clermont-Ferrand, Montluçon, etc., ou achetés par les bouchers de Limoges soit pour la consommation de cette dernière ville, soit pour des réexpéditions sur d'autres marchés.

Les meilleures foires d'agneaux et d'antenaises sont celles de Lacelle, Égletons, Sornac, Bugeat, Corrèze, Peyrelevade, Meymac, Clergoux, Saint-Privat, Lafage, Soursac, Faux-la-Montagne (Creuse), Feniers (Creuse), Bort.

Les meilleures foires à moutons sont celles de Brive, Objat, Allassac, Lubersac, Neuvic, Terrasson, Ségur.

D'après la Compagnie d'Orléans, le nombre des bêtes à laine sorties par ses gares en 1902 est de 65,099 têtes. Il convient d'ajouter à ces chiffres les sorties assez nombreuses faites par voie de terre vers la Creuse, la Haute-Vienne, la Dordogne, le Cantal et le Puy-de-Dôme.

Le lait de brebis n'est utilisé que dans deux cantons de l'arrondissement de Tulle, ceux de Corrèze et d'Égletons, dans lesquels on fabrique avec le lait des brebis de race limousine un fromage spécial à pâte dure et grasse, appelé «tome de Brach». Ce fromage est consommé sur place ou vendu dans les localités voisines de la région de production.

La tonte des ovins est pratiquée d'avril à juin. La laine est de qualité ordinaire. Le poids moyen d'une toison varie de 0 kilogr. 750 pour un adulte de la race limousine à 2 kilogr. 500 pour un ovin adulte de la race des Causses.

La laine des sujets pigmentés est utilisée par les ménagères qui la filent et en tricotent des vêtements. La laine blanche est teinte, filée et livrée au tisserand lequel en fait un drap solide dit «droguet», dont s'habillent les populations rurales, ou bien encore, et c'est la tendance générale, la laine est vendue aux industriels du département qui la travaillent dans leurs carderies, filatures et fabriques. La fabrique de droguet la plus importante est celle de Donzenac.

ESPÈCE PORCINE.

L'élevage et l'engraissement du porc constituent deux spéculations très florissantes en Corrèze.

L'effectif des porcins était en 1902 de 203,183. Le nombre des sorties par les gares du réseau d'Orléans s'est élevé dans la même année à 73,082 têtes.

Ces animaux appartiennent en majorité à la race limousine. Dans l'arrondissement d'Ussel on trouve une race sans pigment qu'on peut rattacher à la race craonnaise.

On rencontre enfin dans les environs de Brive des sujets issus de croisements avec les races anglaises. Mais la race qui se propage le plus dans le département est la race limousine.

Des environs de Tulle, Brive, et surtout de Lubersac, Vigeois, Uzerche, il se fait chaque année de gros envois de porcelets âgés de 3 à 4 mois, sur le Lot, la Creuse, l'Indre et aussi sur la Suisse, l'Alsace, la Lorraine et l'Allemagne.

Les porcs demi-gras sont expédiés en Seine-et-Oise et sur Paris.

L'engraissement se fait pendant toute l'année, mais surtout de septembre à mars. Ce sont les cantons qui récoltent le plus de pommes de terre et de châtaignes qui produisent les meilleurs porcs gras. Il n'est pas rare de voir aux foires de Tulle et de Brive des bandes de porcs gras pesant 200 kilogrammes l'un. Le rendement de ces animaux en viande nette est très élevé.

Les porcs gras sont vendus à des marchands du département, à des commissionnaires ou à des acheteurs venus du Midi ou du Sud-Ouest, et dirigés sur Bordeaux, Béziers, Montpellier, Carcassonne, Nîmes, Lyon, Saint-Étienne, Clermont-Ferrand, sur la Suisse et sur l'Allemagne.

Les foires les mieux approvisionnées sont celles de novembre à mars à Brive, Tulle, Pompadour, Lubersac, Objat, Ségur, Seilhac, Uzerche, Égletons, Corrèze, Ussel, Neuvic, Argentat, Le Lonzac, Saint-Hilaire-Peyroux, Sainte-Féréole, Forgès, Eygurande, etc.

ANIMAUX ET PRODUITS DE BASSE-COUR.

L'élevage et l'engraissement de l'oie, variété de Toulouse, en vue de la production des foies pour l'industrie des conserves, sont de plus en plus en honneur dans les environs de Brive. Ces foies et les volatiles sont vendus aux foires de Brive, Turenne, Quatre-Routes, Vayrac, Terrasson. Cette spéculation laisse un produit net très important.

L'excédent non consommé des poulets et des poules est exporté sur Paris, Bordeaux, Périgueux, Limoges, etc., et constitue pour les producteurs un revenu très appréciable. Les principaux marchés aux volailles sont ceux de Lubersac, Pompadour, Turenne, Objat, Allassac, Brive, Meyssac, Ussel.

Les œufs font l'objet d'un commerce très actif sur les marchés et foires de Neuvic, Ussel, Tulle, Meymac, Eygurande, Objat, Argentat, Pompadour, Turenne, Brive, Bugeat, Vigeois, Allassac, Egletons, etc.

Les expéditions les plus importantes se font par les gares d'Ussel, Tulle, Eygurande, Lubersac, Meymac, Égletons, sur Paris, Bordeaux, Périgueux, Clermont-Ferrand, Lyon, Limoges, etc.

D'après la Compagnie d'Orléans, le tonnage des œufs expédiés à Paris en grande vitesse en 1902 serait de 128 tonnes. Ces œufs sont emballés le plus souvent par mille dans des caisses assez fortes en bois blanc. En défalquant le poids des caisses, ce tonnage permet d'évaluer à plus d'un million et demi le nombre des œufs expédiés sur Paris et encore les gares des Quatre-Routes, de Saint-Denis, de Vayrac, de Puybrun, de Bretenoux (Lot), ne sont-elles pas comprises dans les évaluations de la Compagnie d'Orléans. Or ces dernières gares reçoivent des expéditions importantes de la Corrèze. De ces dernières gares il se fait aussi au printemps et en été sur Paris de nombreux envois de poussins ayant de 8 à 15 jours.

Enfin, il faut ajouter au tonnage des expéditions sur Paris les envois très importants effectués sur Bordeaux et Clermond-Ferrand.

APICULTURE.

Le nombre des colonies d'abeilles est assez élevé en Corrèze. Il aurait été de 53,828 en 1902, mais la production en miel est plutôt minime, car les colonies ne sont pas entretenues avec beaucoup de soin. Le miel est de qualité ordinaire et souvent mal présenté sur le marché. On trouve du miel en mars et avril aux foires et marchés des principales villes et surtout à Brive, Tulle et Objat.

La cire est vendue sur les mêmes marchés à des commissionnaires.

PISCICULTURE.

Le département possède des étangs assez vastes qui conviennent à la production de la carpe, de la tanche, de l'anguille et de la truite.

Les étangs les plus importants sont ceux de Seilhac, de Clergoux, de Maumont, de Saint-Hilaire-les-Courbes, de Saint-Merd-les-Oussines, de Corrèze, etc.

A diverses reprises et encore tout récemment (1905-1906), des essais de pisciculture artificielle ont été tentés, puis abandonnés. En 1905 une société s'était constituée pour l'exploitation des étangs de Clergoux et de Corrèze. Malheureusement elle a laissé en suspens une œuvre à peine commencée.

Dans les conditions ordinaires, ces étangs sont pêchés tous les 3 ou 4 ans et leur production s'écoule sur les marchés des principales localités du département et des départements voisins.

CONCLUSIONS.

L'agriculture de la Corrèze est nettement caractérisée, au point de vue commercial, par la supériorité des productions animales sur les productions végétales.

Dans l'élevage du gros et du petit bétail, on peut sinon augmenter rapidement le nombre de têtes, du moins accroître le poids vif par la sélection des reproducteurs et par une alimentation rationnelle. Il serait possible d'obtenir des animaux plus précoces qui laisseraient aux producteurs une nouvelle plus-value résultant du nombre des rations journalières économisées.

Pour réaliser ces desiderata, il faudrait :

1° Dans l'élevage du cheval, une utilisation plus générale des étalons des Haras, un entretien et un dressage plus méthodique des poulains et pouliches;

2° Dans l'élevage de l'espèce asine, un choix judicieux des reproducteurs avec importation de quelques étalons du Poitou pour donner plus d'ampleur à l'espèce, sans préjudice d'un entretien moins parcimonieux qu'il ne l'est en général;

3° Dans les spéculations bovines, il convient de recommander un choix sévère de reproducteurs mâles limousins, d'origine connue, et l'extension de cette race dans tout le département, car c'est elle qui semble convenir le mieux à la fois à la nature du sol, du climat et aux exigences des acheteurs.

Il faut signaler, dans l'amélioration de la race bovine limousine en Corrèze, la part qui est due à la Société civile pour l'amélioration de la race bovine limousine en Corrèze. Cette société, créée à Brive en 1895, fait de l'élevage dans une propriété de 30 hectares, située à Brive, avec des reproducteurs limousins dont les premiers représentants furent achetés en Haute-Vienne. Les produits mâles nés et élevés dans les étables de la société sont envoyés dès leur douzième mois, dans des dépôts de monte, aux propriétaires du département qui en font la demande. Aucune redevance n'est due à ces dépôts dont le nombre est de 20 en moyenne. Quant aux génisses nées dans les étables de la société, elles sont vendues le 18 avril, à Brive, aux enchères publiques, dès qu'elles ont 12 à 15 mois, ou bien elles servent à remplacer les vaches réformées dans les étables de la société. Le nombre des génisses vendues de 1897 à 1906 est de 71.

Grâce à ses stations de monte réparties sur l'ensemble du département et à la vente de génisses d'une origine connue, cette société a sensiblement contribué, concurremment avec les progrès culturaux, à améliorer la race limousine en Corrèze.

4° Dans la production des bêtes à laine en Corrèze, l'adoption du type limousin de poids moyen qu'on élève sur le plateau de Millevaches et sur les pentes des Monédières paraît s'imposer. Le petit ovin limousin disparaîtra par extinction faute de débouchés. Par trois concours spéciaux ovins, en 1904-1905-1906, l'État et le département ont indiqué aux éleveurs la voie à suivre. Il faut souhaiter qu'un concours annuel vienne continuer l'œuvre si bien commencée. Déjà, en effet, les éleveurs choisissent mieux les reproducteurs mâles et femelles, et quelques bergeries sont réputées pour les qualités de leurs béliers.

Il conviendrait de faire de la population ovine limousine un groupement d'animaux plus réguliers de taille et de forme, plus homogènes, tout en conservant leur si remarquable rusticité.

5° Dans l'élevage du porc, on ne peut que préconiser l'extension de la race porcine limousine dans tous les cantons des arrondissements de Tulle et de Brive qui ont comme débouchés le Sud-Ouest et le Midi.

Dans tous ces cantons, la vaccination préventive contre le rouget devrait être obligatoire.

Dans l'arrondissement d'Ussel, il y aurait quelque utilité à introduire quelques sujets reproducteurs des races craonnaise ou normande pour améliorer la population porcine actuelle.

6° Dans l'élevage des oiseaux de basse-cour, on ne saurait trop recommander une plus complète observation des règles de l'hygiène.

D'autre part, les chutes d'eau étant très nombreuses en Corrèze, il serait intéressant de tenter l'installation d'usines frigorifiques destinées à emmagasiner des œufs pour la vente en hiver. Des coopératives de producteurs pourraient trouver dans cet ordre d'idées une excellente démonstration pratique de la valeur de l'association.

7° En apiculture, une société de création récente, Le Rucher limousin, préconise la substitution de la ruche à cadres de Layens à la ruche fixe vulgaire et la modification de la ruche vulgaire par l'adoption de la ruche à calotte des Vosges. En augmentant, grâce à la hausse ou calotte, la capacité des ruches, on aurait assurément moins d'essaims mais plus de miel.

8° Quelques essais de pisciculture ont permis de constater que la truite arc-en-ciel et la truite d'Amérique s'acclimatent facilement dans certains étangs de la Corrèze. Il semble qu'il y aurait là une spéculation d'une importance plus considérable qu'on ne le croit généralement et susceptible de tenter une association de producteurs.

CORSE.

CONSIDÉRATIONS GÉNÉRALES.

D'après la dernière statistique, l'effectif des animaux domestiques exploités en Corse serait le suivant :

		têtes.			têtes.
Espèce	bovine	68,732	Espèce	ovine	260,968
	chevaline	9,561		caprine	173,800
	mulassière	9,704		porcine	84,277
	asine	12,984			

Bien que ce contingent soit inférieur à celui des autres pays, l'élevage constitue l'une des principales ressources de l'agriculture corse.

Quelle que soit l'espèce envisagée, la race indigène est rustique et sobre, mais d'une production médiocre par suite des conditions d'existence souvent précaires auxquelles sont soumis les animaux.

Grâce à l'extrême variété de climats de l'île et à sa configuration, qui permet de passer en quelques heures de la zone des pâturages alpestres à la zone littorale, où poussent l'oranger et le cédratier, la transhumance rend possible, en toute saison, l'entretien du bétail au pâturage. Durant l'hiver et le printemps, la zone maritime, favorisée par une température douce, offre une dépaissance assez abondante si les conditions météorologiques sont favorables. Avec les premières sécheresses du printemps, toute végétation cesse dans les prairies non irriguées; bergers et troupeaux quittent la plaine insalubre et sans ressources alimentaires. C'est généralement vers la fin juin, aussitôt le battage des céréales terminé, que les troupeaux sont conduits vers les villages de la montagne ou, plus haut encore, vers les pâturages renommés du Coscione, du Niolo, etc., au pied des cimes neigeuses de la chaîne centrale. L'entretien des animaux est ainsi assuré jusqu'aux premiers froids qui provoquent, fin octobre ou novembre, le retour des troupeaux vers la plage reverdie par les premières pluies d'automne[1].

Les troupeaux transhumants trouvent, en somme, des conditions naturelles assez satisfaisantes. L'éleveur ou le berger pourraient les rendre meilleures encore; c'est ainsi que des abris sommaires et peu coûteux, à la confection desquels suffirait la végétation spontanée du maquis, seraient nécessaires pour soustraire les animaux, et notamment les mères au moment de la parturition, à l'action des vents violents, des pluies torrentielles et froides de la saison hivernale, et réduiraient ainsi dans une notable mesure la mortalité du bétail. De même, les prairies artificielles, luzerne, vesce d'hiver, trèfle incarnat, etc., très peu répandues jusqu'à ce jour, devraient être multipliées partout où leur réussite est assurée, pour permettre la constitution de fortes réserves fourragères nécessaires pour améliorer le régime alimentaire en cette saison

(1) L'entretien des troupeaux dans les pâturages d'été, à la montagne, coûte 0 fr. 25 pour les brebis. La redevance est de 1 franc pour les vaches, les chèvres et les porcs, qui ont droit ensuite au parcours en forêt, en septembre et octobre, dès la tombée du gland et de la faîne.

où l'herbe des pâturages, peu nutritive, ne peut suffire aux exigences des jeunes en période de croissance, des mères nourrices ou en gestation et des animaux de travail ou d'engrais.

Dans la zone moyenne de la Corse, entre les altitudes de 300 et 600 mètres, les bergers sont généralement sédentaires. Les animaux y mènent une existence plus précaire que celle des troupeaux transhumants. Comme ces derniers, ils vivent en tout temps en liberté et la nature seule pourvoit à leur subsistance. Mais, dans cette zone, l'hiver est moins clément et l'absence d'abris et de réserves fourragères a des conséquences plus graves encore que dans la plaine; d'autre part, durant la longue période de sécheresse, qui s'étend de fin mai à septembre, les pâturages desséchés n'offrent aucune ressource alimentaire au bétail, réduit à vivre misérablement de la maigre nourriture que lui fournissent les cistes, les arbousiers et quelques autres végétaux ligneux du maquis. En dehors des intempéries et d'une alimentation insuffisante pendant l'hiver, les animaux exploités dans cette zone ont à supporter, de la fin du printemps aux premières pluies d'automne, une période de famine très préjudiciable.

De là résultent le faible développement et le rendement médiocre du bétail corse, dont le perfectionnement est, d'ailleurs, facile à réaliser par des moyens à la portée de tous.

ESPÈCE CHEVALINE.

L'effectif de la population chevaline de la Corse est passé de 6,590 têtes en 1882 à 9,560 en 1905. L'augmentation porte principalement sur le cheval de demi-sang, produit du croisement des étalons de l'État avec la jument corse.

La race autochtone présente deux variétés qui, d'ailleurs, ne diffèrent entre elles que par la taille : le petit poney corse dont la hauteur au garrot ne dépasse guère 1 m. 05 à 1 m. 10 et qui tend à disparaître et le cheval corse proprement dit, dont la taille, plus élevée, est généralement supérieure à 1 m. 30, sans atteindre 1 m. 40.

Le cheval corse est vigoureux et sobre, d'une endurance remarquable qui lui permet de fournir un travail considérable eu égard à sa petite taille. La sûreté de son pied le rend précieux dans les régions accidentées, aux sentiers étroits et escarpés où il rivalise de sang-froid avec le mulet.

La sélection de cette excellente petite race chevaline a été négligée, mais l'attention des éleveurs a été portée principalement vers le croisement de la jument corse avec des étalons de plus grande taille, parce que le prix de vente du produit augmentait avec la taille. Il est à craindre que le croisement dans les conditions difficiles d'existence actuelle des chevaux en Corse ne donne souvent des produits décousus et sans grande valeur économique, tout au moins pour les régions accidentées de l'île.

Ajaccio possède, depuis plus d'un demi-siècle, un dépôt des Haras nationaux dont l'effectif actuel est de 23 étalons, savoir :

Pur sang	arabe	9
	anglo-arabe	4
Demi-sang du Midi		10

Ces étalons, répartis dans six stations de monte, ont effectué 1,201 saillies en

1906, contre 643 en 1890. Le tableau suivant indique la répartition des étalons et le nombre de juments saillies dans chaque station en 1906.

ARRONDISSEMENTS.	STATIONS.	NOMBRE d'ÉTALONS.	NOMBRE de JUMENTS SAILLIES.
Ajaccio	Ajaccio	6	350
	Vico	3	166
Bastia	Bastia	3	183
Calvi	Santa Reparata	2	73
Corte	Casabianda	5	220
Sartène	Propriano	4	209

Les produits des étalons de l'État atteignent une taille de 1 m. 44 à 1 m. 48; ils sont acceptés pour la remonte de la gendarmerie et des officiers d'infanterie. Malheureusement, la Commission n'achète chaque année que 15 à 20 chevaux, au prix moyen de 550 francs, à l'âge minimum de quatre ans. Ce débouché est insignifiant.

Porto-Vecchio est le canton de la Corse qui possède le plus de chevaux, 798. Viennent ensuite : Sainte-Marie-Siché, 598; Bastelica, 596; Sartène, 583; Moïta, 540; Ajaccio, 532; Zicavo, 366; Prunelli di Fiumorbo, 290.

ESPÈCES ASINE ET MULASSIÈRE.

La population asine du département est plus nombreuse que la population chevaline et en progression ininterrompue depuis vingt ans : de 5,406 sujets en 1882, elle s'est élevée à 12,984, d'après le dernier recensement. Luri et Vescovato possèdent chacun 462 animaux de l'espèce asine; Sainte-Marie-Siché, 460; Porta, 402; Moïta, 389; Muro, 372; Zicavo, 360; Campitello, 335; Piana, 330; Murato, 317, etc.

La taille des ânes varie de 0 m. 90 à 1 m. 10; on rencontre cependant dans l'arrondissement de Calvi, à Corbara, Aregno, Lumio, où les éleveurs se livrent à la production du mulet, des baudets dont la taille dépasse généralement 1 m. 30.

Le mulet est précieux comme bête de somme pour le service des contrées montagneuses et comme bête de trait pour les lourds transports sur routes. Sur un effectif de 9,704 mulets en 1905, contre 9,760 en 1882, le canton de Porto-Vecchio en possède 587; Serra di Scopamène, 453; Calacuccia, 425; Vescovato, 370; Sainte-Marie-Siché, 363; Bastelica, 342; Sartène, 331; Calenzana, 230.

Il est rare que les chevaux soient élevés jusqu'à quatre ans; il en est de même pour les mulets. Les poulains et les jeunes mulets sont généralement vendus à dix-huit mois ou deux ans, aux foires d'Ajaccio (mai), de Propriano (juin), d'Aullène (août), de Casamaccioli (8 septembre), de Sartène (27 septembre), etc., fréquentées régulièrement par les maquignons du continent. En 1905, l'exportation a été de 346 chevaux, 40 mulets et 34 ânes.

ESPÈCE BOVINE.

Le dernier recensement accuse l'existence de 68,732 animaux de l'espèce bovine en Corse, en augmentation de près de 21,000 individus sur l'effectif indiqué par la statistique de 1882. Le nombre de vaches exploitées serait de 25,578 et celui des bœufs, de 10,567.

Les importations de bœufs, vaches et bouvillons ont subi une diminution notable. De 1,900 têtes par an, en moyenne, pour la période 1882-1890, elles sont tombées à 1,339 têtes de 1891 à 1899 et elles ne sont plus que de 550 têtes de 1900 à 1905. D'autre part, la Corse exporte un certain nombre d'animaux de l'espèce bovine, depuis quelques années. En 1905, ces exportations se sont élevées à 713 têtes, savoir :

	EXPORTATION.	POIDS MOYEN.
	têtes.	kilogr.
Bœufs	682	250 à 300
Vaches	15	180 à 200
Veaux	20	40

Comme par le passé, la population bovine vit en liberté dans le maquis, à l'état demi-sauvage et l'animal naît, croît et se reproduit sans l'intervention de l'homme, on ne saurait dire de l'éleveur, dont le rôle se borne à capturer les sujets destinés à la boucherie ou au travail. A ce régime, le bœuf a gagné une rusticité exceptionnelle, mais sa petite taille, 1 m. 20 à 1 m. 30, ne permet pas d'exiger de lui un grand effort lorsqu'on l'utilise pour les labours.

Son squelette grossier, son ventre volumineux, son train postérieur peu chargé de muscles, en font un animal médiocre pour la boucherie; d'un engraissement difficile, il donne à peine un rendement de 42 à 45 p. 100 en viande nette.

Les vaches ne sont jamais employées aux travaux agricoles; leur fonction exclusive consiste à reproduire l'espèce. Médiocres laitières, elles suffisent péniblement à l'alimentation de leurs veaux et on ne les exploite que très exceptionnellement pour la production du lait.

Pour l'approvisionnement des villes de Bastia, Ajaccio et Corte, il a été introduit des vaches bretonnes, tarentaises et comtoises. La vacherie de Corte (production : 26,000 litres), celle de l'École d'agriculture d'Ajaccio (18,000 litres) et la laiterie de Bastia (7,000 à 8,000 litres), sont les principaux établissements s'occupant de la production du lait de vache pour la vente en nature aux consommateurs.

Élevées dans toutes les parties du département, les bêtes bovines sont surtout nombreuses dans les cantons de Porto-Vecchio, 5,638 têtes; Sainte-Marie-Siché, 5,098; Serra di Scopamène, 4,440; Zicavo, 3,250; Levie, 3,109; Vezzani, 2,487; Bastelica, 2,012.

La foire de Casamaccioli, dans le Niolo, tenue les 8, 9 et 10 septembre, est le centre le plus important pour la vente des animaux de travail et de boucherie.

ESPÈCE OVINE.

La Corse entretient de nombreux troupeaux de bêtes ovines dont l'effectif serait de 260,968 têtes, d'après le dernier recensement. La statistique de 1882 leur assignait une population plus forte, (262,854 individus); cependant, il n'est pas douteux que l'élevage des bêtes à laine a pris depuis vingt ans une grande extension dans le département.

Calacuccia, avec 14,780 têtes; Bastelica, 22,480; Calenzana, 15,227, Castifao, 14,205; Porto-Vecchio, 9,428; Sartène, 8,304 et Olmeto, 7,624 têtes, sont les centres les plus importants d'élevage des animaux de l'espèce ovine.

Les ovins sont, sans exception, soumis au régime de la transhumance.

La variété ovine de la Corse est de petite taille, avec des membres relativement longs, un corps mince et une poitrine étroite; la toison, constituée par un mélange de poil et de laine grossière manquant d'élasticité, est peu recherchée par le commerce. On estime qu'un adulte fournit 900 grammes à 1 kilogramme de laine et les jeunes 300 grammes seulement : la production totale des bêtes ovines du département serait ainsi de 155,971 kilogrammes par an.

Les exportations annuelles de ce produit ont passé de 46,672 kilogrammes, pour la période 1894-1899, à 106,335 kilogrammes dans la période 1900-1905. Le reste est utilisé sur place pour la fabrication d'un drap solide, mais grossier et la confection de matelas et de couvertures très ordinaires.

Convenablement engraissés, les animaux de l'espèce ovine fournissent une viande savoureuse, mais leur principal produit est le lait, qu'on utilise pour la consommation en nature et principalement pour la fabrication des fromages.

La brebis corse est excellente laitière. Malgré sa petite taille et le peu de soins dont elle est l'objet, elle fournit, en moyenne, 45 litres de lait entre deux agnelages.

En outre, ce lait présente une richesse en extrait sec, graisse et caséine plus élevée que le lait de la brebis du Larzac, qui passe pour être le plus riche de tous les laits connus.

On peut s'en convaincre par l'examen des chiffres ci-dessous qui expriment les résultats d'analyses faites sur 16 échantillons de lait prélevés à la fromagerie coopérative de Bevinco et sur de nombreux échantillons de lait du Larzac.

DÉSIGNATION.	LAIT DE BEVINCO.			LAIT DU LARZAC.	
	MAXIMUM.	MINIMUM.	MOYENNE.	ROQUEFORT.	CAVALERIE.
Acidité	2.88	2.16	2.45	2.74	2.05
Lactose	5.75	5.04	5.41	5.25	5.52
Extrait sec	22.07	18.56	19.76	18.37	18.09
Cendres	1.22	0.87	1.53	1.01	0.96
Caséine	6.52	5.68	*6.06*	*5.11*	*5.44*
Beurre	9.28	6.68	*8.43*	7.05	7.03
Beurre et caséine	15.80	11.96	*14.43*	*12.16*	*12.47*

Les laits corses sont donc plus avantageux que ceux du Larzac puisque leur teneur supérieure en beurre, caséine et extrait permet d'en retirer plus de fromage et un fromage *plus gras*.

L'agnelage des brebis se produit vers le commencement de novembre. Les jeunes non réservés pour le remplacement des adultes qu'on désire réformer sont vendus à l'âge de 20 jours à un mois sur les marchés locaux ou exportés à Marseille, lorsque la température le permet. Sur place, la viande d'agneau se vend 0 fr. 70 à 0 fr. 80 le kilogramme; la peau est très recherchée, au prix de 1 fr. 50 à 2 francs la pièce.

Le prix du lait vendu aux fromageries de Roquefort établies en Corse a été de 0 fr. 22 à 0 fr. 25 le litre dans les campagnes précédentes; il est de 0 fr. 28 à 0 fr. 30 pour la campagne actuelle (1906-1907).

Le produit d'une brebis serait donc le suivant :

45 litres de lait à 0 fr. 30	13f 50c
Un agneau	3 50
1 kilogramme de laine	1 00

soit 18 francs environ.

On compte pour location du pâturage une dépense de 6 à 7 francs par an et par brebis. Le produit net pour le berger propriétaire du troupeau ressort ainsi de 11 à 12 francs par tête environ, soit à peu près la valeur du capital engagé, puisque le prix de la brebis varie de 10 à 12 francs au maximum.

Mieux nourrie, abritée contre les intempéries de l'hiver, la petite brebis corse ne tarderait pas à gagner en taille et en ampleur et son rendement en lait subirait, par cela même, une augmentation sensible. Une sélection attentive des meilleurs sujets, réservés comme reproducteurs, permettrait dès lors d'améliorer rapidement la race au point de vue de la production du lait et accessoirement de la production de la viande.

Des concours analogues à ceux qui se tiennent chaque année dans l'Aveyron, lesquels ont si puissamment contribué au perfectionnement de la race ovine de Larzac, contribueraient dans la même mesure à l'amélioration de la brebis laitière corse.

ESPÈCE CAPRINE.

Il n'est pas d'espèce animale dont la valeur économique soit aussi discutée. La dent de la chèvre est funeste aux essences arbustives qu'elle se plaît à brouter et le préjudice causé en quelques jours par un troupeau de chèvres abandonné à lui-même est le plus souvent supérieur au capital créé, durant leur existence, par les individus qui le composent. C'est trop fréquemment le cas en Corse, où la chèvre vagabonde occasionne de grands dégâts dans les forêts.

On ne peut cependant s'empêcher de reconnaître qu'à la condition d'en réglementer sévèrement le parcours et de sévir sans faiblesse, à chaque contravention, contre le berger, les chèvres rendraient les plus grands services en Corse en permettant l'utilisation d'immenses étendues de maquis dont aucune autre espèce animale ne saurait tirer parti.

D'après la dernière statistique, l'espèce caprine serait en décroissance en Corse. Au lieu de 190,877 individus en 1882, son effectif actuel ne serait plus que de 173,800 animaux, dont 139,000 femelles adultes.

C'est principalement pour son lait que la chèvre est exploitée. On estime qu'elle en fournit 80 litres par an en moyenne et que la moitié est consommée en nature, l'autre moitié étant transformée en fromage de pays et en *broccio*. Les industriels de Roquefort refusent ce lait pour la fabrication de leur fromage.

A l'exception des jeunes conservés pour renouveler le troupeau, les chevreaux sont abattus à l'âge de trois semaines environ et trouvent un débouché facile. La consommation locale en est considérable. Depuis quelques années, les chevreaux font l'objet d'une exportation assez importante : 40,0000 kilogrammes environ par an. En 1905, le seul port de Propriano a exporté 6,500 chevreaux à destination de Marseille et de Nice. Leur viande est payée à raison de 0 fr. 60 à 0 fr. 70 le kilogramme sur place et leurs peaux se vendent 3 fr. 75 la pièce; celles des adultes valent 6 francs la pièce.

La chèvre fournit en outre un produit accessoire, le poil, à raison de 0 kilogr. 250 à chaque tonte pour l'individu adulte, soit au total 37,000 kilogrammes valant 33,000 francs. Le *pelone*, sorte de manteau sans manches que portent les bergers corses, est confectionné avec du poil de chèvre, de même que les cordages servant à nos paysans.

L'industrie fromagère. — Cette industrie fort ancienne, car de tout temps le fromage a contribué pour une part importante à l'alimentation des populations rurales de l'île, est alimentée exclusivement par le lait de brebis et de chèvre. La vache, médiocre laitière, suffit à peine à l'alimentation du jeune veau.

L'industrie fromagère en Corse fournit trois catégories de produits : les fromages dits de pays, le broccio et le Roquefort.

Les premiers, qui présentent des différences assez notables suivant les centres de production, sont entièrement absorbés par la consommation locale, qui en est très importante : 2 millions et demi de kilogrammes environ. Leur mode de fabrication ne semble pas avoir fait de sérieux progrès depuis l'origine de cette industrie.

Le prix de ce fromage varie de 1 franc le kilogramme à l'état frais à 2 francs, au maximum, à l'état sec, après cinq à six mois de fabrication.

Le *broccio* ou *bruccio* est un fromage spécial au pays, obtenu en chauffant un mélange de deux tiers de petit lait et un tiers de lait de chèvre ou de brebis à une température inférieure à l'ébullition. La coagulation de la caséine s'obtient sans nouvelle addition de présure.

Ce produit délicat et parfumé, d'une saveur agréable et sucrée quand il est consommé frais, est très apprécié et sa consommation sur place est considérable. On exporte des quantités importantes de broccio dans le Midi et ces exportations qui, pour le port de Propriano, se sont élevées à 30,000 kilogrammes en 1905, seraient plus élevées encore si ce produit conservait pendant un temps plus long ses qualités originelles.

A l'état frais, après un égouttage sommaire, le broccio se vend sur place de 0 fr. 90 à 1 franc le kilogramme; on le consomme pur ou relevé par une addition de sucre, de rhum, etc.

Une certaine quantité de broccio est réservée pour le séchoir; on obtient ainsi le broccio sec, produit de garde facile très usité dans de nombreuses préparations culinaires locales, mais beaucoup moins apprécié que le broccio frais par les consommateurs du dehors.

Les sociétés fromagères qui ont importé en Corse en 1900 l'industrie du fromage Roquefort ont été attirées principalement par la possibilité de produire du fromage à une époque de l'année où la fabrication est interrompue dans l'Aveyron, faute de matière première.

A la date du 25 mars 1901, il existait en Corse douze de ces établissements; leur nombre est actuellement de trente-quatre, disséminés dans toutes les parties de l'île.

Le rendement varie de 23 à 24 kilogrammes de fromage par 100 litres de lait. La production en lait des 173,805 brebis exploitées en Corse peut être évaluée, à raison de 45 litres par tête, à 78,212 hectolitres correspondant à 1,955,300 kilogrammes de fromage, en ne tenant pas compte des quantités de lait distraites pour la consommation en nature.

On estime que 6 litres de lait de chèvre sont nécessaires pour produire 1 kilogramme de fromage. Avec un rendement annuel de 80 litres de lait, dont la moitié est consommée en nature, les 139,000 chèvres exploitées en Corse fourniraient 933,000 kilogrammes de fromage et la production totale, pour les brebis et les chèvres, s'élèverait à 1,955,300 + 933,000 = 2,888,000 kilogrammes de fromage, sans tenir compte du broccio, dont il est difficile d'évaluer la production.

Le tableau ci-dessous, qui permet de suivre le mouvement des importations et des exportations de fromages depuis 1882, est très instructif :

	IMPORTATIONS annuelles moyennes.	EXPORTATIONS annuelles moyennes.
	kilogr.	kilogr.
1882-1889	313,101	41,964
1891-1899	226,294	62,523
1900-1905	268,434	469,059

On voit en effet que les importations sont en décroissance sensible, tandis que les exportations s'élèvent, à partir de 1900, où furent installées les premières laiteries de Roquefort en Corse, de plus de 400,000 kilogrammes par an !

L'introduction de ces laiteries a été le point de départ d'une évolution économique dont le pays ressent déjà les heureux effets. Les propriétaires de troupeaux ont vu leurs revenus augmenter dans des proportions inespérées et les propriétaires d'herbages ont de leur côté bénéficié d'une plus-value énorme dans le prix de location de leurs pâturages.

Ces produits donnent lieu aux exportations annuelles suivantes :

	PEAUX brutes.	OS ET CORNES de bétail.
	kilogr.	kilogr.
1882-1890	168,030	56,220
1891-1900	152.400	39,660
1901-1905	264,256	67,355

Tandis qu'elle exporte des peaux brutes, la Corse importe des peaux tannées pour une valeur cinq fois plus grande.

	IMPORTATIONS annuelles.
1882-1890	255,255 kilogr.
1891-1900	206,520
1901-1905	329,250

Il est à remarquer que si la totalité des peaux brutes exportées de Corse était tannée sur place, elle ne suffirait pas encore à approvisionner l'île en cet article.

On voit par là quel avenir est réservé à l'industrie de la tannerie en Corse, où elle trouverait réunis tous les éléments d'un succès certain : matière première, peaux et tannants (écorce de chêne, extrait de châtaignier) à un prix très avantageux; salaires moins élevés que dans la France continentale; débouché assuré sur place, etc.

ESPÈCE PORCINE.

Les animaux de l'espèce porcine exploités dans le département constituaient en 1905 un effectif de 84,277 individus contre 79,090 en 1882. Cette population comprend 1,269 verrats, 12,861 truies; 38,574 porcs à l'engrais âgés de plus de six mois et 31,573 jeunes au-dessous de six mois.

Il existe en Corse 5 ou 6 établissements qui se livrent à l'engraissement industriel du porc.

D'une façon générale, l'élevage se fait en pleine liberté; les gorets suivent leurs mères dans les maquis, bois, olivettes ou forêts, et y passent eux-mêmes la plus grande partie de leur existence. Un grand nombre y achèvent même leur engraissement dans les années de glandée abondante. Les autres sont vendus aux cultivateurs, qui engraissent chaque année un ou plusieurs porcs pour l'usage domestique. Aux eaux grasses et autres résidus du ménage on ajoute de la farine d'orge, des glands et des châtaignes.

Les principaux centres d'élevage sont situés dans la partie montagneuse de l'île (région du châtaignier) : Bastelica, 6,137 têtes; Calacuccia, 5,636; Zicavo, 3,716; Serra di Scopamène, 3,234; Prunelli di Fiumorbo, 2,910; Levie, 2,820; Calenzana, 2,248.

Le porc corse doit aux conditions dans lesquelles il vit d'être robuste, mais peu précoce. Les plus remarquables dépassent rarement le poids de 150 kilogrammes après un bon engraissement. Par contre leur chair est savoureuse et parfumée. Les saucissons de Quenza, les jambons et les filets fumés (ou *lonzo*) de Morosaglia ont une réputation qui assure à ces produits une vente avantageuse sur certains marchés du continent. Les exportations, en 1905, se sont élevées à 7,775 kilogrammes pour la viande de porc salée (jambon, etc.) et à 9,094 kilogrammes pour les produits de charcuterie, saucissons, lonzo, etc. On peut signaler pour mémoire un produit spécial, le *figatello*, à base de foie de porc, très apprécié des habitants de l'île, mais qui ne donne lieu à aucun commerce d'exportation.

La Corse importe 105,000 kilogrammes de saindoux par an (moyenne des six dernières années). Il n'est pas douteux qu'elle pourrait s'affranchir de ces importations par la sélection ou le croisement de la race porcine et l'amélioration du régime de quasi-liberté auquel celle-ci est soumise.

ANIMAUX ET PRODUITS DE BASSE-COUR.

L'élevage des animaux de basse-cour n'est pas plus en progrès que l'élevage des grands animaux domestiques. Le canard, l'oie, le pigeon, la pintade, le dindon sont à peu près inconnus en Corse. Le lapin, qui contribue si largement à l'alimentation animale du paysan français, n'est pas élevé dans les campagnes de l'île.

La poule est, en somme, le seul animal de basse-cour exploité en Corse. C'est la race commune, petite mais assez bonne pondeuse, qui est la plus répandue; mais la production actuelle des volailles ne suffit pas aux besoins de la consommation locale. La Corse importe des continents français et italien des volailles grasses et des œufs pour une valeur assez élevée.

Pour les œufs, les importations ont été les suivantes, dans ces dernières années :

	kilogr.		kilogr.
1900	21,730	1903	19,396
1901	20,617	1904	41,601
1902	19,230	1905	27,820

Le prix des œufs frais, sur place, varie de 0 fr. 60 la douzaine au moment où la production est abondante, à 2 francs la douzaine lorsque la ponte se ralentit; on peut admettre comme moyenne le prix de 1 fr. 20 la douzaine.

Dans ces conditions, il n'est pas douteux que l'élevage rationnel de la volaille pourrait être développé en Corse avec profit.

SÉRICICULTURE.

L'élevage du ver à soie en Corse a connu un temps de prospérité à l'époque où la flacherie, la muscardine et la pébrine décimaient les éducations du midi de la France; mais il fut presque abandonné lorsque ces maladies firent, quelques années plus tard, leur apparition dans les chambrées.

Cette industrie se relève depuis quelques années; on peut en avoir une idée en se reportant aux exportations de soies grèges ou en cocons relevées par le service des douanes.

	EXPORTATIONS moyennes annuelles.
1882-1889	6,563 kilogr.
1882-1899	12,033
1900-1901	14,147

Si l'élevage du ver à soie est en progrès constant depuis vingt ans, le bas prix actuel des cocons ne permet pas d'espérer que cette industrie puisse atteindre l'importance qu'elle avait dans le passé, alors que Porto-Vecchio, par exemple, exportait pour plus de 100,000 francs de cocons ou de graines de vers à soie!

APICULTURE.

A défaut de prairies artificielles, trèfle, sainfoin, la flore des maquis, riche en plantes aromatiques, permettrait d'entretenir de nombreuses colonies d'abeilles. La possibilité de déplacer les ruchers de la plaine à la montagne et inversement constitue une condition extrêmement favorable à l'élevage productif des abeilles. Malheureusement, l'apiculture est très peu développée dans l'île et ses procédés sont des plus primitifs. Il paraît superflu de dire que la méthode mobiliste y est totalement ignorée.

Les miels récoltés en Corse sont de qualité généralement médiocre; on leur reproche, non sans raison, leur couleur foncée et surtout leur amertume. Cependant les miels d'Asco sont cités comme possédant des qualités réelles.

Le prix du miel est de 0 fr. 90 à 1 franc le kilogramme, celui de la cire de 3 francs à 3 fr. 20. En 1905, la Corse a exporté 1,410 kilogrammes de miel et 11,620 kilogrammes de cire.

CHASSE ET PÊCHE.

Le gibier est très abondant en Corse; il donne lieu a une exportation assez forte, qui porte principalement sur le merle, le perdreau et la bécasse :

	EXPORTATION annuelle moyenne.
1882-1884	13,120 kilogr.
1892-1897	42,000
1898-1899	1,245
1900-1904	33,500

Les rivières et les côtes de la Corse sont très poissonneuses, les produits de la pêche fluviale et maritime contribuent pour une grande part à l'alimentation des habitants de l'île et donnent lieu à des exportations croissantes : 105,000 kilogrammes par an de 1882 à 1889; 156,700 kilogrammes de 1892 à 1899 et 163,400 kilogrammes de 1900 à 1904.

Les langoustes des golfes de Vallinco et d'Ajaccio et les anguilles de l'étang de Biguglia, près de Bastia, forment l'élément principal de ces exportations.

Conclusions. — Une étude approfondie de l'agrologie, de la climatologie et de la flore spontanée de la Corse permettrait d'établir que peu de régions agricoles disposent de facteurs naturels aussi favorables à la production économique des animaux domestiques. Il est profondément regrettable que les habitants de l'île n'aient pas compris plus tôt les avantages qu'ils peuvent retirer de l'exploitation rationnelle de leur bétail.

La création de coopératives fromagères, de caisses d'assurances mutuelles contre la mortalité du bétail, est la manifestation évidente d'un état d'esprit nouveau, d'une marche réfléchie vers le progrès qui ne tardera pas à provoquer l'évolution de l'agriculture insulaire tout entière et le relèvement économique du pays.

Il est à souhaiter que la Corse soit mieux connue, que les colons et les capitalistes sachent qu'à deux pas de la mère-patrie, ce pays neuf si richement doté par la nature peut offrir une large rémunération à leur activité et à leurs capitaux.

CÔTE-D'OR.

Les diverses régions agricoles de la Côte-d'Or présentent, au point de vue des ressources fourragères, et par suite dans la nature des spéculations sur le bétail, des différences considérables.

Le Val de Saône et le Morvan, avec leurs prairies en sols siliceux, pauvres en calcaire, sont des régions d'élevage pour le bétail bovin, pour les chevaux et pour les porcs.

La plaine du Dijonnais exploite des vaches laitières pour la production du lait, qui trouve un débouché dans les villes de Dijon (74,000 habitants), de Beaune (14,000) et dans les nombreux villages viticoles situés le long de la côte de Dijon à Chagny. L'industrie du fromage et du beurre tend à prendre dans cette région une importance de plus en plus grande.

La Montagne et le Châtillonnais, les plateaux secs qui dominent les pentes argileuses des coteaux de l'Auxois font l'élevage et l'engraissement des moutons; on y pratique aussi l'élevage des vaches laitières.

Sur les prairies d'embouche de l'Auxois, c'est l'engraissement du bétail bovin de race charolaise qui est l'opération zootechnique caractéristique. On y élève aussi des chevaux de gros trait de race nivernaise.

L'élevage et l'engraissement des porcs est une opération souvent lucrative sur les points du département confinant à celui de Saône-et-Loire. Les jeunes porcs d'élevage trouvent un débouché chez les agriculteurs et les vignerons de la Côte et de la Plaine.

La statistique agricole montre pour l'ensemble du département l'importance du cheptel bétail : en voici les éléments principaux empruntés à la statistique de 1905 :

				NOMBRE DES EXISTENCES au 1er novembre 1905.
Espèce	chevaline			50,639
	mulassière			256
	asine			2,168
	bovine	Taureaux	2,428	150,327
		Bœufs	6,199	
		Vaches	77,099	
		Élèves au-dessus d'un an	36,082	
		Élèves de moins d'un an	25,519	
	ovine	Béliers	1,828	270,214
		Brebis	149,918	
		Moutons	38,711	
		Agneaux et agnelles	79,757	
	porcine			74,062
	caprine			4,426
Apiculture (nombre de ruches en 1906)				29,600

ESPÈCE CHEVALINE.

Il existe environ 50,000 chevaux dans le département, dont 10,000 à 11,000 de moins de 3 ans.

La production du cheval de trait s'est développée considérablement en Côte-d'Or depuis quinze ans. Les chevaux sont utilisés de plus en plus pour les travaux de culture, mais en outre l'élevage fournit des animaux pour l'exportation en dehors du département.

Le conseil général de la Côte-d'Or, depuis vingt-cinq ans, a importé chaque année des étalons de race percheronne à robe foncée, et l'industrie privée importe aussi des étalons de race nivernaise noire dérivée de la race percheronne; enfin l'administration des Haras place également un certain nombre de reproducteurs de trait dans ce pays; une impulsion considérable a par suite été donnée à la production du cheval de trait. Le type recherché est celui à robe noire, mais il existe en plus faible proportion des animaux gris foncé, bai-brun et alezan foncé.

L'Auxois, qui comprend la plus grande partie des cantons de Semur, de Montbard, de Précy-sous-Thil, de Saulieu, de Liernais, d'Arnay-le-Duc, et la totalité des cantons de Pouilly-en-Auxois, de Vitteaux, de Bligny-sur-Ouche et de Sombernon, possède environ 7,500 juments poulinières de race de trait. De nombreux étalons existent dans la région (80 à 90 environ) possédés par des particuliers. Les juments font les travaux agricoles et donnent presque chaque année un poulain en mars-avril.

Les cultivateurs élèvent les poulains jusqu'au sevrage (six mois). Les jeunes animaux, appelés *poulains laitons*, sont alors vendus à d'autres agriculteurs qui les nourrissent au pâturage (sauf par les grands froids) pendant un an. Les deux étapes sont parfois accomplies chez un seul éleveur, mais c'est plutôt l'exception.

A 18 mois, les poulains mâles sont vendus aux foires de septembre qui se tiennent à Semur, à Saulieu, à Arnay-le-Duc, à Pouilly-en-Auxois, à Vitteaux; ils sont achetés par des courtiers pour les cultivateurs des fermes de la plaine du Dijonnais (cantons de Mirebeau, de Genlis, d'Is-sur-Tille, de Dijon), et aussi pour être envoyés dans l'Aube, dans l'Yonne, en Seine-et-Marne, sauf les plus petits qui gagnent l'Est, Lyon et le Dauphiné. Les meilleurs mâles restent dans le pays pour faire des étalons.

Les pouliches de 6 mois sont vendues surtout aux foires de novembre; elles restent pour la plupart dans l'Auxois; une portion va dans les régions voisines, l'Yonne, la Nièvre, le Jura. Les pouliches sont conservées pour la reproduction.

Les animaux de 2 ans et demi, les *30 mois* comme on les appelle, sont également l'objet de transactions importantes; les mâles non castrés vont dans la Nièvre et dans le Dijonnais; les juments vont en Suisse et dans la région de l'Est.

Sur les 5,000 animaux qui naissent dans l'Auxois en année moyenne, 1,500 femelles environ restent chez les producteurs; tous les autres sont présentés aux foires à plusieurs reprises, car ils changent de propriétaires. A Semur, les diverses foires réunissent annuellement un total de 5,500 à 6,000 animaux de race chevaline; aux foires d'Arnay-le-Duc, il a été présenté en 1905 3,500 poulains et pouliches, dont 2,000 pour les trois foires de septembre, octobre et novembre, la dernière étant d'ailleurs la plus importante.

Voici les prix moyens pratiqués aux foires d'automne de Semur pour l'année 1905 :

			Prix
Poulains	de 6 mois		300 à 350 francs.
	de 18 mois		600 à 700
	de 30 mois.	Étalons	1,200 à 1,500
		Autres	900
Pouliches de 30 mois			800 à 900
Juments non pleines			1,000
Juments pleines			1,200

Les poulains de 18 et 30 mois qui quittent l'Auxois pour venir dans les fermes des environs de Dijon, de Mirebeau et de Genlis sont dressés aux travaux de culture et aux charrois. Les meilleurs sujets non castrés sont rachetés par des marchands de chevaux à 3 ou 4 ans et demi, après avoir été présentés aux commissions d'approbation des étalons en novembre. En année moyenne, 200 étalons de trait de 3 à 4 ans, de race percheronne et nivernaise, valant 1,800 à 2,200 francs, sont «approuvés» dans le département. Cette industrie est pratiquée par 150 agriculteurs environ. Les sujets moins bons sont castrés, utilisés aux travaux de culture jusqu'à 4 et 5 ans, puis revendus aux marchands de chevaux qui les dirigent sur Paris, sur Lyon, dans l'Est et en Suisse. D'autres sont utilisés par les industriels de Dijon et de Beaune. Il s'exporte annuellement du département environ 4,000 chevaux, dont au moins 3,500 chevaux ou juments de trait représentant une valeur approximative de 5 millions de francs.

Les éleveurs de l'Auxois ont tenté la constitution d'un syndicat d'élevage du cheval de gros trait; l'action de ce syndicat est encore peu marquée et les éleveurs agissent surtout isolément dans le choix des reproducteurs. Les meilleurs étalons sont ceux acquis dans le Perche, par le conseil général de la Côte-d'Or; chaque année, 20 de ces étalons sont en service. En résumé, l'élevage et le dressage du cheval de trait rencontrent dans le département de la Côte-d'Or tous les éléments d'un succès durable.

L'élevage du cheval de demi-sang est en défaveur; il se fait encore dans les cantons de Fontaine-Française, de Pontailler-sur-Saône, d'Auxonne, de Saint-Jean-de-Losne, voisins de la Haute-Saône, et dans les parties granitiques des cantons d'Arnay-le-Duc et de Saulieu qui ont des prés moins riches que l'Auxois. Aux concours de 1905 un total de 36 poulinières et 16 pouliches ont été présentées. Ces concours groupent à peu près l'ensemble de l'élevage du demi-sang, infiniment moins important dans le département que celui de trait.

Un seul éleveur du département, à Rouvres-en-Plaine, fait l'élevage du pur sang, d'ailleurs avec assez de succès.

ESPÈCE BOVINE.

Dans le département de la Côte-d'Or, les spéculations sur les animaux de l'espèce bovine sont fréquemment spécialisées; les zones d'élevage, de production laitière et d'engraissement sont juxtaposées et se soutiennent mutuellement: par exemple, les emboucheurs de l'Auxois trouvent assez facilement les jeunes bœufs, les génisses et les vaches nécessaires à leurs opérations chez les éleveurs du Morvan et de la Montagne; les producteurs de lait des environs de Dijon tirent leurs vaches laitières de la Plaine, du Val de Saône et du Châtillonnais.

Les races bovines exploitées sont la race tachetée du Jura, la race bressane et la race brune Schwitz pour la production du lait et de la viande, et la race charolaise pour la production exclusive de la viande.

1° *Race tachetée du Jura.* — Les variétés de cette race (fribourgeoise, bernoise, montbéliarde, simmenthal) sont exploitées dans tout l'est du département et par croisement continu se sont substituées à peu près complètement, dans les trente dernières années, aux anciennes races locales assez voisines, la fémeline et la bressane, dites races de pays.

L'introduction en Côte-d'Or d'animaux de race tachetée du Jura a commencé vers 1868; quelques producteurs de lait des environs de Dijon eurent alors recours, pour peupler leurs étables, à des importations de vaches suisses pie-rouges et pie-noires.

Après 1870, par suite de l'accroissement de la ville de Dijon et de la diminution des troupeaux, les achats de vaches laitières en Suisse devinrent très importants : plus d'un millier de têtes par an, si bien qu'il se constitua quelques troupeaux de race pure. Le mouvement s'accéléra et, vers 1880, la plupart des comices agricoles de l'arrondissement de Dijon (Mirebeau, Genlis), ceux de Beaune, de Seurre et de Nuits fixèrent définitivement leur choix de reproducteurs parmi ceux de la race tachetée pie-jaune et pie-rouge, et les importations de vaches laitières (qui souvent terminaient trop vite leur carrière à la boucherie) furent complétées par celles de taureaux.

Dans les vingt dernières années, il a été amené de Suisse près d'un millier de taureaux reproducteurs de choix et des éleveurs distingués ont en outre créé des étables produisant des animaux d'élite. La transformation des étables a été rapide surtout depuis 1895 et les anciennes races de taille médiocre ont presque disparu, remplacées par une race grande et plus homogène. Les progrès réalisés dans l'emploi des engrais chimiques, notamment des engrais phosphatés, ont facilité cette transformation de la population bovine.

Des environs de Dijon, la race tachetée s'est étendue dans tout l'arrondissement de Dijon, dans une partie du Châtillonnais et dans la plaine de l'arrondissement de Beaune. Cette race confine aujourd'hui la région occupée par la race charolaise dans l'Auxois et le Morvan; elle s'étend à l'ouest du département dans les cantons de Laignes, de Montbard, à la limite de l'Yonne où elle est en contact avec la race normande.

La race tachetée de grande taille est d'un tempérament rustique; elle possède de fortes laitières donnant en moyenne 2,000 à 2,400 litres de lait; sa conformation pour la boucherie est très satisfaisante et son engraissement facile. Sauf les taureaux nécessaires à la reproduction, tous les animaux de la race tachetée entretenus dans les étables de la Côte-d'Or sont des vaches laitières ou des génisses d'élevage. Les veaux mâles vont généralement à la boucherie à l'âge de 3 ou 4 mois; ils pèsent en moyenne 130 kilogrammes. La boucherie locale à Dijon, à Beaune, à Auxonne absorbe la production des veaux; un petit nombre est dirigé vers Lyon et vers l'Est.

Les échanges commerciaux sur les génisses d'élevage ont lieu pour la plus grande partie dans l'intérieur du département. Un grand nombre de vaches laitières sont achetées par les nourrisseurs des environs de Dijon, qui les engraissent lorsqu'elles ont cessé de produire avantageusement du lait; le surplus est acheté, lorsqu'elles sont fraîchement vêlées par des marchands qui les dirigent vers Lyon et le Sud-Est et, depuis quelques années, un peu vers les étables des environs de Paris. Ces envois représentent environ 2,500 animaux par an, choisis parmi les meilleurs sujets des étables. Les achats se font dans les étables ou sur les foires. Ces dernières sont relativement peu importantes dans la zone d'élevage de la race tachetée, sauf à Beaune, à Auxonne et à Seurre. La gare de Seurre, en 1905, a expédié en dehors du département environ 1,100 bovins, surtout vers Chalon et Lyon.

Quelques éleveurs se sont créé une clientèle assez importante pour la vente des jeunes taureaux de race tachetée pure qu'ils envoient dans la Haute-Marne, dans la Haute-Saône, où leurs produits concurrencent ceux des environs de Montbéliard.

2° *Race bressane.* — La race bressane, petite et rustique, à robe unicolore rouge lavé, est encore exploitée par les petits cultivateurs du sud-est du département, qui confine à la Bresse louhannaise, dans le Val de Saône (cantons de Seurre et de Saint-Jean-de-Losne). La nature géologique des sols arables est d'ailleurs semblable dans cette région à celle des terres de la Bresse; elle est caractérisée par la pauvreté des terres en chaux et en acide phosphorique. Le bétail bovin de cette région, jusqu'en 1890, était constitué par des animaux de taille moyenne ou petite, à ossature fine, de conformation défectueuse, mais les vaches, vu leur petite taille, étaient d'excellentes laitières (1,400 à 1,700 litres de lait).

La race bressane, dite race de pays, est de plus en plus absorbée par les croisements avec la race tachetée, car depuis dix ans les troupeaux communaux de ces régions qui avaient des taureaux bressans les ont remplacés par des taureaux montbéliards.

Comme bête de boucherie, la vache bressane est inférieure; les bonnes laitières sont conservées trop longtemps et c'est à l'âge de 8 à 12 ans seulement qu'on les envoie à la boucherie. Elles ne peuvent être alors que des bêtes de «fourniture» vendues au prix de la dernière qualité.

La race *fémeline*, voisine de la bressane mais plus grande et à pelage plus clair, généralement froment, peuplait les étables des cantons d'Auxonne, de Pontailler, de Mirebeau et de Fontaine-Française; son remplacement par le bétail de race tachetée a été encore plus rapide que pour la race bressane.

Dans cette région où la petite culture domine, le bétail est entretenu pendant l'hiver à l'étable. La ration alimentaire se compose de foin et de paille complétée par quelque peu de betteraves, de pommes de terre et de son. Pendant l'été, aussitôt après la première coupe des foins, le bétail bovin de tous les petits cultivateurs est réuni en troupeau sous la conduite d'un pâtre communal. Le troupeau commun va chercher sa nourriture sur la prairie de la Saône soumise à la vaine pâture. Ce mode d'exploitation se prête peu à l'amélioration du bétail.

Les veaux d'élevage vont à la boucherie à 3 mois; un petit nombre est conservé pour donner des bœufs utilisés pour la culture et les charrois dans les forêts. Les génisses sont élevées pour remplacer les mères, les meilleures vont dans les étables des environs de Dijon et de Lyon. Le lait produit est utilisé pour la production du beurre et des fromages (gruyère et fromages à pâte molle). L'industrie laitière a pris dans le Val de Saône une importance considérable dans les dix dernières années.

3° *Race suisse brune, variété schwitz.* — Dans le Châtillonnais (cantons de Châtillon, de Laignes, de Recey-sur-Ource) des importations suivies de vaches et de taureaux de la race brune des Alpes ont été faites dès 1840 et se sont poursuivies régulièrement jusqu'en 1892; il s'était créé dans cette région du département, sur les terres saines des plateaux des calcaires jurassiques, un centre prospère d'élevage et d'exploitation de cette race.

Cette importation a donné de bons résultats. Les troupeaux de race schwitz pure y sont encore nombreux. On entretient surtout des vaches laitières pour la production du lait destiné à quelques fromageries et d'autre part l'élevage des génisses y est très actif.

Les vaches schwitz du Châtillonnais sont d'excellentes laitières donnant 2,000 à 2,500 litres de lait par an; leur conformation est bonne pour la boucherie. A l'âge de 4 ou 5 ans elles sont l'objet d'une active demande de la part des laitiers nourrisseurs des environs de Paris, des agriculteurs de l'Aube et de la Marne et des producteurs de lait du Sud-Est (environs de Lyon, de Marseille, de Montpellier). Il en résulte un appauvrissement continu des troupeaux, les meilleurs animaux étant les plus demandés et payés cher. Pour remonter leurs troupeaux, les agriculteurs du Châtillonnais avaient recours jusqu'en 1892 à des importations de Suisse, mais les sociétés agricoles locales peuvent seules importer quelques taureaux de choix.

En 1905 il a été exporté du Châtillonnais environ 900 vaches laitières de race brune; en 1905 et en 1906 les bonnes laitières pesant 700 à 850 kilogrammes se sont vendues couramment de 450 à 650 francs.

Les veaux mâles vont à la boucherie (Paris, Troyes).

L'importance de la race brune dans le Châtillonnais va en diminuant; dans bon nombre d'étables on lui substitue la race tachetée, pour laquelle il est plus facile de se procurer des reproducteurs de choix. La race tachetée est d'ailleurs également bien adaptée aux sols et aux cultures fourragères de cette partie du département.

L'effectif des vaches laitières des trois races précédentes se répartit approximativement de la manière suivante :

Race tachetée	33,500
Race schwitz	7,100
Races bressane et fémeline	4,000

Les autres races laitières ne sont pas exploitées dans le département; on rencontre très exceptionnellement des sujets des races normande, hollandaise, tarine, jersyaise.

4° *Race charolaise.* — La race charolaise peuple les étables de l'arrondissement de Semur et celles d'une partie de l'arrondissement de Beaune, dans les régions du département qui forment l'Auxois et le Morvan.

L'introduction du bétail charolais dans l'Auxois s'est faite depuis près d'un siècle. La race charolaise y a rencontré des conditions de sol et de climat identiques à celles de son pays d'origine; dans la région granitique du Morvan la substitution du charolais à l'ancienne population bovine a été plus lente et n'est complète que depuis une vingtaine d'années et on n'y rencontre plus que des bovins au pelage blanc crème, seul accepté pour la race charolaise.

L'exploitation de la race charolaise comporte deux spécialisations : l'élevage proprement dit pour la production des veaux, des jeunes bœufs (châtrons) et des génisses (taures), et l'engraissement dans les herbages dits «d'embouche» pratiqué par les emboucheurs.

L'élevage du bétail charolais est fait surtout par la petite culture dans tout l'Auxois et dans les fermes à sols granitiques du Morvan. On y entretient des vaches (environ 32,000) et des taureaux que l'on emploie très jeunes (dès 12 ou 15 mois) pour la reproduction. Les meilleurs taureaux sont importés du Nivernais et du Charolais.

Les vaches charolaises sont engraissées dès l'âge de 5 ou 6 ans après leur deuxième ou troisième veau.

Les veaux sont nourris au pâturage, du lait de leurs mères, jusqu'à 3 mois; beaucoup vont à la boucherie dès qu'ils ont atteint un poids vif de 115 à 130 kilogrammes. Leur vente a lieu sur les foires de Semur, d'Arnay-le-Duc, de Liernais. Aux seules foires de Saulieu, il a été vendu en 1903 2,028 veaux, en 1904 2,260, en 1905 2,440, pesant en moyenne 125 kilogrammes. Les veaux qui ne vont pas à la boucherie sont élevés au pâturage, les mâles sont châtrés à l'âge de 6 à 10 mois : ils prennent alors le nom de *châtrons;* les jeunes génisses sont appelées *taures.* Ces animaux changent de propriétaires à l'âge de 9 à 12 mois; plus tard à 2 ou 3 ans ils sont revendus aux emboucheurs.

L'embouche ou engraissement au pâturage se pratique du mois d'avril au mois d'octobre. On utilise soit les génisses ou taures de 2 et 3 ans, soit les châtrons de même âge, soit les bœufs de 4 ans, soit les vaches de 5 et 6 ans et les taureaux de 2 et 3 ans. Les meilleurs prés sont réservés aux bœufs; les prés de qualité moyenne aux animaux plus jeunes qui gagnent encore de la viande et s'engraissent plus vite : les taures et les châtrons de 3 ans sont en général préférés. Peu de bœufs de 4 ans sont engraissés, relativement au nombre des taures et des châtrons. Les bœufs qui ont fait des travaux de culture ne sont pas engraissés dans les embouches : on les expédie dans la région des sucreries.

En année moyenne (1905) les prix moyens d'achat du bétail destiné à être mis sur les embouches ont été de 250 francs pour les taures de 2 ans; 320 francs pour celles de 3 ans. Les châtrons de 2 ans ont été payés 300 francs, ceux de 3 ans 380 francs; les bœufs de 4 ans 900 francs la paire; les vaches 300 à 450 francs par tête suivant l'âge et les taureaux 200 à 300 francs.

L'embouche est une spéculation assez aléatoire; les résultats obtenus sont très variables suivant les prix d'achat du bétail maigre et le prix de vente du bétail gras; suivant les circonstances plus ou moins favorables à la production de l'herbe et l'aptitude des sujets. Les prés d'embouche valent de 3,000 à 6,000 francs l'hectare; ils se louent de 100 à 150 francs l'hectare, exceptionnellement jusqu'à 210 francs suivant leur aptitude à produire de l'herbe et la qualité du fourrage. Dans une bonne prairie on compte un châtron pour 66 ares; il consomme pour 65 à 80 francs d'herbe; un bœuf de quatre ans exige 85 ares. Le châtron laisse généralement entre le prix d'achat et le prix de vente une différence de 100 francs dont il faut déduire la location du pâturage, l'intérêt du capital d'achat et les frais d'entretien. En 1905 les châtrons ont laissé un bénéfice de 25 à 30 francs par tête, tandis qu'en 1906 le bénéfice a été nul par suite du prix élevé du bétail maigre au printemps et de la baisse du prix de vente à la suite de la sécheresse.

Le commerce sur le bétail d'embouche est actif au printemps et à l'automne. En mars et avril on achète des animaux même en dehors du département. Il entre ainsi en Côte-d'Or 1,500 à 2,000 bêtes d'embouche au printemps, qui viennent s'ajouter à celles produites par l'élevage local qu'on peut estimer à 12,000 têtes environ. Du mois d'août au mois d'octobre, les animaux engraissés sont expédiés sur le marché de La Villette, à Paris, sur ceux de Dijon, de Lyon et dans toute la région de l'Est. Les achats aux emboucheurs sont faits par des courtiers ou commissionnaires en bestiaux qui retirent les animaux des prés au fur et à mesure qu'ils arrivent à un engraissement suffisant. Les transactions sont également actives sur les foires de Saulieu, Liernais, Semur, Pouilly-en-Auxois.

En 1905, il a été présenté sur les foires de Pouilly 2,700 bœufs ou vaches; 4,160 sur les foires d'Arnay-le-Duc; 6,200 sur les foires de Saulieu. Dans ces trois localités les foires sont mensuelles, mais ce sont celles de juillet à octobre qui sont les plus importantes. La foire d'août 1906, à Saulieu, réunissait 1,140 bovins; celle de

1905, 750; celle de 1904, 860; celle de 1903, 720; celle de 1902, 650. Bon nombre d'animaux sont également vendus aux foires d'Épinac (Saône-et-Loire) et d'Avallon (Yonne). Les statistiques du marché de La Villette indiquent qu'il a été reçu de la Côte-d'Or, en année moyenne, de 1900 à 1902, 3,755 bœufs, 968 vaches et 382 taureaux.

L'importance des transactions auxquelles donne lieu le bétail est difficile à évaluer. Voici cependant quelques chiffres concernant les expéditions faites en dehors du département. En 1901, il est sorti du département 16,000 têtes de gros bétail bovin, dont 2,800 en août, 3,700 en septembre et 2,100 en octobre, portant presque uniquement sur le bétail gras de l'Auxois. En 1905, l'exportation totale du bétail a été de 32,000 têtes de gros bétail, dont 3,700 en juillet, 4,670 en août, 3,650 en septembre, 3,470 en octobre. L'excédent total des sorties a été de 10,600 en 1905, représenté par la différence entre 32,000 sorties et 21,500 arrivages.

Les arrivages consistent en jeunes bœufs ou génisses destinés à être engraissés, en vaches laitières, enfin en animaux destinés à la boucherie pendant l'hiver à Dijon et à Beaune.

Les expéditions sont constituées par les animaux de race charolaise engraissés qui vont approvisionner les marchés de La Villette et d'autres grandes villes (on peut estimer cette catégorie à 12,000 têtes environ), par des animaux d'élevage, par des bœufs destinés aux sucreries du Nord (1,000 environ) et surtout par des vaches laitières 15,000 têtes environ). Le nombre des veaux produits pour la boucherie est également très important; il dépasse de 5,000 à 6,000 têtes les besoins de la consommation locale.

Commerce des produits d'industrie laitière. — L'industrie laitière est en progrès dans le département. Lors de l'enquête de 1902 on ne comptait que 25 établissements utilisant le produit de 5,000 à 6,000 vaches laitières et travaillant approximativement 69,630 hectolitres de lait.

A la fin de 1905, il existait dans le département 52 établissements d'industrie laitière se répartissant en trois groupes : le premier comprend les laiteries-fromageries fabriquant le gruyère et accessoirement du beurre; le deuxième comprend les fromageries produisant des fromages divers à pâte molle; le troisième comprend les beurreries et les laiteries préparant du lait stérilisé.

Les fromageries de gruyère sont au nombre de 20. Les plus anciennes sont les coopératives de Chivres, de Pagny-le-Château et de Pagny-la-Ville (1890); puis 10 nouvelles usines furent installées de 1902 à 1905 par un industriel de Delle : ce sont celles de Saint-Seine-l'Abbaye, Selongey, Marey-sur-Tille, dans la montagne dijonnaise; celles de Binges, d'Heuilley-sur-Saône, des Maillys, de Brazey-en-Plaine dans le Val de Saône, et celles de Darcey, Pouillenay et Saffres, dans l'Auxois. Les autres établissements particuliers sont situés à Bonnencontre, Flammerans, Poncey-les-Athée, Tichey, Échenon, Grésigny et Villy-en-Auxois.

Les vingt fromageries de gruyère du département traitent annuellement environ 29,850 hectolitres de lait; leur production est d'environ 270,000 kilogrammes de fromages et accessoirement de 30,000 kilogrammes de beurre. La plupart des gruyères du département sont expédiés, dès qu'ils peuvent supporter le transport, à Delle et dans les caves d'affinage d'autres commerçants de la Franche-Comté. Une petite partie est vendue à Dijon et à Chalon-sur-Saône. La fabrication du gruyère tend à prendre de l'extension et elle peut trouver dans la Montagne et dans le Châtillonnais des laits très propres à cette transformation.

Les fromageries qui produisent les fromages à pâte molle sont celles de Talmay, Perrigny-sur-l'Ognon (2), Remilly-sur-Tille, Fontaine-Française, Tillenay, Champdôtre, Blagny-sur-Vingeanne, Bonnencontre, Esbarres, Magny-les-Aubigny, Saint-Seine-en-Bâche, dans la vallée de la Saône et celle de son petit affluent, la Vingeanne; celles de Chazeuil, de Spoy, au nord de Dijon. Ces fromageries produisent divers fromages (Brie, Saint-Remy et fromages bleus). Dans le Châtillonnais les fromageries de Bâlot, de Poinçon, de Nicey, fabriquent des fromages dits de Bourgogne. L'importance de ces établissements est variable, ils récoltent environ 26,000 hectolitres de lait et fabriquent 196,000 kilogrammes de fromages divers et une quantité variable de beurre qui peut être estimée à 33,400 kilogrammes environ. Ces produits trouvent leur débouché à Dijon, à Lyon et dans les centres industriels de Saône-et-Loire (Chalon, le Creuzot).

Dans le Châtillonnais, plusieurs industriels pratiquent exclusivement l'affinage des fromages fabriqués dans les fermes. Enfin on fabrique des fromages gras dans de nombreuses fermes des environs de Montbard et de Semur (fromages dits «d'Époisses») et de la plaine du Dijonnais (fromage «d'Échenon»).

Les beurreries industrielles sont celles de Champagne-sur-Vingeanne, Perrigny-sur-l'Ognon, Remilly-sur-Tille, Flammerans (coopérative), Auxonne, Billey (coopérative), Gemeaux, Trouhans, situées dans le Val de Saône ou dans la plaine dijonnaise; celles de Courban et de Lucey dans le Châtillonnais. Leur fabrication est de 35,000 kilogrammes de beurre environ.

Un établissement important, à Montigny-sur-Vingeanne, fabrique du lait stérilisé pour l'exportation; il traite environ 6,000 hectolitres de lait par an.

Quelques industriels collectent le lait pour la vente en nature à Dijon et font accessoirement divers fromages et du beurre; ils emploient 15,000 hectolitres de lait. Les agriculteurs des environs de Dijon, dans un rayon de 8 à 10 kilomètres, vendent directement leur lait en nature.

On peut estimer à 1,150,000 hectolitres de lait la production laitière en Côte-d'Or; 350,000 hectolitres environ sont consommés par les animaux d'élevage, 90,000 hectolitres à peine sont utilisés rationnellement par les industriels, 200,000 hectolitres environ sont vendus en nature dans les villes et dans les villages viticoles; le surplus, soit environ 500,000 hectolitres, sert à la préparation de beurre et de fromages de ferme de qualité ordinaire.

La production du beurre est insuffisante en Côte-d'Or pour les besoins locaux et le marché de Dijon s'approvisionne en partie en Franche-Comté.

ESPÈCE OVINE.

Il existe 2,585 troupeaux de moutons. Quoique moins nombreux qu'autrefois, leur produit n'a guère diminué de valeur, parce que leur exploitation est devenue plus intensive. Vers 1855 il y avait en Côte-d'Or 460,000 ovins; leur nombre était descendu à 330,000 en 1882, à 282,000 en 1892, à 252,600 en 1902; depuis quatre ans il est remonté à 272,200 têtes environ.

PLANCHE VII.

BÉLIER RACE MÉRINOS DE LA BOURGOGNE.

On pratique suivant les régions du département diverses spéculations : l'élevage, l'engraissement des jeunes agneaux et la production de la laine dans le Châtillonnais et dans la région montagneuse au nord de Dijon et de la Côte-d'Or proprement dite; l'engraissement des adultes dans la plaine dijonnaise et dans l'Auxois.

C'est le Châtillonnais (cantons de Châtillon-sur-Seine, de Laignes, de Baigneux-les-Juifs, d'Aignay-le-Duc et de Recey-sur-Ource) qui possède les troupeaux les plus importants; la race mérinos y est seule exploitée. Le mérinos du Châtillonnais ou mérinos de Bourgogne a été amélioré considérablement par sélection, sa précocité a été obtenue par une alimentation plus intensive et la hausse du prix des laines et de la viande ont rendu son exploitation prospère.

Ces mérinos descendent des premières importations de moutons à laine fine d'Espagne faites par Daubenton à Montbard en 1786. Cette race, remarquablement adaptée aux terres sèches des plateaux jurassiques, a donné un animal rustique, excellent producteur de laine et d'une conformation très satisfaisante pour la boucherie. Les béliers sont tantôt porteurs de cornes comme tous les animaux mérinos, ainsi que le représente la gravure ci-annexée, tantôt dépourvus de cornes. Ces derniers appelés «meusses» ont la tête un peu moins volumineuse et les membres en général plus fins. Les deux types de béliers sont fréquemment employés alternativement dans le même troupeau.

On peut prendre comme type l'exploitation d'un troupeau de 200 brebis (il y a lieu de remarquer que l'effectif des brebis s'est maintenu et même augmenté : il était de 127,000 en 1882, il est actuellement de 150,000). Ce troupeau de 200 brebis comporte normalement 20 brebis de cinq ans, 50 de quatre ans, 60 de trois ans et 70 de deux ans.

Il produit en moyenne 180 agneaux dont 90 femelles; la moyenne des réformes annuelles est de 60 têtes.

Les agneaux mâles castrés sont souvent engraissés à six ou huit mois et donnent à cet âge 15 à 20 kilogrammes de viande vendue aux plus hauts cours. Ceux qui ne sont pas engraissés avant la fin de leur première année sont conservés jusqu'à dix-huit mois et vendus maigres aux fermiers des environs de Paris et du Nord. Les brebis de réforme sont engraissées à l'automne ou pendant l'hiver; elles pèsent alors 42 à 50 kilogrammes vif.

Certaines fermes ne font pas l'engraissement des agneaux et les vendent maigres à dix-huit mois; elles vendent aussi leurs réformes chaque année. Quelques éleveurs ayant acquis une réputation notoire pour leur élevage se sont spécialisés dans la production des béliers, qu'ils vendent ou louent à d'autres agriculteurs du département et aussi dans l'Yonne, l'Aube, la Marne et la Haute-Marne.

Le produit de la laine est important : l'agneau mérinos de six mois donne 1 kilogramme de laine, les brebis 4 kilogrammes, les moutons adultes 4 kilogr. 500, les béliers 6 à 7 kilogrammes. Il y a quelques années la laine était généralement vendue lavée à dos, mais de plus en plus les agriculteurs vendent la laine en suint. On admet généralement que 1 kilogramme de laine en suint correspond à un 1/2 kilogramme de laine lavée à dos et les cours s'établissent au même prix pour le 1/2 kilogramme de laine lavée et pour le kilogramme de laine en suint.

Depuis trois ans les prix de la laine fine du mérinos ont progressé : en 1891 le cours moyen était de 1 fr. 50 le kilogramme de laine en suint; il a varié de 1 fr. 10

à 1 fr. 55 de 1891 à 1903 et depuis il a été de 1 fr. 65 en 1904; 1 fr. 80 en 1905, 2 fr. 10 à 2 fr. 20 en 1906; 1 fr. 80 à 2 fr. 10 en 1907.

La production totale de la laine en 1906 en Côte-d'Or peut être évaluée à 7,300 quintaux, valant 1,450,000 francs. La laine est vendue à des courtiers qui l'expédient aux manufactures de Reims et du Nord. Il existe depuis 1900 un marché aux laines à Dijon, qui reçoit des laines du Midi, du Centre et de la région bourguignonne. Ce marché n'a pas été apprécié par les éleveurs de la Côte-d'Or et ils n'en ont retiré aucun profit.

Dans l'Auxois et dans la région dijonnaise, le mérinos est souvent remplacé par des métis dishley-mérinos et par d'autres croisements divers (southdown-mérinos, southdown-berrichons). Certains agriculteurs entretiennent des brebis et louent les béliers qui leur sont nécessaires; les agneaux sont vendus à six mois à d'autres exploitants, qui les engraissent aussi rapidement que possible.

Aux environs de Dijon les agriculteurs achètent des brebis de réforme et des moutons (berrichons, métis-mérinos divers) et pratiquent l'engraissement pendant l'hiver.

Le commerce des ovins se fait en partie aux diverses foires de l'Auxois (Saulieu, Arnay-le-Duc, Pouilly-en-Auxois) et des environs de Dijon (Is-sur-Tille, Mirebeau); les transactions les plus importantes ont lieu par l'intermédiaire des commissionnaires. La consommation locale absorbe une part importante des produits, le surplus est dirigé sur Paris et l'Est (Nancy, Belfort). La majeure partie de ces envois parvient à La Villette; ce marché a reçu de la Côte-d'Or 33,400 moutons en 1900, 22,500 en 1902. Du mois de mars 1905 au mois d'avril 1906 il a été expédié de la Côte-d'Or 71,300 moutons, tandis que dans la même période les arrivages de l'extérieur n'ont été que de 16,900; il y a donc un excédent de sortie de 54,400 ovins. Les envois sur Paris sont surtout importants de juillet à janvier et varient de 5,000 à 9,000 têtes par mois. Les centres d'expéditions les plus actifs sont Châtillon-sur-Seine (23,700 moutons en 1905), Laignes (5,500 têtes), Montbard (4,800 têtes), Les Laumes (4,700 têtes), Is-sur-Tille (7,100 têtes).

ESPÈCE CAPRINE.

La chèvre est élevée dans la région viticole et dans le Morvan. Il y a environ 4,400 chèvres dans le département.

Le lait des chèvres est consommé sur place ou transformé en petits fromages dont le débouché est purement local. Les chevreaux sont vendus aux boucheries locales et à Dijon.

ESPÈCE PORCINE.

L'élevage et l'engraissement du porc ont une importance considérable dans le sud et le sud-ouest du département (cantons de Seurre, d'Arnay-le-Duc, de Liernais et de Saulieu). L'élevage se fait surtout dans la région granitique. Les cultivateurs entretiennent des truies mères en même temps que des cochons d'engrais. Une truie mère vaut en moyenne 120 francs non pleine et 180 francs pleine; elle donne annuellement deux portées, fournissant chacune 7 à 8 porcelets vendus en moyenne 25 francs par tête, soit un produit annuel de 350 à 400 francs, dont il faut déduire la valeur de l'alimentation qui est sensiblement représentée par la valeur de la mère.

La production des jeunes gorets est insuffisante dans le département; les marchands de porcs en importent un grand nombre de la Nièvre, de Saône-et-Loire, du Jura. La vente de ces jeunes animaux est active sur toutes les foires, notamment dans les pays de petite culture et dans la région viticole. Aux foires de Saulieu il se vend annuellement 4,000 à 5,000 porcs d'élevage et 4,200 porcs gras d'un poids moyen de 120 kilogrammes.

Les animaux engraissés sont consommés sur place; le surplus est expédié sur les marchés de La Villette et de Lyon, ou transformé en charcuterie à Dijon.

ANIMAUX ET PRODUITS DE BASSE-COUR.

Dans toutes les exploitations agricoles de la Côte-d'Or, la basse-cour tient une place secondaire et son importance semble avoir diminué depuis que les autres spéculations sur le bétail sont devenues plus lucratives. Le fermier se désintéresse presque complètement de la basse-cour, qui est abandonnée aux soins de la ménagère. Par ordre d'importance, les animaux de basse-cour en Côte-d'Or sont la poule, le lapin, l'oie, le canard, la dinde, le pigeon, la pintade.

La production des œufs est le but généralement poursuivi, de préférence à l'élevage des poulets. La production d'œufs semble être à peine suffisante en Côte-d'Or pour l'alimentation locale (car ils entrent pour une forte part dans l'alimentation du cultivateur) et pour l'approvisionnement des quelques villes du département (Dijon, Beaune, Auxonne). Le ramassage des œufs et des poulets se fait dans les fermes par des coquetiers; ce n'est qu'aux environs des petites villes que les cultivateurs vendent directement les produits de leurs basses-cours aux consommateurs.

L'élevage des lapins se fait aussi dans toutes les fermes, mais il dépasse rarement les besoins des ménages ruraux. On élève surtout les races communes; quelques exploitations ont des lapins angoras pour la vente du poil.

L'oie commune est l'objet d'un élevage assez suivi dans les cantons de Bligny-sur-Ouche, d'Arnay-le-Duc et de Liernais. Les troupeaux d'oies vont au pâturage et les produits sont vendus à l'automne pour l'exportation. De même la dinde est élevée dans le Châtillonnais et dans quelques fermes au nord de Dijon.

APICULTURE.

Dans toute son étendue le département de la Côte-d'Or est favorable à l'apiculture. Il y a des ruchers dans tous les villages et les abeilles trouvent généralement dans les cultures fourragères de sainfoin et de vesces, dans les prairies naturelles, dans les bruyères, des ressources pour accumuler de bonnes récoltes de miel. L'apiculture est en progrès et les ruches à cadres sont de plus en plus nombreuses.

Les miels du Châtillonnais, de l'Auxois et du Dijonnais, où le sainfoin est très cultivé, sont blancs et très appréciés; les miels de bruyère de la région granitique sont moins fins.

La production du miel est très variable; dans les années de bonne récolte les producteurs ont de la peine à écouler leurs produits. L'industrie dijonnaise du pain d'épice, qui utilise de grosses quantités de miel, trouve que les miels blancs de la région sont d'un prix trop élevé et leur préfère souvent des miels bruns de qualité moyenne venant de la Bretagne et de l'étranger.

CÔTES-DU-NORD.

La production animale constitue la branche la plus importante et la principale richesse de l'agriculture des Côtes-du-Nord. Cette importance est due à la variété des cultures, à la nature du sol, à son relief, à son hydrographie qui procurent d'abondantes ressources fourragères (les prairies de toute nature et les pâturages occupent une superficie de 126,482 hectares), et enfin aux débouchés avantageux offerts à cette région pour l'écoulement de ses denrées.

ESPÈCE CHEVALINE.

Le département des Côtes-du-Nord est un des plus importants de France comme population chevaline. L'effectif dépasse 93,500 têtes. La production qui est des plus prospères comprend tous les types de l'espèce chevaline depuis le cheval de gros trait jusqu'au demi-sang, en passant par tous les intermédiaires : cheval de trait léger, d'omnibus, postier, carrossier, d'attelage et de selle.

Sur le littoral, depuis la Rance jusqu'aux limites du Finistère, c'est le cheval de trait qui domine : l'arrondissement de Lannion et une partie du canton de Pléneuf et de Lamballe notamment, en produisent un très beau type qui atteint couramment 1 m. 60 à 1 m. 65, d'un modèle gracieux, de gestes et d'allures énergiques, bien membré et qui a conservé les précieuses qualités de l'ancienne race bretonne : l'endurance et la rusticité. Les cantons nord de l'arrondissement de Guingamp, Pontrieux, Bégard, Guingamp et Bourbriac, produisent aussi le même type, mais moins bien conditionné; il en est de même dans l'arrondissement de Saint-Brieuc, où l'on trouve partout la race de trait, gros dans le nord, léger dans le sud.

Dans l'arrondissement de Dinan, on élève le cheval de trait plus ou moins gros, mais avec de la distinction pourtant aux environs de Plancoët et de Matignon.

Dans l'arrondissement de Loudéac, les chevaux de trait léger dominent. Dans les cantons de Corlay, d'Uzel, une partie de ceux de Mûr et de Gouarec, et les cantons sud de l'arrondissement de Guingamp, on trouve le demi-sang, souvent très près du sang, issu du croisement du bidet breton avec le pur sang et le demi-sang léger. C'est le type recherché pour la cavalerie légère et la ligne.

On admet généralement que ce sont les mont du Méné, continués par les monts d'Arrhées, qui forment la frontière des deux types; mais au nord de cette frontière, dans la zone du littoral, on trouve aussi des chevaux de sang de même qu'au sud, dans la Cornouaille, on rencontre aujourd'hui de nombreux chevaux de trait. La limite n'est donc plus bien tranchée et le cheval de trait se fond insensiblement avec le bidet qui est le commencement du cheval de sang.

Le type d'avenir pour la plus grande partie du département paraît être le cheval de trait léger, dit Norfolk-Breton, qui est particulièrement recherché par le commerce et la remonte. D'autre part, c'est l'élevage de ce type qui procure le plus de bénéfices avec le minimum de risques.

Exploitation. — La zone nord du département, tout le littoral, se livre spécialement à la production du poulain. On n'emploie que les poulinières aux travaux agricoles et on fait peu d'élevage, sauf dans le canton de Paimpol et dans l'arrondissement de Dinan. Toutes les juments sont livrées à l'étalon et presque partout on se contente, après avoir vendu les poulains, d'élever les pouliches destinées au remplacement des poulinières trop âgées.

La zone sud produit et élève. Dans cette région, les travaux agricoles sont faits souvent par les bœufs avec un cheval en flèche.

Par contre, dans l'arrondissement de Dinan et dans les cantons de Paimpol, on ne se livre guère à la production des jeunes. Dans ces deux contrées, on pratique surtout l'élevage des poulains, achetés à l'âge de 6 mois dans l'ouest du département, ou à 18 mois dans le nord du Finistère, à Saint-Pol-de-Léon, Saint-Thégonnec, Lesneven, Landivisiau, Morlaix et même dans la Mayenne.

Dans quelques cantons, et notamment dans ceux de Matignon, Plancoët, Ploubalay, Plélan et Jugon, le nombre des juments poulinières tend cependant à augmenter de plus en plus.

Commerce. — Les éleveurs de la zone nord gardent rarement leurs élèves au delà de six à huit mois. C'est à cet âge qu'ils les vendent à des marchands du Finistère, de la Normandie, de la Mayenne, de l'Anjou, du Midi et d'Allemagne. Les poulains commencent à paraître en foire vers la Saint-Jean, mais, comme ils sont encore trop jeunes pour être sevrés, ils sont vendus avec les mères. A la même époque, les Léonards (Finistériens) — éleveurs de Saint-Thégonnec, Landivisiau et Sézur — parcourent les campagnes à la recherche des meilleurs poulains mâles qu'ils enlèvent immédiatement ou dont ils ne prennent livraison qu'après les primes de l'administration des Haras, fin août ou commencement de septembre.

Ce sont ces éleveurs qui, jusqu'à la fin d'octobre, enlèvent les meilleurs animaux de trait.

En août et surtout en septembre, aux foires du 12 à Plouaret et Pontrieux; du 14 à Saint-Michel-en-Grèves et de Pléboulle; du 21 à Ploubalay et Eréac; du 22 au Ménée-Brez et du 29 à Lannion, sont vendus les poulains et les pouliches sevrés. Les acheteurs sont les Léonards, les Paimpolais, les Normands de la vallée d'Auge et du pays de Caux, ainsi que quelques marchands du Centre et du Midi.

En octobre, la vente des poulains continue aux foires de Plaintel le 2, du Vieux-Marché le 6, de Chatelaudren le troisième lundi, de Pontrieux et Lamballe le 9, de Pluzunet le 10, de Guingamp le 14, de Trémeven le 15 et de Lannion le 31.

Aux acheteurs du Finistère succèdent les Dinannais, qui recherchent surtout de la taille et du volume, puis quelques marchands de l'Anjou, du Perche, du Midi et de l'Allemagne.

La vente des poulains se termine ordinairement en novembre aux foires de Plouëzal le 2, de Saint-Michel-en-Grèves le 17, de Pontrieux le 27, de Lamballe le 29 et de Plancoët le dernier vendredi du mois.

Quelques pouliches et poulains d'un an sont vendus aux foires du printemps à Pléneuf, au Liège, à Dinan, à Saint-Jacques-de-Trémeven, à Guingamp la veille des Rameaux, au Vieux-Marché le mercredi de la saint Georges, à Lamballe, à Plancoët le 4 mai, à Pont-Melvez vers l'Ascension, pour continuer aux foires d'été au Méné-Brez le 17 juin, à Saint-Jean, à Lannion et à Dinan, à Guingamp la veille du pardon et au Méné-Brez le 2 août.

Les pouliches de 2 ans ont à peu près les mêmes foires que celles de 1 an. Les juments d'âge se trouvent à toutes les foires en plus ou moins grand nombre; mais les meilleures pour elles sont les foires de juin, de fin septembre et d'octobre.

Pendant l'hiver et la moisson il y a peu de bonnes foires.

En Cornouailles, les animaux de valeur, tout aussi bien jeunes qu'adultes, ne se voient guère sur les foires; on les achète directement dans les fermes. Les poulains de sang sont conservés jusqu'à l'âge de 3 à 4 ans. L'armée, pour la remonte de Guingamp, achète les meilleurs et les autres sont livrés au commerce.

Dans l'arrondissement de Dinan, les poulains acquis à l'âge de 18 mois sont conservés jusqu'à l'âge de 3 ou 4 ans et dressés aux travaux de la ferme. Ils sont en général francs de collier, sobres et très doux. La vente de ces chevaux a lieu le plus souvent en foire, mais les intermédiaires tendent de plus en plus à acheter à domicile. De nombreuses expéditions sont faites sur le Perche, Paris, l'Angleterre, les États-Unis, l'Espagne et l'Allemagne.

Le cheval des Côtes-du-Nord, qui appartient à la race bretonne plus ou moins croisée avec le percheron, le boulonnais, le norfolk dans la partie nord, et avec le pur sang anglais et le demi-sang dans la partie sud, jouit en général d'un excellent tempérament et d'une rare énergie. Élevé à la dure, habitué de bonne heure au travail, ne recevant dans son jeune âge qu'une nourriture précaire, il devient avec l'âge et les soins un animal de premier ordre bien que de petite taille et manquant quelquefois d'élégance.

ESPÈCE ASINE.

La population asine est peu importante dans le département.

D'après la dernière statistique l'effectif en est seulement de 1,094 têtes. Les deux principaux centres d'élevage sont les environs de Dinan (722 têtes) et les environs de Saint-Brieuc (319 têtes). Ce dernier type est un peu petit, mais il est élégant, a de bonnes lignes et une belle allure. Cette espèce animale ne donne lieu qu'à des transactions insignifiantes. Les produits restent généralement dans le pays. Cependant aux foires de Dinan on en vend quelques-uns pour Saint-Malo, Paramé et Dinard, où ils sont utilisés pour le transport en ville des légumes, du lait et du linge des blanchisseurs.

ESPÈCE BOVINE.

La population bovine du département est très nombreuse. Elle comprend un effectif de 348,447 têtes, soit plus de 63 têtes de bétail par 100 hectares de terres labourables, prés naturels, pâturages et pacages. Cette population est composée de taureaux, de bœufs de travail, de bœufs d'engrais, de vaches laitières et de jeunes élèves. La répartition de ces animaux est la suivante : bœufs, 28,715; vaches, 203,735; jeunes élèves, 96,533.

Ces animaux appartiennent, pour la majeure partie, aux différentes variétés bretonnes de la race irlandaise, variétés pie-noire, pie-rouge et froment, mais surtout à ces deux dernières, avec quelques jersyaises, normandes et durhams, et de nombreux croisements entre ces trois races et les variétés locales. Dans certains centres on trouve aussi des traces de croisements flamand et schwitz assez bien réussis.

Les tentatives de croisement durham n'ont pas été très heureuses, surtout dans la zone nord où la production laitière est une précieuse source de revenus pour la culture. C'est pourquoi on tend de plus en plus à revenir aux vieilles et excellentes variétés pie-rouge et froment, qu'aucune autre ne saurait jamais remplacer dans cette partie du département comme rusticité et aptitudes laitières et beurrières.

Un herd-book des deux anciennes variétés locales doit être constitué, afin de donner une orientation raisonnée et bien définie à l'élevage. Une telle institution habilement dirigée aura la plus heureuse influence sur la reconstitution et l'amélioration de ces deux précieuses variétés et permettra de les amener assez vite à un degré de perfectionnement qui ne laissera rien à envier aux races que l'on a voulu leur substituer, sans tenir aucun compte des conditions géologiques, culturales et économiques du pays.

Le croisement durham n'a en effet sa raison d'être que dans la zone sud du département, où l'on pratique l'engraissement des bœufs, et encore à condition de faire exclusivement des croisements d'industrie, c'est-à-dire des demi-sang, destinés à l'engraissement et rigoureusement exclus de la reproduction.

Dans la zone nord, la production des bovidés donne lieu à deux sortes de spéculations : la production et l'élevage des jeunes et la production laitière et beurrière.

Les veaux naissent toute l'année, mais plus particulièrement au printemps, de janvier à mars. Au bout de quinze jours les mâles sont livrés à la boucherie.

Ces veaux, petits, maigres, sont vendus pour la consommation locale à des prix variant de 30 à 40 francs. Ils fournissent une viande de médiocre qualité. Les cultivateurs auraient certainement avantage à prolonger l'engraissement quelques semaines de plus, comme le pratiquent d'ailleurs les éleveurs des environs de Quintin, de Plœuc et de Plaintel. Ces derniers font même actuellement d'excellents veaux blancs qui, à l'âge de 7 à 8 semaines, vont approvisionner les boucheries de la région ou sont expédiés sur Paris.

Les génisses sont généralement élevées pour faire des vaches laitières. Comme les mâles, elles ne têtent guère que pendant une quinzaine de jours, puis elles sont sevrées. Ce sevrage prématuré constitue un sérieux obstacle à l'amélioration du bétail. Il convient d'ajouter à cela que l'on pratique rarement la sélection parmi les sujets d'élevage mâles ou femelles.

D'autre part, si l'alimentation d'été est copieuse, la nourriture d'hiver laisse parfois à désirer et il en résulte un ralentissement dans le développement et un manque de précocité.

Les génisses servent à remplacer les vaches laitières livrées au commerce. Quelques-unes de ces génisses sont vendues soit au début de la gestation, soit avant la parturition. Elles font, ainsi que les vaches laitières, l'objet d'un commerce très important avec le midi et l'est de la France.

Bordeaux, Libourne, Langon, Toulouse, Perpignan et Marseille reçoivent la majeure partie des vaches laitières, qui sont répandues par les marchands dans toute la région. La plupart des vaches à destination de Marseille sont expédiées en Algérie.

Dans l'est, les principaux centres d'exportation sont les Ardennes et la Meuse, principalement Montmédy.

La région du Midi achète exclusivement des vaches sur la fin de leur gestation ou nouvellement vêlées. Les acheteurs attachent ordinairement plus d'importance aux aptitudes et aux signes laitiers qu'à la conformation et recherchent de préférence les sujets présentant le moins de croisement durham ou normand. Le commerce se fait directement par les marchands qui suivent régulièrement les foires et marchés, ou par l'intermédiaire de courtiers du pays, qui achètent et expédient à des marchands qui vendent sur place.

La région de l'Est achète des génisses et des vaches, pleines ou non, qui sont destinées à l'engraissement pour être vendues ensuite pour l'approvisionnement de l'armée. Le commerce avec cette région se fait presque exclusivement par l'intermédiaire des courtiers.

Les animaux des Côtes-du-Nord sont recherchés surtout pour la facilité et la rapidité avec laquelle ils s'engraissent dans les riches pâturages de la Meuse.

Les entreprises de la production bovine dans la zone sud diffèrent sensiblement de celles de la zone nord, bien que le système de culture soit à peu près le même. On exploite toujours un certain nombre de vaches laitières, mais on engraisse en outre quelques bœufs durham-manceaux et durham-normands, achetés dans la Sarthe et dans la Mayenne par des marchands qui les revendent sur les marchés aux cultivateurs des cantons de Callac, de Maël-Carhaix, de Rostrenen, de Saint-Nicolas et de Corlay. Depuis quelques années on fait en outre un peu d'élevage dans cette région du département.

Les cantons de Loudéac, Uzel, Mûr et Gouarec pratiquent aussi l'engraissement des bœufs, mais ceux-ci sont produits, élevés dans le pays et employés aux travaux agricoles jusqu'à leur mise à l'engrais.

Ces bœufs, engraissés à l'étable de décembre à fin mars, sont vendus aux foires de Callac, de Carhaix, de Rostrenen, de Saint-Nicolas, de Corlaiy, de Quintin, d'Uzel et de Loudéac. Un certain nombre sont achetés par les bouchers du pays et consommés sur place; d'autres sont expédiés sur Brest, Lorient, Dinan, Paramé, Dinard, Dôle, Avranches et Rennes; mais le débouché principal est le marché de La Villette.

Les prix de vente varient entre 0 fr. 60 et 0 fr. 80 le kilogramme de poids vif. Les achats sont faits par des marchands de la région qui font les expéditions sur Paris. Quelques cultivateurs ont tenté de vendre directement leurs animaux sur le marché de La Villette, mais ces essais n'ont pas donné de résultats satisfaisants.

La production bovine constitue, comme on le voit, une source très importante de bénéfices pour l'agriculture des Côtes-du-Nord. Aussi le cultivateur breton devrait-il s'efforcer d'améliorer ses produits en pratiquant une sélection plus attentive, plus soutenue et en donnant à son bétail une ration alimentaire mieux comprise.

Production laitière et beurrière. — La production laitière présente une très grande importance dans les Côtes-du-Nord, principalement dans la zone nord où, avec l'élevage, elle constitue la seule entreprise de l'exploitation bovine. Le département occupe le quatrième rang parmi les départements français pour la production laitière. Celle-ci s'élève annuellement à près de 3 millions d'hectolitres représentant une valeur de plus de 50 millions de francs.

A part une petite quantité de lait qui est consommée en nature dans les fermes ou utilisée pour l'approvisionnement des villes et des stations balnéaires, toute la production est employée à la fabrication du beurre.

Cette fabrication est tout entière entre les mains des fermiers. Il n'y a à l'heure actuelle, dans le département, que cinq beurreries industrielles qui traitent une quantité insignifiante de lait et il n'existe aucune beurrerie coopérative. Les procédés de fabrication laissent quelquefois à désirer. Cependant, depuis quelques années les écrémeuses centrifuges se répandent de plus en plus dans nos campagnes et les barattes perfectionnées se substituent à la vieille «ribotte» en grès. Mais si l'outillage s'améliore, les locaux dans lesquels s'effectuent les diverses manipulations du lait, de la crème et du beurre ne sont pas toujours des mieux aménagés.

C'est pourquoi, à côté de produits excellents, voire même de qualité supérieure, on trouve quelques beurres de médiocre qualité, mal délaités, trop ou mal salés et ayant souvent le goût de fumé.

On baratte généralement deux ou trois fois par semaine, quelquefois tous les jours dans les grandes fermes. Le beurre est mis en pains de 0 kilogr. 500 ou en mottes de 1 kilogr. 500, de 2 kilogr. 500 et de 5 kilogrammes, qui sont vendus aux commerçants et aux épiciers de la région.

Quelques cultivateurs mieux outillés vendent directement leurs produits aux consommateurs. Cette vente a lieu alors à un prix uniforme pour toute l'année, 2 fr. 50 à 3 francs le kilogramme.

La production beurrière annuelle du département peut être évaluée à 80,000 quintaux, sur lesquels 30,000 au moins sont livrés à l'exportation. Celle-ci est faite par l'intermédiaire de commercants et de courtiers qui achètent les beurres et les expédient ensuite soit directement aux consommateurs, soit à des maisons qui se chargent plus spécialement d'exporter les produits.

Les beurres bretons sont en général expédiés en colis postaux de 3 à 5 et 10 kilogrammes dans la région du Nord et à Paris, à Rouen et au Havre. La Normandie achète également dans la région une certaine quantité de beurres qui sont dirigés principalement sur Carentan et expédiés de là, après avoir été travaillés, sur l'Algérie et le Havre pour la consommation à bord des transatlantiques. Enfin une certaine quantité est encore expédiée sur Morlaix, Saint-Brieuc et Saint-Malo pour l'exportation vers le Brésil et l'Angleterre.

Les beurres d'exportation sont salés ou demi-sel; ils sont même souvent trop additionnés de sel; tel est du moins le reproche qu'on leur fait sur le marché anglais. Des beurres fins ou très modérément salés trouveraient plus facilement des débouchés au loin. Les expéditions sont faites par les acheteurs dans des caisses en bois blanc pour les beurres en pains et dans de grands paniers en osier pour les beurres en mottes.

Quant à la fabrication du fromage, elle est très restreinte. Les cinq fromageries du département fabriquent des façons Camembert, Pont-l'Évêque et Port-Salut pour une valeur de 12,000 francs environ chaque année.

ESPÈCE OVINE.

La production ovine n'occupe qu'une faible place dans l'agriculture du département. Beaucoup de propriétaires interdisent formellement à leurs fermiers l'élevage des moutons, et d'autres limitent le nombre des sujets à quelques unités seulement. Aussi, d'après la dernière statistique, le département ne possède plus que 73,440 bêtes ovines.

Certaines régions des Côtes-du-Nord se prêteraient cependant très bien à l'élevage des ovidés et les produits trouveraient sur place un débouché facile et avantageux.

La population ovine existante serait susceptible de nombreuses améliorations. Le petit mouton des Landes peuple encore la plupart de nos bergeries. Quelques croisements de southdown, de dishley et de dishley-mérinos ont bien été tentés, mais cette opération zootechnique a pris peu de développement jusqu'ici.

Les moutons consommés dans les villes du département viennent en grande partie des départements limitrophes; ce sont ceux de qualité commune du Morbihan et du Finistère et le pré-salé du littoral de la Manche. Il en arrive même de Paris; ceci peut paraître étrange, mais l'étonnement cesse quand on sait que la capitale n'envoie que des moutons de provenance africaine.

ESPÈCE CAPRINE.

Son effectif ne s'élève qu'à 4,124 têtes dispersées dans les différentes communes. Ses produits étant consommés sur place ne donnent lieu à aucune transaction.

ESPÈCE PORCINE.

La production porcine est très importante dans le département où l'on ne compte pas moins de 195,976 porcs, dont 2,221 verrats, 42,938 truies et 120,817 jeunes.

Cette production constitue pour le petit cultivateur une source importante de revenus et l'un des principaux facteurs de la production agricole.

La viande du porc forme d'ailleurs la base de l'alimentation du paysan breton; mais, malgré l'importance de la consommation locale, le chiffre des exportations demeure très élevé.

Les porcs élevés dans les Côtes-du-Nord appartiennent à la variété bretonne de la race celtique, aux jambes longues, au dos rond et étroit, au squelette et aux membres gros.

Ce type primitif est peu précoce et d'un faible rendement; mais en revanche sa viande entrelardée est de qualité supérieure. L'infusion de sang craonnais, tentée depuis quelques années, donne partout les meilleurs résultats et aura bien vite fait de transformer l'ancien type local qui, à la faveur de ce croisement, devient beaucoup plus précoce et donne un rendement plus élevé.

L'espèce porcine donne lieu à deux entreprises zootechniques, la production des jeunes et l'engraissement. Le plus souvent ces deux entreprises sont réunies dans la même exploitation, chaque ferme possédant une ou plusieurs truies qui fournissent une ou deux portées par an.

La nourriture des jeunes est constituée par les résidus de la laiterie; plus tard on y ajoute les eaux grasses, les rutabagas et des betteraves cuites. Pour l'engraissement, on utilise en outre les pommes de terre, le son, les farines d'orge, d'avoine et de sarrasin. Le poids moyen du porc gras ne dépasse guère 100 à 150 kilogrammes.

Les principaux centres de vente sont: Lannion, Plouaret, Guingamp, Callac, Carhaix, Châtelaudren, Quintin, Bégard, Saint-Brieuc, Loudéac, Uzel, Lambelle, Dinan et Saint-Méen.

La vente des porcelets a lieu sur les foires et marchés, rarement à domicile. Ils sont le plus souvent achetés par des marchands qui les revendent, quelques-uns dans le pays, mais surtout aux cultivateurs de l'Ille-et-Vilaine.

Toutefois, une nouvelle spéculation tend à se développer dans une partie de l'arrondissement de Dinan, et notamment dans le canton d'Evran. Les cultivateurs de ce canton tendent à faire de plus en plus l'engraissement et à délaisser la production. Des marchands passent dans les fermes, achètent les porcs gras et les remplacent par des porcelets que la culture élève et engraisse.

L'exportation des porcs gras se fait de deux façons différentes. Tantôt ils sont expédiés vivants et dirigés sur Paris (La Villette), le Havre, Rouen et Louviers; tantôt, ils sont égorgés et vidés sur place; la viande est placée dans de grands paniers en osier et dirigée sur les Halles de Paris et sur le Havre.

ANIMAUX ET PRODUITS DE BASSE-COUR.

Les produits de la basse-cour consistent en volaille, œufs et lapins.

L'élevage de la volaille est assez développé dans le département, mais il n'est pas souvent pratiqué d'une façon rationnelle. Il n'existe en effet aucun établissement avicole dans la région.

Dans chaque exploitation on entretient un certain nombre de poules qui vivent en liberté dans la cour de la ferme, dans les chemins et les champs environnants. Elles y cherchent une partie de leur nourriture, que l'on complète par des graines de sarrasin et par les déchets du nettoyage des grains.

La race de poules exploitée provient d'un croisement multiple dans lequel dominent le houdan, le crèvecœur, le bressois et le coucou de Bretagne. Elle est généralement de petite taille, mais rustique et très bonne pondeuse.

Il n'y a pas de centres spéciaux de production, l'élevage des poules ayant lieu d'une façon uniforme dans tout le département. Les produits, poulets et œufs, sont écoulés sur les marchés locaux et dans certaines contrées, achetés à domicile par des coquetiers. Le centre le plus renommé pour la production des œufs est le canton de Lamballe.

La vente des œufs a lieu à la douzaine sans tenir compte de la grosseur. Ils sont écoulés dans le pays, dans les villes du département et les stations balnéaires (la ville de Saint-Brieuc en consomme à elle seule plus de mille douzaines par semaine). Au printemps quelques exportations sont faites vers le Nord et l'Est pour la conserve, et le reste de l'année sur Paris, Londres et le Brésil. Les expéditions se font en caisses de 1,440 œufs, appelées cercueils.

Pendant la saison de la ponte, le département produit approximativement par semaine environ 200,000 œufs, du poids moyen de 65 kilogrammes le mille, sauf ceux des environs de Loudéac qui ne pèsent guère plus de 50 à 55 kilogrammes.

Les poulets sont vendus à l'âge de trois à six mois comme poulets de grain, sans avoir été engraissés. Ils sont écoulés surtout dans la région et à Paris; on les expédie vivants dans des mannequins en osier et dans des cages à claire-voie.

Bien que les mares et pièces d'eau soient assez nombreuses dans le département, l'élevage du canard n'y occupe pas une très large place et la production ne dépasse pas beaucoup la consommation locale, de sorte que ce volatile fait l'objet d'un commerce d'exportation très restreint.

Les autres oiseaux de basse-cour, oies, dindons, pintades et pigeons, sont peu répandus dans la contrée et ne peuvent guère figurer que pour mémoire dans la production animale du département.

L'élevage et l'engraissement des oies se pratiquent quelque peu dans les cantons de Matignon, de Plancoët et de Lamballe. Ces animaux se vendent en hiver, principalement vers Noël, dans les principales villes de la région, Saint-Brieuc, Dinan, Dinard et Saint-Malo; quelques exportations se font vers l'Angleterre.

L'élevage des lapins domestiques est un peu plus développé. Les produits écoulés sur les marchés ne suffisent guère qu'à la consommation locale. On en expédie cependant quelque peu sur Paris avec les volailles.

APICULTURE.

L'apiculture est très développée dans le département des Côtes-du-Nord. Il n'y a pas d'exploitation agricole, aussi petite qu'elle soit, qui ne possède quelques ruches. Malheureusement les procédés d'élevage sont encore très primitifs.

Presque partout on rencontre encore la vieille ruche en paille de faibles dimensions, et l'on met en pratique le procédé barbare de l'étouffement des abeilles pour la récolte du miel. Cependant, depuis quelques années, sous l'impulsion donnée par les sociétés d'apiculture et les professeurs d'agriculture, les ruches à cadres commencent à se répandre et la méthode du transvasement permet de procéder à la récolte du miel tout en conservant les essaims.

Les plantes mellifères de la région sont le trèfle incarnat, les bruyères, les châtaigniers, les pommiers et surtout le sarrasin, qui occupe une étendue considérable dans le département et fournit aux abeilles la majeure partie de leurs réserves.

Le miel de sarrasin est très coloré et possède un goût spécial qui le fait rechercher pour la fabrication du pain d'épice et de certains biscuits. Paris et sa banlieue, ainsi que Dijon, sont les principaux débouchés des miels de Bretagne. Une autre partie s'écoule sur Morlaix d'où on l'expédie, *via* le Havre, en Belgique, en Hollande, en Suède et en Norvège.

Le commerce du miel et de la cire est entre les mains de commerçants qui parcourent la campagne et achètent chez les cultivateurs les ruches pleines, les abeilles préalablement étouffées. Ces ruches sont payées à raison de 0 fr. 60 le kilogramme brut. Ces commerçants pratiquent l'extraction du miel en soumettant les rayons à une pression dans des pressoirs en bois. Le miel recueilli est ensuite purifié à l'aide de tamis et mis en barriques pour l'expédition.

Les résidus de la pression, qui constituent la cire, sont coulés en pains et expédiés aux fabricants de cierges qui les estiment beaucoup, en raison de la grande facilité avec laquelle ils prennent une couleur blanche.

La production annuelle de miel du département est évaluée à plus de 5,800 quintaux représentant une valeur de 372,000 francs, au cours actuel de 65 francs les 100 kilogrammes.

Une partie du miel est aussi consommée sur place, soit en nature, soit sous forme d'hydromel, dans les années où le cidre fait défaut.

La production de la cire ne dépasse pas 2,000 quintaux par an.

CREUSE.

La production animale est constituée dans la Creuse par l'élevage, en proportions très différentes, d'animaux des espèces chevaline, bovine, ovine et porcine.

ESPÈCE CHEVALINE.

Les spéculations relatives à l'exploitation des animaux d'espèce chevaline ont pour but la production de sujets de demi-sang ou de pur sang, qui sont achetés par l'administration de la guerre pour l'entretien des effectifs de cavalerie légère.

Le dépôt d'étalons de Pompadour met à la disposition des éleveurs des sujets de pur sang anglais ou arabe ou de croisement anglo-arabe. Parfois il y est adjoint quelques étalons anglo-normands.

Les meilleurs produits sont vendus à la remonte, à des prix variant de 800 à 1,200 francs; ils dépassent ce chiffre quelquefois, pour des animaux présentant de grandes qualités. Les produits de la Creuse sont très appréciés dans l'armée.

Les chevaux qui ne sont pas pris par la remonte sont livrés au commerce et utilisés comme chevaux de trait léger et rapide.

L'exportation annuelle des chevaux peut être évaluée à environ 5,000 têtes.

ESPÈCE BOVINE.

L'espèce bovine est exploitée pour la production des animaux reproducteurs, des bêtes de travail, des jeunes bœufs appelés *châtrons* dans le pays et des bêtes d'engrais.

Les animaux reproducteurs sont seulement l'objet de certaines transactions locales. Il en est de même pour les bœufs et les vaches de travail dont les marchés sont approvisionnés aux entrées de saison. Les châtrons, eux, sont exportés en proportion appréciable.

L'exportation annuelle des bêtes bovines, destinées surtout à la consommation, s'élève à 20,000 têtes environ.

Les foires les plus importantes se tiennent à Boussac, à Evaux, à Chambon, à Chénérailles et à La Souterraine.

Beurres et fromages. —Les fromages du pays, faits chez les cultivateurs, servent à l'alimentation de la maison ou bien sont mis en vente sur les marchés voisins pour la consommation immédiate.

Les fromages fabriqués dans les quatre fromageries du département sont expédiés dans diverses directions. Ils ne font pas l'objet d'un commerce direct entre producteurs agricoles et expéditeurs.

Le beurre donne lieu à des transactions qui ont porté sur 6,500 quintaux environ pendant l'année 1903.

Sans être très considérable, cette quantité a une importance relative qu'il serait possible d'augmenter dans une assez large mesure.

Il existe dans le département quelques centres peu nombreux où se localise presque complètement le mouvement d'exportation des beurres.

Les gares de Cressat, Auzances, Guéret, Aubusson, Sainte-Feyre, réalisent à elles seules presque les quatre cinquièmes des expéditions totales.

Huit gares expédient annuellement 100 à 200 quintaux et une dizaine d'autres en expédient de 10 à 100 quintaux.

Les deux centres d'expédition les plus importants sont Cressat et Auzances.

Les expéditeurs s'approvisionnent sur les foires ou marchés. Dans les petites communes où les foires font défaut, il se tient régulièrement un marché au beurre chaque semaine, généralement le dimanche.

Avant d'expédier les marchands procèdent à un triage, car les beurres qu'ils achètent sont de qualités très diverses. La plupart des envois sont faits sur Paris, quelques-uns aussi sur Lyon, Clermont et Limoges. Enfin quelques expéditions ont lieu à destination du nord et du nord-ouest de la France.

Il existe à Guéret une laiterie industrielle.

ESPÈCE OVINE.

Les bêtes ovines font l'objet de transactions importantes à l'intérieur du département.

Les foires de Féniers et de Faux-la-Montagne sont fréquentées par un grand nombre d'éleveurs creusois qui vont y acheter des brebis et des moutons pour les engraisser et les revendre. Il n'est pas possible de fixer la proportion des animaux soumis à ce genre d'opérations.

Quant aux animaux exportés, le nombre peut en être estimé à 50,000 environ. La presque totalité est destinée à la consommation.

ESPÈCE PORCINE.

On produit généralement peu de porcelets dans la Creuse. Les cultivateurs achètent principalement des nourrains importés par des marchands. De ce fait l'exportation consiste exclusivement en porcs gras. Les porcs à lard, plus spécialement empruntés à la race craonnaise et à ses dérivées, sont exportés sur Paris; les porcs à graisse, de race anglaise plus ou moins croisée, s'expédient à destination du sud-ouest.

Il est exporté annuellement environ 75,000 porcs de 125 à 175 kilogrammes.

Les principales foires se tiennent à La Souterraine, Vieilleville, Marsac, c'est-à-dire dans des localités situées sur des lignes de chemin de fer; les bonnes foires autrefois tenues dans les localités de l'intérieur des terres n'ont plus la même importance.

Viandes abattues. — Les viandes abattues donnent lieu à un mouvement commercial considérable et qui ne tend qu'à augmenter.

En 1903, 24,000 quintaux ont été expédiés. Les localités qui tiennent la tête de ce commerce sont placées sur la grande ligne de Paris-Toulouse, ou dans son voisinage immédiat.

La Souterraine, Forgevieille, Marsac, Vieilleville, Dun-le-Palleteau, Saint-Sulpicele-Dunois fournissent les deux tiers des expéditions, soit 15,850 quintaux ou, pour chacune d'entre elles, une quantité variant de 1,860 à 3,930 quintaux. D'autre part huit localités expédient de 500 à 1,000 quintaux, huit autres en expédient plus de 100 et moins de 500 et enfin neuf expédient moins de 100 quintaux.

Tous ces envois, comprenant surtout des veaux et des porcs, sont dirigés sur Paris.

ANIMAUX ET PRODUITS DE BASSE-COUR.

Le commerce des œufs a une certaine importance. En 1903, près de 9,000 quintaux ont été exportés.

Les centres d'Auzances et de Cressat, qui tiennent la tête pour les beurres, la conservent également pour les œufs. Les points d'expédition les plus importants sont ensuite Évaux, Reterre, La Souterraine, Dun-le-Palleteau, Boussac, Guéret.

Outre les gares précitées, cinq autres expédient de 200 à 400 quintaux, quatre de 100 à 190 quintaux et dix de 10 à 90 quintaux.

Ce commerce des œufs, relativement considérable, suppose l'existence d'une nombreuse population galline, qui devrait donner lieu à un commerce proportionnellement aussi considérable de volailles. Il n'en est cependant pas ainsi.

L'élevage des volailles est fait avec peu de soin et presque toujours livré au hasard. L'apport des volailles sur les marchés a surtout pour objet l'approvisionnement des villes, quoiqu'il soit fait aussi quelques achats pour l'exportation.

Si les animaux de basse-cour étaient l'objet de soins suffisants, le courant d'expéditions s'accentuerait du fait de la qualité des produits.

Dans la région de Chénérailles, chef-lieu de canton situé à 6 kilomètres de Cressat, existe un élevage régulier et suivi de dindons que l'on amène même sur divers marchés de la Creuse; des expéditions d'une certaine importance se font par la gare de Cressat.

Il est regrettable que cette industrie soit ainsi localisée, car, plus répandue et mieux comprise, elle deviendrait une source de bénéfices importants.

DORDOGNE.

ESPÈCES CHEVALINE, ASINE ET MULASSIÈRE.

L'élevage des animaux de l'espèce chevaline n'a pas une grande importance dans le département de la Dordogne. Il existe quelques éleveurs dans les arrondissements de Nontron et de Ribérac.

Le département n'exporte pas de chevaux; au contraire il en importe chaque année de 1,500 à 2,000, provenant principalement de Bretagne. Les cultivateurs les achètent de 500 à 700 francs en moyenne.

L'espèce mulassière a également peu d'importance. Chaque année 500 mules ou mulets sont importés. Ces animaux, dont le prix varie de 300 à 500 francs, proviennent surtout du Poitou.

L'espèce asine donne lieu à un commerce assez étendu. Presque tous les petits cultivateurs possèdent un âne. Les importations balancent les exportations et le prix des ânes et ânesses varie de 100 à 250 francs.

ESPÈCE BOVINE.

L'élevage des jeunes animaux de trait n'a pas une très grande importance dans le département de la Dordogne. Il se pratique principalement dans les cantons de Bussière-Badil, Nontron, Saint-Pardoux-la-Rivière, Jumilhac-le-Grand et Lanouaille.

Ce sont les départements de la Haute-Vienne, de la Corrèze, du Lot et du Lot-et-Garonne qui fournissent au département la plus grande partie des animaux de trait qui plus tard, à l'âge de 4 à 6 ans, sont livrés à l'engraissement.

On trouve dans le département des animaux des races limousine, garonnaise, de Salers et parthenaise.

La race limousine est de beaucoup la plus importante. Les jeunes animaux les plus beaux viennent de la Haute-Vienne. Ils sont principalement achetés à Saint-Mathieu, à Limoges, à Saint-Junien et revendus sur les marchés des arrondissements de Nontron, Périgueux, Ribérac et sur ceux de la partie nord de l'arrondissement de Bergerac et de la partie nord-ouest de l'arrondissement de Sarlat. Les marchés de Thiviers, qui ont lieu tous les samedis, sont les mieux approvisionnés.

Les bouvillons originaires de la Corrèze se rencontrent surtout dans l'est du département. C'est principalement par Terrasson qu'ils y pénètrent.

Dans la partie sud de l'arrondissement de Bergerac, on rencontre la race garonnaise; dans la partie nord elle se mélange avec la race limousine, et dans la partie est, avec les animaux limousins du nord de l'arrondissement de Sarlat.

Dans les cantons de Villefranche-du-Périgord, de Belvès et de Domme, on rencontre des animaux de Salers qui proviennent du Lot.

Enfin, la race parthenaise n'est guère représentée que par des vaches laitières, entretenues par les agriculteurs aux environs des villes.

Les jeunes animaux limousins et garonnais sont importés dans le département à l'âge de 10 à 14 mois. Ils sont vendus à des petits propriétaires qui les font castrer et les revendent quinze jours ou trois semaines après les avoir achetés. Dans une année, une paire de jeunes veaux passe quelquefois entre cinq à six mains et, comme chacun des vendeurs veut faire un peu de bénéfice, il s'ensuit que les derniers acquéreurs payent des prix très élevés.

C'est à l'âge de 24 à 30 mois que ces jeunes animaux passent aux cultivateurs possédant des fermes de moyenne culture; ceux-ci les gardent environ un an et les revendent ensuite à d'autres exploitants qui les engraissent après les avoir fait travailler modérément pendant huit à dix mois.

Les animaux de la race de Salers ne pénètrent dans le département qu'à l'âge de 2 à 3 ans. Ils sont surtout destinés aux exploitations où l'on demande beaucoup de travail.

Le commerce des bœufs de trait commence en février et se poursuit jusqu'en juin. Il reprend en septembre et cesse à peu près complètement en novembre.

Les principaux marchés se tiennent à Nontron, Thiviers, Mareuil, Excideuil, Saint-

Astier, Périgueux, Vergt, Thenon, Neuvic, Mussidan, Monpont, Bergerac, Saint-Alvère, Issigeac, Belvès, Saint-Cyprien, le Bugue, Montignac et Terrasson.

Le nombre des jeunes animaux importés chaque année dans le département s'élève environ à 34,300 qui se répartissent de la manière suivante :

21,000 bouvillons provenant de la Haute-Vienne (à 200 francs)....	5,800,000 francs.
2,000 génisses provenant de la Haute-Vienne (à 200 francs).....	
5,500 bouvillons provenant de la Corrèze (à 200 francs).........	
500 génisses provenant de la Corrèze (à 200 francs)..........	
4,000 bouvillons ou génisses garonnais provenant du Lot-et-Garonne (à 225 francs).................................	900,000
800 bœufs de salers (à 350 francs).........................	280,000
500 vaches parthenaises (à 350 francs)......................	170,000
VALEUR TOTALE..........................	7,150,000

Animaux de rente. — 1° *Bœufs d'engrais.* L'engraissement des bœufs se fait un peu partout, mais principalement dans les vallées de la Dronne, de l'Isle, de la Dordogne et de la Vézère. Les cantons de Champagnac-de-Bel-Air, de Brantôme, de Thiviers, d'Excideuil, de Savignac-les-Églises, de Périgueux, de Saint-Astier, de Neuvic, de Mussidan, de Bergerac, de Lalinde, de Cadouin, de Saint-Cyprien, de Sarlat, de Domme, du Bugue, de Montignac et de Terrasson sont ceux où l'on rencontre les bœufs les mieux engraissés.

L'engraissement se fait généralement à deux époques, au printemps et au commencement de l'hiver.

Les bœufs engraissés au printemps consomment principalement des fourrages légumineux, trèfle, luzerne, sainfoin et sont vendus à la fin du mois de mai ou au commencement de juin. Ceux qui sont engraissés au commencement de l'hiver sont vendus de novembre à janvier; ils reçoivent des betteraves ou des raves cuites auxquelles on ajoute du son de blé. Quelquefois la ration se complète par du tourteau d'arachide.

Généralement les animaux ne font que deux repas par jour, le premier vers 8 heures du matin, le second à 6 heures du soir.

On donne d'abord un peu de foin, puis on complète la ration par les aliments indiqués ci-dessus.

On engraisse environ 23,000 bœufs chaque année dans le département de la Dordogne. 5,000 y sont consommés et 18,000 sont exportés sur les marchés de Paris ou de Bordeaux. Ce sont des marchands presque tous périgourdins qui se livrent à ce commerce. Les bœufs les plus jeunes et les mieux engraissés sont envoyés à La Villette. Souvent des commissionnaires achètent les plus beaux pour des bouchers de Paris.

Sur les 18,000 bœufs gras exportés, la race limousine en comprend 14,000 et la race garonnaise 4,000. Le poids moyen des bœufs limousins est de 800 kilogrammes; il atteint 900 kilogrammes pour les bœufs garonnais.

Lorsque les bœufs soumis à l'engraissement sont jeunes et bien conformés, l'opération est généralement lucrative, mais elle devient souvent désavantageuse avec des bœufs de 7 ou 8 ans.

Les animaux jeunes fournissent en effet du croît et de la graisse alors que les vieux sont d'un engraissement beaucoup plus difficile.

Si le prix du bétail gras n'est pas toujours rémunérateur, cela paraît devoir être attribué en partie à la multiplicité des foires qui se tiennent dans presque tous les chefs-lieux de commune. Il en résulte que le même jour trois, quatre, cinq foires sont tenues sur divers points d'une même région. Les marchands se répartissent sur tous ces marchés et il arrive souvent qu'un seul d'entre eux soit présent au même endroit.

Il devient alors maître de la situation, au détriment des intérêts des cultivateurs.

2° *Vaches et veaux.* — Dans les cantons de Bussière-Badil, de Nontron, de Saint-Pardoux, la Rivière, de Jumilhac-le-Grand, de Thiviers et de Lanouaille on pratique l'élevage comme dans la Haute-Vienne.

Les vaches, toutes de race limousine, y sont beaucoup plus nombreuses que les bœufs.

La plupart des génisses sont livrées à la boucherie à l'âge de 12 à 14 mois. Les mâles sont vendus non castrés à l'âge de 12 à 14 mois comme bêtes d'attelage.

Depuis quelques années les cultivateurs se préoccupent de livrer leurs vaches à de bons taureaux et on constate une réelle amélioration dans les produits obtenus. Cette amélioration serait plus sensible encore si une sélection était pratiquée parmi les vaches et si celles-ci étaient saillies plus jeunes.

Dans l'arrondissement de Ribérac et principalement dans les cantons de Saint-Aulaye, Ribérac, Montagrier et Vertillac, on se livre à l'élevage des veaux gras que l'on vend à l'âge de 2 à 3 mois. Les mères sont des limousines et, comme elles ne sont pas toujours très bonnes laitières, on entretient sur chaque exploitation une ou deux vaches laitières destinées à fournir aux veaux une ration complémentaire.

Les veaux dits de Ribérac ont une grande réputation sur les marchés de Périgueux et de Bordeaux, mais leur viande est moins blanche que celle des veaux de Saint-Aulaye. Cela tient à ce que ces derniers consomment, outre le lait, des œufs dont le nombre varie de 6 à 10 par jour.

Les veaux de Saint-Aulaye sont expédiés sur Paris où ils sont vendus 0 fr. 10 par kilogramme plus cher que ceux de Ribérac.

Près de 3,000 veaux abattus sont expédiés annuellement sur Paris et ce nombre tend à augmenter. Il est bien entendu que ce sont les meilleurs qui sont expédiés vers la capitale.

3° *Vaches laitières.* — Les vaches laitières sont disséminées autour des villes et des bourgades. Les principales races sont, par ordre d'importance : la race parthenaise, la race bretonne, la race normande, la race bordelaise et quelques bêtes appartenant à la race flamande et aux races suisses.

La race parthenaise domine, parce qu'elle donne tout à la fois du lait et du travail. Un fait à signaler, c'est que le croisement d'un taureau limousin avec une vache parthenaise donne un produit volumineux, qui s'engraisse bien et dont la viande est plus blanche que celle d'un veau limousin pur. C'est pour cela que les vaches laitières des exploitations de l'arrondissement de Ribérac appartiennent en grande partie à la race parthenaise.

Le lait autour des villes est vendu généralement 0 fr. 20 le litre. Cette spéculation est en général très lucrative. Depuis quelques années le nombre des vaches laitières s'est accru.

Il existe trois beurreries dans le département, à Douville, à Rouffignac et à Javeilhac.

Le beurre fabriqué dans ces établissements est d'excellente qualité. Malheureusement il est à craindre que cette industrie périclite, car la quantité de lait traité est insuffisante pour couvrir les frais généraux. Cependant le beurre trouve des débouchés faciles et avantageux. Il est livré par les épiciers au prix de 3 fr. 20 le kilogramme.

ESPÈCE OVINE.

On peut dire d'une manière générale qu'il n'existe pas de races ovines pures dans le département. Dans le nord et l'est on rencontre principalement des bêtes du Plateau central; dans le sud et le sud-est c'est la race du Quercy qui domine, vers l'ouest c'est la race du Poitou, enfin au centre, on trouve un mélange de toutes ces races.

Depuis quelques années on a introduit sur plusieurs points des southdown, des dishley, des charmois pour procéder à des croisements avec les races du pays. On a obtenu des métis qu'on a livrés à la reproduction. Cette opération a eu pour effet de donner plus de taille et plus de précocité.

Autrefois les moutons étaient engraissés à l'âge de 4 à 5 ans. Aujourd'hui ils sont livrés à la boucherie entre 18 mois et 2 ans.

Les moutons gras achetés par des marchands du pays sont expédiés sur Bordeaux et Paris. Leur nombre est d'environ 20,000; en outre 40,000 sont consommés dans le département. Leur poids moyen est d'environ 35 kilogrammes.

L'espèce ovine comprend près de 300,000 têtes. Chaque bête adulte fournit en moyenne 1 kilog. 500 de laine lavée. En général, la qualité de cette dernière laisse à désirer.

On exporte peu de laine. La plus grande partie est employée à la fabrication des vêtements des cultivateurs. Son prix, qui était de 2 francs le kilogramme il y a quelques années, est aujourd'hui de 2 fr. 80.

Les transactions des animaux de l'espèce ovine se font principalement à Périgueux, Champagnac-de-Bélair, Saint-Astier, Saint-Pierre-de-Chignac, Vergt, Thenon, Montignac, Salignac, Le Bugue, Saint-Alvère, Sarlat, Carlux, Belvès, Domme et Villefranche-du-Périgord.

ESPÈCE PORCINE.

L'ancienne race périgourdine a presque complètement disparu. L'introduction du porc craonnais d'une part et du porc yorkshire d'autre part a donné lieu à des métis qui, reproduits entre eux, ont constitué une race nouvelle moins rustique que la race périgourdine. Depuis une vingtaine d'années la race limousine dite de Saint-Yrieix s'est grandement propagée. Elle est très rustique et le rouget l'atteint beaucoup moins que les autres races locales.

La race limousine est tardive, mais croisée avec les races anglaises, notamment avec le yorkshire, les métis obtenus se développent rapidement et peuvent atteindre le poids de 200 kilogrammes à l'âge de 15 mois. On trouve cette race dans les cantons de Jumilhac-le-Grand, Thiviers, Lanouaille, Excideuil, Savignac-les-Églises, Périgueux, Saint-Astier, Vergt, Saint-Pierre-de-Chignac. Son aire géographique s'étend chaque année.

L'élevage et l'engraissement se font sur tous les points du département, mais principalement dans les arrondissements de Nontron, de Périgueux et de Sarlat.

L'espèce porcine comprend environ 200,000 têtes. Sur 73,000 porcs qui sont engraissés, 60,000 sont consommés dans le département. Leur poids moyen est d'environ 150 kilogrammes.

7,000 sont expédiés sur Bordeaux et 6,000 sur le marché de La Villette. Ces derniers pèsent en moyenne 100 kilogrammes.

ANIMAUX ET PRODUITS DE BASSE-COUR.

C'est la poule commune qui domine dans presque toutes les exploitations. On rencontre également des croisements plus ou moins bien réussis. Le commerce des volailles est très étendu. Nontron et surtout Thiviers envoient chaque année plus de 13,000 volailles à Limoges; Excideuil, Brantôme, Terrasson, Thenon, Vergt envoient 200,000 têtes à Périgueux; Saint-Cyprien, le Bugue, Lalinde, approvisionnent Bergerac; Saint-Astier, Neuvic, Mussidan, Monpont et Ribérac expédient 220,000 têtes sur Bordeaux. Enfin 200,000 têtes sont dirigées sur Paris.

Le prix d'un poulet de grosseur moyenne est de 1 fr. 25 à 1 fr. 50 suivant qualité.

Œufs. — 1,200,000 œufs sont expédiés chaque année sur Paris, Limoges, Bordeaux et Périgueux. La production pourrait être sensiblement augmentée si les cultivateurs prenaient le soin de sélectionner et de renouveler leurs volailles. Le croisement de la race de Bresse avec celle du pays donnerait de bons résultats, car les métis fourniraient des œufs plus gros et plus nombreux. Enfin le croisement de l'Orpington avec la race du pays permettrait d'obtenir des poulets de plus forte taille.

APICULTURE.

Miel et cire. — L'apiculture est très peu développée dans le département.

DOUBS.

Les fourrages étant la principale production végétale du département du Doubs, la production animale y occupe par suite une place prépondérante.

Parmi les spéculations animales, l'espèce bovine occupe nettement le premier rang. Les cultivateurs élèvent à la fois des bœufs pour la viande et des vaches laitières pour le lait. Enfin, pour caractériser cette branche prédominante de l'agriculture du Doubs, il convient d'ajouter que la transformation du lait en fromage de Gruyère donne lieu à une industrie prospère et étendue.

La statistique agricole de 1905 accuse les effectifs suivants pour les diverses espèces domestiques :

Espèce chevaline.	Animaux de moins de 3 ans	4,374
	Animaux de plus de 3 ans	15,710
Espèce asine et mulassière		603
Espèce bovine.	Taureaux	1,063
	Bœufs	18,683
	Vaches	58,504
	Élèves de plus d'un an	35,539
	Élèves de moins d'un an	23,990

Espèce ovine.	Béliers de plus d'un an	2.130
	Brebis de plus d'un an	12,690
	Moutons de plus d'un an	7,090
	Agneaux et agnelles de moins d'un an	10,838
Espèce porcine.	Verrats	86
	Truies	1,306
	Animaux à l'engrais de plus de six mois	22,377
	Animaux de moins de six mois	13,342
Espèce caprine. — Adultes et jeunes		8,885

ESPÈCE CHEVALINE.

L'élevage des chevaux ne présente qu'une importance secondaire dans le Doubs. On vise surtout la production du cheval de ferme à deux fins, apte à trotter et pouvant faire les travaux un peu durs.

Il existait autrefois une race comtoise, dite *de Maiche*, fort réputée, d'un bon service, douce, forte au travail et suffisamment trotteuse, aujourd'hui disparue. Elle était d'ailleurs très peu importante au point de vue numérique.

En général on reproche au cheval indigène son manque de garrot, ses reins mal attachés, sa croupe ravalée. Pour l'améliorer on a fait appel au breton, au normand, puis au percheron; actuellement des tentatives sont faites avec des étalons ardennais.

Les Suisses, qui achètent dans le département des poulains âgés de dix-huit mois ou au sortir du sevrage, donnent cependant toute préférence au cheval du pays.

L'élevage du cheval se pratique un peu dans tout le département, mais il est moins développé dans l'ouest et le centre, où l'on élève des bœufs, que dans l'est, où l'on produit de préférence les vaches laitières. Les juments poulinières y sont utilisées pour les travaux de culture, payant ainsi leurs frais de nourriture, et le poulain constitue le bénéfice de l'opération.

On peut évaluer à près de 2,200 le nombre des poulains produits chaque année.

Les meilleures foires pour les jeunes chevaux sont celles de Maiche, du Russey, de Montbéliard, de Pontarlier, à l'automne et au printemps.

ESPÈCES ASINE ET MULASSIÈRE.

L'âne et le mulet ne sont pas produits dans le pays.

Il est à signaler que les ânes sont de plus en plus utilisés dans les fermes écartées pour porter à bât le lait dans les fromageries.

ESPÈCE BOVINE.

Alors que la production des bœufs de boucherie se fait surtout à l'ouest et au centre du département, celle des vaches laitières se pratique à l'est et au sud dans la région des plateaux et de la montagne.

Les bœufs sont assez généralement utilisés comme bêtes de travail. Le dressage commence vers deux ans, et l'engraissement se fait en toute saison lorsque les animaux atteignent trois, quatre ou cinq ans. Cet engraissement a lieu dans la plupart des exploitations petites et moyennes à raison d'une ou deux paires.

Quelques engraisseurs professionnels se rencontrent aux environs de Pontarlier où ils utilisent les résidus des distilleries d'absinthe dont l'efficacité est nettement établie. D'autres achètent des bœufs au printemps pour achever de les amener à point dans des pâturages des environs du Russey.

L'engraissement n'est en général pas poussé bien loin; rarement les animaux sont amenés à l'état *fin gras*, et c'est simplement à l'état *gras* qu'ils sont livrés à la boucherie. Aussi, leur rendement en viande nette ne dépasse guère 48 à 50 p. 100.

Les principales foires de jeunes bœufs sont celles de Saint-Vit, Besançon, Baume-les-Dames, Étalans. Pour les bœufs gras, les plus fréquentées sont celles de Besançon, Saint-Vit, Étalans.

A part les sujets nécessaires pour la consommation locale, tous les bœufs gras sont exportés en Suisse sur les villes de Bâle, le Locle ou Chaux-de-Fonds.

Il est ainsi vendu annuellement par la culture de 9,000 à 10,000 bœufs au prix moyen de 450 à 500 francs.

Le commerce des vaches laitières se fait dans tout le département, mais principalement à l'est et au sud. Les meilleures foires se tiennent à Morteau, Maiche, Etalans, Besançon, Montbéliard. Mais il est à remarquer que les bonnes vaches se rencontrent rarement sur les foires, par suite des habitudes prises par les commerçants.

Les vaches laitières trouvent à l'heure actuelle un débouché extrêmement avantageux chez les laitiers et nourrisseurs des villes du Midi qui s'approvisionnaient autrefois en Suisse.

Les acquisitions se font par l'intermédiaire de courtiers locaux qui, parcourant fermes et campagnes, jettent à l'avance leur dévolu sur les vaches les meilleures et les achètent à l'approche du vêlage.

Les acheteurs donnent la préférence aux vaches âgées de six à sept ans, parce que l'animal arrivé à la fin de la période de lactation est d'un engraissement plus facile, sa chair de meilleure qualité, et par suite sa vente à la boucherie plus rémunératrice. Il résulte de ce chef un renouvellement plus rapide du troupeau.

On peut évaluer de 8,000 à 10,000 le nombre des vaches ainsi vendues par la culture à un prix moyen de 350 à 400 francs.

La seule gare de Morteau a expédié 635 wagons de bestiaux en 1905.

Le commerce du jeune bétail est assez actif entre les diverses régions du département et même entre les cultivateurs.

Il faut noter aussi les ventes assez nombreuses pour les départements de l'Est de taurillons et de génisses de race montbéliarde. Les meilleurs centres d'élevage au point de vue de la pureté de race sont Montbéliard et Morteau. Partout ailleurs, le bétail manque de pureté dans la robe, et les signes de croisements ancestraux entre les races comtoise, fémeline, simmenthal, fribourgeoise noire, schwytz, se retrouvent sur la plupart des animaux.

Avenir de l'élevage et progrès à réaliser. — Étant donnée la grande faveur dont jouit la race jurassique et son type français sélectionné, dit *race de Montbéliard*, faveur qui se manifeste dans toute l'Europe centrale aussi bien qu'en France, on peut dire que la production est assurée pendant un long avenir et dans des conditions satisfaisantes.

Il faut ajouter cependant que cette prospérité pourrait constituer par elle-même une cause d'affaiblissement. En effet, le pays a trouvé subitement depuis huit et neuf ans des débouchés considérables, mais aussi très exigeants. Les exportateurs recherchent surtout les meilleurs sujets, qu'ils achètent d'ailleurs à un prix relativement élevé. L'exportation portant principalement sur les animaux les meilleurs, il en résulte que, pour assurer la reproduction, on conserve souvent les animaux dont les qualités n'ont pas été appréciées par le commerce.

Ce sont là de mauvaises conditions pour l'amélioration du bétail, et les conséquences qui peuvent en résulter présentent une réelle importance.

Les cultivateurs sont en général si mal préparés à entrer dans une voie rationnelle, industrielle, qu'ils veulent à peine sacrifier 1 franc ou 1 fr. 25 pour la saillie de leur vache.

C'est là une situation critique à laquelle on a déjà essayé de remédier par la création de syndicats d'élevage, dont le but est de conserver le plus longtemps possible les bonnes vaches à la reproduction, d'assurer la présence de bons taureaux par voie coopérative, de faire de l'élevage de race pure, et enfin de tenir les livres zootechniques des meilleurs animaux.

Déjà les premiers fruits se font sentir dans la région de Montbéliard, et surtout aux environs de Morteau. Les éleveurs voient le prix de leurs animaux s'élever sensiblement avec le nombre des demandes d'achat.

Aussi, dans un pays de petite propriété comme le Doubs, où l'élevage du bétail constitue la principale industrie, les syndicats d'élevage sont les associations agricoles les plus fructueuses et les plus urgentes à créer.

Production laitière. — La production laitière est d'une grande importance dans le département du Doubs.

Le Doubs forme en effet, avec le Jura et les Savoies, le grand centre de fabrication du gruyère.

Cette industrie exporte du département pour près de 6 millions de francs annuellement. Les cantons de Mouthe, Amancey, Levier, Montbenoit, le Russey sont les principaux centres de fabrication.

Les marchands en gros se rendent dans les fruitières et achètent par périodes de trois ou six mois généralement toute la production marchande de la société. Les expéditions se font habituellement au fur et à mesure de la maturité. Ensuite ces négociants livrent le fromage aux épiciers et aux commerçants de détail et l'expédient par toute la France et aux colonies.

Il est à remarquer que la Suisse (le canton de Vaud surtout, pays de vignerons) achète chaque année quelques milliers de kilogrammes de qualité inférieure.

Jusqu'à ces dernières années, la fabrication du gruyère se faisait uniquement dans les *fruitières*, coopératives ouvrières les plus anciennement connues; aujourd'hui ces sociétés sont en voie de disparition; plus d'une moitié déjà a été remplacée par des laitiers qui achètent le lait aux cultivateurs et opèrent alors en véritables industriels pour leur propre compte.

Le type courant du fromage est le *gruyère* de 30 à 40 kilogrammes, à ouvertures petites, tandis que le commerce tire de la Suisse le type *emmenthal* dont les pièces dépassent généralement 80 kilogrammes et présentent de grosses ouvertures.

Or, dans le but d'éviter de payer des droits de douane assez élevés, des laitiers suisses sont venus s'établir chez nous depuis une dizaine d'années pour y fabriquer l'emmenthal. Les résultats sont satisfaisants, et cette industrie se développe chaque année.

A plusieurs reprises, le projet de grouper toutes les fruitières pour la vente en commun de leurs produits a été étudié, mais l'on s'est heurté à des difficultés telles que ledit projet n'a pas été réalisé. La nécessité de tenir une quantité suffisante de lait pour faire une pièce de fromage a bien été reconnue par les cultivateurs, mais le projet de groupement des fruitières en un vaste syndicat de vente se heurtait non seulement à l'esprit particulariste des individus, mais encore à celui des collectivités diverses.

Outre cet obstacle qui aurait peut-être été vaincu avec le temps et la persévérance, il en était d'autres d'ordre technique tout aussi difficiles à surmonter : la nature si spéciale du commerce du gruyère, la difficulté de sa conservation, sa consommation extrêmement capricieuse et, par-dessus tout, l'irrégularité de la qualité dans la fabrication et la grande différence de valeur entre les produits de fruitières différentes.

Actuellement, les fruitières sont en voie de disparition par suite des transformations de la situation économique, et le jour ne paraît pas éloigné où elles auront vécu. L'entente entre les individus ne subsiste plus qu'au moment de la conclusion des contrats de vente du lait.

ESPÈCE OVINE.

Bien que l'élevage du mouton se développe de plus en plus dans le département du Doubs, il ne paraît pas appelé cependant à y constituer une spéculation très importante.

Ce développement semble devoir être attribué à la hausse constante du prix de la viande de mouton, et aussi à cette circonstance, que les pâturages communaux étant de plus en plus délaissés par les chevaux et les vaches, beaucoup de petits cultivateurs y font paître des moutons et réalisent ainsi de petits bénéfices appréciables.

Mais pour tous cet élevage est considéré comme un simple accessoire.

La laine est utilisée dans les ménages pour la fabrication de bas ou de vestes; quelquefois elle est remise à de petites filatures locales pour être convertie en un drap grossier mais robuste.

ESPÈCE CAPRINE.

La chèvre ne donne lieu à aucun trafic important. Elle demeure *la vache du pauvre* et on ne la rencontre plus guère que par individus isolés dans les petits ménages de la campagne et des abords des villes.

ESPÈCE PORCINE.

La production des porcelets est très restreinte; elle ne se fait guère que dans le nord-est du département, aux confins de la Haute-Saône.

Les sujets d'élevage et d'engraissement sont importés en bandes des régions de production, Lons-le-Saulnier, Louhans, la Bresse.

Toutes les exploitations agricoles achètent et entretiennent un ou plusieurs porcs pour la consommation du ménage. Les exploitations d'une certaine importance engraissent en outre quelques animaux pour la vente.

Depuis que les fruitières ou fromageries coopératives cèdent la place à des laitiers qui achètent le lait aux cultivateurs, le petit-lait et les résidus des laiteries sont consommés dans des porcheries plus ou moins nombreuses suivant l'importance de l'établissement.

Dans l'ouest, la viande de porc est conservée au sel; dans l'est et le centre, elle est conservée par fumaison : le *fumé* (jambon, lard et saucisses) de Morteau est tout particulièrement réputé et estimé.

ANIMAUX ET PRODUITS DE BASSE-COUR.

On ne rencontre dans le Doubs aucun établissement avicole industriel.

Presque tous les cultivateurs possèdent un certain nombre de poules vivant la plupart du temps en liberté et qui fournissent les œufs pour la consommation familiale. Les œufs en surplus sont levés dans les villages et conduits dans les centres urbains et ouvriers par de petits commerçants spéciaux (les coquetiers).

Les profits accessoires obtenus par cette vente sont utilisés par les ménagères pour couvrir une partie des petites dépenses de la maison.

L'élevage est assez rare et le renouvellement de l'effectif se fait surtout par acquisition de poulettes auprès de marchands qui en amènent des chargements de la Bresse et de l'Italie.

Sur le bord des cours d'eau, on fait un peu d'élevage du canard et ce n'est qu'accidentellement qu'on rencontre l'oie et le dindon.

APICULTURE.

L'exploitation des abeilles est pratiquée par quelques apiculteurs de mérite, mais malheureusement peu nombreux. Aussi la production du miel et de la cire est-elle loin de suffire à la consommation.

Il est fait une importation active de miels de Bretagne et du Midi dont une grande partie est utilisée dans la préparation des pains d'épice de Vercel.

DRÔME.

Depuis une vingtaine d'années, l'utilisation des superphosphates de chaux a pris un développement considérable dans l'agriculture du département de la Drôme. L'emploi de ces engrais a permis de supprimer la jachère, d'étendre les cultures des prairies artificielles, et particulièrement de la luzerne. Cette amélioration du système de culture, qui constitue un des faits les plus importants de l'histoire de l'agriculture de la Drôme, a eu pour résultat immédiat d'augmenter le nombre des animaux entretenus dans les exploitations agricoles et d'amener les agriculteurs à se livrer à des entreprises zootechniques plus lucratives.

ESPÈCE CHEVALINE.

L'accroissement des ressources fourragères, le développement du réseau des routes, le goût et la nécessité des transports rapides ont favorisé l'accroissement de la population chevaline depuis une trentaine d'années. De plus la région de Valence constitue, depuis longtemps, un centre d'approvisionnement important de chevaux pour les régions méridionales.

Entreprises zootechniques. — L'élevage est peu pratiqué dans l'ensemble du département. Il ne constitue une entreprise dominante que dans la seule commune de Lus-la-Croix-Haute. Ailleurs les juments poulinières sont disséminées un peu dans toutes les communes, mais plus spécialement dans le Vercors, le Royanais, la Valloire, les environs de Valence, de Crest et de Montélimar.

La plupart des chevaux du département sont importés vers l'âge de 6 mois, de 18 mois ou de 3 à 4 ans.

Un petit nombre des poulains obtenus dans la Drôme et de ceux importés y finissent leur carrière; mais, d'une manière générale, ces animaux, après avoir été dressés au travail, sont vendus vers l'âge de 5 à 6 ans. Cette entreprise zootechnique est très suivie dans la Haute-Drôme, dans les régions de Romans, de Bourg-de-Péage, de Valence, de Crest et de Montélimar.

Enfin dans la région de Valence, des agriculteurs reçoivent des chevaux de 3 à 4 ans qui, après repos, sont castrés puis engraissés et revendus au bout d'un temps plus ou moins long.

Méthodes de reproduction. — Races. — Les poulains naissent au printemps et sont rarement tenus au pâturage durant leur jeune âge.

Les juments poulinières appartiennent, pour la plupart, à des races importées. Celles de Lus-la-Croix-Haute semblent cependant appartenir à un type local, du reste non classé, mais qui se rapproche du type ardennais.

Le Vercors possédait aussi autrefois une race qui était considérée comme locale. Cette race est sur le point de disparaître : on n'en rencontre plus que quelques rares sujets. Elle donnait des chevaux courts, trapus, à membres très solides, infatigables et parfaitement adaptés aux pays de montagnes.

Dans le reste du département, on rencontre surtout des juments de la race d'Auvergne. Dans les arrondissements de Valence et de Montélimar, on entretient quelques juments bretonnes, percheronnes, nivernaises, ardennaises et coironnaises (la race du Coiron proviendrait d'un croisement des races auvergnate et bretonne). Enfin il existe quelques juments anglo-normandes.

L'administration des Haras met, chaque année, à la disposition des éleveurs, 8 étalons nationaux de demi-sang et 4 étalons de trait. Ces étalons sont répartis dans quatre stations établies à Valence (2 demi-sang et 1 de trait), Montélimar (3 demi-sang et 1 de trait), Romans (2 demi-sang et 1 de trait) et Crest (1 demi-sang, 1 de trait).

Les éleveurs de la Valloire ont aussi recours aux étalons de la station de Beaurepaire (Isère).

D'autre part on compte 27 étalons de trait *acceptés,* savoir : arrondissement de

Valence, 8; de Die, 16; de Montélimar, 1; de Nyons, 2. Ce sont des étalons à race non définie.

Les poulains importés sont des races auvergnate, bretonne, coironnaise, percheronne, nivernaise et ardennaise.

Les poulains auvergnats, bretons, coironnais et ardennais sont préférés dans les régions à sol un peu accidenté ou pour des situations culturales à richesse fourragère moyenne, tandis que les percherons et nivernais sont préférés dans les régions de plaine et dans les exploitations à fourrages abondants.

Les sujets auvergnats prédominent dans la région montagneuse où généralement ils sont conservés jusqu'à leur mort.

Statistiques et transactions commerciales. — Sur les 23,000 animaux de l'espèce chevaline, on peut estimer approximativement à 1,300 le nombre des juments poulinières et l'on peut évaluer à près de 1,200 les poulains nés dans le pays. Seuls les 250 poulains produits à Lus-la-Croix-Haute donnent lieu à des foires spéciales (6 et 27 septembre) où ils sont achetés au prix de 250 à 300 francs, pour être revendus dans le reste du département ou dans le Midi.

Les autres sont ou vendus directement aux agriculteurs, ou conduits sur les marchés et foires en même temps que les poulains importés. Du reste, ces derniers sont assez souvent livrés directement à la culture par les négociants qui vont les acheter dans les pays d'origine. Les principaux marchés et foires à poulains se tiennent en septembre, octobre et novembre, à Saint-Sorlin, Lens-Lestang, Beaucroissant et Romans pour la haute Drôme, de novembre à mars à Valence, Crest, Montélimar, Pierrelatte pour les régions de Valence et du sud du département.

Le nombre des poulains et chevaux de 3 à 4 ans introduits dans la Drôme est d'environ 4,000, savoir : pour la haute Drôme, 1,000; régions de Valence et de Crest, 2,450; de Montélimar, 550. Leur prix moyen, vers l'âge de 6 à 8 mois, est, suivant la race : auvergnat et ardennais, 300 à 350 francs; coironnais, 350 à 400 francs; breton, 500 à 600 francs; percherons et nivernais, 550 à 650 francs, et vers l'âge de 18 mois : auvergnat et ardennais, 350 à 400 francs; coironnais, 400 à 450 francs; breton, 550 à 700 francs; percheron et nivernais, 600 à 750 francs.

Des 2,300 poulains dressés chaque année dans la Drôme, un millier restent dans le département, les autres sont dirigés vers les régions méridionales (Languedoc, Provence), en Italie et en Espagne, lorsqu'ils ont atteint l'âge adulte.

Les achats sont presque toujours faits dans les fermes par des négociants locaux ou par des «leveurs» étrangers; quelques sujets sont acceptés par la remonte.

Les prix de vente sont à peu près les suivants : un cheval auvergnat ou ardennais, de 1 m. 48 à 1 m. 50 vaut, à 5 ans, environ 700 francs; un coironnais de 1 m. 55, environ 800 francs; un breton de 1 m. 60 et au-dessus, environ 1,000 francs; un percheron ou un nivernais atteint souvent 1,100 francs et quelquefois 1,200 francs.

Dans la région de Montoison, où les chevaux ne font que passer pour y subir la castration, les négociants confient ces animaux aux agriculteurs moyennant une rémunération de 75 francs environ par tête. Ce sont principalement des bretons qui, comme les précédents, sont expédiés dans le Midi, en Italie et en Espagne. Dans une année ces animaux sont renouvelés plusieurs fois dans la même écurie. Dans la région indiquée, le nombre des chevaux ainsi traités a diminué depuis que la crise viticole a réduit le débouché offert par le Midi à ces animaux : en 1906, il serait descendu à une centaine, au lieu de trois cents comme dans les années qui ont précédé celles de la mévente des vins.

Améliorations à réaliser. — En ce qui concerne l'exploitation des poulains, leur dressage et leur vente à l'âge adulte, il ne semble pas qu'il y ait rien à changer aux procédés en usage, du moins tant que les débouchés seront assurés dans le Midi, en Italie et en Espagne. Or le séjour dans la Drôme constitue une étape de transition nécessaire, pendant laquelle les animaux se préparent, dans un climat intermédiaire, à passer de leur climat d'origine dans le climat méridional tout différent. Le département semble donc dans une situation privilégiée qui lui permettra toujours d'offrir des chevaux dont l'adaptation dans les pays chauds et secs sera beaucoup plus facile.

Sans doute les aléas de cette entreprise sont assez grands pour justifier parfois la préférence que certains agriculteurs manifestent pour les jeunes bœufs qui, comme les chevaux, font les travaux dans leur période de croissance, mais sans être exposés aux mêmes risques. D'autre part certains propriétaires, qui font exploiter directement, hésitent à confier la conduite délicate de ces animaux de prix à des domestiques qu'ils ne peuvent pas surveiller. Malgré cela, cette entreprise ne paraît pas perdre sensiblement de son importance et le développement des sociétés d'assurances mutuelles contre la mortalité du bétail a sûrement contribué au maintien de l'état de choses actuel.

A priori, puisque la Drôme est tributaire de l'Auvergne, de la Bretagne, du Perche, etc., pour l'acquisition des 4,000 chevaux importés, on pourrait s'étonner que la production des jeunes soit si éloignée des besoins locaux. L'absence de pâturages, si utiles aux poulains, suffit à expliquer la faveur limitée dont jouit cette spéculation animale.

Cependant dans la région montagneuse, le Diois particulièrement, le nombre des juments s'est accru depuis quelques années. Les poulinières ont une tendance à se substituer aux mâles. C'est qu'en effet les équidés font un travail rarement pénible et se reposent longtemps en hiver. Ces conditions conviennent à l'entretien des juments. Mais il serait désirable que les éleveurs possédant des femelles d'une race bien adaptée au milieu puissent trouver des étalons de choix d'une race analogue, dont la taille, les formes et les aptitudes soient en harmonie avec la race des juments. Malheureusement il n'en est pas ainsi avec les étalons acceptés qui sont parfois des animaux de peu de valeur.

ESPÈCE MULASSIÈRE.

L'effectif total des animaux de l'espèce mulassière est en diminution, car dans beaucoup d'exploitations ces animaux ont cédé la place aux chevaux. Cependant, comme pour les équidés, la Drôme constitue depuis longtemps un centre d'approvisionnement de mulets à destination des régions méridionales.

La production du mulet est très peu importante. Elle est pratiquée dans quelques communes de la Valloire (Saint-Sorlin, Manthes, etc.) et il existe un baudet à La Laupie, près Montélimar.

Par contre, chaque année on importe des mulets vers l'âge de 6 mois ou 18 mois.

Ces animaux sont dressés et vendus à l'âge de 4 à 6 ans. Ce sont surtout les agriculteurs de la région de Romans qui se livrent à cette spéculation. On trouve également ces mulets d'élevage dans les environs de Valence, dans la Valloire et dans les cantons de Marsanne et Pierrelatte.

La population mulassière s'élève à environ 11,000 sujets. Ces animaux sont répartis un peu dans tout le département, mais ne se présentent nombreux que dans les régions précédemment énumérées, où les poulains, après avoir été dressés, sont vendus vers l'âge adulte.

Le nombre de poulains importés annuellement est d'environ 1,200. Ils proviennent du Puy, d'Aurillac et du Poitou. Les négociants, qui vont les chercher dans ces pays d'origine, les vendent soit directement aux agriculteurs, soit sur les marchés et foires qui se tiennent en hiver dans les principaux centres d'utilisation (Saint-Sorlin, Lens-Lestang, Romans, Valence, Montélimar, Pierrelatte et Saint-Paul-Trois-Châteaux).

Les prix des mulets varient suivant la provenance : vers l'âge de 8 à 12 mois le mulet du Puy vaut de 350 à 400 francs, celui d'Aurillac de 400 à 450 francs, le petit Poitou de 400 à 450 francs, le gros Poitou de 550 à 650 francs; vers l'âge de 18 mois, le mulet du Puy vaut 400 à 500 francs, celui d'Aurillac de 500 à 550 francs, le petit Poitou de 500 à 600 francs, le gros Poitou de 650 à 800 francs. Les mules valent toujours, au minimum, 50 francs de plus que les mulets.

On exporte environ 1,000 mules ou mulets dans les départements du Midi, en Italie et en Espagne. Suivant la taille, les mulets sont achetés au prix de 700 à 950 francs, et les mules de 850 à 1,000 francs. Ces achats sont faits le plus souvent à la propriété.

Comme pour les chevaux importés, la Drôme constitue une étape intermédiaire entre le climat de l'Auvergne ou du Poitou et le climat méridional sous lequel les mulets vont vivre définitivement.

ESPÈCE BOVINE.

Le bétail bovin est utilisé un peu partout dans le département et l'importance de son exploitation s'est accrue proportionnellement à l'augmentation des ressources fourragères.

Entreprises zootechniques. Méthodes d'alimentation. — Dans le Vercors, le Royanais, la Valloire et la Galaure, autour des laiteries industrielles du Vercors, de Saint-Jean-en-Royans, d'Hauterive, de Fay et d'Anneyron, les agriculteurs exploitent la vache en vue de la production du lait, tout en lui demandant du travail.

Dans le Vercors, où la race est analogue à celle du Villard-de-Lans et présente comme celle-ci, à un degré moyen, les trois aptitudes au lait, à la viande et au travail, un assez grand nombre d'exploitants font l'élevage, non seulement des reproducteurs qui leur sont nécessaires, mais aussi de jeunes qu'ils vendent à l'âge de six mois, après leur avoir fait passer l'été dans les herbages.

La Drôme reçoit un assez grand nombre de bovidés destinés au travail, à l'âge de six mois ou dix-huit mois. Ces animaux sont d'abord conduits, jusqu'à l'âge du dressage, dans des fermes où l'on dispose d'herbages, de regains ou de fourrages de qualité secondaire. C'est principalement dans la région de la Valloire, de Romans, de Valence, de Crest et de Montélimar qu'on se livre à cette spéculation sur les jeunes.

Ils passent ensuite dans des exploitations où ils sont dressés au travail. Dans ce cas, ils trouvent généralement dans les étables d'autres bœufs d'âge plus avancé, avec lesquels ils sont accouplés pour s'habituer aux labours et aux charrois.

Cette méthode de production ne peut être pratiquée que dans les régions à sols légers (Valloire, Romans, Valence, Crest, Montélimar).

Enfin, dans les régions à sols compacts, les agriculteurs ont recours pour leurs forts labours à des bœufs adultes, qu'ils engraissent dès la fin des travaux. Il en est de même dans les exploitations de faible étendue et dans celles où le cheval étant l'animal principal de travail, on a besoin d'un supplément de force pour exécuter les labours pénibles. Aussi rencontre-t-on ces bœufs dans la plaine, mais plus exclusivement dans la région du Grand-Serre et dans la région montagneuse du Diois et des Baronnies, dont les terres argilo-calcaires sont dures à travailler.

Comme alimentation, les bœufs de travail se montrent de bons utilisateurs des fourrages grossiers, et seuls les animaux qui sont dans la période d'engraissement reçoivent des farineux, des tourteaux, des betteraves et des carottes.

Dans le Vercors, les vaches et les jeunes vivent en été dans les herbages. En hiver les vaches, en plus d'une ration de foin, reçoivent souvent des betteraves et un peu de son.

Dans le Royanais, la Valloire et la Galaure, où les agriculteurs ne disposent pas généralement d'herbages, les animaux laitiers sont toujours nourris à l'étable où leur ration comprend des foins de prairies artificielles ou naturelles, et, en hiver, compte en plus des navets.

Chez les nourrisseurs ce sont les animaux des races tarentaise, d'Abondance et suisses, qui sont les plus recherchés.

Méthodes de reproduction. — Seul le Vercors possède une race autochtone qui présente une grande analogie d'origine avec celle du Villard-de-Lans. Mais celle-ci, par suite d'efforts soutenus de sélection et de bonne alimentation, ayant été améliorée plus vite que sa voisine, a été employée dans des croisements pour lui communiquer la perfection de ses formes. Depuis quelques années, la Société d'élevage du Vercors a facilité et récompensé l'introduction de reproducteurs de choix du Villard-de-Lans

Dans les autres régions (Royanais, Valloire et Galaure), où l'on fait naître des jeunes, jusqu'à ces dernières années la population bovine était très hétérogène.

Après quelques essais encourageants entrepris dans la Valloire et la Galaure sur des sujets de la race d'Abondance, une société d'élevage vient de se créer dans le but d'introduire des reproducteurs de cette race perfectionnée et d'éliminer peu à peu toutes les autres races.

Dans le Royanais, des taureaux et génisses tarentais ont été importés qui semblent donner de bons résultats. Deux sociétés d'élevage se sont créées pour l'introduction l'une de la race tarine et l'autre de la race tachetée.

Statistique et transactions commerciales. — La Drôme compte environ 600 taureaux, 20,000 bœufs, 12,000 vaches, 3,000 élèves d'un an et au-dessus, et 5,000 élèves de moins d'un an.

Durant toute l'année, sur les foires et marchés de Saint-Vallier, de Romans, de 'alence, on trouve des vaches laitières issues généralement de croisements où l'on econnaît surtout les races du Mézenc, d'Aubrac et tarentaise.

Ces vaches proviennent principalement de l'Ardèche, de l'Aveyron, de l'Isère; elles ont destinées pour la plupart aux nourrisseurs, et, dans une plus faible proportion, ux pays producteurs de beurre.

Les transactions sur les jeunes bovidés de six ou dix-huit mois qu'introduit le comnerce sont bien plus importantes.

Ces animaux sont de races diverses. Celles du Mézenc et de l'Aubrac dominent à 'état pur et avec leurs croisements. Les salers, les tarentais, les villard-de-lans sont ncore assez nombreux. Dans les fermes où il y a peu de travail et beaucoup de ourriture, on reçoit quelquefois des garonnais, des limousins et des charolais.

Tous ces jeunes sont amenés de leur pays d'origine par des négociants qui les ffrent aux agriculteurs, particulièrement aux foires et marchés de septembre, octobre, ovembre et décembre, qui se tiennent à Saint-Vallier, Tain, Romans, Valence, rest et Montélimar et dans quelques centres moins importants situés dans les régions e ces villes.

Au printemps suivant, une partie de ces jeunes passe dans d'autres exploitations; l en est de même de ceux qui l'automne suivant ont atteint seulement dix-huit iois. Les transactions s'opèrent dans les marchés et foires des mêmes centres.

Du reste, dès que les bœufs sont mis au travail, ils ne restent pas toujours dans la iême propriété jusqu'à l'âge adulte, ils font assez souvent l'objet d'échanges; on en rouve un certain nombre, parmi les bœufs adultes, qui sont présentés aux foires et narchés de juillet et d'août aux agriculteurs voulant les utiliser à leurs labours d'été.

On peut dire que presque toutes les foires et marchés tenus à cette époque dans e département sont l'occasion d'un mouvement commercial important sur ces aninaux.

Les marchés les plus achalandés sont ceux de Grand-Serre, Romans, Valence, rest, Luc-en-Diois, Montélimar, Dieulefit et Nyons.

Enfin les bœufs gras sont souvent achetés par la boucherie à la propriété même, nais on en trouve aussi un assez grand nombre aux foires et marchés d'automne et l'hiver des villes précédentes. Du reste on engraisse aussi des bœufs au printemps et n été, mais en moins grande quantité.

Les animaux gras non nécessaires à la consommation locale sont dirigés vers Mareille et Lyon.

On peut estimer que chaque année la Drôme importe 1,500 vaches et 6,000 jeunes ovidés et que les cultivateurs vendent à la boucherie un nombre égal de vaches et de œufs gras.

ESPÈCE OVINE.

On rencontre du bétail ovin à peu près dans tout le département.

Dans la partie montagneuse, sauf dans le Vercors, il y est très important depuis ongtemps. Autrefois les troupeaux étaient entretenus en été sur les pâturages de ces nontagnes. Le fumier produit servait à fertiliser les terres arables. Malheureusement la plupart de ces pâturages, situés sur des terrains en pente et déjà déboisés, furent dépouillés de toute végétation par les moutons, et des torrents se sont établis, ravinant e sol après avoir emporté la terre végétale.

La loi du 4 avril 1882 sur la conservation des terrains en montagne et le reboisement ne tarda pas de faire appliquer la mise en défens, aussi rigoureuse que justifiée, sur les terrains les plus ravagés et sur ceux qui étaient le plus exposés à être ruinés. Cette mesure souleva d'abord des protestations nombreuses, car elle empêchait brusquement l'exploitation séculaire du mouton et privait les agriculteurs des régions intéressées des engrais de troupeaux dont les terres arables avaient grand besoin. L'inquiétude ne fut heureusement pas de longue durée, car à la même époque apparaissaient les superphosphates, et de ce jour, avec les foins de luzerne devenus abondants, les agriculteurs n'eurent plus le regret d'être obligés de renoncer aux pâturages que l'Administration forestière réussissait à leur supprimer. Il en est résulté que le nombre des animaux entretenus en été sur les pâturages de montagne a sensiblement diminué. Par contre, les troupeaux entretenus en hiver ou toute l'année dans les exploitations sont devenus plus nombreux sinon plus importants; enfin l'engraissement des jeunes principalement tend à se généraliser.

Entreprises zootechniques et méthodes d'alimentation. — Dans la plaine d'une manière générale, plus rarement dans la partie montagneuse, les troupeaux vivent toute l'année dans les fermes : à la bergerie pendant les mois rigoureux de l'hiver; sur les chaumes, sur les terrains soumis à la demi-jachère et sur les terrains vagues ou boisés (blaches) du domaine à l'automne et au printemps.

Dans la région montagneuse (Diois, Baronnies, Vercors, Lus-la-Croix-Haute, Royanais) et dans les communes qui sont en bordure de ces régions, dans les cantons de Chabeuil, Crest, Bourdeaux et Dieulefit, les troupeaux sont tenus, comme précédemment, à l'automne, en hiver et au printemps. Mais de fin mai à octobre, le plus souvent ils séjournent sur les hauts pâturages établis sur des plateaux ou des terrains à faible pente et non encore soumis au régime forestier (Lus-la-Croix-Haute, Glandaz, Ambel, forêt de Saou, Roche-Courbe, Couspeau, Angèle, Mièlandre). Dans ce dernier cas, les agriculteurs qui ne peuvent « estiver » leurs animaux confient leur garde à des propriétaires de troupeaux plus importants, moyennant une redevance moyenne de 2 francs par tête.

Dans la plaine, dans les vallées fertiles, et partout où les ressources fourragères sont suffisantes, on fait souvent agneler trois fois tous les deux ans. Les agnelages se succèdent alors aux époques principales suivantes (septembre, mars, avril, janvier, septembre).

Dans les exploitations où les fourrages ne sont pas assez abondants, les brebis ne portent qu'une fois par an, en mars-avril.

Les agneaux nés à l'automne sont généralement engraissés et livrés à la boucherie vers l'âge de trois mois et demi à quatre mois et au poids de 18 à 25 kilogrammes.

Dans la région montagneuse, les propriétaires qui ne peuvent nourrir en hiver tous leurs animaux se débarrassent aux foires d'automne des brebis de réforme et de quelques brebis jeunes accompagnées de leurs agneaux ou avec les agneaux près de naître. Ces mères sont achetées le plus souvent par les petits exploitants des vallées qui désirent se constituer pendant l'hiver un petit troupeau (dit *capital*) pour faire consommer leurs fourrages et se procurer du fumier. Ils engraissent les agneaux et mettent en état les brebis vieilles pour les vendre à la boucherie. Quant aux brebis jeunes, elles sont rachetées par les propriétaires qui disposent de pâturages de printemps et d'été.

Les agneaux nés au printemps suivent généralement les mères au pâturage. A l'automne, presque tous ces agneaux sont engraissés; ils sont alors achetés par de petits agriculteurs qui les préfèrent aux brebis mères et à leurs plus jeunes agneaux.

De plus en plus rarement, les mâles sont conservés plus d'un an. Ceux qui pourtant ont passé deux étés au pâturage sont également engraissés, à l'âge de 15 ou 18 mois, par les agriculteurs de la plaine ou des vallées.

Il convient en outre d'ajouter que la commune de Lus-la-Croix-Haute, qui entretient environ 10,000 brebis sur ses pâturages d'été, va s'approvisionner pour une partie aux foires d'Arles; d'autre part, dans la région de Pierrelatte, un millier de moutons d'Algérie sont engraissés depuis mai jusqu'en août; enfin les montagnes de Glandaz, Combemale, Col du Rousset, Chirole, Ambel et Fondurle reçoivent de 25,000 à 30,000 ovins transhumants de la Crau, qui y séjournent depuis juin jusqu'à la fin octobre.

En résumé les méthodes de production essentielles pratiquées dans la Drôme consistent dans l'entretien de troupeaux de brebis mères de la race locale, dans la production et l'engraissement de leurs agneaux vendus à l'âge de 3 mois et demi à 4 mois ou de 10 à 12 mois; enfin dans la production et l'engraissement de moutons vendus à l'âge de 18 mois ou deux ans.

L'alimentation ne donne lieu à des remarques intéressantes qu'en ce qui concerne les rations des brebis mères-nourrices et des sujets soumis à l'engraissement.

Les brebis mères, pendant l'allaitement, sont soumises à une alimentation soignée, surtout si leurs agneaux sont engraissés pour la vente à l'âge de 3 mois et demi à 4 mois.

Dans ce dernier cas, la nourriture des brebis est intensive. Elle se compose le plus généralement de bon foin de légumineuses (luzerne particulièrement) et d'un mélange, fermenté durant vingt-quatre heures, de betteraves coupées, de balles de blé saupoudrées de farine. Les agneaux qu'elles produisent sont improprement appelés agneaux de lait. En effet, dès l'âge de 10 à 15 jours, ils reçoivent, en plus du lait de la mère, une petite ration de grains (maïs, vesce, lentille, orge ou sorgho à balais). On leur donne ensuite un peu de bon foin de regain tendre et quelquefois on leur fait manger une petite quantité du mélange de betteraves, balles et farine donné aux mères.

Toutes les opérations d'engraissement se font avec des grains; elles comportent très rarement l'emploi des tourteaux et des pommes de terre.

Les brebis qui n'allaitent pas et les autres ovidés entretenus à la bergerie reçoivent seulement pendant l'hiver, à la bergerie, de la «mêlée» ou mélange de foin et de paille, des feuilles d'arbres (mûrier, olivier, chêne).

Méthodes de reproduction. — A l'exception des brebis d'Arles, introduites à Lus-la-Croix-Haute, des moutons d'Algérie engraissés à Pierrelatte, de la population ovine du Vercors, peu nombreuse du reste, qui provient des croisements opérés par les mérinos transhumants vivant, en été, dans le voisinage; à l'exception enfin d'un petit nombre de troupeaux constitués avec les races pures southdown et charmoise et de quelques sujets obtenus avec les croisements de ces races perfectionnées, tous les ovidés de la Drôme appartiennent à la race de pays, désignée sous les noms de *race de Sahune, de Saint-Nazaire-le-Désert* et *de Quint.*

Depuis quelques années, sous l'impulsion donnée par la Société des agriculteurs de la Drôme, les croisements des brebis de pays avec des béliers southdowns et charmois sont de plus en plus pratiqués dans la plaine pour la production d'agneaux de boucherie plus précoces. Ces produits sont maintenant recherchés par les bouchers à cause de leur rendement en viande plus élevé.

La race de pays est soumise à la sélection. Les propriétaires des troupeaux ont de plus en plus le souci de ne conserver pour la reproduction que les agnelles et les mâles de belle venue et les plus précoces.

Statistique et transactions commerciales. — Le nombre de reproducteurs ovins s'élève approximativement à 159,000 têtes, dont 150,000 brebis et 9,000 béliers. Ils produisent annuellement 170,000 agneaux, parmi lesquels 25,000 restent dans les troupeaux pour le renouvellement des reproducteurs, 110,000 sont vendus gras à un âge inférieur à 1 an, et 35,000 sont engraissés à 15 ou 18 mois.

Le département vend ainsi à la boucherie et après engraissement : 1° 25,000 brebis et béliers de réforme, au prix moyen de 25 francs; 2° 80,000 agneaux de 3 mois et demi à 4 mois, au prix moyen de 20 francs; 3° 30,000 agneaux de 10 à 12 mois, au prix moyen de 25 francs; 4° 35,000 moutons de 18 mois à 2 ans, au prix moyen de 35 francs. C'est donc une recette de 4,220,000 francs que procure aux agriculteurs de la Drôme la vente à la boucherie des produits ovins.

Les achats de ces animaux sont faits par des commissionnaires dans les fermes et sur quelques foires et marchés (Nyons, Buis-les-Baronnies, Vaison, Saint-Paul-Trois-Châteaux, Pierrelatte, Dieulefit, Crest, Die, Chabeuil, Valence, Romans). Depuis quelques années, on fait en hiver des expéditions d'agneaux dépouillés prêts à la vente.

En dehors des débouchés locaux, les principaux centres de consommation de ces produits sont Nice, Cannes, Hyères, Marseille, Avignon, Lyon, Saint-Étienne, Paris, Genève, Lucerne.

Mais, comme il a été dit plus haut, l'espèce ovine donne lieu à des transactions importantes au printemps et à l'automne entre les agriculteurs locaux, entre ceux qui disposent des pâturages étendus d'été et ceux qui font l'hivernage. Ces transactions se font aux marchés et aux foires qui se tiennent dans les principaux centres de production : Nyons, Buis-les-Baronnies, la Motte-Chalançon, Marsanne, Dieulefit, Saint-Nazaire-le-Désert, Saint-Julien-en-Quint, Die, Châtillon, Glandage, Lus-la-Croix-Haute, Luc-en-Diois, Chateuil, Saint-Jean-en-Royans.

Les agriculteurs de la plaine qui entretiennent des troupeaux toute l'année les rajeunissent de temps à autre, en se procurant des reproducteurs dans les meilleurs centres de production, et particulièrement dans la vallée de Quint.

Laine. — La Drôme vend environ 450,000 kilogrammes de laines en suint, classées parmi les croisées inférieures, dont le prix moyen depuis quelques années est de 1 fr. 50 le kilogramme.

Ces laines sont achetées à domicile par des commissionnaires ou des négociants locaux spéculateurs.

Par la coopération, les agriculteurs pourraient faire peigner ces laines. Ainsi traitées, elles trouveraient des prix avantageux en Allemagne.

D'autre part, il semblerait aussi que la vente des laines au marché de Dijon serait susceptible de laisser entre les mains des producteurs une partie des bénéfices retenus par les intermédiaires.

ESPÈCE CAPRINE.

On rencontre des chèvres un peu partout, dans la plupart des exploitations, mais en nombre plus élevé dans la région montagneuse, les Baronnies, le Diois et le Royanais. Depuis l'extension du domaine soumis au régime forestier, cette population n'a cessé de diminuer.

La chèvre est surtout entretenue pour le lait qu'elle donne à la famille des agriculteurs.

Dans certaines régions, le lait sert aussi à fabriquer des fromages dont les plus renommés sont les *picodons*, obtenus dans les régions de Bourdeaux, Dieulefit et Nyons. Ailleurs, les ménagères confectionnent assez souvent des *tommes* qui, vendues fraîches ou en voie de maturation, constituent des fromages assez recherchés. Dans la région de Romans, ces fromages *faits* sont du type du fromage de Saint-Marcellin. Dans le canton de Châtillon, on produit le fromage d'*Archiane*, du type façon Roquefort, qui a eu sa renommée autrefois, mais dont la fabrication a notablement diminué d'importance. Accessoirement les chèvres donnent des chevreaux dont le plus grand nombre est vendu à la boucherie à l'état de chevreaux de lait.

L'alimentation des chèvres n'a de particulier que sa simplicité. Elles vivent le long des haies, dans *les blaches;* dans certaines communes de la montagne, elles sont menées chaque jour sous la conduite d'un berger commun.

Les provisions de feuilles d'arbres leur sont généralement destinées pour leur nourriture d'hiver.

Statistique et transactions commerciales. — L'effectif des caprins est d'environ 70,000 têtes. Chaque chèvre produit annuellement un ou souvent deux chevreaux. On peut estimer à 90,000 le nombre des chevreaux de lait vendus à la boucherie au prix moyen de 6 francs par tête. Ils sont consommés sur place ou expédiés principalement à Marseille, Lyon et Saint-Étienne. Ces animaux sont achetés dans les fermes par des commissionnaires.

La vente des fromages se fait surtout sur les marchés locaux. Ces fromages sont consommés sur place. Cependant les picodons de Nyons sont expédiés en partie à Valréas, Orange, Avignon et Marseille. Les tommes sont vendues 0 fr. 15 à 0 fr. 20 pièce et les picodons 2 francs le kilogramme.

Le produit d'une chèvre dont le lait est transformé en fromage est évalué à environ 50 francs, chevreaux compris.

La chèvre n'a pas été jusqu'ici l'objet d'une sélection aussi attentive que les autres animaux laitiers. Cependant, le rendement de cette *vache du pauvre* n'est pas négligeable, aujourd'hui surtout où la consommation des petits fromages se répand de plus en plus.

La création de familles très laitières rendrait des services fort appréciables dans le département.

ESPÈCE PORCINE.

Presque tous les agriculteurs de la Drôme produisent la viande de porc gras nécessaire à la consommation familiale. Le porc constitue d'ailleurs avec les pommes de terre la base de l'alimentation des populations rurales.

Entreprises zootechniques. — Méthodes d'alimentation. — La production des jeunes est presque exclusivement pratiquée dans la Valloire, la Galaure, dans les régions de Romans, Valence, Crest et Montélimar. Les porcelets nés au printemps ou au commencement de l'automne sont achetés, à l'âge de six ou huit semaines, par les agriculteurs qui ne se livrent pas à la production. Ces agriculteurs les conservent en général jusqu'à complet engraissement. Cependant assez fréquemment ils revendent les jeunes porcs vers l'âge de six mois et au poids d'environ 50 kilogrammes. Ceux-ci passent alors dans d'autres exploitations où ils sont poussés à l'engraissement jusqu'au poids de 100 à 120 kilogrammes ou de 150 à 170 kilogrammes.

Plus rarement on rencontre sur les marchés des porcs maigres âgés d'un an environ, qui sont prêts pour l'engraissement et qui au bout de trois ou quatre mois d'un régime convenable pèsent 150 à 170 kilogrammes.

Les porcs utilisent, normalement et à l'état cuit, des feuilles de mûrier, des litières de vers à soie, des racines et petits tubercules, des choux et, dans la période d'engraissement, leur ration comprend de plus de la farine de seigle, du maïs ou des pois chiches et exceptionnellement des tourteaux.

Méthodes de reproduction. — La race du Dauphiné, qui domine dans la Drôme, n'a guère été soumise à une sélection raisonnée et il a fallu l'introduction de verrats yorkshire et craonnais pour améliorer sensiblement les formes d'une partie de la population porcine.

Statistique et transactions commerciales. — La Drôme compte environ 500 verrats et 14,000 truies qui donnent en moyenne 115,000 gorets annuellement. Le nombre des animaux engraissés par an est de 80,000.

Des transactions sont établies avec les départements voisins (Hautes-Alpes, Isère, Ardèche), mais les mouvements d'importation et d'exportation sur les animaux jeunes semblent être équivalents.

Les ventes de porcs jeunes ou de porcs maigres plus âgés s'opèrent sur les foires et marchés de printemps et d'automne des principaux centres d'élevage, Saint-Vallier, Saint-Donat, Romans, Valence, Crest, Montélimar. Une partie de ces animaux est achetée par des négociants qui vont les revendre dans les foires qui succèdent aux précédentes dans les centres de la région montagneuse.

Les porcs gras sont en grande partie nécessaires aux besoins locaux; le reste sert à l'alimentation de Grenoble, Lyon et Saint-Étienne.

ANIMAUX ET PRODUITS DE BASSE-COUR.

L'importance des produits de la basse-cour s'accroît sans cesse. On exploite surtout les poules et les lapins et, dans une mesure plus faible, les pintades, les dindes et les canards.

On produit pour la vente des œufs des poulets de grains, des pintades, des dindes, des canards et des lapins.

En dehors des herbes, des grains et tubercules récoltés, de la nourriture que la volaille va chercher dans les champs, les animaux de basse-cour reçoivent une petite quantité de denrées commerciales, principalement des pâtées de son.

La notion de l'importance du choix des reproducteurs est connue maintenant à peu près de toutes les fermières. Mais elles ignorent encore trop les inconvénients d'une longue consanguinité.

Les essais d'introduction de races perfectionnées (bresse, faverolles, etc.) qui ont été faits ont donné des résultats satisfaisants. Dans la majorité des cas, la sélection de la poule commune restera le moyen le mieux approprié.

Statistique et transactions commerciales. — La population des animaux de basse-cour n'a pas été recensée. Il est difficile de trouver des chiffres à peu près exacts pour la production de tout le département, car il est impossible de calculer l'importance des ventes faites sur les marchés hebdomadaires des principales villes et à domicile pour la consommation locale.

Cependant, on peut estimer que la basse-cour produit annuellement une somme de 100 à 120 francs dans une exploitation de 3 hectares, de 200 francs dans une exploitation de 5 à 6 hectares et de 400 à 500 francs dans une exploitation de 10 à 12 hectares.

Un mouvement important d'exportation fait écouler vers les villes du Midi, vers Grenoble, Lyon, Saint-Étienne, environ un million de douzaines d'œufs au prix moyen de 0 fr. 90, 300,000 volailles d'une valeur de 600,000 francs environ (poulets d'un poids moyen de 1 kilogramme, vendus à raison de 1 fr. 50 le kilogramme; poules de 2 kilogrammes à 1 fr. 25 le kilogramme; pintades de 1 kilogr. 500 à 1 fr. 50 le kilogramme; dindes de 6 kilogrammes à 1 fr. 25 le kilogramme); enfin 700,000 lapins de 2 kilogr. 500 à 0 fr. 75 le kilogramme.

Les ventes pour l'exportation se font aux marchés et le plus souvent à domicile à des coquetiers qui font les expéditions.

SÉRICICULTURE.

Sériciculture. — 350 communes du département sur 379 font l'élevage du ver à soie. Le nombre de sériciculteurs dépasse 25,000.

La récolte en cocons est d'environ 1 million de kilogrammes. Ces cocons sont achetés à domicile ou sur les marchés (Nyons, Die, Crest, Valence) par des commissionnaires ou des spéculateurs. Cette production mérite d'être encouragée, car lorsque les éducations réussissent, c'est la joie et l'aisance dans les ménages d'un grand nombre de petits agriculteurs.

Les rendements moyens en cocons ne cessent de s'accroître, parce que les *magnaudeuses*, les éducatrices ont fait de très grands progrès dans leur méthode d'élevage des vers. Il convient en outre de faire observer que les graineurs livrent souvent des graines de premier choix.

EURE.

D'après la statistique, la population animale se répartissait de la manière suivante dans l'Eure en 1905.

		têtes.			têtes.
Espèces	chevaline	50,178	Espèces	ovine	280,793
	mulassière	109		porcine	36,085
	asine	5,574		caprine	3,220
	bovine	149,582			

ESPÈCE CHEVALINE.

Le département de l'Eure importe régulièrement des poulains et pouliches de 6 ou de 18 mois, originaires de la Mayenne, de la Sarthe ou de l'Orne; tous ces animaux, élevés et dressés, sont revendus à 5 ou 6 ans.

Le modèle le plus communément répandu est le «cheval d'omnibus», c'est-à-dire un percheron plus ou moins étoffé. L'Eure est en effet l'un des départements où la Compagnie parisienne des omnibus fait les plus nombreux achats.

Depuis quelques années, l'élevage du demi-sang se propage un peu.

Les foires à poulains d'Évreux (6 décembre), de Verneuil, de Pont-Audemer, sont très suivies; à la *foire Fleurie* de Bernay, il règne toujours un bon courant d'affaires.

A Bernay, l'administration des Haras a pu trouver souvent des étalons de trait.

ESPÈCE BOVINE.

Bœufs et vaches pour la boucherie. — D'après les renseignements recueillis, les envois faits par chemin de fer vers Paris et Rouen atteignent dans une année moyenne 10,000 têtes. A ce chiffre s'ajoutent les expéditions faites par route vers le marché de Rouen et provenant surtout du Marais-Vernier : 1,500 têtes environ chaque année.

L'engraissement des bêtes à cornes se fait de deux façons :

1° L'engraissement dans les herbages des vallées et au Marais-Vernier : parfois les bœufs sont achetés dès le mois de février ou le commencement de mars et sont vendus à la boucherie dès le mois de juillet; ceux que l'on met au pré lorsque les herbes poussent ne sont vendables que plus avant dans l'été. Aux premiers on distribue chaque jour du foin ou de la paille en attendant la pousse;

2° L'engraissement d'hiver (à la pulpe) qui se pratique dans les grandes fermes de l'arrondissement des Andelys et dans les fermes de la sucrerie de Nassandres; souvent cet engraissement en stabulation porte sur des vaches laitières réformées.

L'élevage local ne suffit pas à approvisionner les pâtures d'embouche; les cultivateurs de l'Eure achètent des animaux normands dans le Cotentin et des durham-manceaux dans la Mayenne et le Maine-et-Loire.

Veaux gras. — Chaque année plus de 22,000 veaux gras sont expédiés vers Paris, Rouen et Elbeuf. Pendant la belle saison on en expédie également de quelques communes des arrondissements de Pont-Audemer et de Bernay, vers Trouville et les environs.

Les marchés de Verneuil, Nonancourt, Damville, Saint-André, Pacy (arrondissement d'Évreux) et de Gaillon (arrondissement de Louviers) sont très suivis des acheteurs parisiens, car les veaux y sont en général très blancs.

Vaches amouillantes. — Si le département de l'Eure achète des animaux en Basse-Normandie, il en vend par contre à des commissionnaires qui expédient des vaches amouillantes aux environs de Paris : 1,200 ou 1,500 têtes sont ainsi livrées chaque année.

Lait. — L'exportation annuelle sur Paris doit dépasser 365,000 hectolitres, soit 100,000 litres environ par jour.

Des laiteries font le ramassage deux fois par jour à domicile, payant suivant la saison, la distance, l'importance des livraisons, de 9 à 14 centimes le litre. Toutes ces laiteries sont dans les cantons les moins éloignés de Paris; cependant la zone d'importation tend à s'accroître vers Verneuil, Beaumont-le-Roger, Ménesqueville.

A côté des laiteries en gros, certaines exploitations expédient à des correspondants tenant des dépôts à Paris.

Toutes les laiteries en gros possèdent maintenant des pasteurisateurs. Les excédents de lait sont transformés en beurre et parfois en fromages. A tous les établissements sont annexées d'importantes porcheries.

Beurre. — On doit signaler quelques usines remarquablement montées à Vesly, à la Goulafrière, etc.; mais beaucoup de maisons plus simplement outillées travaillent pour les gros négociants de Valognes et de Carentan : ces commerçants font aussi acheter chaque semaine des quantités parfois considérables de *petits beurres* préparés dans les fermes (Cormeilles). Les prix d'été varient de 0 fr.80 à 1 fr. 10 le demi-kilogramme; les prix d'hiver oscillent entre 1 fr. 30 et 1 fr. 60.

Certains dépôts de laiterie, comme celui d'Évreux, préparent d'importantes quantités de beurre.

L'exportation annuelle doit dépasser 1 million de kilogrammes de beurre.

Fromages. — Les établissements les plus importants expédient sur Paris : la Goulafrière, etc. La fabrication porte surtout sur le genre camembert.

Evaluation : 1,200,000 kilogrammes par an.

ESPÈCE OVINE.

Les grandes fermes de l'arrondissement des Andelys et les fermes de la sucrerie de Nassandres s'occupent presque seules de l'engraissement d'hiver à la bergerie, et cela en vue d'utiliser les pulpes de sucrerie et de distillerie. Dans les plaines de Neubourg et de Saint-André, quelques fermes font toute l'année l'engraissement des moutons, mais simplement en vue de fournir à la consommation locale, alors que dans le premier cas on expédie sur Paris et sur Rouen. Nassandres envoie à Cherbourg des agneaux southdown-berrichons atteignant le poids de 30 livres à 5 mois.

L'élevage ne suffit pas aux demandes des engraisseurs qui font des achats au dehors et particulièrement en Beauce.

ESPÈCE PORCINE.

L'élevage des porcs est peu important dans le département et ces animaux ne donnent lieu dans l'Eure qu'à un commerce d'exportation assez restreint.

ANIMAUX ET PRODUITS DE BASSE-COUR.

Les marchés de Verneuil, Damville, Conches sont visités par des courtiers expédiant sur Paris. Routot approvisionne en partie Rouen et Elbeuf. Pont-Audemer, Cormeilles et Beuzeville approvisionnent en été les stations de bains de mer voisines, et l'Angleterre pendant l'hiver.

On expédie du département un minimum de 5,000 cageots de 20 volailles chaque année.

Montreuil-l'Argillé (arrondissement de Bernay) est, chaque année en décembre, le point d'expédition d'environ 10,000 dindes à destination de l'Angleterre.

Œufs. — L'exportation annuelle est évaluée à 1,500,000 douzaines.

Des courtiers visitent régulièrement les marchés de Cormeilles (jusqu'à 16,000 douzaines chaque semaine en mai), de Pont-Audemer, de Bernay, de la Barre, de Routot, etc., etc. L'exportation des deux premiers points vers l'Angleterre est très importante, tandis que Verneuil, Conches, etc., envoient de préférence sur Paris.

En résumé on peut dire que toutes les spéculations dérivant de l'élevage sont dans une situation prospère dans le département. Depuis la disette fourragère de 1893, les populations chevaline et bovine se sont constamment accrues ; la qualité du bétail s'est améliorée par suite des progrès réalisés dans le choix des reproducteurs et dans l'alimentation. Les agriculteurs trouvent d'ailleurs un précieux stimulant dans la constitution des sociétés d'assurances mutuelles contre la mortalité des animaux. Il serait désirable que la constitution de coopératives laitières vînt accroître encore les bénéfices des producteurs.

EURE-ET-LOIR.

ESPÈCE CHEVALINE.

Les chevaux d'Eure-et-Loir appartiennent en grande majorité à la magnifique race percheronne qui, pendant les XIIIe et XIVe siècles, jouissait déjà d'une grande réputation et dont les destriers gris étaient alors célébrés par les trouvères.

L'ancienne province du Perche, berceau de la race, n'emprunte à l'Eure-et-Loir qu'une faible étendue de territoire; elle s'étend davantage dans l'Orne et le Loir-et-Cher. En réalité, dans le département on élève beaucoup plus de chevaux qu'on n'en fait naître, car la Beauce et le Thimerais, qui occupent les quatre cinquièmes du département, ont la spécialité de faire l'éducation des poulains qui sont tirés surtout du Perche. La production des poulains n'est active que dans les cantons de Nogent-le-Rotrou, Thiron, Authon, La Loupe, Illiers, Brou et Cloyes.

Le cheval percheron, pur de tout mélange étranger, est de tous les chevaux de trait léger celui qui, par l'ensemble des formes, présente la plus grande élégance.

Le percheron, à une force et une vigueur peu communes, à une conformation puissante et pleine d'attraits, sait allier la douceur, la patience, la docilité et la franchise. Il est d'un tempérament rustique, sobre et énergique.

Il a les allures vives et légères et possède cette inappréciable qualité de pouvoir traîner de lourdes charges aux allures rapides. C'est par excellence le type du postier et du cheval d'omnibus. Avant l'établissement des chemins de fer, la plupart des chevaux de diligence des environs de Paris étaient percherons, et aujourd'hui la cavalerie de la Compagnie générale des omnibus en est presque exclusivement composée.

Les chevaux percherons trouvent en France de sérieux débouchés. La demande en est toujours active, car ils répondent le mieux aux besoins de l'agriculture et de l'industrie.

On a tenté d'implanter la race dans le Nivernais et les Américains du Nord, après en avoir reconnu la supériorité, sont venus et viennent toujours dans le Perche faire des achats considérables qui ont enrichi le pays, afin d'essayer de doter les États-Unis de cette excellente espèce.

Stimulés par le meilleur des encouragements, le profit, les éleveurs du Perche ont su se passer des encouragements de l'État. Basant leur production sur une sélection méthodique, ils ont assuré son avenir en ouvrant un stud-book percheron sous les auspices de leur puissante société hippique.

Sous l'impulsion des Américains, les éleveurs avaient, il y a une vingtaine d'années, une tendance exagérée à faire gros. On est revenu aujourd'hui à une notion plus exacte de ce que doit être le moteur animé; et si le cheval percheron est grossi sensiblement, il est resté solidement musclé et muni d'articulations larges et solides.

Le percheron a une taille de 1 m. 55 à 1 m. 65 et pèse de 500 à 700 kilogrammes. La robe gris pommelé qui dominait autrefois a tendance à disparaître devant la demande persistante des robes foncées. Le percheron noir avec fond pommelé dans le jeune âge devient de plus en plus commun. La tête est un peu grosse, mais l'œil vif et intelligent l'allège. Le profil est légèrement onduleux; les sus-naseaux présentent un sillon médian à partir de leur tiers supérieur.

Nés dans le Perche, généralement au printemps, les jeunes laitons sont pour la plupart achetés de six mois à un an par les cultivateurs, qui les conservent jusqu'à deux ans et demi. Ils vont alors dans les plaines de la Beauce, où on les dresse au travail. Vers l'âge de 4 ou 5 ans, ils sont vendus pour l'industrie et Paris. Nourris d'avoine et de foin de prairie artificielle, les poulains et les jeunes chevaux, soumis à un travail régulier et sans excès, sont dans les meilleures conditions pour prospérer. Les pouliches restent généralement dans le Perche.

Outre les percherons véritables, on trouve dans les fermes des jeunes chevaux picards, bretons, poitevins et même boulonnais qui sont venus se faire élever en Eure-et-Loir pour être ensuite vendus sur les grandes foires à Chartres.

La population chevaline atteignait en 1905 le nombre de 45,843 têtes, dont

12,083 de moins de 3 ans et 33,760 de plus de cet âge. Depuis 1892, il y a augmentation de 3,527 têtes.

Les opérations commerciales auxquelles donne lieu cette importante population chevaline sont considérables, mais il n'est pas facile de les supputer dans leur ensemble avec exactitude. En effet, les transactions se pratiquent de plus en plus directement à la ferme sans passer par les marchés, ce qui paraît dans une certaine mesure regrettable par suite de la diminution de la concurrence qui en résulte. Pour fixer les idées, voici le relevé des ventes effectuées sur les marchés et dans les foires, en faisant remarquer que ce ne sont là que des états très inférieurs à la réalité.

CHEVAUX VENDUS SUR LES MARCHÉS D'EURE-ET-LOIR.

ARRONDISSEMENT DE CHARTRES.	
Chartres	4,000
Auneau	60
Gallardon	5
Épernon	10
Le Puiset	80
Toury	100
TOTAL	4,255

ARRONDISSEMENT DE DREUX.	
Dreux	200
Senonches	400
TOTAL	600

ARRONDISSEMENT DE CHÂTEAUDUN.	
Châteaudun	420
Bonneval	500
Brou	400
Cloyes	50
Courtalain	1,600
Arron	30
TOTAL	3,000

ARRONDISSEMENT DE NOGENT-LE-ROTROU.	
Nogent-le-Rotrou	600
Authou	110
La Bazoche-Gouet	60
Beaumont-les-Autels	6
La Loupe	995
TOTAL	1,771

L'ensemble des ventes atteint ainsi sur les marchés 9,626 têtes. Chartres est le marché le plus important; ensuite viennent Courtalain, La Loupe, Nogent-le-Rotrou, Bonneval, Châteaudun et Brou.

ESPÈCE BOVINE.

Les bêtes bovines d'Eure-et-Loir, sauf de rares exceptions, appartiennent à la race normande ou à ses dérivés.

On élève peu, surtout en Beauce. Les agriculteurs achètent leurs vaches en Normandie ou sur les foires locales, qui sont alimentées par les marchands du pays et les marchands de bestiaux de Normandie.

La population est constituée comme il suit :

Taureaux	2,125
Bœufs	1,639
Vaches	79,508
Élèves de plus de 1 an	9,186
Veaux de 6 mois à 1 an	7,863
TOTAL	100,301

Les transactions commerciales auxquelles donnent lieu le troupeau de bovins sur les marchés d'Eure-et-Loir sont en moyenne les suivantes :

BOEUFS ET VACHES.

ARRONDISSEMENT DE CHARTRES.	têtes.		têtes.
Chartres	3,000	Brou	5,060
Auneau	3,400	Cloyes	150
Épernon	5	Courtalain	400
Toury	110	Sancheville	85
		Arron	60
ARRONDISSEMENT DE DREUX.			
Dreux	60	ARRONDISSEMENT DE NOGENT-LE-ROTROU.	
Brezolles	20		
Senonches	150	Nogent-le-Rotrou	1,200
		Authon	50
ARRONDISSEMENT DE CHÂTEAUDUN.		La Bazoche-Gouët	700
Châteaudun	600	Beaumont-les-Autels	12
Bonneval	500	La Loupe	685

Le nombre total de têtes vendues est donc de 16,247.

Veaux. — Le commerce de veaux de toute nature est très important. Le département est un centre estimé pour la production du veau de boucherie *blanc*. Les ventes sur les marchés donnent une idée de l'importance des transactions; mais beaucoup d'achats sont faits directement dans les étables.

	têtes.		têtes.
Chartres	10,000	Courtalain	40
Maintenon	3,400	Nogent-le-Rotrou	1,000
Dreux	2,080	Authon	80
Châteauneuf	600	La Loupe	12,705
Châteaudun	55	TOTAL	57,660
Brou	27,700		

Pour les bœufs et vaches, les marchés sont, par ordre d'importance, Brou, Chartres, Nogent-le-Rotrou, la Bazoche-Gouët, La Loupe, Châteaudun, Bonneval, Courtalain.

Pour les veaux, Brou, La Loupe, Chartres, Maintenon, Dreux, Nogent-le-Rotrou.

Il est expédié au marché de La Villette un assez grand nombre d'animaux de boucherie de l'espèce bovine. Voici le relevé des expéditions pour 1901 :

Bœufs	1,517	Taureaux	667
Vaches	2,482	Veaux	19,912

Il est également expédié aux Halles de Paris un poids de viande notable :

Bœuf et vache	52,949 kilogr.
Veau	305,411
TOTAUX	358,360

Produits de laiterie. — On peut estimer que les 79,000 vaches du département sont aptes à donner une production de lait de 139,200,000 litres par année.

Il en est expédié en nature une quantité d'environ 40,000,000 de litres pour Paris. Le prix de vente à la ferme est d'environ 0 fr. 13 par litre en hiver et 0 fr. 10 en été.

La fabrication du beurre, celle du fromage, l'élevage et l'engraissement des veaux et la consommation locale absorbent le reste.

D'après les relevés des divers marchés locaux, il est vendu 831,671 kilogrammes de beurre. Les laiteries en produisent 450,000 à 500,000 kilogrammes. Convertie en lait à raison de 26 litres par kilogramme de beurre, cette production représente environ 31 millions de litres de lait.

Le fromage vendu sur les marchés donne un poids de 1,356,295 kilogrammes. Il en est produit dans les fromageries environ 275,000 kilogrammes. Le lait correspondant, à raison de 8 litres par kilogramme de fromage, atteint un volume de 13 millions de litres. Les 55 millions de litres restants servent à l'alimentation des veaux et à la consommation des habitants.

Les marchés les plus importants pour la vente du beurre sont Sancheville, Auneau, Chartres, Terminiers, Cloyes, Brou, Bonneval.

Pour le fromage Sancheville, Chartres, Brou, Auneau, Bonneval.

ESPÈCE OVINE.

Le mouton joue dans l'économie rurale du département un rôle qui ne peut être rempli par aucun autre animal; il utilise les herbes qui garnissent les chaumes après la récolte et il ramasse les épis échappés au moissonneur. Ce rôle est très important surtout dans les vastes plaines de la Beauce, dont le climat sec convient spécialement aux bêtes ovines.

Autrefois on considérait le mouton comme un producteur de laine et de fumier. Depuis l'abaissement du cours des laines, par suite de la concurrence de l'Australie et de La Plata, depuis l'emploi de plus en plus généralisé des engrais de commerce, depuis enfin que, par suite d'une demande de plus en plus grande, la viande a vu ses prix s'élever, le mouton n'est plus la *bête à laine*, c'est, comme le bœuf à l'engrais, une bête à viande qui fournit accessoirement de la laine et du fumier.

Avec les anciennes conditions économiques, le mérinos s'était répandu dans toutes les exploitations du département et, encore aujourd'hui, il forme le fond de la population ovine. Grâce à ses grandes jambes, le mérinos beauceron est bon marcheur; son appétit est aussi très développé. Sa chair, qui autrefois avait un goût prononcé de suint, est aujourd'hui de qualité meilleure depuis qu'on le mène de bonne heure à la boucherie.

La toison est très étendue, la mèche a environ 0 m. 08 de longueur. Le suint est épais et dur au toucher. Le diamètre du brin est fin 23 μ. Le poids moyen des béliers est de 69 kilogrammes et il va jusqu'à 100 et 120 kilogrammes. Les brebis pèsent 40 kilogrammes et atteignent parfois 70 kilogrammes; enfin les moutons pèsent 42 kilogrammes d'ordinaire; engraissés ils vont jusqu'à 60 et 70 kilogrammes. Les toisons pèsent en moyenne 4 kilogrammes.

On a cherché à améliorer le mérinos en le croisant avec le dishley. Il existe aujour-

Planche VIII.

RACE OVINE DISHLEY-MÉRINOS.

BREBIS.

BÉLIER.

d'hui d'assez nombreux troupeaux de dishley-mérinos, qui ne laissent rien à désirer sous le rapport de la précocité et de l'aptitude à l'engraissement. Dans les fermes à culture intensive, on fait avantageusement l'agneau gras qu'on livre à 8 ou 10 mois, alors qu'il pèse de 40 à 45 kilogrammes. C'est le procédé d'exploitation le plus lucratif du dishley-mérinos.

Le recensement de la population ovine a donné en 1905 les résultats suivants :

Béliers	2,140	531,283 têtes.
Moutons	79,905	
Brebis	304,447	
Agneaux et agnelles	144,731	

Le nombre des moutons est en décroissance. Le troupeau, pendant la période 1882-1890, était de 625,893 têtes en moyenne. Il a perdu 94,000 têtes. Cette diminution était déjà très nette en 1882; elle se continue. La baisse de prix de la laine y a beaucoup contribué sans doute, mais la modification profonde introduite dans l'exploitation du troupeau, l'obligation de livrer le mouton de plus en plus jeune à la boucherie n'y a pas été étrangère non plus.

Voici, ci-dessous, le relevé des moutons vendus sur les principaux marchés :

	têtes.		têtes.
Chartres	8,000	Brou	17,700
Auneau	3,500	Nogent-le-Rotrou	14
Toury	6,130	Authon	350
Dreux	800	La Bazoche-Gouet	4,500
Brezolles	1,200	La Loupe	754
Châteaudun	40	Total	43,366
Bonneval	378		

De nombreuses expéditions sont faites directement par les cultivateurs au marché de La Villette. En 1901, il en a été envoyé 96,253. D'autre part, il a été expédié aux Halles, la même année, 201,093 kilogrammes de viande de mouton.

Les marchés les plus importants pour le mouton sont Brou, Chartres, Toury, La Bazoche-Gouët et Auneau. Mais les marchés n'intéressent guère que la consommation locale.

La production de la laine peut être estimée à 2 millions de kilogrammes en nombre rond. Aujourd'hui, pour ce produit, toutes les ventes se font à la ferme. Il n'en apparaît sur les marchés que par exception.

Le chien joue un rôle indispensable dans la garde des troupeaux et il serait impossible de se passer de son auxiliaire pour la conduite des moutons au pâturage. Le chien de berger de la Beauce, d'aspect un peu sauvage et rude, ne manque pas cependant d'élégance. De taille moyenne et bien proportionné, il a la tête un peu grosse, le museau un peu étroit, le front large, l'œil roux jaunâtre et petit mais plein de vivacité; les membres sont robustes. La fourrure est rude et fournie, foncée en dessus, plus claire en dessous. Le dos et le dessus de la tête sont noirs, gris foncé ou gris jaunâtre; le ventre, le poitrail sont plus clair ou fauve ardent. La tête a le poil ras et les oreilles sont droites. L'arrière des membres est garni de poils abondants et la queue est fournie d'un élégant panache.

ESPÈCE PORCINE.

Les porcs en Eure-et-Loir appartiennent principalement à la race normande. On en a dénombré 23,440 têtes ainsi réparties en 1905 :

Verrats	80	23,440 porcs.
Truies	1,075	
Porcs à l'engrais	5,788	
Porcelets	16,497	

L'élevage des porcs ne se fait guère que pour la consommation locale qui, du reste, n'est pas satisfaite par la production. Il y a une importation assez considérable.

Nous donnons ci-après le relevé des ventes annuelles sur les marchés du département en faisant, comme pour les autres produits, l'observation que ce n'est là qu'une partie des transactions.

	têtes.		têtes.
Chartres	8,200	Brou	15,500
Auneau	1,200	Cloyes	4,500
Gallardon	500	Nogent-le-Rotrou	7,430
Toury	95	Authon	12
Dreux	4,680	La Bazoche Gouët	250
Brezolles	50	La Loupe	5,952
Châteauneuf	1,050	Arrou	30
Semouches	150		
Anet	200	Total	49,899
Chateaudun	100		

Il est expédié sur La Villette quelques wagons de porcs (778 têtes en 1901), et sur les Halles des porcs abattus (101,524 kilogrammes en 1901).

Pour le commerce des porcs, les marchés les plus importants sont Brou, Chartres, Nogent-le-Rotrou, La Loupe et Dreux.

ANIMAUX ET PRODUITS DE LA BASSE-COUR.

Les produits de la basse-cour donnent lieu à un mouvement d'affaires très important en Eure-et-Loir.

D'après la statistique de 1892, il existait à cette époque :

	NOMBRE.	VALEUR MOYENNE.	VALEUR TOTALE.
	—	francs.	francs.
Poules	845,391	2 50	2,113,477
Oies	18,973	4 98	94,485
Canards	22,800	2 22	50,616
Dindons	14,821	6 00	88,926
Pintades	3,117	3 15	9,818
Pigeons	71,265	0 82	58,437
Lapins	384,892	1 66	637,121
Valeur totale			3,052,880

Planche IX.

CHIEN DE BERGER (BEAUCE).

Les ventes faites sur les marchés du département portent sur 920,000 poulets, 49,000 canards, 14,000 oies, 16,000 dindons et 417,000 lapins.

C'est dans l'arrondissement de Dreux que la production des volailles grasses est poussée au plus haut point de perfection.

Les œufs sont achetés chez les cultivateurs par trois couvoirs principaux qui pratiquent l'incubation artificielle. Les poulets qui en proviennent sont revendus aux cultivateurs à l'âge de 3 ou 4 jours, pour être élevés et engraissés, puis revendus aux marchands de volaille à 3 mois 1/2 ou 4 mois. Les principaux marchés de ces poulets sont Dreux, Nogent-le-Rotrou et Houdan (Seine-et-Oise). Voici en moyenne l'importance des transactions par régions.

RÉGIONS.		QUANTITÉS. (kilogrammes.)	VALEUR MOYENNE. (francs.)
Dreux	Poulets gras	208,000	5 50
	Poulets ordinaires	20,000	3 50
Nogent-le-Roi	Poulets gras	62,000	5 50
	Poulets ordinaires	5,000	3 25
Houdan	Poulets gras	234,000	5 50
	Poulets ordinaires	91,000	3 50

Les marchands de volaille parcourent la campagne tous les jours ou tous les deux jours, de sorte que les marchés perdent de plus en plus de leur importance[1].

Les volailles élevées et engraissées appartiennent à la race de Faverolles. La race de Houdan est bonne pondeuse, mais, à cause du faible poids des poulets, elle perd du terrain tous les jours.

Les œufs sont achetés aux prix suivants, par douzaine :

	francs.		francs.
Du 1er mai au 15 juillet	1 00	De novembre à février	1 80
Du 15 juillet au 1er octobre	1 20	Février	1 20
Octobre	1 50		

Les poussins âgés de 3 ou 4 jours sont vendus dans la localité ou expédiés au loin dans des caisses spéciales de 12, 25 ou 50; avec la nourriture nécessaire, ils peuvent supporter un voyage de 30 à 36 heures.

Les prix de ces poussins, par cent, sont les suivants :

	francs.		francs.
Novembre à février	60	Mai-juin-juillet-août	50
Mars-avril	55	Septembre-octobre	55

La vente des œufs de consommation sur les marchés s'élève à plus de 1,100,000 douzaines, sans compter le ramassage direct dans les fermes, qui s'étend tous les jours.

Les principaux marchés pour la vente des œufs sont Bonneval, Sancheville, Nogent-le-Rotrou, Gallardon, Auneau, La Ferté-Vidame, Cloyes, Chartres et Voves.

Pour la volaille, les marchés se classent ainsi : Bonneval, Dreux, Nogent-le-Rotrou, Illiers, Brou, La Bazoche-Gouët, Chartres, Auneau, Cloyes.

(1) La comparaison des ventes relatées ici avec les ventes des marchés montre que la vente directe est de plus en plus la règle.

IMPORTANCE DES TRANSACTIONS

Quantités vendues en moyenne p

DÉSIGNATION DES MARCHÉS.	CHEVAUX, ÂNES, MULETS.	BŒUFS ET VACHES.	VEAUX DE TOUTE NATURE.	PORCS DE TOUTE NATURE.	MOUTONS BREBIS, AGNEAUX.	POULES ET POULETS.	CANARDS.	O
	têtes.	têtes.	têtes.	têtes.	têtes.	têtes.	têtes.	tê
								ARRONDISS
Chartres	4,000	3,000	10,000	8,200	8,000	46,800	200	
Auneau	60	3,400	″	1,200	3,500	45,000	5,000	2.
Bailleau-le-Pin	″	″	″	″	″	″	″	
Courville	″	″	″	″	″	25,000	500	
Épernon	10	5	″	″	″	1,040	50	
Gallardon	5	″	″	500	″	16,000	550	
Illiers	″	″	″	″	″	65,500	1,200	1.
Janville	″	″	″	″	″	13,000	12.000	
Maintenon	″	″	3,400	″	″	3,500	″	
Prunay-le-Gillon	″	″	″	″	″	4,000	700	
Le Puiset	80	″	″	″	″	″	″	
Toury	100	110	″	95	6,130	5,000	100	
Voves	″	″	″	″	″	15,600	2,600	
TOTAL	4,255	6,515	13,400	9,995	17,630	240,440	22,900	4.
								ARRONDISS
Dreux	200	60	2,080	4,680	800	114,400	1,200	1.
Anet	″	″	″	200	″	750	150	
Brezolles	″	20	″	50	1,200	10,400	100	
Châteauneuf	″	″	600	1,050	″	26,000	600	
La Ferté-Vidame	″	″	″	″	″	7,800	100	
Nogent-le-Roi	″	″	″	″	″	29,480	180	
Senonches	400	150	″	150	″	600	40	
TOTAL	600	230	2,680	6,130	2,000	189,430	2,370	1.
								ARRONDISS
Châteaudun	420	600	55	100	40	19,000	100	
Arrou	30	60	″	30	″	2,000	15	
Bonneval	500	500	″	″	378	135,900	1,880	
Brou	400	5,060	27.700	15,500	17.700	65,000	2.660	3.
Cloyes	50	150	″	4,500	″	40,000	1,500	1.
Courtalain	1,600	400	40	″	″	4.000	500	
Dangeau	″	″	″	″	″	1.000	200	
Orgères	″	″	″	″		40	10	
Sancheville	″	85		″	″	29.683	9.340	
Terminiers	″	″		″	″	10,400	1.500	
TOTAL	3,000	6,855	27,795	20.130	18.118	307.023	17.705	5,
								ARRONDISSE
Nogent-le-Rotrou	600	1.200	1.000	7.530	14	96,000	1.400	7
Authon	110	50	80	12	350	5.000	120	
La Bazoche-Gouet	60	700	″	250	4,500	60.000	3,000	1,5
Beaumont les Autels	6	12	″	″	″	″	″	
La Loupe	995	685	12.705	5,952	754	23,541	1,751	9
TOTAL	1.771	2,647	13,785	13,644	5.618	184.541	6,271	3,
TOTAUX DU DÉPARTEMENT	9.626	16,247	57,660	49,899	43,366	921,434	49,246	14,5

RCHÉS D'EURE-ET-LOIR.

marchés, y compris les foires.

S.	LAPINS.	BEURRE.	FROMAGE.	LAINE.	MIEL.	CIRE.	OEUFS.	PÉRIODICITÉ DES MARCHÉS.
	têtes.	kilogr.	kilogr.	kilogr.	kilogr.	kilogr.	douzaines.	
TRES.								
	26,000	62,500	104,000	200	400	"	44,000	Mardi, jeudi, samedi de chaque semaine. Bestiaux : dernier jeudi de chaque mois. Foires : 11 mai, 24 août, 30 novembre.
	30,000	75,000	70,000	"	"	"	80,000	Vendredi de chaque semaine.
	"	520	750	"	"	"	360	Mardi de chaque semaine.
	10,000	1,500	3,000	"	"	"	3,000	Jeudi de chaque semaine.
	780	4,000	3,160	"	"	"	1,820	Mardi de chaque semaine.
	30,000	12,500	10,000	"	"	"	94,000	Mercredi de chaque semaine.
	15,000	34,000	32.100	"	"	"	17,500	Vendredi de chaque semaine.
	60,000	30,000	25,000	"	"	"	10,000	Mercredi de chaque semaine.
	"	3,070	4,400	"	"	"	14,170	Lundi de chaque semaine.
	5,200	750	1.350	"	"	"	2,000	Lundi de chaque semaine.
	"	"	"	"	"	"	"	Foire de la Madeleine, 22 juillet.
	"	"	1,200	"	"	"	12,000	Mardi de chaque semaine. Foire le 9 octobre.
	18,000	20,800	18,720	"	"	"	41,600	Mardi de chaque semaine.
	209,480	245,840	272,480	200	400	"	320,450	
X.								
	26,000	20,800	"	"	"	"	33,800	Lundi et jeudi de chaque semaine.
	830	9,360	7,540	"	"	"	7,800	Vendredi de chaque semaine.
	13,000	800	1,000	"	"	"	7,800	Samedi de chaque semaine.
	20,000	3,000	3:500	"	"	"	8,500	Mercredi de chaque semaine.
	750	15,000	4,150	"	"	"	65,000	Jeudi de chaque semaine.
	5,740	520	"	"	"	"	1,950	Samedi de chaque semaine.
	1,000	2,000	8,000	"	"	"	1,000	Lundi de chaque semaine.
	67,320	51,485	42,190	"	"	"	125,850	
EAUDUN.								
	12,000	16,000	3,000	"	"	"	28,000	Jeudi de chaque semaine.
	200	200	100	"	"	"	300	Vendredi de chaque semaine.
	48,500	44.800	60,950	"	"	"	210,000	Lundi de chaque semaine.
	10,000	45,000	100,000	1.700	"	"	10,000	Mercredi de chaque semaine.
	25,000	50,000	20,000	"	"	"	60,000	Vendredi de chaque semaine.
	4,000	1,500	1,500	"	"	"	2,000	Lundi de chaque semaine.
	1,500	1,500	1,500	"	"	"	600	Mardi de chaque semaine.
	50	120	"	"	"	"	160	Lundi de chaque semaine.
	12,417	244,915	834.475	"	"	"	181,783	Mercredi de chaque semaine.
	12,500	52,000	15,600	"	"	"	10,400	Jeudi de chaque semaine.
	126.167	456,035	1,087,125	1.700	"	"	503,243	
ENT-LE-ROTROU.								
	4,000	30.000	"	"	"	"	138.500	Mercredi et samedi de chaque semaine.
	1,500	2,200	1,500	"	"	"	8.300	Mardi de chaque semaine.
	5.000	41,600	3,000	"	"	"	30.000	Samedi de chaque semaine.
	"	"	"	"	"	"	"	Pas de marchés. Foire le 9 février.
	6.861	4.511	"	"	"	"	21.638	Mardi de chaque semaine.
	17,361	78,311	4 500	"	"	"	198,438	
	420,368	831,671	1,356,295	1.900	400	"	1,147,981	

Quant aux dindons, ils se trouvent surtout à Brou, Janville, La Loupe, Illiers, la Bazoche-Gouët. Enfin les lapins sont surtout vendus aux marchés de Janville, Bonneval, Auneau, Gallardon, Chartres, Dreux.

La production de la volaille et des œufs se développe de plus en plus et a un avenir assuré, car le débouché est très grand.

APICULTURE.

Le nombre des ruches est de 22,000 environ qui produisent 185 tonnes de miel et 33 tonnes de cire.

Le principal marché est Chartres.

FINISTÈRE.

ESPÈCE CHEVALINE.

La production chevaline a une importance considérable dans le département et elle se développe de plus en plus. Elle s'étend sur les cinq arrondissements. La population chevaline est de 110,000 à 112,000 têtes; elle atteint son maximum de densité dans l'arrondissement de Morlaix.

Dans les arrondissements de Brest et de Morlaix, l'élevage du cheval se pratique de la manière suivante : les cantons de Taulé, Saint-Pol-de-Léon, Plouescat, Plouzévédé, Lanmeur, Plouigneau, partie de Morlaix, Lesneven, Landerneau, partie de Brest, possèdent des juments poulinières du type «trait» ou du type «norfolk breton», qui sont livrées ou à des étalons de trait ou à des étalons de race norfolk; les produits donnés par ces accouplements sont donc des animaux de trait ou d'un type plus léger que l'on appelle le «postier breton». C'est ce dernier type qui est le plus en vogue à l'heure actuelle.

Le postier breton, souvent appelé demi-sang breton ou encore norfolk breton, est de taille moyenne, 1 m. 56 à 1 m. 60. C'est un cheval élégant et fort, susceptible de traîner des charges assez lourdes à des allures vives; c'est un excellent cheval de culture en raison de sa force et un vrai postier par sa conformation et l'élégance de son trot.

Les éleveurs des cantons précités conservent les meilleures pouliches pour en faire des mères et ils vendent les autres. Quant aux poulains, ils sont presque tous achetés, après le sevrage, par les éleveurs des cantons voisins : Saint-Thégonnec, Landivisiau et Sizun.

Dans ces mêmes cantons on se procure des poulains nés dans les Côtes-du-Nord, cantons de Lannion, Belle-Isle, Paimpol et Lamballe, et aussi quelques sujets provenant du sud du département.

Il existe donc dans le Finistère et en particulier dans les arrondissements de Brest et de Morlaix, une véritable division du travail dans l'élevage du cheval. De là deux expressions locales, celles de «naisseur» et d'«éleveur», pour indiquer l'exploitation zootechnique à laquelle se livrent les agriculteurs.

Les éleveurs vendent leurs poulains de trait à l'âge de 18 mois aux agriculteurs de Dinan et du nord de l'Ille-et-Vilaine, et à 2 ans et demi aux agriculteurs de la Beauce, aux Espagnols et surtout aux viticulteurs du midi de la France, principalement à ceux de l'Hérault, du Gard et de l'Aude.

Les poulains postiers suivent la même voie et trouvent en outre des débouchés un peu partout.

Les plus beaux sujets de trait ou de postiers sont achetés par des éleveurs spécialistes qui les vendent comme étalons à l'administration des Haras et à l'industrie privée. La vente a lieu au mois d'octobre à Landerneau. Un certain nombre de ces étalons sont vendus à l'Amérique, à la Suisse, à la Franche-Comté et au Poitou.

Dans le sud du département, c'est-à-dire dans les arrondissements de Châteaulin, Quimper et Quimperlé, la production chevaline se fait d'une manière toute différente.

Dans les cantons du Faou, Chateaulin, Quimper, Rosporden, Bannalec, Scaër, on produit le cheval d'armes et le carrossier léger. La plupart des juments poulinières sont issues d'étalons de sang ou demi-sang; on les livre aux étalons nationaux pur sang, demi-sang norfolk. Les poulains et pouliches auxquels elles donnent naissance sont vendus à l'âge de 3 et 4 ans, partie à la remonte, partie au public.

Enfin les arrondissements de Châteaulin, Quimper et Quimperlé produisent des animaux de culture petits, parfois défectueux de formes, qui sont vendus de 1 an à 4 ans et expédiés dans la vallée de la Loire, le Morbihan, le midi de la France et les environs de Lyon.

Le nombre des chevaux de toutes races et de tous services exportés annuellement du Finistère est de 18,000 environ dont la valeur doit être de 9 à 10 millions de francs.

ESPÈCE BOVINE.

La statistique agricole du département donne pour la population bovine les chiffres suivants :

Taureaux	10,750 têtes.
Bœufs	36,000
Vaches	210,000
Élèves	160,000
TOTAL	472,750

L'exploitation zootechnique des animaux de l'espèce bovine est orientée vers deux buts : la production du lait et la production de la viande.

Toutes les fermes entretiennent des vaches laitières, mais dans quelques cantons la production du lait ne dépasse pas beaucoup les besoins de la consommation familiale; dans d'autres au contraire elle est relativement importante.

Les vaches laitières appartiennent à deux races distinctes : la race froment du Léon qui peuple les arrondissements de Brest et de Morlaix, et la race de Cornouailles ou pie-noire, dont l'aire géographique s'étend sur les arrondissements de Châteaulin, Quimper et Quimperlé. On trouve aussi des vaches laitières provenant du croisement de ces deux races et des races durham, ayr, jersyaise et normandes

Les veaux sont vendus à la boucherie à l'âge de 15 ou 20 jours, dans le sud et de 4, 5 et 6 semaines dans le nord. Les éleveurs ne gardent que les plus belles génisses pour en faire des mères et les plus beaux mâles qui sont engraissés à l'état de bœufs. Suivant que la région se livre à la production du lait ou à celle de la viande, les jeunes sujets vendus à la boucherie sont en majorité des mâles ou des femelles.

Un commerce actif de vaches laitières de 4, 5 et 6 ans s'établit entre le Finistère et les diverses régions de la France, particulièrement avec le Sud-Ouest, le Midi et les environs de Paris.

Les principaux marchés de vaches laitières sont ceux de Quimper, Pont-Croix, Quimperlé, Plouigneau, Landerneau, Morlaix.

L'engraissement est pratiqué un peu partout dans le département, mais il est surtout en honneur dans les cantons de l'arrondissement de Morlaix, dans ceux de Landerneau, Ploudiry, partie de Daoulas, Lesneven, Châteaulin, Briec, Douarnenez, Bannalec et, avant tous les autres, Carhaix.

Les bœufs gras non consommés sur place sont vendus, à l'âge de 3 ans, à Paris, Lorient, Rennes.

Enfin il y a lieu de signaler que certains éleveurs des arrondissements de Brest et de Morlaix se livrent à l'élevage des reproducteurs de race durham pure et exportent des taureaux à l'Amérique et plus spécialement à la République Argentine.

Le nombre d'animaux, vaches laitières et bœufs de boucherie sortis annuellement du Finistère varie entre 28,000 et 30,000 représentant une valeur minima de 6 millions de francs.

La production beurrière est importante dans le Finistère, mais les expéditions sont faibles, car la consommation sur place est très élevée. C'est l'Angleterre et Paris qui achètent les beurres du Finistère et les quantités vendues annuellement représentent de 15,000 à 16,000 quintaux au prix de 200 francs le quintal, soit 3 millions de francs environ.

ESPÈCE OVINE.

L'élevage du mouton est très secondaire dans le département. On compte à peine 40,000 animaux de cette espèce et encore sont-ils de petite taille.

Le département est importateur de moutons de boucherie.

L'élevage n'a d'importance appréciable que dans l'arrondissement de Brest et dans les régions montagneuses : Montagnes Noires et Montagnes d'Arrées.

ESPÈCE PORCINE.

La production est dirigée en vue de l'engraissement et de l'élevage. La race exploitée est la race locale améliorée par le croisement du craonnais. Toutes les fermes possèdent une ou deux truies et engraissent pour l'alimentation de leur personnel 2, 3 ou 4 porcs. L'excédent des porcelets est vendu. Les jeunes sont expédiés après leur sevrage dans le Morbihan, à Redon et dans la Loire-Inférieure. Beaucoup de porcs de 5 à 6 mois sont livrés au marché de La Villette.

La population porcine est approximativement de 95,000 têtes, et l'exportation porte sur 22,000 animaux environ.

Planche X.

ÉTALON POSTIER BRETON.

ANIMAUX ET PRODUITS DE BASSE-COUR.

L'exploitation de la volaille n'est pas très développée. Les poulets sont petits, généralement maigres, de peu de valeur. Ils sont consommés sur place et dans les villes; l'excédent est expédié sur Paris et ces expéditions se chiffrent annuellement par 1,200 quintaux au prix moyen de 100 francs le quintal.

Les œufs du Finistère sont petits; la quantité obtenue est assez faible et le commerce avec l'extérieur est monopolisé par 10 ou 12 gros commerçants qui livrent cette marchandise sur les marchés de Paris et de l'Angleterre.

Les ventes portent sur 15,000 quintaux environ.

GARD.

Dans le département du Gard, l'agriculteur se livre fort peu à l'élevage du bétail. A part l'espèce ovine, dont la production est assez abondante, on peut dire, à de rares exceptions près, que les animaux de la ferme ne sont pas nés dans le département.

Le tableau suivant montre la population animale respective des quatre arrondissements du département.

DÉSIGNATION DES CATÉGORIES D'ANIMAUX.		ARRONDISSEMENTS.				TOTAUX.
		NÎMES.	ALAIS.	UZÈS.	LE VIGAN.	
		têtes.	têtes.	têtes.	têtes.	têtes.
Espèce chevaline.	Animaux au-dessous de 3 ans	750	385	974	261	2,370
	Animaux de 3 ans et au-dessus	8,931	4,118	5,459	1,633	20,141
Espèce mulassière (adultes et jeunes)		4,367	2,275	5,750	991	13,383
Espèce asine (adultes et jeunes)		841	582	735	456	2,614
Espèce bovine.	Taureaux	502	18	8	14	542
	Bœufs	192	1,022	1,211	991	3,416
	Vaches	1,225	1,220	668	840	3,953
	Élèves d'un an et au-dessus	"	163	339	152	654
	Élèves de moins d'un an	6	87	271	9	373
Espèce ovine.	Béliers au-dessus d'un an	1,273	1,322	1,560	1,884	6,039
	Brebis au-dessus d'un an	63,485	32,397	41,125	53,521	190,528
	Moutons au-dessus d'un an	6,332	15,244	20,559	26,410	68,545
	Agneaux et agnelles de moins d'un an	11,411	14,871	11,963	24,868	63,313
Espèce porcine.	Animaux reproducteurs. Verrats	65	75	44	66	250
	Animaux reproducteurs. Truies	47	1,952	1,396	463	3,858
	Animaux à l'engrais de plus de 6 mois	2,391	14,137	10,307	8,484	35,319
	Porcs jeunes de moins de 6 mois	772	8 081	4,975	5,259	19,087
Espèce caprine (adultes et jeunes)		2,711	13,201	6,469	9,602	31,983

ESPÈCE CHEVALINE.

Il n'existe qu'une race indigène, très peu répandue et qui tend d'ailleurs à disparaître. C'est la race de Camargue qui fournit d'excellents chevaux de selle.

Les autres animaux appartiennent à des races très diverses provenant en général du nord et du nord-ouest de la France.

Pour les travaux des champs, les chevaux percherons et surtout bretons sont fort nombreux. Les gros charrois emploient aussi quelques animaux de races boulonnaise et ardennaise.

Très peu de chevaux sont élevés dans le Gard, bien qu'il existe néanmoins trois stations d'étalons dépendant du dépôt de Perpignan, à Alais, au Vigan et à Vauvert.

Un assez grand nombre de chevaux sont amenés tout jeunes dans le département. Le principal marché aux poulains est celui de Bagnols-sur-Cèze.

Les autres chevaux sont importés dans le département vers l'âge de 4 ans et se vendent principalement aux foires de Nîmes et de Sommières.

ESPÈCE MULASSIÈRE.

La population mulassière est très nombreuse dans le département du Gard où elle compte 13,383 représentants qu'on rencontre surtout dans les arrondissements de Nîmes et d'Uzès.

Beaucoup de cultivateurs préfèrent le mulet au cheval, car c'est un animal très robuste et très sobre, qui peut se contenter d'aliments assez grossiers. Presque tous les mulets sont importés du Poitou. Leur prix d'achat est plus élevé que celui des chevaux et, à qualités égales, une mule se paye une centaine de francs de plus qu'un mulet.

ESPÈCE ASINE.

L'espèce asine est peu répandue; le nombre de têtes, qui est actuellement de 3,614, était autrefois beaucoup plus élevé. La race se rapprochait alors de celle du Poitou. C'étaient des animaux de grande taille employés à tous les travaux des champs. On ne rencontre guère aujourd'hui que des petits ânes d'Algérie.

ESPÈCE BOVINE.

Les bœufs, au nombre de 3,416, sont employés pour les travaux agricoles dans les parties montagneuses du département. Ils appartiennent presque tous à la race d'Aubrac, quelques-uns à la race de Salers.

Les agriculteurs les achètent en général en juillet et août; dès qu'ils ont effectué les labours et les semailles, les bœufs sont engraissés, mais jamais à l'état très gras.

La production du lait n'existe guère que dans le voisinage des villes. Les laitiers possèdent des vaches de toutes variétés, mais principalement des races suisses et tarentaises.

Dans les cantons de Trèves et d'Alzon, arrondissement du Vigan, la race d'Aubrac est assez nombreuse. On se livre à la production du fromage genre Laguiole.

L'élevage des bovins est fort peu important dans le Gard; les laitiers vendent en général leurs vaches dès qu'elles n'ont plus de lait.

On peut citer comme race indigène la race camargue, qui est représentée par quelques milliers d'individus élevés presque en liberté dans les marais longeant la côte de la Méditerranée.

Ces animaux sont utilisés pour les courses de la région. Ils finissent ensuite à l'abattoir.

ESPÈCE OVINE.

Cette espèce, assez nombreuse, est à peu près uniformément répandue sur l'ensemble du territoire.

Les races représentées sont les suivantes :

La race des mérinos de la Crau; la race barbarine; la race caussemarde et la race du Larzac.

Les mérinos de la Crau, de taille plutôt petite, à toison abondante et fine et donnant une viande de très bonne qualité, sont répandus dans les plaines basses du littoral.

La race barbarine, importée d'Algérie, est de grande taille, robuste. Les femelles sont de bonnes laitières et donnent souvent deux agneaux; aussi cette race est-elle fort estimée pour la production des agneaux de lait. Souvent aussi les éleveurs achètent du bétail arrivant directement d'Algérie. Après un séjour de deux ou trois mois à la ferme, on le revend engraissé. La viande a alors perdu son goût de suif caractéristique et fournit un aliment d'assez bonne qualité.

Les races caussemarde et du Larzac, d'ailleurs fort mélangées, sont entretenues dans les garrigues et les parties montagneuses du département. Ces animaux très rustiques s'accommodent de la maigre végétation de ces pays arides. Ils donnent une viande très estimée.

Les spéculations auxquelles donne lieu l'élevage des ovins sont assez nombreuses.

La production laitière est particulièrement importante dans l'arrondissement du Vigan, où le lait est vendu à des industriels pour la fabrication du fromage de Roquefort. Le prix assez élevé, qui est de 0 fr. 25 le litre, fait que l'éleveur se débarrasse au plus tôt de l'agneau.

La production de l'agneau de lait est assez lucrative et tend à se développer de plus en plus. L'agneau, à deux mois, pèse de 12 à 15 kilogrammes et se vend 0 fr. 90 à 1 fr. le kilogramme; après l'été il ne se vend guère que 18 francs environ.

On engraisse beaucoup d'animaux de la race barbarine, des brebis âgées et un assez grand nombre de moutons. Ces animaux, après avoir été nourris au pâturage pendant l'automne, sont engraissés définitivement à la bergerie. On leur donne du foin, surtout des légumineuses, luzerne, sainfoin et un peu de grains, avoine et sorgho à balais.

L'élevage des ovins ne paraît pas en progrès et leur nombre tend toujours à décroître. Les cultivateurs apportent en général peu de perfectionnements à cette branche de l'industrie agricole. Quelques croisements avec des southdown, des dishley, n'ont pas donné de bons résultats, car les produits obtenus ne peuvent utiliser les maigres pâturages des garrigues.

ESPÈCE CAPRINE.

Les chèvres sont fort nombreuses dans le département. Dans presque toutes les fermes on en rencontre une ou deux dont les produits servent à la consommation familiale. Elles produisent un assez grand nombre de chevreaux qui sont vendus à la boucherie, à quinze jours ou trois semaines. On en expédie aussi un certain nombre dans les villes de la région et jusqu'à Lyon.

ESPÈCE PORCINE.

On rencontre peu de porcs dans les exploitations de l'arrondissement de Nîmes. Dans les autres arrondissements l'agriculteur en produit pour les besoins de la ferme, mais fort peu pour la vente.

La plupart des gorets sont produits dans le pays, les autres proviennent de l'Ardèche, de la Lozère ou de l'Aveyron. On ne rencontre pas d'animaux appartenant à des races bien caractérisées.

Des croisements ont été opérés avec un grand nombre de races et actuellement beaucoup d'individus présentent un peu le type yorkshire.

En résumé, les agriculteurs du Gard possèdent un nombre assez considérable d'animaux de travail, de races et de qualités fort différentes, et peu de bétail de rente, exception faite pour les ovins qui, seuls, ont pu se contenter de la médiocre production fourragère de la région.

HAUTE-GARONNE.

ESPÈCES CHEVALINE, MULASSIÈRE, ASINE.

D'après la statistique de 1902, il existait dans la Haute-Garonne :

Chevaux	30,850
Mulets	3,338
Ânes	3,375

Sur ce nombre il n'y a guère comme naissances annuelles que :

Chevaux	1,600
Mulets	1,600
Ânes	600

C'est l'arrondissement de Saint-Gaudens et la région toute voisine de l'arrondissement de Muret qui font naître le plus grand nombre d'animaux, mais il y a dans tout le département et principalement autour de Toulouse un assez grand nombre de propriétaires qui achètent de jeunes animaux dans la région précitée ainsi que dans le Gers, les Hautes et Basses-Pyrénées, etc., pour les élever et les revendre à l'âge de 3, 4 et 5 ans.

La grosse majorité de la population chevaline de la Haute-Garonne est composée de bêtes de sang anglo-arabe; on y trouve cependant de nombreux chevaux de trait importés de Vendée, Bretagne, Normandie, Picardie, etc., pour les charrois demandant plus de force que n'en possèdent les chevaux tarbais.

Bon nombre de juments de cette origine sont importées pour servir de juments mulassières dans l'arrondissement de Muret principalement et dans les autres arrondissements en moindre quantité. Leurs produits sont vendus à des prix très rémunérateurs soit pour les charrois locaux, soit pour l'exportation vers les départements du Bas-Languedoc ou l'Espagne.

Les foires de chevaux, mulets et ânes les plus importantes sont celles de Toulouse où l'on trouve toutes sortes d'animaux de grand luxe, d'attelage ordinaire, de gros trait, de labour, etc.

La première a lieu le lundi après Pâques; la deuxième a lieu le 24 juin; la troisième a lieu le 30 novembre.

Ces foires sont inscrites pour une durée de huit jours, mais elles n'en durent en réalité que quatre.

800 à 1,000 têtes des espèces ci-dessus y figurent en moyenne chaque jour.

L'on trouve une certaine quantité de ces animaux à toutes les foires du département. Les principales ont lieu en octobre, novembre et décembre et quelques-unes sont spéciales aux mules et mulets : à Saint-Gaudens, dernier jeudi d'octobre; à Saint-Lys, dernier mardi d'octobre; à Cazères, 14 novembre; à Auterive, troisième vendredi de novembre; à Montesquiou-Volvestre, troisième samedi de novembre, etc. A certaines de ces foires on trouve 450 à 500 mules et mulets et autant de chevaux.

Les départements du littoral méditerranéen et l'Espagne envoient à ces foires d'assez nombreux maquignons qui y font beaucoup d'affaires.

Les meilleurs éleveurs du Midi ont, dans le courant du mois de mai 1905, fondé une société à laquelle ils ont donné le nom d'*Écurie coopérative du Midi*.

ESPÈCE BOVINE.

D'après la statistique de 1902, il existe dans la Haute-Garonne 187,360 bêtes bovines de tout âge et de toute destination.

Les principaux centres de production de la race gasconne sont les cantons de l'Isle-en-Dodon, Boulogne, Aurignac et Saint-Gaudens (arrondissement de Saint-Gaudens), mais les cultivateurs des trois autres arrondissements élèvent à peu près tous une petite quantité de bétail. Les petites races pyrénéennes de Saint-Girons et de Lourdes se trouvent dans les cantons non désignés de l'arrondissement de Saint-Gaudens et les cantons limitrophes de l'arrondissement de Muret, rive droite de la Garonne.

On trouve à Toulouse et dans les environs des villes principales un certain nombre de vaches laitières bretonnes, normandes, bordelaises, schwitz, etc.

La région montagneuse et les cantons voisins sont les principaux centres de production des veaux destinés à la boucherie.

La consommation atteint 36,000 têtes de bœufs et vaches, et sur ce nombre 7,000 têtes sont importées de l'Ouest et du Centre.

Par contre, 11,000 têtes sont exportées vers les départements méditerranéens. En 1902 il a été abattu 46,000 veaux dans les abattoirs du département. Une partie vient de l'Ariège, des Hautes et Basses-Pyrénées, puis du Centre et de l'Ouest.

Le département exporte un certain nombre de veaux d'élevage dans le Gers; ces animaux reviennent dans la Haute-Garonne entre trois ou quatre ans pour être utilisés aux travaux du Lauraguais principalement.

Voici d'autre part quelques renseignements généraux sur les bêtes bovines de boucherie :

DÉSIGNATION.	POIDS MOYENS.	RENDEMENTS EN VIANDE.	PRIX MOYENS des 100 KILOGRAMMES.
	kilogrammes.	p. 100.	francs.
Bœufs gras gascons	650 à 700	50 à 58	65 à 72
Vaches grasses gasconnes	400 à 500	46 à 54	
Bœufs gras des Pyrénées	550 à 650	51 à 52	68 à 74
Vaches grasses des Pyrénées	300 à 400	46 à 54	
Veaux	100	55 à 60	80 à 95

On défalque généralement 50 kilogrammes du poids vif sur les bœufs à la vente et 40 à 45 kilogrammes sur les vaches, qui se paient 2 p. 100 de moins que les bœufs.

Les cultivateurs de la Haute-Garonne fréquentent beaucoup les foires où les ventes sont nombreuses et le bétail change souvent de mains.

Il n'y a pas moins de 110 localités portées sur les annuaires comme possédant des foires, mais une cinquantaine seulement présentent une certaine importance. Sur ce nombre 22 possèdent des foires mensuelles et même bimensuelles.

Les plus importantes pour les bêtes bovines sont les suivantes : Montrejeau, Saint-Gaudens, Salies-du-Salat, Saint-Béat, Aurignac, Isle-en-Dodon, Cazères, Rieumes, Le Fousseret, Villefranche, Montgiscard, Verfeil, Grenade, Cadours, etc.

Pour les veaux de boucherie, les marchés de Montréjeau tous les samedis, de Saint-Gaudens tous les jeudis, de Saint-Martory, de Revel, etc., sont toujours bien approvisionnés.

LAIT, BEURRE, FROMAGE.

La Haute-Garonne n'exporte pas de lait, car la production des fruitières qu'elle possède dans la région montagneuse, jointe à celle des particuliers, ne suffit pas à la consommation en beurre et fromage du département. La Haute-Garonne importe des beurres de Normandie et de Bretagne et des fromages de toute origine.

Les fruitières, au nombre de 30, produisent environ 40,000 kilogrammes de fromages et 15,000 kilogrammes de beurre. Ces établissements payent en moyenne le lait 0 fr. 11 le litre et travaillent journellement ensemble 13,000 litres de lait environ.

Le petit-lait paraît en général payer les frais de fabrication. La situation de ces fruitières est prospère et leur nombre a tendance à s'accroître.

ESPÈCE OVINE.

Sur les 208,000 bêtes ovines de la Haute-Garonne, les naissances sont actuellement de 80,000 têtes et l'on immole pour la boucherie 70,600 agneaux et 46,000 moutons et brebis.

Les centres de production sont principalement l'arrondissement de Saint-Gaudens, puis celui de Muret et enfin ceux de Toulouse et de Villefranche.

On importe beaucoup d'agneaux des départements pyrénéens et on exporte un certain nombre de brebis et de moutons vers les départements méditerranéens.

Voici quelques renseignements généraux sur le rendement en viande et les cours moyens.

ANIMAUX.	POIDS MOYENS.	RENDEMENTS EN VIANDE.	PRIX MOYENS VIF	
			DES 100 KILOGR.	DU KILOGR.
	kilogrammes.	p. 100.	francs.	fr. c.
Moutons	35 à 50	50 à 55	90	1 60 à 2 00
Brebis	30 à 40	48 à 50	85	//
Agneaux	14 à 15	d'une valeur de 13 à 14 fr. la pièce.		

On trouve des bêtes ovines à toutes les foires. Les plus importantes ont lieu avant et après la transhumance dans l'arrondissement de Saint-Gaudens en avril et mai d'abord, puis à la descente de la montagne, à Saint-Gaudens (25 mars, 25 septembre et 25 octobre), Luchon (22 septembre et 1er novembre), Saint-Béat (18 et 19 novembre), mardi avant le 1er mai, Aspet (25 novembre), etc., Gaillac-Toulza (10 mai), etc.

ESPÈCE PORCINE.

D'après la statistique de 1905, l'effectif de la population porcine de la Haute-Garonne ne serait que de 131,600 têtes et d'après celle de 1892, le nombre des naissances annuelles ne serait que de 70,000 têtes, mais ces chiffres doivent être inférieurs à la réalité, car il est très difficile d'avoir sur cette espèce des renseignements exacts.

On peut estimer que l'on consomme dans la Haute-Garonne annuellement près de 160,000 têtes. Le département importe donc un assez grand nombre de porcs des départements voisins et aussi de l'Aveyron, du Lot, du Centre, etc. Il exporte d'autre part une notable quantité de porcelets. La gare de Catères seule expédie, à la suite de ses foires, jusqu'à 20 wagons de porcelets de 40 à 50 kilogrammes dirigés sur Marseille ou vers le Centre, la Suisse, l'Italie et même l'Allemagne. Les porcs sont immolés depuis l'âge de huit mois; ils pèsent 150 kilogrammes en moyenne, rendent 90 à 93 p. 100 en viande et valent 1 fr. 20 à 1 fr. 50 le kilogramme.

On trouve des porcelets et des porcs plus âgés sur toutes les foires et, dans certains endroits où le gros bétail est une exception, on trouve ces petits animaux en abondance, par exemple à Cintegabelle le 27 octobre, à Cox le deuxième lundi d'octobre, à Vacquiers le 11 novembre, à Castelnau d'Estretefonts le 28 octobre, etc.

C'est surtout aux foires de printemps (avril et mai) que l'on trouve le plus de porcelets, et en hiver (octobre, novembre, décembre) que l'affluence des porcs gras est le plus considérable.

ANIMAUX ET PRODUITS DE BASSE-COUR.

Les produits de la basse-cour sont, dans la Haute-Garonne, l'objet d'un commerce considérable sur tous les marchés, soit pour l'approvisionnement des villes du département, de Toulouse en particulier, soit pour des expéditions très importantes dans les départements du littoral méditerranéen, soit pour Paris et l'Angleterre.

Ce commerce atteint annuellement le chiffre de 6 millions de francs environ.

Voici un aperçu des poids et des prix moyens :

Poulets { petits	1k 000	"
Poulets { gros	2 000	2f 25 à 3f 50 la paire.
Poules	2k 500 à 2k 800	3 50 à 4 50
Chapons (suivant grosseur)	"	5 00 à 9 00
Pintades	1k 500 à 2k 000	4 50 à 8 00 la pièce.
Dindons maigres	3 000 à 4 000	1f 25 le kilog.
Dindons gras	4 000 à 6 000	1 60
Canards gras	3 000 à 3 800	1f 50 à 1f 70
Oies maigres	3 000 à 5 000	8 50 à 13 00 la paire.
Oies grasses	7 000 à 9 000	1 50 à 1 75 le kilogr.
Pigeons { petits	"	1f 00 la paire.
Pigeons { gros	"	1f 54 à 2f 00
Lapins	1 500 à 2 500	1 50 à 2 00 la pièce.
Foies de canard	0 300 à 0 600	4 50 à 5 50 le kilogr.
Foies d'oie	0 500 à 1 000	4 50 à 5 00
Oies mortes grasses (pour salé)	"	1 60 à 1 90

La Compagnie des chemins de fer du Midi seule a expédié 910,000 kilogrammes de volailles vivantes ou mortes en 1900 et le même poids à peu près en 1901.

A toute époque les œufs font l'objet d'expéditions très importantes en caisses de 1,000 ou de 1,200 pesant de 77 à 88 kilogrammes.

Le prix moyen de la douzaine est de 0 fr. 75 (0 fr. 50 à 1 fr. 20 suivant la saison), ou de 6 francs à 6 fr. 50 le cent.

Les marchés les plus voisins de Toulouse servent à l'alimentation de cette ville, les autres approvisionnent les départements du littoral méditerranéen et aussi Paris. On en expédie jusqu'en Angleterre.

En 1900 la Compagnie du Midi seule a expédié de ses stations de la Haute-Garonne 833,000 kilogrammes d'œufs, et, en 1901, 702,500 kilogrammes correspondant pour chacune des années à une moyenne de 1,000,000 à 1,100,000 œufs en dehors de la consommation locale.

Les foies d'oies et de canards sont vendus généralement en décembre et janvier, à l'époque où ces volailles sont fin-grasses, sur tous les marchés principaux : Cazères, le Fousseret, Rieumes, Cadours, Grenade, Verfeil, Montastruc, etc.

Les fabricants de pâtés de Toulouse et de Cazères en achètent des quantités relativement énormes, destinées en partie à l'exportation sur tous les points de la France.

Cette fabrication des pâtés de foies d'oies et de canard atteint probablement le chiffre de 100,000 kilogrammes, dont la moitié environ est destinée aux expéditions hors du département.

GERS.

ESPÈCE CHEVALINE.

La population chevaline du Gers est représentée par environ 27,000 sujets; mais dans cet effectif les juments livrées à la reproduction sont relativement peu nombreuses. Le Gers devrait élever et non faire naître.

Les poulinières, qui sont de sang anglo-arabe ou de demi-sang, se rencontrent surtout dans le sud-ouest du département voisin des Pyrénées.

Les éleveurs visent plus spécialement la production du cheval de remonte. Quant aux sujets refusés, ils sont livrés au commerce.

Un certain nombre d'éleveurs achètent dans les Pyrénées des poulains au sevrage, pour les vendre autant que possible à la remonte vers trois à quatre ans. Ces produits sont généralement de sang anglo-arabe.

Le Gers produit de bons chevaux, sobres, très résistants, rustiques et fortement trempés. Ces qualités sont attribuées à la nature des fourrages et au climat.

Le département produit aussi quelques mules et mulets, mais cette spéculation est très limitée.

ESPÈCE BOVINE.

D'après la dernière statistique agricole, le département du Gers posséderait 275,000 têtes de bovidés. La plus grande partie appartient à la race gasconne.

Les animaux de cette race sont très solides, sobres et très bons travailleurs; ils supportent bien les grandes chaleurs de l'été. Les femelles sont peu laitières; elles nourrissent à peine suffisamment leur veau. D'autre part les gascons sont peu aptes à l'engraissement et leur viande laisse quelque peu à désirer.

Tous les travaux agricoles du pays sont faits par les bovidés. Dans la petite et la moyenne culture, ce sont les vaches qui assurent ces travaux d'une façon à peu près exclusive, tout au moins dans les contrées d'élevage. Les exploitations de quelque importance emploient concurremment les bœufs et les vaches.

L'élevage des bovidés est très important dans les arrondissements de Lombez, d'Auch et une partie de celui de Mirande. Les cantons de Riscle, d'Aignan et de Plaisance, dépendant de ce dernier arrondissement, produisent peu de jeunes animaux. L'élevage a encore une certaine importance dans l'arrondissement de Lectoure; mais la race gasconne n'existe guère que dans les cantons de Fleurance et de Mauvezin. La population bovine des autres cantons est très mélangée.

Les principaux centres de vente sont Auch, Gimont, l'Isle-Jourdain, Samatan, Fleurance, Jegun, Mirande et Seissan. Quelques localités, telles que Mauvezin, Montesquiou, Miélan, Barran ont, en outre, plusieurs foires importantes chaque année.

Les bovidés donnent lieu à un gros mouvement d'exportation, principalement vers le Languedoc. Les bœufs sont surtout très recherchés comme animaux de travail et se vendent de bons prix. Les exportations portent plus spécialement sur les bœufs de trois à six ans. Toutefois on livre des animaux plus jeunes, mais en petit nombre.

Les femelles ne donnent lieu qu'à de faibles transactions en dehors du département.

Quant aux animaux réformés, qui sont destinés à la boucherie, ils sont en partie consommés dans le pays; le complément est exporté un peu partout, mais plus généralement vers le Languedoc.

Il est impossible de chiffrer l'importance des exportations, car elles se font en grande partie par voie de terre et les moyens de contrôle font absolument défaut.

ESPÈCE OVINE.

L'exploitation de l'espèce ovine présente peu d'intérêt pour le Gers. L'élevage n'a quelque peu d'importance que dans une partie des arrondissements de Lombez et de Mirande et il ne donne pas lieu à un mouvement commercial important.

ESPÈCE PORCINE.

Cette espèce qui compte 89,000 représentants donne lieu à deux spéculations, l'engraissement et la production des porcelets.

Dans chaque exploitation, on engraisse et on tue annuellement un ou deux porcs en vue des besoins du ménage. Le surplus des animaux engraissés sert à l'approvisionnement des villes du département. L'exportation est peu importante.

La grande quantité de porcs consommés s'explique par ce fait que la graisse qu'ils fournissent est à peu près seule employée dans la préparation des aliments, avec un appoint de graisse d'oies. D'autre part le paysan achète peu de viande de boucherie et la viande de porc constitue la base de son alimentation.

Par contre il y a dans le Gers un important mouvement d'exportation de jeunes porcelets. Ces jeunes animaux sont produits en grande quantité dans les cantons de Miélan, de Mirande, de Masseube et de Marciac. Il a été créé dans cette contrée une famille de porcs possédant de réelles qualités, ayant des caractères à peu près fixés, et elle mériterait d'être classée comme race.

Le centre commercial pour les porcelets est Miélan. Il se livre à chaque marché, dans cette ville, de 1,000 à 2,000 porcelets suivant les saisons. Les prix de vente varient généralement entre 20 et 40 francs suivant l'âge et la qualité des sujets. Tous les jeudis un train spécial conduit ces animaux vers Agen et les départements situés au nord du Lot-et-Garonne.

Une partie de la production est dispersée dans le Gers et dans les départements environnants par des marchands spéciaux. Cette spéculation procure en général de sensibles bénéfices.

ANIMAUX ET PRODUITS DE BASSE-COUR.

Le Gers produit des quantités considérables de volailles et d'œufs, dont une grande partie est exportée.

RACE BOVINE GASCONNE.

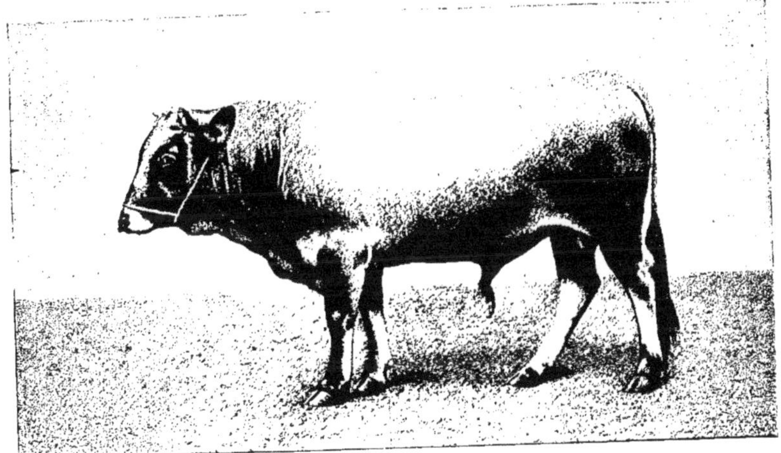

TAUREAU.

VACHE.

Ce sont les poules qui donnent lieu à la spéculation la plus importante, mais les dindons interviennent aussi pour une large part.

Les oies et les canards sont plus spécialement élevés en vue de l'engraissement, qui est poussé à ses dernières limites. On obtient ainsi des foies gras superbes qui se vendent à des prix très élevés pour l'exportation. Quant à la chair, elle est transformée en confits qui se consomment dans le pays. La plupart des ménages en préparent en plus ou moins grande quantité suivant leurs besoins.

Les oies et les canards s'exportent assez peu.

L'élevage des lapins se fait également sur une certaine échelle, mais l'exportation de ces animaux est assez limitée.

Les principaux centres de vente des produits de basse-cour sont Gimont, l'Isle-Jourdain, Samatan, Seissan, Mirande, Fleurance, Lectoure, Jegun, Vic-Fezensac, Rische et Eauze.

Les produits sont exportés dans toutes les directions, voire même sur Paris et l'Angleterre. C'est ainsi que de grandes quantités de dindons sont expédiés sur Londres dans la seconde quinzaine de décembre. Mais le gros mouvement d'exportation se dirige vers le Languedoc et la Provence.

GIRONDE.

Lorsqu'on veut juger du mouvement d'ensemble de la production animale, dégager, si possible, la voie vers laquelle elle s'achemine, ce n'est pas une période relativement courte de temps qu'il suffit d'examiner, parce qu'elle peut être influencée par des phénomènes passagers épizootiques, climatériques ou autres, mais bien un cycle de longue durée dans lequel se fondent tous les accidents momentanés et qui ne laisse en évidence que les faits généraux. Pour être complète, l'enquête doit porter en outre tant sur les existences par espèce et par catégorie que sur le poids vif par tête dans chacune de ces divisions; on en pourra subséquemment déduire le poids vif entretenu par hectare cultivé, lequel caractérise assez exactement l'état général de la culture.

C'est en se basant sur ces considérations qu'ont été pris pour point de départ de la présente étude les chiffres officiels des statistiques décennales de 1862 et 1882 et ceux de la moyenne des statistiques annuelles 1892-1905. Pour ne pas allonger l'exposition, il est entendu que les chiffres cités s'appliquent, dans leur ordre de transcription, aux trois périodes successives de 1862-1882-1905 suffisamment éloignées pour prêter à observations et discussions.

ESPÈCE CHEVALINE.

Les existences totales passent successivement de 32,500 têtes à 37,600 et 44,400 et les poids vifs totaux de 115,000 quintaux à 140,600 et 171,700; il y a donc une progression marquée et elle porte presque exclusivement sur les sujets de plus de trois ans; on ne fait pas naître davantage à proprement parler, mais on garde les animaux plus longtemps; il y a une modification dans l'élevage.

Jusque vers 1880 la production chevaline est restée à peu près concentrée en Médoc, dans les dunes des arrondissements de Lesparre et de Bordeaux et dans la partie non exclusivement forestière du Bazadais. Depuis cette époque l'arrondissement de Bazas est devenu un centre d'élevage très important et grâce aux stations de monte que l'État entretient dans de nombreuses localités, le petit cheval landais qui se reproduisait à l'aventure, comme naguère en Camargue et en Corse, fait place à un cheval de cavalerie légère, genre tarbais, utilisable à cinq ans et qui conserve de ses origines maternelles, améliorées par le sang arabe, une grande rusticité et une grande endurance.

Le Médoc reste toujours producteur de chevaux de tête plus étoffés et de chevaux de carrosserie légère. Les essais privés d'introduction du boulonnais et du gros breton sur les alluvions riveraines de la Garonne et de la Gironde ne laissent aucun doute sur l'insuccès de cet élevage, qui ne trouve pas là le milieu qui lui convient.

Enfin la vallée de l'Isle, à Coutras, les Billaux, les Peintures, Chamadelles s'est adonnée, depuis dix à quinze ans, à l'élevage du cheval de tête fin et distingué; le dépôt de Libourne y envoie ses meilleurs étalons.

Dans l'ensemble, la production chevaline est donc en sérieux progrès dans la Gironde et elle tend à s'y développer par la multiplication des petits élevages.

Les foires de Langon, Bazas, Bernos sont, dans le Bazadais, les centres des transactions; en Médoc, ce sont Saint-Vivien et Lesparre; Libourne et Coutras, dans le Libournais. Enfin Audenge alimente la région en petits chevaux landais, tandis que Bordeaux est le point d'arrivée de tous les beaux chevaux du Boulonnais, de la Bretagne, du Perche qui entretiennent l'importante cavalerie du gros roulage et du camionnage local.

ESPÈCE MULASSIÈRE.

Son effectif oscille entre 1,300 et 2,000 têtes dont le poids vif reste constant autour de 300 kilogrammes. On fait très peu naître de mulets en Gironde; ils sont importés de la Chalosse, des Pyrénées et du Poitou; leur commerce est entre les mains des Espagnols qui les conduisent dans les foires importantes du Bazadais où on les utilise presque exclusivement au transport des bois de pins en grume ou débités, des charbons de bois, pin, chêne, bruyère, des gemmes et des résines; leur emploi étant limité, il en est de même de leur nombre.

ESPÈCE ASINE.

La population asine est en augmentation d'un millier de têtes en quarante ans, 7,500 et 8,500, sans variation appréciable dans le poids de l'animal qui reste voisin de 100 kilogrammes. On élève exceptionnellement des ânes en Gironde. Comme celui des mulets, leur commerce est aux mains des Espagnols qui les conduisent par petits troupeaux de 15 à 20 têtes dans les principales foires du département; ils sont la première étape du véhicule attelé du maraîcher, du laitier ou du petit cultivateur, car on les utilise peu aux travaux agricoles proprement dits; leur accroissement témoigne de l'extension de la culture maraîchère et des petites vacheries de trois à quatre têtes à proximité des villes, de Bordeaux surtout. Il n'y a pas lieu de prévoir là de sérieuses modifications, l'importation suffisant largement à tous les besoins.

PLANCHE XII.

TAUREAU DE RACE BAZADAISE.

ESPÈCE BOVINE.

Les existences en animaux bovins, qui sont représentées aux trois époques considérées par 131,000, 142,000 et 138,000 têtes, tendraient à faire croire à un mouvement de recul depuis 1882 dans la production de cette espèce; mais si on met en regard les poids vifs totaux, qui sont passés de 444,000 quintaux à 447,000, puis à 450,000, on voit que la perte en nombre a été très largement regagnée en poids et que ce sont des modifications dans les spéculations qui ont occasionné la dégression numérique. L'examen des diverses catégories dans lesquelles se trouvent réparties les existences de l'espèce permet de préciser le phénomène.

Taureaux. — Leur nombre reste presque stationnaire autour d'une moyenne de 1,300 têtes, mais leur poids passe de 300 à 305 et 350 kilogrammes; les animaux, mieux sélectionnés, sont conservés un peu plus longtemps pour la reproduction; la monte à la main tend à remplacer la monte en liberté; l'alimentation est plus abondante et de meilleure qualité. Le progrès est réel dans cette catégorie; il ne peut que se continuer surtout si les comices entrent résolument dans la voie des primes de conservation au moyen de leurs propres ressources.

Bœufs. — 35,700-30,000-28,900 têtes; 196,400-150,900 et 144,700 quintaux, tel est le mouvement des existences et des poids de cette catégorie aux trois périodes considérées; le poids par tête a diminué de 50 kilogrammes depuis 1860, mais ce sont surtout les existences dont le nombre a considérablement fléchi et il n'y a pas à prévoir son relèvement.

Le sang limousin, et parfois parthenais, a bien un peu accéléré l'allure lente et massive du bœuf garonnais qui, en dehors de l'arrondissement de Bazas, est l'animal de travail des terres fortes, argilo-calcaires et argilo-siliceuses des plateaux et coteaux des arrondissements de la Réole, Bordeaux, Libourne et Blaye; mais on lui substitue, partout où les résistances à vaincre ne sont pas trop grandes, la vache plus alerte, plus vive et qui donne un veau chaque année en plus de son travail. Cette substitution a comme corollaire un abaissement très notable de l'âge de la réforme qui n'excède plus qu'exceptionnellement huit ans; le rendement en viande nette atteint couramment 52 à 54 p. 100 du poids vif, chiffre que l'abondance d'un gros suif jaune permettait seul de réaliser antérieurement à 1882; en réalité il y a donc progrès au point de vue de l'alimentation publique, sans que les bénéfices de l'éleveur en soient diminués, bien au contraire.

Le bœuf bazadais a pris par la sélection un peu plus de finesse qu'anciennement, mais cette amélioration s'est produite aux dépens de la taille qui tend à s'abaisser fâcheusement.

Il n'y a pas en Gironde d'étable d'engraissement des bovidés; la seule qui existât à Saint-Médard-de-Guizières, dans le canton de Coutras et qui était annexée à une minoterie, a disparu avec l'élévation du prix des sons, repasses et autres résidus de mouture; d'ailleurs les animaux qui la garnissaient étaient importés du Limousin. L'engraissement se fait donc à la ferme, généralement par paires, rarement au pâturage, presque toujours à la crèche; le foin en est la base; depuis dix à quinze ans, les racines fourragères et les tubercules, avec quelque peu de son et de tourteaux, y contribuent. Cette spéculation, dont les produits ont un débouché assuré sur le marché de Bordeaux, ne semble pas devoir s'étendre au delà des bêtes de réforme.

Toutes les foires du Bazadais, du Réolais et du Libournais sont largement approvisionnées d'animaux de travail; celles de Bazas, Langon, Auros et Bernos, pour le Bazadais; la Réole, Sauveterre, Monségur, Targon et Créon, pour le Réolais; Castillon, Coutras, Libourne, Guitres, pour le Libournais; Saint-Ciers-la-Lande, Braud, Étauliers, Saint-Mariens, pour le Blayais, sont les plus importantes.

Vaches de travail. — Le mouvement concernant les vaches de travail est inverse de celui qui vient d'être constaté pour les bœufs : les existences atteignent respectivement : 28,700-36,500 et 35,300 têtes, tandis que les poids vifs s'élèvent à 100,500-124,500 et 123,500 quintaux. Des circonstances particulières ont amené une réduction de 1,200 têtes et de 1,000 quintaux dans la troisième période par rapport à la précédente, mais elles n'infirment pas le phénomène de substitution dont il vient d'être parlé; la vache devient à la fois animal de reproduction, de rente et de travail sans que son organisme s'en trouve affecté, puisque son poids vif ne s'écarte pas de 350 kilogrammes par tête.

Pas plus que le bœuf, la vache de travail ne donne lieu à un commerce d'exportation de quelque importance; c'est dans un rayon relativement restreint que se trouvent limitées les transactions et les foires à bœufs sont également foires à vaches de travail. A l'âge de la réforme, qui s'est beaucoup abaissé depuis vingt ans et qui correspond à celui où leurs facultés laitières ne leur permettent plus, même avec l'aide d'une vache bretonne, de mener un veau à bien, on les engraisse sommairement; elles entrent dans l'alimentation locale, l'approvisionnement journalier des troupes, la fabrication des conserves de viande; les meilleures sont vendues sur le marché de Bordeaux, où la boucherie les paye 8 à 10 p. 100 de moins que les bœufs de même qualité, tout en les revendant au même prix.

Vaches laitières. — C'est dans cette catégorie que les modifications ont été et sont de beaucoup les plus sérieuses. La consommation du lait en nature est restée jusque vers 1880 le seul mode d'utilisation du lait avec l'élevage, car les petites beurreries que l'on rencontrait dans la lande n'avaient en effet qu'une importance très secondaire. Il existe maintenant de véritables industries de transformation, dont les unes, comme les grandes beurreries de Libourne, Castelnau, Arveyres, Fargues, Monbadon, pour ne citer que les principales, sont en pleine prospérité, tandis que les autres, comme la fabrique de lait en poudre de Cestas, celles de lait concentré, stérilisé de Bordeaux, Talence, Saint-Morillon, sont en bonne voie de développement. Aussi l'effectif de la catégorie est-il passé de 33,600 têtes à 37,500 et 43,100 et le poids vif de 100,900 à 116,000 et 142,300 quintaux accusant ainsi un accroissement de 10,000 têtes et de 40,000 quintaux dans une période de quarante ans.

L'industrie de la production du veau de lait pour l'approvisionnement du marché de Paris a pris une grande extension. Coutras, Guitres, Chamadelle, les Peintures, envoient chaque jour à Paris 12 à 15 veaux parthenais ou limousins, nés dans le pays ou importés des Charentes et engraissés exclusivement au lait et aux œufs, comme dans les meilleures fermes du pays chartrain; ces animaux, emballés avec soin dans de grands paniers d'osier, font prime sur le carreau des Halles.

De Castillon, Pujols, Saint-Magne, Sainte-Foy, des expéditions d'importance numérique à peu près semblable sont également faites sur Paris; mais ici, les veaux sont des croisements garonnais-bretons, moins fins que les parthenais et leurs croisements limousins, pour l'engraissement desquels on fait d'ailleurs intervenir les farineux en quantité un peu trop élevée, de sorte que la marchandise n'est plus toujours de toute première qualité.

Quoi qu'il en soit, cette industrie est en pleine voie de progrès et nul doute qu'en raison de la facilité qu'elle présente de s'y livrer sur place dans les plus petites fermes, elle ne soit appelée à s'étendre dans les localités où le lait ne trouve pas un débouché suffisant en nature et où les établissements d'industrie laitière sont trop éloignés.

Animaux d'élevage. — Dans cette catégorie, les phénomènes secondaires qui font abattre ou conserver un plus grand ou un moindre nombre d'animaux, suivant les facilités ou les difficultés que rencontre leur conservation, se font particulièrement sentir; aussi le chiffre des existences subit-il des oscillations importantes; c'est ainsi qu'il a été successivement de 31,900-36,400-29,300 têtes avec un ensemble de poids vif de 43,000-41,600 et 44,200 quintaux. Les progrès de l'élevage se manifestent par l'accroissement régulier du poids des jeunes de moins d'un an et tout particulièrement des veaux, qui pesaient 52 à 55 kilogrammes à huit à dix semaines il y a quarante ans et qui maintenant dépassent fréquemment 100 kilogrammes au même âge.

Sauf pour la banlieue de Bordeaux, dont les éleveurs, en outre du marché général, ont un marché spécial aux veaux chaque lundi à Cenon, tous les autres animaux d'élevage se rencontrent avec les adultes sur les différentes foires du département; ils y sont l'objet de ventes et reventes fréquentes.

ESPÈCE OVINE.

Si l'on en juge par les chiffres des existences et les poids de cette espèce, on ne serait pas éloigné de croire que sa disparition du sol girondin ne tardera pas à se produire, à moins de modifications sérieuses dans la culture et le mode d'exploitation de l'espèce; on trouve en effet successivement 413,700-288,100-190,400 têtes, pesant respectivement ensemble 117,000, 92,500 et 73,000 quintaux.

Cette situation est la conséquence forcée de la mise en valeur continue des landes, soit par le boisement, soit par la culture et de l'abaissement du prix des laines dont l'Amérique du Sud et l'Océanie approvisionnent le marché général. Le mouton, à part quelques industries spéciales comme celle de Roquefort, devient exclusivement un animal de boucherie et la race landaise, qui peuple à peu près seule le département, n'est pas douée, dans ses conditions actuelles d'élevage, d'aptitudes suffisantes pour la production économique de la viande. Il importe qu'elle soit améliorée par le croisement continu et que l'on substitue au moins partiellement la stabulation au pâturage permanent, ce qui implique l'adoption de cultures industrielles pour pourvoir à l'alimentation du troupeau à la bergerie. Des tentatives sérieuses dans ce sens semblent se dessiner, mais elles ne sont pas encore prêtes à aboutir.

Présentement la seule spéculation intéressante à laquelle donne lieu en Gironde l'espèce ovine est la production de l'agneau de boucherie, où l'on sacrifie trop souvent une ou deux têtes à la naissance pour pouvoir mener à bien celle que l'on conserve;

Bordeaux est l'unique centre important de consommation de l'agneau de lait qui dure de novembre à avril et son approvisionnement est insuffisant.

ESPÈCE PORCINE.

En ce qui concerne cette espèce, les statistiques donnent les chiffres suivants : 88,300-96,000-92,500 têtes d'un poids total de 75,700-91,300-85,800 quintaux. Le département ne possède ni forêts de chênes, ni forêts de châtaigniers; la culture de la pomme de terre ne suffit pas aux besoins de la consommation, celle du topinambour y est presque inconnue; dans ces conditions, le département est tributaire des régions voisines et particulièrement du Limousin d'où l'on importe d'une part des jeunes animaux pour les besoins de la ferme et des porcheries de second élevage et d'engraissement annexes des grandes beurreries ou installées dans les environs de Bordeaux, et d'autre part des animaux gras pour la charcuterie locale.

Dans toutes les fermes on élève et on engraisse, avec les déchets de l'exploitation, le son rendu par le boulanger, quelques racines et tubercules, de un à quatre porcelets achetés dans les foires à l'âge de six à huit semaines, et sacrifiés généralement à un an. S'il y a des excédents ils sont vendus gras sur pied dans les foires locales; si les animaux ont été abattus, les jambons, salés et séchés à l'air, sont portés aux marchés plutôt qu'aux foires, où des commissionnaires les recherchent pour l'approvisionnement des navires. Toute la Benauge et particulièrement les cantons de Targon et Creon se livrent à ce genre particulier d'industrie qui se chiffre par plus de 600,000 francs par an.

Une porcherie modèle vient de s'installer à Saint-Morillon; deux autres existent depuis plus de dix ans à Saint-Vivien-de-Médoc et Coutras; on entretient dans chacune un verrat et quelques truies yorkshires, mais ces élevages, sans action sur la contrée, n'ont pas une sérieuse importance.

Une spéculation intéressante reste à signaler à Libourne où la plus grande laiterie-beurrerie du département élève et engraisse jusqu'à ce qu'ils pèsent 80 kilogrammes environ des porcelets blancs limousins; ces animaux sont ensuite expédiés vivants sur le marché de Londres où ils sont particulièrement recherchés; ses envois mensuels sont de 120 à 150 têtes et ils ne suffisent pas en général à la demande.

ESPÈCE CAPRINE.

Sa population reste constante à 2,500 têtes environ rassemblées dans les mains de chevriers béarnais. Du premier printemps à la fin de l'automne, les chèvres, par petits groupes de huit, dix, douze têtes, parcourent les villes aux abords desquelles on les réunit le soir en véritables troupeaux; on achève de les traire et le lait mis en présure de suite est vendu le lendemain sous forme de petits fromages caillés dits *joncées*, en raison des joncs verts sur lesquels on les met à égoutter. Vendu à raison de 0 fr. 10 la tasse de 10 centilitres nets environ, le lait de chèvre constitue un très sérieux revenu pour le chevrier dont chaque animal, chevreau compris, lui rapporte, tous frais déduits, 75 à 80 francs par an.

ANIMAUX ET PRODUITS DE BASSE-COUR.

Espèce galline. — Son dénombrement est bien approximatif et les chiffres de 628,000-643,000-680,000 têtes donnés par la statistique comme représentant les existences ne peuvent être acceptés qu'avec la plus grande réserve. Ce qui ne laisse aucun doute, c'est l'accroissement de l'espèce en nombre et en poids. La race de fondation est la race landaise à plumage noir et pattes gris-ardoise foncé; il y a également beaucoup de poules gauloises, mais il devient difficile, sauf dans les campagnes les plus reculées, de trouver ces variétés pures; la houdan, la crèvecœur, la padoue, la cochinchinoise ont pénétré à peu près partout et déterminé des croisements qui ne valent généralement pas les variétés locales sélectionnées. Celles-ci pondent par an de 120 à 130 œufs du poids de 62 à 65 grammes la pièce et donnent des poulets pesant de 900 à 1,200 grammes à six mois selon les soins et méthodes d'alimentation. Œufs et volailles vivantes sont achetés dans les foires et marchés pour le compte de maisons spéciales qui expédient surtout sur Paris et Londres. Bien qu'assez mal organisé encore, ce commerce ne laisse pas que d'être lucratif pour ceux qui s'y livrent.

Jusqu'ici la production industrielle de la poule n'avait pas été sérieusement entreprise dans la Gironde et, à part quelques intéressants poulaillers d'amateurs, il n'y avait rien à signaler. Cette lacune est largement comblée depuis dix-huit mois. A Lormont, domaine du Bousquet, près Bordeaux, un grand établissement d'aviculture de 10 hectares de superficie a été installé. Il peut livrer chaque jour environ 250 volailles de trois mois, variété faverolles, et une moyenne de 1,500 œufs tous timbrés à la date du jour de la ponte.

La continuité de la fourniture de la volaille est obtenue à l'aide de 22 incubateurs, garnis chacun de 360 œufs recueillis dans les parquets à reproduction au nombre de 40, que peuplent 20 poules et un coq. Dès leur naissance, les jeunes sont automatiquement séchés dans l'incubateur; on les porte, après vingt-quatre heures dans le bâtiment d'élevage comprenant deux séries de 90 parquets consécutifs dans lesquels séjournent successivement, un jour seulement, la moitié des poussins d'un même incubateur. Les élèves quittent le quatre-vingt-dixième parquet pour aller au marché. Un moteur de 9 chevaux actionne les pompes, broyeurs, concasseurs, raboteurs, aplatisseurs que l'on utilise pour la préparation des viandes, grains, os, silex, coquilles d'huîtres qui entrent dans l'alimentation des volailles.

Un enclos spécial est destiné aux pondeuses; il comprend 50 parquets de 60 poules devant donner 1,500 à 2,000 œufs par jour. Tout récemment, un second établissement avicole a été organisé à Pessac; il est encore à ses premiers débuts.

Il n'y a rien à signaler sur l'*apiculture*, dont les adeptes se font de plus en plus rares.

HÉRAULT.

De toutes les espèces animales, c'est l'espèce ovine qui occupe la première place, donne les meilleurs résultats et offre le plus d'avenir dans le département. Elle y est représentée, adultes et jeunes, d'après la statistique agricole de 1905, par 316,458 têtes.

Cette grande prédominance des ovins sur les autres espèces animales est due aux conditions spéciales de sol et de climat.

ESPÈCE BOVINE.

La rareté des pluies et la pauvreté des pâturages constituent dans l'Hérault deux obstacles insurmontables pour l'élevage avantageux des bêtes bovines, qui demandent des herbages abondants. Seules quelques parties de l'arrondissement de Saint-Pons, notamment les communes du canton de la Salvetat, se livrent à l'élevage des bovins, sans préjudice pourtant de celui des ovins qui y occupe une place beaucoup plus importante. Le canton de la Salvetat, dont le sommail qui le borde est à 1,000 mètres d'altitude, bénéficie du régime pluvieux du climat océanien, et possède par suite de belles prairies et la possibilité de faire l'élevage des bêtes à cornes. Il en compte actuellement un total, adultes et jeunes, de 2,466 têtes, dont 1,766 vaches qui travaillent et donnent tous les ans un veau qui est vendu à trois ou quatre mois, six mois au plus, de 100 à 125 francs. Les deux races qui dominent à la Salvetat sont celles des Angles et d'Aubrac, qui se sont mêlées par le croisement. Elles n'ont en général rien gagné à ce mélange, auquel s'est ajouté encore celui de la race de la Montagne-Noire. Des améliorations zootechniques sont nécessaires et possibles pour amener un peu d'unité dans cette population bovine trop disparate. Un meilleur choix des reproducteurs, en particulier parmi les taureaux de race d'Angles, s'impose, de manière à développer les aptitudes laitières et à l'engraissement sans sacrifier cependant les aptitudes au travail.

Mais ce qui s'impose avant ces améliorations et doit en être le grand facteur, c'est l'augmentation de la production fourragère, qui reste elle-même liée au développement du chaulage et du plâtrage. Ces opérations peuvent seules permettre en effet, dans ces sols granitiques, la culture des légumineuses et notamment du trèfle rouge des prés.

ESPÈCE OVINE.

L'espèce ovine constitue, par son croît, agneaux et moutons, et surtout par son lait employé à la fabrication des fromages de Roquefort, la plus importante des spéculations animales de l'Hérault. Trois races, celle du Larzac, de Pardailhan et des Causses, se partagent cette importante population ovine. Toutes sont issues de la même source, la grande race primaire pyrénéenne (*Ovis aries Iberica*), de la classification systématique de Sanson, et elles ont conservé de leur origine commune les caractères typiques fondamentaux. Seuls les caractères secondaires se sont modifiés à la longue sous l'action des milieux où les différents groupes se sont localisés. Ainsi la taille et la corpulence de ces derniers sont en raison inverse de la fertilité du sol; la race de Pardailhan qui vit dans le milieu le plus pauvre est plus petite que celle du Larzac, dont le sol est un peu meilleur. Celle des Causses tient le milieu entre les deux, de même que le sol de cette région par rapport à celui des deux autres.

La laine des larzac et des pardailhan est plus fine que celle des caussenards, ce qui tient à un croisement des deux premières races avec le mérinos de la bergerie royale de Perpignan au commencement du siècle dernier.

Toutes sont également rustiques et peuvent vivre convenablement là où d'autres périclíteraient, enfin elles sont toutes bonnes laitières. Toutefois, celle du Larzac est plus laitière que les deux autres, en raison d'une sélection plus rigoureuse à ce point de vue et du mode de traite habituellement pratiqué.

L'origine commune des trois races facilitera les croisements entre elles.

Le Pardailhanais appartient, pour la plus grande partie, à la formation primaire, et le reste aux terrains de transition. La première est caractérisée par le châtaignier, la bruyère, les genêts et les fougères; les seconds le sont par le chêne vert et par le buis.

Les vastes dépendances du Pardailhan comprennent des sommets de 500 à 600 mètres d'altitude qui sont très arides et ne peuvent guère nourrir qu'une brebis par 2 hectares. Encore les brebis ne trouvent-elles pas toujours une nourriture suffisante dans ces parages et sont-elles obligées de se rabattre pendant l'été sur les chênes nains, les cytises et les plantes aromatiques. Fort heureusement la race de Pardailhan, qui ne transhume pas en été, est d'une rusticité à toute épreuve. Aucune des deux races ne l'égale sur ce point.

La brebis de Pardailhan a un petit corps porté par de fortes et longues jambes, qui lui sont nécessaires pour parcourir de vastes étendues, à la recherche d'une herbe de bonne qualité mais fort rare.

La tête est fine, sans laine et sans cornes, le regard est doux, les oreilles longues et un peu pendantes, le cou long, la poitrine étroite, la côte plate, le rein mal soutenu et peu large. L'arrière-main, qui renferme la meilleure viande, est insuffisamment développée.

L'éleveur doit, par une sélection suivie, en choisissant les reproducteurs en dehors du troupeau s'il le faut, élargir la poitrine, développer l'arrière-train, rectifier la ligne dorsale et arrondir la côte.

Il serait en outre de toute nécessité que l'éleveur s'attachât à multiplier les cultures fourragères afin d'augmenter le rendement par unité de surface.

C'est en vue de la vente de l'agneau à 6 mois, alors qu'il vaut de 18 à 22 francs, que l'on élève les bêtes à laine dans le Pardailhan. Les brebis sont réformées à 5, 6 ou 7 ans; elles valent alors de 25 à 28 francs pour un poids de 35 à 38 kilogrammes. Il existe dans quelques endroits du Pardailhan quelques troupeaux bien améliorés où les brebis atteignent le poids de 50 à 55 kilogrammes.

Race des Causses. — Cette race peuple les causses d'Aumelas, à la limite est de l'arrondissement de Lodève, et toute la partie nord et nord-est de l'arrondissement de Montpellier.

Les qualités et les défauts de cette race sont à peu près identiques à ceux de la brebis de Pardailhan.

C'est la race des Causses qui fournit les agneaux de lait si estimés de l'arrondissement de Montpellier.

L'agneau est sevré à six ou sept semaines; il pèse alors de 12 à 15 kilogrammes et se vend environ 1 franc le kilogramme poids vif. A ce prix c'est une spéculation très lucrative qui est appelée à prendre une certaine extension.

Des croisements de cette race avec les barbarins sont pratiqués en vue d'augmenter le poids des agneaux.

Après le sevrage les brebis fournissent encore un peu de lait qui est vendu en nature ou employé à faire de petits fromageons pour les besoins de la maison ou pour la vente dans les fermes où il n'y a pas de troupeau. Ce lait ou ces fromages rapportent environ 1 franc à 1 fr. 25 par tête de brebis, dont le revenu annuel, fumier compris, s'élève à 15 ou 16 francs. Là où on ne fait pas l'agneau de lait, la brebis des Causses ne rapporte guère que 12 à 13 francs.

Race du Larzac. — Cette race tire son nom de la région qu'elle peuple, le Larzac, vaste plateau calcaire de formation jurassique, situé à cheval sur les deux versants de la Méditerranée et de l'Océan, et dont l'altitude est de 700 à 800 mètres.

C'est la race ovine laitière par excellence et la grande productrice du fromage de Roquefort.

Les caractères du Larzac de l'Hérault sont à peu près les mêmes que ceux du Larzac de l'Aveyron, avec cette différence toutefois que chez ce dernier la toison recouvre tout le corps, tandis que la brebis de l'Hérault est dépourvue de laine sur la tête, sur les membres et sous la partie inférieure de l'abdomen.

Considérée dans son ensemble, la brebis du Larzac a le train postérieur le plus souvent irréprochable, alors que le train antérieur manque de largeur et est anguleux. Comme cette angulosité est un caractère laitier chez toutes les espèces, il faut éviter de trop élargir la poitrine, car on risquerait de diminuer les aptitudes laitières en augmentant outre mesure la propension à l'engraissement.

Les troupeaux du Larzac sont aujourd'hui bien améliorés, certains sont très remarquables. Le troupeau du Viala, notamment de la commune de la Vacquerie, canton du Caylar, a obtenu les plus hautes récompenses dans tous les concours locaux depuis 1844.

Les brebis du Larzac donnent en moyenne un demi-litre de lait par jour en mai, au plus fort de la lactation; elles atteignent parfois trois quarts de litre et ne dépassent jamais un litre.

La moyenne annuelle de production d'une brebis est de 65[1] litres environ dans les bons pâturages, et de 30 à 35 litres dans les pâturages maigres.

La production est évidemment subordonnée à l'abondance et à la qualité de la nourriture. D'après Marre, « la luzerne, et surtout le sainfoin, secs ou verts, sont les aliments qui font produire le lait le plus abondant et aussi le plus riche en matière caséeuse ».

Autrefois on fabriquait le fromage dans les fermes et on le vendait aux maisons de Roquefort qui l'affinaient dans leurs caves. Il y avait même des caves d'affinage dans l'Hérault, à la Vacquerie, à Lunas et au Pas de l'Escalette. Ces caves sont maintenant fermées, car toute la fabrication s'est concentrée à Roquefort. Aujourd'hui les diverses sociétés de Roquefort ont établi partout, dans leur rayon, des laiteries où elles fabriquent elles-mêmes avec le lait que leur apportent les propriétaires. Ce lait est payé en moyenne 27 à 28 francs l'hectolitre.

Ces prix élevés sont l'indice certain de l'augmentation de la consommation du Roquefort. Ce qui n'est pas moins une indication à cet égard, c'est la création de nouvelles laiteries aux environs de Montpellier par les sociétés de Roquefort.

[1] Il y a des maxima de 80 et même de 90 litres dans les meilleures situations. La coopérative de Vinas obtient un rendement de 80 litres par brebis.

L'Hérault qui n'en avait que 8 à 10 il y a une dizaine d'années, en possède actuellement 24, situées dans six cantons appartenant aux arrondissements de Lodève, Béziers et Montpellier, qui mettent en œuvre chaque année 23,690 hectolitres de lait d'une valeur dépassant 1,500,000 francs.

Le tableau suivant donne la liste des laiteries, leur situation, leur importance et les caves d'affinage, d'après Marre.

CANTONS.	COMMUNES.	LAITERIES.	CAVES D'AFFINAGE.	HECTOLITRES.
BÉDARIEUX...	Bédarieux........	Bel-Air......	Société des caves et des produits, à Roquefort........	1,450
LE CAYLAR...	Le Caylar........	Le Caylar....	*Idem*....................	2,400
Idem.......	Les Rives.........	Les Rives....	Société anonyme des propriétaires, à Roquefort........	2,420
Idem.......	Saint-Maurice.....	Saint-Maurice.	Société des caves et des produits, à Roquefort........	910
LODÈVE.....	Le Bosc..........	Cartels......	*Idem*....................	1,350
Idem.......	Lodève..........	Campestre....	Nouguier, à Cénomes.......	400
Idem.......	*Idem*...........	Lodève......	Société des caves et des produits, à Roquefort........	1,400
Idem.......	La Vacquerie......	La Vacquerie..	*Idem*....................	1,510
LUNAS......	Avène (coopérative).	Vinas.......	Maria Grimal, à Roquefort...	573
Idem.......	Brenas...........	Bunas.......	Cave de Lunas (Hérault)....	1,100
Idem.......	Ceilhes et Rocosels.	Ceilhes......	Louis Rigal, à Roquefort....	840
Idem.......	Ceilhes..........	*Idem*........	Maria Grimal, à Roquefort...	1,100
Idem.......	*Idem*...........	*Idem*........	Société des caves et des produits, à Roquefort........	1,050
Idem.......	Dio et Valquières...	Vernazobres...	Caves de Lunas (Hérault)....	1,100
Idem.......	Lunas...........	Lunas.......	Société des caves et des produits, à Roquefort........	910
Idem.......	*Idem*...........	Vasplongues...	Société anonyme des produits, à Roquefort............	430
Idem.......	Octon...........	Octon.......	*Idem*....................	1,680
Idem.......	Roqueredoude.....	Tieudas......	Louis Rigal, à Roquefort.....	750
Idem.......	*Idem*...........	*Idem*........	Société des caves et des produits, à Roquefort........	920
MONTPELLIER.	Montpellier.......	Montpellier...	Maria Grimal, à Roquefort...	180
Idem.......	*Idem*...........	*Idem*........	*Idem*....................	300
Idem.......	Pignan..........	Pignan......	*Idem*....................	217
ROUJAN.....	Cabian...........	Paders.......	Louis Rigal, à Roquefort.....	200
SAINT-GERVAIS	Castanet-le-Haut...	La Barraquette.	Société des caves et des produits, à Roquefort.......	480
TOTAL........				23,690 [1]

[1] Production du lait des 24 laiteries de l'Hérault fabriquant du Roquefort.

Ces 23,690 hectolitres de lait, au prix moyen de 27 fr. 50, donnent un total de 751,475 francs. Si on admet la moyenne de 4 litr. 300 de lait pour

1 kilogramme de fromage frais, l'Hérault produit 550,930 kilogrammes de roquefort pour un effectif de 39,000 brebis environ.

Le rendement moyen d'une bonne brebis du Larzac est le suivant :

55 litres de lait à 27 fr. 50	15f 00c
1 agneau de 16 kilogrammes à 0 fr. 80	12 80
2 kilogrammes de laine à 0 fr. 90	1 80
Fumier	10 00
Total	39 60

L'industrie de la fabrication du roquefort est en pleine prospérité dans l'Hérault et elle paraît appelée à s'étendre considérablement dans les arrondissements de Saint-Pons et de Montpellier. Elle y apportera l'aisance comme elle l'a fait dans le Larzac. Toutefois il convient de signaler une pratique particulièrement grave dans cette région. L'agriculture y est basée sur l'exportation de tout le fumier et la non-restitution au sol des matières enlevées par les récoltes. A ce régime, on ne peut plus anormal, toutes les récoltes périclitent sur le plateau : le seigle y devient une culture aléatoire, les cultures fourragères durent de moins en moins; le sainfoin, cette précieuse légumineuse des terrains calcaires pauvres, végète de plus en plus difficilement. Si l'on ne se hâte d'importer dans le Larzac des engrais, et notamment des matières phosphatées et potassiques, les cultures disparaîtront peu à peu et il en résultera la décadence de l'industrie laitière.

Par l'apport de fumures appropriées et par la sélection des animaux, à l'exclusion de tout croisement, cette industrie peut faire au contraire de rapides progrès dans le Larzac. Toutefois il ne faudrait pas, en sélectionnant, s'en tenir, comme on l'a fait trop fréquemment jusqu'ici, à un meilleur rendement en laine et en viande; il conviendrait également de développer l'aptitude laitière des brebis, et cela est possible et facile.

ILLE-ET-VILAINE.

ESPÈCE CHEVALINE.

La population chevaline du département est très importante. Elle s'élève à 76,000 têtes environ et tend à augmenter encore. Les modes d'exploitation dont elle est l'objet diffèrent suivant les régions.

Dans une zone comprenant la plus grande partie des arrondissements de Montfort et de Rennes et limitée d'une part par les départements des Côtes-du-Nord et du Morbihan, de l'autre par une ligne passant à peu près par Maxent, Baulon, Guignen, Bourg-des-Comptes, Pancé, Le Sel, Orgères, Nouvoitou, Domloup, Servon, Liffré, Saint-Germain-sur-Ille, Vignoc, Hédé, Tinténiac, Saint-Domineuc, Trévérien, c'est-à-dire dans le centre et l'ouest du département, les écuries sont exclusivement peuplées de chevaux entiers de gros trait; il en est de même dans une petite région comprenant les communes du littoral des cantons de Saint-Malo, Cancale, Pleine-Fougères, Dol. Dans chaque ferme de ces régions, il y a de jeunes poulains, au nombre de 1 à 6, suivant l'importance du domaine et les difficultés du terrain. Dans quelques exploitations, surtout dans les petites, il y a un cheval âgé qui sert de limonier. Les poulains sont dressés au labour et au trait et ils exécutent les travaux de la ferme; ils sont tous achetés en général à l'âge de six mois, moins souvent à l'âge de deux ans, et sont revendus, suivant la façon dont ils réussissent, à un âge variable, mais au plus tard à 4 ou 5 ans. Il est fréquent que le même poulain, entre l'âge de 6 mois et celui de 4 ou 5 ans, passe entre les mains de deux ou trois agriculteurs; chacun d'eux, après avoir obtenu de l'animal tout le travail nécessaire, le revend avec un sensible bénéfice. Ces transactions sur les chevaux sont très actives.

Les jeunes poulains de 6 mois sont importés des départements des Côtes-du-Nord, du Finistère, de la Sarthe, du Perche, de la Normandie, de la Mayenne et des parties de l'Ille-et-Vilaine qui entretiennent des juments poulinières. Les achats les plus importants se font en octobre, novembre, décembre, sauf pour les quelques poulains de 2 ans nécessaires à la culture qui se vendent indifféremment toute l'année. Les principales foires sont celles de Rennes, Montfort, Cesson (foire de la Saint-Martin), Coësmes, La Guerche, Dol, Médréac, Antrain, Montauban, Saint-Méen, Gaël, Lamballe et Dinan (Côtes-du-Nord). Du reste l'importance de ces foires tend à diminuer; car beaucoup d'achats se font aujourd'hui à domicile par des marchands ou commissionnaires. Les chevaux de 4 et 5 ans sont presque tous vendus à la ferme par les agriculteurs, à ces mêmes marchands ou commissionnaires. Le même négociant ou courtier qui a vendu un jeune poulain à un fermier le lui rachète souvent à l'âge adulte. Les chevaux faits vendus par la culture sont destinés surtout aux industries de transport des villes : Rennes, Nantes, Paris; il en est expédié beaucoup dans le Midi (Perpignan) et en Espagne; dans le Nord pour les mines. Les poulains de gros trait de 6 mois se payent de 100 francs à 250 francs. Les chevaux adultes de 4 à 5 ans se vendent de 700 francs à 1,000 francs; les poulains de 18 mois, 2 ans et 3 ans, à des prix variables entre ces deux limites.

Dans quelques régions du département, il n'y a dans les fermes que des juments poulinières. Ce sont surtout les régions où les bœufs sont encore employés pour le travail : 1° les environs de Fougères, au nord-ouest, au nord et à l'est; l'arrondissement de Redon, en particulier les cantons de Pipriac, Bain, Fougeray, Redon; 2° dans l'arrondissement de Vitré, les cantons de Rétiers, La Guerche et Argentré. Dans les localités intermédiaires entre ces zones à juments poulinières et les zones à poulains entiers de travail et dans quelques autres centres, les écuries renferment des poulinières et des poulains entiers en proportion variable. C'est ainsi qu'il naît des poulains en assez grand nombre dans les cantons de Combourg, Pleine-Fougères et partie de Dinard (arrondissement de Saint-Malo), d'Antrain et de Saint-Brice-en-Coglès (arrondissement de Fougères), parties de Saint-Aubin-d'Aubigné, Hédé et Janzé (arrondissement de Rennes), dans les cantons Est et Ouest de Vitré et partie de Châteaubourg (arrondissement de Vitré), dans les cantons de Maure et de Sel (Redon), dans le Sud du canton de Plélan (Montfort).

Dans les fermes à juments poulinières, on élève les jeunes pouliches issues des mères et on en conserve le plus grand nombre pour assurer le renouvellement des poulinières; celles-ci sont employées d'autre part aux travaux de l'exploitation. Les transactions sur les juments et pouliches sont de ce fait peu importantes. Tous les poulains nés dans ces fermes sont vendus à l'âge de 6 mois. Il n'y a d'exception que pour les poulains de demi-sang, pour les poulains un peu légers et bien conformés, qui sont conservés plus longtemps par l'éleveur et vendus seulement à l'âge de 3 ou 4 ans. On trouve un assez grand nombre de ces chevaux de demi-sang ou de trait léger dans les cantons d'Argentré et de Combourg, dans les environs de Bain, un peu çà et là dans l'arrondissement de Redon, les environs de Fougères et le canton d'Antrain. Mais la grosse production est celle des poulains de gros trait, vendus à l'âge de 6 mois, plus rarement à 18 mois ou 2 ans. Ils sont achetés en grande partie dans les fermes par des commerçants qui les conduisent dans les pays d'utilisation, soit pour les vendre directement aux cultivateurs chez eux, soit pour les présenter aux foires de Rennes, Cesson, Montfort. Il en est vendu aussi un certain nombre dans les foires ou marchés locaux, soit à des cultivateurs des régions voisines qui se remontent en tout ou partie en poulains entiers, soit aux marchands qui les emmènent sur des marchés plus éloignés. Les foires locales où les transactions sont les plus actives sont celles qui se tiennent en septembre, octobre et novembre à Redon, Bain, Lohéac, Guipry, Coësmes, La Guerche, Châteaubriand, Saint-Aignan-sur-Roë, Argentré, Cossé-le-Vivien, Vitré, Servon, Fougères, Ernée, Saint-Georges-de-Reintembault, Saint-Denis-de-Gastines, Saint-James, Antrain, Combourg, Dol. De plus en plus du reste, et plus encore que pour les autres animaux, il y a tendance à trafiquer des chevaux au domicile du cultivateur.

Les points d'embarquement les plus importants sont les gares de Rennes (5,000 à 6,000 têtes en 1905), Dol (1,000), Fougères (900), Montfort (500), Vitré (500 à 600), La Guerche (500), Redon (500), Combourg (300), Saint-Malo (250), Janzé (400), Antrain (200).

Les races, par le fait même des transactions nombreuses et à grande distance qui s'opèrent sur les chevaux, ne présentent pas une grande homogénéité. Toutefois chez les poulains de gros trait persistent le plus souvent les caractères du cheval de trait breton; les introductions de poulains et de juments du Perche, en quelques points de juments boulonnaises, la diversité des étalons de trait offerts à la culture, contribuent à former une population quelque peu disparate, en certaines localités tout au moins. Il y aurait peut-être avantage à conserver, en l'améliorant par une sélection bien comprise, la race bretonne de trait, bien adaptée au pays, remarquable par sa rusticité et son endurance, et dont la conformation pourrait être, semble-t-il, assez facilement améliorée.

La présence dans les stations des Haras de quelques étalons de pur sang et de nombreux reproducteurs de demi-sang a forcément amené, depuis assez longtemps, quelques cultivateurs à essayer la production du cheval de demi-sang ou tout au moins d'animaux légers pour l'attelage et la remonte. Cette spéculation a réussi à un petit nombre d'entre eux, mieux placés, mieux doués et mieux outillés pour cet élevage. Mais dans l'ensemble la production du cheval léger ne prend pas d'extension. Au contraire la plupart des éleveurs réclament à l'administration des Haras un plus grand nombre d'étalons de trait. Les raisons de cet état de choses sont les suivantes : 1° les étalons de sang ne donnent, avec les grosses juments du pays, qu'un petit nombre de sujets réussis, la plupart sont décousus et ne peuvent se vendre avantageusement; 2° les chevaux de demi-sang, que l'éleveur doit conserver plus longtemps, ne rendent pendant ce temps que peu de services à la culture; la moindre tare, facile à contracter du reste, les déprécie beaucoup plus que cela n'a lieu pour le cheval de trait; les cultivateurs en général n'ont ni les ressources, ni les connaissances, ni le temps nécessaires pour les soigner, les nourrir, les dresser convenablement; 3° enfin les prix de vente, en moyenne, ne sont pas assez élevés pour compenser les dépenses de l'élevage, les risques et le défaut d'aptitudes aux travaux des champs. L'exploitation du cheval de trait dans les conditions actuelles est bien plus avantageuse. La production du cheval postier ou carrossier fort serait dans tous les cas plus facile et plus rémunératrice que celle du cheval léger de demi-sang.

Le cultivateur d'Ille-et-Vilaine est bon éleveur de chevaux de trait, et réussit assez bien, avec les éléments dont il dispose, dans cette branche de la production agricole; il sait les dresser et les conduire et leur donne les soins nécessaires. Tout au plus pourrait-on lui reprocher parfois de surmener un peu les jeunes chevaux, ce qui amène des tares assez fréquentes, et de ne pas ménager assez les juments poulinières dans les dernières semaines de la gestation. La nourriture est donnée souvent d'une façon trop irrégulière et surtout sans transition suffisante entre les périodes de repos relatif et les périodes de gros travaux. Au point de vue des ventes et achats, l'agriculteur défend en général assez habilement ses intérêts.

ESPÈCE BOVINE. — BOEUFS.

Le département entretient de 16,000 à 17,000 bœufs et cet effectif tendrait plutôt à diminuer.

Le bœuf n'est exploité que dans la région nord-est de l'arrondissement de Fougères, dans la partie centrale et méridionale de l'arrondissement de Redon, et dans les cantons situés au sud et à l'est de l'arrondissement de Vitré. Dans ces trois régions, les races utilisées, les méthodes d'exploitation, les modes de transactions commerciales sont différents et il est nécessaire de les étudier séparément. Dans les arrondissements de Rennes, Saint-Malo et Montfort, il n'y a pas de bœufs.

Région de Fougères. — Les bœufs de cette région appartiennent à la race normande, ou plutôt à la variété de cette race appelée souvent «race fougeraise». Cette variété, qui se rapproche de la variété cotentine, lui est inférieure comme conformation et comme taille, soit par suite des conditions spéciales de terrain, de nourriture et d'exploitation, soit à cause des croisements pratiqués avec les races voisines, notamment avec les races mancelle et durham-mancelle. Toutefois les animaux du pays fougerais tendent à s'améliorer au fur et à mesure que les méthodes de culture et d'exploitation se perfectionnent et grâce aux reproducteurs cotentins que les agriculteurs vont chercher de plus en plus fréquemment dans leur pays d'origine.

La zone où les bœufs sont exploités en plus grand nombre comprend le canton de Louvigné-du-Désert et les communes du canton nord de Fougères. Le canton sud de Fougères, la partie est du canton de Saint-Brice-en-Coglès viennent ensuite. Enfin quelques communes seulement des cantons d'Antrain et de Saint-Aubin-du-Cormier possèdent des bœufs de travail et leur nombre tend à y diminuer d'année en année. Partout du reste il y a une tendance marquée à ne plus se servir des bœufs que pour les labours et les gros charrois dans la ferme même; le nombre de ces animaux paraît diminuer et leur zone d'exploitation se restreindre; ils ont complètement disparu de certaines communes, en particulier à l'ouest de Saint-Aubin-du-Cormier, où on en trouvait, il y a une vingtaine d'années, dans toutes les fermes. On préfère maintenant, pour le travail, des juments poulinières qui se dressent mieux, restent plus longtemps à la ferme, et donnent en plus de leur travail un produit élevé et régulier; d'autre part on substitue aux bouvillons, nécessaires au remplacement annuel des bœufs vendus, des génisses qui, à trois ans, ont déjà produit des veaux et du lait. Le développement considérable des voies de communication dans ces régions est pour beaucoup dans cette diminution graduelle du nombre des bœufs de travail.

D'une manière générale, les bœufs sont élevés à la ferme, 15 à 20 p. 100 à peine sont achetés. Dans la zone où l'exploitation du bœuf a le plus d'importance, c'est-à-dire dans le canton de Louvigné-du-Désert et les communes à l'est et au nord de Fougères, il y a habituellement, dans une petite ferme de 10 hectares en moyenne, 2 bœufs de 2 ans et demi à 3 ans, et 2 bouvillons de 15 à 18 mois, pour remplacer les bœufs lorsqu'ils seront vendus. Dans un domaine de 20 hectares, on peut compter en moyenne 2 bœufs et 4 bouvillons, dont une paire de 2 ans commence à travailler, et l'autre, de 15 à 18 mois, est élevée pour le remplacement. Enfin dans les fermes plus grandes, il y a 4 bœufs, rarement davantage, et 4 bouvillons de 2 ans. Ces animaux sont presque tous nés et élevés dans la ferme; cependant, il est quelquefois nécessaire d'acquérir au dehors quelques jeunes bouvillons, lorsque les veaux mâles sont en nombre insuffisant. Ils sont alors achetés chez quelque voisin, ou plus rarement en foire, vers l'âge de 15 à 18 mois. Quelquefois aussi, dans les grandes fermes, on achète une paire de bouvillons de 2 ans. Les bœufs sont vendus entre 3 et 4 ans, rarement plus âgés. Ils sont cédés à l'état maigre à des herbagers normands ou manceaux; cependant on constate d'année en année une augmentation du nombre des bœufs vendus gras, ou du moins en état, en août et septembre, après pâturage des regains; ils sont livrés à des commissionnaires pour le marché de La Villette.

Les achats de bouvillons par la culture ont lieu le plus souvent dans les fermes au printemps, plus rarement aux foires locales (janvier, février, mars), à Fougères, Saint-Georges-de-Reintembault, Saint-Hilaire-du-Harcouët et Saint-James (Manche), Ernée (Mayenne). Les ventes de bœufs se font toute l'année, mais surtout en août et septembre (près de 70 p. 100) et en janvier, février, mars, avril. Plus de la moitié des animaux est vendue à domicile à des commissionnaires ou marchands, et ce mode de transaction se généralise de plus en plus. Les foires les plus importantes pour ces ventes sont celles qui ont lieu en août et en septembre à Fougères, Saint-Georges-de-Reintembault, Bazouges-du-Désert, Saint-James, Ernée, et les foires de janvier, février, mars, à Fougères. Le principal point d'embarquement est Fougères, dont la gare a expédié environ 6,000 têtes en 1905, les bœufs de boucherie sur Paris et les bœufs maigres sur la Normandie.

Il est difficile de fixer des moyennes de prix pour la région de Fougères en ce qui concerne les jeunes animaux, pour lesquels les transactions se font le plus souvent entre voisins et à des âges très variables. Les bœufs maigres se vendent aux herbagers de 750 à 950 francs la paire en moyenne. Les animaux en état se vendent à la boucherie de 0 fr. 50 à 0 fr. 70 le kilogramme de poids vif.

Région de Redon. — Les bœufs exploités dans la région de Redon appartiennent en très grande majorité à la race vendéenne ou nantaise. On trouve quelques couples de race bretonne, notamment dans les cantons de Redon et de Pipriac. Sur la lisière est des cantons de Bain, Fougeray, Le Sel, les étables renferment un assez grand nombre de croisements durham. La population des bœufs de travail est particulièrement dense dans les cantons de Pipriac, Redon, Maure, c'est-à-dire sur la rive droite de la Vilaine; là on n'emploie guère que ces animaux pour le labour et les charrois. Le canton de Fougeray peut être considéré comme une zone de transition : les bœufs y sont encore assez nombreux, ainsi que dans la partie sud et centre du canton de Bain. Puis ils se font plus rares à mesure que l'on se rapproche, vers le sud et l'est, de l'arrondissement de Vitré, ou vers le nord, du canton de Guichen, où il n'y en a pour ainsi dire plus.

Dans cette région, il est très rare qu'on élève des bouvillons. Les parthenais, c'est-à-dire de beaucoup le plus grand nombre, naissent dans la Loire-Inférieure (Marais); ils sont tous importés. Les bretons, peu nombreux, viennent du Morbihan, ou quelquefois sont élevés dans le département. Dans la partie est de l'arrondissement, communes de Saint-Sulpice-des-Landes, Bain, Ercé, Teillay, et canton du Sel, on importe en outre des croisements durham de la Mayenne, des arrondissements de Vitré et Châteaubriant; on y élève du reste plus souvent des animaux de cette variété.

Dans la région de Redon, l'exploitation du bœuf constitue une spéculation très bien combinée en vue d'obtenir de l'animal, en travail et en produit, dans les conditions culturales du milieu, tout le parti possible. Les jeunes bouvillons de 18 mois à 2 ans sont présentés aux foires d'octobre à mars, à Redon, Pipriac, Sixt, la Gacilly (Morbihan), Châteaubriant et Guéméné-Penfao (Loire-Inférieure). Ils sont achetés par des propriétaires ou fermiers exploitant de faibles étendues (5 à 10 hectares) et payés en moyenne de 250 à 300 francs pour les bretons, de 350 à 400 francs pour les parthenais, à des prix beaucoup plus variables pour les croisements durham (250 à 500 fr.). Sur ces petits domaines, les jeunes bœufs, soumis au joug et dressés, exécutent habituellement les travaux pendant une période de 6 à 12 mois, pour être revendus avec un bénéfice variant de 50 à 150 francs. Ils passent alors sur des propriétés plus étendues et généralement pour une période de même durée, après laquelle ils sont l'objet de nouvelles transactions. Dans ces exploitations de moyenne surface, on compte le plus souvent deux paires de bœufs. A l'âge de 3 ans et demi ou 4 ans, les bœufs sont utilisés sur les grands domaines, au nombre de 4 ou 6. Les échanges de bœufs entre cultivateurs se font à toutes les foires du pays, surtout à l'automne. Quand les animaux ont leur dentition complète, quelques cultivateurs tentent l'engraissement ou plutôt la mise en état. Mais la plupart des bœufs sont vendus maigres aux herbagers de la Vendée et de la Normandie qui, aux premières foires de printemps, à Redon, Maure, Langon, Fougeray, Saint-Ganton, Guer (Morbihan), viennent s'approvisionner et payent en moyenne 800 à 1,000 francs la paire. Les animaux en état se vendent de 0 fr. 55 à 0 fr. 70 le kilogramme de poids vif.

Les points d'embarquement principaux sont les gares de Messac (1,000 têtes environ en 1905) et Redon (900 têtes).

Région de La Guerche. — Dans les communes des cantons de Retiers, La Guerche, Argentré, qui se trouvent les plus rapprochées de la Mayenne, de la Loire-Inférieure et de l'arrondissement de Redon, on trouve encore des bœufs, mais en quantités beaucoup moindre. Leur exploitation ne présente quelque importance que dans le sud du canton de Retiers et dans le canton de La Guerche. Encore, et surtout dans ce dernier pays, ne trouve-t-on de bœufs que dans les grandes fermes, assez nombreuses d'ailleurs, d'une étendue supérieure à 20 ou 25 hectares. Le canton d'Argentré ne compte qu'un petit nombre de bœufs.

Le système d'exploitation est très variable dans la région de la Guerche. En général, les bœufs nécessaires à la culture dans les grands domaines sont achetés à l'âge de 3 ans, avant les travaux de préparation du sol, aux foires d'automne et de printemps, à Châteaubriant, le plus souvent. Mais il arrive quelquefois que les jeunes bouvillons nés dans la ferme y sont conservés comme bœufs de travail. Les bœufs sont revendus à l'âge de 4 ans et demi environ, tantôt maigres à des herbagers, mais le plus fréquemment en état pour le marché de Paris. Ces ventes se font surtout à l'automne et au printemps et de plus en plus au domicile du vendeur par courtiers ou commissionnaires. On peut estimer à la moitié des transactions celles qui se font ainsi, l'autre moitié se faisant aux foires de Châteaubriant, La Guerche, Argentré, Martigné-Ferchaud, Saint-Aignan sur Roë et Cossé-le-Vivien (Mayenne). Les points d'embarquement les plus importants, pour le département, sont La Guerche (1,000 à 1,200 têtes) et Vitré (700 à 800).

VACHES LAITIÈRES ET VEAUX.

L'exploitation de la vache laitière est comprise à peu près de la même façon dans tout le département, sauf dans les environs immédiats de Rennes et des villes importantes, où la vente du lait en nature modifie les méthodes agricoles et les modes de transactions commerciales. L'effectif total pour le département est de 300,000 vaches en chiffres ronds.

L'exploitation de la vache laitière en vue de la production du beurre et des veaux est partout l'industrie principale de la ferme. Les vaches laitières proviennent presque toujours des meilleures génisses nées et élevées dans la ferme. Il n'y a d'exceptions que dans les années défavorables, ou encore accidentellement, pour remplacer des bêtes perdues ou réformées prématurément, ou enfin dans les petites fermes où le remplacement intégral des vaches ne peut pas toujours être fait par les élèves. Les vaches sont conservées jusqu'à un âge très avancé, 10, 12, 15 ans, lorsqu'elles sont bonnes laitières; les médiocres sont au contraire vendues plus jeunes. Les transactions sur les vaches sont toutes locales et se font dans les petites foires du pays, où on ne trouve du reste qu'un nombre très restreint de bonnes laitières (à peine 10 p. 100 en moyenne). En dehors des bouchers qui achètent directement dans les foires et chez les cultivateurs des vaches maigres ou grasses, vieilles ou jeunes, suivant leur clientèle, il existe un assez grand nombre de «marchands de vaches» qui, à domicile ou sur les marchés, achètent à la culture les vaches dont celle-ci désire se débarrasser pour une cause quelconque. Ils livrent les unes à la boucherie; les autres, les meilleures au point de vue de la lactation, sont revendues aux agriculteurs et particulièrement aux fermiers des environs de Rennes et des villes importantes. Ce trafic est très important; mais étant donné la rareté des bonnes vaches mises en vente, il s'exerce dans des conditions assez défavorables pour l'acheteur agriculteur.

Les veaux qui ne doivent pas être conservés pour l'élevage sont vendus entre 4 et 6 semaines. Les bouchers viennent de plus en plus fréquemment les acquérir dans les fermes. Il existe cependant encore certains marchés aux veaux, où les transactions sont assez actives, mais dont l'importance diminue d'année en année. Ce sont ceux de Fougères, Bâzouges-la-Pérouse, Combourg, Montfort, Bain, Janzé, La Guerche, Vitré, Martigné-Ferchaud, Châteaugiron, Dol, Saint-Méen, Romillé, Saint-Aubin-du-Cormier, et en dehors du département, Saint-James et Pontorson (Manche), Ernée et Cossé-le-Vivien (Mayenne), Châteaubriant (Loire-Inférieure), Dinan (Côtes-du-Nord).

Aux environs de Guichen, les veaux engraissés spécialement à l'aide de riz et d'œufs en complément du lait ne sont vendus qu'à 2 mois ou 2 mois et demi. Ils sont achetés surtout sur les marchés de Guichen et de Guignen, qui ont toujours une grande importance, malgré l'habitude de plus en plus générale que prennent les bouchers d'acheter dans les fermes.

Il est difficile d'évaluer la production des veaux dans le département : elle dépasse de beaucoup la consommation locale, qui est cependant très élevée. Les bouchers expédient beaucoup de viande, soit sur pied, soit abattue, sur Rennes d'abord, sur Paris et sur l'Angleterre par Saint-Malo. Les expéditions donnent lieu à un trafic important dans toutes les gares, mais surtout à Rennes, Dol, Fougères, Vitré, Montfort, La Guerche, Redon, Combourg.

Les méthodes d'exploitation de la vache laitière et les transactions auxquelles elles donnent lieu sont les mêmes dans toute l'Ille-et-Vilaine. Seules les races ou variétés exploitées diffèrent. Il n'y a pas du reste de localisations bien précises. Sur la limite de quatre ou cinq races voisines, le département forme une région frontière, où les croisements sont nombreux et très divers. Dans l'arrondissement de Fougères, et dans la partie est de l'arrondissement de Saint-Malo, dans le nord de l'arrondissement de Rennes, la race normande domine, ou du moins une sous-variété de la cotentine, plus petite, mais bien faite, moins régulière de formes et de pelage, présentant les caractères de plus en plus accentués de la race bretonne, lorsqu'on se rapproche davantage de l'ouest, et de la race mancelle ou durham lorsqu'on se rapproche du sud-est, de Vitré et de la Mayenne. Dans l'ouest des arrondissements de Redon, Montfort, Saint-Malo, les vaches laitières appartiennent presque toutes à la race bretonne, mais dans la région de Saint-Méen, Tinténiac, on rencontre surtout la bretonne pie-rouge, quelquefois croisée de normande; au sud, dans la région de Plélan, Maure, Pipriac, Redon, c'est la pie-noire, avec croisements de nantaise. A l'est, dans la contrée de La Guerche, Vitré, les étables sont peuplées en grande partie de croisements durham-manceaux. Enfin, dans la partie centrale du département, comprenant l'arrondissement de Rennes, c'est un mélange varié des races normande, bretonne, durham, mancelle, et de croisements divers entre ces races. Ces variations se manifestent d'une ferme à l'autre, dans la même commune, suivant les préférences de chacun et les hasards des foires et marchés. Toutefois ce sont les individus présentant les caractères des races normande et bretonne qui dominent; ce sont aussi ces races qui fournissent les meilleures vaches laitières.

Aux environs immédiats de Rennes, le mélange des races devient inextricable, et on trouve là des animaux normands, bretons pie-rouge et pie-noir, durham, manceaux, nantais, hollandais, jersyais et des croisements variés. L'exploitation de la vache a pour objectif la vente du lait en nature à la ville de Rennes et les étables se renouvellent exclusivement par voie d'acquisitions faites au dehors. Les fermiers, dans un rayon moyen de 8 kilomètres environ, achètent dans les foires ou par commissionnaires des bêtes prêtes à faire veau ou venant de vêler; ils les nourrissent d'une manière intensive, les conservent tant que la lactation est suffisamment rémunératrice et les revendent en état, à la boucherie le plus souvent, ou à d'autres cultivateurs. La même industrie se pratique aux environs des autres villes, notamment de Fougères, mais le mélange des races y est bien moins accusé.

Il est naturel que, dans les conditions qui viennent d'être examinées, le prix des vaches laitières soit excessivement variable dans le département. Suivant la taille, l'âge, la qualité, et les influences locales exercées sur les transactions par les conditions culturales et économiques de l'année, le prix d'une vache laitière varie entre 100 et 350 francs.

La vache laitière ne donne pas en général dans l'Ille-et-Vilaine tout le produit qu'on pourrait en attendre dans un pays aussi favorable à son exploitation. De sérieux progrès pourraient être réalisés pour augmenter la production laitière et beurrière.

Il serait à désirer que les cultivateurs adoptassent, dans chaque région culturale, une race leur convenant particulièrement, bretonne ou normande, suivant la richesse du terrain et les ressources fourragères, suivant la proximité de l'une ou l'autre population bovine pure. On pourrait obtenir rapidement une pureté suffisante par l'introduction répétée de bons reproducteurs mâles, et il serait alors plus aisé de suivre, dans la race pure, l'amélioration progressive des aptitudes laitières et beurrières.

Dans le choix des génisses destinées à assurer le remplacement des laitières, il n'est tenu qu'exceptionnellement compte de leur origine et des qualités de leurs ascendants.

Il faudrait une nourriture plus régulière et sinon plus abondante, du moins plus riche en principes nutritifs; des rations mieux calculées; une utilisation plus fréquente des aliments concentrés économiques, en remplacement du son qui est seul connu et dont la qualité, presque toujours médiocre ou mauvaise, ne correspond pas au prix.

L'observation des mesures hygiéniques pour le logement des animaux constitue une nécessité dont la méconnaissance peut amener des mécomptes. Et à cet égard un grand nombre d'étables de la région sont susceptibles d'améliorations.

PRODUCTION BEURRIÈRE.

Le département d'Ille-et-Vilaine occupe le premier rang parmi les départements français au point de vue de la production laitière et beurrière. On peut évaluer le produit en lait à environ 4,600,000 hectolitres. Sauf ce qui est nécessaire à l'approvisionnement de Rennes et des villes, et une petite quantité utilisée pour la fabrication du fromage, tout est transformé en beurre. On peut évaluer à 160,000 quintaux environ la quantité de beurre produite, année moyenne, par le département. La consommation du beurre à la ferme est relativement importante et peut être estimée à 1/8 à peu près de la production. Il resterait donc environ 140,000 quintaux livrables au commerce; le prix moyen de ces dernières années ayant atteint environ 2 fr. 50 le kilogramme, cela représente une valeur approximative de 35 millions de francs.

Comme l'indique une enquête précédente sur l'industrie laitière, les beurreries industrielles peu nombreuses et relativement peu importantes ne produisaient pas plus de 4,000 quintaux en 1902. Depuis cette époque, les choses ne se sont pas sensiblement modifiées. Ces beurreries industrielles écoulent 75 p. 100 de leurs produits en colis postaux de 3, 5 et 10 kilogrammes, et leurs débouchés les plus importants sont Rennes, Paris, Dinard et les plages balnéaires de la Manche. Le prix moyen auquel ces beurres sont vendus est assez élevé : environ et en moyenne, 3 fr. 20 à 3 fr. 40 le kilogramme pour le beurre frais.

Les transactions sur les beurres fabriqués à la ferme sont beaucoup plus importantes; elles portent chaque année sur 130,000 quintaux environ. La fabrication se fait encore en très grande partie par les anciens procédés : crémage spontané à température un peu élevée, avec aigrissement et coagulation du lait; barattage de tout le lait deux ou quatre fois par semaine; délaitage souvent imparfait. Les beurres provenant des opérations successives de une ou trois semaines sont mélangés ou plutôt rassemblés en une seule motte pour la vente. L'écrémage centrifuge à la ferme au moyen de petites écrémeuses à bras, après une longue période d'hésitation, se répand très vite depuis deux ou trois ans; on peut estimer à 4,000 ou 5,000 le nombre des écrémeuses fonctionnant actuellement dans l'Ille-et-Vilaine. Le beurre d'écrémeuse est payé souvent avec une légère prime de 0 fr. 10 à 0 fr. 20 par kilogramme.

Le beurre fabriqué par la ménagère est écoulé de trois façons :

1° Directement au consommateur de la ville ou du bourg voisin, soit au marché, soit à domicile, ou encore à des clients plus éloignés par colis postaux réguliers sur Rennes, Nantes, villes de la région et Paris. Ce mode de transactions est restreint, limité à quelques fermes réputées pour la qualité de leurs beurres ou dont les fermiers, par leurs relations et leur savoir-faire, ont su se créer une clientèle avantageuse.

2° Livré aux voituriers et commissionnaires des négociants en beurre, qui font des tournées régulières et prennent le beurre à la ferme;

3° Le plus souvent les beurres sont apportés aux marchés hebdomadaires ou de quinzaine. Dans la plupart des cas, il n'y a pas marché proprement dit; mais chaque négociant reçoit les beurres de ses fournisseurs habituels, soit chez lui, s'il habite la localité, soit dans l'auberge où il descend régulièrement. Il y a des marchés au beurre de cette nature dans un grand nombre de localités d'Ille-et-Vilaine. Les plus importants se tiennent à Montfort, Romillé, Janzé, Saint-Aubin-d'Aubigné, Antrain, Bain, Guichen, Combourg, Dol, Vitré, Fougères, La Guerche, Martigné-Ferchaud, Montauban, Saint-Méen, Châteaugiron, Hédé, Saint-Aubin-du-Cormier, Lohéac, Argentré, Retiers.

Les achats de beurre sont faits tantôt par des négociants, en particulier par les gros commerçants de la place de Rennes et de certaines localités du département, dont les employés sillonnent la campagne et font tous les marchés, et qui écoulent directement leurs marchandises à la consommation; tantôt par des commissionnaires ou représentants qui achètent pour le compte de grosses maisons éloignées (maisons normandes de Valognes, Carentan, Issé). Il n'y a pas de localité un peu importante où ne soit ainsi installé un commissionnaire, représentant, ou marchand intermédiaire.

Les points d'expéditions les plus importants pour les beurres sont : Saint-Malo, qui expédie en Angleterre 1,600 tonnes environ par an; Rennes (1,500 à 1,800 tonnes); Montfort (600 tonnes); Redon (300 tonnes); Louvigné-du-Désert (300 tonnes); Combourg (200 tonnes); Dol (200 tonnes); Vitré (200 tonnes); Bain (175 tonnes);

Montreuil-sur-Ille (150 tonnes); La Guerche (150 tonnes); Saint-Méen (120 tonnes); Antrain (100 tonnes); Saint-Brice-en-Coglès (100 tonnes); Saint-Germain-en-Coglès (100 tonnes); Saint-Germain-sur-Ille (100 tonnes); Bourg-des-Comptes (100 tonnes); Janzé (90 tonnes); Martigné-Ferchaud (80 tonnes); Saint-Méen (90 tonnes).

L'importance du tonnage dans ces points principaux d'embarquement ne peut donner du reste une idée très exacte de l'importance générale du trafic, car de plus en plus les cultivateurs expédient directement des gares les plus voisines qui les desservent. Ceci a été constaté notamment pour les environs de Rennes.

Les principales destinations extérieures des beurres sont, à peu près par ordre d'importance, Valognes, Paris, Issé (près Châteaubriant, beurrerie), Carentan, Caen, Cherbourg, le Nord (Cambrai, Tourcoing), l'Est, Nantes (usines de conserves et biscuiteries).

Le principal défaut des beurres d'Ille-et-Vilaine, au point de vue commercial, c'est la diversité de leur qualité d'une ferme à l'autre, et pour une même ferme, suivant la saison. A côté de beurres fins, de goût parfait, se conservant bien, on trouve des beurres médiocres, moins bien préparés. Aussi les négociants sont-ils obligés de faire des triages, des mélanges, de procéder à un nouveau délaitage et malaxage pour obtenir des beurres convenant aux diverses destinations et se vendant mieux. Le débouché de l'Angleterre, qui apprécie la qualité des bons beurres de l'Ille-et-Vilaine, serait certainement plus important si le produit était plus régulier et s'il pouvait arriver sur les marchés d'outre-Manche plus rapidement, en meilleur état et à moins de frais. Le meilleur remède à l'état de choses actuel serait l'industrialisation de la fabrication et la formation de coopératives beurrières de production et de vente. Mais, comme le montre l'enquête sur l'industrie beurrière de 1903, les conditions actuelles du commerce des beurres ne semblent pas devoir se modifier d'ici longtemps, du moins dans le sens de la coopération, et cela pour les causes suivantes : opposition du gros négoce des beurres, très puissant dans le département et disposant de nombreux moyens d'influence; opposition de certaines municipalités qui craignent de voir disparaître les ressources tirées des marchés aux beurres; habitudes locales, le beurre étant fait, utilisé et vendu par la ménagère, qui tient à cette prérogative à cause de l'argent que cela rapporte régulièrement pour la maison, et de la consommation très grande de beurre à la ferme; éducation incomplète encore des cultivateurs en ce qui concerne la mutualité et la coopération, dont ils ne comprennent pas tous les avantages; existence, dans chaque ferme, d'un matériel important et souvent nouveau (écrémeuses), qu'on hésiterait à laisser inutilisé ou à sacrifier.

Production fromagère. — Il n'est fabriqué aucune espèce de fromage dans les fermes, mais il existe quelques fromageries industrielles qui fabriquent surtout du fromage façon camembert, vendu à Rennes et dans les villes du département; deux industriels fabriquent du fromage Port-Salut et un autre un fromage du même genre, plus petit, dénommé fromage breton. Il n'y a pas grand'chose à dire au point de vue commercial de ces établissements. La situation ne s'est pas très sensiblement modifiée depuis 1903, époque où a été publiée une notice détaillée sur ce sujet. Les fabriques de fromage existant actuellement sont celles de Saint-Grégoire, Saint-Jacques, Feins, Argentré, Noyal-sur-Vilaine, Montauban, Combourg, Coëtlogon près Rennes. Leur production annuelle atteint environ :

Façon camembert	800 quintaux.
Port-du-Salut et analogues	5,000
Gruyère	50

Les points d'expéditions les plus importants sont Montauban (250 tonnes), Combourg (100 tonnes), Noyal-Acigné (108 tonnes).

ESPÈCE OVINE.

Dans l'Ille-et-Vilaine le mouton n'est nulle part l'objet d'une exploitation importante. Une vaste région, au centre du département, en est complètement dépourvue: elle comprend les quatre cantons de Rennes, les cantons de Mordelles et de Montfort presque en entier; la partie sud des cantons de Bécherel, Hédé, Saint-Aubin-d'Aubigné, Liffré; les cantons de Châteaugiron et Châteaubourg et les communes d'Amanlis, Corpsnuds, Chanteloup, Laillé, appartenant aux cantons de Janzé, Le Sel, Guichen. Une autre zone plus petite comprenant les cantons de Saint-Malo, Cancale, Châteauneuf, n'élève pas non plus de moutons. Dans le reste du département, il y a très peu d'ovins. Quelques fermiers, plus ou moins nombreux suivant les localités, entretiennent une ou deux brebis dont ils vendent en général les produits comme agneaux et qui leur fournissent un peu de laine. On se rendra compte du peu d'importance de l'exploitation du mouton par les chiffres de la statistique annuelle : dans la plupart des communes où il y a des moutons, le nombre de ces animaux varie entre 1 et 8 pour 100 hectares de superficie. Ce nombre est légèrement dépassé, et atteint 10, soit une tête pour 10 hectares dans certaines régions, telles que celle de Combourg, les environs de Vitré et Argentré, le pays de Bain, et quelques communes à l'ouest des arrondissements de Redon et Montfort. Enfin il y a sur la côte, près de l'embouchure du Couësnon, un centre de production plus important, comprenant les communes de Roz-sur-Couësnon, Saint-Marcan, Saint-Georges-de-Grehaigne, où l'on compte jusqu'à 4 moutons par 10 hectares. Cette proportion plus élevée est due à ce que quelques fermiers entretiennent des troupeaux de southdown, dont les agneaux sont vendus comme moutons de pré salé, après engraissement dans les pâturages des polders de la baie du Mont Saint-Michel.

Les transactions sur les moutons sont toutes locales; la viande des moutons du pays est de qualité médiocre sauf celle des southdown, et il en est consommé peu dans les villes.

ESPÈCE PORCINE.

L'élevage et l'exploitation du porc présentent dans l'Ille-et-Vilaine une grande importance et constituent pour l'agriculture une source de profits considérables. Il est difficile de donner une idée exacte des méthodes d'exploitation employées et des courants commerciaux auxquels donnent lieu l'écoulement des produits et les achats des cultivateurs en vue de la production. Il n'y a là en effet rien d'absolument régulier. Il n'est pas rare de voir sur une même ferme, suivant les conditions du marché et les rendements de certaines récoltes (sarrasin, orge, pommes de terre), tantôt des truies mères, tantôt des jeunes qu'on achète au sevrage pour les élever, tantôt des porcs à l'engrais.

En général, dans l'exploitation du porc, le travail est divisé : certains cultivateurs ou certaines régions ont la spécialité habituelle de faire naître des porcelets qui sont vendus au sevrage, à six ou dix semaines; d'autres cultivateurs ou d'autres régions achètent ces porcelets et les élèvent jusqu'à quatre ou six mois; ils passent alors en d'autres mains pour être engraissés et livrés ensuite à la consommation, vers l'âge de huit à douze mois. Il arrive assez fréquemment que les porcelets achetés au sevrage soient conduits par le même agriculteur jusqu'à l'engraissement.

On peut délimiter approximativement dans le département quelques régions où il n'existe pour ainsi dire pas de truies portières, où par conséquent l'exploitation du porc consiste uniquement à acheter des porcelets au sevrage ou des porcs maigres pour les élever ou les engraisser. Le marais de Dol, les cantons de Dinard, Saint-Malo, Cancale et partie de Châteauneuf forment ainsi une région où il n'est presque pas produit de porcelets. Au centre du département, une grande zone comprenant le canton de Tinténiac, tout l'arrondissement de Montfort, presque tout l'arrondissement de Rennes, les communes au nord des cantons de Maure, Guichen, Bain, Le Sel, est également dépourvue de truies, et la production des porcelets y est exceptionnelle.

Partout ailleurs on trouve dans la plupart des fermes, en plus ou moins grand nombre suivant les conditions économiques et culturales du milieu ou du moment, des mères dont les portées sont vendues aux cultivateurs voisins ou aux marchands venus d'autres régions. Les centres les plus importants de production des porcelets sont : 1° la région de Combourg, où la production est intensive, et les communes les plus voisines des cantons de Châteauneuf, Dol, Pleine-Fougères, Antrain, Hédé; 2° la région de La Guerche comprenant ce canton et ceux d'Argentré et de Retiers, avec extension sur ceux de Vitré et Châteaubourg; 3° la région de Fougères, avec maximum de production dans les communes situées au nord et à l'est de cette ville; 4° la région de Redon comprenant les cantons de Redon, Pipriac, Fougeray, partie de Bain, où la production est plus irrégulière, mais prend cependant en certaines années une très réelle importance.

Les transactions sur les porcs de tous âges sont très actives. Elles se font de plus en plus, comme pour les autres animaux, à domicile. Cependant il est fait encore quelques affaires dans certaines foires ou marchés, surtout comme achat de porcelets ou porcs maigres par les cultivateurs. Les porcelets au sevrage sont vendus et achetés à toute époque de l'année, mais surtout de mars à juin. Une partie des porcelets vendus est achetée par les gens du pays pour les conduire jusqu'à l'engraissement inclusivement ou exclusivement. Les autres, achetés par quantités dans les pays de production, sont dirigés par les négociants sur les foires et marchés des régions qui ne font pas naître ou qui produisent peu. C'est sur les marchés hebdomadaires plus que dans les foires que se font les ventes de porcelets. Les plus importantes ont lieu de mars à juin à Rennes, Fougères, Vitré, Janzé, La Guerche, Craon (Mayenne), Bain, Pipriac, Fougeray, Maure, Redon, Combourg, Dol, Dinan et Évran (Côtes-du-Nord), Pleurtuit, Bécherel, Tinténiac, Montfort, Baulon, Plélan, Romillé, Saint-Méen, Pleugueneuc, Saint-Aubin-du-Cormier, Saint-James et Saint-Hilaire-du-Harcouët (Manche), Saint-Georges-de-Reintembault, Bazouges-la-Pérouse. Le poids des porcelets varie de 15 à 25 kilogrammes. Les prix oscillent, suivant les animaux et les époques, entre 15 et 30 francs, avec écarts extrêmes de 10 à 35 francs la pièce.

Pour les porcs maigres de 4 à 6 mois, les transactions sont moins actives; elles se font à peu près de la même façon que pour les porcelets et sur les mêmes marchés. La région de Bécherel-Tinténiac produit une assez grande quantité de porcs maigres qui sont vendus surtout sur les marchés de Janzé et La Guerche. Le poids de ces porcs maigres varie de 40 à 75 kilogrammes. Le prix oscille autour de 1 franc le kilogramme de poids vif, plutôt au-dessous.

Les porcs gras font l'objet d'un commerce considérable. En dehors de la consommation particulière des cultivateurs, qui est importante, on peut estimer que le nombre de porcs gras livrés au commerce atteint annuellement 60,000 à 80,000 têtes. Sur ce nombre, les 2/5 environ seraient consommés par les villes et les bourgs du département, en dehors de la consommation de l'agriculture proprement dite et les 3/5 expédiés au dehors. Quoique les achats de porcs gras par le commerce se fassent en grande partie à la ferme, il y a cependant quelques marchés importants : Janzé, Vitré, La Guerche, Fougères.

Les points d'embarquement principaux, qui desservent les régions de plus forte production sont Janzé (12,000 à 14,000 têtes en 1905); Fougères (7,000 à 8,000); Vitré (6,000 à 7,000); Châteaubourg (6,000 à 7,000), La Guerche (5,000 à 6,000); Rennes (4,000 à 5,000); Redon (3,000 à 4,000); Retiers (2,000 à 3,000). Les directions d'expédition sont surtout Paris, Versailles et les villes des départements voisins, Laval en particulier. Beaucoup de porcs sont abattus par les bouchers et expédiés par quartiers aux Halles centrales de Paris. Une importante usine de salaisons, à Saint-Brice-en-Coglès, consomme une grande partie des porcs du voisinage. Les prix de la viande de porc varient suivant les cours du marché de La Villette, entre 0 fr. 60 et 1 fr. 05 le kilogramme de poids vif.

Les porcs exploités dans l'Ille-et-Vilaine appartiennent aux variétés normande et craonnaise. La région de La Guerche compte un assez grand nombre de reproducteurs craonnais et les porcelets qui y sont introduits viennent souvent du pays de Craon. Dans le reste du département, les porcs normands dominent et nombre de cultivateurs, connaissant la race craonnaise, l'ayant même essayée, préfèrent conserver la race normande, plus rustique et dont la viande est plus estimée au moins pour la consommation locale, bien que sa conformation soit un peu moins bonne.

Il y aurait de sérieux progrès à réaliser dans l'élevage du porc. La mortalité sur les porcelets est considérable dans certaines années et entraîne des pertes très pénibles à supporter par les petits agriculteurs. Cette mortalité semble imputable à deux causes principales : 1° au manque de soins hygiéniques, à la mauvaise disposition générale des porcheries; 2° à une alimentation sinon insuffisante en quantité, du moins trop pauvre en principes nutritifs et mal combinée en vue d'assurer le développement régulier et normal des jeunes animaux. La diarrhée et le rachitisme sont les deux maladies les plus fréquentes; elles pourraient être assez facilement évitées.

ANIMAUX ET PRODUITS DE BASSE-COUR.

Œufs. — Les œufs sont produits dans toutes les fermes du département, et donnent lieu à des transactions très actives. Il est difficile d'évaluer le chiffre de cette production, Cependant, en rapprochant les indications tirées de la connaissance du pays, les renseignements recueillis auprès des agriculteurs et commerçants, et les statistiques des gares, on peut dire que la quantité d'œufs livrés au commerce doit approcher de 80,000 quintaux en année moyenne.

Le commerce des œufs est exercé presque partout par les mêmes personnes qui font le commerce des beurres. Cependant les petits intermédiaires sont peut-être plus nombreux; il y a ainsi un assez grand nombre de petits ramasseurs locaux, épiciers, boutiquiers, auxquels sont apportés les œufs du voisinage et qui les remettent par quantités aux gros négociants, établis en général près des gares. Les points d'embarquement les plus importants sont : Martigné-Ferchaud (900 tonnes); Vitré (900 tonnes); Plouasne-Bécherel (700 tonnes); Rennes (600 tonnes); La Guerche (500 tonnes); Saint-Étienne-en-Coglès (500 tonnes); Saint-Méen (400 tonnes); Montfort (350 tonnes). La plus grande partie des œufs est dirigée sur Paris (Vaugirard, Batignolles). Saint-Malo reçoit beaucoup d'œufs de l'intérieur, près de 6,000 tonnes par an; il en est réexpédié près de 4,000 tonnes sur l'Angleterre par bateaux et 2,000 tonnes environ sur Paris.

Les œufs produits dans le département sont irréguliers comme grosseur, et généralement petits. Aussi, et en particulier pour les envois en Angleterre, les négociants sont-ils obligés à des triages.

Il y aurait des améliorations très sérieuses à tenter dans l'exploitation des poules pondeuses, au point de vue de la sélection et du régime. L'introduction de reproducteurs de la race de Barbezieux pour augmenter le volume des œufs sans diminuer l'aptitude à la ponte de la race locale, a été essayée sous l'impulsion de l'École nationale d'agriculture; le mouvement ne s'est pas propagé comme on l'aurait espéré. La Société d'agriculture, de commerce et d'industrie de l'Ille-et-Vilaine, par son important concours annuel de volailles vivantes, et ses concours de tenue de basse-cour fait d'autre part tous ses efforts pour encourager les agriculteurs à améliorer la poule du pays, qui possède d'ailleurs de très sérieuses qualités, et pour faire connaître les bonnes races étrangères. De sensibles progrès ont déjà été réalisés sous ce rapport, mais il reste encore beaucoup à faire.

Le prix des œufs s'est maintenu très élevé en 1905 et 1906 et a atteint plusieurs fois, chez le producteur même, le cours de 1 fr. 50 la douzaine.

Volailles. — Le commerce de la volaille, actuellement en voie de progression, n'a pas pris encore un très grand développement dans l'Ille-et-Vilaine, comparativement au commerce du beurre et des œufs.

La consommation intérieure est très élevée dans les villes et dans les campagnes; mais les exportations sont peu importantes. Le meilleur centre de production, le seul qui produise en quantités importantes des poulardes et poulets gras, est Janzé. Dans la région de Saint-Malo, on fait assez souvent des oies et quelques dindons pour l'exportation en Angleterre. En dehors de la consommation intérieure, il n'y a guère de courants commerciaux accusés que sur Paris et temporairement sur Saint-Malo. Le commerce de la volaille est centralisé à peu près par les mêmes personnes que le commerce des œufs; de nombreux colis postaux sont en outre envoyés directement par les cultivateurs. Les éléments de succès ne manqueraient pas cependant aux personnes qui voudraient augmenter et améliorer la production de la volaille. Le climat et le mode de culture conviennent bien à l'élevage du poulet et du canard; les races locales, race de Janzé et race Coucou de Rennes, sont excellentes comme chair; elles pourraient facilement, par la sélection, les bons soins, le choix de nourriture, prendre plus d'ampleur; les spécimens présentés chaque année aux concours en donnent la preuve. La production de la volaille pourrait prendre, avec les meilleurs résultats économiques, un très grand développement.

APICULTURE.

D'après la statistique décennale de 1892, le département d'Ille-et-Vilaine occuperait le deuxième rang, après les Côtes-du-Nord, au point de vue du nombre des ruches et de la production du miel. Les renseignements recueillis en vue de l'établissement de cette notice permettent d'évaluer à 80,000 environ le nombre de ruches existant actuellement dans l'Ille-et-Vilaine.

L'exploitation des abeilles se fait encore partout, sauf de très rares exceptions, suivant les méthodes anciennes : ruches vulgaires, ordinairement en osier ou vannerie avec enduit de terre glaise, de forme cylindro-conique. Pour la récolte, les abeilles sont étouffées et les ruches vendues brutes avec leur contenu. Il existe dans beaucoup de localités de petits industriels, appelés «mouchetiers», qui achètent les ruches au prix de 0 fr. 25 à 0 fr. 35 le kilogramme brut. Quelques-uns placent des ruches à moitié chez les cultivateurs. Ces «mouchetiers», par des procédés très primitifs, extraient le miel, séparent la cire et vendent habituellement ces produits aux grandes maisons du département ou des départements voisins. Ils traitent les résidus pour faire de l'hydromel, connu dans le pays sous le nom de «chamillard», et qui est débité dans les auberges. On compte le plus grand nombre de ruches dans les petites exploitations au-dessous de 5 à 10 hectares; peu dans les fermes de 10 à 20 hectares, et presque aucune dans les grands domaines.

Les conditions dans lesquelles se fait l'exploitation des abeilles sont telles que les cultivateurs ne peuvent vendre chaque année le produit de toutes leurs colonies; ils vendent plus ou moins de ruches, suivant que la saison a été plus ou moins bonne, les essaims plus ou moins nombreux. Il est difficile d'établir une moyenne du nombre de ruches livrées chaque année au commerce; peut-être pourrait-il être évalué à 30,000. Il est plus aisé d'arriver à se rendre compte du rendement moyen des ruches en miel et en cire : chaque ruche donne en moyenne 14 kilogrammes de miel et 0 kilogr. 9 de cire. Le prix moyen de ces dernières années, prix payé au cultivateur, est estimé à 0 fr. 60 le kilogramme de miel et 3 francs le kilogramme de cire. Si l'on admet le nombre de 30,000 ruches livrées au commerce, cela donne un produit annuel de 420,000 kilogrammes de miel et 27,000 kilogrammes de cire, pour une somme totale de 333,000 francs environ. Les cours du miel, après une hausse assez sensible, ont baissé et tendent à baisser encore depuis la diminution du prix des sucres. Le miel du pays est en presque totalité du miel roux de sarrasin recherché pour la fabrication du pain d'épice. Toutes les régions du département sont productrices de miel et de cire. Cependant la région de Redon, et quelques parties des arrondissements de Fougères et de Montfort, en général les régions les moins riches et celles où l'on cultive le plus de sarrasin, livrent au commerce en plus grande quantité. C'est à Rennes, où existe une très grosse maison de miels et cires, que sont surtout centralisés les produits expédiés par tous les petits négociants ou industriels du département et des départements limitrophes; d'autres maisons moins importantes existent à Vitré et à Fougères.

Enfin une certaine quantité de miel du nord-ouest du département est vendue à Morlaix; on expédie aussi sur Nantes, sur l'Est (Dijon), sur Paris, le Nord et la Belgique. Les cires sont expédiées un peu dans toutes les directions, principalement sur Paris.

La production du miel et de la cire pourrait être augmentée de beaucoup et améliorée comme qualité par l'adoption de nouveaux procédés apicoles pour l'élevage, l'entretien, la récolte et l'extraction. On trouve bien dans certaines localités quelques apiculteurs utilisant les ruches perfectionnées à cadre et se servant de la force centrifuge pour l'extraction du miel. Mais ils sont très peu nombreux et ils ne font guère d'adeptes. Il est au moins à désirer que les cultivateurs emploient la ruche à calotte, très simple comme maniement, qui n'exige pas de soins très assidus, et qui éviterait la destruction des colonies pour la récolte de leurs produits.

INDRE.

ESPÈCE CHEVALINE.

La production chevaline est peu importante dans le département de l'Indre, et les transactions commerciales auxquelles elle donne lieu hors du département sont insignifiantes, en dehors de quelques achats faits par le srrvice de la remonte, principalement à La Châtre.

Il convient par contre de signaler les échanges dans le commerce local qui se font à trois grandes foires aux chevaux du département : à Rosnay, en plein centre de la Brenne, au mois d'août; à La Berthenoux, au mois de septembre, et à Saint-Marcel (Le Pont Chrétien), au mois de novembre.

Dans ces trois milieux, il y a surtout importation parce que le département emploie beaucoup plus de chevaux qu'il n'en produit.

Les animaux des races percheronne et bretonne font surtout l'objet de cette importation.

ESPÈCE BOVINE.

Les produits de l'espèce bovine sont beaucoup plus importants. Un certain nombre de veaux sont tués dans leur région de naissance et expédiés à Paris; mais la plus grande partie est consommée dans le pays.

Les animaux adultes et gras sont expédiés sur deux points, suivant la saison. En hiver, ils sont dirigés sur le marché de La Villette, tandis qu'en été ils sont plus particulièrement expédiés à Lyon.

Ils sont fournis par toute la région du Boischaut, mais en bien plus grande quantité par les cantons de La Châtre, Neuvy-Saint-Sépulchre, Ardentes, Éguzon et Saint-Benoist-du-Sault.

Les transactions se font pour une faible partie à l'étable et pour la plus grande part aux foires des chefs-lieux de canton indiqués.

Il convient d'ajouter que les animaux engraissés après le travail viennent pour la plupart de l'extérieur, le pays ne faisant qu'un élevage insuffisant.

L'échange et la production intéressent environ 40,000 têtes.

PLANCHE XIII.

BÉLIER RACE BERRICHONNE DE L'INDRE.

Production laitière. — La production laitière, qui était presque uniquement concentrée aux alentours des principaux centres pour les besoins de la consommation, a pris une certaine extension depuis deux ou trois ans dans les vallées de la Creuse et de l'Indre (partie aval).

Cette extension a été favorisée par l'installation de deux laiteries, dont l'une coopérative et l'autre industrielle.

La première de ces laiteries (Laiterie coopérative de Tournon-Saint-Martin), fondée en 1902 et installée seulement en février 1904 à Tournon-Saint-Martin, à la limite des départements de l'Indre, de la Vienne et d'Indre-et-Loire, est disposée de façon à pouvoir travailler 8,000 à 10,000 litres de lait par jour.

Durant ces premières années, elle n'a pu atteindre que le chiffre de 40 hectos en moyenne.

La deuxième, de caractère industriel, a été établie également en 1904 à Saint-Genou, dans la vallée de l'Indre, à environ 30 kilomètres en aval de Châteauroux. Elle est installée pour utiliser, comme la précédente, de 8,000 à 10,000 litres de lait par jour; mais jusqu'à présent elle n'a pu en exploiter que 3,500 à 4,000.

Actuellement, dans ces deux laiteries le lait est ramassé dans les exploitations, jusqu'à 12 et 14 kilomètres, par des laitiers attachés à l'établissement. Le petit-lait est rapporté par eux chaque jour aux fournisseurs.

Dans les deux établissements, le lait est payé sensiblement au même prix, en moyenne 0 fr. 09 le litre, et le rendement en beurre semble être aussi le même, soit 1 kilogramme de beurre par 19 litres et demi ou 21 litres de lait suivant la saison.

Le beurre produit n'est vendu qu'en petite partie dans les principaux centres du pays où il est en concurrence avec celui que produisent nombre de domaines pour la consommation locale. La plus grande partie est expédiée sur la capitale et même en Angleterre.

ESPÈCE OVINE.

La production du mouton est la principale spéculation animale du département de l'Indre. Chaque année sont exportés plus de 250,000 ovins. La Champagne est la principale région productrice.

La population ovine, qui s'élève à environ 550,000 têtes, appartient pour la plus grande partie aux deux variétés de la race ovine berrichonne de l'Indre, variété de Champagne et variété de Crevant. La première variété est de beaucoup la plus importante puisqu'elle compte 400,000 individus, tandis que 40,000 seulement appartiennent à la variété de Crevant.

Le mouton se vend sous trois états :

A l'état d'agneau gras (5 à 7 mois) dont la presque totalité est expédiée à Paris; les animaux âgés et gras (2ᵉ état) ont le même débouché.

A l'état d'antenais non engraissés; ils sont alors exportés principalement en Brie, en Beauce et en Normandie où les agriculteurs font l'engraissement.

Les transactions concernant tous ces animaux ont souvent lieu à la bergerie même. Néanmoins, le commerce est encore important dans quelques centres (Issoudun, Levroux, Brion, Vatan, Châteauroux), où se tiennent de grandes foires à moutons.

Il faut ajouter que, pour faciliter ces transactions, l'*Association des éleveurs de la race ovine berrichonne sélectionnée*, qui compte de nombreux adhérents, a ouvert un registre d'offres et de demandes concernant le mouton. Cette association sert de ce fait au mouvement annuel de plus de 100,000 têtes.

ESPÈCE PORCINE.

La production de l'espèce porcine se trouve en quelque sorte limitée à la région de la Châtaigneraie en s'étendant aussi à une partie du Boischaut : tout l'arrondissement de La Châtre et les cantons de Saint-Benoist-du-Sault et de Bélâbre dans celui du Blanc.

Les animaux gras, dont le poids varie beaucoup avec les saisons, sont presque tous exportés sur Paris. Le commerce des porcelets reste local et se fait aux marchés de la région d'élevage.

ANIMAUX ET PRODUITS DE BASSE-COUR.

Dans presque tous les domaines on entretient une volaille nombreuse destinée à utiliser les menus grains et les déchets de grenier. La production des œufs, de ce fait, est assez importante et sert de base à un commerce actif dans toutes les localités du département.

Bien qu'il soit difficile d'obtenir des chiffres prcis, tout porte à croire que la quantité d'œufs exportés en dehors du département s'élève annuellement à plus de 6 millions représentant une valeur de plusieurs centaines de mille francs.

Le commerce de cette denrée est entre les mains de nombreux intermédiaires, pour la plupart marchands ambulants, qui achètent, soit sur place, soit aux divers marchés de la région, pour expédier ensuite sur Paris.

En raison de l'importance de cette production, il y aurait sans doute avantage à constituer une sorte de coopérative pour l'exportation directe à l'étranger. Malheureusement toutes les tentatives faites dans ce sens jusqu'à ce jour sont restées sans effet.

Quant à la volaille elle-même, bien que donnant naissance à un commerce extérieur moins important, parce que la consommation locale en absorbe la plus grande partie, elle suit le même mouvement que les œufs.

APICULTURE.

Avec ses grandes superficies de trèfles et de sainfoin, ses nombreuses bordures de genêts et de bruyère, le département se prête admirablement à l'élevage des abeilles.

Le nombre des ruches a considérablement augmenté depuis quinze ans dans l'Indre. On l'estime actuellement à 40,000, alors que la statistique décennale de 1892 n'en accusait que 13,500 environ.

La production moyenne de chaque essaim est évaluée à 5 kilogrammes de miel et 1 kilogr. 5 de cire, ce qui donne un total annuel de 200,000 kilogrammes de miel et 60,000 kilogrammes de cire.

Pour l'exploitation d'une partie de ces produits et aussi surtout pour la fabrication des ruches, il s'est constitué deux établissements dans le département :

La Compagnie générale d'apiculture du Centre, dont le siège est à Châteauroux ;

La Société moderne d'apiculture, dont le siège est à Neuvy-Pailloux, arrondissement d'Issoudun.

Mais, comme pour les œufs, la partie la plus importante du commerce de ces produits est faite par nombre d'intermédiaires, épiciers pour la plupart, qui font des expéditions sur Paris et sur Lyon.

INDRE-ET-LOIRE.

ESPÈCES CHEVALINE, ASINE ET MULASSIÈRE.

Le département possède environ 35,000 chevaux de plus de 3 ans et 5,000 chevaux au-dessous de cet âge, 1,150 animaux d'espèce mulassière et 6,500 d'espèce asine. Les ânes sont utilisés par les laitiers et les maraîchers des environs des villes.

La population chevaline comprend quelques chevaux de luxe de voitures légères et de roulage à Tours et dans quelques autres centres, mais principalement des chevaux communs de diverses races utilisés pour l'exécution des travaux des exploitations agricoles.

L'élevage du cheval n'est pratiqué sérieusement que dans le canton de Neuillé-Pont-Pierre où l'on produit quelques demi-sang et surtout des chevaux de trait. La plupart des produits sont vendus au sevrage aux éleveurs du Nord-Ouest. Mais cet élevage tend à se développer dans diverses régions du département et notamment aux environs de Loches et dans le canton de Montbazon et de Neuvy-le-Roi.

Le département possède une seule station de monte, celle de Neuillé-Pont-Pierre où l'État envoie quatre étalons. Les autres étalons utilisés appartiennent à des particuliers des départements voisins, surtout de la Vienne.

ESPÈCE BOVINE.

L'Indre-et-Loire compte environ 86,500 vaches, 13,800 élèves de plus d'un an, 8,600 élèves de moins d'un an, 9,000 bœufs et 1,700 taureaux.

La faiblesse de l'effectif des élèves de plus d'un an par rapport à l'effectif des vaches s'explique par ce fait que la Touraine entretient un nombreux troupeau de vaches pour la production des veaux de boucherie et du lait et qu'on y pratique peu l'élevage.

La population bovine est constituée par des animaux achetés dans les départements voisins et en Normandie. Si l'on en excepte quelques sujets normands et quelques vaches parthenaises à peu près purs mais souvent mal conformés, ce sont pour la plupart des métis normands et parthenais, des manceaux... formant un ensemble tout à fait hétérogène. La race normande tend cependant à prédominer.

Les vaches laitières et les taureaux importés dans le département sont achetés dans les principales foires du Calvados, de la Manche, de l'Orne et des Deux-Sèvres. Quelques bêtes viennent de la Sarthe et de la Vienne. Les bœufs viennent de la Mayenne, de la Sarthe, de la Haute-Vienne, de la Vienne, du Cher et de la Nièvre.

Ces bœufs sont occupés pendant deux ou trois ans aux travaux des exploitations, puis engraissés et livrés à la boucherie.

La Touraine est une des régions où il y a le plus à faire au point de vue du bétail.

Le progrès y sera difficile et lent, car les agriculteurs préfèrent produire des animaux de boucherie, négligent l'élevage et ne s'attachent pas à sélectionner leur bétail et à obtenir une race définie.

Cependant on constate une amélioration sensible dans les cantons de Neuvy-le-Roi et de Neuillé-Pont-Pierre, où ont été faites des importations sérieuses de taureaux et de vaches de race normande pure.

Produits de laiterie. — Les 86,000 vaches laitières d'Indre-et-Loire produisent en moyenne chacune 2,000 litres de lait par an, soit une production annuelle de 1,720,000 hectolitres.

Ce lait est en grande partie converti en beurre. Il y a en Touraine dix-sept beurreries industrielles qui «travaillent» chaque jour plus de 160,000 litres de lait et qui expédient journellement sur divers centres, et principalement à Paris, environ 8,000 kilogrammes de beurre.

Veaux d'élevage. — Il en est produit environ 4,000 par an. Cet élevage est délaissé pour la production des veaux gras sur lesquels, depuis quelques années, des prix avantageux sont pratiqués. Les principaux centres d'élevage sont Amboise, Château-la-Vallière, Châteaurenault, Neuvy-le-Roy, Montbazon, Loches, Grand-Pressigny, La Haye-Descartes, Preuilly, Ligueil, Richelieu.

Veaux gras. — La Touraine en produit environ 55,000 qui sont vendus en général entre dix semaines et trois mois et donnent en moyenne 65 à 70 kilogrammes de viande nette.

La vente a lieu sur quelques marchés et principalement à l'étable.

Les principaux centres de production sont les cantons de Tours, Montbazon, Bléré, Amboise, Chinon, Loches, l'Île-Bouchard, Richelieu, Ligueil, Châteaurenault, Château-la-Vallière, Bourgueil, Neuvy et principalement Sainte-Maure.

Bœufs gras et vaches grasses. — Les principaux centres d'engraissement sont les cantons de Neuvy-le-Roi (environ 2,000 têtes par an), Neuillé-Pont-Pierre, Château-la-Vallière, Châteaurenault, Loches, Ligueil, Preuilly (Yzeures), l'Île-Bouchard, Bourgueil et, surtout, Chinon.

Le département ne produit pas suffisamment de bœufs et vaches grasses pour sa consommation.

ESPÈCE OVINE.

Il existe environ 90,000 brebis de plus d'un an qui sont réparties dans tout le département et principalement dans les cantons de Châteaurenault, Neuvy, Neuillé, Château-la-Vallière, Montbazon, Sainte-Maure, Loches, Montrésor, La Haye-Descartes.

Le canton de Neuvy livre à la boucherie chaque année près de 8,000 moutons.

Le département produirait assez de moutons pour sa consommation, mais tous ne restent pas dans le pays; une grande partie des moutons produits sont expédiés sur Paris. En revanche, le département en tire du dehors. Le marché de Tours, qui demande chaque lundi environ 150 moutons, est approvisionné par des marchands qui importent ces animaux du Cher, de l'Indre, de la Haute-Vienne, etc.

Les moutons d'Indre-et-Loire sont achetés dans les bergeries par les marchands de bestiaux et par les bouchers; très peu sont conduits sur les marchés, sauf sur celui de Tours.

ESPÈCE PORCINE.

1° *Porcs d'élevage.* — La production des porcelets est une industrie très développée et très prospère dans les cantons de Bléré, l'Île-Bouchard, Richelieu, Chinon, Montbazon, Sainte-Maure et principalement dans les cantons de Montrésor, Loches, Ligueil et La Haye-Descartes.

L'arrondissement de Loches produit des porcs issus de la race craonnaise, bien adaptés à la région, rustiques et précoces. Il se vend annuellement 11,500 porcelets sur le marché de Loches.

2° *Porcs gras.* — La production du département est d'environ 30,000 têtes. Ces animaux sont livrés au poids moyen de 75 à 80 kilogrammes nets par tête et sont très recherchés par la charcuterie. Ils appartiennent à diverses races, craonnaise, normande, lochoise et à des croisements entre ces races.

Principaux centres de production : cantons de Tours, Bléré, Ligueil, Loches, Sainte-Maure, Richelieu, l'Île-Bouchard, Bourgueil et Chinon.

COMMERCE DES BESTIAUX.

Le département d'Indre-et-Loire a relativement très peu de foires ou marchés.

Les agriculteurs achètent leurs animaux, chevaux, bœufs, vaches, moutons, porcs nourrains en dehors du département ou sur les principales foires de Tours (10 mai et 10 août), de Loches (premier mercredi) et de Chinon (premier jeudi).

Les ventes d'animaux élevés ou engraissés par les agriculteurs se font pour le plus grand nombre à l'étable. C'est ainsi que les bouchers et marchands de bestiaux visitent les fermes et achètent sur place les porcs gras (aux environs de Tours), les moutons, les vaches grasses et souvent les bœufs gras.

Les bouchers débitent ces animaux à leur clientèle locale ou les expédient à Paris; les marchands alimentent les mêmes marchés.

Cependant il existe quelques marchés assez importants :

Tours. — Le marché de Tours n'est qu'un marché d'approvisionnement.

La ville de Tours demande pour sa consommation annuelle environ :

	NOMBRE.	POIDS. — kilogrammes.
Bœufs	1,170	383,000
Vaches	4,530	1,055,000
Moutons	23,620	402,000
Veaux	13,200	700,000
Porcs	7,126	553,570
Chevaux	1,093	218,924

Les quatre cinquièmes environ des porcs, le cinquième des veaux, le tiers des moutons sont achetés sur le marché de Tours à des marchands de bestiaux; le reste est acquis directement par les bouchers chez les propriétaires ou sur d'autres marchés.

Les bœufs et les vaches et une partie des veaux viennent pour la plupart de Bressuire et de Cholet.

Chinon. — Le marché de Chinon est bien approvisionné en veaux gras et en porcs. Il s'y fait aussi quelques ventes de vaches grasses, de veaux d'élevage et de vaches laitières. Ce marché a lieu le jeudi.

On peut évaluer à 6,000 environ le nombre des veaux gras et à 3,000 le nombre des porcs gras qui partent chaque semaine du marché de Chinon.

Loches. — Ce marché a lieu le mercredi; il s'y vend annuellement environ 3,800 vaches dont le dixième à peine pour la boucherie, 1,800 porcs gras, 9,600 veaux gras et 15,000 porcelets.

Ligueil. — L'importance de ce marché s'est beaucoup accrue depuis quelques années; porcs, veaux de boucherie, vaches et moutons. Le lundi.

Preuilly. — Porcs, veaux, quelques vaches.

Sainte-Maure. — Gros marché de veaux gras. Le vendredi.

Bourgueil. — Veaux de boucherie, moutons, vaches grasses, porcs. Le mardi.

Richelieu. — Porcs, veaux, quelques vaches grasses, moutons.

L'Île-Bouchard. — Quelques porcs, veaux, vaches.

Cormery — Veaux gras, porcs, quelques moutons.

Amboise. — Veaux, porcs, quelques vaches laitières (les jours de foire seulement).

Bléré. — Veaux, porcs, quelques vaches laitières et moutons.

Châteaurenault. — Veaux, porcs, quelques vaches et moutons (les jours de foire seulement).

Château-la-Vallière. — Veaux, porcs, moutons et quelques vaches.

Les animaux vendus sur ces marchés sont expédiés soit sur Tours, soit sur Paris. On remarquera que les principaux marchés ont lieu le lundi à Ligueil, le mardi à Bourgueil, le mercredi à Loches, le jeudi à Chinon, le vendredi à Sainte-Maure.

La plupart des animaux envoyés à La Villette rejoignent, les mercredi et dimanche soir, un train spécial de bestiaux qui part de Saint-Pierre-des-Corps à 10 heures 24 après l'arrivée des trains amenant des animaux de diverses provenances.

Ce train met les animaux sur le marché de La Villette le lendemain matin (jeudi et lundi) à 8 heures et demie.

Mais la plus grande partie du bétail pris sur les marchés de Chinon et de Ligueil est destinée à l'alimentation de Tours. Dans ce cas, les expéditions ont lieu le jour même du marché.

Les animaux achetés à Loches (le mercredi) partent le jour même à 6 heures 48, rejoignent dans la soirée le train-bestiaux à Saint-Pierre-des-Corps.

Quant aux animaux acquis sur le marché de Sainte-Maure, ils bénéficient d'un régime spécial. Ils partent de Sainte-Maure le vendredi soir à 3 heures 13, arrivent à Saint-Pierre à 4 heures 58 et sont aux bouveries de La Villette le samedi matin, à 6 heures et demie.

Viande. — Indépendamment des animaux vivants, il part chaque semaine de Loches, Tours, Ligueil, Chinon, Richelieu, Bourgueil, Cormery, Azay-sur-Cher, Rivarennes, des animaux (principalement des veaux) abattus à l'abattoir municipal et expédiés le jour même sur Paris. On peut fixer à 150,000 kilogrammes environ le poids de la viande fournie ainsi à la capitale.

ANIMAUX ET PRODUITS DE BASSE-COUR.

Volailles. — Il existe environ 650,000 têtes dont un tiers est vendu sur les marchés. Les principaux centres de production sont les cantons de Châteaurenault, Neuvy-le-Roi, Neuillé, Montbazon, Bléré, Chinon, Richelieu, l'Île-Bouchard, Montrésor, La Haye-Descartes et particulièrement Sainte-Maure et Loches.

Dindons. — Il existe près de 25,000 dindons répartis surtout dans les cantons de Ligueil, Montrésor, Loches, La Haye-Descartes, Sainte-Maure, Bléré, Châteaurenault et Amboise.

Canards. — Les canards (120,000 environ) sont surtout élevés dans les cantons de Bléré, Sainte-Maure, Chinon, Ligueil, Montbazon, Bourgueil, l'Île-Bouchard et Amboise.

Les *principaux marchés aux volailles* sont Tours, Sainte-Maure, Loches, Chinon, Amboise, Châteaurenault, Cormery, Château-la-Vallière, La Haye-Descartes, Ligueil, Montrésor, Richelieu.

Sur le marché de Loches, il se vend en moyenne chaque année 35,000 couples de poulets ou canards et 700 dindons dont les principales destinations sont Paris et l'Angleterre.

ISÈRE.

STATISTIQUE DES ANIMAUX DE FERME.

ESPÈCES.	1860.	1892.	1904.	1905.
Chevaline	52,614	32,125	35,195	35,729
Mulassière		5,096	4,916	4,897
Asine		2,892	2,609	2,572
TOTAUX	//	40,113	42,720	43,198
Bovine	145,937	205,567	205,661	209,662
Dont vaches	//	128,979	135,519	137,149
Ovine	201,385	148,596	127,765	130,736
Porcine	51,747	49,609	82,595	83,191
Caprine	40,543	58,904	72,553	75,213
TOTAUX GÉNÉRAUX	492,226	502,789	531,294	542,000

VALEUR APPROXIMATIVE DES ANIMAUX DE FERME.

Espèce		francs.
	chevaline	13,752,000
	mulassière	1,520,000
	asine	327,000
	bovine	45,955,000
	ovine	2.328,000
	porcine	2,267,000
	caprine	1,647,000
	TOTAL	67,796,000

L'examen des chiffres ci-dessus permet de constater : 1° une diminution croissante de la population chevaline, de 1860 à 1892, puis un relèvement en 1904 et 1905; 2° Un accroissement constant de la population bovine; 3° Une diminution continue de la population ovine jusqu'en 1905; 4° Un accroissement constant des porcins et caprins.

Les effectifs, par arrondissement, se répartissaient ainsi en 1905 :

ESPÈCES.	GRENOBLE.	VIENNE.	LA TOUR-DU-PIN.	SAINT-MARCELLIN.	TOTAUX.
Chevaline	5,881	14,942	10,501	4,405	35,729
Mulassière	2,458	889	267	1,283	4,897
Asine	1,200	462	758	152	2,572
Bovine	66,261	58,036	55,688	2,677	209,662
Dont vaches	41,105	40,643	38,432	16,969	137,149
Ovine	78,463	26,531	11,398	14,344	130,736
Porcine	28,132	27,460	15,208	12,391	83,191
Caprine	14,837	29,806	10,922	19,648	75,213
TOTAUX	197,232	158,126	104,742	81,900	542,000

ESPÈCE CHEVALINE.

Le cheval entretenu dans l'Isère n'a pas un type uniforme; le cheval de la plaine lyonnaise diffère sensiblement du cheval de montagne; mais néanmoins, comme forme, puissance et volume, ces animaux entrent dans la catégorie des chevaux de trait léger.

Le département possède 17 stations et 58 étalons nationaux.

Les éleveurs réclament de plus en plus l'étalon de trait du *type moyen*.

Des concours de pouliches et de poulinières ont lieu chaque année dans le département et il est alloué à ces concours, qui imposent certaines conditions aux éleveurs, une subvention totale de 19,900 francs, dont 11,200 francs fournis par l'État et 8,700 francs accordés par le département. L'espèce chevaline participe également aux concours annuels de plusieurs comices pour une part importante.

La grande foire de Beaucroissant, le 14 septembre, est la principale foire aux chevaux. L'espèce mulassière est surtout localisée dans le Bourg-d'Oisans et dans la Basse-Vallée de l'Isère, vers Saint-Marcellin.

ESPÈCE BOVINE.

La population bovine n'est pas homogène, mais elle peut néanmoins être rattachée à deux types d'origine, le *type jurassien*, à muqueuses roses et le *type alpin* à muqueuses noires.

Le marché lyonnais introduit dans l'Isère des animaux du Plateau central, notamment des croisements salers, des croisements charolais et des bressans; le marché de Romans, quelques produits du Vivarais; par le nord du département, on importe des animaux du Bugey, et par la Savoie des animaux tachetés en assez grande abondance, provenant de la Suisse et de la Haute-Savoie, ainsi que quelques spécimens schwitz et enfin surtout des produits de la Tarentaise.

La race tachetée se développe dans l'arrondissement de La Tour-du-Pin, dans la plaine lyonnaise et quelque peu aussi dans la plaine sous-viennoise; la race tarentaise, dans la région alpine et la vallée de l'Isère. Ailleurs, on rencontre des sujets Villard-de-Lans purs et croisés.

On peut dès lors ramener la population bovine dominante à trois groupes :

1° Groupe des Villard-de-Lans purs et croisés : Canton du Villard-de-Lans, plateaux et terrasses des environs de Grenoble; Saint-Martin-d'Uriage, Herbeys, Brié, Trièves, vallée du Grésivaudan, Vercors, Sassenage, région de Pont-de-Beauvoisin et aussi quelques dérivés vers La Tour-du-Pin, la Bièvre, la Valloire ainsi que dans le massif de la Chartreuse. C'est un type *subalpin*.

2° Groupe des Tarentais purs et croisés : Région d'Allevard, bordure liasique du Grésivaudan, massif de la Salette, plateau de La Mure, vallée de l'Isère et aussi, mais en population moins dense, régions de Cremieu, de La Tour-du-Pin, de Vienne. C'est un type alpin.

3° Groupe de la race tachetée, surtout répandue autour de Bourgoin (centre de société d'élevage déjà ancienne qui a importé de nombreux reproducteurs achetés à Berne), dans la plaine lyonnaise (anciennes importations et marché lyonnais). On fait maintenant des importations de taureaux et de génisses achetés en Suisse et en Haute-Savoie (variété d'Abondance).

La société d'élevage de Bourgoin est devenue la Société centrale de l'arrondissement de La Tour-du-Pin; elle continue à importer des reproducteurs de la région bernoise.

La Société d'élevage de Saint-Marcellin a importé longtemps des reproducteurs de la Tarentaise, et maintenant elle introduit des reproducteurs tachetés d'Abondance, ainsi que la Société centrale de Vienne qui a également choisi cette race.

La Société de La Mure, Corps et Valbonnais importe exclusivement des Tarentais, de même la Société d'Allevard; la circonscription de ces deux sociétés fait partie de la région alpine — zone alpine. La Société de Barraux, région alpine — mais zone subalpine — préconise le Tarentais et le Villard-de-Lans.

Enfin, la Société d'élevage de Villard-de-Lans, qui date de 1875, s'occupe uniquement par sélection de l'amélioration de la race locale, dite de Villard-de-Lans. Ce canton appartient à la région alpine — zone subalpine — et le type Villard-de-Lans qui a les muqueuses roses, semble dériver du type jurassien.

Chacune de ces races a ses qualités initiales connues et une faculté d'adaptation toujours hypothétique.

La race tarentaise convient tout particulièrement à la région montagneuse de la zone alpine où les pâturages dominent sur la ceinture liasique qui borde les massifs centraux. Elle est robuste, peu exigeante et produit normalement 1,400 litres annuellement par vache en lactation. Dans les vallées elle prend de la taille, son pelage devient plus clair, mais son aptitude à l'engraissement se développe et sa valeur lactifère reste sensiblement la même. Les bœufs sont un peu petits, mais vigoureux et dans les parties fertiles, plaines et vallées des zones alpine et subalpine, les croisements avec la race Villard-de-Lans sont appréciés : aptitude laitière satisfaisante, viande meilleure et puissance motrice notablement accrue.

La race Villard-de-Lans est à la fois laitière, travailleuse et de boucherie. La viande est particulièrement estimée; de taille assez grande (1 m. 35 au garrot chez les vaches et 1 m. 33 chez les taureaux de deux ans), le poids vif moyen est de 600 kilogrammes chez les vaches et de 750 kilogrammes chez les taureaux de deux ans.

Comme cette race est surtout utilisée en petite culture où la vache, très généralement, est employée aux travaux des champs, l'aptitude laitière de ce fait est plutôt moyenne et se développe lentement. Elle dépasse rarement 1,800 litres par an.

La race tachetée, d'origine suisse ou savoisienne, accuse à peu près la même taille et le même poids. La viande est moins estimée, l'aptitude au travail chez les vaches est moins grande, mais le rendement en lait est plus élevé et il atteint aisément 2,000 à 2,200 litres dans les conditions ordinaires; dans quelques vacheries spéciales on obtient même 2,500 litres, mais avec un régime particulièrement approprié.

Les bovins de Villard-de-Lans avaient attiré l'attention déjà en 1832. De cette époque à 1850, le conseil général accorda chaque année une subvention de 2,000 francs destinée à acheter alternativement des taureaux suisses et salers.

En 1851 la subvention fut portée à 3,000 francs et fut exclusivement réservée à des achats de taureaux de Salers jusqu'en 1866, et il est prouvé que deux de ces taureaux seulement furent introduits au Villard-de-Lans.

En 1863 et 1864 les animaux de Villard-de-Lans furent classés dans les concours régionaux, classement abandonné, puis repris ultérieurement, plus ou moins régulièrement du reste. En 1866, conformément aux conclusions d'un rapport très documenté rédigé au nom d'une commission spéciale, on abandonna les salers, et la subvention départementale fut employée à l'achat de taureaux «de la race de Villard-de-Lans», de 1866 à 1870.

Ces achats furent ainsi répartis :

ARRONDISSEMENTS.	1866.	1867.	1868.	1869.	1870.	TOTAUX.
Grenoble	17	21	19	10	12	74
Vienne	4	5	8	14	2	33
Saint-Marcellin	4	8	7	12	3	34
La Tour-du-Pin	4	4	4	4	5	21
TOTAUX	29	38	38	40	22	167

De 1870 à 1873 les achats cessèrent et les subventions furent distribuées en primes à des concours locaux.

Enfin le 7 juillet 1875 fut fondée la société d'élevage qui, depuis cette époque déjà lointaine, a été subventionnée par le département et par l'État et qui a puissamment contribué à l'amélioration de la race par des concours annuels et par une sélection rigoureuse excluant tout croisement et toutes traces de croisement.

Depuis ont été constituées les sociétés d'élevage de :

La Mure, Corps et Valbonnais, en 1883 (zone alpine) et Allevard, en 1887 (zone alpine), Saint-Marcellin, en 1888 (zone subalpine et bas Dauphiné), pour l'amélioration par importations de taureaux de race tarentaise;

Bourgoin, en 1885 (bas Dauphiné), pour amélioration par importations de taureaux simmenthal provenant du canton de Berne.

Depuis 1903-1904 et comme complément d'une réglementation des attributions aux comices des subventions départementales, des modifications ont été apportées à l'organisation et au fonctionnement de ces sociétés qui sont devenues, par voie fédérative, sociétés centrales d'arrondissement.

La société centrale de l'arrondissement de La Tour-du-Pin a succédé à l'ancienne société de Bourgoin et continue son programme : importations de taureaux bernois et simmenthal.

La société centrale de l'arrondissement de Saint-Marcellin a abandonné la race tarentaise et adopté la race d'Abondance, ainsi que la société centrale de Vienne, et ces deux sociétés importent des taureaux de cette race dans leurs circonscriptions respectives.

Enfin la société de Villard-de-Lans, restée autonome, continue son programme : sélection absolue et rigoureuse.

A La Tour-du-Pin, à Saint-Marcellin et à Vienne, les concours sont également subventionnés par l'État, et les sociétés d'Allevard, de La Mure et du Villard-de-Lans font aussi des concours avec leurs ressources spéciales.

PRODUCTION, CONSOMMATION ET MOUVEMENT COMMERCIAL DES BOVINS.

La population bovine départementale a été ainsi évaluée en 1904, 1905 et 1906 :

ESPÈCES.	1904.	1905.	1906.
Taureaux	4,551	4,709	4,381
Bœufs	17,243	17,632	15,868
Vaches	135,514	137,149	129,904
Élèves de 1 an et au-dessus	29,241	29,962	26,242
Élèves de moins de 1 an	19,107	20,210	15,758
TOTAUX	205,661	209,662	192,153

La diminution de l'effectif, en 1906, est due au déficit de fourrages et ne sera évidemment que temporaire.

En 1902 l'excédent des exportations sur les importations a été de 4,156 têtes.

En 1905, au contraire, l'excédent des importations sur les exportations a été de 2,684 têtes.

La consommation des villes à octroi est de 15,000 têtes (bœufs, génisses et vaches), et celle des campagnes et villes sans octroi n'est pas inférieure à 6,000 têtes.

La consommation totale du département absorbe donc au moins 21,000 têtes bovines.

Les ressources, en se basant sur la statistique de 1905, peuvent être évaluées à :

	QUANTITÉ.	POIDS VIF MOYEN.
	têtes.	kilogr.
Taureaux, de 1/3 à 1/2 de l'effectif	1,900	550
Bœufs, de 1/7 de l'effectif	2,520	700
Vaches, de 1/10 de l'effectif	13,714	450
Génisses, de 1/20 de l'effectif	1,498	350
Excédent des importations	2,384	500
TOTAL	22,316	"

Le rendement moyen en viande nette de 7 taureaux du Villard-de-Lans de deux à trois ans a été de 61 p. 100.

Le rendement moyen des génisses, 56 p. 100.

Si nous admettons comme moyenne générale 55 pour les bœufs et 50 pour les vaches, nous obtenons pour la consommation moyenne journalière par habitant 27 grammes de viande (population humaine départementale : 569,000 habitants).

En retranchant des 22,316 animaux consommés les 2,684 importés, il reste 19,616 animaux à renouveler chaque année. La population bovine des sujets au-dessous de 1 an étant de 20,210, est donc concordante avec les exigences du renouvellement.

Indépendamment de la consommation des adultes, nous avons aussi celle des veaux dont la quantité disponible actuelle, pour une population de 137,144 vaches, n'est pas inférieure à 70,000, représentant 17 grammes de viande par habitant et par jour.

En appliquant le même calcul aux espèces ovine, caprine et porcine, nous obtenons 20 grammes par habitant et par jour. Toutes ces provenances réunies permettent d'évaluer la consommation totale de la viande par habitant et par jour à 64 grammes.

Dans le voisinage des villes limitrophes, certaines exportations échappent au contrôle, mais quelques importations y échappent également. On peut donc admettre qu'il y a compensation.

En résumé s'il y a des exportations, il y a aussi des importations, et, selon les années, les unes ou les autres sont en excès, mais toujours assez réduites.

On peut conclure de ces calculs que la production animale n'est que suffisante à la consommation locale et qu'il est possible de la développer encore sans avoir à redouter une surproduction qui puisse faire craindre un abaissement des cours, si l'on tient compte surtout de l'insuffisance de cette production dans beaucoup de départements et de la possibilité d'augmenter notre consommation locale qui, quoique assez satisfaisante, n'est encore que moyenne.

Industrie laitière. — La consommation du lait en nature et ses dérivés (beurre et fromages) est très importante dans les villes et les centres industriels.

Certaines laiteries vendent du «lait normal», en flacons cachetés, et du «lait stérilisé»; des usines, dites fruitières, particulières ou coopératives, fabriquent du beurre ou des fromages de différents types : camembert, gruyère, Mont-d'Or, Saint-Marcellin, bleus (Sassenage, Gex, façon Roquefort). Quelques fruitières revendent parfois du lait écrémé pasteurisé, notamment à Lyon (Brézins, Marlieu).

L'industrie laitière a pris un grand développement depuis quelques années et, malgré certaines crises passagères, elle est en voie de prospérité.

Les principaux débouchés, outre les marchés locaux, sont Grenoble, Lyon, Saint-Étienne, mais surtout Marseille et les diverses villes du littoral méditerranéen. Quelques expéditions sont faites également en Algérie et en Tunisie.

Les beurres de l'Isère, et quelques types de fromages, Sassenage et Saint-Marcellin notamment, sont estimés et ont une réputation établie.

On compte actuellement dans le département 26 laiteries particulières, 63 beurreries-fromageries ou fruitières particulières et 11 beurreries-fromageries ou fruitières coopératives.

Ces 100 établissements vendent ou traitent le lait produit par 10,960 vaches et 250 chèvres.

La plupart des fruitières utilisent les sous-produits à l'élevage et surtout à l'engraissement du porc.

En période estivale, les troupeaux alpestres contribuent à augmenter la production laitière et depuis quelques années, les communes d'Engins, Lans et le Villard-de-Lans font des expéditions journalières de lait à Grenoble. Dans la région lyonnaise, quelques négociants achètent du lait aux cultivateurs et l'expédient en gros à Lyon.

ESPÈCE OVINE.

L'espèce ovine est représentée dans l'Isère par des animaux à laine longue et mi-longue dont le crâne, chez les mâles, est orné de cornes de dimensions moyennes. Ces animaux appartiennent à la race «des Alpes» croisée avec les transhumants du Midi, notamment de la Provence.

La population ovine a suivi les oscillations suivantes :

	têtes.		têtes.
1860	201,385	1904	127,765
1892	148,596	1905	130,736

On constate donc une diminution continue de l'effectif de 1860 à 1904 et un relèvement en 1905.

Il a été fait quelques essais de croisements southdowns dans le Trièves et dans le Beaumont, mais trop parcimonieusement pour permettre d'obtenir des résultats appréciables. L'élevage et l'engraissement du mouton sont surtout pratiqués dans la région du Trièves sur les sols ravinables et ravinés du lias schisteux, du bajocien et du callovien, ainsi que sur des terrasses alluviennes. Cette région est alpine et subalpine. Les pâturages de montagnes des massifs centraux à recouvrements synclinaux jurassiques et des massifs subalpins jurassiques et crétacés entretiennent pendant l'été, en juillet, août et septembre, d'importants troupeaux indigènes et exotiques, avec quelques bovidés dans les zones où l'herbe est plus abondante et meilleure.

Les troupeaux provenant du Midi, et qui sont contrôlés par le service sanitaire à leur passage à Grenoble, représentent un effectif d'au moins 74,000 ovins et 200 caprins. Si l'on ajoute ceux qui se rendent dans le massif de la Chartreuse, d'Allevard, de Lans et du Vercors sans passer par Grenoble, on peut évaluer le nombre total des transhumants exotiques à près de 120,000, nombre peu inférieur à la population ovine indigène.

L'effectif comprenait en 1905 :

Béliers au-dessus d'un an	4,088 têtes.
Brebis au-dessus d'un an	67,890
Moutons au-dessus d'un an	17,741
Agneaux et agnelles de moins de 1 an	41,017
Total	130,736

L'effectif de 1904, évalué à 127,765, se répartissait ainsi dans le département :

		têtes.			têtes.
Arrondissement	de Grenoble	75,851	Arrondissement	de la Tour-du-Pin	11,823
	de Vienne	26,024		de St-Marcellin	14,067

Production, consommation, mouvement commercial des ovins. — La consommation des villes à octroi est environ de 42,000 têtes (42,278 en 1902). L'excédent des exportations sur les importations a été en 1905 de 4,044 (8,397 en 1902). La consommation des villes sans octroi et des campagnes ne peut être estimée à moins de 5,000.

Le contrôle des transhumants par voie ferrée permet de constater qu'à 45,000 entrées correspondent 41,000 sorties, ce qui prouve que 4,000 animaux ont été utilisés pour la consommation locale.

Si l'écart est le même pour le reste, comme nous avons environ 120,000 transhumants, il devrait donc en rester 10,600 qui, ajoutés à nos 41,000 indigènes, feraient un total de 10,600 + 41,000 = 51,600 disponibles pour la consommation locale, et comme nous avons trouvé que les besoins de cette consommation étaient de 51,044, la concordance est complète, ce qui autorise à supposer que ces diverses déterminations paraissent se rapprocher beaucoup de la réalité.

Les agneaux du Trièves sont très estimés et d'une manière générale la viande de nos moutons indigènes est bonne; elle devient même excellente en période de pâturage. On engraisse dans le Trièves agneaux et adultes, et cette partie du département est la principale région d'approvisionnement.

ESPÈCE CAPRINE.

La population caprine de l'Isère est formée d'animaux appartenant à la race des Alpes.

En 1905, cette population s'élevait à 75,213 têtes, et en 1904, la répartition par arrondissement était la suivante :

Grenoble	13,057 têtes.
Vienne	29,339
La Tour-du-Pin	11,204
Saint-Marcellin	18,433
Total	72,533

L'effectif a varié de la façon suivante :

	têtes.		têtes.
1860	40,543	1899	63,723
1892	58,904	1900	62,856
1896	61,295	1901	65,060
1897	63,019	1904	72,533
1898	62,353	1905	75,213

Cette progression ininterrompue tient à deux causes :

1° Aux demandes de plus en plus actives des peaux de chevreau par la ganterie, qui est l'industrie principale de Grenoble;

2° Aux services et à la sobriété de la chèvre.

Enfin, si la ganterie utilise la peau de chevreau, la consommation locale apprécie la viande de cet animal. D'autre part, dans les pays de montagnes la viande de chèvre est salée et conservée comme le porc. Dans quelques localités même, le gigot de chèvre salé est un mets apprécié. Dans la région de Saint-Marcellin : Chevrières, Serre-Nerpol, Murinais. . . , on fabrique avec le lait de chèvre un fromage très estimé connu et vendu sous le nom de «tomes de Saint-Marcellin». Ces fromages sont très petits; il en faut douze au kilogramme. Ils sont vendus à des coquetiers qui expédient à Lyon, Grenoble et surtout Marseille. Le prix de vente en gros est de 0 fr. 15 pièce et le prix en détail 0 fr. 25, ce qui fait de 1 fr. 80 à 3 francs le kilogramme.

Il faut 12 à 13 litres de lait pour obtenir 1 kilogramme de fromage, et une chèvre peut produire 3 litres de lait par jour en période de lactation.

Cette fabrication fait ressortir le prix du lait de 0 fr. 14 à 0 fr. 23, selon que la vente du produit fabriqué se fait en gros ou en détail. Une chèvre rapporte ainsi annuellement de 70 à 115 francs environ, non compris le chevreau qui, vendu très jeune, représente un complément réduit mais néanmoins appréciable.

En effet, les chevreaux sont généralement livrés à la consommation à l'âge de un mois et leur poids vif moyen est d'environ 8 kilogrammes. Sur pied ils se vendent 1 fr. 15 le kilogramme de poids vif, soit 1 fr. 15 × 8 = 9 fr. 20.

La peau vaut, selon sa dimension, de 3 à 4 francs.

Le rendement en viande nette est de 60 à 62 o/o (8 kilogrammes de poids vif pour 5 kilogrammes de poids net).

A *l'étal*, le quartier de devant se paye 1 fr. 30 le kilogramme et le quartier de derrière 1 fr. 60, ce qui fait un prix moyen de 1 fr. 45.

La valeur brute est donc de :

5 kilogrammes à 1 fr. 45 = 7 fr. 25 et 1 peau de 3 à 4 francs, soit un total de 10 fr. 25 à 11 fr. 25, d'où il faut déduire à Grenoble 0 fr. 50 de droit d'octroi. La valeur nette est donc de 9 fr. 75 à 10 fr. 75.

Sur les 75,123 animaux d'espèce caprine, on peut compter 30,000 chèvres donnant 20,000 chevreaux. La production caprine peut se chiffrer ainsi : sur les 20,000 jeunes. 7,500 sont conservés pour le renouvellement du troupeau et 12,500 sont livrés à la consommation; soit, à 9 francs l'un, un produit de 112,500 francs.

Le produit en lait, lorsque celui-ci est transformé et vendu, représente au moins 70 francs par chèvre; mais dans les zones montagneuses, où la vente est rare ou impossible, on ne peut estimer le lait et ses dérivés qu'à leur faible prix de revient. En abaissant le rendement à 35 francs on se rapproche de la *réalité moyenne*.

Sur nos 30,000 chèvres, un quart environ sont renouvelées annuellement; la production des trois quarts ou 22,500 à 35 francs donne donc 787,500 francs.

Il faudrait ajouter la valeur des 7,500 livrées à la consommation, tout à fait locale, surtout consommées dans les campagnes, par les possesseurs pour la plus grande partie; défalcation faite des pertes diverses, cela représente environ 175,500 francs.

En résumé la production caprine peut être estimée à :

Chevreaux livrés à la consommation	112,500 francs.
Production laitière	787,500
Adultes consommés annuellement	175,500
Total	1,075,500

pour un cheptel estimé à 1,650,000 francs environ au minimum.

On peut ajouter à la valeur des chevreaux consommés, valeur estimée au poids vif, la valeur industrielle des peaux recherchées pour la ganterie — industrie grenobloise extrêmement importante — qui n'est pas inférieure à 12,500 × 3 = 37,500 francs.

ESPÈCE PORCINE.

L'effectif a été évalué en 1905 à :

Verrats	306 têtes.
Truies	8,296
Animaux à l'engrais de plus de 6 mois	50,478
Jeunes de moins de 6 mois	24,111
Total	83,191

Cette subdivision, un peu excessive, ne permet pas une grande précision, mais elle répond aux indications du questionnaire officiel.

Les statistiques antérieures à 1905 nous fournissent les renseignements suivants :

POPULATION PORCINE TOTALE.

	têtes.		têtes.
1860	51,747	1900[1]	60,078
1892	49,609	1901	66,563
1896	44,617	1902	70,399
1897	43,445	1904	82,595
1898	39,844	1905	83,191
1899	40,855		

Ces nombres montrent quelques oscillations, mais indiquent néanmoins une progression, qui s'est accrue brusquement en 1900, précisément à la date où le questionnaire a subi une modification d'après laquelle l'effectif a été classé en catégories.

[1] Époque où le questionnaire a prévu quatre catégories, mais à partir de 8 mois au lieu de 6.

Il est donc probable qu'antérieurement à 1900 on n'enregistrait pas les très jeunes animaux évalués depuis à :

	têtes.		têtes.
1901	25,467	1904	24,574
1902	27,421	1905	24,111

Cette interprétation semble d'autant plus logique que la culture de la pomme de terre, qui fournit l'aliment principal de l'espèce porcine, n'a pas suivi une progression aussi rapide et ne présente pas en 1900 le subit accroissement enregistré à l'actif de l'espèce porcine.

Les établissements laitiers ont contribué à augmenter la production porcine, le développement général de la production laitière aussi; enfin d'une manière générale on soigne mieux et l'on nourrit plus abondamment les animaux de toutes les espèces; les rendements sont donc certainement en accroissement.

Il n'y a pas de race caractérisée et le porc commun de robe ordinairement brune ou foncée fournit, quand il est bien nourri, une très bonne viande, mais ni par sa précocité, ni par sa conformation il ne peut être comparé aux races améliorées.

On a introduit quelques reproducteurs berckshires et surtout des reproducteurs craonnais. La Société d'élevage de Bourgoin notamment, et aussi l'asile de Saint-Robert pendant un certain temps, ont contribué à répandre la race craonnaise qui aujourd'hui, dans le bas Dauphiné surtout, tend à améliorer la race dite de pays.

Le consommation de la viande de porc est abondante, même et peut-être surtout en montagnes, où elle constitue la base de l'alimentation humaine.

Les 50,000 porcs à l'engrais ont un poids vif moyen d'au moins 90 kilogrammes. Leur valeur annuelle représente donc, à 90 francs les 100 kilogrammes de poids vif, une somme de 4,050,000 francs.

ANIMAUX ET PRODUITS DE BASSE-COUR.

On ne possède pas de documents précis permettant d'évaluer cette branche importante non seulement par la valeur commerciale de ses produits, mais encore par l'appoint qu'elle fournit à la consommation locale.

La statistique décennale de 1892 est la seule qui ait prévu un questionnaire à cet égard. Voici les résultats enregistrés :

DÉSIGNATION.	NOMBRE DE TÊTES.	VALEUR TOTALE.	PRIX MOYEN DE L'UNITÉ.
		francs.	fr. c.
Poules	905,730	1,659,000	1 70
Oies	6,560	29,490	4 50
Canards	29,657	62,044	2 10
Dindes	200,325	462,410	4 60
Pintades	4,552	11,380	2 50
Pigeons	32,900	29,610	0 90
Lapins	146,798	274,305	1 77

Il n'y a pas de races définies. Néanmoins il a été importé, dans le groupe poule domestique, des spécimens de la race de Houdan et l'on voit des traces de croisements un peu partout; les croisements de la race de Bresse sont nombreux également.

Il y a aussi des croisements assez nombreux issus de la race de Faverolles, quelques croisements de race andalouse et, depuis quelques années la race Orpington, variété jaune, tend à se répandre.

Les pondeuses sont conservées plusieurs années et le renouvellement de la population ne se fait guère que par quart ou par cinquième annuellement, au détriment de l'activité de la ponte, plus grande chez les jeunes que chez les vieilles. On commence à faire de l'incubation artificielle et à se préoccuper des pontes précoces qui produisent des œufs au moment de leur valeur maximum, résultat obtenu avec des incubations précoces.

Cet hiver les œufs frais valaient couramment 0 fr. 15 pièce, alors qu'ils ne dépassent pas 0 fr. 05 à 0 fr. 07 en été.

Le dindon est l'objet d'un élevage important dans le bas Dauphiné, surtout vers la région jurassique de Crémieu, qui est le centre de cette production. Il existe des foires où les dindons sont amenés en véritables troupeaux vers la fin de l'automne et au commencement de l'hiver, notamment en novembre et décembre.

Certains marchés sont approvisionnés par les apports directs des éleveurs, mais la plus grande partie des ventes sont faites à domicile à des négociants nomades appelés «coquetiers», qui achètent volailles, œufs et aussi les produits de laiterie et les conduisent ensuite aux marchés locaux du département ou des villes environnantes, Lyon surtout.

Il se fait des exportations, mais il y a aussi des importations. On reçoit des volailles de Bresse, des dindons d'Italie. Lyon, en revanche, prend des unes et des autres; Marseille aussi, mais beaucoup moins.

L'Isère compte 569,000 habitants, plusieurs villes importantes, Grenoble, Vienne, Voiron, Bourgoin, et des centres industriels, Vizille, Rives, Domène, Saint-Geoirs, Avessairs, qui sont des débouchés importants également.

Quelle est, en réalité, la valeur des produits annuels de la basse-cour?

Il ne paraît pas improbable d'admettre que la production des jeunes, des œufs, abstraction faite des exigences du renouvellement de la population, en tenant compte des adultes devenus disponibles par leur remplacement annuel, en tenant compte d'autre part des échecs et des pertes, représente au moins une valeur égale à celle du troupeau lui-même, c'est-à-dire 2,500,000 francs, les produits consommés par les producteurs ne devant évidemment pas être estimés aux prix du marché.

PISCICULTURE.

Le département de l'Isère, particulièrement dans la région alpine — zones intra-alpine et subalpine — est abondamment pourvu de rivières, torrents, ruisseaux et petits lacs dont les eaux vives et souvent froides sont admirablement adaptées à la production du poisson.

La petit lac de Paladru, dans une cuvette tertiaire du bas Dauphiné (canton de Virieu), les lacs de La Mure : Laffrey, Pierre-Chatel, sont poissonneux.

Les rivières et torrents : Romanche, Souloise, Bonne, Bourne, Furon, Guiers, fournissent abondamment des truites renommées.

La Gresse, l'Ebron, le Drac, l'Isère ont aussi une certaine valeur piscicole.

Il est impossible d'évaluer la production du poisson faute d'éléments de contrôle, mais le développement kilométrique et le cube des eaux fluentes permet d'affirmer qu'elle est considérable et qu'elle pourrait être accrue encore.

Un établissement produit des alevins à Réaumont; un autre a été fondé à Ornacieux, près de La Côte-Saint-André, sur un ruisseau à faible débit. Il produit abondamment et contribue à alimenter les distributions faites par l'intermédiaire de l'administration des forêts. Enfin à Vizille, qui possède d'abondantes eaux, très pures, il existe aussi un établissement de pisciculture.

Le laboratoire de zoologie de la Faculté des sciences de Grenoble fait de l'alevinage et contribue à guider les producteurs locaux, à stimuler l'action des sociétés de pêche et à aider puissamment le zèle très louable de l'administration forestière dans ses efforts d'empoissonnement de nos cours d'eau.

SÉRICICULTURE.

Le département de l'Isère est assez important au point de vue séricicole ainsi que le montre le tableau suivant :

ANNÉES.	COMMUNES.	ÉDUCATEURS.	COCONS PRODUITS.
			kilogrammes.
1898	265	8,772	284,910
1902	243	8,489	257,457
1903	231	7,554	204,125
1904	240	7,119	286,090
1905	237	7,846	273,684

En 1905, il a été payé aux éducateurs 164,210 francs de primes; les frais d'expertises ont été de 1,795 fr. 50 et les indemnités de pesage de 847 fr. 25. Ce qui fait un total de 166,852 fr. 75 pour une valeur de cocons de 273,684 × 2,90 = 793,683 francs.

L'éducation du ver à soie a perdu son importance ancienne. Mais du fait de la prime, du relèvement des cours et probablement aussi de la situation précaire de l'agriculture qui oblige à tirer parti de toutes les productions, la sériciculture tend à se relever depuis quelques années.

De 1898 à 1905, on constate les variations suivantes dans la production séricicole :

ANNÉES.	COMMUNES.	ÉDUCATEURS.	COCONS PRODUITS.
			kilogrammes.
1898	265	8,772	284,910
1899	262	9,262	287,845
1900	264	9,714	366,572
1901	266	9,368	348,154
1902	243	8,489	257,457
1903	231	7,554	204,125
1904	240	7,119	286,090
1905	237	7,846	273,684

En 1905, la répartition de la production a été la suivante, par arrondissement :

ARRONDISSEMENTS.	COMMUNES.	ÉDUCATEURS.	COCONS PRODUITS.
			kilogrammes.
Grenoble	50	1,930	82,196
Vienne	73	2,380	70,459
La Tour-du-Pin	58	1,322	38,329
Saint-Marcellin	56	2,214	82,700
Totaux	237	7,846	273,684

Le département compte 563 communes; dans presque la moitié on s'occupe donc de sériciculture.

Depuis quelques années on replante des mûriers; c'est l'indice certain d'une tendance à développer cette production autrefois prospère.

Au moment de la récolte, il existe dans le département un certain nombre de marchés locaux approvisionnés par les éducateurs de la région.

APICULTURE.

L'évaluation, moins exacte que la précédente, est de :

DÉSIGNATION.	1860.	1892.	1897.	1900.	1902.
Nombre de ruches	18,691	34,985	25,726	24,415	27,946
		kilogrammes.	kilogrammes.	kilogrammes.	kilogrammes.
Production en miel	....	165,985	118,431	123,946	123,814
Production en cire	....	45,627	34,175	34,278	29,429
		francs.	francs.	francs.	francs.
Valeur totale	....	321,697	213,280	259,976	259,000

L'apiculture tend à progresser, mais les documents recueillis par la statistique manquent de précision, car les chiffres recueillis semblent en désaccord avec la réalité, et la suppression de cette production dans les questionnaires, depuis 1902, ne permet plus de l'évaluer.

En 1902, on avait estimé son importance à :

Nombre de ruches	27,946
Miel produit	123,814 kilogr.
Cire produit	29,429 —
Valeur de la production	259,000 francs.

Le miel obtenu dans l'Isère, avec les ruches à cadres, est excellent et particulièrement estimé.

FOIRES ET MARCHÉS, COMMERCE.

Les principaux marchés du département sont :

Lundi. — La Mure, Vinay.

Mardi. — Grand-Lemps, Saint-Symphorien-d'Ozon, Grenoble.

Mercredi. — Beaurepaire, Crémieu, Voiron.

Jeudi. — Les Abrets, Allevard, Bourgoin, Corps, La Côte-Saint-André.

Vendredi. — Grenoble, Beaurepaire, Grand-Lemps, Saint-Symphorien-d'Ozon.

Samedi. — Grenoble, Saint-Marcellin, Bourg-d'Oisans, Mens, Tullins, Vienne.

Les principales foires sont :

Beaucroissant. — Le 14 septembre, trois jours.
Grande foire où sont amenés au moins 1,500 bovins et 800 chevaux, poulains, mules, mulets et muletons.
Il y vient des marchands espagnols qui achètent des mules légères et des maquignons du Midi qui achètent des vaches laitières.
A cette foire on trouve des animaux provenant de tous les points du département et même des départements limitrophes.

Bourgoin. — 2e jeudi de chaque mois.
Nombreux bétail de provenance locale et lyonnaise.
Les marchés du jeudi sont importants.

Beaurepaire. — Les lundis après le 24 juin, la Passion, l'Ascension, le 25 août et le 18 octobre.
Marchés et foires très fréquentés. Grands animaux et volailles. Céréales. Entrepôt de tabac.

Bourg-d'Oisans. — 9 et 23 avril, 22 septembre, 3 octobre, 4 novembre. Les deux plus importantes sont les 22 septembre et 4 octobre.
1,500 bovins, 2,000 ovins, 200 chevaux, ânes et muletons. Pouliches et poulains, 150 à 200 francs; muletons, de 250 à 390 francs; à 6 mois, les mulets de 500 à 750 francs. Nombreux caprins et porcins.
Poulains et muletons sont expédiés en Italie et dans le midi de la France. Dans le pays on fait naître poulains et muletons, mais ils sont vendus jeunes.

La Côte-Saint-André. — 7 janvier, lundi gras, lendemain de l'Ascension, 16 août, 24 septembre, 1er décembre.

Marchés et foires importants. Bétail, volailles, grains.

Autrans. — 20 juillet, 7 août, 20 septembre.
Bovins de la race du Villards-de-Lans.

Échirolles. — 17 mai, 4 septembre.

Eybens. — 1er août, 6 juin.

Les Avesnières. — 12 mai, lundi après le 29 juin et après le 29 août. Marchés importants et bonnes foires.

Goncelin. — Tous les samedis de mai, juin, novembre, décembre.

Marché aux cocons à la saison.

Deux foires très importantes les 10 et 24 août. 1,200 à 1,500 têtes de bétail. Vaches laitières, bœufs gras et de travail. Acheteurs du Midi et du département.

Grand-Lemps. — Trois foires : 19 mars, 3 mai, 24 juin, 27 août, 21 octobre, 6 décembre.

Bétail, moutons, porcs et volailles; dindes à la saison.

Grenoble. — 22 janvier, Rameaux, 16 août, 4 décembre.

Marchés d'animaux de boucherie (aux abattoirs) les mardis et vendredis. A ces marchés on compte 12 à 15 bœufs et vaches, 200 veaux, 400 moutons, 50 à 60 porcs.

Les foires sont approvisionnées d'un nombreux bétail et sont complétées de baraques foraines qui vendent au moins durant huit jours.

Méaudre. — 22 août, 26 septembre. Belles foires de bétail de Villard-de-Lans.

Crémieu. — Trois foires : 13 juin 7 novembre, 15 décembre.

Bétail varié et principaux marchés et foires aux dindons; centre de production. Marchés les mercredis.

Mens. — 1er mai, samedi après 15 août, 4 octobre et marchés le samedi.

Foires importantes de bœufs gras et de travail (croisements Villard-de-Lans) et de moutons. 700 à 800 bovins, et plusieurs milliers de moutons parfois. Agneaux gras estimés.

La Mure. — Marché varié tous les lundis avec bovins, moutons et porcs. Lundi de Pâques, dernier jeudi de juillet, lundi avant le 20 septembre, 2e lundi avant Noël.

Marchés et foires importants. Bétail bovin, moutons, porcs, veaux, animaux de boucherie, volailles, produits, céréales, fourrages.

Corps. — Marchés avec animaux tous les jeudis.

3 mai, 6 et 29 juin, 24 août, 27 septembre, 8 octobre et 8 novembre, jeudi avant Noël.

Clelles. — 23 avril, 20 mai, 9 et 23 octobre.

Moutons gras, bœufs gras et de travail (croisements Villard-de-Lans).

Saint-Marcellin. — 20 janvier, 8 mars, 1ers samedis d'avril et de juin, 2 mai, 1er juillet, 30 septembre, 8 octobre; dernier samedi de décembre.

Marchés le samedi.

Aux foires, beaucoup d'animaux : bovins, veaux, porcs, chèvres et chevreaux.

Aux marchés, abondance des fromages de chèvre dits *tommes de chèvre*. Grains et noyers greffés.

Tullins. — 1ers mardis de janvier, février, avril, mai, juillet, septembre, octobre, novembre. 12 mars, 15 juin, 11 août, 18 septembre, 13 décembre.

Marchés importants, foires moyennes. Produits de basses-cours et de chèvres.

Vinay. — 1er lundi de chaque mois, mardi après Pâques et Pentecôte, 26 mars, 25 août, 22 décembre.

Assez bonnes foires se rapprochant de celles de Tullins et Saint-Marcellin qui sont voisines.

Aux foires et marchés de Vinay, Tullins, Saint-Marcellin, apport considérable de noix de table à la saison, quoique les ventes principales soient traitées avec courtiers du pays et d'Amérique surtout.

Vizille. — 25 avril, 1er août, 29 octobre, 2e mardi après le 29 décembre. Foires moyennes.

Voiron. — Mercredi des Cendres et de la Mi-Carême, 11 novembre, outre les marchés du mercredi qui sont des marchés d'animaux.

Principal marché d'approvisionnement du département; il reçoit des animaux de l'Isère, de la Savoie, de Lyon-Vaise, de la Drôme. Les transactions principales se font surtout en vaches laitières : de pays, de Tarentaise, de Suisse, et également en animaux de boucherie pour les villes de l'Isère, y compris Grenoble, qui a cependant un marché, et pour la troupe.

Après le marché, il est souvent expédié 20 à 25 wagons d'animaux.

Il y a donc des vaches laitières, des bêtes de boucherie, des veaux, mais peu de moutons et peu de porcs.

Pontcharra. — 2e jeudi d'avril, 13 mai, 11 novembre.

La foire la plus importante est le 2e jeudi d'avril; elle reçoit environ 600 têtes de gros bétail : bœufs de travail et vaches laitières; moutons, chevreaux, porcs.

Apports importants de la Savoie.

Villard-de-Lans. — 19 avril, 15 mai, 9 juin, 1er juillet, 3 août, 11 septembre.

Bonnes foires d'animaux de la race de ce nom.

Pont-de-Beauvoisin. — Lundi de la Pentecôte, lundi après le 11 novembre.

Foires moyennes.

Ces foires ne sont pas les seules; il y en a d'ailleurs aujourd'hui beaucoup trop et le commerce agricole est moins leur objectif que celui des débitants et négociants urbains. Néanmoins les foires précédemment indiquées sont les principales.

JURA.

D'après la statistique de 1905, les différentes espèces animales étaient représentées de la façon suivante dans le Jura :

Espèce chevaline.	Animaux au-dessous de 3 ans	2,203	13,945
	Animaux de 3 ans et au-dessus	11,742	
Espèce mulassière			132
Espèce asine			432
Espèce bovine.	Taureaux	3,955	173,083
	Bœufs	29,269	
	Vaches	80,528	
	Élèves d'un an et au-dessus	32,333	
	Élèves de moins d'un an	26,998	

Espèce ovine.	Béliers au-dessus d'un an		1,069	20,242
	Brebis au-dessus d'un an		8,570	
	Moutons au-dessus d'un an		3,563	
	Agneaux et agnelles de moins d'un an		7,040	
Espèce porcine.	Reproducteurs	Verrats	71	50,037
		Truies	5,730	
	Animaux à l'engrais de plus de 6 mois		20,217	
	Porcs de moins de 6 mois		24,019	
Espèce caprine (adultes et jeunes)				3,102

ESPÈCE CHEVALINE.

L'élevage du cheval est très limité dans le Jura. Il n'y a que dans le canton de Chemin, où les travaux agricoles s'effectuent en grande partie avec les chevaux, que l'on élève des animaux de trait et quelques demi-sang. Malheureusement la rareté des prairies naturelles dans cette région fait que l'élevage a lieu le plus souvent à l'écurie, c'est-à-dire dans des conditions peu favorables. Partout ailleurs dans le département, il n'y a que quelques poulinières isolées.

Les principales foires pour les chevaux sont celles de Dole et de Lons-le-Saunier.

Quant à la valeur des chevaux, si nous prenons comme base, pour les animaux de plus d'un an, le chiffre de 530 francs qui est la valeur moyenne par tête des animaux assurés aux mutuelles-bétail, cela correspond à un capital d'environ 6,890,000 francs (13,000 têtes à 530 fr.) auxquels il faut ajouter la valeur de 945 animaux de moins d'un an, à 200 francs l'un, soit 189,000 francs, au total 7,079,000 francs.

ESPÈCE MULASSIÈRE.

L'élevage du mulet est localisé dans quelques communes des cantons d'Orgelet, Clairvaux, Arinthod, Beaufort et Saint-Julien. Les jeunes animaux sont ordinairement vendus à l'âge de 6 à 8 mois, c'est-à-dire en septembre et octobre, aux foires de Chambéria, Pont-de-Poitte, Montfleur et Montmorot, pour être exportés dans l'Isère, la Drôme et la Savoie; très peu restent dans le Jura. Les prix de vente varient généralement de 300 à 500 francs par tête pour les mules et de 200 à 250 francs pour les mulets, et le nombre des animaux vendus annuellement est d'environ 250 à 300.

ESPÈCE BOVINE.

L'élevage des bovidés est une des principales ressources des cultivateurs jurassiens, aussi les foires, quoique nombreuses, sont très suivies. Les principales sont celles de Lons-le-Saunier (où il arrive parfois 1,600 à 1,800 têtes de gros bétail), Poligny, Arbois, Salins, Dole, Champagnole, Orgelet, Clairvaux, Sellières, Bletterans, Mont-sous-Vaudrey, Saint-Amour, Saint-Laurent, Saint-Claude, Nozeroy... Dans la montagne ce sont les foires d'automne (septembre et octobre) qui sont de beaucoup les plus importantes, tandis que, dans la plaine, les approvisionnements sont plus réguliers.

Aux foires du Jura, on trouve :

1° Des vaches laitières qui sont exportées dans la région lyonnaise et dans le midi de la France;

2° Des animaux de boucherie que l'on expédie à Lyon et surtout dans les villes du Nord-Est (Besançon, Belfort, Epinal, Nancy, Toul) et en Suisse;

3° Des bœufs de travail qui sont vendus pour la région du Nord-Est où ils sont engraissés tout de suite ou après avoir travaillé.

Le total des exportations de bovidés par voie ferrée en dehors du Jura, déduction faite des importations, s'élève annuellement à 8,500 têtes environ.

Quant à la valeur totale des bovidés existant dans le Jura, elle peut être évaluée de la façon suivante, en prenant comme base les estimations faites pour les 186 sociétés d'assurances mutuelles contre la mortalité du bétail :

Animaux adultes et élèves de plus d'un an au 1er novembre 1905 (146,085 têtes, à 250 francs l'une)	36,521,250 francs.
Animaux de moins d'un an au 1er novembre 1905 (26,998 têtes, à 120 francs l'une)	3,239,760
TOTAL	39,761,010

Si l'on estime que le renouvellement des bovidés se fait en moyenne tous les 8 ans dans le Jura, cela représente donc une production annuelle d'environ 5 millions de francs, auxquels nous devons ajouter la valeur du lait et de ses dérivés et celle des veaux livrés à la boucherie.

En ce qui concerne ces derniers, on peut compter que les 80,500 vaches donnent environ 70,000 veaux, dont 27,000 à 28,000 sont élevés. On livre donc approximativement 42,000 veaux annuellement à la boucherie au prix moyen de 50 francs l'un, soit un produit de 2,100,000 francs.

Quant à la production du lait et de ses dérivés (beurre, fromages divers), l'enquête sur l'industrie laitière faite en 1903, a montré que la valeur totale des produits de 551 établissements, alimentés par 57,132 vaches, se répartissait ainsi :

Beurre (1,200,000 kilogr. à 2 fr. 40 le kilogr.)	2,880,000 francs.
Gruyère (6,537,643 kilogr. à 112 fr. 75 les 100 kilogr.)	7,371,449
Fromage bleu (441,161 kilogr. à 137 francs les 100 kilogr.)	605,042
Fromages divers (156,900 kilogr.)	174,476
TOTAL	11,030,967

soit par vache une production moyenne en argent de 193 francs, et de 200 francs si l'on tient compte de la consommation du lait dans la famille.

Toutefois il convient de remarquer qu'en 1905 ce chiffre de production a été sensiblement dépassé, car le prix moyen du gruyère a été de 150 francs les 100 kilogrammes au lieu de 112 fr. 75 en 1903.

A ce produit fourni par 57,132 vaches, nous devons ajouter celui des 23,000 vaches dont le lait est vendu directement dans les villes ou employé dans les fermes (surtout dans l'arrondissement de Dole) pour la fabrication du beurre ou des fromages à pâte molle. En évaluant ces produits à 150 francs seulement par tête, c'est donc encore une somme de 3,450,000 francs à ajouter à la production laitière.

RÉCAPITULATION DU PRODUIT ANNUEL DES BOVIDÉS DANS LE JURA.

1° *Valeur des animaux vendus annuellement.*

Animaux de plus d'un an		5,000,000 francs.
Veaux de boucherie		2,100,000

2° *Valeur du lait et de ses dérivés.*

57,000 vaches à 200 francs de produit par tête	11,400,000	14,850,000
23,000 vaches à 150 francs	3,450,000	
Total du produit annuel des bovidés		21,950,000

L'importance d'une telle production justifie bien tous les sacrifices qui sont faits par l'État et le département (subventions aux sociétés agricoles) en vue d'améliorer la population bovine du Jura. C'est pour coordonner les efforts des éleveurs et des comices agricoles locaux que le conseil général a provoqué la création de la «Société pour l'amélioration de l'espèce bovine» qui rend de si grands services.

Mais si l'on appliquait aux taureaux le régime qui est appliqué aux étalons pour l'espèce chevaline (taureaux approuvés et taureaux autorisés par une commission cantonale, par exemple), les progrès seraient encore bien plus rapides, car cela permettrait d'éliminer bon nombre de taureaux médiocres qui causent de graves préjudices à l'élevage.

ESPÈCE OVINE.

L'élevage du mouton se fait surtout dans le sud de l'arrondissement de Lons-le-Saunier, sur le premier plateau, dans les cantons de Conliège, Beaufort, Saint-Amour, Saint-Julien, Arinthod et Orgelet. Toutefois les grands troupeaux sont rares; ce sont plutôt de petits cultivateurs qui entretiennent ces animaux.

Les principales foires à moutons — toujours peu importantes — sont celles d'Orgelet, Arinthod, Cressia et Saint-Amour.

La valeur totale des moutons existant dans le Jura est d'environ 500,000 francs, et chaque année on importe de 5,000 à 8,000 moutons des départements voisins.

ESPÈCE PORCINE.

L'élevage et l'engraissement des porcs constituent une des principales ressources dans la plaine, particulièrement dans les cantons de Chaumergy, Bletterans, Chaussin, Sellières et Chemin. Les foires les plus importantes pour ces animaux sont celles de Lons-le-Saunier, Bletterans, Sellières, Chaumergy, Chaussin, Poligny, Arbois, Beaufort, Cousance et Saint-Amour, tant pour les porcelets que pour les porcs gras.

Le nombre des animaux exportés en dehors du Jura par voie ferrée, déduction des importations, a été d'environ 7,000 têtes en 1902.

La valeur totale des animaux de l'espèce porcine pouvait être établie de la façon suivante au 1er novembre 1905 :

26,000 porcs de plus de 6 mois, à 80 francs l'un................	2,080,000 francs.
24,000 porcs de moins de 6 mois, à 50 francs l'un..............	1,200,000
VALEUR TOTALE des animaux de l'espèce porcine......	3,280,000

ANIMAUX ET PRODUITS DE BASSE-COUR.

La production des volailles a lieu dans toutes les exploitations, mais c'est surtout en Bresse, dans les cantons de Chaussin, Chaumergy, Bletterans et Beaufort qu'elle atteint une certaine importance. Elle tend même à s'étendre à mesure que les prix des œufs et des volailles augmentent. Les principaux marchés pour la vente des poulets sont Bletterans, Sellières, Saint-Amour et Cousance, mais la plupart de ces animaux, ainsi que les œufs, sont achetés par des coquetiers ou marchands de volailles qui passent dans les fermes.

LANDES.

Les spéculations auxquelles donnent lieu, dans les Landes, les diverses espèces d'animaux domestiques sont nombreuses, variées et importantes.

A ce point de vue spécial, on peut diviser le département en deux grandes régions. La première comprenant la Chalosse, l'Armagnac, une partie du Marensin, c'est-à-dire les terres aptes à une abondante production fourragère; c'est là que les spéculations animales acquièrent le plus d'intensité et donnent lieu aux transactions les plus actives. La seconde, formée des grandes et petites Landes, de la majeure partie du Marensin et du pays de Born, est plus pauvre en denrées fourragères et ne peut entretenir que certaines espèces animales qui, bien appropriées à ses besoins et à ses ressources, rendent à ses habitants d'immenses services.

ESPÈCE CHEVALINE.

L'espèce chevaline est représentée dans les Landes par environ 18,000 animaux adultes, qui appartiennent à des types divers.

La production du petit cheval landais, endurant et rustique, se restreint de jour en jour : on ne le retrouve plus guère à l'état de pureté ou à peu près que sur le littoral, dans les bartes de Saubusse et Rivière, de Thétieu, de Pontoux et sur quelques points du canton de Saint-Vincent.

Par contre, l'élevage du cheval de service courant a pris une réelle importance dans divers cantons et notamment dans ceux de Villeneuve-de-Marsan, Saint-Martin-de-Seignaux, Peyrehorade, Saint-Vincent-de-Tyrosse, Mont-de-Marsan, Saint-Sever, Hagestmau, Aire, Dax et Labrit.

Une alimentation plus complète, des soins mieux compris, la présence d'étalons de l'État ou approuvés, permettent d'obtenir des animaux aptes au service de la cavalerie légère, pour lequel ils sont très estimés. Ces chevaux sont principalement des demi-sang arabe et anglo-arabe; on produit aussi quelques pur-sang anglo-arabe.

L'élevage du cheval se pratique généralement de compte à demi, par le propriétaire et son colon; parfois le colon reçoit d'un tiers à moitié fruits, les animaux qu'il va entretenir, c'est le prêt en gazaille.

Les poulains élevés dans les Landes sont vendus à 6, 18 ou 30 mois.

La remonte achète des demi-sang de 3 ans 1/2 à 8 ans, des pur-sang anglais de 2 ans 1/2 et des anglo-arabes de 3 ans.

Les animaux présentés à la remonte et non acceptés subissent une dépréciation qui varie de 30 à 50 p. 100.

Le département fournit annuellement environ 250 à 300 chevaux à la remonte, à des prix variant de 850 à 1,100 francs.

Les foires aux chevaux les plus importantes se tiennent dans les localités ci-dessous: *Saint-Justin :* juillet et août; *Labouheyre :* juin et septembre; *Saint-Sever :* par quinzaine; *Villeneuve-de-Marsan :* juin et septembre; *Biarrotte :* décembre; *Saint-Geours-de-Maremne :* mai; *Souprosse :* mai; *Peyrehorade :* août; *Mont-de-Marsan :* mai et novembre; *Dax :* mai et novembre; *Pontonx :* septembre.

La foire de Biarrotte est spéciale pour les jeunes animaux et celle de Pontonx pour les chevaux du pays.

En dehors des foires, de nombreuses affaires se concluent à l'écurie du vendeur où se rendent les marchands, ou encore par l'intermédiaire des vétérinaires du pays.

Le cheval est surtout considéré par le cultivateur landais comme un animal de spéculation, qu'il le fasse naître ou qu'il le fasse grandir; il l'emploie à ses déplacements, à ses voyages, mais ne l'utilise que fort peu pour les travaux de sa culture qui, suivant les régions, incombent au bœuf ou à la mule.

ESPÈCE MULASSIÈRE.

La mule est le moteur par excellence de toute la région sableuse; vigoureuse, énergique, endurante, rebelle à la maladie, sobre, elle rend à la propriété forestière des services inappréciables; c'est elle qui transporte les gemmes, les bois, les vins et autres produits, dans des chemins extrêmement difficiles, et cela sans jamais se rebuter. Il n'est donc pas surprenant que le muletier aime son attelage et en ait le plus grand soin.

Les mules employées dans les Landes proviennent pour le plus grand nombre des Hautes et des Basses-Pyrénées où elles sont achetées à 6 et surtout 18 mois. Beaucoup sont données en *gazaille* par de gros marchands, nombreux et bien connus dans le pays, notamment à Mont-de-Marsan et Castets, aux colons qui les élèveront jusqu'au moment de la vente, époque à laquelle de jeunes bêtes remplaceront les anciennes. Vers 18 mois les mules commencent à travailler; on les conserve ordinairement jusqu'à 3 ans, âge auquel elles sont vendues presque toujours à des Espagnols qui les emmènent dans leur pays, en passant par les cols des Pyrénées.

Les jeunes bêtes de 6 mois valent de 250 à 300 francs, celles de 18 mois, de 450 à 500 francs; les mules de 3 ans se vendent de 1,000 à 1,600 francs et parfois bien plus par paire.

Les foires où le commerce de ces animaux est le plus actif, sont celles de :

Labouheyre : juin et septembre; *Mont-de-Marsan :* mai et novembre; *Saint-Justin :* juillet et août; *Villeneuve-de-Marsan :* juin et septembre; *Tartas :* novembre; *Campagne :* mai.

Il se traite aussi beaucoup d'affaires au domicile des marchands du pays, qui sont nombreux et ont une clientèle importante.

ESPÈCE ASINE.

L'espèce asine compte dans le département environ 5,000 animaux de tout âge, tant mâles que femelles. La rusticité, la sobriété, l'endurance de l'âne en font un auxiliaire précieux pour nombre de petits cultivateurs et de petits commerçants, qui ne peuvent économiquement entretenir un moteur plus exigeant; en outre l'ânesse donne un produit qui vient en défalcation des dépenses faites pour elle.

Les ventes de ces animaux se traitent souvent au domicile du vendeur; néanmoins certaines foires sont assez généralement bien approvisionnées en bêtes de cette espèce et sont l'occasion de transactions d'une certaine importance.

Les plus réputées sont celles de :

Souprosse : avril et novembre; *Benquet* : novembre; *Campagne* : mai; *Mont-de-Marsan* : mai et novembre; *Tartas* : novembre.

ESPÈCE BOVINE.

La population bovine entretenue sur le territoire du département peut être évaluée à environ 120,000 têtes se répartissant ainsi :

	têtes.		têtes.
Taureaux	550	Vaches	54,000
Bœufs	41,000	Élèves	24,450

Ces animaux appartiennent à plusieurs races qui ont chacune leur région assez bien délimitée. Une seule de ces races est indigène, la race marine: elle se rencontre sur le littoral principalement, mais aussi dans les Landes et l'Armagnac; on en trouve quelques traces dans certains cantons de la Chalosse. C'est une race vaillante, agile, apte surtout au travail; autrefois elle fournissait exclusivement le bétail de course, aujourd'hui les vaches de course sont importées d'Espagne. La race marine pourrait être améliorée par sélection ou encore par croisement avec la race bazadaise.

La race bazadaise peuple le nord du département, les Landes et l'Armagnac, quelquefois à l'état pur, mais plus souvent à l'état de croisements divers. Jusqu'ici elle était restée cantonnée sur la rive droite de l'Adour; aujourd'hui elle a franchi ce fleuve et gagne du terrain dans les cantons d'Aire et Saint-Sever.

La race pyrénéenne occupe à peu près seule les cantons landais, situés sur la rive gauche de l'Adour, ainsi que ceux de Dax, Saint-Vincent-de-Tyrosse et Saint-Martin-de-Seignaux : elle est connue sous les dénominations de race béarnaise, basquaise, de Haget, d'Urt; les animaux dits d'*Urt*, de robe plus claire, plus élancés, semblent provenir d'un ancien croisement de pyrénéen avec le lourdais; le cornage des bêtes de cette variété paraît justifier cette origine.

La race pyrénéenne est travailleuse et apte à la production d'une viande de bonne qualité, recherchée par la boucherie; la race d'Urt possède les mêmes aptitudes, mais passe pour être plus délicate, un peu lymphatique, la boucherie reproche à sa viande d'être légère.

Il se trouve quelques sujets de la race gasconne dite *auréolée* dans une portion du canton de Gabarret, mais en très petit nombre.

Le lait de tout le département est à peu près exclusivement fourni par des vaches bretonnes pie-noire ou pie-rouge, importées du Morbihan à l'état de vaches ou de génisses de 8 à 15 mois; ces importations de bretonnes dans les Landes se font depuis fort longtemps.

Quelle que soit la race à laquelle ils appartiennent, les animaux de l'espèce bovine qui peuplent les étables des exploitations landaises sont loin d'être parfaits; ils manquent d'uniformité dans chaque race, ils ne sont pas développés comme ils pourraient l'être; cela tient surtout à l'infériorité des reproducteurs utilisés, tant mâles que femelles. Frappé de cet état de choses, le conseil général a décidé, dans sa session d'août 1905, la mise en œuvre d'une organisation destinée à améliorer l'espèce bovine du département.

Cette organisation, qui a commencé à fonctionner en 1906, consiste à acheter des reproducteurs mâles, de race pure, de conformation aussi parfaite que possible et à les revendre aux enchères publiques aux éleveurs de chaque canton; ces taureaux, dits *départementaux*, doivent appartenir aux deux races les plus répandues, pyrénéenne et bazadaise. Ils sont soumis au contrôle du vétérinaire et du professeur départemental. Il y a tout lieu d'espérer que cette méthode donnera à bref délai des résultats très appréciables.

Les spéculations auxquelles se livre le cultivateur landais varient quelque peu de région à région; ici l'on fait naître, ailleurs on fait croître, là on engraisse.

Les cantons qui fournissent le plus de jeunes animaux sont ceux de l'arrondissement de Saint-Sever, plusieurs de celui de Dax et ceux de Gabarret et Villeneuve, de l'arrondissement de Mont-de-Marsan.

Les veaux qui ne doivent pas être conservés sont livrés à la boucherie entre 6 semaines et 2 mois; ils sont assez estimés, surtout ceux du sud du département. Les bouchers locaux prélèvent leur approvisionnement, pendant que leurs confrères des villes voisines ou leurs commissionnaires font des achats souvent importants. Ces veaux sont expédiés à Bayonne, Biarritz, Pau, Toulouse, Arcachon, Bordeaux.

Les marchés aux veaux les mieux fournis et les plus suivis sont ceux de :

Dax : tous les samedis; *Saint-Sever :* tous les samedis; *Peyrehorade :* tous les mercredis; *Villeneuve :* tous les mercredis; *Montfort :* tous les mercredis; *Habas :* tous les vendredis; *Amou* et *Pomarey :* alternativement par quinzaine, le lundi; *Geaune :* le jeudi.

Beaucoup d'affaires se traitent au domicile du vendeur, où le boucher voisin prend livraison de ses achats.

Les animaux d'élevage sont l'objet d'un commerce actif; il est rare qu'une bête achève sa carrière dans l'exploitation où elle est née; presque toujours les jeunes animaux, mis par paire, sont l'objet de ventes et reventes successives.

Le métayer landais, comme celui des autres pays à colonage, est grand amateur de foires; ces échanges répétés de bétail constituent un prétexte pour fréquenter assidûment les marchés.

L'acheteur d'une paire de jeunes bêtes les soigne de son mieux, les fait profiter et lorsqu'il croit l'occasion favorable, il les revend dans l'espoir de réaliser quelque bénéfice. Après avoir procuré un certain profit à divers vendeurs, l'animal arrive à l'âge de la réforme et est mis à l'engrais.

C'est ordinairement vers 5 à 6 ans, 7 ans au plus que le bœuf est engraissé; l'opération dure de 4 à 6 mois. Ces animaux sont encore très fréquemment soumis à l'embuccage, méthode d'alimentation qui consiste à introduire à la main, dans la bouche de l'animal, une poignée d'aliments quelconques enveloppés d'une feuille de chou, de maïs, destinée à la rendre plus appétissante; ce système, qui a ses avantages et ses inconvénients, paraît tomber en désuétude; on l'emploie quelquefois encore pour les jeunes animaux.

Les bœufs gras, dans les Landes, pèsent généralement de 500 à 600 kilogrammes, ils fournissent une viande dont la qualité est appréciée.

Les bœufs bazadais pèsent assez fréquemment un peu plus que les bœufs d'Urt.

La vente de ces animaux se fait généralement sur les champs de foire.

Les places les plus importantes sont celles de :

Dax : samedi (la foire qui a lieu avant le mardi gras est très importante); *Saint-Sever :* Saint-Martin, et le samedi par quinzaine; *Peyrehorade :* dernier mercredi de mai et d'octobre; *Habas :* Saint-Martin; *Villeneuve :* mercredis des Cendres, avant Pâques, avant la Noël, *Montfort :* mercredi (par quinzaine); *Amou :* novembre; *Aire :* février, le mardi; *Hagetman :* mercredi; *Saint-Vincent-de-Tyronne:* vendredi; *Saint-Geours-de-Marenne :* 1er lundi de novembre, 3e lundi de janvier.

Les bouchers, les marchands, vont assez fréquemment acheter à l'écurie, chez les personnes avec lesquelles ils sont en relations d'affaires.

Le bétail de boucherie des Landes est en partie absorbé par la consommation locale, le surplus est exporté sur Bayonne, Biarritz, Pau, Toulouse, Arcachon, Bordeaux et Nîmes.

Les vaches de toutes races, épuisées par des vêlages plus ou moins nombreux, sont vendues telles quelles ou bien consommées dans le pays, à l'occasion d'une fête, d'un mariage, etc.

Les champs de foire les mieux pourvus en bétail de travail, bœufs ou vaches, sont ceux de :

Aire : février, mai, juillet, septembre, novembre et décembre; *Amou :* mars, juin, septembre et novembre; *Dax :* tous les samedis; *Geanne :* les jeudis par quinzaine; *Habas :* juin et novembre, les vendredis; *Hagetmon :* les mercredis; *Labouheyre :* septembre et décembre; *Mont-de-Marsan :* mai et novembre; *Saint-Geoure-de-Marenne :* janvier et novembre; *Saint-Justin :* 24 juillet, 19 août; *Saint-Martin-de-Huix :* août; *Saint-Sever :* les samedis; *Villeneuve :* les mercredis (2e mercredi de septembre); *Mugron :* les jeudis (2e jeudi de mars).

Lait, beurre, fromage. — Quoique le lait et ses dérivés n'entrent pas pour une grande part dans l'alimentation de la population landaise, il n'en existe pas moins dans le département un grand nombre de vaches laitières appartenant presque toutes à la race bretonne. Ces vaches de 2 à 3 ans ou ces génisses de 8 à 15 mois sont importées par des commerçants du pays qui vont acheter à Vannes, Quimper, Quimperlé, Guingamp, etc., et expédient à Dax et Saint-Vincent-de-Tyrosse; c'est là que les convois sont débarqués, pour être ensuite conduits à destination par terre. Il existe des dépôts de bretonnes à Dax, Saint-Vincent, Soustons, etc.

Ces petites bêtes utilisent au mieux les pâturages, parfois maigres, mis à leur disposition ainsi que tous les débris de légumes qu'on leur donne; elles produisent une quantité de lait très variable; le rendement journalier varie de deux à cinq litres. Ce lait est consommé surtout par la population des villes; il est vendu de 0 fr. 10 à 0 fr. 20 le litre suivant les localités et les saisons. Il existe quelques établissements d'industrie laitière, mais ils sont d'importance restreinte.

Les beurreries sont au nombre de cinq; elles sont installées à Mouscardès, près Habas, à Souprosse, à Saint-Sever, à Arsague, près Amou. Les beurres produits sont en partie consommés sur place, en partie expédiés à Biarritz, Salies-de-Béarn, à Pau, un peu à Tarbes et Arcachon pendant la belle saison; en hiver les expéditions s'effectuent vers Paris et l'Espagne. Ces beurres sont d'assez bonne qualité.

Les fromageries actuellement en activité sont celles de :

Saint-Sever (façon port-salut); *Goos* (même fabrication, mais moins importante); *Ousse-Suzan* et *Saint-Avit* (façon brie, de bonne qualité); *Poustagnacq*, près Dax (façon camembert, seulement séché).

Ces établissements écoulent facilement leur fabrication soit dans le pays, soit à Bayonne et Arcachon.

Dans le voisinage de quelques petites villes, Mugron, Peyrehorade, Amou, etc., les ménagères font un peu de beurre et de fromage frais avec le lait qui n'a pu être vendu en nature : ces produits, de minime importance, sont généralement de qualité médiocre. Le prix des beurres des Landes varie de 1 fr. 70 à 3 francs le kilogramme suivant la saison ; les fromages se vendent en moyenne de 1 fr. 50 à 1 fr. 80 le kilogramme.

ESPÈCE OVINE.

Les moutons sont nombreux dans la région forestière du département : on les rencontre là en troupeaux dont l'importance est fort variable et peut aller de 40 à 300 têtes. La race entretenue dans cette région est la race landaise, de petite taille et de qualité médiocre. Il se trouve aussi quelques animaux provenant de croisements avec la race des Pyrénées.

Ces troupeaux sont en général exploités à moitié fruits par le propriétaire et son métayer, avec estimation à l'entrée et à la sortie.

Les agneaux sont en majeure partie consommés ou vendus; il n'en est pas élevé beaucoup plus du quart pour la remonte du troupeau; les animaux sont livrés à la boucherie entre six et huit semaines et consommés partie dans le département, partie à Arcachon et à Bordeaux.

La laine des bêtes ovines de la lande est grossière; elle est utilisée pour la fabrication de vêtements tricotés par les bergers et pour la confection de matelas.

Le poids des toisons est faible et dépasse rarement un kilogramme.

Le prix de la laine qui depuis longtemps était très peu élevé, a récemment subi une hausse considérable.

Le mouton landais, qui est rarement engraissé complètement, atteint le poids de 25 à 35 kilogrammes, pour un rendement en viande d'environ 50 p. 100 : la chair est de qualité ordinaire.

Dans la lande, le commerce des bêtes à laine est à peu près exclusivement entre les mains d'un certain nombre de marchands qui vont sur place procéder à leurs achats et à leurs ventes.

Les laines sont vendues presque toujours sur échantillons aux foires de Luxey et surtout de Labouheyre, à des commissionnaires ou à des commerçants en gros, qui expédient ensuite à destination.

Les foires spéciales pour les bêtes à laine de la lande, c'est-à-dire de l'arrondissement de Mont-de-Marsan, sont tenues à :

Losse : le 25 mai et le 2 septembre; *Lugaut :* le 15 mai; *Luxey :* le dernier lundi de mai; *Arengosse :* le dernier dimanche de mai.

Ces réunions sont de peu d'importance.

Les arrondissements de Dax et de Saint-Sever entretiennent quelques troupeaux, moins nombreux que ceux de la lande, mais composés de bêtes plus développées et de meilleure qualité; ces animaux, dont le nombre est relativement très faible, fournissent des bêtes de boucherie qui sont vendues, par lots peu importants ou même par tête, sur les marchés hebdomadaires du pays. D'une manière générale, la boucherie locale ne trouve pas à s'approvisionner en moutons sur place : elle va fréquemment acheter dans les Basses-Pyrénées et les Hautes-Pyrénées.

Le nombre des bêtes à laine, qui est encore très élevé, tend néanmoins à diminuer par suite de l'extension des plantations de pins, qui ne laissent plus de parcours aux troupeaux : plusieurs propriétaires ont remplacé dans leurs exploitations les moutons par des vaches, qui rapportent plus et commettent moins de dégâts dans les jeunes peuplements.

Les bêtes à laine sont encore au nombre de 264,000 dans le département, dont 174,000 pour le seul arrondissement de Mont-de-Marsan.

Pendant la période hivernale, il descend des Pyrénées dans les Landes quelques troupeaux de brebis qui remontent à la belle saison : ces animaux sont habituellement logés et ont la faculté de pâturer sur les parcours de la métairie, moyennant une certaine redevance en argent ou en agneaux. Les bergers de ces troupeaux vendent leurs agneaux et fabriquent du fromage frais et du beurre de brebis qu'ils écoulent dans les localités voisines. Ces troupeaux étaient autrefois beaucoup plus nombreux qu'ils ne sont aujourd'hui.

ESPÈCE CAPRINE.

La chèvre qui anciennement était très répandue dans la lande, a presque complètement disparu en raison des ravages qu'elle occasionne dans les semis et les plantations de pins; l'extension que prend chaque jour la forêt amènera fatalement la disparition complète des troupeaux de chèvres dans les Landes.

Les troupeaux encore existants donnent un certain nombre de chevreaux et un peu de lait qui, dans le voisinage des villes ou des agglomérations, est transformé en fromage frais, dont la vente est facile.

ESPÈCE PORCINE.

Les spéculations porcines ont dans les Landes une très grande importance : la chair, le lard, la graisse du porc sont, en effet, la base de toutes les préparations culinaires de la population ouvrière des Landes, aussi bien à la ville qu'à la campagne. Chaque famille engraisse ou achète un cochon, qui constituera la provision de l'année. Aussi la population porcine est très importante dans les Landes. On compte environ 56,000 bêtes à l'engrais et 37,000 jeunes de plus de six mois : par contre il existe fort peu de truies (un peu moins de 4,000). Les cantons qui entretiennent le plus grand nombre de truies sont ceux de Dax, de Montfort, de Peyrehorade, de Saint-Martin-de-Seignaux.

Les jeunes porcs élevés dans les Landes ne sont produits que pour une faible part par les éleveurs du pays : ils sont importés des Hautes-Pyrénées, du Gers, du Lot-et-Garonne et de la Dordogne par des marchands qui les vendent dans les foires aux cultivateurs. Une partie des porcelets nés dans le département est engraissée sur place; les autres sont vendus sur les marchés voisins, à Bayonne notamment. Il existe à Dax une habitude assez singulière : les porcelets sont vendus au moment de leur naissance; les personnes qui les achètent les donnent à nourrir à des chiennes qui s'acquittent consciencieusement de cette mission : cela permet à des familles d'ouvriers de se préparer un porc pour l'année suivante.

Dans la Chalosse les cultivateurs élèvent et engraissent des porcs non seulement pour leur consommation, mais aussi pour la vente; dans la lande, au contraire, le colon engraisse seulement un porc pour la consommation familiale.

Les porcs gras des Landes, souvent de très belle qualité, sont vendus sur certaines foires, dont les plus importantes sont celles de :

Cazères : par quinzaine, le lundi; *Amou :* par quinzaine, le lundi; *Dax :* le samedi; *Grenade :* par quinzaine, le lundi; *Saint-Sever :* par quinzaine, le samedi; *Villeneuve :* par quinzaine, le mercredi; *Mont-de-Marsan :* le troisième mardi du mois; *Aire :* les mardis; *Mugron :* les jeudis; *Peyrehorade :* les mercredis; *Saint-Geours :* novembre et janvier ; *Saint-Vincent :* le vendredi; *Pomarez :* par quinzaine, le lundi; *Montfort :* par quinzaine, le mercredi.

On trouve en outre, dans ces mêmes foires et marchés, à s'approvisionner de jeunes porcs de tout âge.

Les prix des porcs gras, comme ceux des porcs d'élève varient avec l'année, les qualités et la saison.

Il arrive assez fréquemment que des cultivateurs vendent une partie de leur porc de ménage : ce sont généralement les jambons qui sont ainsi cédés à des charcutiers de campagne moyennant un prix assez rémunérateur.

Le département, et particulièrement la Chalosse, exporte des jambons en quantité importante à Bayonne. De plus il est expédié en Espagne de la graisse et aussi des jambons pour des sommes assez élevées.

ANIMAUX ET PRODUITS DE BASSE-COUR.

La production des divers oiseaux de basse-cour est, dans ce pays, une source de revenus considérables. Il n'est pas rare de voir une ménagère entendue retirer de sa basse-cour plusieurs centaines de francs, sur une métairie d'une dizaine d'hectares.

Les poulets et les œufs donnent lieu à des transactions très importantes.

Le canard mulet, issu de la cane commune ou mieux de la cane de Rouen et du canard musqué, fournit les foies gras, si estimés des gourmets.

L'oie donne des foies gras, une grande quantité de graisse très fine, et ses membres, comme ceux du canard, sont conservés dans la graisse sous forme de confits.

La dinde et la pintade produisent des jeunes qui se vendent à de très beaux prix.

La poule des Landes appartient à deux variétés, la poule de campagne, chez laquelle on retrouve parfois des traces d'anciens croisements cochinchinois, et la poule espagnole plus ou moins dégénérée.

Ces poules sont généralement bonnes pondeuses et couveuses.

Les poulets sont vendables lorsqu'ils atteignent le poids de un kilogramme environ; ils sont l'objet d'un commerce très actif. Sans être de qualité parfaite, ils sont suffisamment appréciés dans les grandes villes voisines pour y être exportés en très grandes quantités.

Les affaires traitées sur les marchés bien approvisionnés par les revendeurs venus de l'extérieur ou leurs commissionnaires se chiffrent par dizaines de mille francs sur chaque place.

Les marchés les mieux pourvus et les plus suivis sont ceux de :

Dax : le samedi de chaque semaine; *Aire :* le mardi; *Peyrehorade :* le mercredi; *Tartas :* le lundi; *Saint-Sever :* le samedi; *Villeneuve-de-Marsan :* le mercredi; *Hagetmau :* le mercredi; *Habas :* le vendredi; *Montfort :* le mercredi; *Saint-Vincent-de-Tyrosse :* le vendredi.

Les approvisionnements de ces places varient de 2,000 à 10,000 têtes de poulets : presque tous les autres marchés de la Chalosse permettraient quelques achats, mais de moindre importance.

On fait encore dans le pays quelques chapons, mais il n'en est pas mis en vente un grand nombre; les propriétaires de métairies les conservent pour la consommation familiale.

Le prix des poulets va de 1 fr. 50 à 2 francs pièce suivant qualité et saison; les bêtes à pattes grises sont un peu plus estimées que celles à pattes jaunes, notamment pour Arcachon.

Les chapons de belle venue valent de 7 francs à 9 francs la paire.

Les œufs sont exportés par millions chaque semaine. Ils sont achetés sur les mêmes marchés que les poulets et sur quelques autres moins importants, tels que Mugron, Amou, Geaune, etc.

On peut trouver sur les marchés cités de 12,000 à 80,000 œufs par réunion, suivant l'époque de l'année. Les prix varient de 0 fr. 75 a 1 fr. 20 la douzaine.

Les poulets et les œufs sont expédiés à Bayonne, Biarritz, Pau, Arcachon, Toulouse et quelquefois Paris.

L'élevage du canard commun n'a pas une très grande importance dans les Landes; mais il n'en est pas de même du canard mulet ou mulart, métis du canard de Barbarie avec la cane ordinaire. Cet animal, bien engraissé, fournit des foies très recherchés et procure d'assez gros profits à son producteur; son élevage est très développé dans les métairies de la Chalosse et d'une partie du Marensin.

Les mâles sont toujours réservés pour l'engraissement, car ils donnent de très beaux foies: les femelles sont quelquefois vendues pour la consommation courante.

L'engraissement préparé par une période de bonne nourriture, dure environ vingt à vingt-cinq jours, pendant lesquels l'animal est gorgé à la main, d'abord trois fois, puis deux fois par jour, avec du maïs en grain : le maïs de l'année précédente a été reconnu préférable au maïs frais; la bête morte et préparée pèse de 4 kilogr. 500 à 5 kilogr. 500; le kilogramme se vend de 1 fr. 80 à 2 francs environ. Les foies pèsent de 300 à 500 grammes et se vendent de 4 francs à 5 francs le kilogramme. Les prix sont influencés par la qualité des produits, par leur abondance sur le marché et aussi par la température. En effet, s'il fait chaud et humide, la conservation du foie est plus difficile, le prix baisse; par contre lorsque le temps est froid et sec, les prix se maintiennent plus élevés.

Les foies sont expédiés soit en nature, soit à l'état de préparations diverses, dans les villes de la région, dans le Périgord et également dans quelques villes éloignées en France et à l'étranger.

Les corps des canards sont conservés sous forme de confits.

Les oies entretenues dans les exploitations des Landes appartiennent généralement à la petite variété grise et blanche. Les unes sont engraissées sur place, alors qu'un certain nombre sont vendues sur les marchés voisins à l'état maigre. Les oies maigres se payent, suivant poids et qualité, de 8 francs à 11 francs la paire. Elles sont achetées par les personnes qui ne pratiquent pas l'élevage et se bornent à engraisser. C'est en octobre que les ventes d'oies maigres sont les plus actives.

Les oies sont mises à l'engrais ordinairement à l'approche des froids, en novembre. Elles sont préparées par une période de nourriture abondante qui les met en bonne chair; puis elles sont gorgées à l'aide d'une sorte d'entonnoir à long tube, soit deux, soit trois fois par jour avec du maïs vieux. Le grain est donné soit sec, soit échaudé, soit humecté d'un bouillon de graisse de veau. Chaque ménagère se croit, d'ailleurs, en possession d'un secret propre à lui obtenir des foies plus gros et plus blancs: ces secrets sont loin d'être infaillibles. L'engraissement de l'oie dure de trente à trente-cinq jours et exige de 45 à 55 litres de maïs. L'oie grasse pèse, morte et préparée, de 8 à 10 kilogrammes et se vend de 1 fr. 50 à 2 francs le kilogramme; le foie, plus estimé peut-être que celui de canard, pèse de 500 à 800 grammes, rarement un kilogramme; il se vend de 4 à 5 francs le kilogramme.

Les oies grasses se vendent sur tous les marchés de la Chalosse, surtout à Dax, Aire, Saint-Sever, Peyrehorade, Villeneuve, etc.

Les foies d'oie, comme ceux de canard, sont exportés en grande quantité. Les marchés les plus fournis sont ceux d'Aire et de Dax, mais on en trouve sur tous les autres marchés: ils sont expédiés dans les mêmes conditions que ceux de canard. Ces foies proviennent des oies engraissées pour le ménage et dont on conserve la chair à l'état de confit.

Outre le foie, la graisse et la viande, l'oie fournit de la plume et du duvet. On plume les oies vieilles et quelquefois les jeunes; pour ces dernières il faut que l'opération se fasse assez tôt pour que la bête soit bien couverte au moment de la mise à l'engrais.

Les dindes et les pintades sont élevées d'une façon moins générale que les espèces précédentes; elles sont vendues sur les mêmes marchés et exportées en moindre quantité. La dinde vaut de 3 à 4 francs, le mâle de 4 à 5 francs, suivant poids et qualité; les pintades se vendent de 5 à 7 francs la paire.

Les pigeons sont rarement produits en grand et l'on ne rencontre qu'exceptionnellement de gros pigeonniers. Les affaires auxquelles ils donnent lieu sont par suite de médiocre importance.

Le lapin est élevé un peu partout par beaucoup de propriétaires et d'ouvriers, mais il est en général consommé sur place et ne donne lieu à aucun commerce important.

APICULTURE.

Les abeilles sont assez nombreuses dans le département; on compte environ 40,000 ruches, dont 30,000 dans le seul arrondissement de Mont-de-Marsan. Les apiculteurs utilisent soit l'antique ruche, l'ancien panier, soit la ruche à cadres mobiles de divers modèles.

La production est fort différente suivant le type de ruche en usage ; la ruche ancienne ne donne souvent qu'une petite quantité de cire, alors qu'une Layens fournit jusqu'à 25 kilogrammes de miel et 1 kilogr. 500 de cire. On estime la récolte annuelle de miel à environ 175,000 kilogrammes et celle de la cire à 30,000 kilogrammes. La cire est vendue à des commerçants du pays, particulièrement à la foire de Labouheyre, sur échantillon, à raison de 3 francs le kilogramme.

Les miels, traités de même façon, sont à peu près entièrement expédiés à Paris, au prix de 50 à 57 francs les 100 kilogrammes.

Les animaux de toute espèce qui peuplent les écuries des exploitations landaises représentent un capital de grande valeur, exposé à des risques multiples. Il était naturel que les détenteurs de ce bétail cherchassent à se prémunir contre tous dangers de perte. De là sont nées en très grand nombre des associations de types différents, mais ayant toutes pour but de garantir l'exploitant contre la mortalité de son bétail.

Ces associations, dont l'origine remonte fort loin, portent des noms divers : sociétés des bœufs, consorces, cottises, sauvegardes mutuelles, syndicats, associations d'assurance mutuelle : elles s'appliquent chacune à une espèce animale ou même à une catégorie spéciale. On trouve des consorces pour les bœufs, les vaches bretonnes, les juments, les mules, les porcs, etc.

Ces sociétés n'ont pas toujours de statuts réguliers, certaines n'existent qu'en vertu d'un acte notarié, ou même de conventions particulières.

Quoi qu'il en soit, elles rendent de très grands services à la culture du pays.

En 1903 on a tenté de les réunir en une fédération, de façon à les prémunir contre des sinistres calamiteux : elles se sont absolument refusées à entrer dans cette voie et ont tenu à rester isolées et indépendantes.

Les risques d'ailleurs sont moins grands maintenant qu'autrefois : les animaux sont mieux tenus, mieux nourris ; le paysan landais aime ses bêtes et leur donne en général tous les soins voulus.

L'alimentation s'améliore de jour en jour ; la culture fourragère tend à progresser, quoique souvent l'exiguïté des métairies et certaines clauses des baux à colonage dans quelques cantons de la Chalosse l'entravent un peu.

Le métayage, qui est le mode de faire-valoir le plus usité dans les Landes, est excellent, à condition d'être bien compris et bien appliqué : il doit être une association entière du propriétaire avec son colon ; il n'en est malheureusement pas toujours ainsi. D'autre part les baux sont de trop courte durée (une année) et, de ce fait, le métayer ne peut entreprendre aucune amélioration importante.

Les terres sont souvent insuffisamment assainies ; le colon ne peut établir les fossés nécessaires ni même appliquer les labours profonds, qui seraient d'une si grande utilité.

D'autre part les prairies naturelles n'occupent pas, dans les exploitations landaises, la place qu'elles devraient avoir et ne sont l'objet que de soins insuffisants.

Les prairies sèches devraient être nettoyées, hersées, fertilisées; beaucoup de celles qui sont assises sur les sols tourbeux de la lande, réclament un assainissement mieux compris et l'apport des engrais minéraux.

En résumé le département des Landes, au point de vue agricole, n'a pas encore atteint la perfection, mais il n'est certainement pas au-dessous de certaines autres régions qui ont la réputation d'être parfaitement exploitées.

LOIR-ET-CHER.

Le département de Loir-et-Cher, d'une superficie de 635,092 hectares, consacre 170,000 hectares à la production fourragère en vue de l'alimentation des animaux. Cette production, comme celle des animaux, est irrégulièrement répartie entre les trois principales divisions agricoles du département, le Perche, la Beauce et la Sologne.

Le Perche est la région accidentée qui possède le plus de prairies et de bonnes cultures fourragères, et qui entretient le plus grand nombre d'animaux. Les cultivateurs de cette région produisent et vendent une quantité considérable de moutons, de vaches, de veaux, de porcs, et surtout de chevaux.

La Beauce est limitée au nord-ouest par le Perche et au sud-est par la Loire. Elle repose sur une épaisse couche de calcaire fissuré et essentiellement perméable; les prairies naturelles y sont rares, mais en revanche les prairies artificielles y tiennent une assez grande place. Les autres cultures fourragères n'y couvrent qu'une surface relativement faible. C'est la région des parcours où l'on élève de grands et beaux troupeaux de moutons dishley-mérinos et berrichons. L'élevage et le dressage du cheval percheron y sont aussi l'objet de tous les soins des fermiers.

Le nombre, assez faible jusqu'à ce jour, des bovins et des porcins tend à s'augmenter légèrement.

La troisième région, la Sologne, comprend toute la partie du département située au sud de la Loire : c'est la région des étangs, des sables et argiles imperméables à laquelle on a ajouté, à l'ouest, les cantons de Contres et de Montrichard, et au sud, la vallée du Cher et quelques coteaux de sa rive gauche. On y produit des quantités croissantes de fourrages et l'importance du cheptel y est en augmentation marquée.

Il convient en outre de faire remarquer que la Sologne, aujourd'hui en pleine évolution agricole, produit beaucoup d'animaux de basse-cour, principalement des poulets et des dindons.

Elle est enfin l'une des contrées les plus giboyeuses et les plus riches en étangs. Son assainissement a été si complet qu'elle a été choisie pour l'établissement d'un sanatorium de tuberculeux.

L'examen des chiffres des existences montre qu'il y a depuis un demi-siècle une diminution constante du nombre des têtes de petit bétail, de moutons surtout, et augmentation de celui des grandes espèces. On en trouve l'explication dans la modification des systèmes de culture qui réduisent constamment l'étendue des parcours abandonnés aux ovins.

Cependant, depuis quelques années, on n'observe que des variations extrêmement faibles dans les chiffres des existences.

ESPÈCE CHEVALINE.

Le Perche est la région de Loir-et-Cher qui produit le plus de chevaux. Si l'on estime pour le département à 2,200 le nombre annuel de naissances, on peut dire qu'environ 1,600 d'entre elles ont lieu dans le Perche. Tous les animaux nés dans cette région appartiennent à la race percheronne.

La partie sud-ouest de la région beauceronne et quelques parties de la Sologne produisent des chevaux de trait léger.

Blois possède un dépôt d'étalons où sont entretenus des animaux de demi-sang normand, des norfolk et des percherons. Ces étalons sont répartis, pendant la période de la monte, dans les stations du Cher, d'Eure-et-Loir, de l'Indre, d'Indre-et-Loire, du Loir-et-Cher et du Loiret.

Les étalons affectés au Loir-et-Cher sont utilisés dans les stations suivantes :

	étalons.		étalons.
Blois	2	Romorantin	3
Droué	2	Saint-Viatre	2
Mondoubleau	2	Savigny	3
Pierrefitte	4		

On dispose, en outre, pour la monte, des étalons ci-après qui appartiennent à des particuliers :

Étalons	approuvés	48
	autorisés	29

Le tableau suivant indique la répartition des chevaux dans les différents cantons :

CANTONS.	ANIMAUX DE MOINS DE 3 ANS.	ANIMAUX DE PLUS DE 3 ANS.
Blois	228	2,729
Bracieux	89	1,466
Contres	263	1,581
Herbault	416	1,806
Marchenoir	305	1,617
Mer	205	1,386
Montrichard	166	1,742
Ouzouer	389	1,402
Saint-Aignan	170	1,739
TOTAUX	2,231	15,468

CANTONS.	ANIMAUX	
	DE MOINS DE 3 ANS.	DE PLUS DE 3 ANS.
Romorantin	227	1,375
La Motte-Beuvron	286	1,091
Mennetou-sur-Cher	131	742
Neung-sur-Beuvron	88	922
Salbris	359	1,386
Selles-sur-Cher	222	987
TOTAUX	1,213	6,503
Vendôme	545	1,229
Droué	712	1,501
Mondoubleau	808	1,762
Morée	480	1,186
Montoire	314	1,675
Saint-Amand	359	2,000
Savigny	630	1,239
Selommes	319	863
TOTAUX	4,167	10,455
TOTAUX GÉNÉRAUX	7,611	32,426

Comme on le voit, la production chevaline est particulièrement importante dans les cantons du Perche, Savigny, Droué et Mondoubleau.

Ces animaux sont vendus à 6 ou à 18 mois aux agriculteurs beaucerons qui les livrent aux administrations parisiennes de transport, principalement à la Compagnie des omnibus.

Les chevaux percherons jouissent dans le monde entier d'une réputation bien méritée comme chevaux de trait.

Chaque année, les Américains achètent dans le Loir-et-Cher des reproducteurs pour l'amélioration de leurs races chevalines.

D'autre part la Beauce exporte annuellement sur Paris environ 1,500 chevaux de trait pour une somme totale variant entre 1,500,000 et 2,200,000 francs.

Les principales foires aux chevaux se tiennent à Mondoubleau, Vendôme, Blois, Montrichard, Romorantin, Selles, Savigny, Contres et Ouzouer-le-Marché.

Si le département exporte un nombre assez important de chevaux percherons, il importe à peu près un nombre égal d'animaux bretons et anglo-normands pour les besoins des régions qui ne font ni élevage, ni reproduction.

Les principales gares expéditrices sont Savigny-sur-Braye, Blois, Vendôme, Mer, Mondoubleau, Droué et Montoire.

Si les prix élevés des chevaux se maintiennent, l'élevage de cette espèce continuera à s'accroître dans le Perche et pourra même s'étendre dans les régions voisines assez bien pourvues de fourrages.

ESPÈCES MULASSIÈRE ET ASINE.

L'espèce mulassière n'est représentée que par un très petit nombre de sujets (310). Ce sont des animaux importés.

L'espèce asine ne comprend pas moins de 5,250 têtes qui, toutes, proviennent d'importation, du Poitou pour la plupart.

Ces animaux ne font l'objet d'aucun commerce d'exportation.

ESPÈCE BOVINE.

Comme pour l'espèce chevaline, la région du nord-ouest du département (Perche et Vendômois) constitue le principal centre d'élevage des bovins et celui où la population de ces animaux est la plus dense. Viennent ensuite, par ordre d'importance, la Beauce et la Sologne. La répartition des têtes existantes, de quelque âge que ce soit, suit une variation de même sens, mais avec une accentuation moins grande; c'est-à-dire que la proportion des veaux vendus est plus grande en Sologne que dans la Beauce et surtout que dans le Perche.

Ce sont des animaux de race normande et des métis appartenant à cette race qui peuplent la majorité des étables. A peine rencontre-t-on quelques échantillons des races mancelle, durham-mancelle, parthenaise ou charolaise suivant que l'on se rapproche des contrées d'élevage de ces races.

On observe généralement une tendance heureuse vers la recherche des animaux de race pure, surtout quand il s'agit de reproduction.

De sérieux efforts sont faits par les bons éleveurs pour éviter la tuberculose. La pratique de la vaccination d'épreuve se multiplie chez les cultivateurs éclairés, et la proportion des animaux atteints paraît avoir diminué depuis quelques années.

La production des veaux est d'environ 37,000 têtes par an. Parmi les mâles, on n'élève que ceux destinés à la reproduction, sauf peut-être dans quelques exploitations du sud-est où l'on pratique l'élevage des bœufs.

Par contre, les 5/6 des femelles sont élevées en vue de la production du lait. Les 20,000 veaux qui restent, déduction faite des pertes, sont livrés à la consommation après un engraissement très soigné.

Ce sont les excellents veaux blancs, si appréciés par la boucherie parisienne.

Une quantité assez importante de ces veaux sont abattus par les acheteurs locaux qui en expédient la viande aux Halles de Paris (près de 400,000 kilogrammes en 1905).

Les animaux qui restent sont livrés à la consommation locale ou expédiés vivants à Paris. Quant aux bœufs, taureaux et vaches, ils sont ou engraissés par les éleveurs, puis livrés à la boucherie, ou vendus à des commerçants qui les conduisent aux engraisseurs normands. On peut estimer que 15,000 à 16,000 animaux (bœufs, vaches et taureaux de plus de 2 ans) sont vendus chaque année par la culture.

La vente des bovins, veaux et adultes se fait soit chez l'éleveur lui-même, soit sur les marchés et les foires. On ne compte guère en Loir-et-Cher que deux grands marchés aux veaux importants; ce sont ceux de Bracieux et de Contres.

Les principales foires aux vaches sont les suivantes, classées par ordre décroissant d'importance : Blois, Vendôme, Contres, Saint-Aignan, Noyers, Bracieux, Romorantin, Montoire, Marchenoir et Lorges.

TABLEAU DE LA RÉPARTITION DES BOVINS PAR CANTON.

CANTONS.	TAUREAUX et BOEUFS.	VACHES.	ÉLÈVES DE PLUS D'UN AN.	ÉLÈVES DE MOINS D'UN AN.
Blois	40	3,321	499	242
Bracieux	53	2,652	256	180
Contres	53	2,738	373	177
Herbault	137	3,414	907	891
Marchenoir	74	3,088	768	352
Mer	37	2,615	273	191
Montrichard	56	1,701	339	231
Ouzouer	121	3,205	658	448
Saint-Aignan	66	3,420	250	117
Totaux	639	26,154	4,323	2,829
Romorantin	132	3,311	485	279
Lamotte-Beuvron	179	2,700	653	372
Mennetou-sur-Cher	370	1,947	447	246
Neung-sur-Beuvron	64	2,216	480	294
Salbris	415	3,848	850	544
Selles-sur-Cher	63	2,191	230	156
Totaux	1,263	16,213	3,045	1,891
Vendôme	59	2,394	616	477
Droué	69	3,216	1,013	663
Mondoubleau	118	3,739	1,694	1,207
Montoire	114	3,144	993	696
Morée	88	2,853	931	756
Saint-Amand	101	2,213	947	708
Savigny	92	3,775	985	588
Selommes	99	2,303	929	576
Totaux	718	23,637	8,108	5,271
Totaux généraux	26,201	66,004	15,476	10,991

PRODUCTION LAITIÈRE.

On estime à 61,000 le nombre des vaches laitières du département et à 1 million 100,000 hectolitres la quantité de lait qu'elles produisent annuellement.

Cette production s'accroît chaque année par suite d'un choix plus judicieux des animaux et d'une meilleure alimentation.

Il faut noter pourtant que la nourriture d'hiver laisse encore à désirer, tandis qu'au printemps et au commencement de l'été on laisse faire dans beaucoup d'exploitations un regrettable gaspillage des fourrages. Aussi observe-t-on une différence considérable entre la production laitière de janvier et celle de juin.

Une partie assez importante du lait (près de 2/10) est utilisée à l'élevage et à l'engraissement des veaux. Un autre dixième est vendu en nature ou employé à la fabrication des fromages (fromages frais, camemberts, fromages de Vendôme et divers) vendus dans le pays ou exportés dans les départements voisins. Enfin les 7/10 restant sont employés à la fabrication du beurre.

Vente du lait. — La plupart des villes sont approvisionnées en lait par les petits cultivateurs des environs qui font porter le lait chaque matin chez les consommateurs. Le prix varie entre 0 fr. 20 et 0 fr. 25 par litre.

Un nourrisseur des environs de Blois livre son lait en flacons, au prix de 0 fr. 40 le litre.

A la campagne, les consommateurs vont eux-mêmes chercher leur lait chez le producteur et le payent 0 fr. 20.

Fabrication du beurre. — Le producteur de lait fabrique lui-même son beurre, mais en général avec les appareils usités autrefois. Seul le système d'écrémage a été modifié dans les grandes et les moyennes exploitations où l'écrémeuse centrifuge a remplacé le vulgaire pot à lait en grès. C'est évidemment un progrès, mais encore incomplet, puisque la crème fraîche ainsi obtenue ne sera barattée qu'une seule fois par semaine. Il ne faut donc pas être surpris du peu d'améliorations réalisées dans la qualité du beurre par l'adoption de l'écrémeuse. Les beurres du Loir-et-Cher, classés aux Halles centrales comme beurre d'hiver, sont tout au plus de qualité assez bonne ou passable. Et cependant avec une fabrication irréprochable, ils pourraient être excellents comme le montrent les succès obtenus au concours général de Paris par les agriculteurs du Loir-et-Cher qui ont employé les méthodes rationnelles de fabrication.

Il n'existe dans le département qu'une seule beurrerie industrielle, à Sargé, dans la vallée de la Braye, sur les confins du Loir-et-Cher et de la Sarthe; son beurre, très estimé, est envoyé aux Halles centrales ou expédié directement aux consommateurs.

L'exportation des beurres de Loir-et-Cher se fait principalement sur Paris; elle porte annuellement sur un tonnage variant de 1,400,000 à 1,800,000 kilogrammes d'un prix moyen de 2 francs avec des extrêmes de 1 fr. 30 à 3 fr. 80. Ces beurres sont achetés aux marchés hebdomadaires par les marchands beurriers qui les expédient sur Paris et la banlieue.

Les principaux marchés au beurre sont ceux de Contres, Blois, Bracieux, Mer, Romorantin, Vendôme, Ouzouer-le-Marché, Oucques, Marchenoir, Selles-sur-Cher, Montrichard, Montoire et Mondoubleau.

On peut affirmer, en se basant sur les résultats obtenus ailleurs, que la création de coopératives de beurrerie aurait pour résultat de doubler, voire même de tripler la production, en augmentant le prix de l'unité de 50 à 60 p. 100. Le bénéfice brut de cette industrie passerait ainsi de 1,600,000 francs à 6 millions de francs par an.

Fabrication du fromage. — Le département ne produit qu'une partie des fromages nécessaires à la consommation de ses habitants.

Cette industrie comprend la fabrication des fromages maigres, demi-gras, gras, affinés ou non. Elle emploie, outre le lait doux de vache dont la quantité a été déterminée précédemment, du lait écrémé et du lait de chèvre.

1° *Fromages maigres.* — Ces fromages sont fabriqués avec le lait doux sortant des écrémeuses, ou bien le lait déjà aigre provenant de l'écrémage ancien.

Quelques-uns sont envoyés frais (fromages à la pie). La plupart sont séchés et affinés tout en restant de qualité fort médiocre. Ils sont consommés par le personnel de la ferme.

2° *Fromages gras et demi-gras.* — Ces fromages, connus tantôt sous le nom de fromages de Vendôme, tantôt sous celui de fromages de foin, sont assez estimés ici quand ils sont convenablement affinés. Les imitations de camemberts que l'on fabrique à Thenay, à Pont-Levoy, à Thoré et au gué du Loir (commune de Mazangé) sont vendus partie en Loir-et-Cher, partie dans les départements voisins où en général ils trouvent facilement preneur.

Les fromages façon camembert du poids de 300 grammes sont actuellement vendus, rendus en gare destinataire, à raison de 0 fr. 50 à 0 fr. 60 l'un.

Il est enfin une autre catégorie de fromages fort estimée des consommateurs du pays, c'est celle des fromages de chèvre. On en fabrique dans tout le département, excepté en Beauce. Aucune exportation notable n'en est faite.

ESPÈCE OVINE.

La production et l'élevage des ovins s'étend sur tout le département, mais c'est en Beauce qu'elle acquiert toute son intensité. Rien ne convient mieux en effet aux troupeaux que les riches plaines à céréales s'étendant au nord de la Loire, où les ovins trouvent parcours convenable et nourriture substantielle. On n'y élevait guère autrefois que des dishley-mérinos. Depuis une quinzaine d'années, les agriculteurs ont importé des brebis berrichonnes pour faire du croisement industriel avec des béliers southdown. Les agneaux ainsi obtenus acquièrent rapidement un grand développement qu'ils tiennent de leur mère et conservent l'aptitude à l'engraissement propre au bélier. Ils sont tous vendus gras et pour la plupart dirigés sur Paris où la boucherie les tient en haute estime.

Les brebis âgées sont à leur tour engraissées et livrées à la consommation, le plus souvent dans le pays même. Elles sont remplacées par un nouveau troupeau importé du Berry.

Quelques éleveurs produisent eux-mêmes leurs mères berrichonnes, à l'aide d'un petit troupeau de 20 à 50 brebis et d'un beau bélier berrichon. Mais c'est là une exception qui ne paraît pas devoir se généraliser.

La même méthode zootechnique et la même race sont d'ailleurs employées dans l'arrondissement de Vendôme où l'élevage du mouton tient toujours une place importante.

Dans l'arrondissement de Romorantin, la race solognotte domine. Toutefois il n'est pas rare d'y rencontrer des troupeaux ayant du sang berrichon ou southdown. La race solognote, encore un peu tardive, présente pour la région humide où elle se trouve un intérêt considérable, à cause de sa rusticité et de sa résistance à la cachexie. Elle est d'ailleurs très facile à améliorer.

Une autre race, créée dans ce département par Malingié, vers le milieu du siècle dernier; la race de la Charmoise, y occupe encore une place notable. Les bergeries charmoises de la plaine de Pontlevoy obtiennent chaque année de grands succès dans les concours. Les bons animaux de cette race sont tous conservés pour la reproduction. Il en est expédié chaque année un certain nombre de têtes dans les bergeries de la Vienne, de l'Aisne, d'Eure-et-Loir, du Loiret et de quelques autres départements. Récemment, des béliers charmois ont été envoyés dans le Sud de l'Afrique.

TABLEAU DE LA RÉPARTITION DES OVINS PAR CANTON.

CANTONS.	BÉLIERS.	BREBIS DE PLUS D'UN AN.	MOUTONS DE PLUS D'UN AN.	AGNEAUX et AGNELLES.
Blois	10	2,144	484	750
Bracieux	25	1,610	750	715
Contres	39	2,042	1,387	729
Herbault	54	10,537	2,612	3,652
Marchenoir	44	12,930	2,520	4,764
Mer	24	4,035	750	2,488
Montrichard	53	2,318	597	1,545
Ouzouer	107	17,580	1,385	7,752
Saint-Aignan	71	2,765	2,061	987
TOTAUX	427	55,961	12,552	23,415
Romorantin	47	2,377	480	955
Lamotte-Beuvron	73	3,279	1,200	1,945
Mennetou-sur-Cher	43	1,524	2,040	994
Neung-sur-Beuvron	46	1,885	486	648
Salbris	129	11,494	830	4,084
Selles-sur-Cher	24	1,718	148	919
TOTAUX	362	22,277	5,184	9,545
Vendôme	13	3,038	842	1,500
Droué	66	9,040	2,784	3,901
Mondoubleau	220	11,715	1,010	5,808
Montoire	21	1,037	244	735
Morée	34	8,100	1,012	2,765
Saint-Amand	56	6,922	1,325	2,646
Savigny	51	3,035	415	1,439
Selommes	67	8,160	1,454	4,137
TOTAUX	528	51,047	9,091	22,922
TOTAUX GÉNÉRAUX	1,317	129,285	26,827	55,882

Les agneaux et les moutons de Loir-et-Cher, à quelque race qu'ils appartiennent, sont très cotés à La Villette et leur viande recherchée aux Halles centrales. Ils constituent l'un des produits animaux les plus importants de l'exportation.

Le nombre des naissances atteint chaque année près de 60,000. Si l'on déduit les pertes, on arrive à cette conclusion que la culture vend chaque année de 50,000 à 55,000 moutons, brebis ou agneaux.

Si on les estime au prix moyen de 40 francs l'un, on arrive à un bénéfice brut de 2,200,000 francs.

La population ovine de Loir-et-Cher est de 213,311, en diminution de 28,000 depuis 1892.

On vend généralement les troupeaux dans les bergeries. Cependant on trouve encore aux foires spéciales de Marchenoir un nombre important de bons lots de moutons. C'est la seule foire ovine qui ait subsisté en Loir-et-Cher.

La laine, qui constitue un produit accessoire important de l'élevage des ovins, fait depuis un an l'objet d'une recherche active de la part des filateurs, et les cours de ce produit ont subi de ce fait une hausse sensible.

On tond en moyenne chaque année 160,000 moutons donnant chacun 1 kil. 900 de laine, soit au total 300,000 kilogrammes de laine.

Les dishley-mérinos donnent une laine assez abondante et de bonne qualité; les berrichons et les solognots en fournissent de plus communes. Les prix moyens pratiqués en 1906 ont été de 1 fr. 80 par kilogramme. Le produit de la vente des laines de Loir-et-Cher a été de 540,000 francs.

Ces laines sont achetées par des commissionnaires travaillant le plus souvent pour le compte des fabriques de draps de Romorantin et de Châteauroux.

ESPÈCE CAPRINE.

L'espèce caprine ne comprend que la chèvre commune et quelques types de chèvre de Murcie récemment importés d'Espagne. Il existe 22,500 têtes qui se répartissent en 500 boucs, 22,000 chèvres et chevrettes. On compte chaque année une production de 24,000 à 26,000 chevreaux qui sont tués pour la plupart à l'âge de 4 à 8 semaines pour leur viande assez médiocre et leur peau très recherchée par la ganterie.

Après la suppression de leurs petits, les chèvres fournissent chacune 340 litres environ de lait, soit en tout pour l'année 6,800,000 litres à 0 fr. 10, représentant une valeur totale de 680,000 francs. Une partie de ce lait est utilisée pour la production de fromage assez estimé.

ESPÈCE PORCINE.

En comparant les chiffres de la statistique de 1905 avec ceux de l'enquête décennale de 1892, on remarque que le nombre des porcins existants a diminué de 2,000 environ et qu'il n'est plus que de 52,630.

On ne peut en conclure à une réduction de la production porcine, car si le nombre des têtes est plus faible actuellement, cela tient à ce que le porc est engraissé plus tôt et plus vite qu'autrefois. Il semble même que le nombre des naissances, et par con-

PLANCHE XIV.

BÉLIER RACE DE LA CHARMOISE.

BREBIS SHROPSHIRE.

séquent, des ventes, a augmenté sensiblement depuis une douzaine d'années. L'accroissement du nombre des truies en est une preuve.

La plupart des animaux appartiennent à la race craonnaise et un petit nombre seulement à la race yorkshire pure ou croisée.

Une partie importante des porcs gras sont abattus, salé set consommés dans la ferme. Les autres sont vendus à la charcuterie locale ou expédiés à Paris (vivants à La Villette; abattus aux Halles centrales).

Leur viande ferme et musclée est estimée.

TABLEAU DE LA RÉPARTITION DES PORCINS PAR CANTON.

CANTONS.	VERRATS.	TRUIES.	ANIMAUX	
			DE PLUS DE 6 MOIS à l'engrais.	DE MOINS DE 6 MOIS.
Blois	//	4	467	1,342
Bracieux	27	535	450	1,944
Contres	6	132	500	1,484
Herbault	9	32	756	948
Marchenoir	//	4	290	1,481
Mer	//	3	595	940
Montrichard	2	31	457	761
Ouzouer	//	//	221	1,315
Saint-Aignan	3	84	692	2,565
TOTAUX	43	814	4,236	12,820
Romorantin	64	1,092	682	1,921
Lamotte-Beuvron	45	561	611	1,625
Mennetou-sur-Cher	25	336	329	1,052
Neung-sur-Beuvron	44	1,145	406	2,210
Salbris	145	1,262	400	2,585
Selles-sur-Cher	21	532	668	1,802
TOTAUX	344	4,934	3,196	11,195
Vendôme	8	83	375	581
Droué	12	666	663	1,182
Mondoubleau	25	949	691	1,985
Montoire	9	193	254	1,436
Morée	9	137	299	1,020
Saint-Amand	1	6	441	581
Savigny	//	//	213	656
TOTAUX	81	2,540	3,421	9,706
TOTAUX GÉNÉRAUX	468	7,588	10,853	33,721

Les principaux marchés ou foires aux porcs se tiennent à Bracieux, Contres, Neung-sur-Beuvron, Saint-Aignan, Romorantin, Salbris, Savigny, Ouzouer-le-Marché, Mondoubleau, Montoire, Selles, Droué, Mennetou, et Morée.

ANIMAUX ET PRODUITS DE BASSE-COUR.

Les animaux produits, élevés et engraissés dans les basses-cours de Loir-et-Cher comprennent les poules et coqs, les dindes et les dindons, les canards, les oies, les pintades et les lapins.

Poules. — En dehors des amateurs, les éleveurs n'entretiennent guère qu'une poule commune à plumage blanc avec camail plus ou moins herminé et à pattes nues. C'est une poule à aptitudes générales et moyennes. Sa chair est assez fine, savoureuse et abondante; ses œufs sont assez gros, de goût agréable. Elle s'engraisse bien; on l'a désignée dans les concours sous le nom de «race de Contres».

A la suite des derniers concours, un certain nombre de bons reproducteurs mâles et femelles ont été expédiés en dehors du département.

Les produits de l'élevage de la poule sont considérés comme fort intéressants. C'est généralement avec les ressources qui en proviennent que la fermière pourvoit aux menues dépenses du ménage. Comme ces dernières ne cessent de s'accroître, la basse-cour suit la même progression. C'est ainsi que le nombre des poules et coqs existant actuellement dépasse de près de 80,000 celui de 1892 et atteint le chiffre de 618,000. On peut estimer à 52,000 le nombre des coqs et à 150,000 le nombre des jeunes qui, au 1er novembre 1906, n'avaient pas encore pondu. Il reste ainsi 416,000 pondeuses produisant annuellement 38 millions d'œufs vendus en moyenne 75 francs le mille et valant par suite 2,800,000 francs.

L'engraissement des volailles, presque inconnu il y a une vingtaine d'années, se répand beaucoup et aujourd'hui la plupart des fermières apportent au marché leurs poulets tout engraissés et souvent même plumés et convenablement troussés. Le prix de vente s'en est ressenti d'autant plus que les cours tendent à se généraliser en France en prenant le marché de Paris comme grand régulateur. Les poulets ordinaires, jeunes, tendres et gras se vendent aujourd'hui de 5 à 10 francs la paire. Les sujets fins gras atteignent 15 à 18 francs la paire.

On vend chaque année pour la consommation locale et l'exportation plus de 600,000 poulets.

Dindons. — L'élevage des dindons de Sologne présente une importance croissante. On en fait chaque année, en novembre et décembre, une exportation considérable en Angleterre.

Les fermiers trouvent dans cet élevage une ressource sérieuse. Le dindon dérive de la race commune adaptée aux conditions de la Sologne pour l'habitat et la nourriture. Dans les derniers concours, on a donné à ces animaux le nom de dindons de Sologne.

Le nombre des dindons et dindes existant dans le département atteint près de 70,000.

Canards. — L'élevage des canards se fait surtout dans les vallées, sur les bords des cours d'eau. On en trouve aussi sur les plateaux dans les exploitations pourvues de fosses.

On n'élève guère que le canard commun. Les existences s'élèvent à une trentaine de mille.

Les œufs de cane, moins estimés que ceux de la poule, se vendent meilleur marché. Aussi sont-ils le plus souvent consommés sur place par le personnel de l'exploitation.

Les canards gras se vendent bien sur tous les marchés.

Oies. — On pratique l'élevage des oies dans la plupart des cantons. Mais c'est en Sologne et en Beauce qu'on en trouve le plus.

Leur nombre est de 32,000. Elles produisent une plume estimée et une chair dont la vente est toujours facile.

Pintades. — On n'entretient que 2,800 pintades considérées en général comme des volailles de luxe.

Chasse. — Le gibier tué dans les chasses très giboyeuses du département (de la Sologne surtout) constitue un produit notable et un léger dédommagement au budget de chasse des propriétaires solognots ou de leurs locataires.

Ce gibier est expédié à Blois et à Paris.

Pigeons. — Il ne paraît pas que le nombre des pigeons entretenus sur le territoire du département se soit accru depuis une quinzaine d'années. Ce nombre ne semble pas dépasser aujourd'hui 35,000. Les produits (jeunes pigeons) sont consommés sur place ou envoyés à Paris.

APICULTURE.

L'apiculture progresse lentement, sans que le nombre des colonies d'abeilles paraisse augmenter sensiblement; seulement les ruches à cadres mobiles prennent lentement la place des ruches en osier. Et comme les premières produisent souvent deux fois plus de miel que les autres, le rendement s'est accru d'une manière notable depuis dix ans.

Le nombre des ruches est en moyenne de 13,500, produisant de 29,000 à 96,000 kilogrammes de miel et 12,000 à 18,000 kilogrammes de cire.

Le miel de Beauce, récolté sur le sainfoin, est d'excellente qualité.

PISCICULTURE.

Les eaux occupent en Loir-et-Cher une étendue considérable. Les eaux publiques (canaux du Berry et de la Saudre, Loire, Cher et leurs affluents) produisent malheureusement de moins en moins de poisson à cause du braconnage effréné qui se pratique journellement et aussi de travaux de régularisation et de nettoyage des cours d'eaux.

On pêche encore en Loire quelques saumons, des aloses et une certaine quantité de poissons blancs. Les rivières et ruisseaux donnent aussi un petit nombre de truites, de brochets, de perches et divers autres poissons dont la vente a lieu sur place.

Les eaux privées (étangs et pièces d'eau) couvrent encore en Sologne une grande surface de terrain et produisent une quantité considérable de carpes, de tanches, de brochets et d'anguilles.

Ces poissons sont vendus à des marchands qui les cèdent aux détaillants des villes : Blois, Tours, Orléans et Paris.

RÉSUMÉ ET CONCLUSIONS.

Les spéculations animales présentent, dans le Loir-et-Cher, une importance considérable, puisque le capital mis en œuvre (valeur des animaux et du matériel mis à leur disposition) s'élève à près de 80 millions et que son produit brut annuel s'élève, en comprenant la valeur du travail, à 47 millions de francs. Ce produit se décompose comme suit :

		francs.
Animaux vendus.	Chevaux	2,000,000
	Bovins	7,000,000
	Ovins	1,200,000
	Porcins	5,000,000
Basse-cour (animaux, œufs, plumes, vendus)		2,500,000
Miel et cire		100,000
A reporter		17,800,000

	francs.
Report	17,800,000
Lait et produits dérivés	"
Travail des animaux	25,000,000
Fumier, moins la valeur des litières	4,600,000
TOTAL	47,400,000

La recherche du produit net ne paraît pas possible avec les éléments actuellement connus. Mais, dans ce gros produit brut, les exportations peuvent être comptées pour environ 12 à 15 millions chaque année.

Il n'est pas douteux qu'avec le même effort, mais en employant les méthodes scientifiques pour la production des fourrages et l'alimentation des animaux et les méthodes mutualistes pour l'acquisition des matières premières, des instruments et des machines, pour la fabrication du beurre et du fromage, et enfin pour la vente en commun de tous les produits animaux, on obtiendrait des résultats infiniment meilleurs.

Si on joignait à ces progrès de meilleures habitudes commerciales, les exportations pourraient être beaucoup plus importantes.

LOIRE.

Les diverses spéculations auxquelles donne lieu l'exploitation du bétail dans le département de la Loire présentent une très grande importance.

ESPÈCE CHEVALINE.

Depuis une quarantaine d'années, mais surtout depuis dix ans, l'élevage du cheval a fait de très grands progrès dans le département de la Loire. Le principal centre de production se trouve dans la plaine du Forez. Cette production comprend souvent deux spéculations spéciales : l'une consiste à produire des jeunes poulains et à les vendre à 6 mois, et l'autre a pour objet l'achat de ces animaux et leur élevage jusqu'à ce qu'ils soient en état d'être vendus pour le service et la remonte.

Ces deux spéculations sont pratiquées par des agriculteurs du Forez. Ce sont généralement des fermiers qui ont une ou deux juments poulinières qui font naître des poulains pour les vendre à des propriétaires du voisinage possédant des parcs et qui sont mieux outillés pour se livrer à l'élevage. Ces animaux sont vendus à 6 mois environ au prix de 200 à 300 francs.

Ces poulains sont conservés jusqu'à l'âge de 3 ans 1/2 à 4 ans par les éleveurs et entretenus dans des parcs pendant toute l'année. On peut estimer la production annuelle à 1,000 animaux dont le débouché le plus recherché est la remonte de l'armée.

La remonte achète de 200 à 300 chevaux par an, principalement des chevaux de dragons et d'artillerie qu'elle paye de 1,000 à 1,500 francs.

ESPÈCE BOVINE.

1° *Production des veaux de lait.* La quantité de veaux de lait vendus annuellement est considérable, on peut l'estimer à 65,000 environ. L'âge auquel sont vendus ces animaux varie beaucoup. Dans les environs des grandes villes où les agriculteurs se livrent à la production intensive du lait, on vend les veaux à moins d'un mois. Dans les régions où l'on fabrique du beurre, ils sont livrés le plus souvent à l'âge de 5 à 6 semaines. Dans la partie sud des montagnes du Forez, notamment dans les cantons de Saint-Bonnet-le-Château et de Saint-Jean Soleymieux, on garde les veaux bien plus longtemps, le plus souvent jusqu'à 4 à 5 mois et leur vente constitue le principal revenu des vaches laitières. Les veaux, nourris avec du lait auquel on ajoute des œufs ou d'autres aliments riches, sont d'excellente qualité et jouissent d'une certaine réputation. Ils sont très recherchés par les bouchers de Saint-Étienne, Lyon et même Marseille et Nice. C'est sur les marchés de Saint-Bonnet-le-Château, d'Usson et Sury-le-Contal que sont vendus ces animaux.

2° *Animaux reproducteurs.* Une grande partie des animaux utilisés pour la reproduction dans la Loire sont nés dans le département, mais on en importe un certain nombre provenant des étables renommées de l'Allier, de la Nièvre et de Saône-et-Loire, pour améliorer la population indigène des milieux dans lesquels on élève la race charolaise. Il existe aussi dans la Loire des éleveurs qui ont acquis une certaine réputation et qui obtiennent des reproducteurs de choix pour la vente. Ces animaux d'élite sont généralement vendus dans la région et le courant commercial auquel donne lieu la vente d'animaux élevés dans le département et devant être utilisés spécialement pour la reproduction a été très limité jusqu'à présent.

3° *Animaux d'élevage.* En ce qui concerne l'élevage des bovidés dans la Loire, il y a lieu de distinguer deux régions bien distinctes : la première comprend les montagnes du Forez et la deuxième les plaines du Forez et du Roannais.

Dans la première, on élève surtout des génisses de la race ferrandaise qui sont vendues à partir de 3 à 4 ans comme vaches laitières; ces animaux sont principalement exportés dans le Lyonnais. La production annuelle peut être évaluée à 1,000 animaux, vendus en grande partie dans les foires de Montbrison, Sauvain, Chalmazelle, Noirétable, Saint-Didier-sous-Rochefort, Boën, La Bouteresse et Cervières.

Dans la région des plaines, on élève à peu près exclusivement des animaux de race charolaise qui fournissent une carrière plus ou moins longue avant d'être vendus. Les femelles sont utilisées pour la reproduction et l'alimentation des jeunes. Dans beaucoup d'exploitations en effet, la presque totalité du lait est absorbée par les élèves; les mâles, en dehors de ceux qui sont destinés à servir comme reproducteurs, sont employés pendant un certain temps comme animaux de travail. Les vaches et les bœufs sont généralement engraissés dans le département et il ne sort de la Loire qu'un nombre d'animaux assez restreint de la race charolaise en dehors de ceux qui sont vendus pour la boucherie.

4° *Vaches laitières.* Le département exporte un certain nombre de vaches laitières appartenant à la race ferrandaise, mais les vacheries avoisinant les villes en importent beaucoup de la Suisse, de l'Auvergne et du nord de la France. Cependant la majorité des vaches laitières utilisées dans la Loire sont produites dans le département même.

5° *Bœufs de travail.* Le principal moteur dans les exploitations agricoles est le bœuf qui est conservé pendant 3 ans en moyenne pour le travail. On tend de plus en plus à réduire la période de travail fourni par les animaux qui sont élevés dans les exploitations ou achetés dans les départements voisins, principalement dans l'Allier. La Loire n'exporte pour ainsi dire pas d'animaux de travail.

6° *Animaux de boucherie.* Le département produit une grande quantité de viande. En dehors de la production des veaux de lait, on engraisse spécialement pour la boucherie des animaux entretenus pour le travail et le lait au moment où ils sont réformés et des animaux achetés dans les départements voisins uniquement en vue de l'engraissement.

L'engraissement se fait à l'étable ou dans les prés. Dans le premier cas, la période d'engraissement commence principalement à partir de novembre après les semailles et les animaux sont vendus surtout en février, mars, avril et mai.

Dans les prés, l'engraissement se fait du printemps à l'automne. La plus grande partie des animaux engraissés appartiennent aux races charolaise et Salers et, d'une manière générale, ils sont de très bonne qualité et très appréciés sur les marchés de Paris, de Lyon et des autres villes du Centre. Une quantité importante d'animaux gras sont même expédiés dans le midi de la France, en Italie, en Suisse et jusqu'en Belgique.

Les principaux marchés d'animaux gras se tiennent à Montbrison, Feurs, Roanne, La Pacaudière, Charleu et Saint-Martin-d'Estreaux.

Toutefois, beaucoup d'animaux gras sont achetés par des marchands de la région dans les exploitations mêmes et dirigés directement sur les centres de consommation.

La quantité d'animaux exportés annuellement du département peut être évaluée à 9,000, pesant en moyenne 650 kilogrammes, ce qui représente un poids vif de 585,000 quintaux.

Lait, crème, beurre et fromage. La population très dense du département consomme une très grande quantité de lait, produit en totalité dans la région même. Cette denrée ne donne lieu à aucun mouvement d'exportation.

Depuis quelques années, on expédie une certaine quantité de crème sur Lyon, et même sur le midi de la France. La quantité expédiée annuellement peut être évaluée à 800 hectolitres.

La plus grande partie du beurre produit dans le département est destinée à la consommation locale. Une faible quantité seulement, 600 quintaux environ, est expédiée dans le département du Rhône.

Dans les montagnes du Forez, les cultivateurs fabriquent un fromage spécial, la *forme*, qui présente une certaine analogie avec le *gorgonzola*. La production annuelle de ce fromage est d'environ 6,000 quintaux qui sont vendus principalement sur les marchés de Montbrison et de Boën, pour être consommés en grande partie dans la Loire.

A Saint-Julien-la-Vètre, Saint-Bonnet-le-Château, Salt-en-Douzy, Champoly, Saint-Barthélemy Lestra, Essertines-en-Douzy, Chalmazelle, Boisset-les-Montrond et Noirétable sont installées des fromageries qui fabriquent des fromages façon Gex et Roquefort. La quantité totale fabriquée est d'environ 6,500 quintaux. A signaler aussi la production du fromage maigre dans les exploitations où l'on produit du beurre et celle d'un petit fromage gras vendu sous le nom de «rigotte de Condrieu» et obtenu dans les montagnes du Pilat avec un mélange de lait de vache et de lait de chèvre. Ces deux fromages sont consommés à peu près exclusivement dans le département.

ESPÈCE OVINE.

L'élevage du mouton est insignifiant dans la Loire, car les terrains sont en général trop humides et la cachexie aqueuse exercerait trop de ravages dans les troupeaux.

La principale spéculation à laquelle donnent lieu les ovins consiste dans l'engraissement d'animaux achetés au printemps ou en été et engraissés au pâturage. Les animaux proviennent de la Creuse et du Puy-de-Dôme.

On engraisse aussi quelques moutons en hiver à la bergerie.

Ces animaux sont vendus généralement pour la consommation locale, à laquelle ils ne fournissent d'ailleurs qu'un faible appoint.

ESPÈCE PORCINE.

On élève beaucoup de porcs dans le département. La population indigène se rattache à la race celtique, qui se retrouve à l'état de pureté dans la partie montagneuse. Dans les plaines, on élève des individus issus de croisements de la race indigène avec la race Yorkshire.

La production des porcs de lait est très importante dans la Loire. Une partie de ces jeunes animaux sont engraissés dans le département, mais on en exporte un très grand nombre, 15,000 environ, à l'âge de 2 ou 3 mois dans les départements du Rhône, de l'Ain et de l'Isère. Les marchés les plus importants sont ceux de Montbrison, Roanne, Feurs, Boën, Sury-le-Comtal et la Pacaudière.

L'engraissement se fait pendant toute l'année. Les jeunes sont d'abord conduits au pâturage; au bout de 4 à 5 mois, on commence à les engraisser en leur donnant des racines et des pommes de terre, auxquelles on ajoute ensuite des grains et des farineux.

On exporte très peu de porcs engraissés de la Loire et la production est loin de suffire aux besoins de la consommation.

ANIMAUX ET PRODUITS DE BASSE-COUR.

Les produits de la basse-cour sont en très grande partie consommés dans le département. Cependant quelques expéditions sont faites sur les marchés de Montbrison, de Boën et de Feurs à destination de Lyon. On peut évaluer la quantité annuelle exportée à 600 paires de dindes, 1,000 paires d'oies et 1,800 paires de poulets.

La plus grande partie des œufs produits dans la Loire sont consommés dans le département. On en expédie cependant environ 30,000 douzaines chaque année à Lyon.

Miel et cire. — L'apiculture est peu développée dans la Loire. A part quelques exceptions, les ruches appartiennent aux systèmes les plus primitifs et ne donnent que des rendements assez faibles. Le miel est d'ailleurs consommé en totalité dans le département qui en importe chaque année de grandes quantités d'autres régions.

HAUTE-LOIRE.

Le département de la Haute-Loire possède, d'après la statistique de 1905 :

		têtes.			têtes.
Espèces	chevaline	12,330	Espèces	ovine	234,236
	mulassière	387		porcine	102,393
	asine	720		caprine	16,452
	bovine	196,726			

D'autre part, les 196,726 têtes de l'espèce bovine se divisent en :

	têtes.		têtes.
Taureaux	5,683	Élèves de plus d'un an	20,999
Bœufs	9,917	Élèves de moins d'un an	16,368
Vaches	143,759		

et les 234,236 têtes de l'espèce ovine en :

	têtes.		têtes.
Béliers au-dessus d'un an	6,440	Moutons au-dessus d'un an	60,854
Brebis au-dessus d'un an	111,520	Agneaux et agnelles de moins de 1 an	55,422

ESPÈCE CHEVALINE.

L'espèce chevaline appartenait autrefois à la variété auvergnate de la race asiatique (Sanson), mais depuis un certain temps cette variété a presque disparu sous l'influence de croisements dont elle a été l'objet avec les étalons de l'administration des Haras.

La race originelle est courte, trapue, sans distinction, mais robuste, énergique, sobre, à pied sûr, formant un bon cheval de selle. On rencontre souvent, surtout dans les villes, des chevaux plus forts, importés du Poitou, de Normandie, de Bretagne, du Perche et même du Boulonais, plus corpulents que le cheval du pays, ou encore les produits des croisements des haras.

L'espèce chevaline ne donne pas lieu à un commerce important; les maquignons se chargent de réapprovisionner et remplacer les chevaux morts de vieillesse ou d'accidents, pour les industries de transport. Il y a donc importation et non exportation. Les cultivateurs propriétaires produisent leur consommation personnelle et la remonte achète peu dans le département.

ESPÈCE BOVINE.

L'espèce bovine représentée dans la Haute-Loire comprend trois races : race de Salers, race du Mézenc, race d'Aubrac.

Les animaux salers se rencontrent dans tout l'arrondissement de Brioude et dans quelques cantons du Puy; ils occupent en somme le nord-ouest du département. Presque tous les sujets de cette race viennent des cantons de Massiac et surtout Allanche et Marcenat, du département du Cantal, limitrophe de la Haute-Loire. L'importation est faite par les cultivateurs et les marchands de bestiaux, qui vont s'approvisionner dans les foires de la région ci-dessus.

La race du Mézenc a son berceau autour du mont dont elle porte le nom; elle se rencontre dans tout le sud-est du département en population assez dense et en individus isolés dans les arrondissements du Puy et d'Issingeaux, mêlés aux Salers ou Aubrac. Elle se trouve aussi dans la région limitrophe de l'Ardèche, sur des pâturages situés à des altitudes variant entre 1,000 et 1,500 mètres. Les mouvements d'importation et d'exportation de cette race sont peu importants et se bornent aux transactions locales.

La race d'Aubrac, plus forte que la race du Mézenc, fournit les meilleurs bœufs de travail; elle occupe tout le sud du département, principalement le sud-ouest limitrophe de la Lozère; outre les naissances, un certain nombre d'animaux de cette race sont importés de la Lozère et de l'Aveyron.

Enfin, on rencontre dans la Haute-Loire quelques sujets limousins, tarentais, montbéliards, schwitz, etc., qui ne donnent pas de meilleurs résultats que les animaux ci-dessus. Mais ce qu'on rencontre surtout et partout, ce sont les croisements de ces différentes races, faits un peu au hasard, assez souvent sans beaucoup de méthode.

Les produits obtenus avec l'espèce bovine sont le travail, les veaux et le lait.

Dans les grandes exploitations, il y a quelquefois des chevaux, presque toujours des bœufs pour le travail, mais partout ailleurs on utilise la vache comme animal de trait.

Les veaux sont vendus vers l'âge de deux mois pour les marchés de Saint-Étienne et Lyon et quelques-uns sont conservés pour l'élevage. A partir de ce moment, le lait produit est transformé en beurre, qu'on vend sur les marchés locaux, à la consommation locale ou à des marchands en gros. Le prix varie, suivant la saison et d'autres circonstances, entre 1 fr. 50 et 2 fr. 50 le kilogramme et ce beurre est expédié à Saint-Étienne, Lyon, quelquefois à Paris, et voire même en Normandie, pour revenir dans la capitale, après avoir été remanié et mélangé avec des beurres normands.

Sous l'action du syndicat des agriculteurs de la Haute-Loire, les écrémeuses centrifuges se multiplient de plus en plus dans les campagnes.

Une vache laitière, après avoir nourri son veau, peut donner annuellement en moyenne 25 à 30 kilogrammes de beurre et autant de fromage. Le département compte 140,000 vaches environ en production, donnant 25 kilogrammes par tête à 2 francs le kilogramme, soit 2,700,000 francs de beurre et autant de fromage.

L'engraissement est peu pratiqué dans le département; on met souvent les animaux en état, suivant le terme consacré, mais rarement ils sont fin gras. Les meilleurs d'entre les bovins sont achetés pour l'alimentation de Saint-Étienne et Lyon et, malgré leur bon état, la viande n'est pas toujours très bonne, car les animaux sont trop âgés.

ESPÈCE OVINE.

Deux variétés ovines se rencontrent dans la Haute-Loire, la variété Bizet et la variété de Bains, qui toutes deux paraissent être dérivées de la race des Pyrénées, transformée et modifiée par le climat, le sol, l'alimentation et les méthodes de reproduction.

Le bizet, qui a son concours spécial, a son centre de production dans l'ouest du département; on l'appelle le bizet de Chilhac (canton de Lavoûte-Chilhac). C'est un petit mouton qui s'engraisse assez facilement et qui est très recherché par la boucherie, car son rendement en viande nette est très élevé. Le bizet est produit en grande partie dans la Haute-Loire : certains cultivateurs élèvent, d'autres engraissent ou plutôt mettent en chair, suivant leurs convenances ou leurs intérêts. Ces animaux sont expédiés à La Villette, à Saint-Etienne et à Lyon.

Il faut signaler aussi de nombreux croisements dans la population ovine de la Haute-Loire.

Les moutons fournissent peu de laine, 1 kilogramme par tête environ, que les propriétaires vendent à des courtiers ou à la foire de la laine du Puy, au mois de juillet.

ESPÈCE CAPRINE.

L'espèce caprine, outre les chevreaux, fournit un lait avec lequel on fabrique de petits fromages assez recherchés par la consommation locale, mais ne donnant pas lieu à un commerce d'exportation.

ESPÈCE PORCINE.

L'espèce porcine, assez nombreuse puisqu'elle compte 102,390 têtes, est produite tout entière dans le département, qui est exportateur pour cette catégorie d'animaux.

La production porcine sert à la consommation locale, et l'excédent est exporté dans la région stéphanoise ou lyonnaise, où la nombreuse population ouvrière l'absorbe facilement; l'expédition se fait à l'état adulte et gras. La race de porc est issue de croisements entre la race locale et les races anglaises, berkshire et yorkshire.

ANIMAUX ET PRODUITS DE BASSE-COUR.

La production de la volaille est faite généralement dans de mauvaises conditions d'hygiène; la plupart du temps les poules sont logées à l'étroit et les poulaillers sont nettoyés rarement. Aussi les couvées ne sont pas toujours bien réussies et la production des œufs est plutôt faible. On pourrait cependant obtenir de la basse-cour des bénéfices très appréciables, grâce à la proximité de Saint-Étienne et de Lyon et aux fabriques industrielles de la Haute-Loire. Les volailles et les œufs sont toujours chers dans le département, la douzaine d'œufs ne descend jamais au-dessous de 0 fr. 90 et atteint parfois 1 fr. 40.

La région de Brioude élève des dindons, qui s'expédient surtout à Clermont-Ferrand. Les autres oiseaux de basse-cour, excepté quelques canards, sont peu répandus. Il en est de même des lapins, qui se vendent toujours cher.

APICULTURE.

On compte environ 10,000 ruches dans la Haute-Loire; la grande majorité des abeilles est logée, suivant les anciennes méthodes, dans des paniers en paille ou des boîtes rudimentaires; on trouve cependant quelques ruches à cadre. Quoi qu'il en soit, la production moyenne est peu élevée, 3 à 4 kilogrammes de miel et 2 kilogrammes de cire par ruche en paille, alors que celles à cadre donnent le double ou le triple. Le miel se vend de 0 fr. 80 à 1 franc le demi-kilogramme et la cire 2 francs. La consommation locale absorbe la totalité de la production.

LOIRE-INFÉRIEURE.

ESPÈCE CHEVALINE.

L'élevage du cheval demi-sang est pratiqué surtout dans les prairies de la Basse-Loire, depuis Couëron jusqu'à Paimbœuf, dans celles du Don, de l'Isaac et de l'Erdre.

Les principaux centres de production sont : dans la région située au sud de la Loire, les cantons du Pellerin, de Saint-Père-en-Retz et de Machecoul; dans la région nord, les cantons de Saint-Étienne-de-Montluc, Savenay, Pontchâteau, Nort-sur-Erdre, Nozay, Blain, Ligné, Ancenis et Varades; on trouve quelques bonnes jumenteries dans les communes de Plessé et Joué-sur-Erdre.

L'administration des Haras achète tous les ans les meilleurs jeunes étalons de la production, mais les plus importantes transactions sont faites par la remonte et le commerce nantais.

Les marchands de la Vendée, des Charentes, de la Touraine et de Paris achètent aussi chaque année un grand nombre de poulains ou de chevaux faits; les chevaux achetés par les Vendéens sont élevés en vue de la livraison à l'armée; ceux expédiés en Charente et Touraine font surtout des chevaux de service, etc. La région parisienne achète des chevaux âgés de 5 ans au moins pour les fiacres.

Le dépôt de remonte d'Angers achète de 250 à 300 chevaux chaque année.

Les foires de printemps et d'automne de Nantes ont une grande importance; on n'y compte pas moins de 400 à 500 chevaux ou poulains.

En outre des nombreuses transactions qui se font dans les foires, de très importants achats se traitent chez les éleveurs, surtout pour les poulains achetés au sevrage.

Le cheval de trait est produit surtout dans les cantons de Châteaubriant, Rougé, Moisdon-la-Rivière, Saint-Julien-de-Vouvantes et Derval. Il est destiné à l'exécution des travaux agricoles où il remplace de plus en plus le bœuf.

Cet élevage est très prospère et tend à prendre un développement de plus en plus grand.

Les foires de Châteaubriant sont les plus importants marchés d'écoulement des produits de l'élevage du pays. Les poulains de l'année sont vendus d'octobre à février;

ils vont chez les éleveurs de la Mayenne, de l'Anjou et du Perche. Les poulains conservés par les producteurs sont dressés et utilisés dans les fermes du pays.

Les expéditions pour les régions désignées plus haut portent sur un millier d'animaux environ.

ESPÈCE BOVINE.

A l'exception des cantons viticoles du Loroux-Bottereau, de Vallet et de Vertou, l'élevage des animaux de l'espèce bovine est pratiqué dans tout le département.

L'arrondissement de Châteaubriant, celui d'Ancenis et une partie de ceux de Saint-Nazaire et de Nantes produisent des bœufs. L'engraissement est pratiqué surtout dans les prairies de la vallée de la Loire, depuis Nantes jusqu'à Saint-Nazaire.

L'élevage des animaux de l'espèce bovine donne lieu à de très importantes transactions qui portent sur les animaux d'élevage vendus surtout de 6 mois à un an, sur les animaux de travail vendus de 3 à 5 ans, sur les vaches laitières de 3 à 8 ans et sur les animaux de boucherie vendus de 3 à 5 ans, à l'exception des veaux de boucherie qui sont livrés à un mois ou 6 semaines.

Les ventes sont particulièrement actives de novembre à juin. Les animaux d'élevage se vendent toute l'année; ceux d'herbages, du mois d'août au mois de novembre et ceux d'écurie, en hiver, de novembre à février. Ces transactions portent environ sur 55,000 têtes de bétail. 15,000 à 18,000 animaux gras sont expédiés sur Paris et les environs des régions de Varades, Ancenis, Saint-Mars-la-Jaille, Savenay, Pont-Château, Blain, Nozay, Treffieux, Châteaubriant, Derval, Guémené, Saint-Père-en-Retz, Machecoul, Clisson, Boussay, Genéton, Legé et Saint-Philbert-de-Grandlieu; ce sont ces localités qui possèdent les plus importantes foires du département.

Les autres centres de consommation de bêtes grasses sont l'agglomération nantaise et Saint-Nazaire. Quelques expéditions sont faites au Havre, à Rouen et à Bordeaux.

Les éleveurs du département fournissent environ 8,000 têtes de jeunes animaux au Choletais, à la Vendée et à la Normandie, tant en animaux destinés à l'engraissement qu'en animaux livrés au travail. Châteaubriant, Pont-Château et Clisson sont les principaux centres d'expédition.

Les bœufs de travail de race nantaise sont expédiés au nombre d'un millier environ dans la région parisienne et en Bretagne.

Nozay et Pont-Rousseau (provenance du sud de la Loire) sont les deux centres d'expédition importants.

Lait, beurre, fromage. — La production totale du lait dans le département était en 1902 de 1,452,132 hectolitres, représentant une valeur de près de 20 millions de francs. Cette production n'a subi depuis cette époque que des variations peu importantes.

Une partie du lait est consommée en nature et le reste est transformé en beurre et en fromage. Presque tout le fromage est consommé dans le département. Les exportations n'intéressent que les beurres, dont les principales expéditions sont faites vers Paris et les stations balnéaires du littoral.

ESPÈCE OVINE.

L'élevage de ces animaux est peu pratiqué et ne donne lieu à aucune transaction intéressante.

ESPÈCE PORCINE.

La région nord du département, comprenant, avec Châteaubriant comme centre, Blain, Nort, Bouvron, Nozay, Guéméné-Penfao, Pont-Château et Campbon, est celle où l'élevage du porc et son engraissement sont particulièrement développés.

Sur un chiffre d'exportations de 140,000 têtes environ, Châteaubriant figure pour 42,241 têtes. Paris et sa banlieue absorbent la presque totalité des porcs gras expédiés annuellement, soit 110,000 environ. Nantes, Saint-Nazaire et les autres communes du département prennent le surplus de la production. Le plus important marché pour les porcelets se tient à Châteaubriant.

La vente des porcs est très active pendant toute l'année, à l'exception des mois d'été.

ANIMAUX ET PRODUITS DE BASSE-COUR.

L'élevage des animaux de basse-cour est très répandu dans tout le département, mais il ne donne lieu à des transactions importantes que dans la région qui avoisine le lac de Grandlieu, ainsi que dans les cantons de Blain, Saint-Mars-la-Jaille, Savenay, Saint-Etienne-de-Montluc et Pont-Château.

Il n'est pas possible de connaître les chiffres des expéditions, car un grand nombre de celles qui sont faites pour Nantes, Chantenay et Pont-Rousseau, sont enregistrées comme bagages.

Les poules et poulets vivants achetés sur les marchés de Machecoul, Sainte-Pazanne, Legé, Touvois, Savenay, Pont-Château sont expédiés en presque totalité à Pont-Rousseau, la Chevrolière, Bouaye et en Vendée. Cependant Paris a reçu en 1903 650 quintaux de poulets vivants en provenance de Saint-Mars-la-Jaille.

Les expéditions en volailles mortes sont beaucoup plus importantes; elles atteignent annuellement près de 20,000 quintaux en provenances principales de Passay (la Chevrolière), Touvois, Bouaye, la Limouzinière, Bouvron, Montoir, Sainte-Pazanne, Machecoul et Saint-Mars-la-Jaille.

Paris et sa banlieue reçoivent la presque totalité de ces expéditions, soit 18,000 quintaux; le surplus alimente l'agglomération nantaise.

Les canards vivants donnent lieu à des transactions toutes locales.

Les canards morts sont au contraire l'objet d'un commerce appréciable. Machecoul, Bouaye et Passay sont les centres principaux de cette production qui est expédiée à Paris.

Les œufs se rencontrent sur tous les marchés, mais les arrivages sont particulièrement importants sur ceux de Derval, Châteaubriant, Nozay et Savenay.

Les principaux centres d'expédition sont : Derval avec 1,685 quintaux pour Paris; Châteaubriant avec 14,000 quintaux dont 2,680 pour Paris, 2,680 pour l'exportation en Angleterre, 1,260 pour le Nord. La région de Nozay fournit un tonnage de 1,820 quintaux dont 430 quintaux pour Paris et Treffieux, 130 quintaux pour Paris.

APICULTURE.

L'entretien des abeilles est surtout pratiqué dans la région nord du département.

Il existe au Laudreau, dans la région sud, un établissement spécial pour l'élevage et la vente des abeilles sélectionnées.

Les essaims se vendent dans le pays, sauf pour l'établissement du Laudreau qui expédie des essaims dans presque toutes les régions de France, en Belgique et en Suisse et des reines dans toute l'Europe.

Les ventes s'effectuent de mai à août.

Deux sortes de miel sont récoltés; le miel extrait, provenant de ruches à cadres, et le miel pressé, provenant de ruches vulgaires. La vente du miel s'effectue de novembre à janvier. Il est surtout acheté par les biscuiteries et les fabriques de pains d'épices.

Nantes, Bordeaux, Dijon, la Belgique et la Hollande sont les principaux centres de consommation.

LOIRET.

La production animale est moins importante dans le département du Loiret que la production végétale, par suite du manque relatif de fourrages. Cependant elle n'en est pas moins intéressante en ce qui concerne certaines régions.

ESPÈCE CHEVALINE.

La population chevaline s'élève à 42,900 chevaux répartis irrégulièrement.

Le nombre des poulains nés dans l'arrondissement d'Orléans est très restreint. Il peut être évalué à 200. Les saillies se font à Orléans et à Châteauneuf. Environ 100 de ces poulains proviennent des étalons de l'État et les autres sont issus des gros percherons rouleurs qui circulent de ferme en ferme pour opérer la monte.

Les éleveurs qui veulent des animaux de gros trait trouvent que les étalons anglo-normands des Haras ne remplissent pas toutes les conditions désirables.

Les juments saillies sont de toute sorte : le plus souvent ce sont des bêtes trop âgées, fatiguées et tarées par un service actif et qui ne donnent, dans la plupart des cas, que des produits médiocres.

La vente des poulains produits dans la région d'Orléans est insignifiante. Par contre, un assez grand nombre de chevaux faits de 5 à 6 ans sortent de l'arrondissement. Ils ont été élevés par les fermiers du Val de la Loire, des environs d'Artenay et de Patay, et vendus ensuite pour Chartres et Paris. Les animaux quelque peu défectueux sont achetés par des marchands spéciaux qui les dirigent sur les mines de Saint-Étienne pour les travaux souterrains.

Les principales transactions se font à Orléans aux foires du 18 mars et du 18 septembre et aux marchés francs les derniers samedis de chaque mois.

Dans l'arrondissement de Gien, les trois quarts des exploitations font l'élevage du cheval, surtout sur la rive gauche de la Loire. Les femelles sont gardées par les fermiers, les mâles sont vendus *laitons* sur les foires de Concressault, Châtillon-sur-Loire, Gien et Sully. On peut estimer de 130 à 150 le nombre des poulains ainsi vendus à des prix variant de 300 à 550 francs.

Quelques poulains mâles sont gardés et vendus à 20 mois (soit 50 pour l'arrondissement) à un prix moyen de 800 francs. Ce sont surtout des marchands du

Gâtinais et de Sens qui enlèvent les poulains du Giennois. L'arrondissement fournit aussi des juments de trait adultes de 4 à 6 ans vendues 950 à 1,000 francs en moyenne sur les foires d'Aubigny (Cher), à des méridionaux ou à des Suisses. Ces transactions peuvent atteindre 50,000 à 60,000 francs par année.

Dans une partie du canton de Sully on a tenté l'élevage du demi-sang, mais on y a bientôt renoncé par suite de la nécessité où se trouvent les cultivateurs de posséder de gros animaux pour le travail des machines à moissonner.

Dans l'arrondissement de Montargis, les chevaux sont répartis à peu près régulièrement. On compte 1,070 têtes au-dessous de trois ans et 9,885 au-dessus.

Les cantons de Châteaurenard, Châtillon-Coligny, Ferrières et Montargis, qui possèdent des herbages, sont les principaux centres de production de chevaux. Le véritable centre du commerce de ces animaux est Courtenay. On les vend jeunes et adultes pour le Gâtinais et Sens, aux foires de Courtenay, Montargis, Bellegarde, Châteaurenard, Châtillon-Coligny, Ferrières et Lorris. Le commerce s'élève au moins à 3 millions de francs (achat et vente).

Dans l'arrondissement de Pithiviers, il y a 554 chevaux au-dessous de trois ans et 9,885 au-dessus. L'élevage y est presque nul, car les prairies naturelles font défaut. Les animaux appartiennent aux races percheronne et bretonne.

Les transactions concernant ces animaux se font aux foires de Pithiviers, Beaune-la-Rolande, Malesherbes, Outarville, Puiseaux. On achète quelquefois à Montereau et à Courtenay.

ESPÈCE MULASSIÈRE.

L'espèce mulassière est sans importance dans le Loiret. La statistique en compte seulement 90 têtes importées du Poitou au fur et à mesure des besoins. Ces animaux sont surtout répartis dans les villes.

ESPÈCE ASINE.

La statistique évalue à 4,580 le nombre des ânes existant dans le Loiret.

Ils sont peu nombreux dans les environs d'Orléans où ils sont employés par les vignerons et les petits cultivateurs. Ils sont tous achetés dans le Poitou ou dans le Piémont, pour ceux de grande taille. Leur nombre tend à diminuer. On les remplace peu à peu par les petits chevaux.

Le canton de Châteauneuf possède un assez grand nombre d'ânes, utilisés pour le commerce, l'agriculture, etc. Mais, dans les autres cantons de l'arrondissement d'Orléans, le nombre de ces animaux est restreint.

Les transactions principales se font aux marchés francs d'Orléans et aux foires de Châteauneuf.

Dans les arrondissements de Gien, de Montargis et de Pithiviers, les ânes ne donnent lieu à aucun commerce intéressant.

ESPÈCE BOVINE.

D'après la statistique, il y a dans le Loiret : 2,186 taureaux, 528 bœufs, 4,798 vaches à l'engrais, 63,700 vaches laitières, 38,000 vaches en gestation, 816 bouvillons, 13,200 génisses, 12,300 élèves.

Ces animaux appartiennent en général à la race normande. Ils sont dans l'arrondissement d'Orléans l'objet d'un grand trafic. L'élevage est peu important et loin de suffire aux besoins de l'agriculture. La petite culture n'élève pas, la moyenne et la grande font quelques élèves pour renouveler leurs étables. Les centres d'élevage sont le Val de la Loire, la forêt d'Orléans et le canton de la Ferté-Saint-Aubin où se trouvent des prairies. Dans tout le reste de l'arrondissement, le mode de culture impose la stabulation permanente, peu favorable à l'élevage des génisses.

Les taureaux sont peu nombreux, les grandes fermes seules en possèdent pour les saillies de leurs vaches et de celles des petits propriétaires et fermiers voisins. Ils appartiennent aux variétés normandes souvent croisées avec d'autres variétés.

Les vaches laitières sont en majorité des normandes; un certain nombre viennent de la Sarthe et de la Mayenne. Dans le Val on rencontre quelques hollandaises plus ou moins pures.

La stabulation permanente est de règle, mais les soins hygiéniques font parfois défaut. Dans le Val, les vaches parcourent les chaumes après la moisson. Dans la région forestière et la Sologne, les animaux sortent plus souvent. Dans le vignoble et la petite culture, les vaches sont entretenues en stabulation permanente.

L'élevage le plus important et qui donne lieu à un commerce intéressant est celui des *veaux*.

Les cultivateurs des environs d'Orléans gardent les veaux le moins longtemps possible parce qu'ils ont le débit facile du lait à Orléans.

Ils vendent ces animaux à l'âge de 8 à 10 jours, dès que le lait de la vache est bon pour la consommation. Ces veaux sont achetés par des cultivateurs plus éloignés de la ville, qui les engraissent jusqu'à 6 semaines au moins, souvent jusqu'à 10 ou 12 semaines pour les marchés d'Orléans.

Les veaux de plus de 10 semaines sont généralement conduits aux marchés de Neuville, où des marchands les achètent pour Paris.

Les méthodes zootechniques relatives aux bovins laissent quelque peu à désirer et l'élevage ne tend pas à progresser.

Dans la partie du département appartenant à la Beauce, le nombre des bovins tend à diminuer, à cause du prix élevé des vaches prêtes à vêler et des cours relativement bas des animaux de boucherie. Beaucoup de fermiers de cette région diminuent le nombre de leurs vaches pour augmenter celui des moutons dont l'élevage y est actuellement plus rémunérateur.

Dans l'arrondissement de Gien, les bovins fournissent une grande partie du revenu agricole. Dans toutes les fermes on fait l'élevage d'animaux normands plus ou moins purs. Chaque mois on vend aux foires de Gien, Sully et Châtillon-sur-Loire environ 150 vaches aux prix moyens de 360 à 380 francs.

Toutes les vaches fraîches de veaux sont enlevées par des marchands de Montargis et de Seine-et-Marne. On trouve également dans ces mêmes foires et marchés une importante quantité de veaux mâles qui sont emmenés dans les mêmes régions que les vaches pour y être engraissés. La boucherie ne trouve dans le Giennois que peu de bons veaux. Elle expédie à Paris 150 taureaux par an. Elle achète et tue sur place 1,500 à 1,800 têtes de bovins d'un prix moyen de 300 francs.

Dans l'arrondissement de Montargis, on trouve 378 taureaux, 154 bœufs, 29,963 vaches, 3,816 élèves d'un an et au-dessus et 3,205 élèves de moins d'un an.

Les bonnes prairies du Montargois se prêtent à l'élevage, dans les cantons de Bellegarde, Châteaurenard, Châtillon-Coligny, Courtenay, Ferrières, Lorris et Montargis.

On négocie les bovins dans les foires et marchés de ces chefs-lieux de canton. Ils y sont achetés par des marchands qui les revendent aux cultivateurs du Gâtinais, de la Seine-et-Marne et de l'Yonne.

D'importants marchés aux veaux se tiennent à Courtenay, à Ferrières, à Châteaurenard, à Châtillon-Coligny et à Bellegarde.

On peut estimer que le commerce des bovins, dans l'arrondissement, est de 5 millions de francs pour l'achat des jeunes vaches normandes et revente des vieilles, et de 10 millions de francs pour les veaux de boucherie, soit 15 millions au total.

Le commerce des vaches augmentera certainement tandis que celui des veaux diminuera par suite de l'établissement des laiteries industrielles.

Dans l'arrondissement de Pithiviers, on rencontre 364 taureaux, 200 bœufs, 20,573 vaches, 1,785 élèves d'un an et au-dessus, 1,701 élèves de moins d'un an.

Les bœufs sont importés du Nivernais à l'âge de 4 à 6 ans. On les emploie aux travaux de l'automne. Ils sont engraissés l'hiver et vendus au printemps sur le marché de La Villette.

Les vaches appartiennent à la race normande. Peu d'entre elles sont nées et élevées dans la région. Le plus grand nombre est importé de Normandie par des marchands et des commissionnaires.

Les vaches épuisées ou âgées de 8 à 12 ans sont engraissées et livrées à la boucherie locale ou à la boucherie parisienne. Quelques-unes sont vendues maigres à des cultivateurs qui en font l'engraissement.

Les veaux donnent lieu à un commerce de *laitons* intéressant. A huit jours ou trois semaines, ceux qu'on ne veut pas élever sont vendus sur les marchés des cantons à des cultivateurs qui en font l'engraissement pour la boucherie locale ou pour Paris.

Lait. — La production du lait est très importante dans le Loiret. Elle était en 1902 de 1,461,201 hectolitres, représentant une valeur de 17,777,423 francs.

Les vaches laitières qui concourent à cette production sont au nombre de 101,000 environ.

Le tiers de cette production est transformé en beurre et fromage; un deuxième tiers est consommé sur place et le reste est exporté sur Paris. C'est donc environ par 6 millions 500,000 francs que se chiffre le commerce du lait en nature.

Beurre. — Le beurre est fabriqué à une certaine distance des villes et consommé en majeure partie dans le département. Cependant quelques expéditions importantes sont faites sur Paris. On négocie le beurre sur tous les marchés du département. On peut estimer à environ 5,500,000 francs le chiffre des transactions auxquelles donne lieu cette denrée.

Fromage. — Le fromage est fabriqué dans toutes les fermes où il est directement consommé.

On en fabrique aussi sur certains points où il a une réputation méritée, comme à Orléans (Olivet), Chécy, Jargeau, Saint-Benoît, où il est livré à la consommation locale ou exporté à une faible distance.

On peut estimer à 500,000 francs le commerce du fromage et le surplus de la production (4,500,000 francs) est consommé sur place.

ESPÈCE OVINE.

L'effectif des ovins du Loiret comprend 870 béliers, 33,200 moutons, 129,500 brebis, 125,000 agneaux de différents âges. Ils sont surtout répandus en Beauce, mais on les trouve aussi dans tout le département comme producteurs de laine, de viande et d'agneaux. Ces animaux sont élevés plus spécialement par la grande culture.

Dans l'arrondissement d'Orléans, ils donnent lieu à des transactions très actives, notamment à Jargeau, Artenay et Patay. Les races sont diverses suivant la région et le sol. Au sud de l'arrondissement, c'est le rustique solognot qui domine. Ailleurs, on rencontre quelques troupeaux de berrichons. En Beauce on élève surtout le métis-mérinos.

Depuis 5 ou 6 ans l'élevage du mouton paraît en progrès, surtout depuis que les prix de vente des moutons gras se maintiennent fermes et laissent par suite des bénéfices appréciables aux cultivateurs.

La production de l'agneau est la spéculation dominante; cependant quelques fermiers préfèrent se livrer à l'engraissement en achetant des agneaux pour les revendre quelques mois après.

Dans l'arrondissement de Gien, l'élevage se fait surtout dans la Sologne. On y croise des brebis solognotes avec les béliers southdowns pour obtenir des agneaux précoces qui sont très recherchés de la boucherie. L'arrondissement produit ainsi annuellement environ 10,000 agneaux tant solognots ou croisés que berrichons.

Beaucoup de cultivateurs de Sologne renouvellent leurs brebis tous les ans. Ils les achètent dans le Cher, un peu dans le Loir-et-Cher, et les revendent au mois de juillet ou d'août, réalisant le plus souvent un bénéfice de 2 à 3 francs par tête. Cette transaction donne un bénéfice total de 20,000 à 25,000 francs pour la région.

Quelques cultivateurs (1/3 environ) hivernent seulement des moutons, soit qu'ils les engraissent complètement, soit qu'ils les vendent demi-gras à des cultivateurs de la Brie.

L'arrondissement produit ainsi 2,000 à 2,500 moutons vendus au printemps, les berrichons, 36 francs, et les solognots 30 à 32 francs en moyenne. Le bénéfice est d'environ 8 francs par tête, sans compter le fumier.

L'arrondissement de Montargis possède 347 béliers au-dessus d'un an, 35,583 brebis au-dessus d'un an, 18,222 moutons de tout âge et 23,031 agneaux et agnelles de moins d'un an. On fait de l'élevage et de l'engraissement dans tout l'arrondissement. Les cantons où la population ovine est particulièrement nombreuse sont ceux de Châteaurenard, de Ferrières et de Châtillon-Coligny. C'est dans l'arrondissement, près de Nogent-sur-Vernisson, que fut créée par feu Nouette-Delorme la célèbre bergerie southdown de la Manderie.

Dans l'arrondissement de Pithiviers, on rencontre également beaucoup de moutons. On y pratique également l'élevage et l'engraissement.

On rencontre surtout des beaucerons, des métis-mérinos beaucerons, des berrichons, parfois des solognots, des southdowns, des dishley-mérinos, et des charmois exceptionnellement.

Mais c'est dans les cantons d'Outarville, de Malesherbes et de Pithiviers que les

PLANCHE XV.

BÉLIERS SOUTHDOWN.

moutons sont les plus nombreux et que les transactions sont importantes. Souvent les cultivateurs achètent des brebis dans le Berry pour les croiser avec des southdowns ou avec des dishley-mérinos. Les produits obtenus sont vendus à 4 ou 6 mois à Paris, où ils sont très appréciés. On achète et on vend beaucoup aux marchés et aux foires d'Étampes.

La plupart des cultivateurs élèvent les agneaux au pâturage jusqu'en novembre, les engraissent et les vendent à Paris. L'engraissement et la vente des brebis hors de service se fait de la même façon. Enfin l'élevage est fait sur une certaine échelle dans tout l'arrondissement.

Laine. — La laine est produite par 251,351 moutons (en 1902). En suint, elle représente 7,891 quintaux, d'une valeur totale de 811,379 francs. Valeur du quintal, 102 francs.

A ces renseignements il y a lieu d'ajouter la laine lavée à dos, dont la production est de 504 quintaux, représentant 168,873 francs. Valeur du quintal, 335 francs. C'est donc près de 1 million de francs de laine que produit le département.

Cette laine est recherchée par les fabricants de couvertures d'Orléans et de draps de Romorantin, de Chartres, de Reims, de l'Ouest et du Nord. Elle est négociée principalement à Orléans, Jargeau, Artenay, Patay, Pithiviers, Étampes, Gien, Montargis, etc.

ESPÈCE CAPRINE.

L'espèce caprine est représentée par 4,656 chèvres.

Dans l'arrondissement d'Orléans, ces animaux sont entretenus par de petits cultivateurs qui n'ont ni la place ni les moyens d'avoir une vache. Quelques ouvriers possèdent une ou deux chèvres qu'ils font paître sur les chemins ou dans les fossés. Elles servent le plus souvent à l'allaitement des enfants. Quelques personnes se servent du lait pour la fabrication de fromages, qui sont vendus dans le voisinage. Mais c'est là un commerce restreint.

Chez quelques vignerons ou petits cultivateurs, on rencontre une chèvre dans l'étable, qui partage la nourriture des vaches.

Dans le Giennois, l'industrie des caprins est presque nulle, sauf dans les contrées de Châtillon-sur-Loire et de Beaulieu, et chez quelques petits particuliers.

Dans le Montargois, il n'y a que 835 chèvres, donnant lieu à un commerce de 20,000 francs environ.

Dans l'arrondissement de Pithiviers, le nombre est encore plus restreint. Il n'atteint que 543 têtes. Il n'y a pas non plus de commerce important de ces animaux.

ESPÈCE PORCINE.

L'espèce porcine est représentée dans le département par 251 verrats, 3,725 truies, 8,623 animaux à l'engrais de plus de six mois, 28,982 animaux à l'engrais de moins de trois mois.

Dans l'arrondissement d'Orléans, les porcs donnent lieu à un commerce considérable. Une partie est consommée sur place pour la nourriture de la ferme, le surplus est vendu sur les marchés des chefs-lieux de canton. Les jeunes porcs sont achetés en grande partie aux marchés francs d'Orléans (derniers samedis de chaque mois).

Ces petits porcs viennent généralement de l'Indre et de la Sologne. Les plus gros sont importés de la Haute-Vienne et de l'Auvergne.

L'arrondissement ne produit pas de porcs. Les cultivateurs achètent les porcs jeunes et les engraissent avec le petit lait, les pommes de terre, et des farines d'orge, de seigle, etc.

Dans les environs d'Orléans existent quelques industriels qui engraissent des porcs avec les résidus et déchets de cuisine des casernes, des pensionnats, de la prison, etc. Les animaux ainsi nourris engraissent assez rapidement et assez économiquement, mais leur chair est en général de qualité médiocre. Ils sont presque tous dirigés sur Paris.

Les grandes laiteries des environs de Neuville, d'Artenay et de Patay ont annexé à leurs industries des porcheries pour utiliser leurs sous-produits. La Sologne (La Ferté) élève des porcs assez recherchés pour la qualité de la viande.

Dans l'arrondissement de Gien on pratique l'élevage du porc et très peu l'engraissement. On trouve ces animaux dans toutes les fermes, dans la proportion de 2 à 10, suivant l'importance du domaine, et les marchés aux porcelets de 6 semaines environ sont très importants. Il en est vendu plus encore, de 3 à 4 mois, aux foires de Gien, Sully et Châtillon.

Dans l'arrondissement de Montargis, les porcs sont répartis dans tous les cantons.

C'est à Châtillon-Coligny que le commerce est le plus important ainsi qu'à Lorris, pour les jeunes porcs de moins de six mois. On élève peu et l'on achète dans le Berry des porcelets pour l'engraissement. On peut estimer à 800,000 francs le commerce des porcs dans l'arrondissement.

Dans l'arrondissement de Pithiviers, on élève et on importe chaque année environ 3,800 porcelets qui sont engraissés pour la consommation domestique.

ANIMAUX ET PRODUITS DE BASSE-COUR.

Toutes les fermes possèdent un grand nombre de volailles. Il n'est pas rare d'en compter dans les plus étendues jusqu'à 300 ou 400. Les fermiers s'intéressent beaucoup à leur élevage qui d'ailleurs est lucratif. Tous les marchés regorgent de poulets qui sont achetés par les marchands et expédiés de tous côtés. Paris est le principal débouché. Le département produit environ pour 10 millions de francs de poulets, y compris l'exportation dont la valeur est de 5 millions environ.

Les canards et les pintades ont quelques éleveurs spéciaux. Ils sont beaucoup moins nombreux que les poulets, mais leur vente est toujours facile.

Les oies sont élevées en grand nombre, notamment en Sologne. Elles sont vendues à Orléans et dans les autres villes du département. Le surplus est expédié sur Paris et l'Angleterre. Cette exportation peut être évaluée à 250,000 francs environ chaque année.

La Sologne produit en outre beaucoup de dindons, pour lesquels Londres est le principal centre d'exportation. Les gares expéditrices sont La Ferté, Cerdon, Villemurlin, pour le Loiret. La valeur des dindons exportés est d'environ 200,000 francs.

La production des œufs est considérable dans le Loiret; elle dépasse 6 millions de francs. La moitié environ est consommée sur place, et l'autre moitié est exportée sur Paris. Sur tous les marchés du département on négocie des œufs. Les marchands dits *coquetiers* les ramassent sur les marchés avec le beurre et la volaille et les expédient sur les halles de Paris.

Lapins. — Les lapins sont nombreux dans les fermes et surtout dans les parties boisées, notamment en Sologne.

Dans l'arrondissement d'Orléans, chaque exploitation rurale possède un clapier. Aussi les lapins y existent en grand nombre.

On les élève pour la consommation et pour la vente. Ils donnent lieu à un commerce important sur les marchés d'Orléans, Jargeau, Châteauneuf, La Ferté et Neuville, qu'on peut estimer à 600,000 francs au minimum. Une partie est consommée dans ces villes (c'est la plus faible) et le reste est expédié sur Paris.

Dans le Giennois on trouve le lapin très répandu, soit dans les fermes, soit surtout en Sologne. On en expédie de cette région pour 30,000 francs à Paris chaque année, au prix de 2 francs à 2 fr. 50. On en consomme autant.

Même remarque pour le Montargois, où le lapin existe partout. Il se vend en assez grande quantité sur tous les marchés des chefs-lieux de canton. On peut estimer ses transactions annuelles à plus de 500,000 francs.

Même commerce aussi de ces animaux dans l'arrondissement de Pithiviers, dans tous les marchés des chefs-lieux de canton. La moitié sert à la consommation locale et l'autre moitié est exportée sur Paris. On peut estimer la production totale à 50,000 francs.

APICULTURE.

Les abeilles sont exploitées depuis très longtemps dans le Loiret. Les miels et les cires du Gâtinais, de la Sologne et de la Beauce sont justement estimés. Cependant leur production a beaucoup diminué par suite des défrichements des bruyères de la Sologne et de l'extension donnée aux cultures sarclées au détriment des cultures fourragères.

La statistique de 1902 accuse encore 24,645 ruches en activité, qui ont produit 261,918 francs de miel et 81,313 francs de cire, soit au total 343,931 francs.

Autrefois les productions du miel et de la cire étaient assez considérables pour alimenter cinq établissements industriels (dits *cireries*) situés sur les bords du Loiret et près de la gare des Aubrais.

Aujourd'hui, les industriels importent d'Afrique, de l'Inde et d'Amérique le complément de matières premières qui leur fait défaut.

LOT.

De même que la production végétale, la production animale est très variée dans le département du Lot.

La population animale agricole est répartie de la manière suivante :

		têtes.		têtes.
Espèces	chevaline	11,200	Espèces caprine	10,000
	mulassière	1,500	Espèces porcine	80,000
	asine	4,500	Animaux de basse-cour (chiffres donnés plus loin).	
	bovine	85,500		ruches.
	ovine	500,000	Abeilles	8,000

ESPÈCES CHEVALINE, MULASSIÈRE ET ASINE.

La production chevaline a pris une grande importance dans la région des Causses. La race de Gramat a franchi depuis longtemps les limites du département et elle est considérée comme l'une des plus aptes à fournir le cheval de cavalerie légère.

Le cheval produit dans la région de Gramat est en outre un excellent animal de trait léger, très sobre, très endurant et par suite très apprécié.

Grâce aux encouragements de l'État en faveur de cette race, et à l'initiative des éleveurs, l'élevage de cet animal s'est sensiblement développé. Confinée jusqu'à ces dernières années sur le causse de Gramat, cette production tend à s'étendre sur les causses de Martel et de Limogne; on trouve également dans les autres régions beaucoup de cultivateurs possédant une jument de service qu'ils livrent à la reproduction.

Le Lot est doté de 4 stations d'étalons de l'État, ce sont :

	étalons.		étalons.
Gramat	12	Saint-Céré	2
Figeac	4	Cahors	2

Il y a en outre 21 étalons appartenant à des particuliers et approuvés par le Service des haras.

Le nombre des juments présentées aux étalons de l'État s'élève à 600 en moyenne et celui des juments saillies par les étalons des particuliers à 300 environ, soit 900 juments livrées à la reproduction. On peut ajouter 100 autres juments saillies par des étalons non approuvés.

La production annuelle peut être évaluée à 800 têtes. La remonte achète sur les marchés de Gramat, de Figeac, de Cahors et de Vayrac 200 têtes environ (les mâles de préférence), le reste sert à renouveler les écuries ou est livré au commerce local.

Les prix des chevaux pris par la remonte est de 1,000 à 1,400 francs. Le commerce les paye en général un prix sensiblement inférieur.

Quelques propriétaires répartis dans les différentes régions du département se livrent à la production du mulet. Cette production, importante actuellement, a tendance à s'accroître, car les produits trouvent un débouché facile. Ils sont vendus à l'âge de 6 mois aux foires de Capdenac, Figeac et Marcilhac.

L'âne n'est pas élevé dans le département, mais il donne lieu à un commerce actif, étant employé pour les transports à dos ou pour traîner les petits véhicules qui transportent le lait, la volaille, les légumes sur les marchés. C'est le petit âne africain qui est surtout utilisé.

ESPÈCE BOVINE.

La population bovine du département du Lot comprend des animaux appartenant aux races de Salers, limousine, d'Aubrac et garonnaise. Ces animaux sont répartis sur les diverses régions des départements avoisinant le pays d'origine de chaque race.

La race de Salers est de beaucoup la plus répandue; elle représente environ les 3/5 de la population bovine et occupe presque exclusivement l'arrondissement de Figeac, les 3/4 de ceux de Cahors et de Gourdon. La race d'Aubrac n'est représentée que par quelques bœufs de travail achetés sur les foires de l'Aveyron. Sauf de rares exceptions, la race limousine n'existe pas à l'état pur, mais simplement à l'état de croisements, peuplant les étables d'une partie de l'arrondissement de Gourdon et de Cahors. La race garonnaise est localisée dans les cantons de l'arrondissement de Cahors qui avoisinent le Lot-et-Garonne.

Les zones respectivement occupées par les races bovines du Lot se modifient lentement, et à cet égard la race limousine a tendance à s'accroître au détriment des autres races, car les cultivateurs de certaines régions du département s'adonnent de plus en plus à l'engraissement des bœufs.

Les sociétés et comices agricoles s'efforcent, dans la mesure de leurs ressources, d'encourager par des primes en argent et des médailles l'amélioration des races bovines dans le département, et les résultats obtenus dans ce sens sont sensibles.

Les spéculations auxquelles donne lieu l'entretien des races bovines dans le Lot sont variées.

Tout d'abord on constate que la production du *veau de boucherie*, atteignant à 2 ou 3 mois le poids moyen de 100 à 130 kilogrammes, est générale dans tout le département.

Les foires de tous les chefs-lieux de canton sont largement approvisionnées de veaux durant toute l'année.

On ne fait pas naître le veau à une époque déterminée, mais les naissances sont particulièrement nombreuses en février et mars.

D'une manière générale l'agriculteur du Lot n'élève pas le veau. Il préfère acheter en septembre ou octobre, sur les foires de la région, des taurillons et des génisses de 6 à 7 mois, que les marchands du pays ont acquis en Auvergne, au moment de la descente de la montagne. Les cultivateurs gardent ces animaux seulement quelques mois, les revendent ensuite aux mêmes foires. Ce commerce donne lieu à un mouvement d'affaires très important.

Les animaux de travail donnent lieu également à des transactions nombreuses dans les mêmes foires, non seulement entre propriétaires de la région, mais entre ceux-ci et des marchands des départements du Nord, de l'Aisne, etc., qui viennent en septembre sur les marchés de Figeac acheter des bœufs destinés aux travaux agricoles et ultérieurement à l'engraissement. Il n'est pas rare qu'un attelage atteigne le prix de 1,000 à 1,200 francs.

Dans certaines régions du Lot, le cultivateur engraisse les bœufs de réforme à l'entrée de l'hiver, ainsi d'ailleurs que les vaches qui sont trop vieilles pour être livrées à la reproduction. On pratique rarement l'engraissement des génisses et des jeunes bœufs. Cependant il convient de remarquer que cette spéculation a tendance à s'implanter dans quelques régions.

La plus grande partie des animaux engraissés est expédiée sur Paris, Nîmes et Bordeaux par des marchands du pays qui font leurs achats sur les foires de la région. Le marché de La Villette reçoit plus de 2,000 têtes chaque année.

Le lait de la vache est employé en grande partie pour l'alimentation du veau; l'excédent est consommé en nature et une faible quantité est transformée en beurre et fromage. Ces deux derniers produits ne donnent lieu qu'à un commerce local.

ESPÈCES OVINE ET CAPRINE.

Le département du Lot possède une population ovine de 500,000 têtes environ, connue sous le nom de «race ovine des causses du Lot». Elle s'étend sur tout son territoire qu'elle franchit même du côté de la Corrèze, mais on la trouve surtout concentrée sur les causses de Gramat, de Limogne et de Martel.

Primitivement on élevait le mouton en vue de la production de la laine et du lait. On vise aujourd'hui la production de la viande et l'amélioration de la race se poursuit depuis longtemps dans ce but.

A cet effet on essaya tout d'abord de croiser la race locale avec des races étrangères plus aptes à la boucherie; les résultats furent peu encourageants et, à part quelques rares obstinés, les éleveurs poursuivent l'amélioration de leurs troupeaux par sélection.

Encouragés dans cette voie par des récompenses importantes en argent et en médailles, qui sont distribuées chaque année dans les concours et expositions, les principaux éleveurs sont parvenus à donner à cette race un degré de perfectionnement remarquable.

La région des causses est particulièrement favorable à l'élevage du mouton; c'est en effet le seul animal qui puisse en utiliser les herbes fines et savoureuses, mais peu abondantes.

La remonte du troupeau se fait par cinquième. Les bêtes de réforme sont engraissées parfois par les éleveurs eux-mêmes, mais le plus souvent par des agriculteurs d'autres régions.

En général les naissances ont lieu pendant les mois de décembre et de janvier. Les jeunes animaux qui ne sont pas destinés à la reproduction sont vendus à l'âge de 5 à 6 mois à d'autres propriétaires du département, ou exportés au dehors pour être engraissés et livrés à la boucherie à l'âge de 10 à 12 mois, lorsqu'ils atteignent le poids de 50 à 60 kilogrammes; les bêtes de réforme ou engraissées dépassent souvent ce poids.

L'excédent des besoins de la consommation locale est en général expédié sur Paris. Le marché de La Villette reçoit en moyenne 75,000 têtes par an.

En dehors de l'agneau, la brebis donne encore du lait, soit en moyenne 20 litres par an. 40,000 brebis sont soumises à la traite. Ce lait est transformé en petits fromages dits de «Rocamadour» ou vendu à des industriels pour la fabrication du fromage de Roquefort.

A côté de la production laitière de la brebis, il importe de signaler celle de la chèvre qui donne en moyenne 2 litres de lait par jour pendant 150 jours, soit 300 litres par an, plus 1 ou 2 chevreaux vendus 4 à 5 francs à un mois.

Le lait de chèvre mélangé avec celui de brebis et parfois avec celui de la vache est transformé en petits fromages. Le commerce de ces derniers est important, les stations du chemin de fer qui traverse la région des Causses en font de très nombreuses expéditions.

On estime que sur les 17 millions de petits fromages produits, 6 millions sont expédiés par cette voie dans toutes les directions, mais particulièrement sur Paris. Les prix varient, suivant les saisons, de 0 fr. 75 à 1 fr. 20 la douzaine.

ESPÈCE PORCINE.

Le département du Lot ne possède pas de races porcines caractérisées. Il exploite des métis dérivés du croisement de la race indigène avec les races anglaises, yorkshire principalement. Il existe néanmoins des familles ou des variétés dont les caractères se maintiennent, formant deux types principaux; l'un à tête et membres fins, l'autre à ossature plus développée.

Bien que l'élevage du porc ait beaucoup progressé depuis quelques années, il n'a pas encore atteint le développement que comportent les besoins de la consommation et de l'exportation. Une certaine quantité de porcelets est encore fournie par les départements voisins. On rencontre un peu partout des truies destinées à la reproduction, mais c'est principalement dans l'arrondissement de Figeac et sur les parties du Lot où se cultive la truffe qu'on en élève le plus grand nombre.

L'amélioration par sélection des variétés locales donne de bons résultats. Néanmoins on est obligé de recourir de temps en temps à des verrats yorkshire ou craonnais pour maintenir les types recherchés par le commerce.

L'action des concours locaux d'animaux reproducteurs semble être le véritable critérium de l'élevage, en désignant aux possesseurs de truies les verrats auxquels ils devront s'adresser.

Le porc donne lieu à deux spéculations zootechniques dans le Lot, l'élevage et l'engraissement. Dans le premier cas on recherche les animaux prolifiques, alors que dans le second on tient compte surtout de la précocité, de la conformation et de l'aptitude à l'engraissement.

Les porcs sont soumis à l'engraissement à l'âge de 9 à 10 mois. Le poids moyen des porcs gras est de 150 à 200 kilogrammes; mais il n'est pas rare de trouver des sujets pesant 250 et 300 kilogrammes.

Le Lot consomme beaucoup de viande et de graisse de porc et il en exporte une quantité assez élevée, particulièrement sur le marché de La Villette.

ANIMAUX ET PRODUITS DE BASSE-COUR.

La basse-cour n'a pas dans le Lot l'importance qu'elle pourrait avoir. Néanmoins elle occupe une large place parmi les productions de la ferme. On peut estimer qu'au moment le plus favorable de l'année il existe dans le département :

	têtes.		têtes.
Poules, pintades	260,000	Dindons	5,000
Oies	30,000	Lapins et pigeons (indéterminés).	
Canards	15,000		

D'une manière générale, l'élevage de ces diverses espèces animales fait l'objet de peu de soins. Néanmoins il existe quelques fermes qui possèdent des couveuses artificielles et où les méthodes d'alimentation sont bien comprises.

Dans cet ordre d'idées, les progrès accomplis par quelques propriétaires tendent à se généraliser, grâce à l'action des concours locaux annuels, dans lesquels des récompenses sont attribuées aux meilleurs animaux de basse-cour.

L'exploitation des animaux de basse-cour donne lieu à un mouvement d'affaires important, tant à l'intérieur qu'à l'extérieur du département.

L'exportation porte principalement sur la volaille et les œufs. 40,000 têtes de volailles et 3 millions d'œufs environ sont expédiés sur Paris annuellement.

Les oies et les canards engraissés dans le pays constituent une grande ressource pour les ménagères. La production dépasse d'ailleurs les besoins de la consommation, laissant un excédent de 3,000 têtes environ pour l'exportation.

L'industrie des pâtés de foies d'oies et de canards est très prospère et donne lieu à un commerce d'exportation actif et important.

APICULTURE ET SÉRICICULTURE.

Depuis quelques années on donne plus de soins à l'élevage des abeilles. Les ruches à cadres se substituent peu à peu aux ruches communes et l'outillage de l'apiculture s'est perfectionné. Néanmoins la production du miel reste stationnaire et ne donne lieu à aucun commerce d'exportation.

Quant à la sériciculture, importante autrefois, elle est aujourd'hui réduite à quelques éducations sans importance.

FOIRES ET MARCHÉS.

En résumé, le département est importateur de jeunes bovidés, de reproducteurs des races bovines de Salers et limousine, de reproducteurs des races porcines craonnaise et yorkshire, de chevaux de gros trait, de vaches exclusivement laitières.

Il exporte des bœufs d'attelages, des bœufs, des vaches et des moutons gras; de la volaille; enfin des fromages dits de «Rocamadour» et des pâtés de foies gras.

Les principaux marchés où s'effectuent les transactions sont :

1° Pour les jeunes ovidés importés d'Auvergne : Latronquière, Saint-Céré, Figeac et Lacapelle-Marival.

2° Pour les bœufs et vaches d'attelages : Figeac, Cahors, Gourdon et la plupart des chefs-lieu de canton.

3° Pour les jeunes ovins : Gramat, Labastide-Murat, Lauzès, etc.

4° Pour les animaux gras (bœufs et moutons) et volaille : Figeac, Cahors, Catus, Vayrac, Gourdon, Puy-l'Évêque, etc.

LOT-ET-GARONNE.

ESPÈCE CHEVALINE.

En général, le cheval n'est que très peu utilisé aux travaux agricoles. Les animaux que l'on trouve dans le Lot-et-Garonne n'appartiennent à aucune race confirmée. Ceux qui y naissent et peuvent y être élevés couramment dans de bonnes conditions sont des chevaux de cavalerie légère.

On peut les diviser en deux catégories, le cheval des parties déboisées et le cheval des Landes. Le cheval des Landes s'est développé sur une terre d'une grande pauvreté où la végétation des plantes fourragères est toujours lente et très réduite.

La race de chevaux qui a pu vivre sur la lande est par nature d'une grande rusticité, très peu exigeante; elle est énergique. Le cheval des Landes a une grande résistance au travail, malgré un développement musculaire souvent insuffisant.

Les chevaux élevés dans les autres parties du département manquent d'homogénéité dans les formes, parce que les mères appartiennent aux races les plus diverses.

Aux foires d'Agen, surtout à la foire du Gravier, on fait de grandes affaires chevaux nés dans le pays ou importés d'autres centres d'élevage.

Le Lot-et-Garonne compte 21,716 chevaux adultes et jeunes.

Il n'y a que 1,400 juments soumises à la reproduction. Elles produisent en moyenne 1,200 poulains. Mais on importe des jeunes achetés après le sevrage dans le Gers et les Hautes-Pyrénées.

En somme, l'élevage du cheval n'occupe qu'une place relativement faible dans les produits de l'agriculture de Lot-et-Garonne.

ESPÈCE BOVINE.

La presque totalité des travaux de l'agriculture sont exécutés par les animaux de l'espèce bovine.

Dans le plus grand nombre des exploitations agricoles on entretient des vaches utilisées aux travaux des champs et à la reproduction. On trouve bien des bœufs, mais en petit nombre et ce nombre tend à diminuer. On compte les exploitations où les bœufs sont exclusivement des animaux de travail.

L'élevage se fait dans toutes les parties du département.

On produit partout le veau de boucherie.

Élevage et engraissement. — Là où l'on fait l'élevage des bovins, on les élève jusqu'à dix-huit mois et on les vend à des marchands qui les conduisent dans d'autres centres d'élevage où ils sont vendus à des cultivateurs qui les dressent et les utilisent aux travaux de leur exploitation.

Avant d'arriver à l'état adulte, ils changent souvent plusieurs fois de main et il n'est pas rare de voir les jeunes veaux nés dans le Marmandais, revenir y achever leur carrière de travailleurs et être engraissés après avoir fait plusieurs stations dans diverses parties du département et même dans le Tarn-et-Garonne et dans le Lot.

Les animaux des deux sexes donnent lieu à un commerce très actif. Lorsqu'ils sont jeunes, on les exporte dans la Gironde, la Dordogne, la Charente, le Lot, le Tarn-et-Garonne.

Les animaux adultes sont exportés dans le Sud-Est et à Bordeaux. Les bœufs gras vont à Montpellier, à Marseille et jusqu'à Nice. Les vaches maigres et de réforme sont expédiées à Béziers, Nîmes, Cette, etc., et sont consommées par les vignerons.

L'engraissement des bovins est pratiqué dans le Lot-et-Garonne, mais il y a peu d'engraisseurs de profession; on en trouve cependant quelques-uns dans le canton de Meilhan.

Dans les autres centres d'élevage, les nourrisseurs qui font l'engraissement du bœuf sont très clairsemés. Si bien que pendant l'été les bouchers qui désirent offrir à leur clientèle des bœufs bien préparés à la vente sont obligés d'aller les acheter dans la Dordogne, aux foires de Belvès, du Bugue, etc.

Presque partout on engraisse les bêtes réformées. Cependant il est des cas encore assez nombreux où l'on attend trop longtemps pour réformer la vache.

Dans le Lot-et-Garonne, les animaux de l'espèce bovine sont représentés par 198,691 têtes, qui se décomposent comme suit :

Taureaux		3,303
Bœufs	de travail	22,685
	à l'engrais	2,666
Vaches		97,020
Élèves au-dessus d'un an.	Bouvillons	20,814
	Génisses	24,927
Élèves de moins d'un an		27,276
Total		198,191

Le prix des bœufs gras varie de 32 à 42 francs les 50 kilogrammes.

La consommation des animaux adultes s'élève à 7,818 têtes.

Les adultes exportés sont au nombre de 17,110 têtes, moyenne des cinq dernières années.

Le commerce du bœuf est très florissant dans le Lot-et-Garonne; non seulement on vend sur les champs de foire les animaux que l'on produit, mais on achète les jeunes pour continuer leur élevage et aussi des animaux de tous âges pour spéculer.

Le brocantage des animaux de l'espèce bovine devient de plus en plus commun et se pratique surtout lorsque les fourrages sont abondants, c'est-à-dire lorsque les prix des animaux ont des tendances à s'élever ou tout au moins à se maintenir.

Le gros commerce du bétail est aux mains de quelques familles qui disposent d'un nombreux personnel et font un chiffre d'affaires considérables.

Production du lait. — Les vaches garonnaises, bazadaises, gasconnes ne sont pas d'excellentes laitières. Pour produire le lait nécessaire à la consommation locale, on importe des vaches lourdaises, des bordelaises, des flamandes, des normandes, des bretonnes. Elles sont entretenues près des villes et des agglomérations rurales.

La consommation du lait a des tendances très marquées à s'accroître.

La production totale du lait s'élève à 61,238 hectolitres. Le prix moyen de l'hectolitre est de 22 fr. 82.

Veaux de boucherie. — Le veau de boucherie donne lieu à un commerce très important. La viande de veau est celle qui est le plus consommée dans la campagne, elle est aussi consommée en quantité très appréciable dans les centres urbains. Mais des veaux tués sont expédiés pendant toute l'année à Bordeaux et pendant l'hiver à Paris.

Le poids de viande de veau exporté représente environ 200 tonnes.

Dans les centres qui fournissent le veau de boucherie à l'exportation, on commence à se préoccuper de produire des veaux à chair blanche qui ont sur le marché une valeur bien supérieure à celle des veaux à chair rouge. Les communes riveraines du Dropt, du canton de Duras et de Lauzun constituent le centre d'élevage où l'on essaie de faire le plus de progrès à ce point de vue.

Planche XVI.

RACE BOVINE GARONNAISE.

TAUREAU.

VACHE.

Principales foires. — Les principales foires où se vendent les animaux de travail sont Marmande et Sainte-Bazeille.

A ces foires, très importantes, on trouve de très belles vaches, mais à peu près rien que des vaches. A Sainte-Bazeille, on trouve aussi un choix de jeunes taureaux d'un an et au-dessus.

Il y a également de belles foires à vaches à Castillonnès, à Sainte-Livrade, à Cancon et à Casseneuil.

On trouve des bœufs et des vaches à Agen, à Port-Sainte-Marie, Damazan, Bruch, Nérac, Aiguillon, Villeneuve et aussi à Galapian, Granges, Saint-Sardos et Moncrabeau.

Les principales foires où le commerce des veaux est très actif sont celles de Granges, Laparade, Montflanquin, Villeneuve, Agen.

Sur les marchés du nord du département et jusqu'à Agen, les marchands périgourdins achètent de jeunes bœufs qu'ils revendent dans la Dordogne.

Des marchands de bestiaux du Lot-et-Garonne, du Tarn-et-Garonne et de Toulouse achètent des attelages de bœufs, des animaux gras, bœufs et génisses quand ils en trouvent et de vieilles vaches presque toujours maigres pour les vendre dans le Midi.

Des marchands des Charentes et de l'Aisne viennent acheter de nombreux attelages à quelques foires renommées comme celles de Moncrabeau, le 19 août et le 18 septembre.

ESPÈCE OVINE.

Le mouton n'est pas à sa place dans la plupart des centres agricoles de Lot-et-Garonne, si ce n'est dans les Landes et dans le nord de l'arrondissement de Villeneuve, dans les cantons de Villeréal, de Montflanquin, Tournon, Castillonnès et dans quelques situations de l'arrondissement de Nérac.

Dans les autres parties du département, quand on le rencontre, c'ést à l'état de petits troupeaux entretenus d'une manière temporaire.

La division de la propriété, qui rend très difficile le parcours des troupeaux, éloigne le mouton du plus grand nombre de nos exploitations.

L'élevage ne se fait guère que dans les Landes et aussi dans les cantons nord du département; il n'occupe d'ailleurs jamais une place bien sérieuse dans les préoccupations des cultivateurs. On ne fait jamais ou presque jamais de pâturages destinés exclusivement à son alimentation. Le mouton n'est considéré comme étant à sa place que dans les contrées où il peut aller prendre sa nourriture dans les bois.

On conduit aussi les troupeaux composés de 15 à 25 têtes dans les prairies, les chaumes, sur le bord des chemins. Très rarement on leur donne du fourrage à l'étable, à moins qu'on ne veuille les engraisser ou lorsque la rigueur de la température rend le pâturage impossible.

Dans les Landes, les troupeaux comptent plus de 100 têtes; là plus qu'ailleurs peut-être le pâturage est l'unique moyen d'alimenter le troupeau.

Dans le nord du département, jusqu'à Laroque-Timbaut, on achète le plus souvent les moutons maigres à l'automne, au nombre de 10 à 25, pour les revendre gras au printemps.

On les hiverne tant bien que mal et au printemps on leur donne des soins à l'étable.

Dans les contrées où la verse des blés se produit habituellement, il est d'usage de faire passer en avril le troupeau dans les blés.

Les moutons ainsi entretenus dans le nord du département viennent de diverses provenances.

Ceux qui sont engraissés à Villeréal ont été élevés à Sarlat dans la Dordogne ou à Gourdon, Catus, Caminel, etc., dans le Lot.

Les brebis engraissées à Montflanquin viennent des foires de Cahors, Luzech, Figeac, Prayssas, etc.

Les principales foires de moutons se tiennent à Villeréal, Montflanquin, Tournon, Penne, Saint-Livrade, Granges, Laparade, Saint-Pastour, Monclar.

Les moutons sont vendus avant ou après la tonte.

Les principales foires des moutons dans le Marmandais se tiennent à Saint-Bazeille et à Bouglon.

La race de Tarascon est particulièrement estimée par la boucherie. La brebis est toute petite, à tête rousse, elle vaut de 15 à 25 francs; les agneaux se vendent toujours au cours le plus élevé.

Aux foires renommées de Sainte-Bazeille, on trouve en nombre à peu près égal des animaux appartenant à la race de Tarascon et à la race gasconne que l'on appelle race de Ligarde.

Aux foires de Nérac, Moncrabeau, Montagnac, Puch, Damazan, on achète des petits troupeaux de 10 à 20 brebis gasconnes que l'on appelle ligardaises.

On fait naître vers fin décembre et janvier et l'on vend les produits à huit ou neuf mois, c'est-à-dire vers septembre.

On fait aussi dans cette contrée la spéculation du mouton gascon. On achète ces animaux aux foires de Condom, de Valence-d'Armagnac ou encore aux foires de Bruch. On les engraisse pendant trois ou quatre mois.

Aux foires de Bouglon, Casteljaloux, Puch, Damazan et jusqu'à Saint-Bazeille, on trouve des moutons landais.

Il n'y a pas de foires à moutons à Agen. La plupart des bouchers, pour suffire aux besoins de leur commerce, entretiennent des troupeaux qu'ils engraissent.

Dans le département, l'espèce ovine est représentée par 100,145 têtes qui se décomposent comme suit :

Béliers au-dessus de deux ans		1,479
Moutons au-dessus de deux ans		19,736
Brebis au-dessus de deux ans		49,247
Agneaux	de un à deux ans	17,046
	de moins d'un an	12,637

La production moyenne annuelle donne 15,893 têtes, la consommation s'élève à 40,222 têtes et l'exportation atteint le chiffre de 20,180 têtes.

La différence est comblée par les importations dont les provenances viennent d'être indiquées.

ESPÈCE PORCINE.

La viande de porc est consommée en grande quantité dans les campagnes. Cependant l'élevage n'y est que très peu développé. L'engraissement du porc se fait dans tout le département. Les plus beaux porcs gras se trouvent sur les marchés de Villeneuve. Agen vient ensuite au point de vue de l'importance de la spéculation, de l'engraissement, puis Nérac, enfin Marmande, où l'on n'engraisse qu'un nombre relativement faible de porcs importés d'autres départements.

Les variétés de porcs engraissés dans le Lot-et-Garonne sont la race craonnaise, la race périgourdine, la gasconne, la race de Saintonge et celle de Moissac.

La race craonnaise représente environ le vingtième de la population suidée; la race limousine un quinzième, la race périgourdine un dixième. Le porc de Saintonge et celui de Moissac font le reste de la population.

On pratique l'élevage du porc dans les environs d'Agen, à Laplume, Aubiac, Moissac, Bon-Encontre, Pont-du-Casse, Artigues, etc. Dans les autres parties du département, excepté Marmande, les truies portières sont disséminées. Mais les produits de cet élevage ne sont pas suffisants pour les besoins du département.

Au printemps surtout on importe un grand nombre de porcelets de 2 à 3 mois sur les divers marchés du département. Ces porcelets viennent du Périgord, du Limousin, de Moissac, de Miélan, de Bagnères-de-Bigorre; des marchands vont même en chercher jusqu'en Normandie.

Les sujets importés sont presque tous le produit d'un croisement d'une race ci-dessus avec le yorkshire ou le berkshire. Les demi-sang sont préférés.

Les porcs élevés et engraissés dans le Lot-et-Garonne paraissent sur les marchés du département à l'état gras, à partir de 10 à 11 mois, plus souvent de 12 à 14 et jusqu'à 18 mois.

Lorsqu'ils sont de belle taille, leur poids peut atteindre 250 et même 300 kilos à l'âge de 15 mois.

Dans diverses parties du département, mais surtout dans le Marmandais, on importe non seulement tous les porcelets entretenus chez les cultivateurs, mais aussi un grand nombre de porcs gras à partir du mois d'octobre jusqu'en avril.

Les principaux marchés de porcs sont Villeneuve-sur-Lot, Penne, Monsempron-Libos, Fumel, Agen, ce dernier un peu moins important.

La charcuterie agenaise va s'approvisionner à Valence-d'Agen, Moissac et même Montauban.

Si l'on considère la saveur de la viande des animaux appartenant aux diverses variétés ci-dessus, on peut les classer dans l'ordre suivant : le craonnais produit la viande la plus estimée, viennent ensuite le limousin, le périgourdin, le gascon noir, le porc de Moissac, enfin celui de Saintonge.

La viande de porc est celle que les cultivateurs mangent le plus fréquemment.

Ils préparent pour les besoins de la famille le jambon, des saucisses mangées fraîches ou desséchées, des saucissons. Ils préparent de plus ce que l'on appelle le *confit*, qui est de la viande cuite dans la graisse portée à une haute température. Après une cuisson d'environ une heure, cette viande est conservée sous la graisse.

Cette manière de préparer le porc leur permet de manger de la viande toute l'année au prix de revient.

Tous les ans, au mois d'avril, se tient à Agen une importante foire aux jambons où les cultivateurs apportent avec des jambons, des saucissons et des saucisses sèches.

On trouve à la même époque ces mêmes produits de la fabrication locale sur beaucoup de marchés et de foires du département.

La population porcine compte dans le département 66,911 têtes qui se divisent en :

Verrats	86	Porcs de plus de huit mois	42,176
Truies	3,432	Porcs de moins de huit mois	21,217

La consommation moyenne s'élève à 55,896 têtes.

ANIMAUX ET PRODUITS DE BASSE-COUR.

Le commerce des animaux de basse-cour, poules, oies, canards, dindes, pintades, pigeons et lapins, donne lieu à un chiffre d'affaires assez important, mais il y a peu d'exportation.

Le capital que représente l'ensemble des animaux de basse-cour est de 2,383,831 fr., si nous prenons pour base les évaluations faites lors de l'enquête décennale de 1892.

Les enquêteurs de 1892 ont estimé comme suit le nombre de têtes d'animaux de basse-cour et leur valeur :

DÉSIGNATION.	TÊTES.	VALEUR	
		MOYENNE DE L'ANIMAL.	TOTALE.
		fr. c.	francs.
Poules	929,583	1 60	1,500,339
Oies	42,638	6 00	255,828
Canards	48,127	2 50	120,361
Dindes et dindons	29,205	4 50	142,589
Pintades	7,966	2 90	23,101
Pigeons	236,786	0 50	128,414
Lapins	181,015	1 18	213,598
TOTAL			2,383,831

Les existences actuelles des animaux de basse-cour ne doivent pas être très différentes de celles qu'a révélées la dernière enquête décennale. Cependant, s'il y avait une différence, elle serait en moins, car le nombre des ménages habitant les campagnes de Lot-et-Garonne a diminué et beaucoup d'exploitations ont aujourd'hui un personnel très réduit.

La valeur estimative des animaux de basse-cour représente un capital relativement considérable. Or, ce capital se renouvelle avec une assez grande rapidité et, en se renouvelant, paye les frais d'entretien de la basse-cour et constitue les bénéfices de la spéculation.

La poule utilise beaucoup de débris dont il serait difficile de tirer parti. A ce point de vue, l'avantage qu'elle procure n'est pas contestable, mais lorsque l'élevage dépasse de beaucoup l'utilisation de ces débris, il n'est plus économique.

La spéculation de la production de la volaille sur une grande échelle n'a pas réussi à donner des bénéfices suffisants pour qu'on continuât aussi bien la production et l'élevage du poussin que la production des œufs.

L'élevage de l'oie et du canard et leur engraissement constituent souvent deux spéculations distinctes. On les trouve quelquefois réunis chez le même éleveur.

Les deux spéculations se font surtout pour les besoins du pays. A Agen et dans les principaux centres commerciaux où se débitent des denrées agricoles, il y a une foire aux oies grasses où l'on rencontre de très nombreux spécimens absolument réussis.

Le poulet est vendu de 1 fr. 25 à 2 fr. 20.

La poularde qui peut atteindre le poids de 1 kilogr. 500 se paye 1 fr. 50 à 2 fr. 50.

L'oison est acheté, peu après l'éclosion, 2 francs à 2 fr. 50; les individus plus précoces sont aussi les plus chers.

L'oie maigre, de 4 kilogrammes en moyenne, est vendue de 4 à 6 francs.

L'oie grasse morte, de 8 kilogrammes, 6 francs à 7 fr. 50.

Le foie d'oie est vendu, le kilo, de 5 francs à 6 fr. 50.

Le canard a une valeur au kilo un peu plus élevée.

Agen est un centre important d'expédition. Des marchands de volailles agenais vont avec leurs voitures aux foires des environs et jusque dans le Gers, le Tarn-et-Garonne, etc.

L'engraissement des animaux de basse-cour utilise la plus grande partie du maïs produit dans le département.

Agen expédie des volailles à Bordeaux, environ 2 tonnes. Les œufs expédiés d'Agen représentent 124 tonnes. Villeneuve en fournit beaucoup, mais le tonnage des chemins de fer ne représente pas uniquement la production du Lot-et-Garonne, parce que le commerce agenais va s'approvisionner dans le Tarn-et-Garonne, à Valence-d'Agen, ou, dans le Gers, à Lectoure et à Condom.

Valence fournit non seulement des poules et des œufs, mais des oies, surtout les oies précoces pour la broche. Les dindons précoces viennent de Lectoure.

LOZÈRE.

Le département de la Lozère est un pays essentiellement montagneux, dont la principale spéculation agricole est l'élevage du bétail.

La partie nord du département ou «Montagne» élève principalement le bétail bovin de la race d'Aubrac et le mouton; la partie sud comprend deux divisions: 1° le Causse, où vivent de grands troupeaux d'ovins à aptitudes laitières développées et dont on tend à désigner les diverses variétés sous l'appellation générale de race ovine de Roquefort; 2° les Cévennes, où l'on élève des chèvres, quelques moutons, des porcs et le ver à soie.

ESPÈCES CHEVALINE, ASINE ET MULASSIÈRE.

On compte en Lozère 5,360 chevaux, 660 mulets et 874 ânes. On produit annuellement environ 3,000 chevaux, tant pour la remonte que pour le commerce. Les mulets sont en grande partie vendus pour l'exportation; environ 500 par an sont dirigés sur l'Espagne.

ESPÈCE BOVINE.

La population bovine est nombreuse dans le département de la Lozère (68,046 têtes). La plupart des bœufs et beaucoup de vaches sont utilisés comme animaux de trait. Les cultivateurs des Causses n'élèvent pas de bétail bovin, mais viennent s'approvisionner en bœufs de travail dans la Montagne. L'exportation annuelle peut être évaluée à 4,000 têtes de bétail adulte pour la boucherie, ordinairement vendu, après engraissement au pâturage, en septembre et octobre. Ce sont les cantons de Langogne, Grandrieu, Châteauneuf, Saint-Chély, Nasbinals et Fournels qui fournissent et expédient ce bétail, sur Nîmes, Montpellier, Lyon, Marseille, Paris.

Les veaux âgés de deux à trois mois font l'objet d'un commerce important. Les agriculteurs des cantons de Langogne, Grandrieu, Châteauneuf les expédient abattus, dans des panières, sur Alais, Nîmes et Marseille. L'arrondissement de Marvejols commence à suivre cet exemple en dirigeant ses produits sur Montpellier, Béziers et Narbonne. Chiffre d'exportation : 16,000.

Beurres et fromages. — Les 30,000 vaches laitières du département donnent chacune annuellement 10 hectolitres de lait en moyenne, consommé en nature ou transformé en beurre et en fromages. 500 tonnes du beurre produit dans les arrondissements de Mende et de Marvejols sont expédiées sur Nîmes, Montpellier et Marseille.

En montagne, pendant cinq mois d'été, on fabrique, dans 83 burons, le fromage dit «fourme»; la production s'élève à 2,700 quintaux, dont 2,000 environ sont dirigés sur Montpellier, Alais, Nîmes et Millau.

Sur les Causses, les brebis fournissent 18,000 hectolitres de lait donnant 3,350 quintaux de fromage de Roquefort, dont 3,000 quintaux sont achetés par les caves de Roquefort pour être expédiés dans toutes les parties du monde.

Il se fabrique aussi environ 2,000 quintaux de fromages divers de vache et de chèvre dont la moitié s'écoule sur Alais, La Grand'Combe, Nîmes et Montpellier.

ESPÈCE OVINE ET CAPRINE.

Elle compte 277,124 têtes. — Les brebis des Causses produisent du lait qui est employé pour la fabrication de fromage de Roquefort; leur laine sert à la fabrication des draps et tricots de pays.

Les agneaux des brebis laitières sont en partie sacrifiés et leurs peaux livrées aux mégissiers de Millau. 12,000 peaux d'agneaux et 20,000 peaux de chevreaux sont annuellement livrées à la ganterie.

Les cantons de Langogne, Grandrieu, Saint-Chély, Châteauneuf livrent annuellement à la consommation 25,000 moutons, aux villes d'Alais, Nîmes et Paris.

ESPÈCE PORCINE.

Cette espèce est assez répandue et 43,711 animaux lui appartiennent. Les porcs produits sont généralement consommés sur place. On estime à 200 ceux qui partent de Villefort et Langogne pour Alais et Nîmes. Leur poids moyen est de 200 kilogrammes.

SÉRICICULTURE.

L'industrie du ver à soie a plutôt une tendance à diminuer, bien que les éducateurs réussissent assez bien; mais les prix de vente ne sont pas en général suffisamment rémunérateurs. Il a été livré en 1905 aux filatures du Gard, par la région cévenole (arrondissement de Florac moins les Causses), 110 tonnes de cocons.

ANIMAUX ET PRODUITS DE BASSE-COUR.

Œufs. — Les coquetiers achètent les œufs au marché ou chez les paysans, puis les expédient sur Paris, Montpellier, Alais et Nîmes. On évalue à 70 tonnes ou 100,000 douzaines la quantité annuellement exportée.

SITUATION ET AVENIR DES SPÉCULATIONS D'ORIGINE ANIMALE.

Animaux. — Il serait désirable de voir se développer l'élevage du mulet, car cet animal rend de très grands services dans le département, qui est très accidenté, et les jeunes mules et mulets se vendent toujours à des prix rémunérateurs.

Les bovidés constituent le principal bétail du département, dont leur élevage est l'industrie la plus importante.

Les sociétés d'agriculture, comices, syndicats, pourraient utilement consacrer la majeure partie de leurs ressources à l'achat de bons taureaux reproducteurs de race d'Aubrac, organiser des syndicats d'élevage, créer un herd-book, tant pour la sélection des femelles que pour celle des mâles. D'autre part, les cultivateurs devraient distribuer de meilleures rations à leurs animaux, surtout en hiver. Il serait nécessaire pour cela de donner une sensible extension aux cultures fourragères et d'augmenter les rendements de ces cultures par l'emploi des engrais chimiques.

Les ovins doivent être également l'objet d'une sélection sérieuse, tant pour la production de la viande que pour celle du lait; le nombre des brebis laitières a décuplé depuis un siècle, il pourrait encore être augmenté.

La population porcine pourrait s'accroître, mais par contre les poids individuels devraient être moins élevés; l'expérience paraît avoir démontré en effet qu'il n'est pas avantageux de produire dans la Lozère des porcs dépassant le poids de 100 kilogrammes. Deux ou trois porcs de 100 kilogrammes remplaceraient donc un porc de 250 ou même de 300 kilogrammes.

De l'avis des bons éleveurs, les éducations des vers à soie bien dirigées sont encore suffisamment rémunératrices et il conviendrait de donner plus d'extension à cette intéressante branche de la production locale.

Produits animaux divers. — La production beurrière pourrait être augmentée par une meilleure alimentation des vaches laitières. D'autre part, les procédés de fabrication sont encore souvent rudimentaires et par suite la qualité des produits n'est pas toujours très satisfaisante.

Les fourmes sont encore trop souvent fabriquées par les anciens procédés et de ce fait les prix de vente de ces fromages sont en général très peu élevés.

Si les machines à tricoter étaient répandues dans les campagnes, les paysans pourraient transformer une partie de leur laine en tricots divers dont la vente serait avantageuse : il serait très intéressant de voir se développer cette petite industrie rurale dans le département de la Lozère.

Les procédés d'apiculture sont des plus primitifs dans la région.

Les vieilles ruches, la plupart en troncs d'arbres (10,872), devraient être transformées ou remplacées et les abeilles dirigées par le système américain ou mixte.

En ce qui concerne la basse-cour, les volailles devraient être mieux nourries, croisées avec une race appropriée, telle que la Faverolle ou le Houdan et, d'autre part, les fermières obtiendraient de sensibles bénéfices en observant les règles rationnelles de l'hygiène des volailles.

Les volailles bien soignées produiraient davantage, les œufs marqués et datés seraient vendus plus cher et les poulets plus gras trouveraient acheteurs à de bons prix. L'élevage des canards, oies, dindons devrait être joint à celui de la poule lorsque les circonstances le permettent. L'élevage du lapin a enfin sa place marquée en Lozère, notamment dans les petites exploitations.

Ces diverses améliorations se réaliseraient plus sûrement et plus rapidement sous l'influence des associations agricoles. Les syndicats existants sont suffisamment nombreux pour orienter leurs membres dans la voie du progrès. Déjà la plupart des syndicats achètent en commun les denrées nécessaires à leur exploitation. Enfin quelques syndiqués ont procédé à la vente en commun de certains produits agricoles. Il y a lieu d'espérer qu'avec le temps et la bonne volonté de tous, les améliorations ci-dessus indiquées finiront par entrer dans le domaine des réalités.

MAINE-ET-LOIRE.

ESPÈCE CHEVALINE.

L'élevage du cheval présente une grande importance dans le département de Maine-et-Loire. Cette production a pris une grande extension depuis qu'un dépôt d'étalons a été créé à Angers.

Avant cette époque en effet, les cultivateurs trouvaient difficilement à se procurer de bons étalons. Actuellement près de 800 étalons, appartenant à l'administration des Haras ou à des particuliers, sont employés chaque année à la reproduction.

La population chevaline qui en 1843 comprenait environ 45,000 têtes, en compte aujourd'hui plus de 67,000. Elle se compose en majorité de chevaux de demi-sang issus des étalons de l'État, pur-sang et anglo-normands, accouplés avec les juments du pays.

On rencontre également des chevaux de trait léger provenant des juments du pays croisées avec des percherons postiers et des norfolks-bretons.

Un certain nombre de poulains de demi-sang est conservé par les cultivateurs pour être vendus à la remonte ou au commerce lorsque ces animaux sont âgés de 3 à 4 ans. Les autres poulains sont vendus à l'âge de 8 à 10 mois aux éleveurs de Normandie.

Les chevaux de demi-sang d'âge sont très recherchés pour la remonte des fiacres de Paris et de Bordeaux.

Les chevaux de trait léger, à part ceux conservés par les cultivateurs pour leur propre service, sont généralement vendus comme poulains au sevrage à des courtiers du

Perche, de la Beauce et même de l'étranger et plus particulièrement de la Belgique et de l'Allemagne du Nord.

Les poulains de demi-sang sont surtout produits dans les arrondissements d'Angers, Cholet, Segré et Saumur.

Les cultivateurs de ces régions possèdent de très bonnes juments poulinières d'origine qui sont employées aux travaux de culture.

Les poulains de trait léger sont surtout élevés dans les communes des arrondissements de Segré et de Baugé, avoisinant les départements de la Sarthe et de la Mayenne.

Le cheval de demi-sang angevin se distingue par un tempérament robuste, résistant, de bonnes allures, de la vitesse, de la solidité, une membrure assez nette et de bons aplombs; la tête a généralement du caractère et il la porte bien, son corps est élégant, sa croupe horizontale et sa queue bien attachée. C'est en outre un bon cheval de selle.

Les chevaux de trait léger possèdent les mêmes qualités de caractère et d'endurance avec toutes les aptitudes nécessaires au cheval de trait.

Depuis quelques années, par suite de l'accroissement constant de l'emploi des automobiles, les cultivateurs ont éprouvé quelques difficultés à vendre leurs chevaux de demi-sang et ils ont quelque peu délaissé cet élevage pour se consacrer de plus en plus à celui du cheval de trait léger, pour lequel ils trouvent plus facilement de débouchés.

Toutes les fermes produisent un nombre plus ou moins grand de poulains et il n'existe dans le département de Maine-et-Loire qu'un petit nombre d'éleveurs entretenant des juments dans le but exclusif de la reproduction.

Les principaux marchés de chevaux se tiennent à Angers le deuxième mardi de chaque mois. On rencontre là des chevaux d'âge et des poulains, mais en général les meilleurs chevaux de 3 à 4 ans sont achetés à la ferme même par les courtiers qui parcourent les campagnes.

La foire qui se tient chaque année le 23 mai au Louroux-Béconnais est aussi un important marché de chevaux où l'on rencontre surtout des produits de demi-sang de tous âges.

Enfin dans les foires qui reviennent périodiquement sur divers points du département on amène des chevaux, mais en petit nombre. Parmi ces foires, les plus importantes sont celles de Segré.

Les poulains de trait des arrondissements de Segré et de Baugé sont conduits chaque année dans la Sarthe, aux importantes foires de Noël à Sablé et à La Flèche.

ESPÈCE BOVINE.

La population bovine du département de Maine-et-Loire a suivi, sous l'influence du progrès agricole, un accroissement constant et est arrivé à un haut degré de perfectionnement.

Elle compte près de 350,000 têtes. Presque tous ces animaux appartiennent à la race durham ou aux croisements durhams-manceaux.

La race parthenaise plus ou moins pure se rencontre également dans la région du département avoisinant la Vendée, mais elle est de plus en plus abandonnée par les cultivateurs, qui préfèrent les durhams-manceaux, dont le développement et l'engraissement sont plus rapides.

L'élevage des bêtes à cornes est la spéculation dominante des exploitations agricoles du Maine-et-Loire, surtout dans les arrondissements de Segré, d'Angers et de Baugé.

Dans chaque ferme on élève chaque année un certain nombre de bœufs qui sont vendus à l'âge de 3 ou 4 ans aux herbagers de Normandie et du nord de la France. C'est ce que l'on appelle *l'effouille.*

Les génisses et les vaches sont plus particulièrement recherchées par les engraisseurs du Pas-de-Calais et de Belgique.

Les veaux mâles de bonne conformation sont généralement élevés pour faire des bœufs. On livre seulement à la boucherie les jeunes mâles qui ne conviendraient pas pour l'élevage.

De décembre à mai ont lieu de très importantes foires où se donnent rendez-vous de nombreux acheteurs.

Les principales se tiennent à Angers, Segré, Châteauneuf-sur-Sarthe, Champigné, Candé, Le Louroux-Béconnais, Le Lion-d'Angers, etc.

L'arrondissement de Cholet et une partie de l'arrondissement de Saumur, réputés pour l'importante production de leurs animaux gras, exportent tous les ans un grand nombre de têtes sur Paris.

Les courtiers viennent chaque semaine s'approvisionner aux principaux marchés de cette région qui se tiennent à Cholet, Beaupréau, Chemillé, Vihiers, Chalonnes-sur-Loire, etc.

Quelques exploitations, disséminées dans le département, se livrent presque exclusivement à l'élevage des reproducteurs de la race durham pure dont les plus beaux spécimens sont vendus pour l'exportation au Mexique, Uruguay, Chili et en République Argentine. La variété à pelage rouge foncé est surtout recherchée par les amateurs; aussi ne rencontre-t-on plus guère dans ces étables que des animaux de cette couleur, les types blanc, rouan, ou rouge et blanc étant complètement délaissés par la clientèle. C'est dans ces étables que la plupart des cultivateurs achètent les taureaux qui, par l'infusion de leur sang, contribuent sans cesse à l'amélioration du bétail angevin et font que les durhams-manceaux se rapprochent de plus en plus des durhams purs, à tel point qu'il est souvent difficile de les distinguer de ces derniers.

Depuis quelques années, des tentatives d'introduction de taureaux charolais ont été faites par quelques agriculteurs de l'arrondissement de Segré. Elles n'ont pas donné de résultats satisfaisants et semblent devoir être abandonnées.

ESPÈCE OVINE.

La population ovine du Maine-et-Loire est relativement peu importante par rapport à celle des autres animaux. Elle ne dépasse pas en effet 47,000 têtes. Cela tient à ce que les cultivateurs trouvent plus avantageux d'élever du gros bétail et des porcs et par suite l'élevage du mouton diminue d'année en année.

On rencontre les moutons dispersés par petits troupeaux de 10 têtes au maximum, et encore un grand nombre de fermes n'en entretiennent pas.

Presque tous les ovins appartiennent à des croisements dishley ou southdown avec la race poitevine ou du pays.

La production du mouton en Maine-et-Loire ne suffit pas à la consommation locale et la boucherie est obligée de s'adresser à d'autres régions de la France pour s'approvisionner.

Les 90,000 kilogrammes de laine produite environ annuellement sont presque entièrement utilisés par les cultivateurs eux-mêmes pour leurs propres besoins; le surplus est vendu aux habitants du pays.

Les principaux marchés aux moutons se tiennent à Cholet et Segré.

ESPÈCE PORCINE.

L'exploitation des porcs comprend dans ce département l'élevage du porcelet, la vente des jeunes à l'âge de 6 ou 7 mois sous le nom de *courards*, et l'engraissement des animaux adultes.

Cette population porcine, qui appartient presque exclusivement à la race craonnaise, comprend près de 130,000 animaux.

On rencontre également la sous-variété de Longué, très estimée dans l'arrondissement de Baugé, et quelques rares spécimens des races yorkshire et berkshire.

Les jeunes porcelets et les *courards* ou porcs maigres de 6 à 7 mois sont en partie absorbés par les besoins de la consommation locale et le surplus est expédié par les courtiers dans les départements de l'est de la France. La majorité des porcs livrés à l'engraissement est consommée par la population rurale, dont la base de la nourriture est la viande de porc.

L'excédent de la production est dirigé sur Paris.

Les principaux marchés de porcs se tiennent dans les mêmes localités et le même jour que les marchés des animaux de l'espèce bovine.

PRODUITS ET ANIMAUX DE BASSE-COUR.

Toutes les fermes possèdent une basse-cour plus ou moins bien peuplée. Ce sont les poules qui dominent; leur nombre atteint près de 800,000 têtes. Elles servent à la nourriture de la famille et du personnel, ainsi que leurs œufs dont il est fait une grande consommation dans chaque ménage.

Le surplus est vendu généralement au marché du village qui se tient chaque semaine, ou acheté à domicile par les coquetiers qui, en échange, fournissent à la ménagère des produits d'épicerie et de mercerie.

Les poules, ainsi que les autres volailles, sont élevées en liberté et ne sont l'objet d'aucun engraissement spécial.

Les poulaillers sont surtout peuplés par la variété dite *poule de ferme* plus ou moins croisée avec les races cochinchinoise, dorking, coucou de Rennes, La Flèche, etc.

Chez de rares cultivateurs, on rencontre à l'état pur les races de La Flèche, dorking, coucou de Rennes, cochinchinoise et houdan.

Quelques tentatives d'élevage spécial de poules ont été faites dans le département; elles ont donné des résultats peu satisfaisants et ces essais ont été abandonnés.

Presque toutes nos fermes entretiennent un troupeau d'oies dont les produits sont vendus sur le marché local, tantôt gras, et dans ce cas achetés par la population du pays, tantôt maigres et achetés alors par des courtiers qui se livrent à l'engraissement pour l'exportation.

La plume sert pour les besoins du ménage.

Dans quelques communes où il existe encore des prairies communales où la veine pâture est autorisée, chaque habitant pauvre a le droit d'envoyer chaque année un troupeau d'oies sur la prairie. Ces oies sont vendues vivantes à l'état maigre aux courtiers qui se livrent à l'engraissement; mais ce genre d'élevage tend à disparaître au fur et à mesure que les terrains communaux changent de destination.

Les variétés d'oies élevées appartiennent à la race commune blanche ou blanche et grise; dans quelques fermes, on rencontre des oies de Toulouse pures et leurs croisements avec la race commune.

Le nombre des oies peut être évalué en Maine-et-Loire à près de 95,000.

On trouve également dans la plupart des fermes quelques canards qui servent pour le plus grand nombre à la consommation familiale; le surplus est vendu au marché. C'est là une production tout à fait secondaire, puisque, pour l'ensemble du département, on ne compte guère plus de 58,000 canards.

Les principales variétés sont le canard de Rouen, le canard de Pékin et leurs croisements.

Sur la plupart des rivières du Maine-et-Loire, vivent des bandes de petits canards communs ou *canes d'appel*, qui sont élevés par les pêcheurs en vue de la chasse aux canards sauvages.

L'élevage du dindon et de la pintade n'a aucune importance en Maine-et-Loire. Leur nombre est seulement d'environ 5,500 têtes pour les dindons et de 3,000 pour les pintades.

Presque tous les cultivateurs possèdent quelques pigeons dont les produits sont pour la plupart consommés à la ferme; il y a dans le Maine-et-Loire environ 47,000 pigeons, y compris les pigeons voyageurs.

Les lapins, dont le nombre atteint près de 200,000 têtes, sont élevés dans la plupart des ménages, même les plus pauvres, où ils fournissent sans grandes dépenses une nourriture saine et abondante.

APICULTURE.

La plupart des fermes possèdent quelques ruches de construction généralement assez primitive dont le produit est presque exclusivement destiné aux besoins de la ferme; l'excédent est vendu aux habitants du voisinage.

Le nombre de ruches ne dépasse pas 15,000, produisant annuellement environ 54,000 kilogrammes de miel et 23,000 kilogrammes de cire.

Il est regrettable que les cultivateurs ne donnent pas une plus grande extension à l'élevage des abeilles, dont les produits fourniraient dans chaque exploitation un revenu très appréciable.

MANCHE.

Le département de la Manche jouit d'un climat tempéré et humide, qui permet la végétation de l'herbe des prairies pendant la plus grande partie de l'année. Les animaux domestiques peuvent être entretenus dans les pâturages pendant six mois de l'année dans le sud et pendant dix mois, aux environs de la mer. Quelques éleveurs mêmes laissent leurs animaux dehors toute l'année en les abritant des intempéries en décembre et janvier par des clôtures ou des hangars.

ESPÈCE CHEVALINE.

D'après les statistiques on comptait au 15 janvier 1905 dans la Manche, 88,302 animaux de l'espèce chevaline, dont 9,039 chevaux entiers, 14,278 chevaux hongres et 64,945 juments. Le nombre des étalons est d'environ 800 et celui des poulinières, 50,000. Il naît par an de 20,000 à 25,000 poulains, qui sont en partie vendus le 15 janvier quand on effectue le recensement des chevaux.

La production chevaline est extrêmement développée dans la Manche. Quelques gros éleveurs entretiennent jusqu'à 25 poulinières et 100 chevaux, mais la plus grande partie des éleveurs ne possèdent que quelques poulinières; c'est la dissémination des poulinières qui caractérise l'élevage dans la Manche. Les uns vendent leurs poulains à 6 mois aux grandes foires aux chevaux de l'automne (Brix, Lessay, Airel, etc.); d'autres achètent des antenais et les vendent à la remonte à 3 ans et demi.

Les chevaux élevés dans la Manche sont des demi-sang normands. Ces chevaux peuvent se diviser en étalons, carossiers, chevaux de remonte et déchets.

Étalons et carrossiers. — Le centre de cet élevage est l'ancien golfe jurassique qui forme actuellement le Cotentin, où les herbages permettent d'entretenir des poulinières et des étalons de grande origine.

Lors des concours de poulinières et chez les éleveurs, les poulains sont vendus à 6 mois, de 1,500 à 3,000 francs aux grands éleveurs du Calvados, et très rarement 4,000 francs.

La production des grands carrossiers ou chevaux de luxe s'étend dans le Val-de-Saire, l'Avranchin et chez quelques éleveurs des autres arrondissements de la Manche.

Cette production représente 2 à 3 p. 100 de la production totale; elle est, en général, avantageuse, par suite de l'augmentation du nombre des étalons.

Chevaux de remonte. — Le grand débouché de l'élevage du cheval est la remonte qui achète environ de 1,400 à 1,500 chevaux dans la Manche et à peu près autant dans les autres départements, en secondes mains. Les chevaux achetés directement par le Comité représentent le treizième et les 3,000 chevaux achetés dans le département et hors du département forment environ le septième de la production totale.

Ces chevaux sont vendus de 950 à 1,800 francs.

Lors du concours de majoration, quelques chevaux atteignent des prix plus élevés (2,000 à 2,800 fr.). En 1898, la remonte a acheté 1,407 chevaux pour une somme totale de 1,613,083 francs, le prix moyen ressort à 1,146 francs. 12,000 francs ont été distribués en primes de majorations.

La remonte achète des chevaux de tête ou d'officier, des chevaux de troupe ou de carrière pour la réserve (cuirassiers) et pour la ligne (dragons), des chevaux de selle, d'attelage pour l'artillerie.

La production est en moyenne de 50 à 60 p. 100 du nombre de juments saillies. Les poulains de seconde classe se vendent de 500 à 800 francs et les poulains ordinaires de 300 à 500 francs.

Déchets. — Lors des présentations à la remonte, le commerce achète les chevaux qui ne sont pas vendus au Comité. Leur prix varie de 700 à 900 francs. Environ 4,000 chevaux sont vendus ainsi chaque année, soit le sixième de la production totale.

Les chevaux de moindre valeur sont vendus pour les petites voitures de Paris, environ 600 francs l'unité; quelques chevaux de 3 ans sont vendus 400 à 500 francs s'ils ont un défaut quelconque. Ces chevaux forment les 6 à 7 dixièmes de la production totale.

Les cavaliers préfèrent des chevaux ayant du sang anglais; les éleveurs pensent que le premier croisement d'une jument demi-sang et d'un pur sang ne donne qu'un animal décousu; mais si ce produit est une femelle, le produit issu de cette pouliche et d'un étalon demi-sang donne en général un bel animal pour la remonte.

Les éleveurs trouvent que les chevaux à deux fins sont plus faciles à vendre au commerce.

Depuis une dizaine d'années, le nombre des poulains avait considérablement augmenté. Par suite de la concurrence de la traction mécanique et l'augmentation rapide du nombre des bicyclettes, le prix des poulains a sensiblement baissé. Aussi il y a lieu de constater une diminution du nombre des saillies et une sélection plus sévère des poulinières depuis deux ans.

D'une manière générale, l'élevage du cheval de luxe est rémunérateur; celui des chevaux de remonte l'est un peu moins et celui des autres donne très fréquemment des pertes.

Aux confins de la Mayenne, dans les cantons de Barenton et du Teilleul, on fait l'élevage du cheval percheron. Cette production paraît se développer de plus en plus; les poulains de 18 mois se vendent couramment 600 et 800 francs. Les non-valeurs sont peu nombreux, et il existe dans la Manche 12 sociétés de courses et une Société hippique à Avranches. Le dépôt d'étalons de Saint-Lô est le plus important de France.

ESPÈCE BOVINE.

Le total des animaux de l'espèce bovine entretenus dans la Manche est d'environ 400,000 têtes appartenant à la race normande, variété cotentine. On compte à peine 5,000 jersyais.

L'élevage des bovins procure à tous les agriculteurs, grands et petits, la majeure partie de leurs bénéfices.

Il existe environ 200,000 vaches laitières, produisant annuellement pour 45 à 50 millions de francs de lait.

Il naît par an environ 95,000 veaux, dont 20,000 sont vendus gras à 3 semaines ou 4 mois, selon les régions. On engraisse les mâles mal conformés et quelques génisses, le tout au nombre de 5,000 environ.

Les 50,000 jeunes bovins restants sont élevés.

Il y a 2,000 vieux taureaux dans la Manche (14 à 36 mois); on en élève et on en vend environ 5,000 par an, aux foires de Percy (15 janvier), Montebourg (Chandeleur), et au concours-foire départemental de taureaux et femelles et porcs qui se tient tous les ans en décembre dans les arrondissements du département à tour de rôle.

Il se vend aussi des taureaux de 12 mois aux grandes foires de Noël et de la mi-carême.

15,000 bœufs sont vendus à 2 ans et demi ou 3 ans. Les foires de Coutances, La Haye-Pesnel, Avranches, Le Teilleul sont renommées pour les bœufs. On pratique l'engraissement à l'herbage dans le Cotentin et le Val de Saire et à l'étable sur les côtes, dans l'Avranchin et le Mortainais.

PLANCHE XVII.

RACE BOVINE NORMANDE.

TAUREAU.

VACHE.

30,000 génisses sont élevées et vendues soit à 6 mois, soit à 1 an, soit plus généralement amouillantes, c'est-à-dire prêtes à vêler à 2 ans et demi.

La Manche exporte environ 2,500 têtes de bétail par mois, sans compter la viande abattue, et vend annuellement près de 10 millions de francs de bovidés.

C'est dans la Manche que se trouve la race normande dans toute sa pureté, et c'est dans ce département que sont achetés les reproducteurs d'élite.

ESPÈCE OVINE.

Dans la Manche, les moutons ne se rencontrent en grands troupeaux que dans la baie du Mont Saint-Michel; partout ailleurs, les troupeaux sont de 5 à 25 têtes; des ouvriers et servantes ne possèdent même qu'un ou deux moutons; c'est l'élevage démocratique par excellence.

Les ovidés se rencontrent le long des côtes et sur les landes, qui sont très étendues. On entretient sur les chaumes, l'hiver, des brebis qui font deux agneaux, quelquefois trois. Les troupeaux vont rarement dans les prairies naturelles.

Les races de moutons du département sont la race de l'avranchin ou des côtes du littoral de la Manche; la race améliorée dite «du Cotentin», qui produit des agneaux plus précoces et d'un poids plus lourd que ceux de la race des côtes.

Ces deux races, surtout quand les ovins vivent près de la mer, produisent des agneaux très appréciés, dits «prés-salés», dont la viande excellente possède un goût tout spécial.

On trouve dans la Hague des ovins petits, à tête et pattes rougeâtres.

C'est à la foire de Lessay que les éleveurs vendent ou achètent les béliers dont ils ont besoin.

Les cantons qui produisent le plus de prés-salés sont ceux de Sartilly, la Haye-Pesnel, Portorson, Sainte-Mère-Eglise.

La laine est surtout utilisée dans le pays.

ESPÈCE PORCINE.

L'élevage et l'engraissement des porcs sont très importants dans la Manche. Ils constituent le corollaire de l'entretien des vaches laitières; les porcs sont nourris en effet de petit lait, de lait écrémé, additionné de farine d'orge, de choux, de pommes de terre et d'orties hachées.

Les porcs gras sont vendus très jeunes dans la Manche, vers l'âge de 6 mois, aux marchés de Saint-Lô, Carentan, Brécey, etc. On en compte plusieurs centaines chaque semaine dans chaque marché.

La statistique indique qu'il y a dans le département 60,000 porcs à l'engrais qui se renouvellent constamment.

On entretient dans le département la race normande, à oreilles longues, grouins gros et allongés, côtes plates.

Pour donner plus de précocité à la race, on la croise quelquefois avec le yorkshire; les oreilles et le grouin sont moins longs et le corps plus allongé.

A Saint-Lô, les porcs présentant des taches noires se vendent difficilement, tandis que sur le marché de Bayeux, ces croisements trouvent facilement preneurs.

L'élevage du porc est généralement très rémunérateur et beaucoup de petits fermiers payent leurs fermages avec les produits de leur porcherie. Le nombre de gorets vendus par semaine est considérable.

ANIMAUX ET PRODUITS DE BASSE-COUR.

La transformation des terres de labour en prairies naturelles et en sainfoin depuis quelques années a provoqué une diminution du nombre des animaux de basse-cour de toutes catégories. Néanmoins on trouve encore sur les marchés des villes des volailles en assez grande abondance. La race locale de poules est noire (Crèvecœur dégénéré).

Les pigeons sont gros et valent 2 fr. 50 à 3 francs le couple.

Dans les marais on élève des canards et on trouve tous les gibiers d'eau; les pigeons ramiers et les lapins de garenne sont abondants dans les bois.

L'élevage des abeilles est surtout important dans le Mortainais.

PISCICULTURE.

On pêche dans les cours d'eau des saumons, des truites et les principaux poissons. En général, les cours d'eau demanderaient à être repeuplés.

MARNE.

ESPÈCE CHEVALINE.

Il existe dans la Marne environ 51,000 animaux de l'espèce chevaline, mais l'élevage y est insignifiant. Les races principales sont les races ardennaise, belge, normande, percheronne, bretonne.

Les cultivateurs qui possèdent une jument la font saillir parfois par un étalon de passage, ils élèvent le produit qui plus tard remplacera un cheval usé. La majeure partie des élèves sont des animaux de trait; on compte quelques demi-sang.

Ce genre d'élevage a un peu plus d'importance dans l'arrondissement de Vitry-le-François, mais en général les propriétaires cherchent surtout à se remonter en chevaux et ne livrent que rarement au commerce.

En Champagne l'élevage du cheval n'est que tout à fait exceptionnel. Les cultivateurs de la région achètent le plus souvent de jeunes chevaux de 3 ans qu'ils emploient à leurs travaux de culture. Ces animaux bien soignés, soumis à un travail peu fatigant, prennent de la taille et du corps et sont souvent revendus à 5 ou 6 ans. Le cultivateur réalise un bénéfice assez important, tout en ayant pu exécuter ses travaux de culture. Seuls les animaux tarés sont conservés jusqu'à un âge assez avancé.

Il n'existe pas de foires ni de marchés importants pour les chevaux.

L'élevage du cheval pourrait être encouragé dans la Brie champenoise (arrondissement d'Épernay), dans le Perthois (arrondissement de Vitry), où existent déjà de belles prairies naturelles. Dans la Champagne les terres crayeuses et faciles à travailler permettent l'achat de jeunes chevaux qu'on amène à l'âge adulte tout en leur faisant exécuter les travaux de la ferme. L'agriculteur peut y trouver une source de bénéfices importants, tout en diminuant les frais d'entretien de son exploitation.

ESPÈCE BOVINE.

Les animaux de l'espèce bovine sont au nombre de 120,800, dont 2,240 taureaux, 80,000 vaches laitières, 3,000 bœufs de travail, 30,000 élèves, le reste en bêtes d'engrais.

Ces chiffres montrent le peu d'importance des bœufs de travail, qu'on n'emploie guère que dans les environs des sucreries. Ce sont des bœufs charolais-nivernais achetés dans le Morvan à 3 ou 4 ans à raison de 900 à 1,300 francs la paire. Ils sont conservés dans les fermes jusqu'à l'âge de 7 à 8 ans, puis livrés à la boucherie pour 1,300 à 1,500 francs la paire.

Les vaches laitières appartiennent à diverses races : normande, hollandaise, montbéliarde, schwitz, et sont le plus souvent des métis très complexes.

L'élevage ne se fait guère que dans la Brie à l'ouest, dans les arrondissements de Vitry et de Sainte-Menehould à l'est; d'ailleurs dans ces deux dernières régions on achète beaucoup au dehors. Les jeunes mâles sont élevés comme veaux de lait, les génisses élevées au pâturage sont vendues au premier ou au deuxième veau aux cultivateurs de la Champagne crayeuse.

En Champagne, l'élevage est exceptionnel; les vaches sont achetées à leur premier ou deuxième veau et conservées trois, quatre, cinq ans. Leurs veaux sont engraissés dans les régions où la vente du lait en nature est difficile ou bien vendus à quelques jours lorsqu'on utilise le lait d'une façon plus rémunératrice qu'à l'engraissement des veaux. Pourtant les Champenois étudient de plus en plus les moyens de faire un peu d'élevage afin de s'assurer un recrutement meilleur et plus économique de leurs bestiaux, ce qui n'est malheureusement possible que dans les vallées favorables aux prairies naturelles.

La production du lait atteint, déduction faite de la consommation familiale, 1 million 128,000 hectolitres par an. Ce lait est vendu en nature aux environs du vignoble et des villes; on en expédie même sur Épernay et Reims, des différentes localités riveraines des lignes de chemin de fer. Ailleurs on livre le lait à des laiteries industrielles et enfin on l'utilise pour l'engraissement des veaux.

Le commerce des veaux gras a une grande importance partout où la vente du lait en nature ne peut avoir lieu. Ces veaux trouvent à Reims et à Paris un débouché important. On engraisse annuellement 6,000 à 7,000 veaux environ qui sont vendus de 100 à 140 francs, ce qui représente une valeur approximative de 850,000 francs. On soumet à cet engraissement des veaux provenant de l'étable même ou achetés à l'âge de 8 jours dans les régions où le lait est vendu en nature. Ces derniers sont payés de 25 à 30 francs pièce. On les garde pendant dix à douze semaines et ils sont vendus de 0 fr. 80 à 1 franc le kilogramme de poids vif.

L'engraissement est surtout pratiqué dans l'arrondissement de Vitry. Les animaux destinés à l'engraissement sont des animaux de réforme du département et aussi des animaux tirés de la Haute-Marne et de la Haute-Saône.

ESPÈCE OVINE.

L'espèce ovine compte environ 297,000 têtes dans le département, dont 1,400 béliers, 15,000 brebis, 70,000 moutons et 75,600 agneaux et agnelles. En Champagne, la race mérinos pure domine et on tend à y revenir de plus en plus et à abandonner les métis mérinos (dishley-mérinos) qui pendant quelques années ont eu une grande vogue. Dans la Brie, c'est encore le dishley-mérinos qui a toutes les faveurs. L'élevage est la règle dans les deux régions. Il n'existe pas de foire spéciale pour les moutons dans le département.

Laine. — La laine des moutons est tantôt coupée en suint, tantôt après avoir été lavée à dos. On peut estimer à 250,000 le nombre des toisons obtenues, produisant environ 1,500 quintaux de laine lavée en suint et 4,000 quintaux de laine lavée à dos. La toison des adultes pèse lavée à dos 1 kilogr. 5 à 2 kilogr. 5, celle des agneaux 1 kilogramme environ. La laine est vendue à des courtiers qui parcourent le pays ou expédiée à Reims au marché des laines. Les prix de vente oscillent depuis quelques années entre 1 fr. 80 et 2 fr. 50 le kilogramme de laine en suint et entre 4 et 5 francs le kilogramme de laine lavée.

Viande. — Plusieurs spéculations relatives à la production de la viande sont pratiquées dans le département.

1° Les agnelles sont conservées pour la reproduction, les agneaux mâles, exception faite de ceux que l'on conserve pour la reproduction, sont castrés et engraissés jusqu'à l'âge de 7 à 8 mois et vendus à la boucherie sous le nom d'agneaux blancs. Soumis à une alimentation intensive, ils sont vendus de 40 à 50 francs la pièce. Annuellement on vend 3,300 agneaux dont la viande très estimée fait prime; ils représentent une valeur de 150,000 francs;

2° L'engraissement porte aussi sur les brebis mères qui, lorsqu'elles ont atteint leur quatrième année, sont engraissées et vendues. Parfois on les vend aux cultivateurs de contrées plus riches, qui les engraissent;

3° Une spéculation qui prend de l'extension consiste dans l'achat de moutons ou de brebis pour les engraisser; on les achète avant la moisson, ils sont conduits au pâturage sur les chaumes où ils trouvent des grains et quelque peu d'herbe. Ils reçoivent à la bergerie une nourriture complémentaire et on les vend après trois ou quatre mois à la boucherie. Les plus durs à l'engraissement sont achevés en automne. Achetés de 30 à 35 francs, on les revend de 40 à 45 francs; l'opération laisse ainsi un bénéfice d'une dizaine de francs par tête, bénéfice auquel vient souvent s'ajouter le prix de vente de la laine.

Les possesseurs de moutons éprouvent beaucoup de difficultés pour trouver des bergers.

Le mouton est une des entreprises zootechniques à conseiller aux agriculteurs de la Marne, surtout dans les régions où l'exploitation des bovidés pour la production du lait est difficile.

ESPÈCE PORCINE.

On compte dans le département 74,750 porcs, dont 2,800 truies, 230 verrats et le reste en jeunes porcs à l'engrais.

Dans la Champagne, les cultivateurs achètent de jeunes porcs qu'ils élèvent et engraissent pour leur consommation. Les laiteries engraissent des porcs pour le commerce.

Les truies et les verrats sont surtout répartis dans la Brie à l'ouest et l'Argonne à l'est, où on élève des petits porcs pour les vendre sur les marchés locaux.

Mais le département est loin de suffire à sa consommation et les marchés des villes s'approvisionnent au dehors et beaucoup à La Villette.

ANIMAUX ET PRODUITS DE LA BASSE-COUR.

Dans presque toutes les exploitations rurales existe une basse-cour. Les poules qui la composent appartiennent à la race du pays croisée diversement avec d'autres races. Elles sont rustiques, pondent bien et donnent une chair de bonne qualité. Les oies, canards, pigeons, etc., y sont également bien représentés. Les lapins sont généralement très nombreux. Il n'y a pas dans la région d'établissement d'aviculture à proprement parler.

Les produits de la basse-cour, œufs et animaux, sont consommés en grande partie sur place; le surplus est vendu à Reims, Épernay, Châlons, Vitry, Sainte-Menehould, sur les marchés de la région, mais surtout dans le vignoble. Dans la Brie, on exporte des volailles sur Paris. La vente se fait par les propriétaires eux-mêmes ou par des commissionnaires ou coquetiers.

L'élevage et l'alimentation se font par les anciennes méthodes, sans beaucoup de soins; il y aurait dans l'exploitation de la basse-cour de nombreuses améliorations à faire.

APICULTURE.

Il existe approximativement dans le département 40,000 ruches, dont le quart environ est à cadres. Le miel en est souvent consommé sur place par les propriétaires, une grande partie est vendue à Reims où la fabrication du pain d'épice en absorbe une certaine quantité. La vente du miel est parfois difficile; on écoule, en gros, à raison de 90 à 110 francs les 100 kilogrammes. La cire se vend toujours très bien, de 250 à 300 francs les 100 kilogrammes en gros.

La production totale peut atteindre suivant les années de 500 à 2,500 quintaux de miel, dont deux tiers environ sont livrés au commerce. La production de la cire peut varier de 15 à 40 quintaux.

PISCICULTURE.

Les cours d'eau de la Champagne sont assez souvent favorables aux truites, qui sont vendues sur les marchés locaux jusqu'à 5 francs le kilogramme. Le département a installé à Châlons un laboratoire d'incubation qui fait éclore chaque année 10,000 à 30,000 alevins de truite arc-en-ciel pour les distribuer gratuitement aux communes traversées par des ruisseaux à truites.

La Marne fournit d'excellents poissons, barbeaux, brochets, gardons, brêmes.

Dans l'Argonne, au nord-est du département, et dans le Bocage, au sud-est, la pisciculture donne lieu à une véritable exploitation. Le pays est garni d'étangs qu'on mantent en eau pendant trois ans après les avoir peuplés avec de jeunes alevins de carpe et quelques brochets. Au bout de ce temps les étangs sont vidés par l'ouverture de vannes et les poissons vendus généralement en bloc à des marchands qui les écoulent sur les villes de la région et quelquefois aussi sur Paris. Les étangs sont maintenus en culture pendant deux ou trois ans avant d'être remis en eau. Les carpes sont tantôt des carpes communes, tantôt des carpes miroir. L'hectare d'étang peut rapporter, suivant la qualité, de 150 à 230 francs pour deux ans (250 carpes de 850 grammes et 20 à 25 brochets de 1 kilogramme, la carpe valant 1 franc le kilogramme et le brochet 2 francs).

AMÉLIORATIONS À CONSEILLER.

Il semble qu'on pourrait développer dans tout le département, mais surtout en Champagne, la spéculation zootechnique qui consiste à acheter des poulains et à les élever en leur faisant exécuter les travaux de l'exploitation. Dans la Brie et dans le Perthois, la reproduction du cheval serait sans doute lucrative à condition de multiplier les prairies naturelles fort bien adaptées d'ailleurs aux sols de ces régions.

La production du lait peut prendre aussi un grand développement le long de toutes les vallées en créant des prairies temporaires, le lait étant utilisé en nature, à la fabrication du beurre, du fromage ou à l'engraissement des veaux, suivant les localités.

Le mouton doit être maintenu et amélioré dans toute la Champagne et dans la Brie avec la création de pâturages temporaires dans les terres crayeuses.

L'élevage du porc peut être développé dans la Brie, l'Argonne, le Perthois et le Bocage.

Quant à la basse-cour, partout elle est lucrative, surtout en l'employant à l'utilisation des sous-produits des fermes : résidus de triage des grains, résidus de laiterie, etc., ou en employant à son alimentation des résidus industriels tels que les tourteaux, les déchets de viande, qui permettent de lui faire consommer même les petits tubercules cuits. Le vignoble et les grandes villes des environs assurent un débouché sérieux aux volailles et aux œufs.

MARCHÉS AUX BESTIAUX.

Les marchés de bestiaux sont peu nombreux. Les communications faciles et la facilité d'écoulement des produits en général sont cause que la vente se fait souvent à domicile. Les foires sont en complète décadence. Citons toutefois comme subsistant encore celles de Cormicy, Fismes, Pont-Faverger, Courtisols, Saint-Amand, Suippes, Vitry.

A Reims, le marché qui se tient quatre fois par semaine voit vendre annuellement plus de 15,000 bovins, 10,000 moutons, 82,000 porcs, mais ces derniers proviennent le plus souvent de l'extérieur du département.

A Vitry-le-François, dans la gare de petite vitesse, se tient tous les mercredis un marché qui a reçu le surnom de «Petite Villette». Il s'y fait les transactions suivantes, en moyenne :

Bœufs	5	Veaux	pour Paris	40
Taureaux	6		pour Nancy	80
Vaches	18			

HAUTE-MARNE.

Le développement en surface et en rendement des ressources fourragères a eu pour conséquence l'accroissement de la production animale.

Cet accroissement s'est manifesté par l'extension de l'espèce bovine au détriment des représentants de l'espèce ovine et par l'augmentation générale du poids des animaux, de sorte qu'aujourd'hui le bétail est représenté par une moyenne de 200 kilogrammes de poids vif par hectare de terre arable.

D'après la dernière statistique, il existe en Haute-Marne :

Chevaux	42,198	Ovins	112,648
Mulets	43	Porcins	58,622
Ânes	221	Caprins	4,609
Bovins	100,553		

Ce bétail n'est l'objet d'aucune entreprise zootechnique spéciale.

ESPÈCE CHEVALINE.

Le cheval s'est substitué presque partout au bœuf de travail; on en trouve la raison dans le tempérament de l'habitant de l'Est, qui s'accommode mal de l'allure paisible du bœuf, et aussi dans la nécessité où l'on est d'employer les machines agricoles. Les bœufs de travail ne sont plus guère utilisés que dans la partie du département qui confine à la Côte-d'Or et à la Haute-Saône. Sur 4,300 bœufs que compte la Haute-Marne, on peut estimer que 1,400 au plus, soit le tiers, sont livrés au travail, ce qui correspond à un bœuf pour 200 hectares de terre arable. Il existe par contre un représentant de l'espèce chevaline par 6 hectares 1/2 de terre cultivée, ce qui correspond à 15 chevaux par 100 hectares.

La statistique de 1892 accusait une moyenne de 13 chevaux pour 100 hectares, ce qui démontre que le cheval a diminué à peu près dans la même proportion que les terres enlevées à la culture; l'augmentation de deux chevaux par 100 hectares se trouvant justifiée par un travail plus parfait du sol et par l'emploi des machines utilisées pour la récolte.

Dans son ensemble, la Haute-Marne ne peut être considérée comme un grand pays d'élevage ni d'exportation.

Deux régions agricoles cependant sont devenues des centres de production intensive : ce sont la zone liasique de la vallée de la Meuse ou «Bassigny» et la zone infracrétacée du nord-ouest du département ou «Bas-Pays».

Dans le Bassigny principalement, la production chevaline dépasse de beaucoup la consommation et les transactions commerciales pour l'exportation sont chaque jour plus importantes.

L'augmentation continuelle des herbages et l'adoption comme méthode de reproduction du croisement continu par la race ardennaise permettent d'espérer que ce mouvement s'accentuera encore.

Jusqu'à ces dernières années, les juments de pays voisines du type ardennais devaient être confiées aux étalons demi-sang qui prédominent dans les dépôts des haras de l'administration et les poulains issus de ces croisements étaient souvent mal réussis, d'une vente difficile et peu rémunératrice.

Cette orientation de l'élevage avait découragé beaucoup de cultivateurs et les avait fait s'adonner de préférence à l'exploitation de l'espèce bovine, d'un débouché plus régulier et plus certain.

Mais il se produit actuellement une réaction. Les éleveurs veulent revenir à l'ancien type si rustique et si apprécié qui correspond à l'ardennais un peu allégé dans ses formes; de tous côtés on sélectionne les poulinières et on réclame pour elles des étalons ardennais que l'on voudrait voir prédominer dans nos haras. Pour accélérer l'amélioration, les sociétés agricoles répartissent entre leurs membres des pouliches qu'elles vont acheter dans l'Ardenne française ou belge (100 pouliches en 1905-1906) et certaines subventionnent des étalons ardennais pour les régions qui en sont dépourvues.

L'industrie privée fait également de grands efforts pour encourager cet élevage et ses chevaux de trait représentent les trois quarts de son effectif total, malgré les importantes primes d'approbation accordées aux étalons demi-sang.

Les éleveurs ont repris courage et l'on peut prévoir une rapide transformation de la population chevaline, principalement dans le Bassigny, dont le sol riche en acide phosphorique et en potasse est si favorable à la formation de l'ossature du cheval de trait.

Un livre généalogique de reproducteurs ardennais est en voie d'établissement.

Dans toutes les parties du département où la production chevaline est peu dense, les opérations commerciales se font à domicile par des marchands qui parcourent la campagne.

Dans la région du Bassigny, ces transactions commerciales se complètent aux foires importantes qui existent chaque mois à Montigny-le-Roi et à Langres.

Les foires de Montigny rassemblent annuellement de 1,500 à 2,000 chevaux. Les plus importantes de ces foires se tiennent le 24 février (400 à 600 chevaux), le 27 mars (250 à 300), le 25 avril (250 à 300), le 7 juin (200), le 10 septembre (150 à 200).

Les foires de Langres ont lieu à peu près aux mêmes époques et rassemblent un nombre de têtes sensiblement égal aux foires de Montigny, les invendus des unes allant aux autres et inversement. Les réunions les plus importantes sont celles du 15 février (400 chevaux), 22 mars (350), 1er mai (250), 18 avril (300).

Les bons chevaux, bien étoffés, sont achetés en presque totalité par des maquignons suisses et allemands; il n'est pas rare de rencontrer à certaines foires 20 à 30 de ces acheteurs qui forment de beaux et importants convois d'exportation.

Les chevaux de petite taille ou de taille ordinaire sont achetés pour le Centre ou la vallée du Rhône (Clermont-Ferrand et Grenoble) et pour l'Italie.

ESPÈCE BOVINE.

Depuis une trentaine d'années, la population bovine de la Haute-Marne s'est accrue en nombre et en qualité.

Par suite de sa situation aux confins des aires géographiques de plusieurs races (jurassique, germanique, Pays-Bas) et de l'intervention inconsidérée de reproducteurs flamands, normands, hollandais, et même durham, le bétail est resté longtemps sans homogénéité et soumis aux manifestations ataviques les plus bizarres.

Pour remédier à cet état de choses, il fallait faire choix d'une race améliorante bien adaptée aux conditions naturelles et opérer par croisement continu.

Après bien des essais et des hésitations dues surtout au manque d'entente entre les associations agricoles, la race tachetée du Jura fut considérée par tous comme la race amélioratrice et aujourd'hui les sociétés d'agriculture et les comices du département vont régulièrement chercher en Suisse les taureaux indispensables aux croisements et souvent des femelles qui leur permettent d'accélérer la transformation poursuivie.

Certains propriétaires s'adressent à la race montbéliarde qui est justement considérée comme une descendante de la race tachetée suisse.

Grâce à cette méthode, plusieurs étables complètement régénérées ont déjà produit des résultats remarquables et ont permis de jeter les bases d'un livre généalogique qui pourra prendre une sérieuse importance.

Production de la viande. — Les bœufs, les vaches réformées et les génisses à caractères laitiers négatifs sont livrés à l'engraissement, qui se fait principalement dans la vallée de la Meuse (Bassigny) et dans les environs de Montiérender. On trouve également sur les herbages de la première région des bœufs charolais qui sont importés chaque année par les engraisseurs.

Dès le mois de juillet, ces animaux sont achetés par les bouchers locaux ou par des marchands qui parcourent la région et forment des lots expédiés sur Nancy et Paris.

Ces transactions commerciales sur place sont très fréquentes, leur importance est précisée par les chiffres résumant les importations et les exportations des principales gares de la région herbagère :

RÉGION DU BASSIGNY.

GARES.	1905. IMPORTATIONS.	1905. EXPORTATIONS.
	têtes.	têtes.
Andilly	358	1,060
Meuse	188	1,184
Merrey	143	540
Levécourt	483	1,205
Breuvannes	196	290
Bourmont	22	384

RÉGION DES BAS-PAYS.

GARES.	IMPORTATIONS.	EXPORTATIONS.
Longeville	87	433
Montiérender	161	637

Quoique ces chiffres ne représentent pas tout le mouvement bétail de ces régions, puisqu'un certain nombre de têtes livrées au commerce sont expédiées par voie de terre, ils n'en sont pas moins à considérer comme donnant la mesure de l'intensité de la production et de l'exploitation animale.

Les principales foires mensuelles qui complètent ces opérations commerciales sur place sont par ordre d'importance celles de Langres, de Chaumont et de Montigny-le-Roi.

La mercuriale de 1905 accuse :

Pour les foires de Langres un total de 3,460 vaches et 195 bœufs, pour les foires de Chaumont un total de 1,105 vaches et 174 bœufs.

D'autre part les registres de ces deux gares indiquent comme importations et exportations :

	IMPORTATIONS.	EXPORTATIONS.
	têtes.	têtes.
Langres	2,602	4,416
Chaumont	1,821	1,806

L'excédent total des exportations sur les importations par chemin de fer s'élève, en 1905 et pour l'ensemble du département, à 7081 têtes, bœufs et vaches.

Production laitière. — Les vaches sont exploitées pour leur lait qui est vendu en nature ou transformé en beurre ou en fromage.

La vente du lait en nature se fait aux environs des gros centres de population, villes ou cités industrielles. Le prix courant du litre de lait servi à domicile est de 0 fr. 20 dans les villes et de 0 fr. 15 dans les communes métallurgiques des vallées de la Marne, de la Blaise et du Rognon.

Le beurre des campagnes est généralement vendu aux « cossonniers » ou « coquetiers » qui le transportent à la ville en même temps que beaucoup d'autres produits comestibles. Acheté entre 2 francs et 2 fr. 50 le kilogramme, ce beurre est revendu avec une majoration de 0 fr. 30 à 0 fr. 40.

Quelques beurreries industrielles préparent le beurre fin, qui est vendu à des prix supérieurs de 0 fr. 50 à 0 fr. 60 à ceux du beurre ordinaire. Ce beurre de luxe est écoulé par les maisons de comestibles des villes.

Certains de ces beurres sont également expédiés sur les marchés de Paris et de Nancy.

Les fromages fabriqués par la fermière sont les fromages frais en été et les fromages affinés en hiver; ces derniers sont tous de petites dimensions et portent des noms locaux : fromages de Langres, de Villiers, etc.; ils pèsent en moyenne 500 grammes et se vendent 0 fr. 60 à 0 fr. 75.

On prépare aussi un fromage spécial, la « concoillotte », fromage cuit, fermenté, puis fondu, que l'on vend 0 fr. 60 à 0 fr. 75 le demi-kilogramme.

Les fromageries industrielles fabriquent le brie ou le camembert, qu'elles expédient sur Nancy, Troyes ou Paris; elles se procurent le lait chez le cultivateur au prix de 0 fr. 08 à 0 fr. 12 le litre suivant la saison.

Quelques fromageries industrielles fabriquent le gruyère, mais ce sont surtout les « fruitières » qui se livrent à cette préparation; ces fromageries coopératives font ressortir le lait aux prix de 0 fr. 11 à 0 fr. 13 le litre. Les gruyères des coopératives sont généralement achetés par des commissionnaires de Besançon.

ESPÈCE OVINE.

Le mouton est exploité principalement dans la région montagneuse des arrondissements de Langres et de Chaumont, soit en troupeaux privés, soit en troupeaux communaux.

Les troupeaux privés appartiennent aux grandes fermes, les troupeaux communs dits «troupeaux communaux» sont formés par la réunion des animaux possédés par tous les cultivateurs, manouvriers et vignerons d'une commune.

Ces troupeaux diminuent sans cesse en importance et en nombre à cause de la rareté des bons bergers et de la réduction de la vaine pature, qui est gênée par les cultures fourragères artificielles créées au détriment des jachères.

Suivant les régions, les animaux exploités appartiennent aux races mérinos-précoce, dishley-mérinos, lorraine ou langroise.

Dans certaines fermes on engraisse l'agneau, que l'on vend à 6 ou 8 mois aux bouchers des environs.

Pour les adultes, le régime alimentaire exclusif est le pâturage sur les friches et les jachères; en hiver on intervient par les fourrages et les pailles; l'engraissement s'obtient après la moisson, quand les chaumes augmentent les ressources alimentaires.

Le plus souvent les moutons sont vendus après engraissement vers 2 ou 3 ans; ils atteignent alors le poids de 35 à 40 kilogrammes. On engraisse annuellement de 15,000 à 18,000 moutons en Haute-Marne.

Les brebis sont réformées à l'âge de 5 ou 6 ans, beaucoup plus tôt qu'autrefois, ce qui amène sur le marché un plus grand nombre d'animaux.

Les laines et les moutons sont vendus à des commissionnaires qui se livrent au commerce des ovins et qui parcourent les campagnes pour former des lots d'exportation; les animaux communs sont consommés dans la région, les meilleurs sont dirigés sur le marché de La Villette.

Certains propriétaires ont ces années dernières vendu directement leurs laines pour le marché de Dijon; le comice agricole de Joinville organise pour 1907 une vente collective de laines qui seront écoulées par les marchés de Dijon et de Reims.

La seule foire à moutons de la Haute-Marne est celle de Montigny, qui est presque aussi réputée que celle de Jussey (Haute-Saône); les foires ovines d'Auberive et de Langres ont complètement perdu leur ancienne importance.

ESPÈCE PORCINE.

L'élevage du porc se pratique sur une assez grande échelle dans la vallée de la Blaise, les environs de Montiérender et le canton de Nogent-en-Bassigny. Les truies nourries partiellement aux champs font en moyenne deux portées par an. Les porcelets sont vendus après sevrage, à six semaines environ, à des prix oscillant autour de 25 francs. Les foires mensuelles de Chaumont sont très fréquentées par les éleveurs du canton de Nogent et par les commissionnaires qui parcourent les villages, où ils achètent les porcelets qu'ils revendent partiellement à ces foires.

L'engraissement des porcs est presque limité aux besoins du ménage ou de la ferme, les excédents sont vendus aux charcutiers des environs.

Seules les beurreries et les fromageries industrielles se livrent à l'engraissement spéculatif du porc.

ANIMAUX ET PRODUITS DE BASSE-COUR.

On trouve des animaux de basse-cour chez tous les cultivateurs, vignerons et manouvriers agricoles. Aucune amélioration sérieuse n'est à signaler dans l'élevage et l'alimentation de ces animaux, dont les produits sont consommés sur place.

De nombreux ruchers sont répartis sur toute la Haute-Marne, mais leurs produits ne donnent lieu qu'à des opérations commerciales locales.

PISCICULTURE.

Un certain nombre d'étangs sont exploités dans la région nord-ouest du département (canton de Montiérender); le plus important est l'étang de la Horre, où l'on pêche chaque année un grand nombre de carpes et de brochets qui sont expédiés sur Nancy, Paris et la Belgique.

MAYENNE.

ESPÈCE CHEVALINE.

Le département de la Mayenne produit un nombre important de poulains, en raison du mode d'exploitation adopté par les cultivateurs. Les travaux agricoles étant irréguliers dans ce département, on préfère la jument au cheval comme animal de trait, car elle donnera, en plus du travail, un poulain dont la vente au sevrage constitue un appoint très appréciable dans les recettes de l'exploitation.

Il n'y a pas de race spéciale de chevaux dans le département. On y trouve un croisement très divers entre les races bretonne, percheronne, poitevine et même boulonnaise.

Depuis quelques années, le département achète chaque année trois ou quatre étalons percherons qui sont cédés aux enchères publiques aux étalonniers. Ceux-ci s'engagent à les entretenir en bon état et à les garder pour la reproduction jusqu'à ce que la commission chargée de les acheter en autorise la vente.

Les animaux ainsi introduits étant régulièrement bons, on parviendra rapidement à améliorer la production chevaline, laquelle a d'ailleurs beaucoup progressé dans ces dernières années.

Quelques essais de croisements ont été tentés, mais sans grand succès, avec les étalons de races légères. Le cultivateur mayennais a conservé les allures lentes de ses ancêtres qui effectuaient leurs travaux des champs à l'aide du bœuf, et il n'a pas en général la vivacité nécessaire pour la conduite des chevaux à allures rapides. D'autre part, l'absence des pâturages ne permet pas l'entretien convenable des animaux qui ne peuvent pas travailler dès le bas âge. Aussi ne trouve-t-on le plus souvent, parmi les chevaux légers de la Mayenne, que des animaux de peu de valeur qui sont fort peu recherchés des acheteurs.

La vente des poulains de trait a lieu à la fin de l'automne, principalement aux

RACE BOVINE DURHAM.

TAUREAU.

VACHE.

foires d'Ernée, Saint-Denis-de-Gastines, Mayenne, Laval, Évron, Château-Gontier et Craon. Ils sont envoyés dans tous les centres d'élevage du cheval, le Perche, la Picardie, la Normandie, etc.

ESPÈCE BOVINE.

Le département produit un grand nombre d'animaux de l'espèce bovine. Dans chaque exploitation, on trouve le nombre de vaches nécessaires pour la production des veaux destinés à être vendus comme bœufs à l'âge de trois ou quatre ans aux engraisseurs de la Normandie, du centre et du nord de la France.

Presque tout le département est peuplé d'animaux issus du croisement de l'ancienne race mancelle avec le durham.

C'est dans l'arrondissement de Château-Gontier que ce croisement est le plus avancé vers le durham, et ceci est une conséquence des qualités du sol et du climat.

A mesure qu'on avance vers le nord du département, on trouve des animaux plus rapprochés de la race mancelle ou de la race normande. On trouve même, dans une partie de l'arrondissement de Mayenne, des animaux de cette dernière race à l'état de pureté.

L'élevage des jeunes bovidés laisse encore à désirer sous le rapport de l'alimentation, qui n'est suffisante que pour les animaux destinés à une vente très prochaine. Les veaux sont souvent sevrés trop jeunes et ne reçoivent qu'une alimentation parcimonieuse pendant les deux premiers hivers. On les nourrit ensuite très copieusement pour qu'ils soient en bon état au moment de la vente. Cette dernière a lieu dès les premiers mois de l'année aux herbagers de la Normandie, du nord et du centre de la France, principalement sur les marchés cités précédemment et sur ceux de Bierné, Grez-en-Bouère, Meslay, Cossé-le-Vivien, Montsûrs et Bais.

Un petit nombre de cultivateurs se sont mis à terminer eux-mêmes l'engraissement de leurs bœufs et à les vendre directement à la boucherie. Ils s'entendent entre eux, en font des wagons qu'ils dirigent eux-mêmes sur les marchés de La Villette. Cette pratique, qui prend de plus en plus d'extension, donne des résultats très satisfaisants, car elle se traduit par l'augmentation des cultures fourragères et de la production du fumier. Mais le nombre des animaux ainsi engraissés est encore très faible et ne dépasse pas le vingtième de ceux qui sont vendus annuellement par le département.

Industrie laitière. — La laiterie de la Cocherie, de Saint-Pierre-la-Cour, achète du lait sur un rayon de 15 kilomètres environ, dont une partie dans le département d'Ille-et-Vilaine, extrait la crème et le rend aux cultivateurs. La quantité de lait reçu atteint au maximum 6,000 litres par jour. La «Laiterie du Progrès», à Loiron, reçoit journellement 1,200 litres de lait au maximum. Elle fabrique du beurre et du fromage. Dans l'établissement de Notre-Dame-d'Avesnières (Trappistines) une société civile continue la fabrication du fromage dit du «Port-Salut», que les religieuses fabriquaient encore il y a cinq ans. On y travaille 3,000 litres de lait par jour. La laiterie de Port-Salut (Trappistes) située dans la commune d'Entrammes, à 10 kilomètres de Laval, continue également à fonctionner au nom d'une société civile et travaille 7,000 litres de lait par jour.

Enfin dans l'arrondissement de Château-Gontier, à la Gautrais, commune de Bazouges, il existe une fromagerie qui travaille 800 litres de lait par jour.

Les exploitations qui fournissent du lait à ces divers établissements sont des exceptions, car c'est l'élevage des bêtes à cornes qui, dans tout le département, constitue la spéculation animale dominante.

ESPÈCE PORCINE.

La Mayenne, et plus particulièrement l'arrondissement de Château-Gontier, produit un très grand nombre de porcs. Ceux qui sont élevés dans l'arrondissement de Château-Gontier et plus spécialement dans le Craonnais sont excellents et très réputés. Dans le reste du département, on en produit moins et les sujets appartiennent tantôt à la race craonnaise, tantôt à la race normande. On trouve aussi quelques rares porcheries dans lesquelles on élève des berkshires et des yorkshires, mais ces animaux tendent à disparaître du département, surtout depuis l'institution par le Ministère de l'agriculture du concours spécial de la race porcine craonnaise.

Les porcs craonnais sont très estimés et très demandés, même par les contrées éloignées, et le nombre de gorets expédiés chaque année dans toutes les parties de la France, et même à l'étranger, est considérable. Cette race est caractérisée par un front large et plat, un nez long, large et formant un angle très ouvert avec le front, un corps très allongé et fortement membré, des soies longues, souvent abondantes et grossières, d'un blanc jaunâtre ou d'un jaune rougeâtre, les oreilles longues et tombantes, l'œil dégagé. Toute tache noire ou brune de la peau ou des soies est considérée comme un indice de croisement.

La production du porc subit de très grandes fluctuations. Certaines années on en trouve partout, même chez les ouvriers qui ne peuvent les loger que très difficilement.

D'autres années au contraire, les porcs sont beaucoup moins nombreux et se rencontrent seulement dans les exploitations d'une certaine importance. Ces grandes variations du chiffre de la population sont provoquées par les fluctuations des cours de ces animaux. Lorsque les prix sont élevés, les porcs sont nombreux et lorsque les cours sont bas, leur nombre diminue rapidement. La brièveté de la vie de ces animaux jointe à leur grande puissance de reproduction explique cette variation de la production porcine du département. Toutes les foires de la Mayenne sont abondamment pourvues de porcs, mais c'est surtout à celles de Craon et de Château-Gontier que se trouvent les animaux de la race craonnaise pure.

ANIMAUX ET PRODUITS DE BASSE-COUR.

L'évaluation des produits de la basse-cour est très difficile, en raison de la brièveté de vie des animaux qu'on y élève et de l'irrégularité de cet élevage.

Dans presque toutes les fermes, on entretient un petit nombre de volailles, presque toujours des poules; on trouve des oies dans la partie sud du département; des canards, des dindons, des pintades et des pigeons, dans quelques exploitations seulement, et des lapins à peu près partout. Si l'on excepte les quelques propriétaires amateurs qui se livrent, plutôt pour leur agrément, à l'élevage de quelques animaux de races étrangères, on ne trouve dans les exploitations agricoles de la Mayenne que des animaux de races communes, auxquels les fermiers n'accordent en général que les soins strictement indispensables.

Planche XIX.

RACE PORCINE CRAONNAISE.

VERRAT.

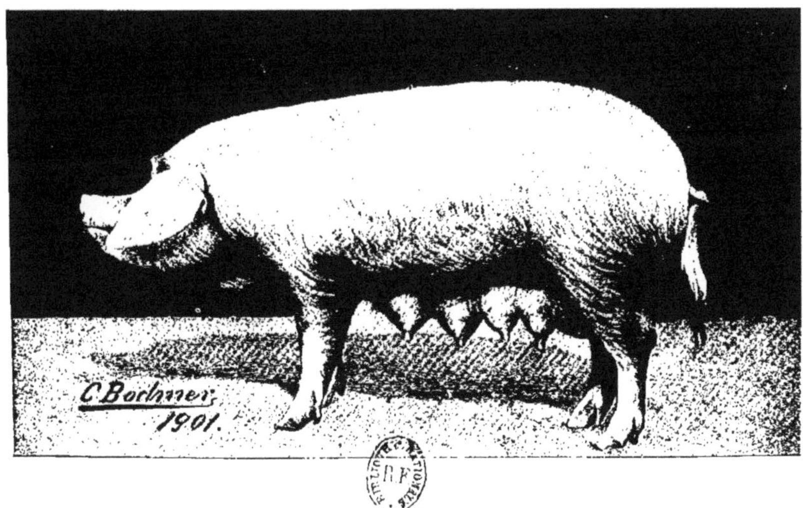

TRUIE.

Les nombres approximatifs de ces divers animaux sont les suivants :

Poules	550,000	Pintades	2,500
Oies	130,000	Pigeons	30,000
Canards	35,000	Lapins	90,000
Dindes et dindons	2,000		

De ces diverses productions, les deux premières seules font l'objet d'un commerce d'une certaine importance. En dehors de la fourniture de la consommation locale, les poules sont livrées en grand nombre à des marchands qui les expédient sur les grands centres et en particulier sur Paris. Il en est de même des œufs. Les oies sont vendues en très grande quantité pour l'Angleterre. Tous les autres animaux de basse-cour servent à la consommation locale ou sont expédiés à Paris.

Miel. — Cire. — Ces produits ne se trouvent qu'en très petites quantités dans le département et n'y donnent lieu à aucune transaction ayant quelque importance.

MEURTHE-ET-MOSELLE.

En raison de ce fait que les prairies naturelles ne sont pas très abondantes dans le département, l'élevage des animaux domestiques n'y a pas l'importance qu'il a acquise dans certaines régions de la France, comme le Nord-Ouest ou le Bourbonnais. Néanmoins il gagne du terrain de jour en jour, parce qu'on augmente de plus en plus les prairies artificielles, parce qu'on commence à apprécier les avantages des prairies temporaires. Les débouchés aux produits animaux ne manquent d'ailleurs point en Meurthe-et-Moselle par suite du développement continu des centres industriels, et c'est pourquoi la consommation dépasse la production : le département est obligé d'importer une proportion élevée de produits alimentaires d'origine animale, de même que des bêtes de boucherie.

ESPÈCE CHEVALINE.

Dans l'ensemble, la culture ne produit que les animaux qui lui sont nécessaires; on compterait facilement les éleveurs qui font du cheval une spéculation industrielle. D'ailleurs, le petit cheval lorrain, qu'on a essayé de grandir par des croisements avec les demi-sang des Haras, n'a donné que des résultats médiocres au point de vue de la production du cheval de guerre. Les remontes militaires n'achètent en Meurthe-et-Moselle que de 10 à 20 chevaux par année. D'autre part, notre cheval n'a pas l'étoffe ni la taille du cheval d'industrie, c'est-à-dire du camionneur. Aussi les animaux que vendent les cultivateurs retournent à peu près tous à la culture, sauf quelques rares sujets.

On vend les chevaux à tout âge; sous ce rapport, il n'y a aucun courant établi; l'exploitant agit comme il croit utile pour ses intérêts. En tout cas, le commerce des poulains sevrés est à peu près nul ici; l'élevage du cheval se poursuit presque toujours à la ferme où l'animal est né.

Les exploitants n'ayant pas une race de chevaux permettant de satisfaire aux besoins de l'armée ou de l'industrie élèvent pour eux, comme nous l'avons indiqué. Ils élèvent partout, dans toutes les fermes, sauf quelques fort rares exploitations situées aux alentours des villes, qui achètent des chevaux adultes en Bretagne ou ailleurs.

Il n'y a qu'au sud-est, dans les environs de Baccarat et de Badonviller, où l'élevage du cheval est presque nul et remplacé par celui du bœuf. Cette habitude vient des Vosges où les cultivateurs de la région montagneuse préfèrent le bœuf au cheval pour leurs travaux souvent pénibles à cause des pentes.

Depuis peu d'années, les éleveurs ont cherché à obtenir plus gros, plus étoffé, afin d'avoir un peu plus de débouchés dans l'industrie.

Dans ce but, l'administration des Haras a introduit des étalons ardennais qui réussissent très bien et ont beaucoup de vogue.

On peut affirmer que d'ici quelques années les amateurs pourront trouver en Meurthe-et-Moselle de bons chevaux moyens, étoffés, convenant partout pour les travaux agricoles et ne redoutant pas le petit camionnage industriel. On espère aussi avoir quelque débouché dans l'artillerie.

Quant aux méthodes zootechniques employées à la reproduction, on vient de voir que le croisement est fort en honneur; les cultivateurs évitent presque tous la consanguinité et renouvellent les étalons quand les jeunes juments sont en âge d'être saillies.

La sélection zoologique, pour conserver le sang lorrain, n'existe plus et n'a guère existé.

Il n'y a pas de grandes foires de chevaux ou de poulains; les commerçants vont à domicile. À Lunéville, on a cependant commencé à faire des exhibitions d'ardennais purs importés et de leurs croisements déjà très nombreux.

Il existait en Meurthe-et-Moselle, en 1905, 12,614 poulains et pouliches de moins de 3 ans et 42,700 chevaux de plus de 3 ans. Les ânes et les mulets sont à peine au nombre de 200; il est inutile de dire qu'ils sont tous importés.

ESPÈCE BOVINE.

La dernière statistique indique les chiffres suivants à propos des existences de l'espèce bovine :

Taureaux	1,576	Élèves	d'un an et au-dessus	15,255
Bœufs	4,642		de moins d'un an	10,636
Vaches	54,025			

Le nombre des bœufs est plus élevé et ces animaux se rencontrent surtout, comme il a été dit plus haut, dans le sud-est de l'arrondissement de Lunéville où on les emploie aux travaux de culture et au débardage des forêts.

Il n'y a pas de races bovines spéciales au département. On fait surtout du croisement et du métissage; la sélection est à peu près inconnue, sauf quelques cas de sélection zootechnique pour obtenir des bêtes laitières.

Les sociétés agricoles ont importé, pour les éleveurs, des reproducteurs hollandais, surtout dans l'arrondissement de Briey et pour les laitiers des environs des villes. Ailleurs, on a surtout acheté des bêtes suisses. Le schwitz, autrefois en vogue, semble aujourd'hui complètement abandonné; il en est de même de la race durham qui peuplait, il y a quelques années, quelques-unes des meilleures étables.

La vogue se porte, maintenant, vers le montbéliard et la race suisse tachetée dont on fait des importations, tous les ans, par l'intermédiaire des comices. Le simmenthal, très apprécié en Alsace-Lorraine, ne se répand pas ici.

En somme, c'est le suisse qui domine aujourd'hui dans l'espèce bovine; mais les étables pures sont rares, parce qu'on achète peu de génisses.

On vend naturellement beaucoup de veaux depuis l'âge de 15 jours jusqu'à 6 semaines; les veaux blancs sont à peu près inconnus.

En 1905, l'octroi de Nancy a enregistré une entrée de 18,357 veaux de boucherie.

Aussi, eu égard à ce fait qu'il n'y a que 54,000 vaches laitières dans le département et qu'on élève environ le quart des veaux, les bouchers sont obligés de recourir à l'importation pour satisfaire leur clientèle. La majeure partie des veaux achetés ainsi provient des Vosges et de la Marne; il en vient aussi un peu de Saône-et-Loire; de même que quelques veaux blancs de l'Aube.

Pour la grosse viande, le département fournit surtout des vaches et quelques taureaux. Les bœufs proviennent principalement de deux contrées : la Haute-Saône et la Normandie. On importe aussi, en moindres quantités, des bœufs charolais et nivernais et des bœufs sucriers du Nord.

Voici le relevé des importations et exportations des bœufs et vaches, en Meurthe-et-Moselle, du 1er novembre 1904 au 1er novembre 1905 :

		IMPORTATION.	EXPORTATION.
Novembre 1904..	Cie l'Est	2,377	767
	Douane	2	//
Décembre 1904..	Cie l'Est	2,347	594
	Douane	//	//
Janvier 1905....	Cie l'Est	2,288	610
	Douane	//	//
Février 1905....	Cie l'Est	1,952	678
	Douane	//	//
Mars 1905......	Cie l'Est	2,271	1,032
	Douane	//	//
Avril 1905......	Cie l'Est	2,631	1,042
	Douane	//	//
Mai 1905.......	Cie l'Est	3,014	1,045
	Douane	//	//
Juin 1905......	Cie l'Est	2,066	697
	Douane	//	//
Juillet 1905....	Cie l'Est	2,542	663
	Douane	//	//
Août 1905......	Cie l'Est	2,437	710
	Douane	//	7
Septembre 1905 .	Cie l'Est	2,937	1,009
	Douane	//	//
Octobre 1905 ...	Cie l'Est	3,525	1,052
	Douane	//	40

Les importations se sont élevées au chiffre de 30,389 têtes et les exportations à 9,946; d'où une différence de 20,443 animaux en faveur des premières.

On voit donc que le département est un gros acheteur de viande; il est loin de produire ce qui est nécessaire à sa consommation, ce qui tient principalement à l'insuffisance des prairies naturelles, due à l'étroitesse des vallées qui bordent les cours d'eau.

L'élevage des veaux se fait peu dans les pâtures, à cause de l'absence presque complète de clôture; les prés qui existent sont plutôt affectés aux poulains.

L'engraissement des bêtes adultes se fait fort peu au pâturage; il a lieu surtout en hiver avec du fourrage, des betteraves, du son et des tourteaux.

Il n'existe pas de grosses foires; les bêtes sont achetées directement dans les villages ou conduites aux marchés hebdomadaires de Nancy, Lunéville, etc.

On élève des bêtes à cornes partout, mais on ne peut citer de centres d'élevage de grande importance.

Produits de laiterie. — Les établissements qui fabriquent, soit du beurre, soit du fromage, ou même les deux, étaient au nombre de 42 en 1905. Il n'y a, dans ce chiffre, qu'une seule laiterie coopérative, celle de Moivrons.

La vente du lait en nature absorbe la plus forte partie de la production laitière avec la consommation dans les fermes, l'élevage des veaux et des porcs.

Les beurres qui ont payé l'octroi à Nancy, en 1905, représentaient un poids global de 664,140 kilogrammes. Si l'on ajoute à ce chiffre déjà considérable la consommation dans les autres villes et les nombreux centres industriels, on voit que le département de Meurthe-et-Moselle est importateur de cette marchandise.

Les beurres ordinaires proviennent en partie de Rosporden, Scaer, Carhaix, Châteaulin (Finistère), Rennes (Ille-et-Vilaine); Vire, Caen (Calvados); Valogne (Manche); Le Puy, Saint-Georges-d'Aurac (Haute-Loire); Gannat, Charroux (Allier); la région de l'Est (Meuse, Vosges).

C'est le nord-ouest de la France (Normandie et Bretagne) qui envoie le plus de beurre, puis vient le centre (Allier, Haute-Loire) et enfin l'est, qui en fournit peu.

Les beurres fins sont expédiés de Valogne, Isigny, etc.; des Vosges, de la Meuse et un peu du Doubs.

Les beurres de Normandie et de Bretagne sont bien malaxés et contiennent peu de petit lait; on les met simplement, avant la vente, 24 heures à la cave pour les durcir.

Les beurres des autres provenances ont souvent besoin d'un malaxage à l'arrivée.

On fabrique, à peu près dans toutes les fermes, des fromages blancs ou des fromages à pâte molle, plus ou moins écrémés, et des fromages maigres avec le caillé restant après l'enlèvement de la crème dans les pots de grès. Ces produits sont consommés presque exclusivement à la maison.

D'autre part, comme les fromageries industrielles sont peu abondantes dans le département, on importe de grandes quantités de fromage. En 1905, Nancy a reçu 490,497 kilogrammes de ce produit.

L'origine des fromages d'importation est très variée. On reçoit surtout du gruyère provenant des fruitières du Jura ou de la Suisse, du camembert, du coulommiers, du brie, venant aussi des pays d'origine.

Mais la consommation courante et à bon marché est surtout fournie par des fromages de la Meuse (façons brie, coulommiers et camembert), des Vosges (géromé, munster), de l'Aube (genre camembert).

En somme, les vaches laitières sont insuffisantes en Meurthe-et-Moselle pour satisfaire à la consommation qui grandit de jour en jour, parallèlement aux centres industriels dont le développement est continu.

Il y aurait lieu de favoriser la création de laiteries coopératives dans les villages où l'absence de voies ferrées ne permet pas une exportation lucrative des produits.

ESPÈCE OVINE.

La statistique de 1905 donne les chiffres suivants pour Meurthe-et-Moselle :

Béliers au-dessus d'un an.......	779	Moutons au-dessus d'un an......	15,120
Brebis au-dessus d'un an.......	45,619	Agneaux et agnelles de moins d'un an	26,264

Il n'y a pas de race spéciale à la région; les bêtes sont surtout issues de croisements de moutons de la Haute-Saône, de la Haute-Marne et des Ardennes, bêtes élancées, rustiques, pâturant bien, mais manquant un peu de gigot.

Quelques fermes ont du pur sang southdown, dishley ou dishley-mérinos.

On vend surtout des agneaux gras de six à huit mois, quelques moutons antenais et des vieilles brebis réformées.

Il y a des troupeaux, gardés par un pâtre communal, dans presque tous les villages, cependant c'est sur les plateaux de l'oolithe calcaire (Toul, Briey) que les moutons sont le plus nombreux; le sud de l'arrondissement de Lunéville n'en élève point.

On rencontre malheureusement encore des bêtes à cheptel à moitié, ce qui n'est pas en faveur des exploitants.

Comme pour les bêtes à cornes, le département ne produit pas assez de bêtes ovines pour sa consommation. Voici le relevé des importations et des exportations du 1er novembre 1904 au 1er novembre 1905 :

		IMPORTATION.	EXPORTATION.
Novembre 1904..	Cie l'Est..........................	990	2,704
	Douane..........................	//	//
Décembre 1904..	Cie l'Est..........................	2,030	953
	Douane..........................	//	//
Janvier 1905....	Cie l'Est..........................	1,886	436
	Douane..........................	//	//
Février 1905....	Cie l'Est..........................	2,307	723
	Douane..........................	//	//
Mars 1905......	Cie l'Est..........................	2,898	777
	Douane..........................	//	//
Avril 1905......	Cie l'Est..........................	2,661	235
	Douane..........................	//	//
Mai 1905.......	Cie l'Est..........................	3,856	583
	Douane..........................	//	//
Juin 1905......	Cie l'Est..........................	2,105	351
	Douane..........................	//	//
Juillet 1905.....	Cie l'Est..........................	2,521	479
	Douane..........................	//	//

		IMPORTATION.	EXPORTATION.
		—	—
Août 1905	Cie l'Est	1,964	389
	Douane	//	//
Septembre 1905	Cie l'Est	2,351	841
	Douane	//	//
Octobre 1905	Cie l'Est	2,637	2,571
	Douane	//	//

Les importations se sont élevées à 28,206 têtes et les exportations à 11,042, ce qui fait une différence de 17,164 animaux en faveur des premières.

Un certain nombre de cultivateurs engraissent des troupeaux sur les chaumes; c'est ce qui explique les fortes exportations en octobre et novembre quand l'engraissement est terminé.

Les moutons importés proviennent surtout de la Marne; le marché de Nancy reçoit des arrivages de moutons africains et monténégrins, de mai à septembre.

ESPÈCE CAPRINE.

On comptait en 1905 12,143 animaux de l'espèce caprine en Meurthe-et-Moselle. L'élevage de la chèvre, très peu important ici, est naturellement entre les mains des pauvres gens et ne donne lieu qu'à des spéculations fort restreintes.

ESPÈCE PORCINE.

Il existait, en 1905, en Meurthe-et-Moselle :

Verrats	391
Truies	10,801
Animaux à l'engrais de plus de 6 mois	47,921
Porcs jeunes de moins de 6 mois	38,042

L'élevage se fait à peu près dans toutes les localités, sauf encore dans le sud-est de l'arrondissement de Lunéville, où l'on achète des cochons sevrés pour l'engraissement.

La race dite du porc lorrain est très mélangée; cette race a beaucoup d'analogie avec le craonnais, seulement ses formes sont plus réduites.

Les bêtes vont d'habitude en parcours avec le troupeau communal, sauf les animaux d'engrais.

Il existe quelques marchés assez importants de cochons de lait sevrés à Pont-à Mousson, Lunéville, etc.

Le département importe encore des porcs gras; la seule ville de Nancy a absorbé en 1905 2,290,246 kilogrammes (poids vif) provenant de 22,129 porcs engraissés.

On importe surtout des porcs de la Meuse et de Saône-et-Loire.

ANIMAUX ET PRODUITS DE BASSE-COUR.

La statistique ne parle pas des existences de volailles; aussi est-il impossible de donner des chiffres. Dans toutes les fermes il y a des poules et la plupart du temps aussi des oies, des canards, des lapins.

En 1905, les différentes gares de Meurthe-et-Moselle ont reçu un poids total de 1,185,029 kilogrammes d'œufs et expédié seulement 85,217 kilogrammes. On voit donc que, sous ce rapport, le département est encore grandement tributaire de l'extérieur.

Pendant la saison des chaleurs, c'est-à-dire de mars à août, le marché de Nancy reçoit beaucoup d'œufs de la Bresse, appelés œufs de pays. La Haute-Marne lui en envoie également, de même que certains départements du Centre, Creuse, Allier, Haute-Loire, etc.

Après les chaleurs, 80 p. 100 des œufs consommés proviennent de l'étranger, et pour les obtenir les négociants de Nancy s'adressent à des commissionnaires de Strasbourg, Sarrebrück, Anvers. Ces œufs proviennent surtout de la Russie, de l'Autriche et particulièrement de la Styrie et de l'Illyrie.

Les courtiers allemands ont cet avantage d'obtenir de leurs chemins de fer le transport des œufs en grande vitesse au tarif réduit de la petite vitesse.

Quant aux volailles, on importe surtout les poulets engraissés de la Bresse ou de la Sarthe; la volaille ordinaire est à peu près exclusivement tirée du pays.

APICULTURE.

On ne peut indiquer le nombre de ruches existant en Meurthe-et-Moselle, aucune statistique ne portant sur ce point.

Les spécialistes évaluent la récolte de 1906, très médiocre par suite de circonstances atmosphériques, à 200,000 kilogrammes de miel et 1,500 kilogrammes de cire. C'est surtout l'arrondissement de Briey — pays à sainfoin — qui élève le plus d'abeilles; il y trouve d'ailleurs un sérieux avantage dans ce fait qu'il exporte beaucoup en Alsace-Lorraine où le miel atteint souvent le prix de 1 fr. 50 le demi-kilogramme. (Le droit d'entrée est de 0 fr. 50 le kilogramme.)

Les commerçants de Nancy achètent des miels de qualité secondaire dits du Gâtinais et des miels du Chili très inférieurs. On importe aussi un peu de miel des Vosges, dit miel de sapin, de couleur noirâtre.

En résumé le département de Meurthe-et-Moselle est grandement importateur de bêtes de boucherie et de produits animaux. Les cultivateurs gagneraient à augmenter leur élevage, sous la réserve de commencer d'abord par accroître leurs ressources fourragères.

MEUSE.

EXPOSÉ SOMMAIRE.

Le bétail meusien est relativement important, il comprend :

		têtes.			têtes.
Espèces	chevaline	46,478	Espèces	ovine	85,151
	mulassière	43		caprine	9,353
	asine	264		porcine	84,725
	bovine	97,962	Animaux de basse-cour		608,580

La production du cheval dans la Meuse est restreinte, les cultivateurs ne faisant naître que le nombre de jeunes animaux nécessaire au remplacement de ceux qui sont trop âgés. Il en résulte que les exportations sont assez limitées ; un bon courant d'affaires se produit cependant entre les centres d'Étain, Stenay, Montmédy et les Ardennes, la Belgique et l'Alsace-Lorraine.

Le nombre des bœufs et des vaches de boucherie est insuffisant, l'importation de 8,000 à 12,000 têtes comble annuellement le déficit : quant aux vaches laitières et aux veaux, le commerce en exporte chaque année une certaine quantité pour l'approvisionnement des laitiers de la Champagne et des environs de Paris et l'alimentation des villes de Nancy, Reims, Châlons, Paris.

Il est vendu annuellement dans les villes ci-dessus environ 1,200 moutons d'une valeur de 38,000 francs, et 10,000 à 18,000 porcs représentant 1,200,000 à 2,160,000 francs.

Enfin le commerce exporte de la laine en suint ou de la laine lavée à dos pour un chiffre approximatif de 120,000 francs.

Quant aux productions fournies par la basse-cour, l'apiculture et la pisciculture, elles ne donnent lieu, en dehors de la Meuse, qu'à un faible courant d'affaires : 20,000 à 30,000 francs environ.

ÉTUDE SPÉCIALE DES ZONES DU DÉPARTEMENT. — WOËVRE.

Dans la Woëvre, les chevaux de trait sont fort nombreux à cause des difficultés qu'offrent l'exploitation du sol et les moyens de communication; néanmoins l'élevage en est des plus restreints.

En général les chevaux sont petits, assez mal conformés, si ce n'est dans les environs d'Étain, où ils sont plus étoffés; les seules qualités qu'ils possèdent sont celles d'être sobres et d'une grande endurance.

Bien que les foires ne permettent pas de déterminer de quelle importance sont les transactions qui s'opèrent sur le bétail, attendu que les animaux présentés par les cultivateurs et surtout par les commerçants sont souvent défectueux, et par conséquent d'un écoulement difficile, voici à titre de simple renseignement, pour chaque région, le nombre d'animaux exposés.

Aux 25 foires qui ont eu lieu, en 1902 dans diverses localités de la Woëvre il n a été présenté que 597 animaux de l'espèce chevaline; dans ce nombre, les foires qui se sont tenues à Étain occupent le premier rang avec 509 têtes dont 203 chevaux, 51 poulains, 210 juments et 45 pouliches.

Le beurre et le fromage fournis par le nombre, assurément trop restreint de vaches, sont en partie consommés sur place. Le surplus est vendu chaque semaine à des coquetiers qui fréquentent assidûment les marchés de Commercy, Saint-Mihiel, Vigneulles, Étain, Ornes, Sommedieue, Verdun, Toul, Pont-à-Mousson, Longwy et Jœuf.

Bien que cette zone ne soit traversée que par la ligne ferrée de Reims à Metz, le commerce qui se fait sur les bêtes bovines est plus actif que celui effectué sur les chevaux.

En 1902, il a été amené sur les 25 champs de foire de la région :

Taureaux	21 têtes.
Bœufs	209
Vaches	1,164
Bouvillons	164
Génisses	237
Veaux	222
Total	2,017

Les foires les plus importantes ont été celles d'Étain, où l'on a exposé de 176 à 244 bêtes; puis viennent celles d'Ornes avec 166 animaux, de Damvillers 58 et 110 têtes, de Buzy, de Billy-sous-Mangiennes et de Vigneulles.

Il existe peu de troupeaux de moutons; ceux-ci, à cause de l'humidité excessive du sol, ne sont pas élevés, mais seulement engraissés; par contre des troupeaux de truies existent dans presque tous les villages et lorsque les transactions sur les porcelets sont actives et les prix de vente élevés, leur élevage procure de beaux bénéfices aux cultivateurs.

Indépendamment des marchés aux petits porcs qui se tiennent toutes les semaines à Commercy, Saint-Mihiel (2 fois), Vigneulles et Verdun, il en a été présenté, en 1902, aux 25 foires, 4,163 vendus en moyenne 20 à 25 francs pièce.

Voici les foires où le commerce des porcelets est très important :

Étain, 300-270-330-306 et 420; Damvillers, 250 et 160; Hannonville-sous-les-Côtes, 220 et 110; Vigneulles, 215 et 185; Woël, 162; Buzy, 220; Fresnes-en-Woëvre, 120 et 70; Ornes, 110.

Il est aussi annuellement engraissé dans la Woëvre quantité de porcs, soit pour l'alimentation des habitants, soit pour être expédiés sur les marchés des villes de Nancy, Verdun, Reims et Paris, soit enfin pour être vendus sous forme de salaisons (lard et jambons) dans les centres importants. Étain et Spincourt sont les deux principaux centres d'exportation.

Les 45 étangs de cette région, qui couvrent une surface d'environ 1,500 hectares, sont exploités pour la production du poisson, de la carpe et de la tanche principalement; de temps à autre ils sont mis à sec et livrés, pendant un an ou deux, à la culture arable. Les plus étendus sont ceux de Lachaussée, 340 hectares; Saint-Benoît, 176 hectares; Bouconville, 160 hectares; Amel, 70 hectares.

Les produits de la pêche sont écoulés dans les campagnes et les villes environnantes ou alimentent, en hiver surtout, les marchés de Nancy, Metz, Reims, Châlons et Paris; le prix du kilogramme de poissons oscille entre 1 fr. 20 et 2 fr. 50.

Parmi les industries agricoles il faut mentionner les fromageries de Woël, Dicourt (Eix), Riaville et Damvillers.

VALLÉE DE LA MEUSE.

Les cultivateurs de la vallée de la Meuse récoltent de grandes quantités de fourrages et ils se livrent, les uns, peu nombreux, à l'élevage du cheval, les autres à la production ou à l'engraissement des bêtes bovines; enfin quelques-uns s'occupent de l'exploitation du mouton ou font naître ou engraissent le porc.

Les ventes qui se produisent sur les champs de foire sont généralement assez réduites ainsi que l'attestent les chiffres suivants donnant, pour les 58 foires tenues en 1902 dans la région, le nombre d'animaux amenés.

Espèce	Catégorie	Nombre	Total
Espèce chevaline	Chevaux	942	2,381 têtes.
	Poulains	324	
	Juments	825	
	Pouliches	290	
Espèce bovine.	Taureaux	100	3,841
	Bœufs	839	
	Vaches	1,778	
	Bouvillons	241	
	Génisses	593	
	Veaux	290	
Espèce porcine (petits porcs)			7,800

Les transactions qui se font à domicile entre les bouchers, les marchands de chevaux, de bêtes à cornes, de porcs, d'une part, et les cultivateurs, de l'autre, sont plus générales et bien autrement importantes; de plus les commissions militaires des boucheries de Toul et de Verdun s'approvisionnent également dans cette zone.

Le commerce du bétail dans la Basse-Meuse est très actif; Verdun, Dun et Stenay en sont les centres.

Les communes de Sauvigny, Burey-la-Côte, Goussaincourt et Brixey-aux-Chanoines vendent annuellement 200 bœufs et vaches d'une valeur de 70,000 francs; 320 veaux valant 30,000 francs; et 1,200 porcs gras estimés 140,000 francs.

Le centre de Maxey-sur-Vaise livre 150 à 160 bêtes de boucherie, 350 à 400 veaux, 225 moutons et 600 porcs gras, le tout représentant environ 184,000 francs.

Il sort annuellement d'Ancemont 25 vaches, 40 moutons, 176 porcs gras; de Tilly, 24 bœufs et 30 vaches.

A Champneuville, les transactions s'élèvent à 50,000 francs pour les chevaux et les bêtes bovines, à 11,000 francs pour les porcs gras et à 1,500 francs pour les petits porcs.

Les cultivateurs de Pouilly écoulent sur les foires et les centres de consommation 25 chevaux, 20 bœufs gras, 20 vaches laitières et 30 porcs représentant 32,000 francs.

Les lieux de destination sont pour les chevaux, Neufchâteau, Toul, Nancy, Verdun, les foires de Stenay et de Carignan; quelques bêtes de prix sont aussi achetées par les commissions militaires.

Les bœufs et les vaches engraissés alimentent les boucheries militaires de Verdun et Toul, les villes de garnison de Neufchâteau, Commercy, Saint-Mihiel, Verdun, Stenay et Montmédy, les centres industriels du bassin de Longwy.

Les vaches laitières sont dirigées sur Reims, Paris, ou achetées par des négociants de la Champagne.

Les porcs gras sont expédiés par wagons à Nancy, Reims, Épernay, Paris (La Villette) et dans le Nord; enfin les petits porcs sont embarqués pour la Champagne, Meurthe-et-Moselle et la Belgique.

Dans quelques villages de la vallée de la Meuse on prépare des salaisons (lard et jambons) pour l'exportation.

En 1902 Verdun en a exporté 680 kilogrammes, Dannevoux 550, Dun ,200, Brieulles, Stenay et Sivry-sur-Meuse 55, Thierville et Haraumont 40.

A Dannevoux, il est abattu annuellement 600 porcs dont les produits, lard, jambons, saindoux, saucissons, sont vendus à Verdun, Charleville, et à Paris, lors de la Foire aux jambons.

BARROIS.

Le Barrois n'est pas un centre d'élevage des animaux de la ferme. Les cultivateurs se bornent pour la plupart à faire naître les quelques bêtes qui servent au remplacement de celles qu'ils vendent lorsqu'elles sont trop âgées ou qui ont acquis leur maximum de valeur.

Pour cette raison les foires sont peu suivies et les transactions sont des plus limitées, ainsi que le prouvent les chiffres suivants représentant le total des animaux amenés, en 1902, aux 36 foires.

Espèce bovine.	Taureaux	19	1,142 têtes.
	Bœufs	101	
	Vaches	820	
	Bouvillons	32	
	Génisses	82	
	Veaux	88	
Espèce chevaline			252
Espèce porcine (petits porcs)			1,848

La vente du lait en nature à Bar-le-Duc, Ligny et dans quelques centres industriels, puis aux 16 fromageries créées dans la région, constitue une précieuse source de revenus pour les cultivateurs.

Ces établissements produisent journellement 3,450 kilogrammes de fromages, façon Brie, Camembert, etc.

Les plus importants sont :

	kilogrammes.		kilogrammes.
Morlaincourt	1,000	Montplonne	300
Rumont	400	Biencourt et Stainville	250

L'engraissement des animaux est pratiqué dans tout le Barrois.

Les transactions sur les bêtes grasses de l'espèce bovine sont surtout très actives dans le canton de Vavincourt, où le chiffre des ventes atteint 280,000 francs; celui des moutons n'est que de 56,000 francs; quant aux porcs, il en est livré pour 71,000 francs.

L'espèce ovine domine dans le haut-pays. Si les cultivateurs du Barrois élèvent peu de porcs, en revanche ils se livrent tous à l'engraissement de cet animal.

Les débouchés sont naturellement les bouchers locaux, qui alimentent les habitants des villes et des campagnes, puis les négociants qui expédient par wagons sur Nancy, Châlons, Reims, Epernay et Paris.

A signaler l'étang du Grand-Morinval (78 hectares) et ceux de Beaulieu dont la surface est de 37 hectares. Ces étangs, comme ceux de la Woëvre, sont exploités en vue de la production des poissons.

ARGONNE.

Au point de vue du bétail, l'Argonne est, suivant les centres, différemment caractérisée ; d'une manière générale on élève peu de chevaux; la production des bêtes de l'espèce bovine, des vaches laitières notamment, est assez intense, on engraisse aussi bon nombre de bœufs; les troupeaux de moutons sont à la fois fréquents et importants, quelques centres comme Foucaucourt, Èvres, Brizeaux et Senard, livrent annuellement 3,500 petits porcs au commerce ; enfin l'engraissement de cet animal est pratiqué partout, sa chair sert à la nourriture de la population locale et des habitants des villes de Verdun, Reims, Châlons, Sedan, Mézières, Vouziers et Paris.

Aux 23 foires qui se sont tenues en 1902 dans la circonscription il n'a été amené que :

Espèce bovine.	Taureaux	32	811 têtes.
	Bœufs	117	
	Vaches	454	
	Bouvillons	57	
	Génisses	96	
	Veaux	55	
Chevaux et poulains			254
Juments et pouliches			176
Petits porcs			1,221

L'industrie fromagère a pris dans l'Argonne une grande extension.

Depuis 1856, date de la création de la première fromagerie industrielle dans la Meuse, un certain nombre d'autres ont été créées sur différents points de cette région; néanmoins celle de Noyers est restée l'établissement le plus important, puisqu'on y fabrique encore journellement 2,000 kilogrammes de fromages divers.

Mentionnons aussi celles de :

	kilogrammes.		kilogrammes.
Courcelles-les-Aubréville	800	Bantheville	250
Fleury-sur-Aire	300	Triaucourt	200
Vieux-Montiers	250	Foucaucourt	150

puis quelques fromageries particulières.

RÉGION DU NORD-EST.

Les chevaux sont très recherchés par les commerçants de la Champagne et de la Belgique; il en est vendu de 15 à 25 par an dans chaque commune.

À Chauvency-le-Château, il est engraissé et vendu plus de 100 bœufs gras chaque année; les drêches qui résultent de la fabrication de la bière ou de la production de l'alcool sont utilisées à la nourriture de ces animaux.

Les vaches laitières sont expédiées en Champagne et à Paris; quant aux veaux, ils alimentent les boucheries de Montmédy, Sedan et Charleville.

Enfin les porcs gras approvisionnent les marchés de Stenay, Montmédy, Margut et le centre industriel de Longwy.

Aux foires de Montmédy, qui sont les plus importantes et les plus suivies, il a été présenté en 1902 :

Espèce bovine.	Taureaux	23	640 têtes.
	Bœufs	122	
	Vaches	365	
	Génisses	65	
	Veaux	35	
Espèce chevaline.	Chevaux	180	344
	Poulains	66	
	Juments	64	
	Pouliches	34	
Petits porcs			1,150

Comme industries agricoles de la région, on peut citer les beurreries coopératives de Marville et de Thonne-la-Long, dont le rendement journalier est respectivement de 100 à 150 et 120 kilogrammes de beurre, expédié en grande partie à Reims, Soissons, Nogent-sur-Marne, Douai, Roubaix, Nancy, Paris et le bassin de Longwy.

MORBIHAN.

Par sa situation, son climat, la nature de son sol et le grand nombre de petites exploitations agricoles, le département du Morbihan se trouve dans d'excellentes conditions pour la production animale.

La population animale se répartissait ainsi en 1905 :

		NOMBRE.	VALEUR.
		têtes.	francs.
Espèces	chevaline	40,500	12,150,000
	asine et mulassière	211	24,700
	bovine	380,000	44,329,000
	ovine	81,230	2,030,000
	porcine	106,800	5,340,000
	caprine	3,180	47,500
Animaux de basse-cour		605,000	902,500
	TOTAL		63,823,700

ESPÈCE CHEVALINE.

Les animaux de l'espèce chevaline appartiennent pour le plus grand nombre aux catégories de demi-sang, de carrossiers et de chevaux du pays dits bidets bretons. Les chevaux des deux premières catégories sont, pour le plus grand nombre, les produits obtenus à l'aide des étalons du haras d'Hennebont.

Les autres proviennent d'étalons approuvés et de chevaux de meuniers. L'élevage du cheval donne lieu à un commerce peu important comparativement aux transactions qui ont lieu dans le département voisin du Finistère.

En général les poulains sont vendus soit après le sevrage, soit à dix-huit mois, soit enfin à l'état adulte. La remonte en achète relativement peu.

Les principales foires aux chevaux du département se tiennent à Hennebont, Vannes et Pontivy.

Les poulains sont achetés par les éleveurs de la Loire-Inférieure, de l'Anjou. Les chevaux le sont de préférence par les maquignons de la Gironde, du Cantal et du Poitou, et une faible quantité par la remonte.

Depuis deux ans, le commerce des vieux chevaux pour la boucherie a pris une certaine extension et il n'est pas rare de voir le prix d'un animal s'élever de 80 à 130 francs. Un certain nombre sont tués par les équarrisseurs qui utilisent la chair pour la nourriture des chiens et pour la fabrication d'engrais.

Les peaux des chevaux sont tannées dans le pays. Il existe des tanneries à Vannes, Josselin, Pontivy, Guéméné, Auray, Malestroit. La plus grande partie des cuirs obtenus est utilisée dans le département.

ESPÈCE BOVINE.

Les animaux de l'espèce bovine sont très nombreux dans le Morbihan. On peut les classer en quatre catégories.

La race pie-noire, la race pie-rouge, la race parthenaise, variété nantaise désignée sous le nom de race Léronne par les cultivateurs du pays; enfin des croisements durham-breton. La race pie-noire occupe la plus grande surface, à l'état plus ou moins pur; son aire géographique s'étend sur les cantons suivants : Rochefort-en-Terre, Questembert, Allaire, Muzillac, Sarzeau, Vannes, Elven, Malestroit, Ploërmel, Josselin, La Trinité-Porhouët, Baud, Saint-Jean-Brévelay, Locminé, Pontivy, Guéméné, Plouay, Hennebont, Auray, Sarzeau, Quiberon, Lorient, une partie du canton du Faouët pour gagner l'arrondissement de Quimperlé. La race pie-rouge se trouve plus particulièrement sur les bords du canal de Nantes à Brest, dans les cantons de Rohan, Pontivy, Cléguérec; mais elle se trouve en mélange avec la pie-noire. Croisée avec le durham, elle a augmenté de volume et donne des bœufs plus précoces. La race nantaise ou Léronne occupe une partie des cantons de la Roche-Bernard, Muzillac, Allaire, La Gacyllie, Guer, Malestrat. Elle est surtout représentée par des bœufs. Il n'y a qu'une petite quantité de vaches.

Avant 1892, la race nantaise occupait la partie sud-est du département jusqu'à Vannes. Les bœufs nantais ont été maintenus en partie; mais, par suite de la sécheresse, les vaches nantaises ont été peu à peu remplacées par des bretonnes pie-noire. La race nantaise est très exigeante et peu apte à la production du lait; par contre elle donne de bons bœufs de travail.

Dans les cantons de Gourin, une partie du Faouët et Belle-Ile, on a introduit des reproducteurs durham qui ont permis d'obtenir des animaux plus étoffés. Mais les produits de ces croisements exigent une nourriture plus abondante; lorsque celle-ci fait défaut, les animaux sont presque toujours maigres et donnent peu de profits.

Les animaux de race pie-noire sont livrés à la reproduction dès qu'ils atteignent l'âge de 11 à 12 mois. Les femelles de cette race trouvent un débouché assuré à l'exportation, soit à l'état de génisses pleines à 15 ou 18 mois, soit à l'état de vaches

PLANCHE XX.

RACE BOVINE BRETONNE.

TAUREAU.

VACHE.

amouillantes (prêtes à vêler), par des courtiers ou des marchands qui les expédient dans des régions très diverses de France et même d'Algérie. Les départements des Landes et de la Gironde en importent de grandes quantités; les principales régions importatrices sont ensuite la Nièvre, le Berry, le Bourbonnais et l'Ille-et-Vilaine. On estime à environ 30,000 génisses et vaches le nombre de femelles exportées annuellement du Morbihan.

En vue de favoriser l'amélioration de la race pie-noire, il avait été créé un Herd-Book qui, malheureusement, n'a pas subsisté par suite de l'insuffisance des crédits affectés à son entretien. Les créateurs étaient partis d'un mauvais principe, celui d'accorder une prime à tout animal inscrit, au lieu d'en exiger une pour son inscription.

Si la race pie-noire n'a pas pris plus de développement malgré toutes les qualités qu'elle possède, la cause doit en être attribuée à l'insuffisance des taureaux et à l'inexpérience de certains fermiers qui livrent trop souvent les femelles à des taureaux de race quelconque. Il est juste cependant de faire observer que quelques bons éleveurs ont su maintenir la pureté de cette belle race, et il se crée chaque année de nouvelles vacheries modèles où les animaux sont sélectionnés non seulement au point de vue de la pureté des formes, mais encore au point de vue des aptitudes laitière et beurrière.

Quant à la race pie-rouge, aucun éleveur ne paraît se préoccuper de son amélioration. Les animaux de cette race sont d'ailleurs peu recherchés sur les foires du département.

Le croisement parthenais-nantais qui existe dans le département a été importé en partie par des fermiers venus de la Loire-Inférieure; on l'entretient pour obtenir des bœufs de travail. Un certain nombre de cultivateurs, au lieu de faire l'élevage des animaux de cette race vont, soit à Pont-Château, soit à la Roche-Bernard, acheter des veaux destinés à la boucherie, les élèvent jusqu'à 18 mois, puis les utilisent comme animaux de trait, de 18 mois à 4 ans, voire même 5 ans. Ces bœufs sont ensuite engraissés sur l'exploitation pour être consommés dans les villes importantes du département; quelques-uns sont expédiés à Paris.

Le croisement durham-breton est fait également dans le but d'obtenir des bœufs qui sont vendus entre 18 mois et 3 ans et demi, uniquement en vue de la production de la viande. Les croisements durham-breton sont aussi pratiqués près des laiteries-beurreries du Faouët, d'Elven, dans le but d'obtenir des veaux d'un poids plus élevé qu'avec des taureaux bretons; très peu de ces produits sont élevés. Les taureaux employés pour obtenir ces croisements sont des demi-sang seulement, car les taureaux de race pure donneraient des veaux trop forts et la parturition deviendrait difficile; déjà avec les demi-sang durham, les accidents au moment de la mise-bas sont assez fréquents.

Les animaux de l'espèce bovine restent la majeure partie de l'année au pâturage. A l'étable, on leur donne un supplément de foin, paille, feuilles de choux, rutabagas, un peu de betteraves et de l'ajonc en année de disette. D'une manière générale, les cultivateurs ne donnent pas aux animaux tous les soins nécessaires. Les logements ne sont pas toujours bien tenus.

Laiteries, beurreries et fromageries. — La consommation locale absorbe une grande quantité de beurre. La plus grande partie des beurres exportés vont à Rennes, celui des beurreries va à Paris; enfin il existe une clientèle disséminée un peu dans toute la France; une beurrerie exporte en particulier une partie de sa production à Manchester.

Les trois ou quatre fromageries existant dans le Morbihan ne fabriquent qu'exceptionnellement pendant la saison chaude. Tous les produits sont consommés dans le département, qui en importe d'ailleurs chaque année pour plusieurs milliers de francs. Le beurre fabriqué dans les exploitations agricoles du Morbihan est souvent de qualité médiocre, bien que les écrémeuses de tous modèles soint utilisées de plus en plus dans les campagnes.

Une coopérative-beurrerie est en voie de formation, en dehors de la laiterie-beurrerie de Beauregard. Malgré tous les avantages que présentent de semblables créations, beaucoup de particuliers ne veulent pas y participer.

En 1904 il a été installé près de Vannes une vacherie moderne, où les animaux sont, à leur arrivée, mis à l'infirmerie et subissent l'épreuve de la tuberculine. Cette vacherie, composée d'une vingtaine de têtes, produit en moyenne de 110 à 120 litres de lait par jour. Ce lait, vendu en nature au prix de 0 fr. 30 à 0 fr. 35 le litre, est très recherché par les consommateurs.

ESPÈCE OVINE.

Les ovins sont relativement peu nombreux, en considération de la superficie et des nombreux parcours, landes, communs, etc., du département. Dans la moitié environ des baux faits par les notaires, il est inséré une formule suivie depuis plusieurs générations, formule qui défend au preneur d'avoir plus de trois ou quatre brebis portières par an; par suite de cette clause, les cultivateurs recherchent des brebis d'une grande fécondité, sans considération de la précocité. Chaque femelle donne presque toujours deux et souvent trois agneaux par portée.

La quantité d'ovins produite par le département est insuffisante aux besoins de la consommation locale; aussi le prix du mouton est presque toujours très élevé. La laine produite est ordinairement filée en totalité par les fermières; de faibles quantités sont vendues pour faire de la laine à matelas.

ESPÈCE CAPRINE.

Les chèvres sont peu nombreuses. On en rencontre quelques-unes près des villes, où elles servent de nourrices.

ESPÈCE PORCINE.

Le porc est particulièrement estimé du cultivateur breton, pour lequel la chair de cet animal constitue la base de l'alimentation. Il est d'usage, le jour où «l'on tue» un porc dans une exploitation, d'inviter les parents et amis pour participer à un festin appelé «repas du boudin». Comme ce festin se renouvelle trois ou quatre fois l'an dans chaque exploitation et que, d'autre part, la famille et les amis sont nombreux, les cultivateurs bretons prennent part, bon an mal an, à plus de trente repas de boudin.

Les porcs produits appartiennent en général à la race bretonne plus ou moins croisée de craonnais; les animaux de race anglaise ont disparu et l'on ne trouve que très rarement des traces des races berkshire ou yorkshire.

La truie est généralement une bonne mère, douce et d'une bonne fécondité; les portées de huit à douze sont nombreuses. A l'époque de la mise-bas, la truie est l'objet de tous les soins du cultivateur: sa litière est bien fournie et sa nourriture est des plus copieuses.

Les porcelets sont vendus à 1 mois et demi ou 2 mois, après avoir été castrés. Ceux qui sont conservés pour être engraissés à la ferme sont soignés d'une façon toute spéciale. Dans la partie nord-ouest du département, en dehors des glands, des châtaignes, des farineux, du lait et des pommes de terre, on donne aux porcs les poussières et même les feuilles provenant du battage du sarrasin.

Les aliments verts (trèfle incarnat, trèfle violet) entrent très rarement dans la ration alimentaire du porc. Les cultivateurs devraient en distribuer d'avril à septembre aux mères portières et aux jeunes de 3 à 6 mois.

Les porcs gras atteignent, selon l'âge, le poids de 120 à 200 kilogrammes; ceux qui ne sont pas sacrifiés à la ferme sont achetés par des marchands qui les expédient sur Nantes ou sur Paris.

ANIMAUX ET PRODUITS DE BASSE-COUR.

Malgré des conditions climatériques et économiques des plus favorables, l'élevage de la volaille n'a pas fait dans le Morbihan de sensibles progrès. Les poules sont d'ailleurs considérées par beaucoup de cultivateurs comme des animaux nuisibles qui ne donnent aucun profit et pillent les récoltes en herbe et en grain. Les volailles sont en effet obligées de vivre de rapine, car on ne leur distribue qu'exceptionnellement des graines ou des pâtées.

Les volailles et les œufs sont vendus en totalité sur les marchés par la fermière. On ne consomme de ces produits à la ferme que dans des circonstances exceptionnelles.

Les volailles sont très nombreuses sur le marché au moment des semailles et, par suite, à l'époque de la chasse, c'est-à-dire lorsque les cours sont peu élevés. La paire de poulets ne dépasse qu'exceptionnellement le prix de 2 fr. 50.

Cependant un élevage de volailles conduit avec soin pourrait être la source de bénéfices très appréciables.

Une race précoce et bonne pondeuse permettrait d'obtenir des poulets bons à vendre de mai à juillet, époque où des débouchés importants sont offerts aux producteurs dans toutes les petites stations balnéaires de Bretagne. La situation exceptionnelle du Morbihan au point de vue de l'élevage des poules a cependant été comprise par quelques particuliers qui ont fait des tentatives plus ou moins heureuses d'élevage artificiel. Il existe à Questembert et Muzillac quelques éleveurs de volailles.

Les marais du littoral conviendraient tout particulièrement à l'élevage du canard et les cultivateurs du Morbihan pourraient obtenir des canetons quinze jours au moins avant les Vendéens. Sur les bords de la Vilaine et de ses affluents, depuis Peillac jusqu'à Péaule, on fait l'élevage d'une variété de canard offrant quelque ressemblance avec le petit canard sauvage. Les oies prospéreront également bien dans les prairies mouillées des bords de la Vilaine. Redon est le principal débouché de cet élevage.

Il a été créé dans le Morbihan une société d'aviculture départementale qui organise chaque année, quelques jours avant Noël, un concours de volailles (vivantes et mortes). En 1905 plus de 180 lots de races diverses avaient été exposés. Cette société a pour but de favoriser l'élevage et l'amélioration des animaux de basse-cour, de provoquer la création de coopératives destinées à la vente des œufs et des oiseaux reproducteurs et d'engraissement, de faciliter l'achat en commun de produits intéressant l'aviculture, etc.

L'élevage du lapin domestique et des pigeons paraît prendre un peu d'extension; les produits de la vente sont ordinairement le bénéfice des enfants du fermier.

Les œufs et poulets exportés du département sont achetés par des coquetiers qui les envoient à Rennes, à Paris et en Angleterre.

APICULTURE.

Les abeilles sont assez nombreuses dans le Morbihan. Les ruches à cadres ne sont malheureusement pas encore d'un emploi courant. Lorsqu'on utilise des sections, on obtient un miel très beau. Les principaux marchés au miel sont Pontivy, Malestroti, Locminé et Guéméné. Les ruches pleines sont payées 0 fr. 45 à 0 fr. 50 le kilogramme (poids brut). La ruche est rendue après avoir été vidée.

NIÈVRE.

La statistique de 1905 donne la répartition suivante de la population animale dans le département de la Nièvre.

ANIMAUX DE FERME.

DÉSIGNATION DES CATÉGORIES D'ANIMAUX.		NOMBRE DE TÊTES.	TOTAUX par CATÉGORIE.
Espèce chevaline	Animaux au-dessous de 3 ans	8,009	29,979
	Animaux de 3 ans et au-dessus	21,970	
Espèce mulassière	Adultes et jeunes	191	191
Espèce asine	Adultes et jeunes	12,523	12,523
Espèce bovine	Taureaux	2,657	206,295
	Bœufs	22,158	
	Vaches	83,173	
	Élèves d'un an et au-dessus	58,948	
	Élèves de moins d'un an	39,359	
Espèce ovine	Béliers au-dessus d'un an	2,116	135,239
	Brebis au-dessus d'un an	84,629	
	Moutons au-dessus d'un an	14,038	
	Agneaux et agnelles de moins d'un an	34,456	
Espèce porcine	Animaux reproducteurs. Verrats	659	92,921
	Animaux reproducteurs. Truies	10,083	
	Animaux à l'engrais de plus de 6 mois	36,636	
	Porcs jeunes de moins de 6 mois	45,545	
Espèce caprine	Adultes et jeunes	6,519	6,519

Si l'on se reporte à un demi-siècle et que l'on consulte la statistique, elle permet d'établir une comparaison entre le passé et le présent.

ANIMAUX DE FERME.

DÉSIGNATION DES ESPÈCES.	NOMBRE DE TÊTES		AUGMENTATION.	DIMINUTION.
	EN 1849.	EN 1905.		
Espèce bovine	126,000	206,295	80,295	//
Espèce ovine	285,000	135,239	//	149,761
Espèce chevaline	16,000	29,979	13,979	//
Espèce mulassière et asine	4,000	12,714	8,714	//
Espèce porcine	20,000	92,000	72,000	//

Si le nombre de têtes des ovidés a diminué de plus de moitié, celui des bovidés et des équidés a presque doublé. Les ânes et mulets voient leur nombre tripler et la population porcine a plus que quadruplé.

Le département n'expédiait en 1790 que 1,500 bêtes à cornes à la boucherie de Paris; en 1849, la capitale recevait plus de 20,000 animaux de la Nièvre. Aujourd'hui, les exportations ont considérablement augmenté.

Le tableau suivant fait ressortir l'importance du trafic fait en 1905 par le réseau du P.-L.-M.

NOMBRE DE TÊTES D'ANIMAUX REÇUS ET EXPÉDIÉS
PAR LES GARES DU DÉPARTEMENT DE LA NIÈVRE (P.-L.-M. SEULEMENT) PENDANT L'ANNÉE 1905.

DÉSIGNATION DES DATES.	BOEUFS ET VACHES.		MOUTONS.	
	ARRIVAGES.	EXPÉDITIONS.	ARRIVAGES.	EXPÉDITIONS.
	têtes.	têtes.	têtes.	têtes.
Janvier	729	1,753	551	5,206
Février	1,447	3,795	810	2,002
Mars	2,321	6,597	733	1,510
Avril	2,566	7,137	834	3,025
Mai	1,250	2,384	2,001	5,213
Juin	564	2,192	1,216	7,929
Juillet	674	4,937	1,577	13,159
Août	1,271	6,981	6,460	15,273
Septembre	1,330	7,228	2,606	13,032
Octobre	978	4,719	1,179	13,637
Novembre	785	3,539	851	8,553
Décembre	781	3,031	940	7,488
TOTAUX	14,696	54,293	19,750	96,025

ESPÈCE CHEVALINE.

On élevait autrefois, notamment dans le Bazois et le Morvan, d'excellents petits chevaux rustiques et légers qui ont aujourd'hui complètement disparu. Les guerres de l'Empire, par de trop nombreuses remontes, ont en partie épuisé la production de ce «bidet».

Puis le percement des routes, l'ouverture du canal du Nivernais, l'exploitation des futaies ont fait rechercher un moteur plus puissant.

Les marchands de chevaux des environs d'Entrains introduisirent la jument franc-comtoise dans la Puisaye et le Bazois. Et bientôt on trouva sur les foires des poulains de gros trait qui, à l'âge de 15 à 18 mois, se vendaient 350 à 400 francs à des maquignons qui les revendaient dans la vallée de la Seine, aux environs de Sens.

L'amélioration de l'espèce chevaline fut très sensible quand furent importés du Perche des étalons d'un assez gros modèle. En 1849, l'élevage du métis percheron se répandait de plus en plus. Nés dans les Amognes, les poulains étaient vendus 200 à 350 francs à l'herbager du Bazois qui les conservait jusqu'à l'âge de 18 mois. Ces jeunes chevaux étaient revendus 380 à 500 francs aux cultivateurs des environs de Clamecy et de la Puisaye, qui les gardaient quelque temps pour les vendre une troisième fois aux cultivateurs de la vallée de la Seine, 500, 600, et parfois 800 francs.

Actuellement ce sont encore à peu près les mêmes habitudes commerciales qui sont suivies; mais les prix se sont élevés et les débouchés se sont considérablement étendus. Des poulains de choix atteignent facilement les prix de 1,000 à 1,200 francs à l'âge de 18 mois et les Américains ont acheté dans le département des étalons à des prix qui ont parfois monté jusqu'à 4,000 et même 10,000 francs.

Les éleveurs, encouragés par la Société d'agriculture, ont fait de fréquentes importations d'étalons de robe noire de la meilleure origine, et aujourd'hui la population chevaline est composée presque exclusivement d'animaux noirs.

Un Stud-Book, dont la création remonte à 1880, porte 1,050 inscriptions de mâles et 1,500 de femelles.

La Commission sanitaire de la Nièvre a délivré 138 certificats aux étalons en 1906, dont la répartition par arrondissement est représentée dans le tableau suivant :

ARRONDISSEMENTS.	ÉTALONS de TRAIT.	ÉTALONS de PUR-SANG.	ÉTALONS de DEMI-SANG.
Nevers	29	2	6
Clamecy	68	//	//
Cosne	19	//	2
Château-Chinon	12	//	//
TOTAUX	128	2	8

ESPÈCES ASINE ET MULASSIÈRE.

L'augmentation du nombre des animaux d'espèce asine, qui a triplé depuis 50 ans, est une preuve de l'amélioration du sort du petit cultivateur et de l'ouvrier agricole.

L'âne nivernais est ordinairement petit, mais énergique et bon trotteur. Attelé devant les bœufs ou les vaches, il laboure la terre ou traîne les récoltes.

La production du mulet serait certainement avantageuse ; les grosses juments nivernaises feraient d'excellentes mulassières.

ESPÈCE BOVINE.

Les animaux d'espèce bovine qui peuplaient autrefois le département de la Nièvre appartenaient à la race morvandelle et à ses métis, ainsi qu'aux races auvergnate, limousine, berrichonne et bourbonnaise, plus ou moins croisées.

M. Delafond, professeur à l'École vétérinaire d'Alfort, dans ses publications de 1849, écrit : « Ce fut, vers l'année 1789 ou 1790, qu'un cultivateur originaire du Charolais, nommé Mathieu, et fermier dans les environs d'Oyé en Brionnais, vint s'établir dans la grande et belle propriété d'Anlezy et donna, le premier, l'exemple du progrès. Député à la Convention et habile cultivateur, Mathieu importa dans la Nièvre, la race bovine charolaise dont il connaissait toutes les précieuses qualités. Cet agriculteur fut aussi un des herbagers qui engraissèrent des bœufs avec la première pousse des herbes des prairies naturelles et qui en démontrèrent les avantages.

« Cependant l'agriculture ne fit pas de très sensibles progrès dans le Bazois pendant les guerres du Consulat et de l'Empire, faute de débouchés, de capitaux et de bras. On continua généralement à stipuler trois saisons dans les baux. Aussi les terres labourables de la ferme continuèrent-elles à être divisées en trois parties, sensiblement égales : blé d'automne, céréales de mars et jachères. Les pâtureaux persistèrent. Les champs éloignés, ne recevant pas de fumier, lors même que le terrain était excellent, finissaient souvent par devenir improductifs. On cessait de les cultiver, et ils devenaient des pâtureaux pour le bétail ou des terres incultes.

« Les prairies continuèrent à être généralement mal entretenues. Les fermiers y faisaient paître les bestiaux pendant toutes les saisons ; ils les laissaient se couvrir d'accrues et de taupinières ; ils ne tiraient aucun parti des eaux qui auraient pu servir à les arroser et ne cherchaient point à les débarrasser de celles qui les rendaient marécageuses. Parmi ces prairies, il s'en trouvait pourtant sur les rives de la Canne et de l'Aron, dans lesquelles les cultivateurs auraient pu, au lieu d'en récolter le foin, engraisser des bœufs. Les Nivernais les fauchaient et les consacraient généralement à la nourriture de leurs bœufs de travail et à l'élève des bestiaux.

« Les pâtureaux étaient nombreux, car on appelait ainsi les champs qu'on laissait sans culture pour y faire paître les bestiaux ; ils produisaient généralement une herbe grossière, végétant à l'ombre des ronces, d'épines, de genêts et de genévriers, que l'on ne se donnait pas la peine d'arracher. Les jeunes animaux, notamment, étaient mis en liberté au printemps dans ces pâtureaux et y restaient jusqu'au moment des plus grands froids, et souvent toute l'année.

« Hautes futaies, terres et prairies servaient à l'élevage du cheval, du bœuf et du porc. Lorsque la récolte des foins était terminée, bœufs et vaches étaient abandonnés dans les prairies la plus grande partie de l'hiver.»

Ce sont les éleveurs du Bazois qui, les premiers, adoptèrent les animaux charolais en suivant l'exemple de leur voisin, le conventionnel Mathieu. Dans les premières années du XIXe siècle jusqu'en 1830, ils allaient régulièrement acheter des taurillons et des génisses en Saône-et-Loire. Depuis cette époque, ces achats sont devenus de plus en plus rares. Ils sont maintenant tout à fait exceptionnels. Au contraire, les éleveurs charolais viennent acheter des animaux mâles et femelles aux bonnes foires de Saint-Saulge, Châtillon, Corbigny, Moulins-Engilbert, Nevers, Decize, etc., ainsi qu'aux brillants concours de Nevers, organisés par la Société d'agriculture.

Après les éleveurs du Bazois, ceux des Amognes et des vallées de la Loire et de l'Allier adoptèrent l'élevage des animaux de race charolaise.

Ce n'est qu'en 1830 que cette race fit son apparition dans cette partie de l'arrondissement de Cosne qu'on appelle la Puisaye; et beaucoup plus tard encore, dans la région granitique et montagneuse, le Morvan. Vers 1880 les animaux de race morvandelle étaient encore nombreux dans l'arrondissement de Château-Chinon. Aujourd'hui l'on n'y trouverait plus de représentants de cette race à l'état de pureté. Quelques rares taches fauves sur les robes ordinairement blanches montrent seulement que le croisement continu du charolais n'a pas fait disparaître entièrement le sang de l'ancienne race.

En 1823, un riche propriétaire d'Azy (Nièvre) fit acheter un certain nombre d'animaux mâles et femelles de la race améliorée de Durham qu'il destina à sa propriété de Valotte. Les vaches étaient de belle conformation et très bonnes laitières. Une seconde importation de Durham eut lieu en 1825 avec des animaux d'une autre origine inférieurs aux premiers. Les produits obscurs ne possédaient pas de sérieuses qualités.

Un grand nombre d'éleveurs nivernais livrèrent leurs vaches au taureau durham et obtinrent des métis bien conformés, bons travailleurs, d'un engraissement facile et donnant plus de lait que les vaches charolaises.

En 1827, des fermiers anglais vinrent s'établir à la Fermeté, dans un domaine et y introduisirent aussi un troupeau assez considérable d'animaux de Durham. Les taureaux de cette importation donnèrent avec les vaches charolaises des produits hauts sur jambes, mauvais travailleurs et s'entretenant moins bien dans les prés que les charolais purs.

Aux ventes de reproducteurs de race de Durham faites par l'administration de l'agriculture au haras du Pin, à l'école d'Alfort, des taureaux courtes-cornes furent achetés par quelques éleveurs nivernais. Les croisements qu'ils firent avec ces animaux furent heureux. Les métis obtenus avaient le corps cylindrique, le rein large, plat et droit, la poitrine vaste, le flanc court, la croupe large, fournie, les fesses charnues et descendantes, le cou court et sans fanon, la tête fine, les cornes petites, et lisses, les lèvres minces, les poils soyeux et la maturité précoce. Ces résultats déterminèrent un grand nombre d'agriculteurs à faire saillir leurs vaches charolaises par des taureaux durham.

En 1844, 24 vaches et 4 taureaux de race durham furent envoyés par l'administration supérieure de l'agriculture à la ferme modèle de Poussery. Le résultat ne fut pas aussi satisfaisant qu'on l'espérait.

Les taureaux de Poussery devaient saillir les vaches charolaises. En général, les produits des premiers croisements durham-charolais se sont montrés admirables de conformation et de nature irréprochable; les femelles étaient fécondes et bonnes laitières. Mais leur descendance perdait ces qualités.

Aujourd'hui et depuis longtemps, les éleveurs nivernais, et surtout ceux qui n'affrontent pas les concours, n'ont plus recours au durham. Les animaux les plus recherchés sont ceux qui ont les caractères les plus absolus de la race charolaise.

L'amélioration du bétail est en raison directe de l'amélioration de son alimentation. Les plus remarquables sujets charolais proviennent des étables où le régime d'hiver ne laisse rien à désirer et des fermes où les prés fournissent une herbe savoureuse et riche. Les terres pauvres ne donnent qu'un misérable élevage; beaucoup de prés auraient besoin d'être améliorés. Cependant il convient de faire observer que l'emploi de la chaux s'est considérablement développé et a contribué dans une large mesure à l'amélioration des prairies.

Le marnage et surtout le chaulage sont actuellement d'un usage courant.

L'usage des engrais phosphatés a pris également un grand développement.

Les animaux charolais sont de bons travailleurs, mais la production de la viande a pris une importance telle qu'actuellement beaucoup de jeunes bœufs, des châtrons, ne sont pas dressés au travail et sont engraissés immédiatement pour la boucherie.

Les bœufs de trait nivernais sont très recherchés; ils n'ont pas de concurrents d'autres races dans les foires de la région, où tout le bétail est blanc.

Ils sont d'une vente avantageuse; les cultivateurs betteraviers du Nord, de la Picardie, de la Brie, etc., les payent des prix de faveur.

Dans le Morvan et un peu partout, les petits exploitants font travailler les vaches qui sont fortes et courageuses.

Les jeunes reproducteurs mâles sont l'objet de soins particuliers. On les amène à un état d'embonpoint exagéré pour les vendre sur les foires ou aux concours de la Société d'agriculture. Les animaux qui ne sont pas assez gras ne sont pas très recherchés des acheteurs. Cette pratique blâmable de l'engraissement débilitant du taurillon cessera difficilement, car les intérêts mis en jeu s'y opposent.

Au concours de Nevers, plus de trois cents jeunes taureaux blancs sont exposés chaque année. Les primes accordées par l'État, le département et la Société s'élèvent à 15,000 francs. Pour favoriser la vente des femelles de la belle race nivernaise, le Syndicat des éleveurs nivernais a organisé un concours d'automne.

Un Herd-Book où sont inscrits, au 1er décembre 1906, 1,839 mâles et 3,757 femelles est très apprécié des acheteurs étrangers qui tiennent à connaître l'origine des animaux mis en vente.

La vache nivernaise n'est pas très bonne laitière; pourtant on trouve parmi les vaches communes des sujets donnant 20 et 25 litres de lait quelques jours après le vêlage; mais la durée de la lactation n'est pas très longue; au bout de 6 à 7 mois, elles donnent fort peu ou tarissent. Le jeune veau tette souvent tout le lait.

La fabrication du beurre et du fromage n'a qu'une importance très restreinte dans le département. Ces produits, sont de qualité inférieure et ils s'écoulent par la consommation locale. L'élevage prenant presque tout le lait, ce produit est cher partout : dans les moindres villages, il n'est jamais vendu au-dessous de 0 fr. 15. Dans les villes, il atteint le prix de 0 fr. 25.

Pour la production du lait, beaucoup d'exploitations possèdent une ou deux vaches bretonnes. Elles sont importées par des marchands qui vont les acheter dans leur pays d'origine. Il n'existe pas de taureaux de cette race et presque tous les veaux sont vendus à la boucherie s'ils proviennent du croisement avec le charolais. On les élève rarement même s'ils sont purs de race. On préfère acheter les génisses et les vaches prêtes à vêler et arrivant de Bretagne. Élevées dans la Nièvre, les vaches bretonnes s'engraissent trop et leur aptitude laitière diminue très rapidement.

Quelques rares vaches normandes se rencontrent chez les cultivateurs qui vendent le lait en nature, près des villes.

ESPÈCE OVINE.

La suppression progressive de la jachère devait avoir pour conséquence la diminution du nombre de têtes de moutons. On ne rencontre pas dans la Nièvre de grands troupeaux comme dans la Beauce, la Brie et la Champagne, mais une infinité de petits lots gardés par des enfants, des femmes, le long des chemins ou dans les pâtures. Les bergeries importantes sont rares; quelques agriculteurs font l'élevage du southdown, du dishley, du charmois. Sauf ces quelques exceptions, l'effectif ovin se compose de métis en état de variation désordonnée.

L'importation de béliers anglais de races dishley et southdown a fortement amélioré le mouton nivernais en lui donnant une meilleure conformation, plus de taille et en développant la précocité et l'aptitude à l'engraissement. Les produits issus du southdown sont les plus nombreux; les charmois réussissent bien et leur viande de qualité supérieure fait prime sur le marché.

ESPÈCE PORCINE.

La population porcine de la Nièvre est composée de métis craonnais, yorkshire, etc., à peau blanche. Autrefois les croisements berkshire étaient communs.

La pomme de terre, abondante en Morvan, est le principal aliment des porcs; additionnée de farine de sarrasin, elle les engraisse et les prépare à la vente.

L'élevage est guidé par la production des tubercules. Lorsque les cultivateurs prévoient une abondante récolte de pommes de terre, ils élèvent des porcelets en conséquence. Mais si la récolte doit être déficitaire, les truies sont engraissées et vendues au lieu d'être saillies. De sorte qu'il n'y a jamais beaucoup de pommes de terre à vendre et l'on n'en achète qu'exceptionnellement pour avoir de nouveaux plants, des variétés nouvelles et réputées meilleures. Autrefois, à l'époque des hautes futaies, les glandées permettaient l'engraissement facile et économique des cochons. De grands fermiers nourrissaient jusqu'à 1,000 ou 1,200 de ces animaux qu'ils allaient acheter partout à l'automne et jusque dans les départements de Saône-et-Loire et de l'Allier.

ANIMAUX ET PRODUITS DE BASSE-COUR.

Les animaux de basse-cour sont assez nombreux dans la Nièvre, mais ils ne sont pas l'objet de soins particuliers. Il n'y a pas de races spéciales au département.

Les poules, les oies, les canards sont élevés volontiers par les petits ménages qui

BÉLIER OXFORD-DOWN.

BREBIS RACE DISHLEY.

trouvent à cette spéculation un supplément de profit. Les oies sont d'un élevage peu coûteux; elles se nourrissent surtout d'herbe et les enfants les conduisent paître souvent très loin de leur habitation.

Le dindon ne trouve sa place que dans les grandes propriétés, dans les régions à céréales, où, après la moisson, il peut glaner et grandir à peu de frais.

NORD.

Le département du Nord comprend trois régions bien distinctes :

1° La région herbagère, située principalement sur la rive droite de la Sambre, et presque exclusivement couverte de pâturages;

2° La région de Flandre proprement dite du Nord (arrondissements de Dunkerque et d'Hazebrouck);

3° La région industrielle (arrondissements de Lille, Douai, Valenciennes, Cambrai et la partie nord-ouest de l'arrondissement d'Avesnes).

Ces trois régions, très différentes en ce qui concerne la production végétale, sont également différentes au point de vue de l'exploitation des diverses espèces animales entretenues à la ferme.

ESPÈCE CHEVALINE.

D'une façon générale, il n'existe dans le département du Nord aucune région où l'on se livre uniquement à la production du cheval. Il n'existe même pas de région où l'élevage du cheval ait pris une importance marquée.

Dans la zone herbagère de l'arrondissement d'Avesnes, on produit un petit nombre de chevaux, la culture en utilisant peu. Mais à la rencontre de la zone herbagère et de la zone industrielle, la culture élève plus de chevaux, non seulement parce qu'elle en utilise davantage, mais encore parce que dans cette zone mixte les transports industriels étant relativement peu considérables et les pâtures assez nombreuses, les conditions de production sont favorables. La culture, avec raison, produit un peu plus que ses besoins ne l'exigeraient.

Des conditions analogues se trouvent réunies dans les arrondissements de Dunkerque et d'Hazebrouck. Elles ont déterminé là également une production un peu plus importante du cheval sans que cependant elle soit devenue une spécialisation.

Dans la zone centrale, jusque dans ces dernières années l'élevage était très réduit, mais il semble qu'il prenne plus d'importance actuellement, surtout en raison de la diminution des gros transports qu'exigeait la betterave à sucre.

Quoi qu'il en soit, le département ne suffit pas à ses besoins. Les nombreuses industries, les mines, le gros commerce, font une consommation très grande de chevaux de gros trait. Aussi les cultivateurs trouvent-ils facilement à placer leurs excédents. Néanmoins on doit encore faire appel à la production étrangère.

Jusqu'à ces derniers temps, la population chevaline comprenait le cheval flamand au nord, qui disparaît de plus en plus pour faire place au boulonnais. Dans les arrondissements de Valenciennes, Avesnes et Cambrai, le cheval le plus répandu était le «cheval du pays», encore désigné sous le nom impropre de «cheval belge».

En réalité, le caractère des animaux que l'on rencontrait n'était pas parfaitement défini et la population chevaline manquait trop d'homogénéité pour pouvoir constituer une race.

Dans les arrondissements de Lille et de Douai, on rencontrait également des chevaux de gros trait de races diverses; toutefois les chevaux boulonnais étaient les plus nombreux.

Dans tous les cas, le cheval de trait léger n'était et n'est encore produit que très exceptionnellement.

Dans ces dernières années, une tendance très marquée s'est manifestée en faveur de la race belge (race de gros trait), et actuellement des efforts considérables sont faits par les éleveurs de presque tout le département pour propager cette race que l'on a désignée sous le nom de « race de trait du Nord ».

La Société des agriculteurs du Nord a provoqué la création du Stud-Book de cette race et lui accorde annuellement des subsides importants, ainsi que le Conseil général.

D'après la statistique, la population chevaline comprend :

Étalons faisant la saillie		180 à	200
Poulinières		5	6,000
Animaux	de plus de 3 ans	67	70,000
	de moins de 3 ans	10	12,000

Très souvent les marchands achètent directement en ferme, mais le commerce de chevaux donne également lieu à des foires où les marchands viennent s'approvisionner pour fournir au commerce et à l'industrie.

Les foires et marchés les plus visités sont les suivants :

Foires importantes : Cambrai, 24 novembre; le Cateau, 22 septembre; Bergues, 2e jeudi de juillet; Bourbourg, 2 juin.

Marchés réguliers aux chevaux : Lille, tous les mercredis; Valenciennes, le 20 de chaque mois; Douai, le Cateau, le 22 de chaque mois; Cambrai, le 24 de chaque mois; Bourbourg, 25 juin, lundi après le 3e dimanche de septembre, mardi avant le dimanche gras, mardi avant l'Ascension; Solesmes, 1er mercredi du mois; Bergues, le jeudi le plus rapproché du 31 mars, 10 juillet, 15 novembre; Estaires, 20 juin et 15 décembre.

Le nombre des chevaux amenés varie de 100 à 300 pour chaque foire et de 50 à 150 pour chaque marché.

ESPÈCE BOVINE.

L'exploitation des bovidés occupe une place beaucoup plus importante que celle des chevaux dans le département du Nord. Une des causes principales est la production fourragère très considérable obtenue dans les prairies et les herbages et, d'autre part, l'abondance des résidus industriels fournis par les sucreries, distilleries, brasseries, huileries, meuneries, etc. Il est à noter aussi qu'en raison de la densité de la population, la consommation du lait est très forte; d'un autre côté, l'habitude de se servir du beurre pour la cuisine détermine une consommation énorme de ce produit. Pour

RACE DE TRAIT DU NORD.

RACE DE TRAIT DU NORD.

ces raisons, le lait trouve sur place des débouchés faciles; aussi la population bovine atteint-elle le chiffre de 300,000 têtes environ, dont la répartition est la suivante :

TABLEAU DE LA POPULATION BOVINE DU DÉPARTEMENT.

DÉSIGNATION.	TAUREAUX.	BOEUFS.	VACHES.	ÉLÈVES. — TAURILLONS ET GÉNISSES.
Arrondissement d'Avesnes	2,265	1,190	52,021	27,500
Zone industrielle (arrondissement de Lille, Cambrai, Douai, Valenciennes)	3,111	6,273	89,447	39,232
Zone de Flandre (Hazeb. et Dunk.)	2,911	2,100	45,100	40,000
Total..............	8,286	9,563	186,568	106,732

Les races exploitées sont la race flamande dans les arrondissements de Dunkerque, Hazebrouck et une partie de Lille. La race hollandaise ou ses dérivés est exploitée dans les arrondissements d'Avesnes, Cambrai, Valenciennes et Douai. Dans l'arrondissement d'Avesnes on entretient la race maroillaise, présentant beaucoup d'analogie avec la race flamande mais un peu plus petite, peut-être plus anguleuse, par contre fort rustique et bonne laitière. Dans les arrondissements de Lille, Douai, Cambrai, Avesnes, les deux premières races se trouvent mélangées.

Élevage et production laitière. — Dans la zone herbagère de l'arrondissement d'Avesnes, l'élevage du jeune bétail prend une grande importance : tous les veaux femelles bien conformés sont conservés, tandis que la plupart des veaux mâles sont engraissés pour être livrés à la boucherie à 6 semaines ou 2 mois.

Dans cette région, la vache laitière est exploitée en outre pour son lait, qui est employé à la fabrication du beurre ou du fromage. Les vaches sont souvent conservées à tort jusqu'à 8 ou 10 ans et quelquefois davantage; mais une partie est vendue par l'intermédiaire de commissionnaires, vers 5 ou 6 ans, soit aux laitiers nourrisseurs de la région de Paris, soit aux laitiers des villes industrielles du Nord, Valenciennes, Denain, Lille, Roubaix, Tourcoing.

Dans les arrondissements de Dunkerque et d'Hazebrouck, la race flamande pure est exploitée d'une façon analogue. Tous les veaux mâles sont sacrifiés vers 6 semaines ou 2 mois, après engraissement. Toutefois les meilleurs veaux sont conservés pour être livrés à la reproduction. Les uns restent à la ferme, les autres sont vendus dans le département du Nord et surtout dans les départements voisins.

Quant aux génisses, elles sont toutes élevées, sauf celles qui sont défectueuses. Elles sont ensuite livrées à la reproduction, puis vendues de 4 à 7 ans, comme celles de la zone herbagère, aux nourrisseurs des mêmes centres industriels et des environs de Paris. Dans ces arrondissements, le lait produit en excédent de ce qui est nécessaire à la consommation humaine et à la nourriture des veaux sert presque uniquement à la fabrication du beurre, la fabrication du fromage restant à peu près limitée à ce qui est nécessaire pour la consommation de la famille.

En raison de la densité de la population dans la zone industrielle, la vache laitière est surtout exploitée pour la vente du lait en nature. Là, les laitiers nourrisseurs sont très nombreux, non seulement dans les villes, mais encore dans beaucoup de communes. Par contre l'élevage des bovidés y a beaucoup moins d'importance que dans les zones précédentes. Il y a cependant lieu de remarquer qu'étant donnés les bas prix de la betterave à sucre et en général des plantes de la grande culture, il semble que l'exploitation des bovidés est appelée à se développer. Déjà un peu partout les cultivateurs créent des pâturages : il est donc à prévoir que l'élevage du bétail va augmenter.

En résumé, le but principal de l'exploitation des bovidés dans le département est de produire des vaches laitières destinées aux nourrisseurs.

En outre on exporte dans les départements limitrophes, en vue de la reproduction, un certain nombre de vaches laitières et de taureaux et seulement de vaches laitières dans les départements plus rapprochés de Paris se livrant à la production du lait.

Les principales foires sont les suivantes :

FOIRES.	DATES.	NOMBRE D'ANIMAUX AMENÉS.
Bergues	Rameaux.	300 à 400.
Cambrai	24 novembre.	150 à 200.
Cassel	Jeudi saint.	200 à 300.
Le Cateau	22 septembre.	150 à 200.
Hazebrouck	3e lundi d'avril.	100 à 150.
Landrecies	18 octobre.	300 à 400.
Solesmes	9 octobre.	100 à 150.

Les principaux marchés réguliers des bêtes bovines sont :

LOCALITÉS.	DATES.	LOCALITÉS.	DATES.
Avesnes	Le 8 du mois, tous les samedis de février, mars et avril.	Estaires	Les 4e jeudi de juillet et 1er d'octobre, 20 juin et 15 décembre.
Bavai	Le 9 du mois.		
Bergues	Tous les lundis.	Hazebrouck	Le lundi après le 1er mercredi du mois.
Bourbourg	Premier mardi du mois.		
Cambrai	Le 24 du mois.	Landrecies	Le 3e mardi du mois.
Cassel	Les 1er, 3e, 5e, 7e, 9e, 14e jeudis de l'année, jeudi saint, le 1er jeudi d'août et les derniers d'octobre et de novembre.	Solesmes	Le 4 de chaque mois.
		Steenwoorde	Les 1er samedis de mai et d'octobre, le 2e samedi de novembre.
Le Cateau	Le 22 de chaque mois.	Valenciennes	Tous les lundis.
Catillon	Le 10 du mois.		

Laiteries. — Les régions qui produisent les vaches laitières sont, comme nous l'avons déjà dit, celles qui produisent aussi trop de lait pour la consommation locale; aussi la fabrication du beurre et du fromage y est assez importante. Dans les arrondissements de Dunkerque et d'Hazebrouck, chaque cultivateur fabrique lui-même son beurre, les sous-produits restant à la ferme. Une partie de ces derniers est consommée par les veaux d'élevage ou d'engrais, le reste est utilisé pour la nourriture des porcs et notamment des porcelets.

La région herbagère de l'arrondissement d'Avesnes produit du beurre fabriqué pour la majeure partie par les fermiers eux-mêmes. Cependant les laiteries industrielles y sont relativement nombreuses. En voici la liste :

		LAIT TRAVAILLÉ journellement — EN ÉTÉ.	LAIT TRAVAILLÉ journellement — EN HIVER.
Arrondissement d'Avesnes.	Maroilles	5,000	2,000
	Sains du Nord	17,000	5,000
	Wignehies	8,000	2,000
	Prisches (3)	3,000	800
		10,000	4,000
		8,000	3,000
	Ohain	6,000	2,500
	Jolimetz (2)	4,000	2,000
		1,500	800
	Englefontaine	2,000 à 2,500	1,200
	Dompierre	4,630	2,240
	Cartignies	6,000	2,000
	Beaudignies	2,500	1,500
	Frasnoy	2,000	600
	Petit-Fayt	14,000	5,000
	Wargnies-le-Petit	3,000	700
	Etrœungt	7,000 à 8,000	3,000
	Eppe-Sauvage. (Pas de chiffres pour l'année entière	"	"
Arrondissement de Cambrai.	Catillon (2)	5,000 à 6,000	"
		5,000 à 6,000	"
	Avesnes-lez-Aubert. (En construction)	"	"
	Basuel	6,000	1,500
	Beaurain	2,000	2,000
	Reumont	800	300
	Mazinghien. (En construction)	"	"

Nota. — Les chiffres placés près des noms des localités indiquent le nombre de laiteries.

Les beurres produits par les laiteries industrielles sont justement renommés et expédiés dans la zone industrielle ou sur Paris. Les beurres des particuliers sont amenés sur les marchés hebdomadaires locaux, dont les principaux sont :

	PRODUCTION PAR SEMAINE. kilogr.		PRODUCTION PAR SEMAINE. kilogr.
Avesnes	5,000 à 6,000	Ors	7,000 à 10,000
Landrecies	20,000	Le Cateau	5,000 à 6,000
Berlaimont	20,000		

Là ils sont achetés par des commissionnaires qui les placent dans la région industrielle.

Fromageries. — Dans l'arrondissement d'Avesnes, ainsi que dans la partie voisine de l'arrondissement de Cambrai, la fabrication du fromage acquiert une importance très grande. On fabrique plus particulièrement le fromage Maroilles, qui est un fromage fermenté à pâte molle. Ce fromage ne donne pas lieu à des marchés spéciaux; cependant, dans les principaux marchés de l'arrondissement d'Avesnes, on en apporte en assez grande quantité; le reste de la production est acheté dans les fermes par des courtiers. Les fromageries industrielles sont peu nombreuses. Ce sont :

		LAIT TRAVAILLÉ journellement	
		EN ÉTÉ.	EN HIVER.
Arrondissement d'Avesnes.	Obain	2,000	700
	Dompierre	3,000	1,100
	Frasnoy	//	//
	Landrecies	1,200	200
Arrondissement	de Cambrai. — Saulzoir	1,000	600
	d'Hazebrouck. — Godewaersvelde	6,000	3,000

Outre l'utilisation du lait dans le but de produire du fromage, il y a lieu de tenir compte que la plupart des laiteries industrielles préparent du fromage blanc pour la consommation des villes industrielles voisines et celles de l'arrondissement de Valenciennes et du Borinage.

Notons enfin qu'une fabrique de lait concentré fonctionne à Bondues (arrondissement de Lille).

Engraissement. — L'engraissement du bétail est également très important dans le département. Dans la zone industrielle, toutes les vaches des laitiers nourrisseurs sont livrées à la boucherie quand elles ne donnent presque plus de lait et qu'elles sont grasses. D'autre part, les nombreuses sucreries du département produisent des pulpes qui servent à l'entretien des vaches laitières, mais qui sont aussi utilisées, en hiver surtout, pour l'engraissement des bœufs de provenances diverses et notamment du Nivernais, de la Franche-Comté et de la Mayenne. Dans la zone herbagère d'Avesnes, on engraisse au pâturage, pendant la bonne saison, des bœufs qui proviennent également des régions précitées. Quoi qu'il en soit, que l'engraissement ait lieu au pâturage ou à l'étable, les animaux gras sont vendus et consommés dans le département, où ils sont insuffisants d'ailleurs pour pourvoir aux besoins de la consommation.

On trouvera ci-après la liste des principaux marchés :

FOIRES.	DATES.	NOMBRE D'ANIMAUX AMENÉS.
Bergues	Rameaux.	150 à 300.
	Tous les lundis.	100 à 150.
Bouchain	1er vendredi de chaque mois.	50 à 100.
Cambrai	24 de chaque mois.	100 à 150.
Le Cateau	22 de chaque mois.	100 à 150.
Catillon	10 de chaque mois.	100 à 150.
Douai	22 de chaque mois.	100 à 200.
Landrecies	3e mardi de chaque mois.	100 à 150.
Lille	Tous les mercredis.	300 à 400.
Solesmes	1er mercredi de chaque mois.	100 à 150.
Valenciennes	Tous les lundis.	300 à 400.

PLANCHE XXIII.

RACE BOVINE HOLLANDAISE.

TAUREAU.

VACHE.

Les bœufs de travail n'ont qu'une importance insignifiante dans le département. Leur nombre est très restreint; presque tous sont achetés dans les départements voisins. Après un séjour plus ou moins-long dans quelques grosses fermes de l'arrondissement de Cambrai et dans quelques sucreries, ils sont engraissés et livrés à la boucherie.

ESPÈCE OVINE.

En raison de l'importance considérable de la culture intensive dans le département du Nord, l'entretien du mouton ne présente qu'une importance très faible. Les troupeaux d'élevage sont rares; il n'existe plus guère que de tout petits troupeaux élevés par les petits fermiers des arrondissements de Dunkerque et d'Hazebrouck. S'il existe quelques troupeaux importants dans les arrondissements d'Avesnes, Cambrai et Valenciennes, il s'agit surtout de moutons d'engrais. Ceux-ci sont généralement livrés aux cultivateurs par des courtiers qui les achètent en dehors du département, notamment dans l'Aisne, la Somme et le Pas-de-Calais. Les moutons sont ensuite vendus à la boucherie sans donner lieu à des marchés ou à des foires déterminés.

Il est superflu d'ajouter que la production de la laine est tout à fait secondaire.

La population ovine, qui était de 89,000 têtes en 1892, est évaluée actuellement à 86,000 têtes : la situation est donc stationnaire. La production de la laine peut être évaluée à 350,000 kilogrammes par an.

ESPÈCE PORCINE.

La population porcine entretenue dans le département compte environ 125,000 têtes. La plupart des animaux appartiennent à la race flamande plus ou moins pure. La race yorkshire tend à se répandre de plus en plus dans quelques grandes fermes.

Dans les arrondissements de Dunkerque et d'Hazebrouck, on entretient de nombreuses truies. Elles sont livrées à la reproduction et fournissent des porcelets qui, à 6 semaines ou 2 mois, sont expédiés dans la zone industrielle, où ils sont engraissés pour être livrés à la consommation quand ils pèsent 100 à 120 kilogrammes au maximum. Il est à retenir que la consommation du lard gras est très restreinte dans le Nord; on recherche de préférence lés porcs qui pèsent 90 à 100 kilogrammes vifs et qui ne portent qu'une couche de lard aussi mince que possible, le maigre seul étant recherché pour la consommation. Les porcs engraissés sont consommés sur place ou livrés à la charcuterie des villes par l'intermédiaire des chevilleurs qui s'approvisionnent auprès de courtiers qui, eux, achètent dans les fermes.

ANIMAUX ET PRODUITS DE BASSE-COUR.

La grande densité de la population, la richesse des centres miniers et industriels laisseraient supposer que l'exploitation de la basse-cour a une importance considérable dans les fermes du département du Nord. Il n'en est rien. S'il est exact que les débouchés soient très importants, il n'en est pas moins vrai que l'élevage de la volaille n'a pas l'importance qu'elle devrait avoir. Nulle part, sauf chez les amateurs ou quelques rares professionnels, on ne trouve d'élevage méthodique et rationnel. D'ailleurs il n'existe pas de race qui ait pris une extension qui mérite d'être mentionnée. La race d'Hergnies, dérivée de la Campine, ne possède plus malheureusement que des représentants très rares. Les basses-cours sont peuplées par des volailles résultant de croisements les plus divers. On doit regretter l'introduction dans de nombreuses basses-cours de ce qu'on appelle la poule italienne, sorte de leghorn plus ou moins pure se distinguant par ses pattes jaunes, bonne pondeuse peut-être, mais possédant toujours une chair de qualité très inférieure. Ces poules sont chaque année introduites de Belgique à partir de la moisson jusqu'au mois de novembre, livrées au cultivateur à très bas prix. Celui-ci doit cependant tenir compte des nombreux déchets résultant de la mortalité, car il n'est pas rare qu'après leur arrivée à la ferme, les volailles ainsi importées soient atteintes de diphtérie et que la moitié soit perdue.

L'exploitation de la volaille est très rarement industrialisée dans le département. Toutes les fermes possèdent un nombre d'animaux plus ou moins grand, d'autant plus grand que les pâtures attenant à la ferme ont plus de superficie et que l'année ayant été plus favorable, la réussite des poulets a été plus grande. Il n'est donc pas possible d'indiquer approximativement l'importance du commerce qui en résulte puisque la volaille vendue ou les œufs exportés ne sont que les excédents de la consommation familiale. Cependant dans la plupart des chefs-lieux de canton il existe, chaque semaine, des marchés où des commissionnaires viennent acheter les poules réformées, les poulets de grain ou les poulets gras, ainsi que les œufs et le beurre qui y sont apportés, pour les vendre dans les principales villes du département. On estime à 1,359,000 têtes le nombre des poules dans le département.

De sérieuses améliorations dans l'exploitation de la basse-cour, tant au point de vue de la production que du choix des races et de l'alimentation, devraient être apportées dans les fermes.

Les besoins de la consommation dépassent sensiblement la production, et la consommation locale offre des débouchés importants en ce qui concerne les œufs et les poulets.

Les autres animaux de basse-cour ont une importance très faible, sauf le canard qui est exploité dans les Flandres et dans une partie de l'arrondissement de Valenciennes. Il en existe environ 100,000 têtes dans le département.

APICULTURE.

Apiculture. — L'apiculture n'est pratiquée que dans l'arrondissement d'Avesnes où l'on compterait environ 6,000 ruches fournissant dans les bonnes années 5 à 6 kilogrammes de miel et 1 kilogr. 1/2 de cire. Ces produits sont consommés dans la région.

OISE.

ESPÈCE CHEVALINE.

On élève peu le cheval dans le département de l'Oise. Il y a cependant un centre d'élevage de pur-sang anglais de course aux environs de Chantilly et un autre dans le canton de Chaumont. On fait aussi quelques demi-sang près de Compiègne, de Beauvais et de Grandvilliers, et enfin un peu partout des chevaux de trait des races boulonnaise et belge. La société hippique de Compiègne encourage la production d'un type dit Norfolk-Compiègne. Mais cet élevage est loin de suffire aux besoins locaux.

Il y a donc une importation de chevaux et surtout de chevaux de trait. Les cultivateurs achètent ces animaux aux foires de l'automne, qui sont approvisionnées de poulains de 6 mois, de 18 mois ou de 3 ans. Il y a surtout des boulonnais et un peu de bretons et d'ardennais. La statistique agricole accuse 51,618 chevaux dans le département.

ESPÈCE BOVINE.

Les races exploitées sont la normande dans l'arrondissement de Beauvais et dans la plupart des régions à pâturages, la flamande et ses dérivés dans l'arrondissement de Clermont et une partie de ceux de Senlis et de Compiègne, la hollandaise autour des villes et dans tout le sud de l'Oise.

Les vaches normandes sont exploitées pour le lait jusqu'à 8, 9, 10 ans; elles sont ensuite engraissées dans la région et vendues aux bouchers voisins.

Les vaches flamandes et hollandaises ne sont conservées que jusqu'au quatrième vêlage; elles sont alors vendues aux nourrisseurs de Paris et des environs. Généralement les marchands les prennent dans la ferme et non au marché. Cependant, le marché de Breteuil, le mercredi, est un centre important de transactions de ces animaux. On y vend par semaine une quarantaine de vaches dites *parisiennes*.

Les veaux non destinés à l'élevage sont engraissés et livrés vers 2 ou 3 mois à la boucherie pour les races flamande et hollandaise. Dans la race normande, certains éleveurs n'engraissent pas les jeunes veaux, mais en font des bouvillons qui sont vendus gras vers l'âge de trois ans. Les marchés aux veaux gras les plus importants sont ceux de Formerie, le mercredi, et de Beauvais, le samedi. Beaucoup de ces veaux sont expédiés à La Villette.

L'élevage des bêtes bovines est très considérable; cependant les importations sont encore supérieures aux exportations de 5,000 à 6,000 têtes par an. On achète en effet beaucoup de *bedons* et de génisses aux foires d'automne. Ces jeunes animaux viennent du Nord et du Pas-de-Calais pour les flamands, de Seine-Inférieure et de la Manche pour les normands.

On importe aussi tous les bœufs de travail, car l'Oise n'en produit presque pas. Ces bœufs sont de la race charolaise-nivernaise. Ils sont achetés aux foires de l'Allier et de la Nièvre, soit par les cultivateurs eux-mêmes, soit surtout par des commissionnaires. Ces achats ne sont pas inférieurs à 2,500 bœufs par an pour les besoins des grandes exploitations du département. On les conserve souvent pendant trois campagnes et on les engraisse ensuite avec les résidus industriels. Ils sont vendus gras dans le pays ou expédiés à La Villette sous le nom de bœufs sucriers. Enfin, chaque hiver, des commissionnaires vont chercher dans la Mayenne de jeunes bœufs durham-manceaux, dénommés ici *bêtes de la Mayenne*, et destinés à être engraissés dans les herbages de l'arrondissement de Beauvais.

Voici quelle est l'importance de la population bovine du département (statistique de 1902):

Taureaux		2,285	Bouvillons	1,600
Bœufs	de travail	5,962	Génisses	22,828
	à l'engrais	2,889	Elèves de moins d'un an	14,116
Vaches	à l'engrais	5,522		
	laitières	47,545	Total	135,673
	pleines	32,926		

Produits de laiterie. — L'Oise produit plus de 1,400,000 hectolitres de lait par an, sur lesquels environ 700,000 hectolitres sont vendus en nature à des établissements industriels. Il existe dans ce département près de 50 laiteries industrielles qui expédient à Paris, après pasteurisation, environ 450,000 hectolitres de lait, transforment en beurre 150,000 hectolitres et en fromage 100,000 hectolitres.

Le prix payé aux cultivateurs est en moyenne de 9 à 10 centimes le litre pendant l'été, de 11 à 13 centimes pendant l'hiver. Les 700,000 hectolitres de lait qui ne sont pas vendus aux laiteries industrielles servent à l'élevage, à la consommation locale en nature et à la transformation en beurre ou en fromage dans les fermes.

Les principaux marchés qui donnent lieu à une exportation de beurre ou de fromage hors du rayon de production sont :

Gournay, en Seine-Inférieure, qui s'approvisionne en partie dans l'Oise. Très fort marché au beurre pour Paris, les villes voisines et un peu l'Angleterre. Très important marché au fromage : bondon, neufchâtel, etc.

Conchy-les-Pots. Chaque semaine, il se vend au marché 1,000 douzaines de fromages de Rollot expédiés surtout dans le Nord.

Lassigny. Petit marché de fromage de Rollot.

Formerie. Chaque semaine on y vend 11,000 kilogrammes de beurre pour Paris, Rouen, Amiens, le Nord et la Belgique.

Grandvilliers. Petit marché au beurre.

Breteuil. Petit marché au beurre.

Meaux (Seine-et-Marne). Les cultivateurs de l'Oise y portent leurs fromages de Brie.

Les laiteries de l'Oise envoient leurs beurres aux halles de Paris et quelques lots sur Londres.

Les fromages fabriqués dans le département sont surtout le rollot, le brie, le bondon, le camembert, les fromages maigres. Ils sont expédiés sur Paris, sur Lille et sur les grande villes de la région.

ESPÈCE OVINE.

Les races exploitées sont les dishley-mérinos dans tout le département, sauf dans l'ouest, le mouton picard au nord et au nord-ouest. On trouve aussi quelques bonnes bergeries de mérinos purs du Soissonnais et de southdown dans l'arrondissement de Senlis et dans le canton de Chaumont.

L'agnelage se fait presque partout du 10 novembre à fin janvier. Les bons éleveurs ont de plus en plus tendance à faire l'agneau gris vendu vers 10 mois ou 1 an. Cependant, dans la plupart des fermes, on livre encore le mouton à la boucherie vers 2 ans pour les races précoces, vers 3 ans pour le picard. Les brebis sont engraissées après leur troisième ou leur quatrième agnelage.

On importe peu de moutons. Les grands cultivateurs industriels achètent quelquefois des troupeaux d'engraissement dans le Berry ou en Champagne.

Les exportations sont assez considérables; elles excèdent les importations d'environ 15,000 têtes. Ce sont surtout des moutons gras qui sont expédiés à La Villette. Les plus gras d'entre eux vont au Havre ou à Boulogne-sur-Mer.

La consommation locale exige environ 86,000 moutons par an.

Il existait en novembre 1902 dans le département :

Béliers	1,215
Moutons	66,265
Brebis	123,076
Agneaux de 1 an à 2 ans	72,183
Agneaux de moins de 1 an	55,601
Total	318,370

Laine. — On vend par an de 8,000 à 9,000 quintaux de laine en suint. Les marchés aux laines sont insignifiants dans l'Oise. Presque toutes les laines sont achetées dans les fermes par des courtiers qui les dirigent sur Balagny, Milly, Roubaix. Les grands cultivateurs de l'arrondissement de Senlis les expédient souvent au marché aux laines de Reims.

ESPÈCE PORCINE.

On exploite le porc normand à l'ouest et au nord-ouest du département, le yorkshire autour de Clermont et les croisements normands-yorkshire dans le reste du département. Les grands centres de transactions pour les porcelets sevrés et les coureurs sont Gournay, à la limite du département de Seine-Inférieure, et surtout Formerie où se vendent tous les mercredis de 2,500 à 3,000 jeunes porcs.

Le chiffre des entrées dépasse de plus de 50,000 têtes celui des exportations. Ces importations viennent de Seine-Inférieure pour la plupart.

Quant aux exportations, elles sont composées de porcs gras dirigés sur La Villette. La consommation locale dépasse 130,000 porcs par an.

MARCHÉS AUX BESTIAUX.

Les principaux marchés aux bestiaux du département sont les suivants :

Noyon, le premier mardi de chaque mois. Par marché :

Chevaux et poulains	150 à 200	Porcs coureurs	50 à 75
Vaches et génisses	275 à 300	Porcelets	100 à 120
Moutons	1,500 à 2,000		

Beauvais, le premier samedi de chaque mois. Par marché :

Chevaux	40	Moutons	100 à 200
Vaches et génisses	60 à 100	Porcs	80 à 100

Le troisième samedi de chaque mois, petit franc-marché, moins important. Tous les samedis, marché aux veaux.

Senlis, le mardi qui suit le 15 de chaque mois. Importance moyenne, pas de renseignements en chiffres.

Clermont, tous les quinze jours, le jeudi; peu important. Foire importante le 30 novembre.

Saint-Just-en-Chaussée, foires le dimanche des Rameaux et le 18 octobre. Cette dernière est la plus importante de l'Oise. Elle comprend :

Chevaux et poulains	300 à 400
Génisses et vaches	300

Compiègne, le troisième samedi de chaque mois. Par marché :

Chevaux	30
Porcs coureurs	90

Breteuil, tous les mercredis. Par marché :

Chevaux	30	Veaux	20
Vaches	50	Porcs coureurs	20

La grande foire de Breteuil a lieu le 25 novembre. Il y a environ 200 chevaux et 300 bêtes bovines.

Formerie, tous les mercredis. Par marché :

Chevaux	10	Veaux gras	150 à 200
Vaches amouillantes	25	Veaux maigres	40
Vaches grasses	15	Porcs	2,500 à 3,000
Vaches herbagères	30		

Marseille-le-Petit. Foire le 30 novembre :

Poulains	150 à 200
Génisses	40
Moutons	60 à 80

Grandvilliers, tous les lundis. Par marché :

Vaches	10
Porcs	20

Quelques moutons.

Crèvecœur-le-Grand. Foire le 11 novembre :

Poulains	80
Vaches et génisses	60 à 100

Saint-Leu-d'Esserent. Foire le 1er septembre :

Chevaux	5	Génisses	7
Vaches	8	Porcs	40

Froissy. Foires le troisième vendredi d'avril et le premier vendredi de novembre. Il s'y vend :

Moutons	150
Chevaux	4 ou 5
Vaches	4 ou 5

PLANCHE XXIV.

RACE PORCINE YORKSHIRE.

VERRAT.

TRUIE.

Lassigny, le troisième jeudi de chaque mois. Par marché :

Bêtes bovines	4 à 6
Porcs	40 à 60

Bresles, tous les jeudis. Par marché : 20 porcs.

Estrées-Saint-Denis, le quatrième mardi de chaque mois. Peu important.

Conchy-les-Pots, tous les mardis : 20 porcelets.

Ressons-sur-Matz. Foire le 6 décembre.

Chevaux	100
Bêtes bovines	80

Crépy-en-Valois. Foire le 3 novembre. Importance moyenne.

Chevincourt, le quatrième jeudi de chaque mois. Marché aux porcs. Importance moyenne.

Pont-Sainte-Maxence. Foire le 20 novembre. Assez importante.

Toutes les autres foires de l'Oise ont une faible importance.

En voici la liste : Chaumont, le 6 décembre; Sarcus, le 21 septembre; Méru, le dimanche le plus près du 16 octobre; Noailles, le 11 novembre; Mouchy-le-Châtel, dernier mardi d'octobre; Songeons, le 25 novembre; Ansauvillers, le dernier lundi d'octobre; Bonneuil, le deuxième mardi de novembre; Hardivilliers, le mardi après le 2 novembre; Catenoy, le 29 septembre; Liancourt, le 12 novembre; Sacy-le-Grand, le 2 novembre; Maignelay, le 1er octobre; Mouy, le premier jeudi d'octobre; Attichy, le 28 octobre; Élincourt-Sainte-Marguerite, le 25 novembre; Cuts, le 11 novembre; Acy, le premier jeudi d'octobre; Chantilly, le 18 septembre; Creil, le 2 novembre; Neuilly-en-Thelle, le 9 octobre.

ANIMAUX ET PRODUITS DE BASSE-COUR.

Les marchés aux volailles du département ne servent guère qu'à l'approvisionnement local. Il y a peu d'importation ou d'exportation de volailles et cet élevage est en général délaissé. Cependant le marché de Gournay, à la limite du département, donne lieu à un commerce important de jeunes volailles, surtout de mai à septembre.

Œufs. — Quelques marchés assez importants expédient les œufs sur Paris. Ce sont :

	ŒUFS PAR AN.		ŒUFS PAR AN.
Formerie	1,200,000	Grandvilliers	500,000
Crèvecœur	750,000	Breteuil	100,000
Noyon	600,000		

Ces quantités ne représentent qu'une faible partie de ce qui est ramassé à domicile par les coquetiers du pays.

ORNE.

ESPÈCE CHEVALINE.

Le nombre des chevaux du département oscille entre 56,000 et 58,000. La grande majorité sont des percherons. Le reste se compose de pur-sang, en petit nombre, et de chevaux dits de demi-sang dont il est difficile d'établir la proportion avec quelque exactitude, parce qu'à côté des demi-sang proprement dits il y a un certain nombre de chevaux qui sont le produit de l'accouplement des juments percheronnes avec les étalons de demi-sang.

D'après la statistique de 1892, environ 2,000 juments seraient utilisées uniquement en vue de la reproduction, c'est-à-dire pourraient être comprises dans les demi-sang, alors que les juments de travail ou percheronnes seraient au nombre de 26,000.

Cela laisserait supposer que le nombre des chevaux de demi-sang ne serait pas inférieur à 4,000.

Dans la race de demi-sang il y a lieu de faire une distinction importante entre les animaux d'origine trotteuse et ceux qui, plus étoffés, ne sont pas destinés aux courses au trot. Les deux catégories sont d'ailleurs élevées côte à côte et se confondent souvent.

Les produits qui n'ont pas montré de dispositions suffisantes pour les courses, ainsi que ceux de modèle plus étoffé dits *bourdons*, sont destinés à faire des troupiers et les plus réussis des chevaux d'officier ou d'attelage de luxe.

Cet élevage se fait dans les cantons du centre du département et notamment dans ceux d'Alençon, Sées, Courtomer, Mortrée, Écouché, Argentan, Putanges, Le Mesle-sur-Sarthe, Le Merlerault, Exmes, Gacé, Vimoutiers, Trun; mais on en trouve également dans l'arrondissement de Domfront; ce sont alors plutôt des chevaux de culture, pouvant servir à deux fins.

Le commerce des chevaux de demi-sang se fait d'une façon toute particulière. Les poulains ayant une origine recherchée et capables de faire des chevaux de course ou des étalons sont achetés, souvent dès le moment de leur naissance, par des éleveurs de l'Orne ou du Calvados. Il s'en trouve très peu sur les foires. Ceux qui ne sont pas vendus sont conservés par les éleveurs qui les gardent, les femelles pour faire des poulinières, les mâles pour les vendre à l'administration des Haras.

Les chevaux de 3 à 5 ans sont vendus à la remonte soit par leur propriétaire, soit par les marchands. Tous ceux qui ne sont pas acceptés par l'armée ou qui peuvent faire des carrossiers de luxe sont vendus au commerce, rarement sur les foires d'Alençon, de Sées ou d'Argentan, le plus souvent dans les fermes à des marchands spéciaux.

La production des chevaux percherons est beaucoup plus importante.

La statistique de 1892 indique un chiffre de 9,600 naissances au total. Sur ces 9,600 poulains et pouliches, 8,500 au moins peuvent être comptés comme percherons et ce chiffre doit être plutôt faible. Ils sont répartis un peu partout dans le départe-

PLANCHE XXV.

ÉTALON PERCHERON.

ment, mais principalement dans les cantons où dominent la petite et la moyenne culture et où les herbages sont rares. Les plus estimés cependant sont élevés dans les arrondissements d'Alençon et de Mortagne.

Dès l'âge de 5 à 6 mois, les poulains changent de mains et s'acheminent vers le Perche.

C'est surtout aux foires de novembre et décembre à Sées, Le Mesle-sur-Sarthe, Mortagne, Argentan, Alençon, Domfront, qu'on les trouve en plus grande quantité. A ces foires il s'en vend jusqu'à 500 et 600.

Tous les poulains vendus à ces foires ne sont cependant pas originaires de l'Orne. Il en vient une certaine quantité des cantons de la Sarthe et de la Mayenne, limitrophes de l'Orne. Les acheteurs prennent maintenant de plus en plus l'habitude d'aller dans les fermes acheter les poulains mâles, de bonne origine, susceptibles de faire des étalons.

Les jeunes poulains sont conservés pendant un an, deux ans quelquefois, par les éleveurs du Perche, notamment dans les cantons de Mortagne, Longny, Tourouvre, Laigle, Nocé, Rémalard, Le Theil.

Tous ceux qui ne sont pas susceptibles d'être vendus comme reproducteurs sont menés sur les foires du pays où on les achète pour la Beauce et les environs de Paris. Les meilleurs sont conservés pour être livrés soit à l'administration des Haras, soit aux Américains qui les apprécient hautement et en achètent de plus en plus chaque année à des prix fort élevés.

Les chevaux d'âge, c'est-à-dire ceux qu'on a dû conserver dans le pays jusqu'à 5 ou 6 ans, se vendent un peu à toutes les époques de l'année, aux foires du pays.

Les meilleures foires sont celles de la Chandeleur (1er, 2 et 3 février) et du 3e lundi de carême à Alençon où il se vend de 1,800 à 2,000 chevaux, non compris les poulains; du 30 novembre au Mesle-sur-Sarthe; du Jeudi saint et du 29 novembre à Sées, du 22 janvier et du lundi de Quasimodo à Argentan où se trouvent de 600 à 900 chevaux de tout âge, du 1er lundi de carême à Domfront (900 chevaux), du 28 octobre à Bellême (600 chevaux), du 30 novembre à Mortagne (900 à 1,000 chevaux et poulains), du 21 septembre et du 21 décembre à Longny (400 à 500 chevaux). Ces foires sont fréquentées par des marchands de Paris et par un assez grand nombre d'étrangers, principalement par des Suisses et des Allemands, enfin par des marchands des départements du Sud-Ouest, de Bordeaux particulièrement.

ESPÈCE BOVINE.

L'élevage du bétail de race normande est important dans l'Orne, 80,000 à 100,000 vaches y sont utilisées pour la reproduction et donnent environ 60,000 veaux.

Une partie de ces veaux sont vendus à l'âge de 6 semaines à 2 mois aux bouchers de la contrée qui les achètent assez souvent dans les fermes ou dans les marchés du pays.

Il existe à Laigle, Gacé, Vimoutiers, des marchés plus importants où l'on amène des veaux engraissés spécialement pour la boucherie de Paris. Un bon nombre de veaux blancs du canton de Laigle sont également vendus sur les marchés de l'Eure, de Verneuil, notamment.

Les veaux conservés pour la reproduction, les génisses amouillantes, les vaches pleines, les bouvards se vendent sur les foires du département, qui sont nombreuses.

Les plus importantes sont celles d'Alençon, de Sées, Le Mesle, Carrouges, dans l'arrondissement d'Alençon; Argentan, Briouze, Écouché, Vimoutiers, Trun, dans l'arrondissement d'Argentan; Domfront, Flers, La Ferté-Macé, Tinchebray, dans l'arrondissement de Domfront; Bellême, Laigle, Mortagne, Longny, dans l'arrondissement de Mortagne. En août et septembre il se tient en outre, dans l'arrondissement de Domfront principalement, des foires très importantes, pour les génisses amouillantes et les vaches laitières.

En dehors des vaches laitières dont une partie est vendue pour la Beauce, Paris et ses environs, on trouve aux foires d'automne et de printemps des animaux d'élève, génisses et bouvillons, des animaux maigres pour les herbagers et une certaine quantité d'animaux gras qui sont surtout vendus aux bouchers du pays.

La majeure partie des animaux engraissés dans les herbages, bœufs, vaches et taureaux, ne sont pas amenés sur les marchés de l'Orne; ils sont directement embarqués pour La Villette par les engraisseurs eux-mêmes ou par les soins de commissionnaires, moyennant un prix à forfait.

Le nombre des animaux ainsi expédiés sur le marché de La Villette n'est pas inférieur à 28,000 ou 30,000 par an.

Les expéditions se font à partir do juillet et se terminent vers la fin de novembre. Ce sont surtout les gares de Nonant-le-Pin, Le Merlerault, Le Mesle-sur-Sarthe, Sées, qui font les plus fortes expéditions, mais il en part également des autres gares des contrées herbagères.

Produits de laiterie. — L'Orne nourrit environ 90,000 vaches qui donnent en moyenne 18 hectolitres de lait par an et par tête, soit au total 1,620,000 hectolitres.

Sur cette quantité, 250,000 à 300,000 hectolitres sont utilisés pour la fabrication des fromages de Camembert et façon Camembert.

Le Camembert est surtout fabriqué dans les cantons de Vimoutiers, Gacé, Exmes, Argentan et à l'extrémité opposée du département, dans ceux de Domfront et de Messei.

Ces fromages sont vendus en partie aux épiciers ou sur les marchés du département; le reste est expédié à Paris et dans les autres départements. Chaque fabricant s'efforce de se faire une clientèle durable. Il en est peu expédié aux Halles de Paris, sauf au moment où l'écoulement devient plus difficile; les prix tombent alors très bas et sont souvent désastreux. L'exportation se fait sur une très petite échelle.

Dans les cantons de Vimoutiers, Gacé, Argentan, on produit en outre un fromage affiné, dit fromage de Livarot, qui se fabrique principalement durant les mois chauds, pendant lesquels il est impossible de faire du camembert.

Ce sont les cultivateurs eux-mêmes qui font la mise en présure, après avoir extrait la crème montée au bout de douze heures de repos environ. Lorsque le fromage est suffisamment égoutté, ils le portent sur les marchés de Vimoutiers, Gacé, Chambois, où des industriels spéciaux viennent l'acheter. Lorsque le fromage est suffisamment affiné, les cavistes l'expédient un peu partout sous le nom de fromage de Livarot. Il existe deux modèles de livarot, le gros et le petit.

PLANCHE XXVI.

ÉTALON DEMI-SANG TROTTEUR.

A Gacé et aux environs on prépare encore un fromage maigre spécial, qui porte le nom du canton où on le fabrique, mais en quantité assez restreinte.

La plus grande partie du lait produit dans le département est utilisée pour la fabrication du beurre, dont la production peut atteindre suivant les années 4 millions à 4,500,000 kilogrammes. Dans les petites fermes le beurre est encore fabriqué par les anciens procédés; cependant l'usage des écrémeuses centrifuges s'est beaucoup répandu dans ces dernières années, au grand profit de la qualité.

Ce beurre est presque entièrement vendu sur les marchés du département. Une partie sert à la consommation locale, l'autre partie, soit au moins la moitié, est achetée par de grosses maisons qui l'expédient à Paris ou en Angleterre.

Les achats se font le jour du marché ou le dimanche par les soins de commissionnaires spéciaux qui vont de marchés en marchés, ou par les épiciers du pays.

Ces beurres sont alors expédiés aux maisons spéciales qui leur font subir un triage avant de les envoyer à Paris ou en Angleterre.

Il n'existe point encore dans l'Orne de sociétés coopératives pour la fabrication du beurre. Les fermes un peu importantes ont en général aménagé convenablement les appartements servant à la fabrication et acheté les instruments perfectionnés, écrémeuses centrifuges, barattes normandes ou danoises, malaxeurs, etc., qui leur permettent de fabriquer du beurre de goût plus fin et de meilleure garde.

Ces beurres de qualité supérieure trouvent un facile débouché sur les marchés et obtiennent une plus-value qui n'est cependant pas en rapport avec leur qualité, car elle est tout au plus de 10 à 20 centimes par kilogramme, pour ceux du moins qui ne sont pas vendus directement aux consommateurs.

Il est presque impossible d'établir les quantités vendues dans chaque centre, par suite du défaut de contrôle des municipalités.

Les marchés les plus importants sont ceux d'Alençon, Sées, Le Mesle-sur-Sarthe dans l'arrondissement d'Alençon; Argentan, Gacé, Vimoutiers, Briouze, Putanges, Écouché dans l'arrondissement d'Argentan, Flers, La Ferté-Macé, Domfront, Tinchebray dans l'arrondissement de Domfront, Mortagne, Bellême, Laigle, Remalard dans celui de Mortagne.

Les beurres les plus réputés sont ceux qui proviennent des pays d'herbages : Sées, Le Mesle-sur-Sarthe, Argentan, Gacé, Vimoutiers. Toutefois grâce à l'emploi des écrémeuses centrifuges, on trouve un peu partout des beurres qui ne cèdent point en qualité à ceux de ces contrées privilégiées.

Les apports les plus considérables se font surtout au printemps (mai-juin) et à la fin de l'été et en automme (septembre et octobre).

ESPÈCE OVINE.

La population ovine a considérablement diminué dans le département depuis 50 ans. Elle se maintient actuellement et semble même en légère progression. Le nombre total des moutons oscille entre 59,000 et 60,000 têtes. L'arrondissement de Mortagne en possède à lui seul plus de la moitié. Dans cet arrondissement on fait surtout du mérinos et des croisements dishley-mérinos. Dans les autres arrondissements, par suite de l'humidité du climat, on n'élève guère que des moutons de la race du bassin de la Loire.

C'est dans le canton de Laigle que l'élevage est le plus important, puis dans ceux de Tourouvre, Remalard, Longny. Dans les autres cantons de l'arrondissement et dans ceux du reste du département il n'existe qu'exceptionnellement des troupeaux importants. Dans les fermes on se borne à élever quelques brebis pour se procurer la laine nécessaire aux besoins de la famille.

Le principal marché pour les moutons est celui de Laigle; ailleurs il ne se vend que quelques animaux gras, et encore à peine en quantité suffisante pour les besoins de la consommation locale. La laine est en général vendue à des commissionnaires du pays.

ESPÈCE PORCINE.

La statistique n'accuse l'existence dans le département que d'environ 35,000 porcs. En réalité, il en est produit en bien plus grande quantité, car les animaux à l'engrais étant livrés à la boucherie avant l'âge d'un an et entretenus surtout pendant la belle saison, alors que les déchets de laiterie sont abondants, ne peuvent figurer tous sur les statistiques.

Dans toutes les fermes à peu près il y a des porcs. Tantôt ce sont des truies qu'on livre à la reproduction et dont les produits sont vendus à l'âge de 2 à 3 mois, à raison de 25 à 35 francs pièce, suivant que les besoins sont plus ou moins grands. Tantôt ce sont des animaux que l'on engraisse avec le petit-lait et les pommes de terre.

La vente se fait dans tous les centres où il existe des foires à bestiaux.

ANIMAUX ET PRODUITS DE BASSE-COUR.

Il se vend sur les marchés du département de notables quantités d'œufs. Tout ce qui n'est pas utilisé pour la consommation locale est acheté par les maisons qui font le commerce du beurre et expédié principalement sur Paris et aussi en Angleterre. Il n'est pas possible de chiffrer les quantités vendues parce que le ramassage des œufs est fait par un très grand nombre d'intermédiaires, commissionnaires ou épiciers et qu'il n'en est pas tenu note par les municipalités.

La même difficulté se présente pour les animaux de basse-cour.

Aussi la statistique de 1892 indique qu'au 30 novembre le nombre des poules était un peu inférieur à 700,000. Il y aurait lieu de tenir compte des naissances qui se sont produites dans le courant de l'année et par suite de quadrupler sinon quintupler le nombre des animaux élevés et vendus dans la période de 7 à 8 mois qui s'étend d'avril à novembre.

La plus grande partie des animaux de basse-cour est consommée dans les fermes ou par la population des bourgs et des villages.

Dans le courant de l'année il est fait un petit nombre d'envois sur Paris ou l'Angleterre.

Cependant vers la fin de l'année les expéditions d'oies et de dindes pour l'Angleterre acquièrent une certaine importance. Ce sont les mêmes maisons en général qui s'occupent de l'exportation des œufs qui font aussi les expéditions d'animaux de basse-cour.

Les ventes se font sur les marchés locaux qui ont été déjà cités.

Dans les fermes du département de l'Orne, on élève surtout des poules de race com-

PLANCHE XXVII.

JUMENT DEMI-SANG TROTTEUR.

mune, quelquefois des houdans, des fléchoises, des cochinchinoises et autres variétés exotiques.

Les sujets qu'on vend sur les marchés sont en général de faible poids et surtout manquent de chair. Il est assez difficile de se procurer des animaux amenés à un suffisant état d'engraissement.

L'élevage des oies et des dindons occupe aussi une certaine place dans les fermes. En dehors de la consommation, le plus grand débouché est le marché de Londres. C'est dans la quinzaine qui précède Noël que se font les envois d'oies et de dindons engraissés.

PAS-DE-CALAIS.

Le département du Pas-de-Calais possède des races locales, arrivées déjà à un haut degré d'amélioration et qui donnent lieu à des transactions commerciales très importantes.

ESPÈCE CHEVALINE.

C'est la race boulonnaise qui est presque exclusivement élevée. Le centre de l'élevage est l'arrondissement de Boulogne, dont une partie constitue le Bas Boulonnais, ayant sensiblement la forme d'un triangle, dont Boulogne occuperait le milieu de la base. Les côtés de ce triangle seraient formés par des lignes allant de Wissant à Lottinghen et de là à Camiers.

Le Haut Boulonnais suit à l'est le Bas Boulonnais, et il se termine par une ligne qui passerait de Saint-Omer à Saint-Pol et Auxi-le-Château; il a, d'autre part, pour limite sud la rivière d'Authie. En arrière, on produit encore de bons chevaux boulonnais, mais en proportion beaucoup moindre, et les régions de culture intensive de Béthune et d'Arras utilisent plus le cheval hongre que la jument.

La plaine du Calaisis, qui s'ouvre au nord du Boulonnais et qui comprend les cantons de Calais, Guînes, Ardres, Audruicq et Saint-Omer, est aussi une région d'élevage, mais toute différente des deux premières.

Les influences géologiques ont modelé les chevaux qui vivent dans les limites que nous venons d'indiquer. Le Haut et le Bas Boulonnais produisent des fourrages de bonne qualité et fournissent en outre, par suite des accidents de terrain, une perpétuelle gymnastique aux animaux qui les parcourent. Il en résulte le développement d'une forte ossature, de masses musculaires énormes, mises au service d'une grande excitabilité nerveuse.

Dans le pays de Montreuil et de Saint-Pol, les animaux tendent à devenir plus légers, parce qu'ils sont moins sous le climat océanique. Au contraire, le Calaisis, qui peut être considéré comme une petite Hollande, produit des sujets plus mous, plus lymphatiques et plus volumineux.

Jusqu'en ces dernières années, en raison des besoins locaux et des demandes du commerce, l'orientation de l'élevage de la race boulonnaise a été plus particulièrement accentuée dans le volume moyen, ce qui a donné naissance à un merveilleux cheval alliant l'endurance à l'élégance.

Mais les exigences économiques et la mode demandaient une évolution du type. A l'instar des percherons, des nivernais, des belges, les chevaux boulonnais doivent s'étoffer pour obtenir des débouchés rémunérateurs. Les éleveurs n'avaient du reste rien à créer, puisque, suivant la région, le Boulonnais possède le gros cheval ou le cheval de trait léger.

Il ne s'agit en somme que d'une sélection, appuyée par une alimentation convenable.

Les sociétés agricoles du Pas-de-Calais et le Syndicat hippique boulonnais fondèrent le Stud-Book boulonnais en mai 1886 et dirigèrent cette évolution de l'élevage.

Le berceau de la race est, comme nous l'avons dit, l'arrondissement de Boulogne et c'est le canton de Marquise qui tient inévitablement la tête, tant par le nombre des poulains obtenus que par la qualité des juments.

Les meilleurs poulains sont d'abord recherchés par les éleveurs et les étalonniers renommés, les autres sont vendus en foire et dirigés soit vers les autres régions du département, soit vers la Somme (Vimeu), l'Aisne, l'Oise, la Seine-Inférieure (pays de Caux).

Les causes de l'exode des produits de la race boulonnaise sont plus particulièrement les suivantes. Le sol est de difficile culture, il faut que les travaux soient entrepris de bonne heure, à l'automne, et terminés rapidement, car souvent, dès le mois d'octobre, les terres deviennent impraticables par suite de l'humidité. Au printemps, les semailles commencent tard, de sorte que les juments sont relativement tranquilles pendant la mauvaise saison et qu'elles sont vouées au repos, que l'on utilise pour leur gestation. Ensuite les exploitations n'ont pas toujours des bâtiments suffisants pour loger toutes les générations; les ressources fourragères sont limitées pendant la mauvaise saison; il faut les ménager pour les juments essentiellement entretenues pour la production des jeunes.

Importance de la production. — La race boulonnaise comprend environ 80,000 têtes, et il naît annuellement environ 6,000 poulains ou pouliches qui trouvent un débouché sur les foires du département.

Les prix moyens se maintiennent sensiblement les mêmes depuis plusieurs années : 350 à 450 francs pour les laiterons, 700 à 800 francs pour les dix-huit mois.

Les bons sujets sont payés parfois 600 francs dans la première catégorie et 1,000 à 1,100 francs dans la seconde. Certains amateurs n'hésitent même pas à s'assurer pour 1,500 francs la possession de jeunes poulains destinés à l'élevage.

Les principaux marchés et foires sont :

Desvres. — 3 octobre; poulains mâles et pouliches agés de 18 mois, au nombre de 800 à 1,000. Foire très fréquentée par les éleveurs du Vimeu, du pays de Caux, de l'Artois, de la Flandre.

19 octobre; poulains de l'année, dits *laiterons*, au nombre de 500 à 600, également très fréquentée.

Marquise. — 24 octobre; 500 à 600 poulains et pouliches de 18 mois et 200 laiterons. Foire très fréquentée, à très grande renommée; mêmes marchands qu'à Desvres.

Boulogne. — 12 novembre; chevaux et juments de tout âge et poulains de l'année; 100 chevaux et 200 poulains.

ÉTALON BOULONNAIS.

ÉTALON BOULONNAIS.

Pittefaux. — 25 août; 200 chevaux et juments, 100 poulains.

Pont-de-Briques. — 3 novembre; 100 à 200 poulains.

Fruges. — 26 avril; 250 à 300 poulains d'un an.

Hucqueliers. — 1er décembre; 400 à 500 poulains.

Thérouanne. — 20 juillet; 200 laiterons.

Saint-Pol. — 15 mars; 200 laiterons et 100 poulains d'un an. — 10 novembre; 200 laiterons et 120 dix-huit mois.

Statistique. — En 1894, d'après M. Viseur, la répartition de la population chevaline était la suivante :

ARRONDISSEMENTS.	CHEVAUX ENTIERS.	HONGRES.	JUMENTS.	POULAINS.
Arras	570	12,046	6,264	618
Béthune	237	6,905	4,141	404
Boulogne	142	1,843	7,721	2,704
Montreuil	127	1,253	7,627	3,064
Saint-Omer	135	1,980	7,907	3,448
Saint-Pol	234	3,134	6,793	6,212

Ces chiffres ne se sont pas modifiés beaucoup, sauf pour l'arrondissement de Boulogne, où les naissances de poulains sont à l'heure actuelle plus nombreuses.

ESPÈCE BOVINE.

C'est la race flamande et ses dérivées qui peuplent généralement les étables. Dans les arrondissements d'Arras, de Boulogne et de Montreuil, on trouve cependant quelques vacheries de race hollandaise.

La flamande ne se rencontre guère avec tous ses caractères de race pure que dans les environs de Saint-Omer, Aire et Béthune. Ailleurs elle a constitué des variétés qui ont subi l'influence du milieu : telles sont l'artésienne, la saint-poloise et la bournaisienne (canton de Samer). Ces dérivées tendent cependant de plus en plus à se rapprocher de la race pure par suite de l'importation continue de taureaux flamands, achetés par les sociétés d'agriculture et revendus, aux enchères, à leurs adhérents.

Les spéculations principales auxquelles donne lieu la race flamande dans le département sont l'élevage, l'engraissement des veaux, l'engraissement des adultes, la production du lait et la vente du beurre.

Élevage. — L'arrondissement d'Arras élève peu, à part les cantons de Pas et de Beaumetz-les-Loges. Les cantons de Lens, Houdain et Norrent-Fontes (arrondissement de Béthune) font aussi moins d'élevage que les autres régions de cet arrondissement.

Partout ailleurs, la production des jeunes est à peu près générale; on la mène de front avec la spéculation laitière ou beurrière; dans d'autres cas on se livre à l'engraissement des veaux.

Veaux de boucherie — On engraisse tous les mâles, sauf ceux conservés pour la reproduction; un petit nombre de femelles vont seulement à la boucherie. Le veau de boucherie est fait plus spécialement : 1° par les petits cultivateurs n'obtenant pas assez de lait pour se livrer fructueusement à la vente du beurre; 2° par les cultivateurs éloignés des grands centres de consommation et qui veulent éviter les déplacements et les pertes de temps occasionnées par la vente du beurre au marché.

On engraisse avec du lait pur ou du lait écrémé additionné de fécule de riz ou de sucre dénaturé. Les veaux sont vendus vers 2 mois et demi; ils pèsent en moyenne 110, 120 et 130 kilogrammes.

Engraissement des adultes. — On engraisse les génisses qui avortent et les vieilles vaches réformées.

Dans l'arrondissement d'Arras, on engraisse aussi pendant l'hiver un assez grand nombre de bœufs d'Îlle-et-Vilaine et de Normandie. Dans les régions de Béthune et de Saint-Omer, les cultivateurs qui disposent de pâturages engraissent des durham-manceaux. Cette pratique est aussi courante dans les riches pâturages qui avoisinent la mer, ainsi que dans le Calaisis. La mise à l'herbe commence vers le 15 avril; les meilleurs animaux sont prêts au bout de douze à quatorze semaines. Les bœufs manceaux coûtent environ 400 francs rendus, ils sont livrés à la boucherie à des prix variant entre 520 et 550 francs. La région boulonnaise importe ainsi chaque année 600 à 700 bœufs; la presque totalité est consommée dans le pays.

L'exportation pour l'Angleterre n'a qu'une faible importance. Cependant en hiver certains bouchers de Boulogne envoient à Londres des quartiers de viande fraîche, des filets et aloyaux.

Foires et marchés. — Le marché d'Arras est le plus important de toute la région du Nord. On trouve surtout des animaux de race flamande, venant du Nord et du Pas-de-Calais, et principalement des vaches laitières. Chaque samedi, le nombre de têtes exposées oscille entre 800 et 1,100.

Saint-Omer. — Marché hebdomadaire le samedi; foires de Carnaval, de Saint-Michel (30 septembre) : vaches et génisses.

Ardres. — Franc-marché le 2e jeudi de chaque mois : vaches et génisses.

Audruicq. — Franc-marché le 4e mercredi de chaque mois : vaches et génisses.

Lillers. — Franc-marché le 1er mercredi de chaque mois : vaches et génisses.

Saint-Pol. — Franc-marché le 1er lundi de chaque mois : vaches et génisses.

Hesdin. — 2e mercredi de chaque mois : vaches et génisses.

Boulogne. — Franc-marché le 1er mercredi de chaque mois : vaches et génisses.

Desvres. — Franc-marché le 2e et le 4e mardi de chaque mois : vaches et génisses.

Marchés aux veaux gras. — Les plus importants ont lieu à Saint-Omer et à Aire-sur-

RACE BOVINE FLAMANDE.

TAUREAU.

VACHE.

la-Lys. Cette région se livre plus particulièrement à l'engraissement des veaux, qui possèdent du reste une grande renommée. A Aire, le marché a lieu le jeudi et l'on peut y compter souvent 200 animaux.

Les bouchers d'Arras, Béthune, Roubaix, Tourcoing, Armentières, les chevilleurs de Lille, etc., viennent s'y approvisionner.

La municipalité d'Aire, afin d'encourager cette branche de la production agricole, a établi un concours de veaux gras, qui se tient le samedi de la semaine sainte. Chaque année, il y a plus de 150 veaux exposés.

Saint-Omer et Ardres ont également un concours de veaux gras; leur marché est aussi très fréquenté. On peut certainement estimer que sur les trois marchés précités il passe annuellement 15,000 veaux.

La Capelle, Desvres et Marquise fournissent annuellement environ 2,500 veaux à la boucherie de Boulogne.

Au marché d'Arras, le jeudi, on trouve à peu près 150 animaux.

Beaucoup de veaux sont aussi vendus en ferme.

Produits dérivés. — Lait. — Le nombre des vaches laitières, non compris celles en gestation et qui donnent momentanément du lait, est de 80,000. On peut admettre une moyenne de production de 2,800 litres d'un vêlage à l'autre. La richesse du lait en matière grasse est très variable, elle atteint certainement une moyenne de plus de 30 grammes de beurre par litre de lait. Aux environs des villes le taux s'abaisse quelquefois à 25 grammes; mais par contre, dans beaucoup de fermes où l'on envisage la production du beurre, il n'est pas rare de trouver des laits riches de 40 et 45 grammes. On ne s'est malheureusement pas encore préoccupé beaucoup de la sélection des vaches pour augmenter l'aptitude beurrière.

Autour des centres importants, les cultivateurs vendent leur lait en nature. Il est apporté dans des vases ou bidons en fer-blanc et déposé chez chaque consommateur au prix de 0 fr. 20 à 0 fr. 30 le litre, suivant les localités.

Pendant l'été, les stations balnéaires (Le Touquet, Berck, Wimereux) sont approvisionnées par les cultivateurs des environs, qui vendent 0 fr. 30 à 0 fr. 40 le litre et quelquefois plus. Le lait est alors livré en flacons d'un litre ou d'un demi-litre, munis de bouchons de verre, avec fermeture et marque d'origine.

De Longuenesse, on livre à Saint-Omer un lait spécial de nourrissons, sous le contrôle de l'Alliance d'hygiène sociale. Il en est de même à Arras, où de Tilloy-les-Mofflaines on livre en outre du lait de vaches tuberculinées.

Beurre. — Dans les exploitations éloignées des populations agglomérées, on se livre à la fabrication du beurre. Il n'y a pas de centres de production proprement dits. On fait du beurre dans toutes les campagnes du département et les marchés sont approvisionnés chaque semaine.

La production dépasse 4,500,000 kilogrammes, répartis de la manière suivante :

Arrondissement	d'Arras	1,378,000 kilogr.
	de Béthune	777,000
	de Boulogne	390,000
	de Montreuil	359,000
	de Saint-Omer	828,000
	de Saint-Pol	818,000

Une grande partie de la production est consommée sur place, il est seulement expédié 1,160,000 kilogrammes, savoir :

Arrondissement	d'Arras	148,600 kilogr.
	de Béthune	//
	de Boulogne	105,000
	de Montreuil	96,000
	de Saint-Omer	272,000
	de Saint-Pol	537,800

Les beurres expédiés à une certaine distance des lieux de production sont achetés sur les marchés par les commerçants étrangers au pays. Les envois les plus importants se font par les stations ci-après.

Achict, Inchy, Quéant, Havrincourt, Rœux, Arras (arrondissement d'Arras), Desvres (Boulogne), Étaples, Hesdin, Montreuil et Rang-du-Fliers (Montreuil), Saint-Omer, Aire, Lumbres (Saint-Omer), Saint-Pol, Blangy-sur-Ternoise, Avesnes, Pernes et Aubigny (Saint-Pol).

Les lieux de destination sont :

1° Paris, Lille, Amiens, Douai, Valenciennes, pour l'extérieur;

2° Lens, Boulogne, Calais, Liévin, Bully, Béthune, Saint-Omer, pour le département.

Le prix du beurre varie entre 2 fr. 60 et 3 fr. 60 le kilogramme, suivant les régions et les saisons. A Calais, il s'élève même jusqu'à 4 francs. Une coutume spéciale à cette ville est que les mottes de beurre pèsent 5 quarts, soit 625 grammes.

Il existe une beurrerie industrielle à Bucquoy (arrondissement d'Arras). Elle paye le lait aux cultivateurs, suivant sa richesse en beurre.

Deux autres beurreries industrielles viennent de se créer, à Saulchoy (arrondissement de Montreuil) et à Vieil-Moutier (arrondissement de Boulogne).

Fromage. — La production en est très limitée; il n'y a guère à citer que la fromagerie de Houlle qui fabrique le genre de Port-Salut. La production annuelle est d'environ 5,500 kilogrammes. Le poids des fromages est ordinairement de 300 à 350 grammes.

ESPÈCE OVINE.

L'élevage du mouton est encore assez important dans le Pas-de-Calais, dont l'effectif est de plus de 200,000 têtes, ce qui correspond à 32.85 pour 100 hectares du territoire agricole, alors que la population atteint 40.84 pour la moyenne de la France. Mais si l'on fait intervenir le poids des animaux entretenus, on voit que, par 100 hectares, le poids est, pour l'ensemble du département, de 1,195 kilogrammes, tandis qu'il n'est que de 1,170 kilogrammes pour la France.

La valeur totale des bêtes à laine représente une somme de 7,211,765 francs, dans laquelle les béliers, les brebis et les moutons entrent pour 5,310,580 francs et les élèves pour 1,901,185 francs.

Deux races sont surtout entretenues dans le Pas-de-Calais : la race artésienne, qui est une émanation du mouton flamand, et la race boulonnaise. Cette dernière est, du reste, issue de la première avec des croisements de dishley et de dishley-mérinos.

BÉLIER RACE OVINE ARTÉSIENNE.

RACE OVINE ARTÉSIENNE.

Les arrondissements de Montreuil, Saint-Pol et Boulogne se sont particulièrement ressentis de l'influence exercée sous ce rapport par les bergeries de Montcavrel et du Haut-Tingry.

Dans l'arrondissement d'Arras on produit des métis de première génération avec le shropshire et le southdown; dans l'arrondissement de Boulogne, on a recours au suffolk et au hampshire.

Les éleveurs-engraisseurs n'ont jamais eu d'idée bien arrêtée sur le bélier améliorateur à employer, tant qu'il s'est agi plus particulièrement de la production de la viande.

A l'heure actuelle, un autre courant se dessine nettement. Devant l'augmentation du prix des laines (2 francs et 2 fr. 10 le kilogramme, alors que celui-ci ne valait que 1 franc il y a quelques années), les éleveurs vont rechercher des moutons ayant plus de laine, et une préférence très vive se porte avec juste raison sur le dishley-mérinos.

Élevage et engraissement. — Ce sont en général deux spéculations bien séparées; les uns font naître et élèvent jusqu'au printemps de la deuxième année, époque à laquelle les antenais sont livrés aux engraisseurs. Cependant, les vieilles brebis sont très souvent engraissées chez l'éleveur.

Les moutons gras sont le plus souvent achetés en ferme par les bouchers. Les sujets à engraisser sont également acquis dans l'exploitation par des marchands qui les revendent aux cultivateurs-engraisseurs.

Principaux marchés. — Les foires de Samer, de Desvres sont quelquefois garnies de lots importants de moutons d'élevage. Aux francs-marchés de Saint-Pol on trouve facilement 1,000 à 1,500 animaux; le marché d'Arras en reçoit 800 par mois.

Au marché d'Hesdin il se vend chaque mois 150 moutons; Lillers en reçoit annuellement 300; les deux foires d'Hucqueliers, 700.

Production de la laine. — La quantité de laine produite dépasse 5,000 quintaux. Elle n'apparaît pas sur les marchés, elle est achetée par des courtiers ou des marchands de Lille et de Roubaix.

Les laines du Pas-de-Calais servent à la fabrication des étoffes grossières ou moyennes; elles sont surtout utilisées par les fabriques de la région du Nord.

ESPÈCE PORCINE.

La production du porc constitue une ressource sérieuse pour les fermes des arrondissements de Boulogne, Montreuil, Saint-Pol et la partie haute de l'arrondissement de Saint-Omer. On élève surtout des animaux de races boulonnaise et artésienne, plus ou moins croisées avec le craonnais. Quelques fermes possèdent des yorkshire, mais c'est plutôt l'exception. Les croisements de cette race avec le porc indigène se rencontrent également.

L'exploitation comprend trois phases. Les pays d'élevage (Haut et Bas Boulonnais) font naître les porcelets. La fécondité des truies est assez grande, le nombre des jeunes est de 6 à 12 à chaque portée.

Les porcelets sont vendus après sevrage, vers l'âge de sept à neuf semaines. Ce sont des porcs de cage, dont le prix varie de 20 à 30 francs.

Jusqu'à l'âge de cinq mois ils errent dans les fermes en liberté, d'où leur nom de coureurs. Ils trouvent en partie leur nourriture et ne reçoivent en supplément qu'un peu de grains, de laitage et surtout des racines crues.

A cinq mois ils apparaissent à nouveau sur le marché, sont achetés par les engraisseurs et livrés au commerce vers dix mois à un an. Ils pèsent alors 100 à 120 kilogrammes.

Principaux marchés. — Tous les jeudis, le marché d'Arras reçoit environ 150 à 180 porcs gras; à Saint-Omer, le samedi on en trouve 70. Lillers reçoit annuellement 1,800 porcs gras et 8,000 coureurs; Desvres, 12,000 de diverses catégories; à Marquise, le troisième jeudi, on trouve 70 porcs gras, 430 coureurs et porcelets. Hesdin reçoit chaque mois 2,500 porcs. Les deux foires d'Hucqueliers (23 septembre et 1er décembre) permettent l'écoulement de 7,000 porcs. Fauquembergue a aussi des marchés très importants. Chaque samedi, le marché de Fruges est très fréquenté par des marchands du Nord, de l'Aisne et même des Ardennes.

Les francs-marchés de Saint-Pol (premier lundi de chaque mois) sont aussi bien approvisionnés de porcs de cage et de coureurs (1,000 à 1,500 à chaque marché).

ANIMAUX ET PRODUITS DE BASSE-COUR.

Toutes les fermes possèdent des oiseaux de basse-cour, sans qu'il y ait nulle part d'entreprises spéciales bien importantes. Sous ce rapport on pourrait seulement citer les établissements du mont Bernanchon, de Barastre et de Saint-Laurent-Blangy.

L'aviculture aurait besoin de devenir une science mieux comprise des ménagères, car la production des oiseaux de basse-cour est faite sans soins particuliers. Étant donnés les débouchés avantageux qui s'offrent dans la région même et qui pourraient se multiplier par une exportation plus grande, il n'est pas douteux que l'exploitation des volailles gagnerait à être conduite méthodiquement.

Les produits de la basse-cour approvisionnent largement les marchés des chefs-lieux d'arrondissement et les centres importants du pays minier. L'exportation des volailles et des œufs se pratique couramment pour l'Angleterre.

Principaux marchés. — Les volailles et les œufs sont apportés par les fermières en même temps que le beurre. Des marchands spéciaux *cueillent* également en ferme une grande quantité de beurre et d'œufs qu'ils destinent au pays de mines et à l'exportation.

Le marché de Lens reçoit annuellement 20,000 poules, 10,000 canards, 15,000 poulets, 10,000 lapins, 5,000 pigeons, 1,500 quintaux de beurre, 1,500,000 œufs. Ces denrées proviennent des arrondissements de Béthune, d'Arras et de Saint-Pol.

Le marché de Desvres reçoit 40,000 œufs par semaine, il fait avec Saint-Omer de l'exportation pour l'Angleterre. Sur le même marché passent aussi par an 10,000 poules, 1,200 canards, 300 dindons, 8,000 pigeons, 8,000 lapins. Boulogne consomme une grande partie de ces produits.

Le marché de Marquise est encore plus important, il est fréquenté par les coquetiers de Guînes et de Desvres. Les volailles et les œufs qui en proviennent servent à l'alimentation de Boulogne, Wimereux, etc. A la veille de Noël se tient un très grand marché de dindons achetés pour l'exportation anglaise. On peut considérer qu'il part

PLANCHE XXXI.

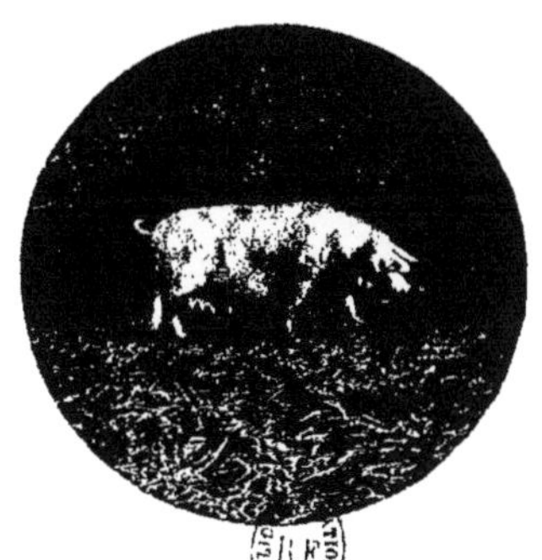

RACE PORCINE ARTÉSIENNE.

annuellement de la région boulonnaise 2,500 à 3,000 dindons à l'époque du Christmas anglais.

Audruicq possède aussi un marché bien approvisionné et qui reçoit annuellement 10,000 lapins, 20,000 poulets, 5,000 canards, 500 dindons, 3 millions d'œufs. Il y a là aussi un courant d'exportation vers Calais, Roubaix, Lille et l'Angleterre.

Calais reçoit chaque semaine 500 kilogrammes de beurre, 300 volailles et 2,000 œufs.

Lillers reçoit annuellement 33,000 poulets, 13,200 lapins, 3,000 canards, 6,200 pigeons, 2,310,000 œufs.

Sur le marché d'Hesdin, se vendent chaque semaine 1,200 volailles diverses, 9,000 œufs et 2,000 kilogrammes de beurre en été, 800 l'hiver. Ces produits sont dirigés sur Arras et le bassin houiller, Boulogne, Saint-Omer et Amiens.

Montreuil est approvisionné pour les besoins locaux avec un courant d'exportation sur Berck pendant la belle saison.

A Aire sont apportés pendant l'année 1,800,000 œufs, 20,000 poulets, 1,000 canards, 20,000 lapins. Le tout est acheté par des marchands étrangers pour la consommation du pays minier environnant, Lille et l'Angleterre.

Le marché de Saint-Omer donne approximativement les chiffres ci-après : 150 couples de poules et poulets l'été et 50 l'hiver; 50 couples de canards, 150 lapins, 30,000 œufs l'été et 4,000 l'hiver; 5,000 kilogrammes de beurre l'été et 1,000 l'hiver. Il est expédié une grande quantité d'œufs en Angleterre.

Arras reçoit en moyenne à chaque marché 1,600 poulets, 2,000 douzaines d'œufs et 500 kilogrammes de beurre.

APICULTURE.

Le Pas-de-Calais n'est pas une région très mellifère, le printemps s'y manifeste tardivement et les colonies souffrent en attendant les premières fleurs. Il n'y a guère que le Haut Boulonnais qui offre des conditions moins défavorables, et cependant l'apiculture n'y a pas pris une grande extension.

La statistique accuse pour l'ensemble du département 18,260 ruches, produisant 123,000 kilogrammes de miel et 38,149 kilogrammes de cire.

PISCICULTURE.

Il existe trois établissements piscicoles appartenant à des particuliers et dans lesquels on fait l'élevage de la truite.

Le premier se trouve placé aux sources de la Canche, à Sars-le-Bois, canton d'Avesnes-le-Comte.

Le deuxième est installé sur la Course à Inxent, canton d'Étaples.

Le troisième est placé à Desvres.

PUY-DE-DÔME.

Les productions animales ont, dans le département du Puy-de-Dôme, une importance considérable qui a augmenté avec l'accroissement des ressources fourragères.

ESPÈCES CHEVALINE, MULASSIÈRE, ASINE.

Les représentants de ces espèces sont relativement peu nombreux. On compte environ 19,000 chevaux, y compris 2,400 jeunes au-dessous de 3 ans, 500 mulets et 5,500 ânes.

Les mulets ne sont pas produits dans le pays; cependant quelques essais ont eu lieu sur les confins de la Haute-Loire, où cette production prend quelque importance. Les mulets importés sont généralement de forte taille; quelques-uns servent pour les travaux du vignoble.

Les ânes se rencontrent surtout dans la montagne. Ils ne font pas l'objet d'un commerce important; les principales transactions ont lieu aux foires de Clermont.

La plupart des chevaux existants dans le Puy-de-Dôme proviennent d'importation. Ils servent surtout pour les transports industriels. Ils ne sont jamais utilisés pour les labours, mais seulement pour les façons d'entretien des plantes sarclées et plus rarement de la vigne.

La production chevaline du département est très faible. Pendant la saison de monte dernière, 32 étalons répartis dans 10 stations ont effectué 1,132 saillies. En admettant 60 p. 100 de naissances, il a dû naître à la suite de la saison de monte de 1904 environ 600 poulains provenant des étalons de l'État.

Il n'y a pas d'étalons approuvés ou autorisés, mais seulement 22 étalons surveillés, employés à la monte. De ces reproducteurs de trait doivent naître de 400 à 500 poulains.

Environ 1,000 poulains naissent à peu près tous les ans dans le département, et la plupart y restent. Un certain nombre sont vendus à 6 mois, les autres, et c'est la partie la plus importante, sont conservés par les propriétaires ou vendus par eux entre trois et cinq ans. Les foires de Clermont de mai et novembre, de Cournon et Chignat, en septembre, de Giat en août et novembre, sont les plus importantes. A Giat, on trouve de 500 à 1,000 jeunes chevaux, dont le plus grand nombre viennent de la Corrèze et de la Creuse. Les cantons situés à l'ouest du département, contre la Creuse et la Corrèze, sont ceux où l'on produit le plus de chevaux.

La Commission d'achat des chevaux pour la remonte de l'armée n'achète guère que 20 à 30 chevaux chaque année dans le département, pour être utilisés par l'artillerie et la cavalerie de ligne.

ESPÈCE BOVINE.

Les animaux de l'espèce bovine sont très nombreux. Leur effectif peut être approximativement réparti comme suit :

Taureaux de plus d'un an......	6,500	Élèves	de 1 à 2 ans...............	46,000
Bœufs de 2 ans et au-dessus....	10,500		de moins d'un an..........	37,000
Vaches de 2 ans et au-dessus...	215,000			

Les bovidés fournissent du travail, du lait, des animaux jeunes et des animaux de boucherie.

Dans tout le département on attelle les bœufs, qui sont en petit nombre, et surtout les vaches; les attelages, sauf en Limagne, ne sont pas très forts et les labours en général sont trop peu profonds.

Les autres produits sont variables avec les races assez diverses occupant le département.

Dans la région nord, la race charolaise refoule les autres races, aussi bien dans la montagne que dans la plaine. Dans l'ouest, on trouve quelques représentants des races marchoise et limousine. Au sud, dans la région avoisinant le Cantal, la race de Salers domine. Dans l'est et le centre, c'est la race ferrandaise qui l'emporte. Enfin, on trouve des mélanges de toutes ces races dans tout le département.

Chacune de ces dernières possède des qualités qui lui sont propres; les bovins charolais sont particulièrement doués pour la boucherie à cause de leurs formes plus parfaites de leur précocité, de leur facilité d'engraissement. La plaine de Riom et de Clermont se livre surtout à cette spéculation de l'engraissement qui permet de beaux bénéfices; les bœufs et vaches à engraisser sont maintenus en stabulation pendant l'hiver. On fait entrer dans leur ration le foin des prairies artificielles, les betteraves, les pommes de terre, les tourteaux; les animaux gras sont vendus aux foires de Montferrand (lundi avant Pâques), de Saint-Beauzire et d'Ennezat (en mai).

Un concours d'animaux gras se tient tous les ans à Clermont-Ferrand, le lundi avant Pâques. Un autre concours a lieu en mai dans le canton d'Ennezat; il est suivi d'une foire où ont lieu de nombreuses transactions.

Les animaux engraissés dans la plaine ne sont pas nés dans cette région où il ne se fait pas d'élevage; ils ont été achetés dans l'Allier aux foires de Varennes et de Gannat où les cultivateurs achètent leurs bœufs de travail qu'ils engraissent ensuite. Ils achètent là encore des génisses et de jeunes mâles castrés de 2 à 3 ans, qui prennent facilement la graisse et donnent de forts beaux résultats. Les jeunes mâles les plus appréciés sont appelés châtrons; la castration est faite par ablation et non par bistournage.

Ces jeunes animaux sont surtout expédiés pour la boucherie de Lyon. Les animaux adultes (5 à 6 ans) servent pour les besoins locaux ou sont expédiés à La Villette.

Les bovins des autres races sont engraissés lorsque leur carrière d'animaux de trait ou de laiterie est terminée; mais ils sont souvent trop âgés, surtout les vaches, et la spéculation est peu rémunératrice. Ils sont vendus un peu partout dans le département lors des nombreuses foires qui se tiennent aux cantons ou dans de simples communes; la plupart d'entre eux sont vendus ou revendus sur le marché de Montferrand (section de Clermont-Ferrand), où se traitent chaque semaine d'importantes affaires et où se règlent les cours des animaux de boucherie pour les autres foires et marchés de la région.

En dehors de la plaine et de la demi-montagne, on pratique l'élevage proprement dit; on fait naître les animaux soit pour leur préparation immédiate à la boucherie au lieu même de production, soit pour l'exportation, soit enfin pour la production du lait et de ses dérivés.

La production des veaux de boucherie se fait surtout dans la demi-montagne, dans les monts du Livradois et sur le grand plateau qui s'étend au nord-ouest du département. Dans cette dernière région, les veaux sont les produits du croisement industriel du taureau charolais et des vaches des diverses races, croisement donnant plus de poids et de précocité.

Les cultivateurs s'efforcent d'obtenir le veau blanc très recherché par la boucherie de luxe de Paris, mais ils n'y réussissent pas toujours; la qualité des fourrages consommés par les mères, la race, l'individualité des reproducteurs, leur âge, ont dans la réussite une influence qu'il est assez difficile de déterminer.

Quoi qu'il en soit, les veaux blancs ou à peu près blancs, pesant de 80 à 150 kilogrammes, sont vendus à 10 ou à 12 semaines aux bouchers de la région, aux commissionnaires ou marchands exportateurs, ou encore aux chevillards de La Villette ou à leurs représentants. Grâce à la qualité des produits et à cette concurrence entre les acheteurs, les prix descendent rarement au-dessous de 1 franc le kilogramme, poids vif, et atteignent souvent 1 fr. 25 à 1 fr. 30, parfois davantage pour les têtes de choix.

Les expéditions se font sur Paris et Lyon; 300 à 400 veaux doivent, en moyenne, être exportés chaque semaine. Pendant l'hiver, les veaux sont tués sur place et expédiés en paniers dans les stations hivernales du Midi (Nice, Monaco, Monte-Carlo) et aussi à Marseille : 30 à 40 veaux de très bonne qualité sont ainsi traités par semaine, surtout à Billom.

Les localités où se tiennent les marchés et les foires les plus importants pour les veaux sont Montferrand, Billom, Cunlhat, Sauxillanges, Combronde et Giat. Dans les cinq premiers centres, il y a, outre les foires, des marchés chaque semaine; à Giat, il y a 20 foires par an, on y trouve parfois jusqu'à 1,200 veaux amenés du Puy-de-Dôme, de la Creuse et de la Corrèze.

Dans la montagne, on pratique l'élevage proprement dit avec production des jeunes et utilisation du lait transformé en fromage, s'exportant aux environs et dans la région méridionale.

Les jeunes sont vendus à 6 mois, 18 mois ou 2 ans, alors que trop souvent les vaches âgées souvent sont conservées pour la reproduction, si bien que les diverses races s'améliorent difficilement.

Les bovins de la race de Salers sont localisés à l'état à peu près pur dans le sud-ouest du département (arrondissement d'Issoire), au voisinage du Cantal, d'où l'on importe de temps à autre des reproducteurs de choix pour l'amélioration du troupeau. Les cantons de Tauves, Latour, Besse et Ardes, sur le versant méridional du massif des Monts-Dores, sont peuplés exclusivement de salers. Les localités où se tiennent les meilleures foires sont Latour-d'Auvergne (7 mai, 7 octobre), Tauves (1er samedi de carême), Besse (22 septembre), Brion (6 octobre), en allant par ordre d'importance croissante; à Besse et à Brion, on compte de 2,000 à 3,000 têtes de bétail, dont près de la moitié en animaux jeunes.

De là, les animaux vendus sont expédiés dans les diverses parties du département ou dans les départements de l'Ouest, s'il s'agit de jeunes mâles dont on fait des bœufs de trait.

Le versant septentrional des Monts-Dores (cantons de Rochefort, de Bourg-Lastic, d'Herment), ainsi que la partie est de l'arrondissenent d'Ambert (cantons d'Ambert, Viverols, Saint-Anthême), sur les monts du Forez, sont peuplés d'animaux de la race ferrandaise. Les principales foires se tiennent à Rochefort (2 novembre), Murat-le-Quaire (mai et septembre), Orcival (septembre), Aurières (Pentecôte et août), Laqueuille (25 avril et 18 octobre). Les jeunes animaux ou les vaches et quelques paires de bœufs se répartissent dans le département; un certain nombre des bons animaux sont vendus dans le Forez d'Ambert où les principales foires ont lieu à Ambert et surtout à Saint-Anthême (septembre et octobre). Un grand nombre des animaux vendus vont dans le département de la Loire.

Pour la boucherie, les salers et les ferrandais sont peu renommés, parce que dans leur montagne ils sont spécialisés pour la production du lait, ailleurs pour la production du travail, et presque toujours livrés à la boucherie à un âge trop avancé lorsque leur engraissement est long et difficile. Les ferrandais exploités dans des domaines au terrain d'origine granitique ont une réputation particulièrement mauvaise; mais lorsque les salers et les ferrandais sont entretenus dans les domaines de la plaine de Limagne, leur volume augmente notablement et ils donnent à la boucherie un rendement assez élevé.

Les charolais entretenus dans la plaine diffèrent sensiblement de ceux qui peuplent les étables de la montagne de Riom (cantons de Menat, Saint-Gervais, Pionsat, Aigueperse). Forts beaux dans la plaine, où ils sont nourris d'excellents fourrages, ils restent souvent chétifs dans la montagne granitique et schisteuse. Les foires les mieux fournies en charolais sont celles de Puy-Guillaume, Ennezat, Maringues, dans la plaine et de Pionsat, dans la montagne.

Production laitière. — L'utilisation du lait constitue la principale source des revenus tirés des animaux de l'espèce bovine. Aux environs des villes, le lait est vendu en nature; partout ailleurs il est consommé frais dans le domaine ou transformé en fromage.

Dans la plaine et les régions où l'on produit le veau gras, il n'y a pas d'industrie fromagère; le fromage fait surtout avec du lait écrémé est consommé sur place sans donner lieu à des transactions notables.

On fait du fromage pour la vente dans la partie élevée de l'ouest des arrondissements de Clermont et d'Issoire, dans les monts du Livradois et dans les monts du Forez. On fabrique la fourme ou fromage de Laguiole, surtout au voisinage du Cantal dans la région peuplée de vaches de Salers, pendant la saison d'été, et dans les domaines ou montagnes où un exploitant réunit à lui seul un assez grand nombre de vaches laitières. En dehors de cette région, mais toujours dans l'ouest du département, on fabrique quelques petites pièces de fromages pour la consommation locale. Le poids de ces pièces de fromage pressé varie de 5 à 35 kilogrammes; le principal marché se tient à Besse, où les grosses pièces sont centralisées pour être vendues aux marchands de Clermont. En 1906 la sécheresse ayant diminué la production du lait, ce fromage s'est payé jusqu'à 200 francs les 100 kilogrammes, le cours moyen oscillant entre 120 et 140 francs. Cependant les fourmes du Puy-de-Dôme ne sont guère exportées en dehors du département, où se consomme presque toute la production.

Les procédés de fabrication sont restés primitifs et il serait désirable que les moulins à tome et les presse-tomes fussent plus répandus et que le petit lait fût mieux utilisé. Ce dernier produit est donné aux porcs, après avoir été abandonné à lui-même pendant plusieurs jours pour recueillir la crème, qui est ensuite transformée en un beurre de très mauvaise qualité; l'emploi de l'écrémeuse centrifuge permettrait d'utiliser au mieux la matière grasse pour faire un beurre de bonne qualité marchande.

Un autre fromage fabriqué dans les environs de Besse (canton de Besse, partie des cantons de Champeix, Latour, Saint-Amant-Tallende), est connu sous la dénomination de «fromage de Saint-Nectaire». C'est un fromage à pâte molle, de 20 centimètres de diamètre, 6 à 8 centimètres d'épaisseur, dont chaque pièce pèse de 1 kilogramme à 1 kilogr. 250. Besse est le centre du commerce de ce produit, qui se vend par douzaines au prix de 0 fr. 80 à 1 fr. 20 par kilogramme. 1,000 douzaines, en moyenne, sont vendues chaque semaine sur le marché de Besse, soit environ 700,000 kilogrammes pour l'année entière. On peut évaluer la production totale vendue aux marchands de Clermont (qui font mûrir dans leurs caves creusées dans le tuf) de 10,000 à 12,000 quintaux, consommés dans le département. Les producteurs de ce fromage sont, en toutes saisons, les petits propriétaires et, en hiver, les grands propriétaires des cantons précités.

Dans l'arrondissement d'Ambert, les jasseries de la montagne du Forez fabriquent la fourme d'Ambert. Les pièces de ce fromage ont un diamètre de 10 à 15 centimètres, une hauteur de 25 à 30 centimètres; il est consommé dans la région même de production et dans la Loire; la fabrication tend à perdre de son importance.

Le seul fromage qui donne lieu à une exportation assez grande est le bleu d'Auvergne ou Pontgibaud, qui est une imitation, d'ailleurs très imparfaite, du roquefort. Ce fromage est fabriqué dans le canton de Rochefort (Laqueuille est le centre), de Latour, de Tauves, pour la montagne de l'ouest, puis dans les monts du Livradois (partie de l'arrondissement d'Issoire et de l'arrondissement d'Ambert) et encore, mais en moindre quantité, dans les monts du Forez, où se prépare aussi la fourme d'Ambert. Dans toutes ces régions, il existe des fromageries dont les propriétaires font ramasser le lait dans les environs pour le traiter en vue de l'obtention du fromage bleu; le lait est payé de 9 à 12 centimes aux fournisseurs et le fromager paye en outre 1 centime par litre au voiturier qui va chercher chaque matin le lait dans les villages voisins. Le lait emprésuré donne un caillé qui met une heure à se former; ce caillé est placé dans des moules en fer-blanc percés de trous, après avoir été saupoudré de poudre de pain moisi. Dans les jours qui suivent, après avoir été retournée, salée sur toutes les faces, la pièce est retirée du moule et mise en cave, où se fera la maturation, que l'on active en perçant le fromage au moyen d'aiguilles montées sur un plateau; six semaines à deux mois après la fabrication le fromage peut être consommé. Cependant un des principaux fabricants de Laqueuille fait mûrir une partie de ses fromages dans les caves froides de Pontgibaud, parcourues par les courants d'air glacé qui proviennent des cavités nombreuses creusées en couloirs dans les *cheires* volcaniques ou coulées laviques issues des monts Dômes.

Le petit lait écrémé, comme dans les *burons* où l'on fabrique la fourme, sert à obtenir un très mauvais beurre, puis est livré aux porcs à l'engrais dans la porcherie annexée.

30 à 40 de ces établissements industriels existent dans les régions indiquées plus haut; chacun d'eux traite en moyenne 800 litres de lait par jour.

Dans les environs de Laqueuille, Latour et Tauves, les producteurs de lait le font cailler, mettent en moules après avoir ensemencé de pain moisi et livrent à des intermédiaires les pièces encore en moules. Les marchands soignent les fromages dans leurs caves et les vendent ensuite lorsque la maturation est achevée.

Les fromages bleus ont un diamètre de 20 centimètres, une épaisseur de 8 centimètres environ; ils pèsent, en moyenne, 2 kilogrammes. Leur intérieur est veiné de vert bleuâtre. Pour l'expédition, ils sont emballés par 12 ou 13, suivant épaisseur, dans une caisse longue de 1 mètre et de 0 m. 20 de largeur et de profondeur, contenant un poids net moyen de 26 kilogrammes; chaque fromage est séparé par une petite planchette du fromage voisin et au milieu un faux fonds donne de la rigidité à l'ensemble. Cet emballage revient à o fr. 65 environ, fabriqué en planches minces de peuplier ou de pin des Landes.

La quantité exportée doit varier annuellement de 8,000 à 12,000 quintaux, qui sont expédiés principalement sur Saint-Étienne, Lyon et les grandes villes de tout le Midi et du Sud-Ouest. Les 100 kilogrammes se vendent, en moyenne, de 120 à 150 francs.

La production du beurre est relativement faible; celui qui est produit sert pour la consommation locale et le peu qui est exporté en mottes aux Halles de Paris est considéré comme de qualité très secondaire. Les ventes se font sur les marchés locaux et, pour fournir les villes, des revendeurs ou «coquetiers» s'y approvisionnent.

Dans les fromageries de bleu, le beurre est considéré comme un sous-produit. Trois ou quatre fromageries seulement centrifugent le petit lait et obtiennent des crèmes douces, puis des beurres de bonne qualité. Dans les hôtels, dans les stations thermales nombreuses et fréquentées du département, le beurre fin est importé de Normandie, des Charentes ou des Deux-Sèvres. C'est une perte pour le pays, car on pourrait y obtenir d'aussi bons produits que dans ces régions.

ESPÈCE OVINE.

L'espèce ovine est représentée comme il suit dans le Puy-de-Dôme :

Béliers au-dessus d'un an......	5,500	Moutons au-dessus d'un an......	62,000
Brebis au-dessus d'un an......	153,000	Jeunes au-dessous d'un an......	73,000

Les arrondissements d'Ambert et de Thiers comptent peu d'ovins, mais les autres arrondissements sont plus peuplés, surtout dans les cantons d'Herment, de Rochefort, Ardes, Besse, Champeix, Saint-Gervais, Manzat, Pontaumur, Pontgibaud. La partie montagneuse couverte de bruyère reçoit le plus grand nombre d'animaux.

Dès 1860 on constatait déjà une diminution sensible du nombre des moutons et le peu d'homogénéité de race; aujourd'hui les moutons ont disparu complètement de certaines communes et, si l'on examine les troupeaux, on trouve des individus présentant des caractères appartenant aux races les plus diverses sans qu'on puisse dire exactement laquelle de ces races est dominante.

Les ovins se rencontrent rarement en grands troupeaux, du moins appartenant au même propriétaire, et les transactions ne portent que sur quelques têtes à la fois. Les foires principales se tiennent dans les cantons cités plus haut; dans les localités voisines de la Creuse, les moutons marchois donnent lieu à d'importantes transactions.

La consommation locale absorbe un grand nombre d'animaux, soit pour les besoins courants ou pour les besoins de la population flottante des villes d'eau, y compris même Vichy.

De 7,000 à 10,000 moutons sont achetés chaque année aux foires de la montagne et conduits dans la plaine, où ils s'engraissent sur les chaumes des céréales ou en consommant le collet des betteraves; la montagne engraisse également à cette époque.

La laine est utilisée en grande partie dans la région et vendue sur les marchés locaux. Elle se vend le plus souvent lavée et est payée de 1 fr. 40 à 1 fr. 80 le kilogramme; ces prix vont jusqu'à 3 francs et ce sont les laines brunes qui atteignent les plus hauts prix. Dans la montagne, on file encore au fuseau, mais quelques moulins à eau montent quelques broches et filent la laine à façon pour les producteurs ou les acheteurs locaux.

ESPÈCE PORCINE.

L'espèce porcine est représentée dans toutes les exploitations agricoles du département. On compte environ :

Verrats	600	Porcs	de plus de 6 mois	102,000
Truies	17,000		jeunes de moins de 6 mois	87,000

On ne rencontre qu'exceptionnellement des animaux de race pure. Tous sont des produits de croisements divers entre les races celtiques, ibériques et asiatiques, dont les variétés ont été introduites à diverses époques. D'une manière générale, les formes sont assez bonnes.

La plaine fournit surtout des nourrains, vendus de 8 à 10 semaines sur les marchés ou foires de cette région; les porcs gras se vendent aussi dans ces mêmes localités. Un certain nombre de porcs s'expédient sur Paris, Saint-Étienne et Lyon; mais en réalité, ce commerce d'exportation n'est pas très développé. Ce n'est guère que dans les fromageries industrielles ou dans les burons que l'engraissement constitue une spéculation d'une certaine importance.

ANIMAUX ET PRODUITS DE BASSE-COUR.

Les oiseaux de basse-cour sont l'objet d'un commerce assez important pour la consommation locale ou pour les villes d'eau, mais les poulets sont en général de qualité très médiocre, car ils sont mal nourris et produits sans aucune sélection; cependant les prix obtenus sur les marchés sont rémunérateurs et devraient favoriser le développement de cet élevage.

Les œufs provenant du centre vont aux Halles centrales, où ils n'atteignent d'ailleurs que des prix peu élevés, bien qu'ils soient cependant d'excellente qualité.

On compte approximativement dans le département 800,000 poules, 100,000 oies, 20,000 dindons. Les oies et dindons sont exportés et font l'objet d'un commerce assez important.

Les cantons de Pionsat et de Pontaumur, dans l'arrondissement de Riom, sont les centres de la production pour l'exportation. Chaque année, environ 10,000 dindes ou dindons sont expédiés en Angleterre et un peu moins sur Paris. Les volailles expédiées en Angleterre en décembre et janvier sont seulement étouffées, plumées et mises par 10 ou 12 dans des caisses à claire-voie, qui sont acheminées par Dieppe et Newhaven; elles ont été achetées 10 à 12 francs la paire sur les marchés de Biollet, Charensat, Saint-Maurice (et sur quelques autres places, dans la Creuse et l'Allier, qui sont limitrophes).

Les oies sont expédiées surtout sur Paris, saignées et vidées.

Les sous-produits sont le duvet et les plumes. Les oies produisent de 50 à 60 grammes de duvet; la production totale, pour les 100,000 oies existant dans le département, serait donc de 5,000 kilogrammes de duvet, qui se vend sur les marchés locaux de 13 à 14 francs le kilogramme; les petites plumes sont vendues dix fois moins cher, pour matelas ou coussins grossiers. (Ces ventes ont lieu surtout à Pionsat et à La Crouzille).

APICULTURE.

La production apicole est moins importante dans le département qu'elle ne devrait l'être. En 1882, on comptait 22,300 ruches produisant, miel et cire, 186,000 francs; en 1892, 11,800 ruches produisent 105,000 francs; en 1900, 13,000 ruches ont produit 135,000 francs. Il paraît donc qu'il y a amélioration; cette amélioration est réelle, d'autant plus qu'aux vieilles ruches on substitue partout les diverses ruches à cadre, d'un maniement plus facile et d'un rapport plus assuré.

CONCLUSIONS.

Les progrès réalisés dans la production animale du Puy-de-Dôme depuis trente ans sont appréciables, mais il reste encore beaucoup à faire. L'instruction professionnelle du cultivateur est loin d'être parfaite; les règles à suivre pour la sélection des reproducteurs en vue de l'amélioration des formes et de l'aptitude laitière ne sont pas répandues et l'alimentation, trop souvent parcimonieuse, des jeunes animaux les condamne à une croissance lente, encore aggravée par le peu de soins hygiéniques qu'ils reçoivent.

L'industrie laitière est restée à peu près stationnaire depuis quarante ans; quelques progrès ont bien été réalisés quant à la propreté des locaux, mais les méthodes de fabrication sont restées les mêmes. L'idée coopérative n'a pas encore pénétré parmi les populations rurales et le cultivateur persiste à produire tout chez lui, comme s'il était isolé, faute de moyens de communication. La fabrication du beurre laisse surtout à désirer; si des coopératives ou des beurreries industrielles ne se créent pas, il serait de toute nécessité que la jeune fille apprît les règles simples permettant d'obtenir un produit, sinon excellent, du moins satisfaisant, qui soit apprécié sur les marchés des grandes villes.

BASSES-PYRÉNÉES.

Importance de la production animale. — La production animale dans le département des Basses-Pyrénées est beaucoup plus importante que la production végétale : c'est elle qui donne le bénéfice net de l'exploitation et qui permet, même aux petits propriétaires, de constituer un léger pécule.

Les circonstances climatériques, surtout l'abondance et la fréquence des pluies — il tombe en moyenne 1,40 d'eau par an — favorisent au plus haut degré la production de l'herbe; d'autre part, les immenses biens communaux (terrains de montagne, landes), dont la superficie de 177,600 hectares représente sensiblement le septième de la surface totale du département, facilitent la dépaissance et permettent de nourrir à peu de frais un nombreux bétail qui pourrait être facilement augmenté encore si les pâturages communaux et syndicaux étaient mieux aménagés.

Le bétail produit dépasse de beaucoup les besoins de la consommation locale et l'excédent de cette production donne lieu à d'importantes exportations.

Débouchés d'été. — Pendant l'été la montagne se peuple d'une nombreuse population flottante d'étrangers attirés par les stations thermales, les beautés de la montagne, les pèlerinages de Lourdes.

Cette population très dense consomme de juin à septembre la plus grande partie de l'excédent disponible de la production animale.

Débouchés d'hiver. — Pendant le reste de l'année il y a pléthore, la production locale dépassant de beaucoup les besoins de la consommation.

La riche clientèle qui fréquente pendant l'hiver les coquettes stations hivernales de Pau et de Biarritz n'augmente pas sensiblement la consommation des produits animaux. Cette clientèle, en effet, exige des viandes de première qualité et les bouchers, pour éviter l'encombrement des viandes de deuxième et troisième qualité, dont l'écoulement n'est pas proportionnel à celui des viandes de première qualité, ont une tendance à s'approvisionner dans les grands centres de Toulouse et de Bordeaux plutôt que de débiter des animaux produits dans le département.

Éloignement des débouchés. — Le trop-plein doit trouver des débouchés hors du département; malheureusement l'éloignement de tout grand centre de consommation rend les exportations difficiles : les marchandises arrivent sur les marchés déjà grevées d'énormes frais de transport et plus ou moins fatiguées par la longueur de la route.

Les principaux débouchés sont :

Bordeaux, pour les belles viandes de boucherie, les agneaux, les petits porcs en cage, les volailles, les œufs, les fromages;

Paris, pour les viandes de boucherie de première qualité, les volailles et les œufs;

Toulouse et Nîmes, pour les bêtes bovines simplement rafraîchies.

Le tableau suivant indique les distances de ces centres à nos principales gares.

DISTANCES KILOMÉTRIQUES DES STATIONS CI-DESSOUS AUX PRINCIPAUX CENTRES DE CONSOMMATION.

STATIONS.	TOULOUSE.	NÎMES.	BORDEAUX.	PARIS.
	kilomètres.	kilomètres.	kilomètres.	kilomètres.
ARRONDISSEMENT DE PAU				
Montaut-Bétharam	192	488	257	845
Coarraze-Nay	199	495	250	838
Pau	216	512	233	821
ARRONDISSEMENT D'OLORON.				
Oloron	251	549	268	856
Buzy	236	532	253	841
Laruns	255	551	272	860
ARRONDISSEMENT D'ORTHEZ.				
Orthez	256	552	193	781
Puyoo	271	567	178	766
Sauveterre	295	591	202	782

STATIONS.	TOULOUSE.	NÎMES.	BORDEAUX.	PARIS.
	kilomètres.	kilomètres.	kilomètres.	kilomètres.
ARRONDISSEMENT DE MAULÉON.				
Mauléon	317	613	224	812
Saint-Palais	311	607	208	796
Saint-Jean-Pied-de-Port	373	669	250	838
Saint-Étienne-de-Baïgorry	372	668	249	837
ARRONDISSEMENT DE BAYONNE.				
Peyrehorade	288	584	195	783
Bayonne	322	618	198	786
Hendaye	357	653	233	821

L'Espagne, limitrophe des Basses-Pyrénées, offrirait un bon débouché aux produits animaux des Basses-Pyrénées, malgré les progrès rapides de l'élevage dans les provinces basques espagnoles depuis quelques années, si les tarifs douaniers et les fluctuations du change ne venaient restreindre ces transactions dans de larges proportions.

D'après la statistique de 1903 l'effectif du bétail des Basses-Pyrénées se répartit de la manière suivante :

		têtes.
Espèce	chevaline	30,379
	mulassière	5,189
	asine	10,825
	bovine	239,753
Espèce	ovine	342,814
	porcine	159,411
	caprine	10,528

ESPÈCE CHEVALINE, MULASSIÈRE ET ASINE.

Les 12,000 juments poulinières du département sont servies par les 100 étalons du Haras de Gelos, par une cinquantaine d'étalons approuvés ou autorisés, appartenant à des particuliers et par une quarantaine de baudets.

Les naissances atteignent environ 7,000 unités; l'armée qui prend le meilleur de cette production achète près de 1,400 têtes par an; le reste est vendu au commerce pour différents usages, notamment pour les petites voitures de la région du Midi.

L'élevage du cheval est très démocratisé dans les Basses-Pyrénées; les agriculteurs vendant chaque année plus d'un cheval à la remonte sont relativement rares.

Les achats par la remonte, d'après les règlements, doivent se faire en octobre lorsque l'animal est âgé de 3 ans 1/2. C'est une époque qui correspond au sevrage, à la vente du poulain à l'année.

Dans la pratique c'est le contraire qui se produit. Les éleveurs amènent bien leurs chevaux à la remonte en octobre, mais l'État, faute de crédits suffisants, n'achète que le dixième des animaux achetables et ajourne les autres au mois de janvier suivant. Les marchands profitent de ce désarroi et accaparent les meilleurs chevaux à vil prix, pour les revendre au commerce ou plus tard à la remonte, avec un bénéfice de quelques centaines de francs.

Une coopérative pour la vente des chevaux a été organisée à Toulouse. Le département des Basses-Pyrénées a été des premiers à adhérer à cette œuvre. De tous les points de la France et de l'étranger, où le cheval des Basses-Pyrénées est si apprécié, des demandes lui ont été faites, et déjà un convoi a été envoyé en Espagne. La coopérative de Toulouse est en pourparlers avec des remontes étrangères et des Compagnies de petites voitures.

La vente des chevaux se fait surtout pendant les opérations de la remonte et celle des poulains au sevrage pendant les concours des primes aux juments de pur-sang, aux juments de pur-sang anglo-arabe.

Les encouragements donnés pour ces primes sont de 70,900 francs.

La naissance des mulets est d'environ trois mille unités. La presque totalité de ces animaux sont vendus en Espagne où on les achète soit à six mois, soit à dix-huit mois. La fluctuation du change joue un grand rôle dans la facilité des transactions. Quand le change se rapproche du pair comme en 1906, la vente des mulets est facile et rémunératrice pour le cultivateur; dans le cas contraire, comme en 1903, la vente devient très difficile.

Principales foires pour la vente des mulets. — Pau, le jour de la Saint-Martin, 10 novembre; Helette, 25 novembre; Bidache, 30 novembre; Navarrenx, 8 décembre; Saint-Palais, 26 décembre.

L'espèce asine ne donne lieu à aucun commerce d'exportation.

ESPÈCE BOVINE.

Principaux débouchés. — 1° Consommation locale : 12,000 têtes.

2° Bœufs gras, exportés à Bordeaux, 900 à 1,500 têtes.

3° Bœufs rafraîchis, exportés sur Nîmes, 2,000 à 3,500 têtes.

4° Vente des bouvillons d'élevage. Cette vente, très difficile à apprécier, se fait entre propriétaires de la montagne et de la plaine des départements des Basses-Pyrénées et des Landes.

5° Vente de veaux de boucherie, 40,000 têtes.

Les bœufs gras exportés à Bordeaux sont élevés dans le canton d'Hasparren et les communes limitrophes de ce canton. La vente a lieu sur les marchés d'Hasparren et de Peyrehorade (Landes), du mois de février à la fin du mois d'avril.

Les bœufs rafraîchis se vendent surtout dans les marchés d'Arzacq, Garlin, Orthez, Arthez, Morlaas, Soumoulou; la vente a lieu pendant toute l'année.

Les bœufs livrés à la consommation locale se vendent sur les marchés pendant toute l'année. Les bouvillons sont produits dans les cantons de Laruns, Arudy, Accous, Tardets, Oloron. La vente est surtout importante pendant les mois d'octobre et de novembre. Outre le commerce des animaux de boucherie, les animaux de l'espèce bovine sont achetés comme animaux de travail par les propriétaires de La Chalosse, partie du département des Landes limitrophe du département des Basses-Pyrénées. Depuis moins d'un an les Espagnols et les Landais viennent aux concours acheter des taureaux de 15 à 20 mois pour la reproduction; le prix de vente varie de 500 francs à 600 francs. Les animaux achetés en 1906 sont de 25 environ.

Foires et marchés. — La vente des bovidés se fait toute l'année. Les foires et les marchés les plus achalandés sont :

Marchés. — Morlaas, vendredi, par quinzaine; Soumoulou, vendredi, par quinzaine, alternant avec le marché de Morlaas; Nay, le mardi (arrondissement de Pau); Oloron, le vendredi; Monein, le lundi (arrondissement d'Oloron); Orthez, le mardi; Arthez, le samedi par quinzaine; Arzacq, le samedi par quinzaine, alternant avec Arthez; Labastide-Villefranche, le lundi; Navarrenx, le mercredi (arrondissement d'Orthez); Mauléon, le mardi; Garris, le vendredi par quinzaine; Saint-Palais, le vendredi par quinzaine, alternant avec Garris; Helette, le samedi par quinzaine; Saint-Jean-Pied-de-Port, le lundi; Tardets, le lundi par quinzaine (arrondissement de Mauléon); Bayonne, le lundi; Bidache, le samedi; Espelette, le mercredi par quinzaine; Hasparren, le mardi par quinzaine; Saint-Pée-sur-Nivelle, le vendredi par quinzaine; Urt, le vendredi par quinzaine (arrondissement de Bayonne).

Foires. — Morlaas, le 11 juin et le 7 octobre; Soumoulou, le troisième mercredi d'avril, le 16 décembre (arrondissement de Pau); Oloron, le 1er mai, le 9 septembre; Bedous, le 1er avril, le 30 septembre; Béost, le 28 septembre; Arudy, le 25 mars, le 24 juin, le 16 novembre; Laruns, le 4 octobre; Monein, le 15 avril, le troisième lundi d'octobre (arrondissement d'Oloron); Orthez, le premier mardi de mars, juin, octobre; Navarrenx, le mercredi qui précède le dimanche des Rameaux; le troisième mercredi de septembre, le 8 décembre (arrondissement d'Orthez); Mauléon, le 6 septembre, le 10 décembre; Garris, le 1er août, le deuxième mercredi de novembre; Helette, le 16 août, le 25 novembre; Saint-Palais, le lundi de Pâques, le 26 décembre (arrondissement de Mauléon); Bidache, le 20 avril, le 30 novembre; Ustaritz, le 20 juin (arrondissement de Bayonne).

Les jeunes bouvillons se vendent surtout sur les marchés d'Oloron, de Tardets, de Saint-Palais, de Labastide-Villefranche, d'Urt. La vente a lieu de septembre à décembre. La belle viande grasse se vend sur les marchés d'Hasparren, de fin février à fin avril; la viande simplement rafraîchie se vend sur les marchés d'Arzacq, Arthez, Soumoulou, Morlaas, pendant toute l'année.

Fromages. — Il a été expédié en 1905, par grande vitesse, 13 tonnes de fromage. Les expéditions se font surtout à Arudy, Oloron, Laruns. Les fromages sont expédiés dans le département des Basses-Pyrénées ou dans les localités des départements limitrophes.

Lait. — Les vaches de la race pyrénéenne du Sud-Ouest ne sont pas laitières; pour approvisionner en lait les grandes agglomérations, les propriétaires achètent des vaches laitières appartenant à des races étrangères au département. L'industrie laitière est donc peu développée dans la région.

ESPÈCE OVINE.

Les brebis sont toutes exploitées pour la production du lait, qui sert à faire le fromage des Pyrénées. La production du mouton de boucherie n'est pas suffisante pour les besoins de la consommation. Les agneaux vendus à trois semaines ou un mois donnent lieu à un commerce qui se développe assez rapidement.

En 1905 il a été expédié en grande vitesse des diverses gares du département, en cages ou en paniers, plus de 130 tonnes d'agneaux vivants à destination de Bordeaux ou de Dax.

Les acheteurs, de décembre à avril, parcourent la campagne, passant une fois par semaine dans chaque village, achètent les agneaux vivants qu'ils payent de huit à neuf francs l'unité. Les principaux centres de production sont les cantons d'Arudy, de Laruns, et toute la vallée de la Nive.

Laines. — Les laines produites peuvent être évaluées à près de 7,200 quintaux; les laines de Béarn sont ordinairement utilisées pour la matelasserie et expédiées à cet effet sur Marseille et le midi de la France. Les laines du pays basque achetées en suint par des négociants de Sare, d'Ossès, de Saint-Jean-Pied-de-Port, Mauléon, Tardets, sont lavées et expédiées ensuite sur Tourcoing et Roubaix. Le prix de vente de la laine en suint varie de 75 à 120 francs les 100 kilogrammes.

ESPÈCE PORCINE.

Le commerce d'exportation des cochons vivants est presque nul et la vente des animaux aux charcutiers restreinte (1,500 à 2,000 par an). Mais ces animaux, tués et salés, constituent un commerce d'exportation très important et des plus anciens du département, celui des salaisons et des jambons *dits* de Bayonne.

Jadis chaque province avait une spécialité culinaire; elle était fière d'avoir des produits qu'on ne trouvait pas ailleurs.

Henri IV se faisait envoyer de Pau des cuisses d'oies confites dans la graisse et des jambons du Béarn. Les jambons de Bayonne avaient surtout une grande réputation. Les jambons préparés en Béarn ont pris bien à tort le nom d'une ville qui n'en produit guère.

« Ces jambons, dit l'Abbé d'Expilly dans le Dictionnaire de géographie, sont salés de sel de Salies, ce qui leur donne un goût exquis. Ce sont les jambons connus sous le nom de jambons de Bayonne à cause de la ville où il s'en fait un embarquement et qui devraient être désignés sous le nom de Béarn. »

Les meilleurs, d'après l'intendant Lebret, se trouvaient à Saint-Faust, village très près de Pau.

Avant la dénudation des montagnes et le défrichement des coteaux, le Béarn possédait de vastes forêts de chênes. Il était donc facile de nourrir de grands troupeaux de porcs.

Dans la campagne, aujourd'hui le plus pauvre paysan veut posséder un cochon. il le considère comme la meilleure provision du ménage, aussi le soigne-t-il avec une sollicitude toute paternelle.

Les États de Béarn et les États de Navarre récompensaient les services rendus ou à rendre en expédiant à Paris un cadeau de jambons.

Les archives de Pau ont gardé des lettres de Daniel de Tristan, curé de Gan et ancien secrétaire du cardinal Dubois. Ce prêtre aimable, gracieux et obligeant, se faisait un plaisir d'offrir à ses amis de Paris des objets venant de Pau. Or, on a calculé que dans l'espace de vingt années, il avait dépensé plus de dix mille francs en cadeaux de jambon. Enfin, et pour clore ces renseignements, il est bon de mentionner la vingt-huitième nouvelle : « Un secrétaire pensoit affiner quelqu'un qui l'affina, et ce qu'il en advint » qui se trouve dans l'*heptaméron* de Marguerite de Navarre où le jambon de Bayonne joue un rôle important.

Commerce des jambons. — L'industrie de la préparation des jambons dits de Bayonne semble stationnaire depuis deux ou trois ans. Les débouchés sont moins assurés par suite de la grosseur des jambons qui n'est plus en harmonie avec les exigences nouvelles des consommateurs. Cette grosseur exagérée est difficile à modifier, les propriétaires fournisseurs des fabriques ayant une tendance marquée à tuer des cochons de plus en plus gros.

Ces fournisseurs sont principalement les petits propriétaires et quelquefois aussi les charcutiers. Les jambons achetés verts sont rognés à la fabrique, puis salés et quelquefois fumés; les rognures servent pour la production de la graisse. On a essayé de faire des imitations de jambons d'York; ces essais n'ont pas réussi.

L'achat des jambons verts se fait par courtiers, d'octobre à Pâques. Les jambons préparés s'expédient sur le Midi et sur Paris, mais ce dernier centre devient de moins en moins important.

L'expédition se fait en baril.

La foire de Bayonne, dite «foire aux jambons», qui a lieu la semaine sainte, celle de Bordeaux, dite «foire Saint-Fort», tenue en mai, donnent lieu à de nombreuses transactions.

Les fabriques de jambons se trouvent surtout à Orthez, Bénéjacq, Laroin et un peu à Oloron.

Les jambons verts proviennent de Nay, Bénéjacq, Bordes, Parbayse, Bonnut, Sault-de-Navailles, Salies-de-Béarn.

On peut évaluer à 800,000 francs l'importance du commerce des jambons.

ANIMAUX ET PRODUITS DE BASSE-COUR.

Les volailles sont très nombreuses dans le Béarn et le pays basque; elles donnent lieu depuis longtemps à des transactions commerciales importantes qu'il est d'ailleurs assez difficile d'évaluer exactement. Les expéditions se font maintenant sur Bordeaux et Paris.

En 1889, deux industriels, pour concurrencer avantageusement sur les marchés de la Catalogne, et particulièrement sur le marché de Barcelone, les volailles de provenance italienne, turque et russe, moins recherchées que les volailles des Pyrénées, mais qui, depuis deux ou trois ans, par suite de la facilité du transport et surtout de son bon marché — wagons volières appartenant à une compagnie italienne de transport, au capital de 150 millions — bateaux anglais transportant d'Odessa de 10 à 11 mille poules par voyage, — se présentaient sur le marché à un prix moins élevé et trouvaient un écoulement facile, firent construire par les usines de Pantin un wagon volière comprenant 112 cases et pouvant contenir 2,200 à 2,900 têtes de volailles.

Le chargement de ce wagon se faisait à Pau; il était complété en cas de besoin à la gare de Saint-Martory (Haute-Garonne), puis dirigé directement sur Port-Bou.

Du mois de janvier à fin avril, pendant l'année 1889, il fut expédié de la gare de Pau par ce wagon, en douze voyages, 30,000 kilos de volailles, représentant sensiblement 20,000 têtes.

Depuis cette époque, le commerce des volailles a augmenté, mais les expéditions se font maintenant sur Bordeaux et Paris.

Un concours-foire de volailles grasses mortes organisé par la Société d'agriculture des Basses-Pyrénées se tient à Pau le lundi avant Noël.

Œufs. — Les œufs donnent également lieu à un commerce important. Le tonnage des œufs sortis du département pendant l'année 1905 a été le suivant :

Gare...	de Saint-Palais	23 tonnes.
	de Saint-Étienne-de-Baïgorry	1
	de Sauveterre	62
	d'Orthez	192
	d'Oloron	37
	de Saint-Jean-Pied-de-Port	3
	de Mauléon	7
	d'Artix	34
	TOTAL	359
Tonnes expédiées	sur Paris	117
	sur Bordeaux	189
	sur d'autres localités	53

L'expédition se fait dans des caisses légères qui contiennent 1,000 œufs.

Il part de la gare d'Orthez tous les mardis, jour de marché de cette localité, de 120 à 160 caisses de 1,000 œufs.

Les œufs d'Orthez, grâce à la nature du terrain, ont la coquille jaune foncé; cette particularité les fait rechercher par le commerce.

Il y a 50 ans les œufs se vendaient 4 sous la douzaine; ils se vendent maintenant de 0 fr. 70 à 1 fr. 50 suivant la saison.

Dépouilles d'animaux. — Les dépouilles d'animaux, cuirs et laines, alimentent des industries très prospères dans le département. Les laines sont utilisées par les industries de Nay et d'Oloron; les cuirs, par les tanneries de Pontacq et les cordonneries de Pontacq et d'Hasparren. Les plumes sont exportées en Allemagne et en Angleterre.

HAUTES-PYRÉNÉES.

Si pour les productions d'origine végétale, les diverses régions du département des Hautes-Pyrénées sont placées dans des conditions très inégales, par suite des diversités de terrain et de climat, il n'en est pas de même en ce qui concerne les produits d'origine animale. Les différentes espèces animales sont en effet obtenues partout; sauf de rares exceptions, tous les cantons sont, à des degrés divers, exportateurs d'animaux et dans l'ensemble aucun n'est obligé, pour ses propres besoins, de faire appel aux cantons voisins.

Néanmoins la région des montagnes fournit à la plaine quelques animaux d'élève ou d'engrais, en même temps qu'elle reçoit de celle-ci quelques chevaux. Malgré cette situation, des transactions nombreuses s'effectuent sur les marchés, car les animaux en période de croissance, surtout les bovins et les ovins, changent de propriétaire au moins une fois l'an en moyenne.

Autant que possible, on entretient dans chaque exploitation, pour l'élevage ou l'engraissement, les diverses espèces animales; quelques cultivateurs se sont cependant spécialisés dans l'élevage du cheval, mais ils ne constituent dans l'ensemble qu'une infime minorité.

ESPÈCE CHEVALINE.

Le nombre total des animaux de l'espèce chevaline entretenus dans le département est d'environ 17,000. Ils se répartissent en 9,000 juments, 3,500 chevaux et 4,500 jeunes sujets.

L'élevage du cheval est surtout pratiqué par les petits propriétaires, et les écuries comptant une dizaine de mères sont très rares. La production est particulièrement développée dans la plaine de Tarbes, les vallées de la Neste et du Gave. Mais dans tout le nord du département, toute ferme un peu importante possède un ou deux chevaux, le plus souvent des juments qui sont attelées aux jours de marché, et qui n'en nourrissent pas moins leurs produits.

Même en région montagneuse, les chevaux sont encore assez nombreux. Ces chevaux de montagne, qui appartiennent à l'ancienne variété navarraise, sont extrêmement rustiques et ils passent parfois les quatre mois de l'été sans soins et sans abri. Ils acquièrent à ce genre de vie une agilité et une sûreté de pied qui les rendent très précieux autour des stations balnéaires de la région.

Jadis la plupart des chevaux du département appartenaient à cette même race navarraise dont il ne reste plus que quelques rares vestiges. Depuis longtemps déjà des étalons anglo-arabes ont été introduits dans les Hautes-Pyrénées et l'on a pratiqué des croisements avec les meilleures juments navarraises.

On a obtenu ainsi cet excellent animal, un peu léger de corps, mais très souple d'allure qu'est le cheval de la plaine de Tarbes, dont la réputation s'est rapidement étendue dans le monde entier.

Ces chevaux, élevés sur des sols particulièrement pauvres en chaux et en phosphates, sont d'ossature fine et restent petits de taille. Ils ne peuvent être utilisés que pour la cavalerie légère et les petits attelages; ils sont incomparables de rapidité et d'endurance, mais ne peuvent traîner les poids lourds.

La production annuelle est inférieure à 2,000 sujets. C'est plus que le commerce ou les besoins locaux n'en réclament. Aussi chaque année, de 1,600 à 1,800 chevaux tarbais sont présentés devant les commissions d'achat de la remonte. Le dépôt de remonte de Tarbes achète environ 800 à 900 chevaux pour les régiments de dragons, de hussards ou de chasseurs, ainsi que des chevaux de tête pour les officiers de tous les régiments.

Les chevaux de tête sont payés de 1,600 à 1,800 francs, et les chevaux ordinaires, de 900 à 1,000 francs.

Au moment de la présentation à la remonte, ces chevaux sont âgés de 3 ans et demi à 4 ans.

Le succès de quelques éleveurs, qui dans la plaine de Tarbes se sont adonnés à l'élevage des chevaux de course, la réserve au bénéfice du naisseur du 10 p. 100 du montant des prix ont déterminé un grand nombre d'éleveurs de demi-sang à abandonner plus ou moins complètement cette production pour se livrer à l'élevage du cheval d'hippodrome.

La plupart d'entre eux n'avaient ni les connaissances voulues, ni les fonds nécessaires pour mener cette production à bonne fin; aussi beaucoup de poulains obtenus n'ont pu paraître sur le turf et sont restés pour compte à leurs obtenteurs. Quelques-uns peuvent passer à la remonte, mais la majeure partie doit trouver dans le commerce un écoulement très difficile à réaliser.

C'est à peine si 300 chevaux ou jeunes poulains sont chaque année achetés pour être livrés aux courses, et ceci n'a représenté pendant quelque temps que le tiers ou le quart de la production annuelle pour cette destination.

La crise de l'élevage du cheval de course a remis quelque peu à la mode la production depuis trop longtemps délaissée des produits mulassiers.

Les mules et mulets, vendus à l'heure actuelle à des prix variant entre 150 et 250 francs, sont livrés au commerce dès l'âge de 6 à 7 mois, plus particulièrement à l'époque de la Saint-Martin. Ils payent à leur entrée sur le territoire espagnol un droit de douane de 80 francs par tête, dont l'acheteur, seul maître du marché, fait supporter toute la charge au vendeur.

Souvent à ce prix s'ajoute un droit de change assez élevé, ce qui fait que le produit ramené en Espagne coûte environ le double de ce qu'il a été payé en France. C'est ce qui explique pourquoi, avant la Convention douanière de 1884, les sujets se vendaient fréquemment de 400 à 500 francs.

Les animaux de l'espèce chevaline ne sont l'objet d'un commerce régulier qu'à certaines époques de l'année, en juin et en novembre. Aux foires de juin s'échangent surtout les animaux de trait ou de selle, destinés aux stations balnéaires pendant la belle saison. Aux foires d'octobre et novembre se livrent au contraire les jeunes ainsi que les sujets qui pendant l'été ont fait le service des villes d'eau.

Les chevaux de course se vendent à toute époque de l'année, le plus souvent à l'écurie même; les meilleurs éleveurs les conduisent eux-mêmes aux ventes de Deauville. Les tentatives diverses faites pour organiser à Tarbes des ventes de chevaux de course n'ont jamais donné que de médiocres résultats; aussi le petit éleveur se trouve-t-il dans des conditions d'infériorité trop notoires pour pouvoir se livrer avantageusement à cet élevage.

Il résulte de ce qui précède que l'avenir de la production du cheval paraît très limité dans le département des Hautes-Pyrénées, et sur certains points il serait peut-être même avantageux que la production diminuât d'importance.

Laissant de côté la production du cheval de course, qui ne peut intéresser qu'une fraction très limitée d'agriculteurs, il semble que les besoins de la remonte aient atteint actuellement un maximum qu'ils ne sauraient dépasser.

Il est à présumer aussi que la consommation des chevaux de selle ou de trait léger ne subira pas d'augmentation et qu'il y aura même encore un fléchissement dans l'utilisation du cheval pour des services que les autres moyens de transport remplacent avantageusement.

D'ailleurs, même actuellement, les seuls chevaux livrés au commerce sont ceux que la remonte refuse et les prix auxquels on les livre à 4 ou 5 ans, variant entre 500 et 600 francs en moyenne, ne sont guère rémunérateurs.

Actuellement le nombre des chevaux vendus hors du département ne dépasse guère 600. Les juments qui font le service des marchés chez les petits cultivateurs suffiront et au delà pour assurer cette production.

Il semble n'y avoir d'avenir dans le département des Hautes-Pyrénées que pour l'espèce mulassière. Cette production sera particulièrement avantageuse lorsque les droits de douane à l'entrée des animaux en Espagne auront été réduits.

Le nombre des mulets vendus est actuellement de 1,500 à 1,600 par an. On en produisait près de 3,000 avant 1884.

ESPÈCE ASINE.

L'espèce asine compte dans le département des Hautes-Pyrénées environ 6,500 sujets qui sont utilisés surtout en montagne pour le transport des denrées au marché. On en trouve également un grand nombre aux environs des villes, car ils constituent l'attelage le plus fréquemment utilisé par les fermières pour le transport du lait.

Les ânes ne sont nulle part l'objet d'une production de quelque importance; il est même très rare que l'on trouve deux femelles dans la même ferme.

L'âne est de tous les animaux domestiques celui qui fait l'objet du moins grand nombre de transactions; on l'achète jeune et on ne le revend la plupart du temps que lorsqu'il doit être conduit à l'équarrissage.

Les seuls maquignons qui font trafic des ânes sont les Bohémiens, qui en conduisent deux ou trois paires dans les marchés les plus importants. Ce sont eux aussi qui font toutes les transactions entre les Hautes-Pyrénées et les départements voisins.

ESPÈCE BOVINE.

La population bovine du département des Hautes-Pyrénées peut être évaluée à 120,000 sujets.

Cette population se répartit en 600 taureaux, 8,000 bœufs, 75,000 vaches et 35,000 sujets adultes. La densité de la population bovine est à peu de chose près identique sur tous les points du département. Toutefois, en région montagneuse le nombre des animaux est relativement plus élevé qu'en plaine, si l'on ne tient compte que de l'étendue des terres cultivées ou des pâtures.

Dans tous les cantons on fait à la fois la production et l'élevage. Seuls les deux cantons qui sont contigus à la fois aux Basses-Pyrénées et au Gers se livrent très peu à la production, et achètent au dehors les animaux qu'ils élèvent.

Les animaux de l'espèce bovine se répartissent en portions presque égales entre les trois races de Lourdes, d'Aure, et gasconne, avec environ 4,000 sujets de race béarnaise. Ces diverses races sont localisées dans certains cantons du département où elles sont souvent produites et élevées à l'exclusion de toutes autres.

Tels sont pour la race de Lourdes, tous les cantons de l'arrondissement d'Argelès, les cantons de Campan, Bagnères et celui de Tarbes sud et d'Ossun. Pour la race d'Aure, les trois cantons d'Aure (Arreau, Bordères, Vielle-Aure), et pour la race gasconne, Castelnau-Magnoac, Galan, Trie et Rabastens.

Dans les autres cantons qui sont compris dans l'aire géographique des deux races voisines, celles-ci se disputent successivement la prépondérance. Ce voisinage immédiat occasionne des croisements inconsidérés de races qui rendent souvent difficile la conservation de la pureté de caractères.

Les inconvénients résultant de ces croisements sont d'autant plus appréciables que les trois races qui peuplent le département n'ont ni la même origine, ni les mêmes caractères économiques : tandis que la race de Lourdes est exclusivement laitière, que la race gasconne est uniquement race de travail et de boucherie, la race d'Aure est à la fois bonne laitière et bonne travailleuse.

Les croisements entre ces races donnent des produits sans caractères bien définis et qui souvent ne présentent aucune des qualités de leurs créateurs. Pourtant il est reconnu partout que les croisements des taureaux de la race gasconne avec les femelles de la race de Lourdes donnent des veaux de boucherie de bien meilleure qualité que ceux de la race de Lourdes pure.

Cette dernière race présente en effet de médiocres qualités pour la boucherie; elle suffit bien au travail de la terre, parce que tous les travaux se font très superficiellement. Il convient d'ajouter que ce sont toujours les vaches nourricières qui exécutent ces travaux, puisqu'on ne conserve jamais un bœuf adulte dans la race de Lourdes.

La race de Lourdes, jadis en production désordonnée, bénéficie depuis dix ans d'un Herd-Book méthodiquement organisé et qui a permis la reconstitution de cette race. Aujourd'hui la majeure partie des sujets présentent des aptitudes laitières les rendant précieux pour tout le Sud-Ouest.

La race gasconne est par excellence la race de boucherie et de travail. Aussi son aire géographique tend-elle à s'accroître au détriment des deux autres races, surtout de la race de Lourdes. Avec le perfectionnement de l'outillage et l'emploi d'instruments agricoles plus puissants, il a fallu aussi augmenter la puissance du moteur. C'est en grande partie ce qui explique l'expansion constante de la race gasconne dans les régions où elle était à peine connue précédemment.

La race d'Aure reste stationnaire comme importance. Après avoir été recommandée par certains comme pouvant avantageusement remplacer la race de Lourdes, et après avoir été introduite dans certaines parties de la montagne situées en dehors de son aire géographique, elle a peu à peu reculé des positions acquises pour se confiner dans son habitat ordinaire. Elle trouve un débouché d'une certaine importance dans les achats que viennent en faire les éleveurs de la vallée de Saint-Girons, notamment ceux qui fréquentent les concours.

La production annuelle des animaux de l'espèce bovine est d'environ 40,000 sujets, sur lesquels 25,000 sont utilisés par la consommation locale et 15,000 sont vendus au dehors.

Les veaux de lait figurent pour une très grande part dans la consommation. Beaucoup de bouchers, notamment en été, ne tuent que des veaux; les bœufs sont rares et les vaches, tant dans la race d'Aure que dans celle de Lourdes surtout, ne sont pas souvent conduites au degré d'engraissement voulu.

Le nombre des veaux consommés est approximativement de 20,000 têtes contre 5,000 adultes. Mais les veaux de lait sont rarement l'objet d'une exportation quelconque; par contre, les bouchers de Tarbes et ceux de Lourdes vont acheter dans les Basses-Pyrénées une bonne partie des veaux qu'ils livrent à l'abattoir.

Les animaux de l'espèce bovine sont vendus aux prix de 100 francs en moyenne pour les veaux et de 250 francs pour les animaux adultes. A ce taux l'agriculture retire annuellement, dans l'ensemble du département, un revenu qui peut être évalué à sept millions de francs. Ce produit est quatre fois plus important que celui donné par l'espèce chevaline.

En dehors de la vente pour les boucheries locales ou de l'exportation au dehors, les bovins sont l'objet dans le département même de très nombreux échanges. On peut en juger par l'importance des marchés, dont quelques-uns sont toujours très fournis en bétail : tels sont notamment ceux de Tarbes, Rabastens, Lourdes et Lannemezan.

L'ensemble des échanges effectués dans ces marchés porte environ sur 100,000 sujets chaque année. Des renseignements très précis recueillis pendant ces dernières années, il résulte que les ventes faites dans chacun des centres principaux peuvent s'évaluer comme suit :

	sujets.		sujets.
Tarbes	15,000	Castelnau-Magnoac	4,000
Rabastens	12,000	Arreau	3,500
Lannemezan	12,000	Vic-en-Bigorre	3,500
Lourdes	10,000	Argelès-Gazost	2,500
Maubourguet	6,000	Luz	2,000
Trie	5,000	Tournay	1,000
Bagnères	4,000		

D'autres ventes s'effectuent à l'occasion de foires périodiques qui se tiennent dans divers centres du département, plus particulièrement au moment de la descente de la montagne, c'est-à-dire vers la fin septembre.

Les bovins exportés du département sont en presque totalité destinés à la boucherie. Rarement, ils sont dirigés sur Paris; c'est vers le Sud-Est, notamment sur Béziers, Nîmes et Marseille qu'ils sont expédiés.

Ces animaux de boucherie ne sont pas toujours bien préparés; l'engraissement est exceptionnellement pratiqué dans les Hautes-Pyrénées, et tous les sujets convenablement engraissés sont abattus sur place. Les animaux exportés sont plutôt dans un état de maigreur relative, et ne pourraient être acceptés par les boucheries des grandes villes.

D'ailleurs la race gasconne présente seule pour l'engraissement de réelles qualités; toutefois la race d'Aure peut également être préparée avec succès.

Depuis trois ou quatre ans, les cours du bétail ayant augmenté sur tous les marchés, les éleveurs ont accru l'importance de leurs étables et il est probable que cet accroissement de la population bovine s'accentuera encore.

En consacrant des superficies plus importantes aux prairies artificielles, en organisant mieux qu'on ne l'a fait jusqu'à ce jour les pâturages, et d'autre part en rationnant mieux les animaux à l'étable, on pourrait facilement doubler la population bovine entretenue actuellement dans les Hautes-Pyrénées.

La culture la plus rémunératrice du département est en effet la prairie; elle donne partout des récoltes satisfaisantes. Aussi les terrains ordinaires transformés en prairies permanentes peuvent doubler ou même tripler de valeur, surtout s'ils sont irrigués.

Il y aurait donc tout intérêt pour les agriculteurs des Hautes-Pyrénées à augmenter l'étendue des surfaces enherbées, comme il paraît y avoir également pour eux un avenir certain dans le développement des spéculations bovines.

Produits de laiterie. — La consommation du lait en nature est très importante dans tout le département. Sur une production annuelle supérieure à 200,000 hectolitres, c'est à peine si 15,000 hectolitres de lait sont utilisés pour la fabrication du beurre, celle du fromage n'ayant qu'une importance tout à fait insignifiante.

Le beurre est produit surtout dans les hautes vallées des montagnes; près des agglomérations importantes, les cultivateurs trouvent dans la vente du lait en nature un revenu plus rémunérateur. La production totale peut être évaluée pour le département à 300,000 kilogrammes se répartissant comme suit entre les diverses vallées:

	kilogr.		kilogr.
Argelès et Aucun	90,000	Vallée d'Aure	50,000
Luz	50,000	La Barousse	10,000
Bagnères et Campan	80,000	Centres divers	20,000

Plus de la moitié du beurre est livrée au commerce et achetée sur les marchés d'Argelès, Campan, Bagnères, Luz et Arreau, par des négociants résidant à Ossun.

Le beurre vendu dans le département des Hautes-Pyrénées ne possède point les qualités supérieures que sembleraient devoir lui assurer les plantes aromatiques si abondantes dans les pâturages. Ceci tient uniquement aux défectuosités des méthodes de fabrication.

La crème, obtenue par la méthode spontanée, est parfois aigrie au moment même où on la recueille. Assez souvent les ménagères ne connaissent pas encore les conditions de maturité requises pour que la crème donne un bon produit.

Les barattes sont quelquefois encore les peaux de bouc de l'ancien temps; cependant l'utilisation de la baratte à tonneau se répand rapidement, et dans la vallée de Campan elle est employée à l'exclusion de toute autre.

Le beurre est malaxé à la main. Assez agréable de goût quand il est consommé frais, il rancit parfois par suite de l'excès de petit-lait qu'il contient.

Les producteurs connaissent ces défauts, mais ils paraissent peu disposés à améliorer leurs procédés de fabrication. Ils sont encouragés dans cette voie par les marchands dont ils sont les tributaires. Ceux-ci, craignant qu'avec l'obtention de bons produits leur rôle ne soit supprimé, s'efforcent de combattre toute tentative de progrès.

Les tentatives faites pour la création de beurreries coopératives ont échoué.

La fondation dans le département d'une école ambulante de laiterie présenterait de sérieux avantages au point de vue de l'amélioration des procédés de fabrication et de conservation du beurre.

ESPÈCE OVINE.

Jadis très importante en nombre, l'espèce ovine a considérablement diminué dans les Hautes-Pyrénées, par suite de la suppression des usages relatifs à la vaine pâture, et aussi en raison de l'application des mesures rigoureuses adoptées pour la protection des bois en montagne. L'effectif ovin ne dépasse pas maintenant 225,000 sujets dans le département.

Beaucoup de troupeaux sont transhumants, vivant l'été en haute montagne et l'hiver dans la plaine. Souvent les moutons transhumants sont obligés de passer l'hiver dans des départements éloignés des Pyrénées, dans les Landes, le Gers et aussi dans le Lot-et-Garonne, la Gironde et la Dordogne.

Mais à ce titre le département des Hautes-Pyrénées est très peu tributaire des départements voisins : à l'exception de la race de Lourdes, qui ne comprend que le cinquième de la population totale, les autres races sont de trop petite taille pour pouvoir effectuer de longs parcours.

Les animaux transhumants ne sont ni bons producteurs de laine, ni excellents animaux de boucherie; ils valent surtout par le lait qu'ils produisent. La laine est utilisée pour la confection des matelas ou des étoffes grossières.

Les autres ovins sont les produits de croisements de mérinos très dégénérés avec les races indigènes. Ces sujets sont de très petite taille, et leur laine n'est pas de qualité suffisante pour pouvoir être utilisée par l'industrie des lainages des Pyrénées.

Depuis quelques années des essais de croisements sont effectués avec la race mérinos pure; les résultats obtenus paraissent encourageants. Il serait à souhaiter que les importantes fabriques de Bagnères pussent en partie s'approvisionner dans la région.

La viande de mouton, surtout celle des variétés du plateau de Lannemezan et de Campan, est des plus estimées. La consommation en est très importante dans le département; sur 70,000 à 80,000 sujets obtenus chaque année, une vingtaine de mille seulement sont expédiés hors du département.

La ville de Bordeaux constitue le meilleur débouché pour les moutons. Les autres villes du Midi en consomment également une quantité assez importante. Depuis quelques années le marché de Paris reçoit presque chaque semaine des envois de moutons des Pyrénées.

Les moutons gras sont vendus parfois jusqu'à 80 francs l'unité, mais le plus souvent le prix ne dépasse pas 30 francs. Les agneaux, dont la consommation est également considérable, se livrent au prix de 1 franc le kilogramme de poids vif, soit de 12 à 15 francs l'unité. On peut estimer à 1 million et demi le produit total que l'agriculture retire de l'élevage des animaux de l'espèce ovine.

Les moutons sont vendus principalement aux deux époques de l'année qui coïncident avec la descente de la montagne ou avec la montée aux hauts pâturages. Des foires importantes se tiennent alors dans des centres spéciaux tels que Luz et Guchen (vallée d'Aure).

Laine. — La production annuelle doit être d'environ 4,000 quintaux métriques, sur lesquels un quart à peine est utilisé pour les besoins domestiques. On fabriquait jadis, dans la plupart des ménages de la montagne, un drap grossier, le cadis, avec lequel toute la famille était habillée.

Cette petite industrie rurale a disparu et aujourd'hui l'on ne confectionne plus en famille que les bas et les tricots.

La laine produite est donc vendue en presque totalité. Malheureusement elle n'a pas la finesse nécessaire pour pouvoir être utilisée sur place et servir à la confection des lainages des Pyrénées.

La laine est apportée sur les marchés, le plus souvent en suint, et livrée au prix de 1 franc le kilogramme en moyenne à des négociants de Nay et Oloron (B.-P.) qui l'utilisent pour la confection des bérets béarnais. Le reste est expédié sur les divers centres industriels du nord de la France.

ESPÈCE CAPRINE.

Cette espèce ne mérite d'être mentionnée que parce qu'elle assure dans le département, au moins en grande partie, l'entretien d'environ 200 familles. C'est en effet entre 200 troupeaux que sont partagés les 6,000 sujets qui composent la population caprine de la région.

La majeure partie de ces troupeaux ne séjournent dans les Hautes-Pyrénées qu'une partie de l'année, pendant l'été de préférence. L'hiver, les chèvres vont dans diverses villes de France et même à Paris pour la livraison du lait frais à la tasse. Le voyage s'effectue presque toujours à pied, mais les chevriers savent assurer en route leur existence et celle de leur troupeau.

Pourchassées avec juste raison des forêts où elles broutent de préférence les brindilles d'arbres, les chèvres trouvent encore une nourriture suffisante le long des haies qui bordent la plupart des champs. Mais, comme elles s'attaquent à tous les arbustes, elles sont détestées des propriétaires qui ont souvent poussé les municipalités à prendre des arrêtés interdisant le parcours des chèvres dans leurs villages.

Il faut donc prévoir que l'importance relative de l'élevage de la chèvre ira diminuant sans cesse dans les Hautes-Pyrénées et se réduira bientôt à quelques troupeaux errants destinés à l'alimentation de Paris.

ESPÈCE PORCINE.

L'espèce porcine constitue une des ressources les plus précieuses pour tous les petits agriculteurs. Non seulement sous la forme de conserve salée dont chaque ménage fait en hiver une provision suffisante pour l'année, mais encore comme vente soit en gorets, soit en porcs gras, elle assure aux agriculteurs les revenus les plus constants.

L'importance relativement grande de la culture du maïs (17.000 hectares, contre 32,000 de blé), celle de la pomme de terre, la grande étendue de forêts pour la production du gland et de la châtaigne favorisent l'élevage du porc et placent le département dans des conditions exceptionnellement avantageuses pour les spéculations porcines.

L'espèce porcine ne compte pas moins de 100,000 sujets, parmi lesquels 16,000 truies mères, pouvant donner au moins 120,000 sujets par an. Le nombre de porcs tués pour les besoins des ménages peut être évalué à 50,000, et une douzaine de mille sont tués par les charcutiers pour l'alimentation des villes ou pour les petits ménages des campagnes n'ayant pu faire leurs provisions.

Les porcs sont vendus comme porcs gras adultes, comme porcelets ou encore, après abatage, en jambons et lards. Il est exporté du département, surtout par les marchés de Tarbes, Lannemezan, Trie et Rabastens, environ 30,000 porcelets par an, qui sont expédiés surtout dans le Gers et dans tout le bassin de la Garonne.

Environ 3,000 porcs gras vivants sont exportés annuellement vers Bordeaux, Toulouse et Bayonne. La vente s'effectue pendant l'hiver et de préférence après le 1er janvier.

Mais on exporte du département des quantités relativement considérables de jambons qui sont livrés partout sous la dénomination de jambons de Bayonne; on peut en évaluer le poids total approximativement à 4,000 quintaux.

Les porcs gras étant livrés au prix moyen de 0 fr. 90 à 1 franc le kilogramme de poids vif, et les porcelets se vendant normalement 20 francs l'un, l'agriculture retire chaque année environ 2,400,000 francs de l'exportation des animaux de l'espèce porcine. A ce chiffre, il convient d'ajouter pour obtenir la valeur totale de la production 10 millions représentant la valeur des sujets sacrifiés pour la consommation des familles et 400,000 francs représentant la valeur des sujets abattus par les charcutiers locaux.

L'élevage des porcins est pratiqué dans toutes les communes du département; chaque ferme, si peu importante soit-elle, élève au moins 2 porcs; l'un est destiné à la provision annuelle et l'autre est engraissé ou tout au moins entretenu jusqu'au moment où il peut être livré à l'engraissement. La vente de ce deuxième sujet compense le prix total d'acquisition. Par ce moyen, la provision du ménage en salé ne coûte que les frais d'entretien.

Tout comme l'élevage des bovidés, celui des porcins s'accroît d'année en année. Cet élevage est exclusivement fait par les ménagères qui, dans l'espèce, font souvent preuve d'une application bien supérieure à celle qu'apportent la généralité des fermiers pour l'entretien de leurs étables.

ANIMAUX ET PRODUITS DE BASSE-COUR.

D'après les renseignements recueillis, il n'existe dans les Hautes-Pyrénées aucun établissement d'élevage industriel de volailles. En revanche, autour de chaque ferme picorent des poulets en grand nombre; dans chaque mare des canards prennent leurs ébats et l'on rencontre de nombreux troupeaux d'oies sur les chaumes. L'élevage de la volaille est favorisé par la dispersion des fermes et par l'existence d'enclos ou de vergers autour de chaque maison.

L'abondance des cultures de maïs et de millet permet aussi d'entretenir un grand nombre de têtes de volailles. Pourtant on les nourrit très peu au grain et c'est en picorant dans les fumiers et en pacageant dans les enclos que les poulets trouvent le meilleur de leur nourriture.

Dans chaque ménage, même dans les plus pauvres, on consomme beaucoup de volailles; de plus on fait une provision de confit d'oie ou de canard qui vient s'ajouter à celle faite en salé de porc.

Tous les marchés du département sont abondamment fournis en produits de basse-cour, et les villes telles que Tarbes, Bagnères et Lourdes en absorbent des quantités considérables; il en est fait également une grande consommation pendant l'été dans les stations balnéaires.

Les oiseaux de basse-cour sont livrés vivants et le plus souvent même sans avoir été engraissés préalablement. Les seuls oiseaux qu'on engraisse couramment sont les oies, pour lesquels le grain de maïs semble être l'aliment préféré. Cette alimentation au maïs détermine une hypertrophie du foie, donnant à cet organe une grande valeur alimentaire.

Les foies se vendant à un prix relativement élevé, sont presque en totalité portés au marché. Du 1er décembre au 1er février, c'est par plusieurs milliers que les foies sont vendus dans certains marchés, mais plus spécialement à celui de Vic-Bigorre.

Il est assez difficile d'évaluer le commerce des volailles, en raison de la quantité considérable qui est consommée sur place. Néanmoins le surplus constitue un chiffre très élevé, et les expéditions effectuées par les gares principales peuvent s'évaluer comme suit :

	EXPÉDITIONS AU DEHORS.	
	tonnes.	têtes.
Vic-Bigorre	62	40,000
Lannemezan	20	13,000
Maubourguet	18	12,000
Bagnères	18	12,000
Rabastens	10	6,000
Tarbes	7	4,500

L'élevage de la volaille suit une progression croissante à mesure que le bien-être pénètre dans les campagnes. Mais cette progression ne se perçoit point sur le marché, car le surcroît de production est en général absorbé par la consommation familiale.

Œufs. — La production des œufs est très importante dans le département des Hautes-Pyrénées. Les villes en absorbent une grande quantité, surtout pendant l'été, lorsque les étrangers sont nombreux dans les stations balnéaires.

Néanmoins l'exportation conserve une importance relativement considérable, qui se traduit pour les diverses gares par les chiffres suivants :

	kilogr.		kilogr.
Maubourguet	388,000	Lourdes	24,000
Miélan (alimenté par Trie)	100,000	Vic-Bigorre	25,000
Tarbes	63,000	Rabastens	16,000
Lannemezan	57,000	Bagnères-de-Bigorre	12,000
Tournay	30,000		

Les œufs apportés sur le marché par les ménagères sont vendus à la douzaine; le prix varie entre 0 fr. 60 et 1 fr. 50.

Aucune organisation n'a été tentée jusqu'à ce jour pour vendre les œufs directement dans les grands centres de consommation ou pour en retirer meilleur profit en les classant par grosseur ou par degré de fraîcheur. Les négociants eux-mêmes font l'emballage sur le marché, sans effectuer le plus souvent aucun triage entre les divers produits qui leur sont apportés.

PYRÉNÉES-ORIENTALES.

Les entreprises zootechniques n'ont pas beaucoup d'importance dans le département des Pyrénées-Orientales. L'élevage n'est pratiqué que dans les régions les moins riches, car les autres sont affectées à la culture de la vigne, qui a pris une extension considérable dans les meilleures terres autrefois en culture, herbage, jardinage, occasionnant par suite la disparition du bétail dans ces régions en réduisant son effectif au strict nécessaire pour l'exécution des travaux.

Le département a à peu près la forme d'un triangle isocèle à petite base, dirigée du nord au sud, suivant les bords de la Méditerranée; plus on s'éloigne de la mer, plus, à droite et à gauche de trois vallées, le sol s'élève et devient aride jusqu'à plus de 3,000 mètres d'altitude, toutes les zones se succédant avec peu de sols en culture. A l'extrémité, le Capcir, la Cerdagne française et le haut Vallespir possèdent cependant des plateaux et des vallées assez fertiles mais avec un climat très rigoureux l'hiver; c'est là le berceau de l'élevage où se rencontrent les types les plus purs des races locales chevaline, bovine et ovine (cheval cerdan, bovidés carolais, moutons cerdans et andorrans).

L'élevage du mouton pour la laine et la viande est toujours la principale entreprise, bien qu'en décroissance par suite de la concurrence étrangère et du reboisement qui enlève les meilleures terres au parcours des troupeaux. La crise économique de la plaine viticole du Roussillon a eu, là encore, une répercussion, car la misère a réduit la consommation de la principale et de la plus proche clientèle. Enfin la concurrence des moutons algériens et l'importation en franchise des vallées de l'État d'Andorre a également accentué la diminution de la production et de l'exportation des ovidés.

La chèvre a une importance variable. Là où il n'existe plus de vaches, elle les remplace pour la production du lait nécessaire aux besoins du ménage, surtout dans les bourgs du vignoble et des vallées. Dans le haut Vallespir, le Conflent, le Capcir et la Cerdagne, on entretient des vaches laitières qui accomplissent aussi les travaux aratoires.

Le département importe plus de chevaux qu'il n'en produit. Les importations sont particulièrement importantes dans le vignoble et les vallées proches de la mer pour les travaux et les charrois.

La Cerdagne, le Capcir, le pays de Carol produisent les races chevalines dites de Cerdagne et pour la remonte des croisements anglo-arabes et arabes, la race bovine carolaise, les races ovines d'Andorre, de Cerdagne et mérinos, les races caprines des Pyrénées et de Murcie (sans cornes).

La production des porcs est souvent nulle dans la plaine ou réduite à l'engraissement d'une ou deux têtes dans les petites exploitations.

L'élevage de la volaille ne suffit pas à la consommation générale; pendant la saison des bains, les établissements thermaux trouvent difficilement à s'approvisionner et les cours s'élèvent. La Cerdagne exporte cependant en Espagne, et spécialement à Barcelone, des œufs, du beurre (5 fr. le kilogr.) et des volailles.

DIVISION TERRITORIALE.

1° *La Salanque.* C'est une plaine au nord-est, entre les montagnes et la mer, dont une partie était en culture des plus riches. Autrefois cette région nord-est, entre les Corbières et la Méditerranée et les collines dites Aspres, Garrigues, était en cultures ou luzernes et prés irrigables. Les prairies, les céréales fournissaient le foin, le grain et la paille convenant à un nombreux bétail. Le jardinage contribuait à favoriser l'élevage. Depuis vingt ans, on a planté de la vigne à peu près partout, et les animaux ont été réduits au strict nécessaire pour l'exécution des travaux. En présence de la mévente des vins, on commence à arracher les vignes dans les sols pouvant être arrosés et on les met en culture ou en prairies.

2° *Les Aspres et les Garrigues*, sols à l'ouest et sud-ouest des précédents, ne peuvent être irrigués en raison de leur altitude cependant non excessive; on y trouve des vignes ou des pacages pour les moutons et les chèvres, des plantations de chênes-lièges, etc.

3° Entre ces deux parties est la *vraie plaine du Roussillon*, presque uniquement en vignes, sauf les cultures jardinières des environs de Rivesaltes, de Perpignan, d'Elne qui ne comportent aucun bétail, à part les chevaux et mulets d'importation pour les travaux et quelques chèvres et moutons.

Dans cette région, on rencontre des chevaux bretons et percherons d'importation ainsi que des mulets du Poitou et de la vallée du Rhône ou de Cerdagne. Un éleveur fait cependant un peu de chevaux de sang et d'anglo-arabes.

Les animaux de l'espèce bovine sont des vaches de race carolaise de l'ouest du département utilisées pour la production du lait nécessaire aux habitants des villes ou des vaches schwitz ou de Gascogne, bordelaises, tarentaises, etc. Le lait des vaches et des chèvres se vend 0 fr. 40 dans les villes; le lait de vache seul 0 fr. 20 à 0 fr. 25, au minimum, sur certains points en campagne.

C'est un fait du reste notoire que, depuis la multiplication des vignobles, le pays ne produit pas suffisamment de grains, foins, pailles, etc., pour nourrir son gros bétail. Les gares de la plaine reçoivent des quantités considérables de foin et pailles pressés venant des vallées supérieures et surtout de l'extérieur (vallée de la Garonne, Aude). Bien des grains (avoines) viennent de l'étranger ou d'Algérie.

Le mérinos du Roussillon, les variétés de Cerdagne, d'Andorre, de Saint-Girons, du Lauraguais, sont plus ou moins mêlés et constitués en troupeaux qui descendent des montagnes en automne pour venir hiverner dans la plaine où le climat est plus doux, et où les vignes peuvent être parcourues et donner un aliment, avec leurs feuilles et les herbes qui y poussent naturellement; suivant les cas, certains troupeaux consomment des marcs de raisins. Ces troupeaux se composent de 5 à 10 p. 100 de chèvres des Pyrénées ou de Murcie souvent à poils roux, dont le lait et les chevreaux servent pour l'alimentation. Les bouchers des villes et des villages ou des propriétaires de plaine achètent également ces animaux en automne à la montagne, car ils coûtent alors fort peu, eu égard aux ressources fourragères très réduites l'hiver dans les hautes altitudes.

En ce qui concerne l'espèce porcine, la variété du Roussillon de la race ibérique se rencontre un peu partout. Certaines porcheries sont peuplées de craonnais ou de métis yorkshire d'importation.

Peu de localités entretiennent beaucoup de porcs à l'engrais; faute d'aliments, on en élève un nombre réduit, 1 ou 2 par ménage.

Les oies et poules sont assez rares et insuffisantes pour les besoins de la consommation des villes; elles sont importées, 200 tonnes annuellement, surtout de la région, direction de Toulouse-Bordeaux, etc. Cependant les races de Gascogne, de Caussade réussissent bien; on en rencontre avec des croisements Brahma, cochinchinois, de l'Orpington, de la Padoue.

Les abeilles ne sont élevées en ruches de liège ou de bois, du système fixiste, qu'aux confins de la plaine, dans les Corbières, les Aspres et les Albères. Mais l'apiculture est en décadence.

L'élevage des vers à soie (grainage cellulaire) est stationnaire à Millas, Ille, etc., limite du Roussillon et du Conflent.

4° *Les Corbières orientales et le Pays de Latour.* — Cette région est située au nord du département, dans la vallée de l'Agly, fleuve torrentiel, et sur les montagnes qui la bordent. Le sol y est calcaire et les bas-fonds assez fertiles, mais la vigne y est la culture presque exclusive. Cependant certaines vallées sont irrigables.

On ne rencontre pas de bêtes bovines. Les travaux sont faits par des chevaux et des mulets. La petite race de moutons des Corbières domine, et elle occupe la principale place dans l'élevage de cette contrée qui possède en effet de grands pacages communaux. Les chèvres de la vallée de l'Agly (race noire des Pyrénées à fortes cornes) donnent le lait nécessaire à la consommation et en outre des chevreaux pour la boucherie.

Les volailles sont rares. Par contre, les abeilles en ruches ordinaires donnent un miel réputé en raison de la présence des herbes aromatiques dans les montagnes; il se vend 0 fr. 80 à 1 fr. 25 le kilogramme, et la cire vaut 2 fr. 50 à 3 francs le kilogramme.

Les vers à soie occupent une place assez importante à Latour, Estagel, Cassagnes, Caramany, etc. On fait environ 1,800 kilogrammes de cocons vendus à Ille-sur-Tet.

5° *Le pays de Fenouillède*, qui touche l'Aude et faisait partie du Languedoc, est assez semblable au précédent. Dans certaines exploitations on emploie des bœufs gascons pour les travaux. Les moutons et les chèvres, de même race qu'aux Corbières, dominent. Dans les forêts, qui occupent de vastes superficies sur les hauteurs, s'abritent des sangliers qui commettent de grands ravages en automne et en hiver. Les cultures du pays de Fenouillède en souffrent beaucoup. L'agriculture générale, céréales, prairies, plantes sarclées et potagères, occupe à la limite du département assez de surface pour suffire à la population.

6° *Le pays de Sournia.* — Cette région joint au sud la précédente et se trouve dans les mêmes conditions agricoles; on y trouve cependant un peu plus de gros bétail bovin pour les travaux aratoires, et des porcs à l'engrais pour les marchés des environs.

7° *Le Conflent.* — Il se trouve dans le centre du département, au milieu de la vallée de la Tet aux alentours de Prades.

Les bêtes bovines, de races carolaise ou croisées, dominent. Beaucoup de vaches font les travaux aratoires, surtout dans la vallée (Ariégeois, Saint-Gironais). Près des stations thermales, leur lait se vend dans des conditions avantageuses : 0 fr. 50 le litre en été, 0 fr. 20 à 0 fr. 25 en hiver. A flanc de coteau, dans les vallées secondaires escarpées, le mouton domine pour l'engrais et la laine. Les chèvres produisent alors le lait.

La laine des moutons cerdans-mérinos se vend 1 fr. 50 le kilogramme, on en expédie jusqu'en Russie. Les toisons pèsent entre 1 kilogr. 500 et 3 kilogrammes.

On engraisse les bovidés et les moutons pour Béziers, Nîmes ou l'Espagne, outre les envois faits à Perpignan, etc. Cette vallée est une de celles qui exportent le plus d'animaux de boucherie.

L'élevage du porc y est d'importance très variable suivant les localités, les ressources, les années; la variété craonnaise ou croisée de yorkshire se rencontre à côté de la variété ibérique du Roussillon.

L'élevage des volailles est pratiqué en vue des besoins locaux. Les poulets de 4 mois valent de 4 fr. 50 à 6 francs la couple; les œufs, de 1 fr. 20 à 2 fr. 50 la douzaine, suivant la saison.

8° *Le Vallespir.* — Cette contrée, qui comprend la troisième grande vallée au sud du département, où coule le Tech, est assez riche et l'on y trouve une population animale très variée.

Le cheval, dans les parties les plus élevées (Prats-de-Mollo), est amélioré grâce aux étalons de l'État anglo-arabes et anglo-normands, et les produits sont achetés par la remonte. On y trouve de bons mulets, des bœufs et des vaches de travail. Dans la vallée et à mi-côte, on engraisse quelques bœufs et des porcs craonnais.

Là les troupeaux de moutons abondent; il y a deux à quatre chèvres par troupeau. Le lait de chèvre, vendu de 0 fr. 20 à 0 fr. 25 le litre, est consommé au village; plus rarement on en fait des fromages dont quelques-uns sont vendus à Perpignan.

Les moutons valent de 25 à 30 francs, leur laine 1 fr. 20 à 1 fr. 50 le kilogramme.

Les agneaux et les chevreaux se vendent 15 à 16 francs pour la boucherie, ils sont assez recherchés et abondants.

Les vacants communaux qui reçoivent les troupeaux font payer 1 fr. 25 par tête par saison; quelques communes se procurent ainsi un revenu annuel de 500 à 600 francs. Dans les années à hiver rigoureux le bétail descend dans la plaine.

Les volailles de pays, suffisantes pour la consommation locale, se vendent de 1 fr. 50 à 3 francs pièce, les œufs de 0 fr. 70 à 1 fr. 50 la douzaine.

Il y a quelques ruches en liège ou en bois, mais le miel et la cire ont peu de valeur.

On fait un peu d'élevage de vers à soie.

9° *La Cerdagne.* — Cette contrée, très élevée, est assez fertile et, malgré un rude climat, un hiver long et très neigeux, l'élevage y occupe quelque importance.

Les chevaux cerdans, améliorés par des croisements avec les chevaux anglo-arabes ou arabes, donnent des produits recherchés par la remonte comme chevaux de cavalerie légère ou d'artillerie; ils ont beaucoup d'endurance. Les mulets légers sont vendus en Espagne.

On produit des bœufs et des vaches de travail de race carolaise en types les plus purs. Les moutons cerdans et andorrans et les mérinos espagnols tirent parti des nombreux alpages. Une partie ces troupeaux descend l'hiver dans la plaine du Roussillon.

Par exemple, une exploitation de 40 hectares à assolement biennal (1re année, pommes de terre; 2e année, blé, seigle) avec 15 hectares en cultures et 10 hectares de pacages, 12 hectares de prés fauchables, 2 hect. 50 de luzerne, 50 ares de jardin, possède 4 juments poulinières, 2 bœufs, 2 vaches de travail, 8 vaches à lait, 120 moutons, 40 volailles (race de Gascogne).

Dans une exploitation à assolement triennal (1 année jachère) de 26 hectares, la répartition des cultures est la suivante : vergers, 2 hect. 50; pacage, 2 hectares; jardin 50 ares. La population animale comprend 3 juments, 2 vaches de travail, 8 vaches à lait, prés, 9 hectares; 70 moutons, 2 chèvres, 30 volailles.

Suivant les ressources alimentaires, on élève quelques porcs craonnais ou croisement yorkshire importés ou encore quelques ibériques.

Les produits sont vendus au commerce espagnol; le beurre et les œufs sont souvent expédiés à Barcelone. Le beurre se vend 5 francs le kilogramme et les œufs 1 fr. 20 la douzaine.

Les cours moyens du bétail sont les suivants :

Bœufs gras, 1 franc le kilogramme; bœufs de travail, 800 francs la paire.

Vaches, 200 francs l'unité; veaux, 120 francs.

Juments, 400 francs; mulets, 250 à 300 francs; pouliches, 200 et 300 francs.

10° *Le Capcir.* — Il comprend la haute vallée de la Tet et celle de l'Aude, avec les contreforts et vallons des cimes très élevées de cette région qui sont souvent six mois sous la neige.

Près les pics de Carlitte, aux Bouillousses, il y a des pâturages d'été, à 2,000 mètres d'altitude, où l'izard ou chamois se mêle quelquefois aux troupeaux de brebis, de bovidés et de chevaux. Les ressources alimentaires sont réduites en hiver.

Cependant quelques éleveurs produisent des chevaux dans les mêmes conditions qu'en Cerdagne; la remonte recherche ces animaux et a su bien diriger les producteurs en encourageant une meilleure alimentation, la gymnastique fonctionnelle de l'entraînement.

Ce pays, qui joint la Cerdagne et le pays de Carol, produit des bœufs et des vaches de travail de race carolaise pure ou assez pure de petite taille, des moutons andorrans et cerdans, des porcs de races craonnaise et yorkshire (importés). On ne rencontre pas de chèvres, et la volaille gasconne y est très réduite.

11° *Le pays de Carol* est semblable à la Cerdagne. Il produit des mulets pour l'Espagne, de bons chevaux pour la remonte, des bœufs et des vaches de race carolaise dont quelques-uns sont engraissés pour Perpignan. Les moutons cerdans, andorrans et mérinos d'Espagne utilisent les roches et côtes abruptes où croît une herbe rare; il en est exporté en Espagne.

Conclusions. — En résumé, à part l'amélioration de la race chevaline de Cerdagne, de Capcir et du pays de Carol, du haut Vallespir, l'exploitation des animaux a peu varié depuis longtemps. L'élevage a presque disparu en Salanque, par suite de la conversion du territoire en vignobles; il y avait là un petit centre de production chevaline, mi-breton, mi-percheron composé d'animaux importés, croisés avec les normands des haras; la race bovine, de taille plus développée que dans la montagne, était en grande partie, d'origine étrangère, gasconne ou carolaise croisée de schwitz ou de races du bassin de la Garonne.

Les chevaux et les gros mulets importés suivent les progrès de l'élevage général en France, quoique les ressources pécuniaires ne permettent pas toujours d'acheter les plus beaux sujets. Il existe cependant quelques négociants ou industriels fortunés qui mettent leurs soins à choisir les types les meilleurs; l'un d'eux possède une écurie d'étalons de valeur.

Les exportations portent surtout sur le mouton et sur la laine (Russie), sur quelques chevaux (remonte) ou mulets (Espagne). Pour le reste, le département est importateur. Les foires et marchés des chefs-lieux de canton reçoivent des autres départements, particulièrement de la vallée de la Garonne, des bœufs, des porcs, des volailles, etc., sans compter les forts chevaux de travail dont il a été parlé plus haut. Mais eu égard à la crise occasionnée par la mévente des vins dans la plaine et à la pauvreté naturelle de la montagne, les transactions n'ont pas une grande importance. Une amélioration rapide n'est pas à prévoir dans un court délai, quoique des tramways et des chemins de fer à vapeur ou électriques doivent commencer à fonctionner et relieront mieux la plaine à la montagne (Capcir, Salanque, Cerdagne, etc.) et à l'Espagne.

En résumé, pour les améliorations agricoles à réaliser, on compterait plutôt sur le secours de l'État par des primes, par la création de stations de reproducteurs, par la diminution des tarifs de transports par voies ferrées, par l'abandon au parcours des troupeaux des terrains reboisés en montagne (au risque de détruire l'œuvre des forestiers). Dans l'état actuel le pays , qui pourrait se transformer avantageusement, ne se modifiera peut-être pas beaucoup sauf pour la production chevaline, laquelle est d'ailleurs peu importante. Les terres de la plaine, des vallées sont cependant de bonne qualité; l'eau y abonde et la chaleur est très élevée pendant plus de huit mois de l'année; en grande culture on peut faire souvent deux récoltes de suite ou trois récoltes en deux années. L'irrigation, possible sur bien des points, permettrait de multiplier les cultures fourragères, les prairies. La végétation des jardins est continue, hiver comme été, et l'on y fait plusieurs récoltes par année sur le même sol grâce à la haute température et à l'arrosage; cette spécialité s'étend heureusement au détriment des vignes inférieures, elle favorise un peu l'extension de la basse-cour (volailles, lapins, etc.).

TERRITOIRE DE BELFORT.

Le territoire de Belfort peut se diviser en quatre régions. La première comprend le massif des Vosges; elle est située au nord. La seconde, de beaucoup la plus étendue, est formée des collines sous-vosgiennes, dont les points culminants dépassent généralement 450 mètres. La troisième, qui est la plus petite, forme le plateau de Beaucourt. La quatrième est située des deux côtés du canal du Rhône au Rhin; c'est presque une plaine, si on la compare aux autres régions.

Les cultivateurs du territoire de Belfort ont constamment porté leurs efforts vers l'augmentation de la production fourragère; ils ont créé de grandes étendues de prairies naturelles. Par suite de l'amélioration des cultures et de la création d'importantes ressources fourragères, la population du bétail a considérablement augmenté et les qualités des animaux se sont améliorées. Les animaux, surtout les adultes, sont bien soignés et bien nourris. Les animaux gras des espèces bovine et porcine jouissent d'une faveur particulière sur les marchés de Belfort et les Suisses en achètent de grandes quantités pour les boucheries de Bâle, Zurich, Berne; on prétend même que les Allemands les rachètent aux Suisses.

ESPÈCE CHEVALINE.

Le territoire de Belfort possède environ 4,000 chevaux qui appartiennent pour la plupart à la variété comtoise de la race germanique, mais en réalité il y a eu tellement de croisements que la population chevaline présente des types tout à fait différents comme caractères craniologiques. Cependant, depuis une vingtaine d'années, les cultivateurs ont une tendance à adopter le type du cheval de Maiche, que l'on trouve communément dans les foires du Russey et Maiche, chefs-lieux de canton du département du Doubs. Cette variété est très prisée des cultivateurs; les chevaux sont francs, assez bons trotteurs et d'un facile entretien; ils sont en outre robustes et très résistants au travail. Les cultivateurs les achètent généralement à 18 mois ou 3 ans à des prix variant de 300 francs à 600 francs. Après s'en être servis 2 ou 3 ans pour leurs travaux de culture, ils les revendent 1,000 à 1,200 francs et quelquefois plus aux industriels de Belfort, Giromagny, Beaucourt, et surtout aux Suisses qui payent en général des prix très élevés.

ESPÈCE BOVINE.

Il y a actuellement dans le territoire 20,000 animaux de l'espèce bovine, dont environ 1,000 bœufs d'attelage. Les cultivateurs ne se servent plus guère de bœufs : ils les ont remplacés par les chevaux qui font les travaux agricoles et les charrois à plus vive allure.

L'élevage de l'espèce bovine ne se fait que dans certains cantons éloignés des grands centres, Fontaine et Delle; mais la production est loin de suffire aux besoins locaux. Les cultivateurs et surtout les laitiers achètent de grandes quantités de vaches et de génisses dans le Doubs, à Maiche, au Russey, à Montbéliard, et même dans la Haute-Saône. On trouve presque uniquement la variété dite *de Montbéliard* qui appartient à la race jurassique.

Les belles génisses se payent couramment 500 à 600 francs, les bonnes vaches à leur troisième veau atteignent 600 à 700 francs. Les laitiers, qui en général savent bien acheter, revendent souvent 200 à 300 francs de plus les bêtes qui ont passé une année ou deux dans leur étable pour la production du lait.

Chaque année, d'août à février, des laitiers du Midi viennent enlever dans la région les meilleures vaches laitières, qu'ils payent jusqu'à 800 francs.

Les comices agricoles de plusieurs départements achètent également des reproducteurs dans le pays. Les bœufs gras sont très recherchés par la boucherie locale et par les bouchers suisses. Le prix en est toujours très élevé : 85 à 90 francs les 100 kilogrammes, poids vif.

Les veaux de lait de 5 à 6 semaines atteignent souvent le poids de 120 kilogrammes et plus et se vendent de 1 franc à 1 fr. 20 le kilogramme sur pied.

Lait. Beurre. Fromages. — On vend de grandes quantités de lait à l'état frais dans le département, qui est très industriel et très commerçant. Le lait se vend couramment 15, 20 et même 25 centimes le litre. La production laitière suffit à peine à la consommation. Belfort en consomme de grandes quantités. Aussi les cultivateurs des environs trouvent-ils un grand avantage à entretenir des vaches laitières. Si ces débouchés n'étaient pas suffisants, l'Alsace en achèterait une grande quantité; presque tous les villages frontières vendent leur lait à des laitiers de Mulhouse, au prix de 0 fr. 30 les deux litres pris chez le producteur.

On fait peu de beurre dans le territoire de Belfort, et il en est acheté de notables quantités dans le Doubs et la Haute-Saône.

Il existe huit fromageries dans le territoire; elles fonctionnent avec succès et donnent des produits de plus en plus recherchés et des profits supérieurs à ceux obtenus par la fabrication à la ferme.

ESPÈCE OVINE.

Le territoire ne possède guère que 2,000 moutons répandus principalement dans les parties montagneuses et dans le canton de Delle. Il n'y a pour ainsi dire pas de grands troupeaux, et la majeure partie des éleveurs possèdent seulement 5 à 10 bêtes. Le poids moyen des moutons adultes est d'environ 35 kilogrammes, et le prix de 35 à 40 francs.

ESPÈCE PORCINE.

Chaque année, les cultivateurs du Haut-Rhin engraissent 5,000 à 6,000 porcs importés principalement de la Bresse par des marchands qui les revendent sur les marchés de la région. Les jeunes porcs sont généralement achetés à l'âge de 6 à 10 semaines au prix moyen de 50 francs la paire et revendus à l'âge de 8 à 10 mois, au prix moyen de 120 francs par tête. C'est en général une opération lucrative pour les cultivateurs.

ANIMAUX ET PRODUITS DE BASSE-COUR.

L'élevage des volailles présente une certaine importance dans les exploitations du Haut-Rhin. Les poules italiennes fournissent la majeure partie des pondeuses. L'élevage des jeunes volailles se pratique dans tous les villages agricoles. Ces produits sont vendus dans les centres industriels à un prix très rémunérateur. Il en est de même des œufs dont les prix atteignent parfois 2 francs la douzaine en hiver; mais le département est obligé d'en importer de grandes quantités des départements voisins.

Miel, cire. — Le territoire, probablement à cause de son climat, possède très peu de ruches.

RHÔNE.

Le bétail représente aujourd'hui la spéculation la plus économique de la ferme. Dans toutes les communes du département, les animaux exploités progressent en nombre et surtout en qualité; on les alimente plus copieusement qu'autrefois, et la nourriture est mieux appropriée; seuls les soins hygiéniques et l'habitat laissent parfois à désirer; dans quelques fermes on méconnaît encore l'action de l'air pur sur l'organisme.

La population animale de la partie rurale du Rhône compte :

		têtes.			têtes.
Espèce	bovine, bœufs et vaches, taureaux et élèves	90,479	Espèce	caprine	28,345
	ovine	28,365		chevaline	18,964
	porcine	29,700		mulassière	375
				asine	1,290

ESPÈCES CHEVALINE, MULASSIÈRE, ASINE.

L'élevage du cheval se pratique peu dans le département. On rencontre cependant quelques juments poulinières dans les fermes de la vallée de la Saône et du haut Lyonnais.

ESPÈCE BOVINE.

Cette espèce est de toutes la plus importante, sa répartition par canton est actuellement la suivante.

NOMS DES CANTONS.	VACHES LAITIÈRES.	TAUREAUX.	BŒUFS DE TRAVAIL.	ÉLÈVES		TOTAL.
				D'UN AN et AU-DESSUS.	DE MOINS D'UN AN.	
ARRONDISSEMENT DE LYON.						
Arbresle	3,894	43	278	339	223	4,777
Condrieu	1,797	16	304	127	76	2,320
Givors	1,750	13	280	80	44	2,167
Limonest	2,166	22	22	172	179	2,561
Lyon	268	4	"	28	19	319
Mornant	3,700	16	440	194	84	4,434
Neuville-sur-Saône	1,378	27	88	214	119	1,826
Saint-Genis-Laval	1,800	25	48	160	100	2,133
Saint-Laurent-de-Chamousset	7,063	89	572	359	189	8,272
Saint-Symphorien-sur-Coise	7,080	82	750	528	173	8,613
Vaugneray	3,969	35	361	316	175	4,856
Villeurbane	1,945	32	6	470	220	2,673
TOTAUX	36,810	404	3,149	2,987	1,601	44,950
ARRONDISSEMENT DE VILLEFRANCHE.						
Amplepuis	2,274	122	390	484	583	3,853
Anse	1,526	12	67	92	72	1,769
Beaujeu	5,027	97	216	720	405	6,465
Belleville	3,266	125	398	703	400	4,892
Bois-d'Oingt	3,445	38	281	260	163	4,187
Lamure-d'Azergues	3,016	154	496	607	355	4,628
Monsols	3,476	202	639	988	799	6,104
Tarare	4,612	173	635	648	447	6,515
Thizy	1,789	140	318	437	247	2,931
Villefranche	3,313	49	333	245	195	4,135
TOTAUX	31,744	1,112	3,773	5,184	3,666	45,479

Il ressort des chiffres qui précèdent que ce sont les cantons essentiellement agricoles de Saint-Symphorien-sur-Coise et de Saint-Laurent-de-Chamousset qui nourrissent le plus de bétail bovin.

Le bœuf est utilisé comme moteur dans toute la zone montagneuse et dans la vallée de la Saône; il exécute les gros transports et les labours profonds nécessaires à la préparation du sol.

Depuis quelques années, le bœuf est engraissé plus jeune; il donne ainsi une fibre musculaire plus tendre, mieux imprégnée de graisse et, partant, de qualité supérieure.

La vache est employée aux travaux plus légers de hersage, labours de semailles, etc.; en plus de son travail, elle fournit un veau et du lait. Dans la zone viticole elle fait, seule ou accouplée, les quelques transports et labours utiles. Elle constitue l'unique cheptel vivant du vigneron qui bénéficie seul des produits qu'elle donne, contre une redevance annuelle qu'il paye au propriétaire; le fumier est toujours réservé pour la fertilisation des vignes.

Autour des agglomérations importantes comme Lyon, Villefranche, Tarare, Thizy, Cours, Amplepuis, etc., la vache est uniquement exploitée pour son lait, qui est vendu de 20 à 40 centimes le litre rendu à domicile. Cette spéculation est des plus rémunératrices.

Races entretenues. Procédés d'amélioration. — Le département du Rhône ne possède pas, comme certains centres d'élevage, une race fixe qui lui soit propre; autour des agglomérations, ce sont les animaux laitiers qui dominent; dans le sud-ouest de la partie montagneuse, la race auvergnate, à la fois bonne travailleuse et bonne laitière, peuple le plus grand nombre d'étables; au nord du département et dans la vallée de la Saône, jusqu'aux portes de Villefranche, c'est l'excellente race charolaise qui a conquis tout le territoire. Du croisement de ces divers types sont nés des sujets sans caractères définis auxquels il serait souvent difficile d'assigner une origine exacte. Pour faire cesser ces croisements exécutés sans méthode zootechnique et implanter un bétail uniforme, répondant aux besoins du milieu, le Conseil général du Rhône a créé des concours cantonaux dans lesquels les reproducteurs mâles purs des races tachetées rouges, salers et charolais, reçoivent des primes variant de 50 à 100 francs. L'État participe à ces encouragements à l'aide d'une subvention annuelle.

L'animal laitier comtois est préconisé autour de Lyon et autres centres de consommation; la race auvergnate est conseillée dans les cantons de Saint-Symphorien et de Saint-Laurent-de-Chamousset, où se sont organisées d'importantes fromageries dans lesquelles on fabrique un excellent fromage bleu (façon Roquefort).

Enfin la race charolaise a sa place marquée dans les cantons limitrophes de Saône-et-Loire et de la Loire, où l'élevage et l'engraissement dominent.

Élevage des veaux. — Tous les veaux mâles et une bonne partie des veaux femelles nés dans l'arrondissement de Villefranche sont dirigés, quand ils ont six semaines, sur le marché de Lyon où ils sont vendus de 110 à 125 francs les 100 kilogrammes, poids vif.

En général, indépendamment du lait de leur mère, leur nourriture se compose de provendes et de trois œufs par jour; cette alimentation substantielle leur fait prendre une chair blanche très recherchée. Ils pèsent au moment de la vente de 95 à 110 kilogrammes.

Dans le nord de l'arrondissement de Villefranche, les jeunes sujets bien conformés de la race charolaise sont élevés pour la production des adultes.

Lait et ses dérivés. — La quantité de lait produite dans le Rhône dépasse, par année,

850,775 hectolitres. Sur ce nombre, 385,000 sont consommés par la population des agglomérations importantes.

125,100 hectolitres sont utilisés pour la fabrication du fromage et du beurre; 340,625 sont transformés par les producteurs ou vendus sur place dans les petites localités du département.

On trouve dans la partie montagneuse du Lyonnais et dans la vallée de la Saône 32 fromageries dans lesquelles on fait un fromage bleu (façon Roquefort) et diverses variétés de fromages à pâte molle. A Civrieu-d'Azergues, une beurrerie transforme environ 1,400 hectolitres de lait par an.

En général 24 litres de lait suffisent pour fabriquer 1 kilogramme de beurre, et 10 à 12 litres pour préparer 1 kilogramme de fromage bleu.

LISTE DES LAITERIES.

NOMS DES LOCALITÉS.	NATURE DES FROMAGES FABRIQUÉS.	NOMBRE D'ÉTABLISSEMENTS.
ARRONDISSEMENT DE LYON.		
Duerne	Façon Roquefort	1
Longessaigne	*Idem.*	1
Saint-Genis l'Argentière	*Idem.*	1
Grézieu-le-Marché	*Idem.*	1
Courzieu	*Idem.*	1
Haute-Rivoire	*Idem.*	2
Saint-Laurent-de-Chamousset	*Idem.*	1
Meys	*Idem.*	2
Brullioles	*Idem.*	1
Pomeys	*Idem.*	1
Quincieux	*Idem.*	1
Dommartin	Saint-Marcellin	1
Civrieux-d'Azergues	Une beurrerie	1
ARRONDISSEMENT DE VILLEFRANCHE.		
Charnay	Façon Roquefort	1
Saint-Romain-de-Popey	*Idem.*	1
Corcelles	Pâte grasse	1
Liergues	Mont-d'Or	1
Cogny	Brie	1
Saint-Georges-de-Reneins	Pâte molle	1
	Mont-d'Or	2
Denicé	Brie	1
Châtillon	Camembert	1
Pommiers	Mont-d'Or	1
Morancé	Mont-d'Or et Saint-Marcellin	1
Anse	Mont-d'Or	1
Frontenas	*Idem.*	1
Quincié	*Idem.*	1
Vaux	*Idem.*	2
Theizé	Mont-d'Or et Camembert	1
Charentay	Mont-d'Or	1

ESPÈCE OVINE.

L'espèce ovine diminue dans le Rhône d'année en année; en 1882 elle comptait 38,066 têtes; actuellement il n'en reste que 28,365, réparties comme suit :

15,643 dans l'arrondissement de Lyon et 12,742 dans celui de Villefranche. Le canton de Monsols est celui qui en possède le plus, 3,160 têtes, puis viennent ceux de Vaugneray, 2,692; Beaujeu, 2,535; Mornant, 1,940; Saint-Laurent-de-Chamousset, 1874, etc.

La division de la propriété, la mise en culture des terres en friche, la reconstitution du vignoble par les cépages américains greffés, la rareté et la cherté de la main-d'œuvre sont les causes de la disparition de l'espèce ovine; l'élevage du mouton est pourtant une spéculation fort économique à cause du prix élevé que l'on retire de sa viande.

Dans la zone montagneuse limitrophe de la Loire et de Saône-et-Loire, c'est la race charolaise qui domine. Plus bas, dans le vignoble et la plaine, c'est la race de Millery qui peuple les bergeries; malgré ses nombreuses qualités, cette race disparaît insensiblement, ce qui est fort regrettable, car la brebis millerotte est le type le plus accompli de l'animal fécond et laitier.

Dans la commune de Millery même, berceau de cette excellente race (variété de celle du Larzac), depuis la reconstitution du vignoble, le nombre des sujets décroît rapidement; en 1892 il existait dans cette localité *800 brebis*, béliers ou élèves; en 1904 il n'en restait plus que 310.

La brebis millerotte est très féconde; elle fait souvent deux portées de trois petits par année; nous en avons même vu qui ont fourni huit agneaux en sept mois, et d'autres qui ont mis bas trois fois en quinze mois.

La quantité de lait que donne une femelle après la mise bas, est de 2 litres et demi à 3 litres, qui suffisent pour produire de 400 à 500 grammes de fromage.

Le compte annuel de la petite brebis millerotte peut s'établir comme suit :

2 agneaux vendus à 50 jours	20 francs.
45 kilogrammes de fromage à 1 fr. 20	54
2 kilogrammes de laine à 2 francs	4
Fumier	10
TOTAL	88

Une bonne bête de deux à trois ans vaut de 125 à 140 francs.

ESPÈCE CAPRINE.

En 1882 le département du Rhône possédait 33,772 chèvres et boucs; actuellement le nombre n'en est plus que de 28,345. La répartition de la chèvre dans tout le département est à peu près uniforme, on la trouve chez les plus modestes possesseurs du sol.

Les cantons qui en nourrissent le plus, sont Condrieu, 3,305 têtes; Saint-Symphorien, 2,031; Tarare, 2,217; Monsols, 1,743; Givors, 1,880; Mornant, 1,665, etc.

Le lait de la chèvre sert à fabriquer le délicieux fromage, dit du Mont-d'Or et la fine rigotte de Condrieu, si appréciés des Lyonnais.

ESPÈCE PORCINE.

Si la population ovine diminue, la population porcine augmente. En 1882 le Rhône nourrissait 23,138 porcins; aujourd'hui l'on en compte plus de 29,700.

Jadis l'engraissement était la spéculation dominante; les porcelets et les nourrains étaient importés du département de Saône-et-Loire; le nombre de truies portières atteignait à peine 400 têtes, alors qu'aujourd'hui il est de plus de 1,250. L'élevage a pris en effet une certaine extension. Le croisement craonnais-yorkshire est très en faveur. Il donne des sujets musclés, à squelette notablement plus réduit que les individus de la race locale. Ce sont les cantons de Saint-Symphorien-sur-Coise, Saint-Laurent-de-Chamousset et Tarare qui font naître le plus; l'engraissement se pratique dans tous les cantons ruraux, mais c'est dans ceux de Saint-Symphorien-sur-Coise, Saint-Laurent-de-Chamousset, Monsols, Lamure et Tarare qu'il est le plus développé.

Les charcuteries établies dans le Rhône sont très nombreuses, et les divers produits qu'elles livrent sont des plus appréciés. Le saucisson de Lyon, notamment, a une réputation universelle; on le fabrique dans un grand nombre de centres; mais les charcuteries les plus importantes et les mieux outillées sont installées à Saint-Symphorien-sur-Coise, chef-lieu de canton situé dans la partie élevée du haut Lyonnais, au centre même d'une vaste région agricole.

Ces établissements utilisent annuellement plus de 15,000 porcs gras d'un poids élevé et 3,500 bœufs ou vaches.

La plus grande partie des porcs est fournie par les éleveurs de la région et les nombreuses fromageries disséminées dans les communes du canton, où ils sont engraissés avec du petit-lait additionné de farineux.

En même temps que le saucisson de Lyon, on fabrique du cervelas truffé et non truffé, du saucisson de ménage, d'Arles, de Lorraine, etc.

La fabrication de toutes ces marchandises est des plus soignées, et aucune matière étrangère nocive destinée à conserver au saucisson de Lyon sa couleur rose n'est ajoutée à sa préparation.

Le saucisson de Lyon et le cervelas truffé reçoivent, avec un assaisonnement spécial, une addition de rhum et parfois du sucre cristallisé.

Cette dernière matière provoque une légère fermentation qui lie la pâte et la rend plus homogène, plus onctueuse, tout en communiquant une saveur et un parfum délicieux. Après la fabrication, le saucisson est déposé dans de vastes séchoirs chauffés. Puis on le passe dans des chambres très aérées.

On a grand soin de le soustraire à l'influence ramollissante des brouillards.

Lorsque le temps est favorable, le séchage exige de trente à cinquante jours, suivant la qualité et le poids de la marchandise.

On reconnaît que la dessiccation est normale lorsque l'enveloppe se recouvre d'un léger dépôt blanchâtre, formé par une mince couche de sel abandonné par l'eau qui s'évapore.

Les boyaux utilisés sont ceux des porcs abattus et l'intestin grêle du bœuf. Ils sont méticuleusement lavés, dégraissés et raclés sur les deux faces, puis exposés à des vapeurs sulfureuses et salés fortement.

Il entre dans le saucisson de Lyon 85 p. 100 de viande de porc et 15 p. 100 de viande de bœuf, le tout choisi parmi les morceaux les plus estimés tels que filet, faux-filet, cuisses et épaules dépouillés du tissu conjonctif, des aponévroses, des fibres tendineuses ou ligamenteuses qui les traversent.

Le saucisson de ménage contient 25 p. 100 de viande de bœuf et 75 p. 100 de viande de porc.

Toutes les opérations de hachage, pétrissage et ambossage, etc., sont exécutées à l'aide de machines mues par la vapeur.

Cette importante industrie constitue pour la région agricole du haut Lyonnais un débouché considérable pour l'écoulement des sujets qui y sont engraissés.

ANIMAUX ET PRODUITS DE BASSE-COUR.

Lyon est un débouché très important et fort rémunérateur pour tous les produits de la basse-cour. Depuis quelques années les prix des œufs et des volailles se sont sensiblement élevés. La production du Rhône ne suffit pas aux besoins de l'agglomération lyonnaise, qui s'approvisionne dans l'Ain, l'Isère, Saône-et-Loire et la Loire. Dans presque toutes les fermes on entretient la poule de race commune, qui est assez bonne pondeuse, mais dont la chair laisse beaucoup à désirer. L'élevage et l'engraissement sont souvent mal conduits et il reste encore à réaliser de nombreux progrès; il semble que les efforts des cultivateurs se soient plus particulièrement portés vers la reconstitution du vignoble et l'amélioration du gros bétail dans la zone essentiellement agricole.

VALEUR DES PRODUITS ANIMAUX.

La valeur totale du cheptel vivant peut s'établir comme suit :

Espèce...	bovine........	24,637,575	Espèce asine...............	161,250
	ovine.........	709,125	Oiseaux de basse-cour : poulets et autres volatiles....	1,152,420
	porcine........	3,267,000	Ruches d'abeilles..........	279,850
	caprine........	708,625		
	chevaline......	7,585,600	TOTAL GÉNÉRAL.......	33,588,945
	mulassière.....	187,500		

La valeur des produits animaux comprend le travail, le croît et le fumier. Leur évaluation présente de nombreuses difficultés, et il n'est guère possible d'en percevoir l'exactitude; cependant, d'après les calculs que nous avons faits, en prenant pour base les moyennes que nous avons recueillies depuis plus de vingt ans, nous estimons comme suit les produits animaux :

Espèce...	bovine..........	Lait........................	16,650,000
		Croît.......................	12,500,000
		Fumier......................	8,008,400
	ovine..........	Lait........................	85,000
		Croît.......................	375,000
		Fumier......................	226,950

Espèce	porcine	Croît	2,970,000
		Fumier	278,000
	caprine	Lait	1,250,000
		Croît	155,000
		Fumier	225,760
	chevaline, mulassière et asine	Travail et croît	10,500,000
		Fumier	1,817,900
Animaux de basse-cour		OEufs, croît, fumier	2,450,000
		Abeilles, cire et miel	190,000
Total			57,683,250

HAUTE-SAÔNE.

ESPÈCE CHEVALINE.

Dans la Haute-Saône, l'élevage et le commerce des animaux de l'espèce chevaline augmentent de plus en plus. Autrefois presque tous les travaux de culture étaient exécutés par les bœufs, tandis qu'aujourd'hui, au fur et à mesure que les instruments perfectionnés se répandent, faucheuses, moissonneuses, etc., les chevaux sont employés de préférence.

Ce changement s'est effectué plus vite dans l'arrondissement de Gray que dans le reste du département.

Les chevaux de la Haute-Saône appartiennent à deux types principaux : le *cheval comtois* et le *cheval amélioré* avec des reproducteurs boulonnais et nivernais, ainsi que des demi-sang anglo-normands dont l'élevage est encouragé par l'État pour la production du cheval de guerre. Il convient de constater que l'élevage du cheval fin dans la Haute-Saône donne d'assez bons résultats, grâce aux achats de la remonte; celui du cheval de gros trait réussit cependant plus facilement et laisse aux éleveurs des bénéfices plus certains et plus considérables. Aussi l'élevage du cheval fin n'augmente pas, tandis que celui du cheval de trait s'étend.

Certains éleveurs vont acheter de gros poulains de 7 à 8 mois aux foires de Baume-les-Dames, L'Isle-sur-le-Doubs, etc. pour les élever et les revendre à 4 ans. Les animaux de gros trait sont l'objet d'une exportation assez active dans le Midi, où ils sont recherchés.

Les principales foires de chevaux de la Haute-Saône se tiennent à Port-sur-Saône, Combeaufontaine, Jussey, Gray, Luxeuil, Villersexel et Grammont.

ESPÈCE BOVINE.

Les animaux de l'espèce bovine constituent dans la Haute-Saône la branche la plus productive de l'agriculture. Le commerce le plus important porte sur les animaux adultes destinés à la boucherie, sur les vaches laitières et aussi sur les bœufs de travail. Un nombre assez considérable de ces bœufs sont exportés chaque année dans la région du Nord pour exécuter les travaux agricoles et être engraissés en hiver avec des pulpes de betteraves.

Le commerce de l'espèce bovine s'effectue avec une égale activité sur tout le territoire du département, dans les localités où des foires sont instituées.

Les animaux bovins élevés dans la Haute-Saône appartiennent presque exclusivement à la race de Montbéliard, à la race fémeline et à la race vosgienne ou de Bouquenon.

Les animaux de la race de Montbéliard se répandent de plus en plus dans le département au fur et à mesure que les fourrages s'améliorent par l'emploi des engrais phosphatés. Aujourd'hui, sauf dans la vallée de la Saône et dans la région montagneuse voisine des Vosges, il n'est guère de localités où l'on n'en puisse trouver des spécimens plus ou moins purs ou plus ou moins croisés.

Les bovins de la race de Montbéliard dominent franchement quand ils n'occupent pas à eux seuls tout le territoire dans les cantons d'Héricourt, Villersexel, Montbozon, et Vesoul.

Les qualités principales qui les font rechercher sont la précocité, les facultés laitières et l'aptitude au travail.

Ces animaux sont l'objet d'un commerce très important dans les foires des villes suivantes : Héricourt (Haute-Saône), le 2e jeudi de chaque mois; Villersexel (Haute-Saône), le 1er mercredi de chaque mois; Montbozon (Haute-Saône), le 1er lundi de chaque mois; Lure (Haute-Saône), le 1er mardi de chaque mois; Vesoul, les 2e et 4e jeudis de chaque mois. Pendant le carême, la foire se tient tous les jeudis à Vesoul et, à cette époque, le commerce du bétail gras est particulièrement considérable. Les foires de Grandvelle, Fretigney, Vellexon, dans la Haute-Saône, sont également le siège de transactions nombreuses pour la race de Montbéliard pure ou croisée.

Comme très bonnes foires pour ces animaux, on peut citer encore : Montbéliard (Doubs), le dernier lundi de chaque mois; Belfort (Haut-Rhin), le premier lundi de chaque mois; Maîche (Doubs), le troisième jeudi de chaque mois; Rougemont (Doubs), le 1er vendredi de chaque mois; Rigney (Doubs), le premier mardi de chaque mois.

La race fémeline disparaît de plus en plus pour être remplacée par la race de Montbéliard qui est plus précoce, mais aussi plus exigeante.

Les animaux de race fémeline se trouvent encore dans la vallée de la Saône, où les terrains sablonneux manquant de calcaire donnent des fourrages maigres.

En raison de leur nombre toujours décroissant, ces animaux ne sont l'objet que d'un commerce secondaire, sauf dans la vallée de la Saône où ils dominent encore. On en trouve aux foires de Jussey, Vitrey, Combeaufontaine, Port-sur-Saône, Scey-sur-Saône, Dampierre-sur-Salon, Vellexon, Fresne-Saint-Mamès, Fretigney, Pesmes, Marnay, Noidans-le-Ferroux, Oiselay.

Les animaux de la race vosgienne sont peu nombreux dans la Haute-Saône; on n'en rencontre que dans la région montagneuse des cantons de Mélisey, Faucogney et Luxeuil. Ce sont des animaux d'assez petite taille, bons travailleurs et assez rustiques. On les trouve en assez grand nombre aux foires qui se tiennent dans la région qu'ils habitent.

Produits de laiterie. — Les animaux de l'espèce bovine élevés en très grand nombre dans la Haute-Saône contribuent à la prospérité de l'agriculture locale non seulement par leur travail et leur viande, mais aussi par le lait, qu'ils fournissent en quantité assez considérable en dehors de la provision nécessaire à l'élevage des veaux.

PLANCHE XXXII.

RACE BOVINE MONTBÉLIARDE.

TAUREAU.

VACHE.

Ce lait est vendu en nature habituellement à raison de o fr. 20 rendu à domicile dans toutes les villes et agglomérations importantes du département.

Dans les localités éloignées des villes, on traite le lait pour la fabrication du beurre ou des fromages façon Gruyère, Brie, etc.

Comme la matière première est de bonne qualité, ces produits sont généralement excellents quand ils sont fabriqués suivant les nouvelles méthodes et avec les instruments perfectionnés. Il existe aujourd'hui dans la Haute-Saône de nombreuses beurreries et fromageries parfaitement outillées.

Les écrémeuses centrifuges sont notamment très répandues.

Les beurres et fromages fabriqués avec soin trouvent un débouché assez facile dans l'alimentation locale et dans les grandes villes où les producteurs expédient leurs marchandises chez les dépositaires qu'ils ont choisis. Les fromages de Gruyère sont le plus souvent achetés aux fruitières par des courtiers qui les expédient dans les principales villes, notamment à Paris.

ESPÈCE OVINE.

Depuis l'abolition de la vaine pâture, le mouton a considérablement perdu de son importance dans la Haute-Saône. Autrefois certains propriétaires possédaient d'assez nombreux troupeaux qu'ils faisaient conduire à la vaine pâture; tandis qu'actuellement le nombre qu'ils peuvent posséder est très limité suivant la surface qu'ils cultivent. L'élevage du mouton laisse à désirer sous le rapport du choix des reproducteurs, de la nourriture et des soins hygiéniques.

Dans beaucoup de communes, les quelques moutons possédés par chaque propriétaire sont remis chaque jour en un troupeau commun qui est conduit au pâturage par un berger communal.

Ces moutons de race commune ou du pays sont vendus aux bouchers pour l'alimentation de la population du département et exportés dans certaines grandes villes comme Paris et Reims.

ESPÈCE PORCINE.

L'élevage du porc est une source sérieuse de profits dans les petites exploitations de la Haute-Saône.

Il est aussi l'annexe nécessaire des beurreries et des fromageries du pays. Il fournit une viande précieuse pour les habitants des campagnes en raison de sa qualité et du bas prix auquel elle revient.

Dans la région nord-est, notamment aux environs de Luxeuil et aussi à Gevigney, Mercey, Fonchécourt, Jussey, etc., l'élevage du porc se fait en grand. Dans ces pays les porcs sont réunis en troupeaux nombreux comme des moutons et sont conduits par un porcher communal sur les terrains incultes où ils fouillent le sol pour ramasser les insectes et les racines. Ce sont surtout ces porcs qui fournissent les délicieux *jambons de Luxeuil*, si estimés dans la région, surtout quand ils sont bien fumés.

Dans les arrondissements de Gray et de Vesoul, l'élevage du porc a lieu en stabulation permanente et est moins important que dans les localités citées ci-dessus.

Les porcs gras sont livrés aux bouchers du pays et aussi à des marchands qui les expédient dans les grandes villes. Les jeunes porcs âgés de 8 à 10 semaines sont l'objet d'un trafic assez important dans toutes les foires de la région. Leur commerce est caractérisé par de grandes fluctuations dans les cours, d'une saison à l'autre, suivant la quantité de marchandise disponible et aussi suivant les besoins du moment.

ANIMAUX ET PRODUITS DE BASSE-COUR.

L'exploitation des animaux de basse-cour, dans le département de la Haute-Saône, ne constitue pas à proprement parler une entreprise zootechnique. On ne nourrit guère des volailles que pour suffire aux besoins de la consommation journalière et à l'entretien du ménage par la vente de quelques produits.

D'après la statistique agricole de 1892, les animaux de basse-cour étaient ainsi répartis.

DÉSIGNATION.	NOMBRE de TÊTES.	VALEUR MOYENNE de l'animal.	VALEUR TOTALE.
		fr. c.	francs.
Poules	591,372	1 90	1,119,400
Oies	15,657	3 70	58,072
Canards	25,453	1 90	48,361
Dindes et dindons	3,070	6 65	20,385
Pintades	488	2 59	1,254
Pigeons	28,399	0 88	25,061
Lapins	130,648	1 75	229,387

Le nombre total des animaux de basse-cour de la Haute-Saône était donc approximativement de 795,087, représentant une valeur totale de 1,501,920 francs. De 1892 à 1907, la situation ne s'est pas sensiblement modifiée.

Poules. — La race dite de *poules communes* est répandue partout et domine de beaucoup. Cependant, de place en place, on rencontre quelques houdans et des «Cou-nu» qui pondent beaucoup de gros œufs; dans certaines localités on rencontre aussi des poules de Bresse.

La race commune est montée un peu haut sur pattes et présente une taille plutôt petite avec un plumage de toutes couleurs, grise, noire, jaune, etc. C'est une race très rustique et facile à nourrir.

L'élevage des poulets se fait généralement sans soins particuliers, d'après les procédés les plus primitifs. Dans plusieurs exploitations importantes il y a cependant des couveuses artificielles qui, bien conduites, donnent d'excellents résultats.

On donne généralement aux poules couveuses 14 à 16 œufs, pris un peu au hasard, sans préoccupation de leur provenance. Pendant les premiers jours qui suivent l'éclosion, on donne aux jeunes poussins de la mie de pain trempée dans du lait, ou de la farine de maïs humectée d'eau pour former une pâte très épaisse.

Plus tard on leur distribue des criblures de céréales. Pendant tout le temps que dure l'élevage, les poussins sont abandonnés aux soins de la couveuse qui les promène à sa guise sur les fumiers, dans les cours et aux environs, où ils ramassent des insectes et des graines de toutes sortes qui sans eux seraient perdues et saliraient les terrains de mauvaises herbes. Ils se nourrissent ainsi presque sans frais et constituent en fin de compte un produit très appréciable dans chaque exploitation.

Ordinairement il n'y a pas de poulailler spécial dans les fermes. Le plus souvent on organise dans les écuries un perchis sur lequel les poules couchent la nuit.

En hiver, la chaleur douce de l'écurie produite par le séjour des gros animaux, bœufs, vaches, chevaux, etc., prédispose les poules à une ponte plus précoce et plus abondante.

En dehors des périodes de grands travaux, les ménagères vendent une bonne partie des œufs obtenus dans la ferme; elles les portent au marché voisin ou les livrent à des coquetiers qui passent à domicile. Les œufs se vendent habituellement 1 fr. 50 la douzaine en hiver et 0 fr. 70 environ au printemps quand la pondaison bat son plein. Ils pèsent en moyenne 55 à 60 grammes l'un. Une poule en fournit en moyenne de 80 à 100 dans une année.

Oies et canards. — Les oies et les canards sont élevés dans les villages situés sur les cours d'eau. Leur élevage est peu important, et ils ne sont l'objet d'aucun commerce sérieux. Seuls, la plume et le duvet qu'on en retire méritent d'être mentionnés. Un canard de taille moyenne fournit par an, en cinq plumages qu'il subit, environ 300 grammes de plumes et 90 grammes de duvet, soit 60 grammes de plumes et 18 grammes de duvet par récolte.

La production de l'oie est plus élevée; elle est de 520 grammes de plumes et de 220 grammes de duvet.

En comptant la plume à 3 fr. 50 le kilogramme et le duvet à 10 francs, le revenu annuel d'un canard est de 2 fr. 05 et celui d'une oie, de 4 fr. 80.

Dindes, pintades et pigeons. — Les dindes, les pintades et les pigeons ne se rencontrent que chez de rares cultivateurs disséminés çà et là sur le territoire. Le commerce dont ils sont l'objet est insignifiant. Leur élevage ne présente aucune particularité digne d'être notée.

Lapins. — L'élevage du lapin se fait dans chaque exploitation, où il joue un rôle important dans l'alimentation du personnel, surtout les jours de fête. Il constitue une ressource toujours prête et précieuse quand un repas meilleur que ceux d'habitude s'impose au hasard par une occasion fortuite.

On élève habituellement le lapin commun qui est très rustique et facile à nourrir. Souvent le clapier est d'une installation des plus rudimentaires : simples caisses en bois, closes d'un couvercle mobile qu'on soulève pour donner la nourriture aux lapins.

Dans quelques fermes bien tenues les clapiers sont confortablement installés, bien aérés et tenus proprement, là les lapins viennent plus vite et donnent une viande plus savoureuse.

APICULTURE.

Dans la Haute-Saône il existe quelques apiculteurs de mérite sachant parfaitement tirer profit des abeilles. Ils possèdent des ruches à cadre très bien installées pour que les abeilles puissent donner leur maximum de produits. Mais en général les abeilles sont mal logées et mal exploitées, sans méthode rationnelle.

La ruche en paille avec calotte est très employée.

Il y aurait donc à ce point de vue de nombreux et importants progrès à réaliser. Les apiculteurs distingués vendent leurs produits, miel et cire, surtout dans les grandes villes, tandis que la production des autres ruches, réparties par petits groupes chez les particuliers, est entièrement consacrée à la consommation locale.

D'après la statistique de 1892, la situation de l'apiculture était la suivante dans la Haute-Saône :

Nombre de ruches d'abeilles en activité		8,867
Production moyenne d'une ruche	en miel	2 kilogr. 670
	en cire	1 kilogr. 310
Production totale	en miel	23,675 kilogr.
	en cire	11,616 kilogr.
Valeur moyenne du kilogramme	de miel	2 fr. 02
	de cire	2 fr. 21
Valeur totale	du miel	47,823 francs.
	de la cire	25,671 francs.

SAÔNE-ET-LOIRE.

ESPÈCE CHEVALINE.

Les chevaux sont devenus depuis quelques années l'objet de spéculations très importantes et très diverses dans le département. Dans le *Charolais*, l'élevage se spécialise de plus en plus dans le demi-sang carrossier et le cheval de selle ou de remonte. Les principaux centres de production sont : Charolles, Paray-le-Monial, Joncy, Cluny, Blanzy, Bourbon-Lancy, Toulon-sur-Arroux; pour l'*Autunois :* Blanzy, Autun. Les succès du Charolais, dans cette spéculation, sont sanctionnés par de nombreuses récompenses obtenues dans les concours hippiques de Paris, Lyon et Vichy.

Dans les régions viticoles du *Mâconnais* et du *Chalonnais*, on utilise, pour les travaux de culture, des chevaux achetés dans les foires de la région; l'élevage y a peu d'importance. Toutefois, en *Chalonnais* on se livre à cette industrie dans la vallée de la Grosne, les cantons de Chalon-sur-Saône et Verdun-sur-le-Doubs. Les agriculteurs de la vallée de la Grosne s'adonnent à l'élevage du cheval de trait, et quelques-uns commencent à produire des chevaux de demi-sang pour la remonte. Les autres régions élèvent exclusivement des chevaux de trait qui sont pour la plupart vendus aux foires de Chalon-sur-Saône.

Dans le *Louhannais*, les chevaux ne font pas l'objet d'une spéculation importante. D'une façon générale le poulain naît dans la ferme; on l'élève jusqu'à 6 mois au plus et on le vend pour être utilisé dans la suite aux travaux de culture. Depuis quelques années, trois foires de chevaux ont été créées à Louhans; toutefois les affaires y sont calmes et parfois les acheteurs manquent.

Le cheval bressan est assez lourd, près de terre, quelquefois ensellé, souvent fort en ventre; toutefois il est assez robuste. Le canton de Pierre, les bords du Doubs, donnent des chevaux plus légers, ayant plus de *sang* et faisant l'objet des mêmes spéculations.

La population chevaline de Saône-et-Loire est d'environ 31,000 têtes.

Améliorations à réaliser. — L'amélioration de la race chevaline est très sensible en *Charolais* depuis 10 ou 15 ans. Annuellement, le département fournit environ 600 chevaux aux remontes de l'armée et 1,500 au commerce. La plupart des chevaux de remonte sont fournis par le Charolais.

Dans la *Bresse chalonnaise*, cet élevage est également en voie d'amélioration, grâce à un choix plus judicieux des reproducteurs. Quant à la *Bresse louhannaise*, elle ne semble pas destinée à devenir un pays producteur de chevaux pour l'exportation, toute son activité se portant sur la production des bovins, des porcs et des volailles; celle-ci s'adapte d'ailleurs bien à la région et est au surplus beaucoup plus rémunératrice.

ESPÈCES ASINE ET MULASSIÈRE.

On produit, en Charolais et dans le Louhannais, aux confins du Jura, quelques ânes et mulets que l'on utilise comme animaux de trait. Le choix des reproducteurs laisse beaucoup à désirer et l'on peut considérer cette production comme très secondaire. Le nombre s'en élève à environ 7,000 têtes, dont 400 mulets seulement.

ESPÈCE BOVINE.

A l'exception des régions viticoles, le département de Saône-et-Loire tout entier se livre dans des conditions diverses à l'exploitation des bovidés : élevage ou engraissement. Les régions d'élevage proprement dites s'étendent à tout le département. On en excepte le Brionnais et quelques autres parties du Charolais, reposant sur le lias, où on se livre spécialement à l'*embouche* ou engraissement du bétail au pâturage. On peut en excepter aussi quelques parties de l'Autunois, où l'on pratique l'engraissement combiné, au pré et à l'étable.

La population bovine est surtout constituée par la race charolaise. Toutefois depuis 15 ans environ cette race évolue vers un type nouveau obtenu par le croisement de la race durham et de la race charolaise pure. Le type s'est heureusement modifié et sensiblement amélioré par ce croisement qui a donné aux métis obtenus plus de finesse, plus de précocité et plus d'aptitude à l'engraissement.

Actuellement l'habileté de l'éleveur consiste à faire intervenir dans des proportions variables les sangs charolais et durham en s'adressant pour arriver à ce résultat non aux races pures qui, à cet état, présentent des inconvénients d'ordre économique, mais à des métis présentant plus ou moins accusés soit les caractères du durham soit ceux du charolais, de manière à fusionner ces deux races dans un équilibre qui réponde à une bonne spéculation zootechnique et économique.

La diversité des systèmes d'exploitation du bétail dans le département oblige à envisager séparément les principales régions.

Les principaux courants d'affaires prennent naissance dans le Charolais et l'Autunois.

Le *Charolais* livre des animaux engraissés sur les prairies d'embouche; les transactions ont lieu principalement à Saint-Christophe-en-Brionnais qui, à chacun de ses marchés du jeudi, de mai à novembre, livre de 500 à 600 animaux gras, lesquels sont expédiés sur Lyon, Paris, l'Est, la Suisse, etc.

Le Charolais peut d'ailleurs être partagé en deux régions distinctes au point de vue des spéculations zootechniques bovines. Dans la vallée de l'Arconce, le canton de Semur-en-Brionnais, une partie des cantons de Charolles, La Clayette, Marcigny, Paray-le-Monial, qui reposent sur les marnes fertiles du lias, on pratique relativement peu d'élevage : c'est l'engraissement du bétail au pré, qui domine. Dans les autres cantons, où les prairies reposent sur des formations granitiques, schisteuses, des terrains argileux ou siliceux, on se livre plus spécialement à l'élevage : les animaux sont livrés aux régions d'embouche, vers l'âge de 3 à 5 ans.

Les animaux destinés à l'engraissement sont achetés en mars et avril, en Saône-et-Loire ou dans les départements voisins, Nièvre, Allier, Loire, Puy-de-Dôme. Dès mai-juin et jusqu'en novembre, les animaux gras sont livrés à la boucherie. Les principaux marchés d'approvisionnement sont Saint-Christophe-en-Brionnais, Charolles, Marcigny, La Clayette et Paray-le-Monial. D'autre part beaucoup d'emboucheurs expédient directement, sans intermédiaire, leurs animaux sur les marchés de Lyon et Paris, les meilleurs sujets étant réservés à cette dernière ville. On livre à Lyon les génisses plus particulièrement. Enfin une partie des animaux gras est expédiée en Suisse.

Tout le Charolais se livre à l'élevage. Chaque année un certain nombre d'animaux sont vendus pour les départements betteraviers de l'Aisne, de l'Oise et de Seine-et-Marne. Ces achats se font en août et en septembre, aux foires de Toulon-sur-Arroux, Digoin et Charolles. En outre, 2,500 à 3,000 veaux sont exportés chaque année du département. Quelques-uns sont achetés comme reproducteurs aux foires de Charolles, Saint-Christophe-en-Brionnais, Oyé, Paray-le-Monial, par des éleveurs de l'Allier, de la Loire et même de la Vendée. Le plus grand nombre des animaux gras est acheté par les bouchers de Lyon, de Suisse et même d'Italie. On peut fixer à 16 ou 17,000 le nombre de bêtes grasses (bœufs, génisses et vaches) exportées annuellement du Charolais en dehors du département et à 800 le nombre des bœufs vendus pour la culture betteravière du Nord.

L'*Autunois* expédie en grande quantité des animaux de travail, puis des bêtes engraissées, soit à l'étable en hiver, soit — mais en faible proportion — dans les prairies en été. Des expéditions très importantes de bœufs de travail sont faites de cette région, en août et septembre, aux départements betteraviers. La foire d'Autun, connue sous le nom de foire de la Saint-Ladre (1er septembre), est spéciale à ce genre de transactions.

Dans la partie fertile et non viticole du *Mâconnais*, l'élevage du bétail est pratiqué dans des conditions se rapprochant de celles du Charolais; on engraisse également dans quelques bonnes prairies. La région des vignobles ne se livre pas à l'élevage; elle achète, dans les foires et selon les besoins, les vaches nécessaires à la production du lait.

Dans le *Chalonnais*, les races exploitées sont la race charolaise, sur la rive droite de la Saône, et les races montbéliarde et bressane, sur la rive gauche. On trouve aussi dans cette dernière région des animaux de races fribourgeoise, fémeline, schwitz et tarine.

Planche XXXIII.

RACE BOVINE CHAROLAISE.

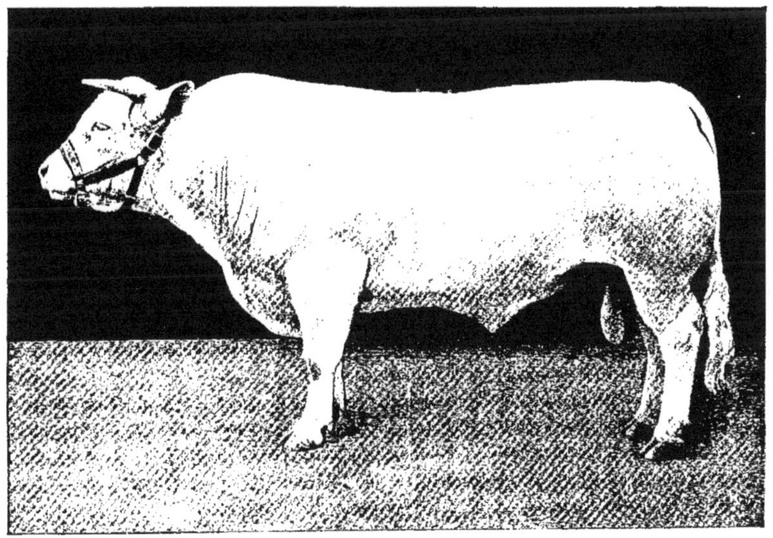

TAUREAU.

VACHE.

Sur la rive droite, les agriculteurs se livrent spécialement à l'élevage des bovins. Les jeunes vaches sont vendues vers 2 à 3 ans aux emboucheurs du Charolais, qui les engraissent pour la boucherie. Dans la région avoisinant le Charolais, on se livre également à l'embouche. Les principaux centres de production du bétail d'embouche sont les vallées de la Grosne et de la Dheune.

Sur la rive gauche de la Saône, les bovins sont surtout utilisés pour le travail et la production du lait; on ne s'y livre pas à l'engraissement comme sur la rive droite. Le commerce du lait y est très important, surtout dans la banlieue de Chalon-sur-Saône, ville qui constitue un débouché de premier ordre pour les produits de laiterie.

Les bovins font l'objet d'un commerce important, surtout aux foires de Chalon-sur-Saône, Buxy, Germagny, Chagny, Demigny, Saint-Léger-sur-Dheune, Saint-Marcel, Montceau-les-Mines, Saint-Vallier, Genouilly, Montchanin, Mont-Saint-Vincent, Lessard-en-Bresse, Ouroux, Saint-Germain-du-Plain, Saint-Martin-en-Bresse, Sennecey-le-Grand, Allerey, Gergy, Navilly, Saint-Loup-de-la-Salle, Verdun-sur-le-Doubs.

En *Louhannais*, les principaux centres d'affaires ont lieu à Simandre-les-Ormes, Montpont, Saint-Germain-du-Bois, Beaurepaire, etc. Les transactions se pratiquent d'une part avec des marchands étrangers, mais font d'autre part l'objet de nombreuses spéculations entre les habitants de la région. On n'y exploite que la race bressane.

Les veaux sont vendus de 1 à 2 mois, à un prix variant entre 0 fr. 80 et 1 fr. 20 le kilogramme. Ils sont destinés à la boucherie, aux marchés de Lyon, de Dijon, aux régions de l'Est et à la Suisse, auxquels on envoie en outre quelques têtes de gros bétail. Quelques autres sont vendus pour l'élevage. Le reste du bétail fait l'objet de spéculations locales ou est acheté par des marchands du Midi qui depuis quelques années viennent s'approvisionner dans la région.

La population bovine du département est d'environ 350,000 têtes.

Améliorations à réaliser. — La nécessité de l'amélioration des bovins se fait sentir dans la Bresse chalonnaise (rive gauche de la Saône) et surtout dans la Bresse louhannaise. Dans la première région, la population bovine est représentée par un mélange de diverses races, dans lesquelles le montbéliard et le bressan amélioré dominent.

Sur les terrains favorables des bords de la Saône, les éleveurs cherchent d'ailleurs à améliorer leur bétail par le métissage avec le montbéliard ou le charolais, avec les bressans et les fémelins. L'Union agricole et viticole de Chalon-sur-Saône a déjà obtenu en ce sens, par l'achat de bons taureaux, des résultats très encourageants.

Le taureau montbéliard, et encore moins le taureau charolais, ne paraissent pas devoir être introduits en Bresse, car leurs produits y dégénèrent rapidement par suite de la fertilité insuffisante des terrains. Ils pourraient être employés de préférence sur les rives de la Saône : sur la rive gauche, dans les communes riveraines du Doubs, depuis Verdun-sur-le-Doubs jusqu'à la Truchère, composées de bons terrains, de même que dans le canton de Pierre. Le taureau montbéliard peut de même être introduit sur toute la rive droite, depuis Verdun-sur-le-Doubs à Mâcon, jusqu'à l'Autunois et au Charolais, car il peut se croiser avantageusement avec le bétail charolais. Il trouve d'ailleurs dans ces régions des terrains qui lui conviennent.

Pour la race bressane, les améliorations qui s'imposent sont l'unification de la race qui ne possède, à vrai dire, aucun caractère fixe; un meilleur élevage des veaux, dont le sevrage devrait être plus tardif et mieux compris, enfin un meilleur choix des reproducteurs.

Beurre. — Toute la Bresse et, sur la rive droite de la Saône, toutes les régions d'élevage, fournissent du beurre; il n'y a guère que les régions viticoles et celles d'embouche dans le Charolais et le Brionnais qui n'en fournissent que pour la consommation locale ou familiale.

Beaucoup de ces beurres laissent quelquefois à désirer par suite du matériel et des procédés employés à la fabrication. Dans trop de fermes les habitudes de propreté méticuleuse qu'exigeraient toutes les manipulations laitières n'ont pas encore entièrement pénétré. La crème est parfois fermentée à l'excès et le beurre non suffisamment lavé; l'emploi de petits malaxeurs rendrait de grands services.

Par ordre d'importance, les principaux marchés sur lesquels se traitent les affaires sont Louhans (8,000 kilogrammes de beurre sont vendus chaque lundi, sur ce marché), Charolles, Saint-Germain-du-Plain, Romenay, La Clayette, Matour, Verdun-sur-le-Doubs, Cuisery, Simandre, Chauffailles, Dompierre-les-Ormes, Saint-Bonnet-de-Joux, Tramayes, etc.

Une grande proportion des beurres produits est destinée à la consommation locale, et surtout à celle du Creusot, de Montceau-les-Mines, de Chalon, de Montchanin, etc., et des cantons viticoles. Le reste est expédié, selon les saisons et selon les cours, sur le nord et l'est de la France, principalement du 1er avril au 1er novembre, à Nancy, Paris, Dijon, Lunéville, Belfort, Besançon, etc.; puis, surtout en hiver, sur Lyon, Avignon, Tarascon, Marseille, etc. La Compagnie P.-L.-M. livre annuellement, dans l'agglomération lyonnaise seule, 480,000 kilogrammes de beurre, expédiés par les différentes gares de Saône-et-Loire. La Belgique, l'Allemagne, et aussi la Suisse sont également des centres de destination. En outre Marseille reçoit parfois des beurres de moins bonne qualité qui sont traités par des acheteurs en gros et expédiés en boîtes soudées vers l'Algérie.

Le commerce d'exportation des beurres est très variable dans ses fluctuations, qui sont sous la dépendance d'influences multiples et très sujettes à modifications. L'importance de la fabrication annuelle du beurre en Saône-et-Loire peut être évaluée approximativement à :

Arrondissement	de Chalon-sur-Saône	1,600,000 kilogr.
	de Louhans	800,000
	de Charolles	276,000
	de Mâcon	208,000
	d'Autun	120,000
	Soit un total de	3,004,000

La production beurrière tend à s'accroître. Elle est d'ailleurs favorisée par l'emploi des écrémeuses centrifuges qui se répandent de plus en plus. Sur ces 3 millions de kilogrammes, environ 1,880,000 sont vendus et consommés dans le département et particulièrement dans les localités indiquées ci-dessus. Depuis 5 ans, et malgré l'augmentation des prix, la consommation a à peu près doublé dans les centres ouvriers. Le prix moyen est de 2 francs à 2 fr. 40 le kilogramme selon qualité.

Sur la quantité vendue hors du département, environ 850,000 kilogrammes ont été livrés en France et 250,000 kilogrammes expédiés en Suisse.

Il est à noter qu'une grande partie des beurres destinés à la Suisse sont tout d'abord envoyés en Savoie où on les mélange avec des beurres locaux, pour les réexpédier dans tous les cantons de la Suisse allemande. Quant aux cantons de Vaud et de Genève, ils s'approvisionnent plus spécialement de beurres centrifugés de toutes provenances et de beurres laitiers de l'Ain, du Jura et du Doubs.

Fromages façon Gruyère[1]. — Les 17 fromageries coopératives ou privées de Saône-et-Loire produisent annuellement environ 245,000 kilogrammes de fromage représentant une valeur approximative de 280,000 francs. Ces fromages sont confectionnés en meules de 25 à 50 kilogrammes et enfermés pour l'expédition dans des tonneaux en bois blanc. Leurs principaux débouchés sont la région elle-même et la ville de Lyon.

ESPÈCE OVINE.

L'espèce ovine fait l'objet d'un élevage peu important. Les moutons ne sont pas exportés et servent à alimenter les boucheries locales. On pratique cet élevage dans les cantons de Bourbon-Lancy, Gueugnon, Toulon-sur-Arroux, Buxy, Givry, Mont-Saint-Vincent et Varenne-sur-le Doubs. On ne fait pas l'élevage du mouton en Bresse, où les terrains humides occasionneraient la cachexie aqueuse. Toutefois cette région achète quelques moutons adultes en Charolais et en Auvergne; mais cette spéculation n'est pas importante.

ESPÈCE PORCINE.

Le département de Saône-et-Loire est un très gros expéditeur de porcs gras. Toutes ses parties, sauf les régions exclusivement viticoles, en produisent. L'exportation se chiffre annuellement par environ 50,000 têtes, dont 18,000 porcs gras. La gare de Charolles en expédie annuellement 8,500. Le chiffre de la population porcine s'élève à environ 247,000 têtes; toutefois les régions les plus importantes à ce point de vue sont celles reposant sur les terrains granitiques situés entre la Saône et la Loire; puis, la Bresse tout entière. Ces contrées sont d'ailleurs exactement celles où l'on cultive la pomme de terre en grand. Dans beaucoup de domaines, leur vente couvre le prix des fermages. Les principales gares d'expédition sont Autun, Digoin, Étang, Blanzy, Paray-le-Monial, Chauffailles, Charolles, Matour, Pierre-en-Bresse, Louhans, Dompierre-les-Ormes, Bourbon-Lancy.

Les principaux débouchés pour les porcs gras sont Lyon, l'est de la France, Dijon, Besançon, Reims, Charleville, et surtout Nancy; puis Saint-Étienne, Châlons-sur-Marne, Paris, l'Allemagne par Belfort, et la Suisse.

Les animaux sont vendus à l'état de laitons (gorets), de nourrins (porcs en période de croissance) ou de porcs gras. Les deux premières catégories sont plus spécialement

[1] Voir l'enquête sur l'industrie laitière (1901).

livrées aux fromageries de Franche-Comté et de la Suisse. Les prix varient entre 76 francs (automne), et 110 francs (printemps), les 100 kilogrammes.

Les porcs sont élevés dans la ferme ou achetés à l'âge de 2 ou 3 mois. Ils sont entretenus jusque vers 8 ou 10 mois ou même un an, âge auquel ils sont engraissés à 100 ou 200 kilogrammes selon les régions. On tend de plus en plus à ne pas dépasser le poids de 150 kilogrammes, car la chair, moins chargée de graisse, est plus recherchée.

ANIMAUX ET PRODUITS DE BASSE-COUR.

Volailles. — Le mouvement d'affaires relatif à l'élevage et à l'engraissement des volailles est très important. Toutefois il est difficile de déterminer le chiffre, même approximatif, des transactions en raison du nombre et de la dissémination des affaires, des centres de production, des marchés, des ventes traitées et des lieux d'expédition.

Le Charolais produit des quantités importantes de volailles, achetées sur les marchés par les coquetiers et réexpédiées sur les grands centres de consommation. Mais la production des volailles est particulièrement intensive dans la Bresse chalonnaise et surtout la Bresse louhannaise. Ces contrées fournissent aussi les volailles les plus réputées. Dans toute la Bresse, il n'est point de ferme qui n'en produise et presque pas de commune un peu importante qui n'ait son marché. Mais, à l'exception des contrées exclusivement viticoles, on en produit également, de moins bonne qualité, dans tout le reste du département.

Dans le Louhannais, les grands centres d'affaires sont les foires et marchés de Louhans, Saint-Germain-du-Bois, Sagy, Frontenaud, Sainte-Croix, Mervans; dans la Bresse chalonnaise, Lessard-en-Bresse, Baudrières, Ouroux, Saint-Germain-du-Plain, Saint-Martin-en-Bresse, Épervans, Saint-Marcel; dans le Charolais, Charolles, La Clayette, Chauffailles, Marcigny.

Le marché de Louhans donne, à lui seul, chaque lundi, environ 20,000 volailles, représentant une valeur de 80,000 francs. Ces volailles sont achetées vivantes aux cultivateurs, qui les présentent sur le marché en cageots de 15 à 25 têtes. Expédiées par les gares de Louhans, Tournus, Chalon-sur-Saône, Mervans, Simard, Saint-Amour, Lons-le-Saunier, elles sont dirigées sur les villes de l'Est, sur Paris, les villes d'eaux, Aix-les-Bains, Vichy, le littoral de la Manche, de la Méditerranée, Lyon et les villes de la vallée du Rhône, Saint-Étienne, et dans les départements limitrophes; en Allemagne où Francfort, Berlin, Brême, Aix-la-Chapelle, Breslau, Cologne, demandent surtout le gros poulet.

La situation du marché est très prospère, et le cultivateur retire de sa volaille un revenu qui lui permet souvent de payer son fermage. L'avenir de cette spéculation doit être envisagé avec confiance, grâce à la finesse et au goût délicat que possède la volaille bressane. Toutefois on tend à imiter cette production : certaines régions présentent, sous le nom de «volailles de Bresse», des produits obtenus en dehors de cette contrée.

Les volailles de Bresse sont vendues grasses et tuées, pendant tout l'hiver, et vivantes pendant le reste de l'année. Celles des autres arrondissements sont livrées vivantes et sans avoir été engraissées, quelle que soit la saison. Toutefois une fraction importante des volailles communes est consommée sur place et dans les agglomérations urbaines, industrielles et ouvrières du département.

Améliorations à réaliser. — Les améliorations à apporter à l'élevage des volailles ne concernent pas leur alimentation, qui est rationnelle et méthodique; mais elles devraient tendre à rendre plus méticuleux encore les soins de propreté, de nettoyage et de désinfection, en un mot, de l'hygiène des poulaillers. D'autre part, les transactions augmenteraient sensiblement si les tarifs de transport étaient moins élevés et si des wagons spéciaux étaient mis à la disposition des expéditeurs, surtout aux époques des grandes chaleurs.

Œufs. — Le mouvement d'affaires déterminé par la production des œufs, en provenance principalement de tout le pays bressan, est considérable; mais pour les mêmes motifs que pour les volailles, il est fort difficile d'en fixer la valeur, même approximative.

Le commerce des œufs est en effet entre les mains d'une infinité de coquetiers — les uns expédiant directement, les autres simples revendeurs —, qui, tous, parcourent les foires et les marchés, achètent dans les fermes, et sur les opérations desquels il est impossible d'obtenir des renseignements certains. En outre les Compagnies de chemins de fer ne possèdent pas de statistique spéciale à ce sujet.

Toutefois, d'après l'allure et les droits de place des principaux marchés de Saône-et-Loire — le premier de tous, pour ce commerce, étant Louhans, dont chaque marché du lundi donne environ 4,000 douzaines d'œufs —, il ne semble pas que ce soit à moins de 600 à 650,000 francs que l'on puisse estimer le mouvement d'expédition auquel donne lieu le commerce des œufs fournis par la Bresse seule (arrondissement de Louhans et partie de Chalon-sur-Saône). A ce chiffre, il convient d'ajouter environ 400,000 francs pour le reste du département. Dans ce total de un million ne figurent pas la valeur des œufs consommés par les producteurs eux-mêmes ni celle représentée par les achats sur place, ne motivant ni transports, ni expéditions. Les prix varient entre 0 fr. 80 et 1 fr. 80 la douzaine; ils sont minima en mars et maxima en automne.

Une grande partie des œufs exportés du département sont expédiés à Paris (à l'automne spécialement), ou à Lyon. Le reste est à destination du Nord, de Dijon, Nancy, Genève, et de toute la région de l'Est. L'exportation sur la Suisse est toutefois difficile et restreinte surtout pour les volailles *communes* par suite de la concurrence des produits similaires italiens.

SARTHE.

ESPÈCE CHEVALINE.

L'élevage du cheval occupe une place importante dans l'ensemble des productions animales du département. La statistique agricole de 1905 accuse 62,925 animaux, dont 16,265 au-dessous de 3 ans et 46,360 de 3 ans et plus.

Les principaux centres de production sont l'arrondissement de Mamers, l'arrondissement du Mans et une partie de l'arrondissement de Saint-Calais (cantons de Saint-Calais, de Vibraye et de Château-du-Loir).

Les quatre cinquièmes de la population chevaline appartiennent à la race percheronne. Le dernier cinquième comprend des chevaux bretons et des chevaux demi-sang. Ces derniers se rencontrent dans presque toutes les fermes où ils font les courses de l'exploitation.

L'élevage du cheval donne lieu à deux genres de spéculations.

1° *Le département produit des poulains mâles, mais ne les élève pas.* — Les jeunes animaux mâles sont vendus en presque totalité très jeunes et sur place à des marchands locaux et étrangers qui parcourent les campagnes dès le mois de mai jusqu'en août. Ils sont livrés à partir du sevrage et vers 7, 8 ou 9 mois. Les livraisons commencent fin septembre, sont très actives en octobre et novembre. Ces poulains sont dirigés sur l'Orne (arrondissement de Mortagne) et dans l'Eure-et-Loir. Leur prix varie suivant les années, la beauté et la qualité des produits, de 400 à 500 francs, quelquefois plus.

Les animaux de moins bonne qualité sont vendus dans les foires de la contrée.

Ceux que le cultivateur n'a pu vendre sont castrés au printemps suivant et élevés dans les fermes pour être vendus à 3 ou 4 ans comme chevaux de camion ou de roulage.

2° *Le département produit et élève les poulains femelles ou pouliches.* — Les jeunes animaux femelles sont presque tous élevés dans la région et le plus souvent sur place. Si le cultivateur en possède plus qu'il n'en peut élever, il garde souvent la ou les meilleures et vend les autres aux cultivateurs de la contrée.

Cette vente s'opère peu après le sevrage, de novembre en février, soit directement de cultivateur à cultivateur, soit par l'intermédiaire d'un marchand commissionné qui prélève un courtage débattu à l'avance avec le cultivateur qui l'a chargé d'effectuer l'achat. Ce courtage est généralement de 20 à 25 francs.

Pour ces jeunes pouliches, les prix moyens varient entre 400 et 500 francs.

Les jeunes pouliches, conservées ou achetées, sont nourries à l'écurie ou dans les pâturages. Elles sont soumises aux travaux de la ferme dès l'âge de 15 à 18 mois, mais avec modération et par intermittence. Ce travail les rend dociles et résistantes.

Leur alimentation se compose en hiver de foin de prairies artificielles, de paille et d'avoine; en été elles vont au pâturage et reçoivent un peu d'avoine et de foin à l'écurie.

A l'âge de 3 ans, elles sont livrées à l'étalon. Après avoir donné deux ou trois produits, les juments, en pleine puissance de travail et non encore déformées, sont vendues comme postières.

De même que pour les poulains mâles, les bonnes juments sont achetées en toute saison par des marchands qui parcourent les campagnes. Les prix varient de 700 à 1,000 francs, les meilleures pouvant atteindre 1,200 francs et quelquefois plus.

Les expéditions se font principalement sur Paris, mais aussi sur le centre, le midi et le sud-ouest de la France et en Allemagne. Cette migration est une des causes fondamentales de l'extension prise par la race percheronne et par ses croisements.

Les Américains viennent aussi acheter à prix d'or les meilleurs reproducteurs mâles et femelles qui sont élevés avec un soin tout particulier par des éleveurs de grand mérite.

Les meilleurs animaux étant en grande partie vendus à la ferme, les foires aux chevaux, qui sont assez nombreuses dans le département, perdent de jour en jour de leur importance.

Celles où il se fait le plus d'affaires ont lieu, d'octobre à janvier, à :

Alençon (Orne). — Foire de la Chandeleur.

Conlie (Sarthe). — Troisième jeudi de novembre et le jeudi qui suit le 6 décembre.

Le Mans. — Troisième vendredi après la Toussaint.

Fresnay-sur-Sarthe. — Quatrième samedi de novembre.

Sillé-le-Guillaume. — Premier mercredi d'octobre.

La Flèche. — Deuxième mercredi de décembre.

Loué. — Le mardi qui suit le deuxième lundi de décembre.

Château-du-Loir. — Troisième samedi de novembre.

La Ferté-Bernard. — Troisième lundi d'octobre.

Vibraye. — Foire des derniers vendredis d'octobre, novembre et décembre.

Saint-Calais. — Foire du deuxième jeudi après la Toussaint et du troisième jeudi de janvier.

Mamers. — Deuxième lundi de décembre.

L'élevage du cheval, après avoir subi une crise sérieuse il y a quelques années, est redevenu prospère. Il se fait aujourd'hui de façon plus rationnelle et est en voie constante d'amélioration.

La méthode de monte actuellement la plus employée, présente cependant des inconvénients. Les saillies sont faites par des *étalons rouleurs*, qui vont de ferme en ferme. Certains de ces animaux présentent de grandes qualités comme reproducteurs, mais il y en a aussi de défectueux.

La Commission instituée par arrêté ministériel du 12 septembre 1886 est dans l'obligation d'accepter les animaux qui lui sont présentés, s'ils sont exempts de cornage et de fluxion périodique.

Il y aurait avantage à remplacer ces *étalons rouleurs* par des dépôts d'étalons étroitement surveillés par la Société hippique percheronne et où les juments seraient conduites. La Commission de la Société hippique percheronne n'accepterait comme reproducteurs que les animaux bien conformés, présentant tous les caractères de la race et provenant de parents régulièrement inscrits au Stud-Book.

Il faudrait aussi encourager les cultivateurs à conserver plus longtemps les poulinières susceptibles d'améliorer la race en leur attribuant des primes de conservation suffisamment fortes pour qu'ils aient intérêt à résister aux offres séduisantes des acheteurs étrangers.

Il existe une société, la Société hippique percheronne, dont le siège social est à Nogent-le-Rotrou. Ses statuts furent approuvés le 22 octobre 1883.

Aussitôt sa fondation, elle publia le *Stud-Book percheron français*. Une sorte de Stud-

Book, ne présentant qu'une valeur confidentielle, existait antérieurement au Stud-Book percheron français. Il avait été créé pour arriver à augmenter d'une manière appréciable la taille du percheron et à développer également, dans de fortes proportions, sa puissance musculaire. Cette œuvre zootechnique, intelligemment conduite, a été entreprise et menée à bonne fin pour répondre aux désirs des importateurs de chevaux aux Etats-Unis et en Allemagne.

La fusion des deux Stud-Books mena la Société hippique percheronne à un succès relatif, bien que la méthode d'inscription employée ait donné lieu à quelques critiques.

Pendant la période de crise, la Société hippique percheronne modifia très avantageusement sa méthode d'inscription au Stud-Book, en exigant plus de pureté des reproducteurs inscrits.

Ces reproducteurs doivent être nés dans le courant de l'année de père et mère inscrits. Ils sont marqués au cou de la lettre S (Société hippique percheronne) sous la mère, afin d'éviter tout changement. La marque est faite par vingt vétérinaires désignés dans chaque circonscription.

Le rôle de la Société hippique percheronne, étant donnés les graves problèmes que soulève l'exportation des reproducteurs percherons, doit devenir beaucoup plus important qu'il n'a été jusqu'ici. Elle doit, pour bien remplir sa fonction d'organisme poursuivant l'amélioration de la race, se constituer en syndicat d'élevage et pourvoir elle-même tous les centres d'élevage avec des étalons réunissant les qualités recherchées par les principaux acheteurs de nos reproducteurs.

Elle devrait aussi réunir les autres animaux susceptibles d'être exportés et établir pour chacun d'eux un prix de vente qu'elle seule serait chargée de débattre avec les acheteurs. Ces prix seraient fixés de manière à créer de très réels avantages pécuniaires aux propriétaires d'étalons destinés à la reproduction de la race qui, tout naturellement, seraient les meilleurs et en conséquence réservés à notre élevage.

Ces étalons ne seraient définitivement choisis que lorsqu'une délégation de la Société aurait constaté leur aptitude à transmettre à leurs produits les caractères qui les avaient fait distinguer et choisir comme reproducteurs.

En organisant ainsi l'élevage et la vente, la Société hippique percheronne assurerait aux éleveurs qu'elle représente, une supériorité marquée de leurs produits et ils n'auraient plus à redouter la concurrence que leurs acheteurs peuvent leur faire un jour, car aucun étalon ni aucune jument ne serait vendu avant d'avoir donné la mesure de ses aptitudes à transmettre les caractères de la race.

Exportation du percheron en Amérique. — Une crise économique a sévi aux États-Unis de 1893 à 1897 et eut une répercussion particulièrement grave sur l'élevage du cheval américain. La plupart des chefs d'exploitations agricoles, non seulement furent obligés de renoncer à l'élevage, mais ils vendirent encore leurs reproducteurs et une partie des chevaux de service.

Pendant cette période difficile, les acheteurs de chevaux américains désertèrent le marché français, et la liquidation des écuries aux États-Unis fut si importante et si générale que l'exportation de chevaux américains augmenta dans de grandes proportions.

La crise passée, les importateurs de chevaux français en Amérique reparurent sur nos marchés.

PLANCHE XXXIV.

JUMENT PERCHERONNE.

Voici le nombre total de chevaux étrangers qu'ils ont importés et la part fournie par la France dans ces importations de 1899 à 1904 :

	IMPORTATION	
	DE FRANCE.	TOTALE.
	chevaux.	chevaux.
1899	118	1,067
1900	349	1,394
1901	492	1,910
1902	1,206	2,944
1903	1,142	2,800
1904	919	2,634

Le percheron est de beaucoup la plus estimée parmi toutes les races de trait étrangères importées aux États-Unis. A la fin de 1903, le Stud-Book percheron américain comptait 37,000 animaux inscrits; celui de la race Clydesdale, 10,000; celui du Shires, 7,400.

Les Américains ayant marqué leur préférence pour le percheron à robe noire et à corpulence infiniment plus développée qu'elle n'était dans l'ancien percheron, nos éleveurs se sont efforcés de réaliser l'animal qui leur était demandé. Ils ont atteint le but, il faut le reconnaître, en un temps relativement court et avec une incontestable habileté. Les Américains, payant les chevaux en raison de leur poids, ont acheté à un prix très rémunérateur nos percherons, obtenus d'après leurs indications.

Malheureusement, les importateurs de chevaux aux États-Unis ne trouvent pas chez nous tous les percherons qu'ils désirent. Ils sont forcés de remplacer ceux que notre élevage ne peut leur fournir par des boulonnais ou des chevaux belges et anglais.

Il est donc bien regrettable que l'aire de production du bon percheron ne soit pas plus étendue. Avec quelques efforts et de la bonne volonté, la Société hippique percheronne, qui a une belle et noble mission à remplir, pourrait arriver à l'étendre tout en favorisant l'intérêt de ses sociétaires. Les membres de cette société sont d'ailleurs les premiers intéressés à mettre la production du percheron en rapport avec les besoins du marché. C'est en effet le meilleur moyen de combattre efficacement la concurrence que leur font les producteurs des autres races européennes en Amérique.

En grossissant démesurément la taille et le poids du percheron, on lui a fait perdre une partie de sa souplesse, de son agilité et la possibilité de travailler à une allure vive. Aujourd'hui, les Américains acceptent non seulement le puissant moteur à musculature et aux formes mastodontales, mais aussi le cheval fortement étoffé et encore capable de faire un service au trot, en traînant un poids relativement considérable. Presque tous les cantons de la Sarthe, même ceux dont la terre n'est pas assez fertile pour produire le cheval aux dimensions extrêmes, que les meilleurs éleveurs ont réussi à obtenir, pourraient faire le percheron trotteur, si on leur fournissait de bons reproducteurs et si l'on habituait les éleveurs à donner la nourriture, et plus particulièrement l'avoine, d'une main plus généreuse. Ce changement d'habitude ne serait peut-être pas très difficile à obtenir si ces éleveurs avaient l'encourageante perspective de participer aux avantages que procure la vente du percheron aux acheteurs américains, c'est-à-dire la garantie certaine de participer, eux aussi, au partage des bénéfices que procure l'exportation du cheval percheron.

La transformation du percheron déjà réalisée est une œuvre zootechnique de grande valeur et qui fait honneur aux éleveurs distingués qui l'ont entreprise et menée à bonne fin. Ils ont fait le cheval que leurs acheteurs leur demandaient. Les importateurs américains voulaient de la masse et du poids, on leur a donné l'un et l'autre et à profusion; le résultat acquis est très remarquable et réussi à souhait, car aux États-Unis, c'est la bascule qui fournit l'élément principal d'appréciation de la valeur du cheval. On achète là-bas le cheval de trait au poids. Ainsi, on cite les cours suivants qui ont été pratiqués à Chicago, il y a quelques années : un cheval pesant 500 kilogrammes a été payé 675 francs, pendant qu'un autre, du poids de 900 kilogrammes, valait 1,800 francs; le taux d'accroissement de la valeur du cheval varie de 125 à 150 francs par quintal de livre anglaise (45 kilogr. 30). Ce qui prouve encore que les acheteurs de nos chevaux n'exigeaient pas des colosses uniquement pour satisfaire une fantaisie, c'est qu'aux expositions internationales d'animaux reproducteurs organisés par l'*Union Stock Yards et C*[e], à laquelle appartiennent les immenses marchés aux bestiaux de Chicago, le poids de chaque cheval exposé est affiché dans sa loge. Cette particularité indique clairement qu'aux États de l'Union, on juge de la force que peut déployer un cheval surtout d'après son poids.

Nos éleveurs, aidés par les ressources de leur sol fertile et particulièrement approprié à la production du percheron, ont réussi à remplir le programme qui leur avait été tracé. Ils n'ont eu qu'un objectif : faire gros et développer démesurément les muscles. Ils y sont parvenus, et avec leurs seuls moyens; le cheval qu'ils ont produit a des formes athlétiques et d'une grande puissance, mais, en se transformant, il a perdu ses formes harmonieuses, la grande aisance dans ses mouvements, caractéristique de sa race, et également ses allures dégagées et assez actives.

Ce colosse est surtout demandé par les Américains; il remplit assurément pour eux une utilité, et de plus il séduit leur esprit très positif, quoique ami de l'extraordinaire et du merveilleux; mais tel qu'il est, on ne peut dire qu'il ait une valeur universelle, parce qu'il ne l'a pas, quoique les Allemands s'en accommodent également.

Que les Américains, pour une raison quelconque, reviennent de leur engouement pour le modèle qu'ils ont imaginé, ou qu'une nouvelle crise vienne encore une fois ruiner leur élevage, et cette superbe création de nos éleveurs deviendra d'un placement plus difficile. Le cas est à prévoir, car les progrès de l'évolution de l'Amérique du Nord sur le terrain de l'industrie et du commerce sont tellement rapides, qu'elle est plus que toute autre exposée à de terribles à-coups de la fortune et à des crises de toutes natures. Il semble donc qu'il serait prudent de tenter de faire du percheron, transformé d'après le programme américain, un animal ayant une valeur plus courante et pouvant satisfaire à des besoins moins exclusivement limités.

Il ne s'agit pas, bien entendu, de renoncer à l'œuvre entreprise et de faire volte-face à nos acheteurs, en renonçant bénévolement aux bénéfices que procure actuellement le percheron transformé. Il faut au contraire profiter, le plus largement possible des efforts faits jusqu'ici et du beau résultat obtenu pour continuer le travail si heureusement commencé, et le compléter de façon à arriver à faire un cheval capable non seulement de faire un service au pas, mais aussi un service au trot, en lui donnant de la figure, de la tenue, de l'aisance, de la souplesse, peut-être aussi de l'élégance dans les mouvements, ce qui lui permettra d'être agile et prompt à l'action, de se déplacer et de mouvoir une très lourde charge avec aisance et agilité, à peu près comme son frère, le percheron trotteur.

Plus encore que le colossal percheron actuel, le néo-percheron, dont la silhouette vient d'être esquissée à grands traits, serait un cheval sans rival pour le travail au pas; mais son aptitude à trotter, la juste proportion, l'harmonie, et peut-être même l'élégance de ses formes en feraient un animal à plusieurs fins, ce qui serait un avantage sérieux pour nos éleveurs.

On comprend immédiatement cet avantage : leurs intérêts de producteurs dépendraient moins étroitement d'une fantaisie d'acheteurs, de la concurrence que pourraient faire au percheron les autres races, enfin d'une crise économique.

Le problème à résoudre pour obtenir le néo-percheron serait un peu plus difficile que celui dont la solution a donné le percheron colosse. Il faudrait faire acquérir aux diverses parties du squelette un agencement approprié aux services que l'on a en perspective. Il faudrait également diminuer dans de très notables proportions l'aptitude à produire et à emmagasiner la graisse entre les fibres musculaires. La graisse, lorsqu'elle s'accumule dans un organisme animal, réduit et même paralyse dans une certaine mesure l'effort développé, en empêchant le libre jeu des muscles.

Mais dans l'animal franchement gras, elle diminue sa vitalité d'une manière très sensible. Ainsi elle agit défavorablement sur ses facultés génésiques, sur les fonctions de la peau, etc.

Dans l'élevage d'animaux chez lesquels on désire développer une grande puissance musculaire, on doit éviter avec soin l'accumulation de la graisse dans les viscères et dans les membres. Si l'on sait éviter l'excès, on aura beaucoup plus de facilité pour augmenter l'activité nerveuse qui permettra aux muscles de tenir en réserve une grande quantité d'énergie. Elle leur permettra également une grande contractilité d'où résulteront la souplesse, l'agilité de tout le corps et en dernière analyse la possibilité de déplacement à une allure vive.

Le modèle à réaliser au point de vue de la construction et de la puissance nerveuse a déjà existé avec persistance dans une longue lignée d'ancêtres du percheron. Il faudra rappeler les caractères de la race; ce sera d'autant plus facile que ce sont de vieux souvenirs ataviques momentanément disparus; il suffira donc de s'appliquer à les fixer dans le néo-percheron et à leur donner une grande stabilité.

Ce qui reste à faire se réduit en somme à continuer l'œuvre si bien commencée, mais en n'ayant plus l'unique préoccupation de grandir la taille et d'augmenter le volume et le poids; il faudra encore réaliser le plan d'amélioration zootechnique ayant pour but d'affiner les formes et de rendre le colosse beau, vif et alerte.

L'élevage de la famille des percherons à créer ne sera pas plus dispendieux que celui du percheron géant; cependant il faudra établir une ration pour chaque période de l'élevage d'après les règles de la science, mais en tenant grand compte de l'expérience acquise par les grands éleveurs du Perche; il faudra aussi prévoir un entraînement approprié et attendre les meilleurs et les plus décisifs effets de la gymnastique fonctionnelle.

En somme, la Société hippique percheronne aurait grand intérêt à étendre l'élevage du percheron trotteur de manière à satisfaire à la demande américaine aussi complètement que possible.

Le percheron colosse n'a à subir aucune amélioration pour trouver preneur; de plus, il ne peut être produit que sur un sol fertile, bien approprié et par des éleveurs ayant une connaissance parfaite du cheval et de ses besoins. Il n'y a donc pas à songer à élargir l'aire de sa production.

Cependant la Société hippique percheronne doit se demander si en le rendant plus agile et capable d'aller à une allure plus vive, il ne serait pas mieux apprécié par ses acheteurs attitrés et si, étant ainsi amélioré, il n'aurait pas une plus grande utilité pratique.

ESPÈCE BOVINE.

La statistique agricole de 1905 accuse pour le département une population bovine de 236,178 têtes. Ces animaux tirent leurs principaux caractères de la race normande ou de ses croisements : manceaux-normande, durham-normande.

La race mancelle se rencontre pure dans les communes de Tennie, Neuvy, Bernay, Ruillé, Saint-Symphorien. Un syndicat fut créé en 1899 en vue d'améliorer cette race; il a disparu.

La race durham est à l'état pur dans quelques étables des cantons de Sablé-sur-Sarthe, Malicorne et La Flèche. Elle est à l'état de croisement dans le reste de la population bovine de ces cantons.

La race normande se trouve dans la vallée de l'Huisne : cantons de Montfort-le-Rotrou, Tuffé, La Ferté-Bernard, et dans la vallée de l'Orne saonnoise : cantons de Ballon, Marolles-les-Braults, Beaumont-sur-Sarthe. Elle est à l'état pur dans les cantons de La Fresnaye, Saint-Paterne et La Ferté-Bernard. Dans les autres parties du département, elle est à l'état de croisement avec la race durham. Le croisement a été fait partout sans ordre ni proportions de sang régulières et bien arrêtées.

La moitié au moins des taureaux entretenus dans le département sont importés directement de Normandie à l'âge de 10 à 12 mois par des marchands de bestiaux le plus souvent commissionnés ou ces animaux sont achetés directement par le cultivateur.

L'entretien des bovins donne lieu aux cinq principaux genres de spéculations ci-après :

1° *Production des veaux gras (veaux blancs) pour Paris;*

2° *Production des génisses pleines ou « amouillantes »;*

3° *Production des vaches laitières pour Paris, la Beauce ou la Brie;*

4° *Production des bœufs maigres;*

5° *Engraissement : 1° des vaches et génisses; 2° des bœufs.*

1° *Production des veaux gras (veaux blancs) pour Paris.* — Dans les cantons d'Écommoy, Pontvallain, Mayet, La Chartre-sur-Loir, Le Lude, Château-du-Loir, Le Grand-Lucé, tous les veaux mâles produits sur la ferme sont livrés à l'engraissement en vue de la production des veaux blancs destinés au marché de Paris. On engraisse également les veaux femelles mal conformés ou obtenus en trop pour les besoins de l'élevage.

Les cultivateurs des cantons d'Écommoy, Pontvallain, Mayet se rendent sur les marchés du Mans ou dans les laiteries des environs de cette ville pour y acheter les très jeunes veaux qu'ils engraissent ensuite.

Les jeunes veaux sont nourris surtout au baquet au lait pur jusqu'à 5 ou 6 semaines; ils reçoivent ensuite du lait écrémé additionné de farine de froment passée au four; parfois on leur donne deux ou trois œufs crus par jour; ils sont muselés, attachés court et placés dans l'obscurité et bien au sec dans un coin de l'étable, sur un plancher en bois. Ils sont toujours pourvus d'une abondante litière.

Les veaux gras sont vendus à l'âge de 8 à 10 semaines; leur poids vif varie de 125 à 150 kilogrammes. Ils sont expédiés à Paris, soit vivants, soit abattus; leur rendement en viande nette atteint 60 p. 100. Les veaux blancs de la Sarthe jouissent d'une très grande réputation sur le marché parisien.

La vente se fait principalement à la ferme à des courtiers qui parcourent les campagnes. Ceux qui sont amenés sur les marchés sont achetés en majeure partie par la boucherie.

Les prix s'établissent au cours du jour; l'unité est le kilogramme de poids vif. Les transactions se poursuivent toute l'année, avec ralentissement en été pendant les grandes chaleurs.

Les livraisons et expéditions les plus importantes ont lieu aux jours et gares ci-après : le samedi à Château-du-Loir, le dimanche matin à La Chartre-sur-Loir et Courdemanche, le mardi à Bouloire, le mercredi au Grand-Lucé et à Conneré, le jeudi à Saint-Calais, le dimanche matin à Mayet et à Écommoy, le samedi et le mardi à Laigné, le dimanche et le mardi à Aubigné, le dimanche au Lude, le dimanche, le mardi et le samedi à La Flèche.

Les bouchers de la région abattent un assez grand nombre de veaux rouges pour la consommation locale.

2° *Production des génisses pleines ou «amouillantes».* — Dans les cantons de Vibraye, Saint-Calais, dans la vallée de l'Huisne : cantons de Montfort-le-Rotrou, Tuffé, La Ferté-Bernard; dans la vallée de l'Orne saonnoise : cantons de Ballon, Marolle-les-Braults, Beaumont-sur-Sarthe, la presque totalité des veaux femelles bien conformés sont conservés pour l'élevage. Lorsque dans les fermes les naissances sont insuffisantes pour subvenir aux besoins annuels de l'élevage, les cultivateurs achètent de préférence à des cultivateurs voisins mieux pourvus, soit des jeunes veaux femelles, soit des jeunes taures de 8 à 12 mois. Celles-ci viennent soit des autres régions du département, soit de la Mayenne ou de l'Ille-et-Vilaine.

Certains bons cultivateurs achètent, par l'intermédiaire de marchands commissionnés, des jeunes génisses en Normandie. Celles-ci viennent principalement de la Manche (Montebourg, Valognes, La Haye-Pencl).

Les génisses nées sur la ferme sont nourries au baquet et au lait pur jusqu'à 7 ou 8 semaines. On leur donne ensuite du lait écrémé additionné d'un peu de farine de froment passée au four.

En été, elles restent jour et nuit au pâturage à proximité de la ferme. Pendant les froids, elles sont rentrées à l'étable et soumises à la stabulation permanente.

Les génisses sont livrées au taureau à l'âge de 15 à 18 mois. Les meilleures, celles qui présentent au maximum les caractères distinctifs de la bonne laitière et qui ont une bonne origine, sont conservées pour augmenter le nombre des vaches laitières ou pour remplacer celles destinées à la vente ou à l'engraissement.

Les autres sont vendues pleines de 4 à 5 mois ou en majeure partie prêtes à faire veau, c'est-à-dire *amouillantes*.

Les ventes s'opèrent principalement dans les fermes. Quelques-unes, mais en plus petit nombre, ont lieu sur foires.

Les bonnes génisses, ayant surtout du normand, sont dirigées vers l'Orléanais et le Gâtinais; les autres vont dans le Vendômois.

Les prix varient de 200 à 400 francs.

3° *Production des vaches laitières pour Paris, la Beauce et la Brie.* — Les génisses conservées à la ferme pour augmenter le troupeau des vaches mères n'ont pas toutes la même destination. Les meilleures, les normandes pures ou celles s'en rapprochant le plus, sont vendues sur fermes presque toujours, amouillantes ou fraîches de veau, vers l'âge de 5 à 6 ans et s'en vont peupler la Beauce et la Brie. Un petit nombre est acheté par les laitiers des environs du Mans. Les autres, moins bien racées ou d'un développement plus réduit, sont achetées, à la ferme ou sur foires, vers l'âge de 5 à 7 ans, pleines ou laitières, et sont dirigées vers l'Orléanais, le Gâtinais ou le Vendômois.

Enfin les vaches déjà âgées, conservées sur l'exploitation pour leur belle conformation et leurs grandes qualités laitières, sont vendues presque toujours à la ferme, fraîches de veau (celui-ci étant presque toujours conservé à la ferme si c'est une génisse), vers l'âge de 8 à 10 ans et dirigées sur Versailles ou Paris pour faire des laitières dites *parisiennes*.

Le prix de vente varie beaucoup suivant les animaux, les demandes et l'abondance des fourrages. Le minimum peut être fixé à 300 francs et le maximum à 600 francs.

Ce mode de spéculation se pratique surtout dans les cantons indiqués pour la production des génisses amouillantes et dans les environs du Mans. Dans les autres régions, les vaches sont généralement conservées vieilles, engraissées et livrées à la boucherie.

Les principales foires aux génisses et aux vaches pleines amouillantes ou laitières sont :

Saint-Calais. — Foire de Toussaint (deuxième jeudi après la Toussaint), foire de janvier (troisième jeudi de janvier).

Vibraye. — Foire de Toussaint (dernier vendredi d'octobre), foire de décembre (dernier vendredi de décembre).

Bouloire. — Foire de Saint-Mathieu (mardi le plus proche de la Saint-Mathieu).

Château-du-Loir. — Troisième samedi de novembre (environ 1,000 têtes).

La Chartre-sur-Loir. — Premier lundi de novembre, décembre et janvier.

Beaumont-sur-Sarthe. — Troisième mardi de mars.

Bonnétable. — Deuxième mardi après Pâques, deuxième et quatrième mardi de novembre.

Fresnay-sur-Sarthe. — 25 novembre.

4° *Production des bœufs maigres ou «bouvards».* — L'élevage des veaux mâles destinés à fournir des bœufs pour l'engraissement se pratique surtout dans les cantons de Sablé-sur-Sarthe et de Brûlon. Les cultivateurs de cette région se rendent sur les marchés du Mans, de Beaumont-sur-Sarthe, de Fresnay, où ils achètent les jeunes veaux mâles pour les élever.

Ces animaux sont sevrés vers 4 mois et conduits au pâturage. Ils sont vendus à 2 ou 3 ans (bouvards) à des herbagers de la vallée du Loir, de celles de l'Huisne, de l'Orne saonnoise et de la Sarthe. Les foires les plus importantes ont lieu à Sablé le premier lundi de carême, le premier jeudi après Pâques et le 24 janvier.

Il est vendu à ces foires une moyenne de 6,000 têtes pour herbage. Les Belges achètent un nombre assez considérable de ces animaux, ainsi que certains commerçants de la région du Nord.

5° *Engraissement des bovins.* — Les vaches mères, conservées vieilles sur la ferme, sont engraissées, suivant les saisons, à l'étable ou dans les pâtures et ensuite livrées à la boucherie. Il en est de même des génisses *taurelières*, c'est-à-dire celles qui, après plusieurs essais infructueux, sont restées stériles. Parfois ces animaux sont vendus au printemps, généralement sur foires, aux herbagers de la région.

La production des bœufs gras d'herbe ne se fait que sur quelques points où les pâtures sont abondantes et de bonne qualité : vallées du Loir, de l'Huisne, de l'Orne saonnoise, de la Sarthe. Partout ailleurs, quand l'engraissement est poursuivi, il se pratique à l'étable. Ces bœufs sont vendus à l'âge de 2 à 3 ans pour être dirigés vifs sur le marché de La Villette; ils sont quelquefois abattus, et les meilleurs morceaux envoyés pour l'approvisionnement de Paris.

Situation et avenir des spéculations bovines dans le département. — L'élevage des bovins est rémunérateur, mais il pourrait l'être davantage. La population s'est accrue en nombre et s'est améliorée sous l'influence de bons taureaux normands. C'est par croisement avec la race normande que l'on pourra améliorer très vite les bovidés de notre région. La trop grande introduction de sang durham a produit des effets contraires à ceux que l'on attendait, et nos cultivateurs l'abandonnent en partie; il en est de même des quelques essais tentés avec les races suisses.

Il faudrait créer des primes de conservation aux meilleurs taureaux de race normande ayant prouvé leurs mérites comme reproducteurs. On ne conserve guère les taureaux au delà de 3 ans, quelles que soient leurs qualités; ils sont donc sacrifiés avant qu'il soit possible de se rendre compte de leur valeur. Ces primes devraient être représentées par une somme d'argent assez élevée afin d'encourager les possesseurs de taureaux à les rechercher. On aurait ainsi une émulation très vive qui ne pourrait être que très favorable à l'amélioration des produits.

Le système d'achats et de ventes de taureaux départementaux, qui a donné de si brillants et si rapides résultats dans un autre département, amènerait, dans la Sarthe où les fermiers intelligents et désireux d'améliorer leur situation sont nombreux, à une transformation rapide de la population bovine. Ce système d'ailleurs pourrait être très avantageusement combiné au fonctionnement des syndicats d'élevage toutes les fois qu'il serait possible d'en créer. Mais nous sommes encore loin de l'heure où les bienfaits de la mutualité seront assez appréciés pour créer ces sortes d'associations.

Lait. — Étant donné le grand nombre de vaches laitières entretenues dans le département, la production du lait est très abondante. Elle peut être évaluée à 1,315,600 hectolitres, représentant une valeur de 16,708,792 francs, soit 12 fr. 72 l'hectolitre.

Le lait produit est utilisé de trois façons :

1° La plus grande partie est transformée en beurre ou en fromage;

2° Une autre portion assez importante est utilisée à l'alimentation des veaux d'engraissement et d'élevage et aussi des porcelets;

3° Le reste est vendu en nature au prix moyen de 0 fr. 20 le litre aux consommateurs. Cette spéculation est surtout pratiquée aux environs des villes, car la consommation du lait est en progrès partout.

Beurre. — Le département de la Sarthe produit une très grande quantité de beurre. Malgré cela, l'industrie laitière est encore peu développée; 120,000 hectolitres seulement représentent les quantités mises en œuvre annuellement par quinze établissements, dont onze fromageries et quatre beurreries. Un établissement fabrique à la fois le beurre et le fromage.

Seul l'établissement de Tennie est coopératif; un autre est géré par une société; les autres, d'une importance moindre, appartiennent à des particuliers.

La plus grosse partie du beurre se fait à la ferme. La fabrication s'est sensiblement améliorée par l'emploi des écrémeuses, qui aujourd'hui sont très répandues.

Le beurre produit est vendu sur les marchés de la région à des marchands beurriers qui l'expédient sur les marchés de Tours, de Paris et, la plus grosse partie, en Angleterre.

C'est aux environs du Mans que le beurre produit à la ferme est de meilleure qualité. Certains cultivateurs ont réussi à créer une marque et leur beurre fait prime sur le marché du Mans.

Parmi les établissements industriels, il faut citer, en première ligne, la laiterie coopérative de Tennie, dite : «Laiterie coopérative de la Champagne et du Maine». Elle a été fondée en 1901 par quelques cultivateurs seulement. Aujourd'hui elle compte 890 sociétaires. La quantité de lait traitée en vue de la fabrication du beurre a été, en 1905, de 2,084, 919 litres, qui ont produit un rendement de 92,405 kilogr. 500 de beurre vendu, sur le marché de Paris au prix moyen de 2 fr. 56 le kilogramme.

Le beurre produit est d'excellente qualité et peut rivaliser avantageusement avec celui des laiteries coopératives des Charentes.

La production est beaucoup plus considérable en été qu'en hiver.

Le lait est payé en moyenne 8 fr. 35 l'hectolitre par la coopérative.

Les laiteries particulières sont beaucoup moins florissantes.

L'avenir appartient aux laiteries coopératives.

En répartissant les bénéfices entre les adhérents proportionnellement à la richesse en matière grasse du lait fourni par chacun d'eux, ce qui se fait à Tennie, elles contribueront à améliorer l'alimentation et à faire une sélection des reproducteurs en tenant compte surtout des qualités beurrières.

La production deviendra plus régulière et les bénéfices plus élevés en substituant, dans l'élevage des veaux et des porcs, le lait écrémé pasteurisé, additionné de fécule au lait pur.

Les cultivateurs qui livrent leur lait aux industriels ne remplissent pas toujours ponctuellement dans la livraison les conditions prévues au contrat, ce qui nuit au bon fonctionnement de l'industrie privée.

Les idées mutualistes arriveront à triompher, il faut l'espérer, de l'esprit routinier. L'obstacle le plus sérieux au progrès des idées d'association est le bon résultat obtenu dans l'élevage et l'engraissement des porcelets. Il est très difficile de faire changer brusquement au cultivateur ses modes de culture et d'élevage.

Fromages. — On fabrique du fromage dans toutes les fermes pour l'alimentation du personnel. La production commerciale n'est pas très importante. On fabrique plusieurs sortes de fromages :

1° des fromages de la Ferté-Bernard à pâte molle, très renommés;

2° des fromages façon camembert et façon gournay;

3° des fromages façon brie;

4° des fromages de chèvre, produits surtout dans les pays vignobles.

Il existe onze fromageries appartenant à des particuliers dans les arrondissements de la Flèche, du Mans et de Mamers.

Les produits sont dirigés sur le Mans, Paris et la banlieue.

Ces fromageries sont situées à Cherré, à Duneau, au Mans, à Montfort-le-Rotrou, Ivré-l'Évêque, Saint-Germain-du-Val, Vibraye.

ESPÈCE PORCINE.

L'élevage des porcs est très important dans le département. Les animaux entretenus appartiennent à la race craonnaise et surtout à des croisements de cette race avec la variété percheronne.

Les principaux centres de production sont, dans l'arrondissement du Mans, les cantons de Conlie et d'Écommoy. Les jeunes porcelets produits dans les fermes sont élevés en totalité pour être engraissés et ainsi qu'un assez grand nombre d'autres achetés dans la Mayenne. Ils sont vendus à 8 ou 9 mois et expédiés vivants sur Paris et un peu dans le Nord.

Dans l'arrondissement de Saint-Calais, l'engraissement se pratique surtout dans les cantons du Grand-Lucé et de Bouloire. Dans le canton de Saint-Calais, les cultivateurs s'adonnent surtout à la production des porcelets qui, vendus au sevrage à l'âge de 2 à 3 mois, sont dirigés sur Bouloire, le Grand-Lucé, la Chartre-sur-Loir et aussi sur Montoire-sur-Loir (Loir-et-Cher). Ces jeunes porcelets pèsent de 15 à 20 kilogrammes; ils sont vendus aux foires et marchés de la région et à la pièce, bien que cependant leur prix soit établi approximativement par leur poids. En dehors des porcelets, il est élevé et engraissé dans chaque ferme quelques porcs qui sont utilisés pour faire les salaisons nécessaires aux besoins de l'exploitation. La vente des porcs gras a lieu toute l'année, mais elle se ralentit en été.

Dans l'arrondissement de la Flèche, on se livre surtout à la production des porcelets. L'engraissement est également pratiqué, mais en moins grande quantité que dans les autres arrondissements. Le canton de Sablé est un centre de production très important pour la vente des porcs de lait. Il y est vendu une moyenne de 1,800 à 2,000 porcs à chaque marché, les premier et troisième samedis du mois. Le plus grand nombre est expédié dans l'Est. Le prix est de 20 à 25 francs.

Dans l'arrondissement de Mamers, on se livre surtout à l'engraissement. Le canton de Tuffé produit chaque année 7,000 à 8,000 porcs gras, vendus principalement à la ferme. La production est importante dans les cantons de Bonnétable et de Beaumont-sur-Sarthe.

Les principales foires aux porcs ont lieu à :

Beaumont-sur-Sarthe. — La veille des premier et troisième mardis de décembre.

Fresnay. — Foire de la Sainte-Catherine.

Conlie. — Le mercredi veille de la foire du jeudi avant le 10 décembre, le jeudi qui suit le 10 décembre.

Connerré. — Le mercredi après le 20 janvier, le sixième mardi après Pâques et le mercredi avant la Toussaint.

Sillé-le-Guillaume. — Le dernier mardi de novembre.

Le Mans. — Le troisième vendredi après la Toussaint, le deuxième vendredi de décembre.

Sablé-sur-Sarthe. — Le deuxième jeudi de décembre.

Bouloire. — Deuxième mardi de février, le mardi de la Quasimodo, troisième mardi de novembre, le dernier mardi de décembre.

Ecommoy. — Le premier mardi de janvier, premier mardi d'octobre, dernier mardi de novembre.

Le Grand-Lucé. — Troisième mercredi d'octobre, deuxième mercredi de novembre, le mercredi avant Noël.

Les principaux marchés aux porcs ont lieu à :

Beaumont-sur-Sarthe. — Les mardis et vendredis.

Bonnétable. — Le mardi matin.

Bouloire. — Le mardi.

La Chartre. — Le jeudi.

Connerré. — Le mercredi.

Ecommoy. — Le mardi.

La Ferté-Bernard. — Le lundi.

La Flèche. — Le mardi, le mercredi, le vendredi et le dimanche.

Le Mans. — Le lundi.

Noyen. — Les deuxième et quatrième samedis de chaque mois.

Pont-de-Gennes. — Le dimanche matin.

Sablé-sur-Sarthe. — Le lundi.

Sillé-le-Guillaume. — Le mercredi (de Noël au 15 février).

Le commerce le plus actif se fait pendant l'hiver, avec ralentissement en été.
L'élevage est pratiqué sur une assez large échelle et il procure d'assez beaux bénéfices

aux producteurs. Le porc percheron est très prolifique. Le verrat craonnais donnerait à la race locale plus de précocité et de développement.

Dans certaines contrées, où le sol convient très bien à la production de pommes de terre de bonne qualité, le cultivateur tend à abandonner l'engraissement des porcs pour vendre ses pommes de terre pour la consommation ou la féculerie.

ESPÈCES OVINE ET CAPRINE.

L'élevage du mouton va toujours en diminuant. Il se pratique plus particulièrement dans les cantons de Saint-Calais, La Ferté-Bernard et Montmirail. Ces moutons appartiennent en grande partie à la race solognote plus ou moins croisée avec le southdown ou quelquefois avec le dishley-mérinos.

Des cultivateurs de l'arrondissement de Saint-Calais achètent avant la récolte des céréales des moutons maigres qui viennent du Berry et de la Sologne. Ils les engraissent par les glanages et pâturages sur chaumes et une alimentation complémentaire suffisante à la bergerie.

Les chèvres, assez nombreuses dans le département, sont assez régulièrement disséminées sur toute sa surface. Elles sont élevées en vue de la production du lait, qui est presque entièrement converti en fromages utilisés dans la ferme, et pour la production des chevreaux. Ces derniers sont vendus à l'âge de 6 à 8 semaines, soit à des bouchers qui les débitent à leur clientèle locale, soit aux marchands de volailles qui les expédient sur tous les centres, mais principalement sur Paris.

Laine et peaux de chevreau. — La production de la laine est peu importante. Les laines en suint sont vendues par lot, généralement à des négociants en grains qui s'occupent également de ce commerce. Ordinairement leur prix varie de 0 fr. 75 à 0 fr. 80 la livre. Cette année elles ont atteint le prix de 1 franc à 1 fr. 10. Ces laines sont principalement expédiées sur Reims et Roubaix.

Quant aux peaux de chevreau, centralisées par les chiffonniers ou les acheteurs de chevreaux, elles sont expédiées un peu sur tous les centres de préparation. Leur prix varie à la campagne depuis 2 francs jusqu'à 3 francs, suivant leur qualité et leur grandeur.

ANIMAUX ET PRODUITS DE BASSE-COUR.

Volailles. — La spéculation des volailles est surtout importante dans l'arrondissement de la Flèche où on se livre à la production de la volaille grasse, du poulet de grains et de la volaille ordinaire.

Volailles grasses. — Cette catégorie comprend les chapons et les poulardes; c'est la volaille de luxe. Seuls les sujets de la race de la Flèche servent à la fabrication des chapons et des poulardes. Les éleveurs-engraisseurs sélectionnent les plus beaux sujets mâles et femelles pour la reproduction; les autres sont engraissés. L'engraissement se fait avec un mélange de farine de sarrasin, d'orge, d'avoine et de lait non écrémé. L'opération dure de 8 à dix semaines. L'époque la plus favorable est d'octobre à fin mars. Les principaux centres de production sont La Flèche, Le Bailleul, Villaines-sur-Malicorne, Bousse, Arthézé et Saint-Germain-du-Val, petites communes qui se trouvent à quelques kilomètres de la Flèche. La poularde et le chapon ne se fabriquent pas ailleurs dans l'arrondissement. Chaque sujet, après l'engraissement, atteint un poids moyen de 3 kilogrammes et est vendu 2 francs à 2 fr. 25 *la livre.*

Chaque année les différentes contrées de production ci-dessus désignées fournissent à la vente de 3,000 à 3,500 chapons et poulardes. Paris est le grand centre de consommation. Ce sont les grandes épiceries parisiennes qui font leurs commandes soit directement aux engraisseurs, soit à quelques négociants du Mans et qui revendent les produits aux grands restaurants ou à des particuliers.

La vente commence à la Toussaint, mais la période la plus active est de Noël à Pâques. Noël et le 1er janvier absorbent la moitié des produits vendus pendant l'année entière.

Poulets de grains. — Le poulet de grains se trouve surtout à Noyen-sur-Sarthe, Brûlon et Loué. Il appartient à la race du Mans et aussi à un croisement de la race de la Flèche avec la race du Mans. Les poulets de grains sont vendus à 6 mois à raison de 3 francs la pièce en moyenne.

Les principaux marchés sont Noyen, le samedi; Loué, le mardi ; Brûlon, le samedi et le dernier jeudi du mois. Ces trois marchés fournissent par semaine 3,000 poulets de grains.

En dehors des poulets de grains, on trouve sur les marchés de l'arrondissement la volaille ordinaire qui ne donne pas lieu à un commerce bien important.

Il existe chaque année à la Flèche un concours de volailles mortes organisé par le Comice agricole de ce canton. Ce concours a toujours lieu le dimanche qui précède Noël. Il y est exposé plus de trois cents lots qui sont tous vendus le même jour aux négociants du Mans ou à des particuliers. Le Comice agricole consacre à l'établissement de ce concours une somme de 700 francs.

Dans l'arrondissement de Saint-Calais, la race de Faverolles prend une extension de plus en plus rapide et ne tardera pas à prédominer sur les autres races. Cette race est très recherchée des commerçants. Les poulets sont bien développés, précoces, d'un engraissement facile, leur chair est blanche et savoureuse. On ne produit pas de poulardes, bien que quelques fermières pratiquent l'engraissement. Les volailles de grains produites après la récolte des céréales sont très estimées.

Les poulets naissent surtout au printemps, de mars à fin septembre; ils sont vendus vivants à l'âge de 4, 6, 7 et 8 mois.

Les ventes ont lieu en toute saison sur les foires ou marchés de la région, soit à la clientèle locale, soit aux marchands de volailles expéditeurs qui au besoin parcourent la campagne.

Les ventes sont particulièrement actives à la fin de l'été, avant l'ouverture de la chasse, aux environs de Noël, du Premier de l'An et de Pâques.

Dans l'arrondissement du Mans, c'est la race commune qui prédomine. L'engraissement est pratiqué en petit. On produit des poulardes dites «poulardes du Mans». On fait surtout le poulet de grains et la volaille ordinaire. Les principaux centres de production sont Sillé-le-Guillaume, Conlie et le troisième canton du Mans.

Ils font de grosses affaires en France et à l'étranger; ils expédient la volaille du Mans jusqu'en Égypte.

Dans l'arrondissement de Mamers, on trouve des poules communes et un assez grand nombre de Faverolles, en particulier dans le canton de la Ferté-Bernard.

C'est une des raisons pour laquelle les marchés de la Ferté sont très suivis par les marchands de volailles. Les principaux marchés de l'arrondissement de Mamers sont Mamers, la Ferté-Bernard, Bonnétable et Beaumont-sur-Sarthe.

Oies. — On produit une assez grande quantité d'oies dans tout le département, mais les principaux centres sont, dans l'arrondissement de la Flèche, Noyen-sur-Sarthe, Brûlon et Loué; dans l'arrondissement du Mans, Sillé-le-Guillaume et le deuxième canton du Mans. Ces oies appartiennent à la race commune. Elles sont vendues grasses aux environs de Noël pour être expédiées en grande partie en Angleterre. Le commerce demande l'oie aussi petite que possible, mais en bon état de chair, d'un poids moyen de 4 à 5 et 6 kilogrammes.

Lapins. — On produit surtout des lapins dans les cantons d'Écommoy, Montfort-le-Rotrou, troisième canton du Mans, Bouloire, Château-du-Loir, Le Grand-Lucé.

Ces animaux sont vendus sur marchés ou sur foires aux acheteurs de volailles. Ils sont utilisés pour la consommation locale et le reste est expédié à Paris.

Œufs. — La production des œufs est importante et donne lieu à un commerce relativement considérable.

Ces œufs sont vendus sur les marchés de la contrée. Ils sont ensuite expédiés sur les grands centres de consommation dont le principal est Paris.

Les exportations en Angleterre sont assez considérables.

Les œufs sont vendus à la douzaine à des prix variant de 0 fr. 70 à 1 fr. 50, suivant les saisons, leur prix moyen pouvant s'établir de 0 fr. 90 à 1 franc la douzaine.

La laiterie coopérative de Tennie a acheté en 1905 711,171 œufs, vendus aux prix suivants :

	QUANTITÉ.	PRIX DU MILLE.	
	—	—	
	œufs.	fr.	c.
Halles	677,912	107	93
Le Mans	19,559	93	29
Divers	6,224	130	86
Sociétaires	657	84	62
Comptant	6,919	63	00

Ces œufs sont divisés en trois séries :

1re série : œufs de 48 heures et d'un poids minimum de 65 grammes;

2e série : œufs ordinaires;

3e série : œufs vieux.

Pour la première série, les œufs sont à l'heure actuelle à 220 francs le mille.

Les marchands qui achètent les œufs sont les mêmes que ceux qui achètent le beurre.

APICULTURE.

L'apiculture n'est pas en honneur dans la Sarthe. La plus grande partie du miel est consommée par les producteurs et la cire vendue aux quelques rares marchands du département.

Avec l'étendue consacrée aux cultures fourragères, aux arbres fruitiers, aux pins, aux bruyères et aux ajoncs, il y aurait avantage pour les agriculteurs de la Sarthe à faire une place beaucoup plus large à l'apiculture.

SAVOIE.

Les spéculations d'origine animale ont une certaine importance en Savoie. Elles constituent la ressource la plus notable de ce pays accidenté, à pluies fréquentes, où la culture pastorale a toujours été en honneur et où elle est seule possible sur bien des points.

Ces spéculations portent principalement sur le bétail bovin de la race tarentaise et ses dérivés et accessoirement sur le mulet, le mouton, le porc, la volaille et le miel.

ESPÈCES CHEVALINE ET MULASSIÈRE.

Les chevaux ne donnent pas lieu à des transactions notables. Il n'en est pas de même des mulets et mules. Le mulet est le seul moteur utilisé en montagne. La vallée de l'Arly produit le jeune mulet qui, à l'âge de 6 mois, est vendu (environ 600 têtes) aux foires de Mégève, de Fiumet et Hauteluce, au prix moyen de 320 à 360 francs, à des acheteurs venus d'autres régions de Savoie ou de la Drôme, du Midi, quelques-uns des Vosges, d'Espagne et d'Italie. Deux sociétés d'élevage de la race mulassière (vallée de l'Arly, vallée de l'Isère) concourent à l'amélioration de cette production par l'achat de baudets reproducteurs. Une partie des jeunes mulets produits passe quelques années en Maurienne, en Tarentaise, où ces animaux sont habitués aux travaux pénibles. Leur endurance est exceptionnelle. Les meilleurs sujets sont vendus ensuite au service de la remonte française ou italienne. Les mulets adultes sont très nombreux aux foires de Saint-Jean-de-Maurienne le vendredi avant les Rameaux ou le 30 octobre. Leur prix varie de 800 à 1,200 francs.

ESPÈCE BOVINE.

La race bovine forme un effectif total de 134,486 têtes au 1er janvier 1905, se décomposant ainsi :

	têtes.		têtes.
Taureaux	1,501	Élèves d'un an	29,703
Bœufs	10,810	Élèves de moins d'un an	15,400
Vaches	77,072		

Tous ces animaux, sauf quelques rares exceptions, appartiennent à la race tarentaise ou tarine dont le berceau est Bourg-Saint-Maurice (Savoie).

Taureaux. — Les reproducteurs mâles ne donnent pas lieu à un commerce important. Il en est gardé dans chaque commune le nombre strictement nécessaire pour la reproduction, et dès qu'ils deviennent trop lourds, vers 3 ans 1/2 ou 4 ans, ils sont livrés à la boucherie. La partie montagneuse du département n'utilise que de jeunes taureaux seuls aptes à faire la saillie dans les pâturages alpestres. Quelques-uns de ces taureaux, les mieux conformés, sont achetés par des syndicats d'élevage, des sociétés laitières, des particuliers, pour le midi de la France notamment. On peut évaluer à une cinquantaine de têtes le nombre de reproducteurs mâles tarins ainsi exportés chaque année, d'ordinaire vers septembre, dans l'Isère, les Hautes-Alpes, les Basses-Alpes, la Drôme, l'Ardèche, le Midi, la Corse, l'Algérie, l'Italie, la Grèce, etc. Le prix varie de 300 à 700 francs. En Tarentaise, les veaux mâles non conservés pour la reproduction sont vendus très tôt aux bouchers, à l'âge de 8 ou 15 jours.

Bœufs. — Les jeunes bœufs sont produits dans la Tarentaise, la Maurienne, les Beauges, c'est-à-dire, dans la région montagneuse. Nés durant l'hiver, après avoir passé l'été suivant dans les alpages à haute altitude, ils sont vendus aux foires de septembre. Appareillés par les habitants de quelques communes dont c'est la principale spéculation (Entremont-le-Vieux, Bessans, Bonneval, Val d'Isère) ils sont alors désignés sous le nom de «melons». Après avoir fait les travaux peu pénibles des montagnes schisteuses ou calcaires, sans pente excessive, ces jeunes bœufs sont vendus aux marchés ou foires de Chambéry, d'Albertville, Moutiers, Saint-Jean-de-Maurienne vers l'âge de 2 ans 1/2, 3 ans. Le marché de Chambéry du samedi est généralement bien pourvu de cette sorte de bétail. Les acheteurs sont soit les agriculteurs du fond des vallées de l'Isère, de l'Arc, du bassin de Chambéry, soit des étrangers.

En 1906 il a été fait une exportation très active de ces «melons» sur le Piémont, que l'on peut évaluer à 600 têtes.

Les bœufs devenus adultes sont, pour une part, consommés sur place ou vendus sur le marché de Chambéry à destination de Grenoble et de Lyon-Vaise. D'autres passent en Haute-Savoie, dans le bassin de Rumilly où ils sont engraissés après la campagne agricole, dirigés sur la Suisse, à Genève et parfois sur l'Allemagne du Sud.

Génisses. — Presque tous les veaux femelles bien conformés sont élevés dans les vallées de Tarentaise et de Maurienne. On leur réserve pendant l'été des pâturages spéciaux dits *montagnes à génisses* où ils forment des troupeaux de 50 à 200 têtes. Ces génisses font l'objet d'un commerce très important notamment aux foires de Bourg-Saint-Maurice (10-27 septembre), Moutiers (12 septembre), Albertville (27 septembre), Montmélian (7 septembre), Saint-Jean-de-Maurienne (30 octobre), c'est-à-dire à la descente de la montagne.

Un courant régulier s'effectue du nord au sud de la Savoie, dans l'Isère et les Hautes-Alpes, par les cols de la Madeleine, des Encombres qui amènent le bétail de Tarentaise dans la vallée de l'Arc. Par le col du Glandon, le col du Galibier ce bétail passe dans la vallée de la Romanche au Bourg d'Oisans ou dans le Haut-Briançonnais d'où il gagne Embrun. De l'Oisans, par le col d'Ornon il atteint la vallée de la Bonne à Valbonnais, le bassin du Drac, à la Mure, à Corps et la haute vallée du Champsaur pour se rendre à Gap et Sisteron. Cette route de cols à travers les massifs qui séparent ces vallées alpestres presque parallèles est courte, directe. C'était jadis, avant les chemins de fer, la seule pratiquée à dos de mulet par les montagnards lorsque les routes de la vallée de l'Isère fréquemment inondée et marécageuse n'étaient pas établies.

Il est assez difficile d'évaluer cette exportation annuelle qu'on peut estimer à 5,000 têtes environ. La valeur moyenne de ces génisses est de 100 à 150 francs.

Une partie du bétail de Val d'Isère, du canton de Lanslebourg «hiverne» dans le Haut Piémont. Quelques communes ont ainsi à moitié un bétail italien l'hiver et français l'été.

Jeunes animaux mâles et femelles non entièrement développés trouvent d'ailleurs un débouché facile sur le marché de Turin où l'on a un goût particulier pour la viande jeune.

D'une manière générale, dans toutes les communes des hautes vallées, vallée de l'Arly, de la Haute Isère et ses affluents, de l'Arc, le bétail est momentanément absent des habitations du 15 juin au 15 septembre, période de l'inalpage. En montagne, les vaches laitières sont utilisées pour la production du gruyère dans les chalets; les génisses et veaux mâles gagnent du poids. Les propriétaires des montagnes pastorales louent celles-ci à des particuliers ou montagnards, parfois les exploitent eux-mêmes. La location s'établit à raison de 20 francs par tête de gros bétail. Le montagnard possède d'ordinaire un certain nombre de têtes de bétail. Il en loue d'autres à des particuliers de la plaine sur la base de 25 francs par tête ou d'après la quantité de lait que donne la vache, quantité évaluée à un jour convenu, en présence des intéressés. Les troupeaux ainsi constitués (de 50 à 150 têtes) passent tout l'été en plein air. Un certain nombre de vaches sont vendues à l'automne, aux foires, les autres regagnent les étables de leurs propriétaires.

Vaches laitières. — La vache laitière est la principale ressource de l'agriculteur en Savoie. Près des villes, le lait est vendu en nature. Ailleurs il est transformé en gruyère et beurre. La vache elle-même est l'objet de transactions actives. Les vaches tarines sont recherchées par les nourrisseurs du Midi. Elles peuplent en majeure partie les étables du littoral, et ce mouvement commercial date de loin. Toute l'année, mais plus spécialement en août, septembre, octobre, les marchés et foires de Savoie sont fréquentés par des maquignons locaux ou de Voiron, de Marseille, dans le but d'acheter la vache prête à faire le veau ou venant de le faire, c'est-à-dire la vache en état. Les nourrisseurs du Midi qui viennent fréquemment effectuer directement leurs achats se préoccupent peu de l'âge, de la pureté de la race ou de sa belle conformation. Ils recherchent surtout la forte laitière, aux grosses mamelles, de gros poids, car ces bêtes sont livrées à la boucherie dès que la production laitière devient insuffisante.

Des particuliers, des associations laitières, des établissements d'aliénés recherchent la vache de choix dont le prix est toujours élevé. Ce commerce de remplacement, de renouvellement annuel du bétail laitier dans les Hautes-Alpes, les Basses-Alpes, le Var, les Alpes-Maritimes, les Bouches-du-Rhône, l'Hérault, Vaucluse, Drôme, Ardèche, Rhône, Algérie, Corse, s'effectue toute l'année, par petites fractions d'un wagon (12 à 16 têtes) choisies dans les étables ou achetées aux marchés de Chambéry, d'Albertville, Moutiers. Il représente une exportation moyenne d'environ 1,500 têtes. Le prix moyen est en année normale de 200 à 300 francs pour les laitières de conformation quelconque; de 300 à 400 francs pour la vache de qualité moyenne; de 400 à 550 francs pour les sujets de choix.

Il y a lieu de noter qu'en Savoie les foires se tiennent d'ordinaire dès la veille du jour indiqué et que, pour les foires importantes, les achats sont fréquemment faits à l'avance dans les étables ou même à la montagne.

Lait. — La vente du lait en nature n'est effectuée qu'aux environs des villes et bourgades, notamment près de Chambéry, d'Albertville, Moutiers, Saint-Jean-de-Maurienne, Modane, Aix-les-Bains, Brides; ces derniers centres surtout pendant la saison estivale. Elle représente, au prix moyen de 0 fr. 20 le litre, une vente annuelle produisant une

PLANCHE XXXV.

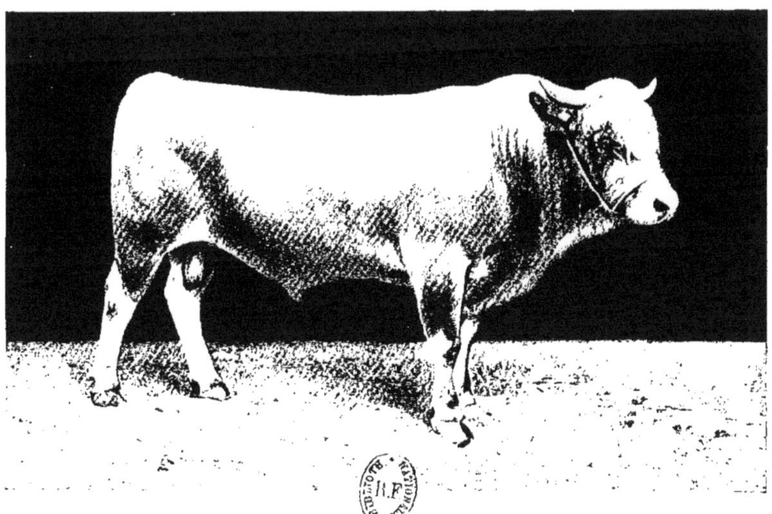

TAUREAU DE LA RACE TARENTAISE.

centaine de mille francs. Des tentatives ont été faites pour exporter du lait à Lyon *via* Culoz. On y a renoncé en raison de la durée des transports.

Beurre. Fromage. — Le lait est surtout transformé en beurre et fromage. La production familiale du beurre et l'utilisation des sous-produits sous forme de fromages maigres ou tomes est encore fréquente, mais tend de plus en plus à disparaître. Il est difficile de la chiffrer. Depuis un temps immémorial, on s'est livré en montagne à la production du gruyère en commun. Celle-ci s'est développée aussi dans la plaine et a pris depuis une vingtaine d'années une grande importance. Le beurre constitue en fromagerie un des produits, plus ou moins abondant, suivant le degré d'écrémage et la nature de la fabrication grasse, demi-grasse ou maigre, mais toujours de bonne qualité. C'est ce que l'on nomme le beurre de fruitière, généralement vendu 0 fr. 20 ou 0 fr. 30 de plus par kilogramme que le beurre de ménage.

En 1904, on comptait dans la Savoie :

Nombre d'établissements d'industrie laitière	392
Exploités par des particuliers	238
Coopératifs	154
Établissements fonctionnant toute l'année	125
Ne travaillant que temporairement, d'ordinaire l'été pendant l'inalpage	267

	kilogrammes.	francs.
Production totale du gruyère	1,811,910	2,413,515
Production totale du beurre en fruitière	396,145	884,776

Les sociétés de vente du lait à un particulier qui l'utilise à ses risques et périls (238 établissements) sont une forme spéciale de la coopération qui, comme dans les départements voisins, tend à devenir générale.

Les principaux centres de production du gruyère sont le canton de Beaufort, le canton du Châtelard, la Tarentaise. (Voir le tableau ci-joint.)

La production s'est beaucoup améliorée depuis une dizaine d'années. Le prix de vente du gruyère varie de 120 francs à 150 francs en année normale pour les fromages les mieux réussis. Il est, en 1906 exceptionnellement, de 160 à 180 francs. La moitié environ de la production, la meilleure, est exportée. Elle représente approximativement 1 million de francs pour le gruyère. Les centres de consommation sont Lyon, Grenoble, Marseille, Paris. L'Italie achète des fromages fermes, peu ouverts, produits dans le canton de Bozel, environ 180,000 kilogrammes.

Le beurre est expédié à Lyon, Paris, Nice et surtout à Marseille qui constitue un débouché important. Le prix moyen du beurre de fruitière est de 2 fr. 50 le kilogramme.

ESPÈCE OVINE.

On trouve en Savoie le mouton local, petite race des Alpes aux extrémités noires et, pendant l'inalpage, des transhumants provençaux dont quelques individus restent dans le département. L'ensemble de la population ovine représente un effectif d'environ 50,000 têtes. Cet effectif tend d'ailleurs à diminuer. Le mouton ne disparaîtra pas toutefois complètement; beaucoup de pâturages alpestres ne sont en effet accessibles qu'à cette catégorie d'animaux. Les spéculations sur les moutons ont peu d'importance.

SAVOIE. — SITUATION DE L'INDUSTRIE FROMAGÈRE AU 1er JANVIER 1904.

CANTONS.	NOMBRE TOTAL D'ÉTABLISSEMENTS.	ÉTABLISSEMENTS				PRODUCTION DU GRUYÈRE.	VALEUR DU GRUYÈRE.	PRODUCTION DU BEURRE.	VALEUR DU BEURRE.	PRODUCTION DES AUTRES FROMAGES, bleu, etc.	VALEUR DES AUTRES FROMAGES, bleu, etc.
		PARTICULIERS.	COOPÉRATIFS.	fonctionnant TOUTE L'ANNÉE.	fonctionnant TEMPORAIREMENT.						
						kilogr.	francs.	kilogr.	francs.	kilogr.	francs.
Aix	10	7	8	9	1	106,400	188,600	51,670	112,321	35,740	51,786
Albens	9	7	2	9	"	112,371	156,416	29,942	36,346	"	"
Chambéry-Nord	9	3	6	6	3	46,325	42.828	13.490	31,490	"	"
Chambéry-Sud	2	"	2	2	"	25,950	32,985	4,825	11,812	5,000	5,000
Chamoux	6	3	3	6	"	52,000	56,525	18,970	47,288	"	"
Le Châtelard	58	19	39	25	33	333,521	432,719	88,495	201.430	39,234	42,352
Les Échelles	"	"	"	"	"	"	"	"	"	"	"
Montmélian	4	3	1	4	"	25,450	30,910	8,310	21,596	1,150	8,205
La Motte-Servolex	1	"	1	1	"	18.800	21,620	9,015	22,537	"	"
Le Pont-de-Beauvoisin	"	"	"	"	"	"	"	"	"	"	"
La Rochette	12	12	"	4	8	17,000	20,400	9,500	19,000	10,110	8,152
Ruffieux	1	1	"	1	7	28,000	37,800	4,000	8,800	"	"
Saint-Genix	1	1	"	1	"	20,000	18,000	5,000	12,000	"	"
Saint-Pierre-d'Albigny	1	1	"	1	"	35,000	49,000	5,000	12,500	8,000	8,000
Yenne	2	1	1	1	1	11,500	14,050	1,650	3,375	250	325
TOTAUX pour l'arrondissement de Chambéry	116	58	58	70	46	832.317	1,062,758	249,867	569,995	99.484	118,770
Albertville	6	3	3	3	3	10,671	14,747	10,412	22,568	14,360	10,198
Beaufort	60	60	"	"	60	227,500	308.875	7,850	27,000	500	580
Grésy-sur-Isère	14	6	8	6	8	45,999	56,957	19,765	41,580	"	"
Ugines	2	"	2	2	"	22,500	28,125	3,500	8,000	12,250	4,287
TOTAUX pour l'arrondissement d'Albertville	82	69	13	11	71	306,670	408,202	41,527	89,148	27,110	14,975
Aime	20	6	14	8	12	66,000	87,025	3,580	7,512	1,800	1,050
Bourg-Saint-Maurice	41	35	6	2	39	147,700	198,405	8,950	17,962	3,000	3,000
Bozel	39	34	5	5	34	117,600	157,870	7,220	15,022	7,420	4,282
Moutiers	48	18	30	13	35	201,903	310,815	45.229	97.791	18,700	13,460
TOTAUX pour l'arrondissement de Moutiers	148	93	55	28	120	533,203	754,115	64.979	138,287	30.420	21,792
Aiguebelle	9	7	2	2	7	24,800	35,300	10,127	22,928	500	625
La Chambre	14	7	7	7	7	41,720	59,720	13,000	29,278	12,820	14,822
Lanslebourg	9	"	9	1	8	44,100	59,050	2,745	5,490	"	"
Modane	1	"	1	1	"	2,500	2,000	1.500	3,750	"	"
Saint-Jean-de-Maurienne [1]	10	3	7	3	7	10,000	12,000	8,000	16,000	30,000	40,000
Saint-Michel	3	1	2	2	1	16,300	20,375	4,400	9,900	3,200	3,200
TOTAUX pour l'arrondissement de Saint-Jean	46	18	28	16	30	139,420	188,445	39.772	87.846	46,520	58,647
TOTAUX pour la Savoie	392	238	154	125	267	1,811,910	2,413,515	396,145	884,776	203,534	214,184

[1] Bleu.

La viande est utilisée presque uniquement en Savoie; la laine sert à tisser des étoffes grossières, mais très solides, pour les montagnards.

ESPÈCE CAPRINE.

La population caprine est en voie de décroissance. Les petits fromages de chèvre sont exclusivement consommés sur place. Le lait de vache, additionné de lait de brebis et de lait de chèvre, s'emploie pour la fabrication d'un fromage bleu spécial à la partie haute de la vallée de la Maurienne, le persillé ou Montcenis, qui s'exporte en majeure partie à Turin vers la fin de septembre. Il en est vendu environ 5,000 kilogrammes, à raison de 1 fr. 50 le kilogramme.

Signalons en terminant la production, limitée à la commune des Aillons-en-Beauges, d'un fromage gras spécial de lait de vache, le vacherin, vendu à Chambéry, Nice, Lyon, Grenoble, Marseille, au prix de 1 fr. 70 le kilogramme (environ 150 kilogrammes par jour pendant 2 mois).

Les peaux de chevreaux se vendent à Grenoble à raison de 30 à 35 francs la douzaine. La Maurienne et la Tarentaise en expédient ainsi pour une quinzaine de mille francs. Les peaux de chèvres et de moutons se vendent surtout à la foire des rois de Moutiers. Il est expédié à la colonie savoisienne de Paris, fidèle à ses habitudes, 2,000 à 3,000 kilogrammes de chèvre salée.

ESPÈCE PORCINE.

Les résidus de la laiterie sont consommés par les porcs. L'effectif des porcs à l'engrais est d'environ 25,000 têtes pour le département. Cette production se localise à proximité de chaque fruitière. Les porcs en état sont vendus d'ordinaire à Lyon.

ANIMAUX ET PRODUITS DE BASSE-COUR.

La volaille est utilisée uniquement pour les besoins locaux. Elle est d'ailleurs en quantité insuffisante pendant la période balnéaire ou de villégiature alpestre. Aix, Chambéry, Moutiers constituent des débouchés faciles pour les jeunes poulets des régions d'Albens, bassin de Chambéry, vallée du Gelon, basse Maurienne. Le commerce des œufs est difficile à suivre. Il s'effectue par des commissionnaires ou coquetiers qui circulent de marché en marché. On peut évaluer la production des œufs en Savoie à environ 1,500,000 douzaines, se vendant en moyenne 1 franc la douzaine. Ces œufs s'expédient pour un tiers à Grenoble et Lyon et pour une faible portion sur Genève.

APICULTURE.

La production du miel est assez importante et peut atteindre, en année moyenne, 60,000 kilogrammes vendus de 1 fr. 50 à 2 francs le kilogramme. Deux sociétés agricoles, le Rucher des Allobroges et l'Abeille alpine, ont beaucoup contribué à l'extension des nouvelles méthodes d'apiculture. L'exportation représente environ 12,000 kilogrammes de miel, vendus par petites fractions directement aux consommateurs et dont le 1/3 provient des Beauges et les 2/3 de la Maurienne et de la Tarentaise. Ces derniers, vendus le plus souvent sous le nom de miel de Chamonix, atteignent le prix de 2 fr. 50 le kilogramme.

HAUTE-SAVOIE.

Par sa configuration accidentée, le sol de la Haute-Savoie se prête surtout à l'engazonnement; aussi l'élevage du bétail, principalement des animaux de l'espèce bovine, constitue la base des spéculations agricoles du pays.

ESPÈCES CHEVALINE ET MULASSIÈRE.

L'élevage du cheval est peu développé par suite de l'absence à peu près complète de bons pâturages où les jeunes animaux puissent passer une partie de l'année sans risque de fatigue ou d'accidents dus à la configuration du terrain. On fait cependant naître quelques poulains, qui sont généralement vendus à 6 mois, après le sevrage, à des marchands de l'Isère, des départements du Midi, de la Suisse.

La monte est faite par une dizaine d'étalons de l'État et une quinzaine d'étalons autorisés, donnant ensemble 800 à 900 saillies, d'où résultent environ 600 naissances. Autrefois le département élevait une race spéciale dite «race des Alpes» possédant des qualités particulières d'endurance et de sûreté de pied qui la rendaient précieuse pour la montagne; aujourd'hui on ne trouve plus guère que des animaux croisés.

Dans les arrondissements d'Annecy et de Saint-Julien, le cheval est rarement employé seul pour tirer la charrue; il fait les hersages, les roulages et les transports, on l'attelle aussi devant les bœufs ou les vaches; dans ceux de Bonneville et de Thonon, il joue un plus grand rôle pour l'exécution des labours.

Le mulet est surtout produit dans quelques cantons montagneux, comme ceux de Chamonix, Saint-Gervais, Sallanches, Saint-Jeoire, Faverges, Boège, Thonon.

L'élevage se fait comme celui du cheval, jusqu'à 6 mois, puis on vend à des marchands italiens ou du Sud-Est, particulièrement à la grande foire de Mégève des 19-20 août; on mène même à cette foire des animaux nés tard et non sevrés; l'acheteur continue alors l'allaitement au biberon avec du lait de vache. Un muleton de 6 mois atteint facilement 400 francs.

Les baudets employés pour la monte manquent en général de taille, sauf ceux venant d'Italie. Depuis longtemps le conseil général demande que l'État vienne en aide à l'élevage du mulet en plaçant de bons baudets aux haras, ou, si la loi s'y oppose, chez des particuliers. La saillie par un baudet coûte 10 francs, de même que par un cheval autorisé.

Les plus importantes foires à chevaux se tiennent en été à Annecy, Rumilly, La Roche, Saint-Pierre-de-Rumilly, Lullin; celles où il y a le plus de mulets ont lieu à Chamonix, Chévénoz, Mégève, Taninges. C'est à ces foires que les marchands des départements voisins amènent les chevaux adultes, les mulets dont le commerce, l'industrie et même l'agriculture ont besoin.

La production des chevaux et mulets a une légère tendance à diminuer d'importance et à céder la place à celle des bêtes bovines, qui paraît être d'un revenu plus constant.

ESPÈCE BOVINE.

L'élevage des bêtes bovines tient une place des plus importantes dans l'agriculture du département. Il se pratique dans tous les cantons. L'élevage proprement dit se fait surtout sur les parties montagneuses; il est resté à peu près stationnaire depuis vingt-cinq ans, alors que la production du lait, plus avantageuse, a beaucoup augmenté. Les jeunes veaux sont généralement nourris au baquet; on en expédie d'assez grandes quantités, particulièrement des mâles, à Genève et à Lyon. On vend peu de génisses avant le vêlage; c'est surtout la vache pleine ou à lait qui fait l'objet des exportations, puis les génisses, et enfin les jeunes bœufs.

Il s'exporte en Suisse annuellement, surtout pour le marché de Genève, environ 1,500 bœufs, une centaine de vaches, 7,000 veaux et pour 3 millions et demi d'animaux abattus.

La Haute-Savoie possède deux races très distinctes et bien caractérisées qui occupent les deux extrémités nord et sud, puis en beaucoup plus grand nombre, des animaux croisés.

La race tarine se partage, avec des croisements divers, les cantons de Faverges, Rumilly, Annecy, Frangy, Seyssel. C'est une race rustique, estimée surtout parce que les vaches donnent assez de lait tout en travaillant aux labours. Le bœuf est robuste et produit une bonne viande; on l'élève rarement, et les cultivateurs vont l'acheter dans la Savoie ou sur les foires locales, où il est amené par des marchands du département voisin. On sait que cette race appartient au type alpin.

La race d'Abondance, d'origine jurassique, a une aire géographique plus étendue; elle forme une proportion plus élevée de la population bovine de l'arrondissement de Thonon et de plusieurs cantons de celui de Bonneville; elle est moins répandue dans celui de Saint-Julien, où l'élément suisse domine, sauf vers Frangy et Seyssel, et dans celui d'Annecy, peuplé surtout de croisements de toute sorte. La vache est meilleure laitière que celle de Tarentaise, mais plus difficile à nourrir et moins apte au travail; elle donne une moyenne de 2,000 litres de lait au lieu de 1,500 qu'on obtient avec le type alpin. Ces vaches sont recherchées des marchands pour l'approvisionnement des nourrisseurs de Lyon, Marseille, Alger, Tunis; elles commencent à être également appréciées par les éleveurs de l'Ardèche, de l'Isère, de l'Aube, de la Drôme qui, aidés par des sociétés d'agriculture ou d'élevage, viennent depuis plusieurs années sur les foires ou dans les étables du département, choisir un certain nombre de sujets jeunes ou adultes. Ce débouché paraît absorber annuellement 4,000 à 5,000 animaux.

Dans les communes ne possédant pas de montagnes, les animaux sont entretenus toute l'année en stabulation, sauf à la fin de l'été où ils pâturent les derniers regains pendant environ deux mois. Dans les régions possédant des pâturages alpestres, les bêtes sont menées pendant une partie de l'été et même de l'automne, du 15 juin au 15 septembre, sur les plus élevés, puis jusqu'à la Toussaint sur les coteaux et dans la vallée; toutefois cet usage, en ce qui concerne les vaches de plein rapport, est beaucoup moins général qu'autrefois, car les produits sont utilisés plus avantageusement dans les fruitières du bas que dans les chalets. Au contraire la montagne rend les plus grands services pour les bêtes d'élevage ou d'engraissement.

Les bœufs d'Abondance sont excellents pour le travail; on les réforme à 6 ou 7 ans et on les engraisse en stabulation; ils atteignent facilement le poids de 900 kilogrammes. Quant aux vaches, on les garde fréquemment jusqu'à 10 à 12 ans, tant que leur lactation se maintient assez bien, puis on les engraisse à la montagne ou à l'étable; elles atteignent souvent le poids de 600 kilogrammes.

L'engraissement des veaux jusque vers 3 mois n'est pratiqué que dans les cantons montagneux n'ayant pas de fruitières; ailleurs on vend vers un mois à six semaines à la boucherie, ou à 8 jours à des éleveurs non sociétaires d'une fruitière.

Il y a de nombreuses foires à bétail dans toutes les parties du département; les plus fortes ont lieu en septembre et octobre à la fin de l'inalpage.

Les éleveurs nourrissent assez bien le bétail, surtout la vache, mais ils ne suivent pas de règles fixes en vue de la sélection; ils emploient souvent à peu près indifféremment comme reproducteurs des sujets de race pure ou des croisements quelconques. Aussi les deux races locales ne forment encore qu'une proportion plutôt faible, un cinquième à un quart de l'effectif total des troupeaux.

Régime de l'alpage ou de l'inalpage. — Le mot «inalpage» est employé pour désigner l'envoi des animaux sur les pâturages de montagne pendant une partie de l'été. Au point de vue économique, l'exploitation de ces pâturages varie un peu avec les communes. Voici quelques exemples.

Un propriétaire ou fermier ayant «une montagne» et pas assez de bétail pour en utiliser les ressources, achète des animaux en mai et juin pour les engraisser ou tirer partie de leur lait, et les revendre à l'automne, ou bien il les loue; dans ce dernier cas, le plus fréquent, il paye une redevance s'il s'agit d'une vache ou d'une chèvre en lactation et il touche au contraire une rétribution s'il s'agit d'animaux en croissance.

Ainsi dans le canton de Samoens, le «montagnard», c'est-à-dire l'exploitant du pâturage, paye 60 à 70 francs pour trois mois si la vache a vêlé en mars, et 40 à 45 francs seulement si elle a vêlé en janvier. Dans le canton de Thônes, on mesure le lait produit en un jour au milieu de la saison, et le propriétaire de la vache reçoit 5 fr. 50 par litre. Vers Annecy, pour des bêtes tarines ou croisées moins productives, le montagnard paye 45 à 50 francs et 10 à 15 francs pour une chèvre. Dans le canton d'Abondance on paye 50 à 60 francs par vache. Au contraire, le propriétaire d'une jeune bête ou d'une vache non productive paye 30 à 40 francs pour l'inalpage; dans un pâturage un peu moins bon, vers Sallanches, il ne paye que 15 à 20 francs par génisse ou bouvillon. Pour un mouton il paye 2 francs à 2 fr. 50.

Pendant l'inalpage, les bêtes bovines sont exposées à souffrir du froid ou d'un excès de chaleur, de la faim ou de la soif; elles sont aussi exposées à des glissades, à des chutes parfois mortelles et enfin à des maladies. Elles souffrent du froid et de la faim, par exemple en juin quand il survient de la neige; au milieu de l'été, la chaleur et surtout le manque d'eau les fatiguent; enfin la grande sécheresse peut dénuder le gazon.

Les chutes dangereuses se produisent quand les animaux se battent, se poursuivent, quand ils vont sur les pentes abruptes pour boire à une source ou pour paître sur des emplacements où l'herbe paraît plus verte, plus abondante qu'ailleurs. Aussi les sociétés d'assurance mutuelle suspendent les effets de l'assurance à ce moment ou établissent des primes plus élevées.

Production du lait, du beurre et du fromage. — La production annuelle du lait est d'environ 1,345,000 hectolitres. Il s'en exporte à Genève pour au moins 500,000 fr.; le surplus de la consommation locale est transformé en fromage, particulièrement en gruyère, dans les fruitières ou fromageries coopératives, au nombre de près de 450; on en retire aussi du beurre, dont il s'exporte en moyenne pour 2 millions de francs à Genève.

Le gruyère, dont la production annuelle est de 6 à 7 millions de francs selon les années, est acheté en gros par le commerce local, par des marchands de Lyon, de Limoges, de Marseille, qui l'expédient dans toute la France et à l'étranger.

Le canton montagneux de Thônes produit un bon fromage à pâte molle, dit *reblochon*, qui s'exporte particulièrement à Genève, à Lyon et en Italie.

La prospérité de l'industrie laitière dans la Haute-Savoie paraît assurée pour un long avenir.

ESPÈCE OVINE.

Très souvent le petit cultivateur entretient quelques moutons pour les besoins de la maison en laine, mais on ne voit nulle part d'importants troupeaux; d'ailleurs de nombreux baux à ferme s'opposent à ce que les moutons pâturent les prairies naturelles du domaine.

L'effectif des troupeaux a diminué au moins d'un tiers depuis trente ans; il atteint à peine 25,000 têtes actuellement.

Dans quelques communes les habitants se groupent pour envoyer leurs moutons à la montagne, sur des pâturages trop pauvres ou trop accidentés pour le gros bétail; ces animaux ne sont pas tondus à cause de la fraîcheur des nuits en juin et en septembre; on en envoie aussi en bonne montagne pour l'engraissement.

On élève la race des Alpes, variété dite de Thônes, commune comme laine et viande; on rencontre également quelques croisements mérinos. On obtient, par animal, 1 kilogr. 500 à 2 kilogrammes de laine lavée à dos, et 22 à 25 kilogrammes de viande nette.

ESPÈCE CAPRINE.

L'effectif de la race caprine n'a pas sensiblement varié depuis dix ans. Les animaux appartiennent à la variété alpine; les femelles sont bonnes laitières, donnent jusqu'à 4 litres de lait par jour après la mise bas, et souvent elles ont deux chevreaux à la fois.

L'élevage se fait plus particulièrement dans les cantons montagneux des arrondissements de Bonneville et Thonon et aussi ailleurs, soit que la chèvre ait à remplir le rôle de « vache du pauvre », soit qu'elle remplace pour la maison les vaches dont le lait est vendu à la fruitière.

Dans les communes montagneuses, les chèvres vont en troupeaux paître les sommets les plus inaccessibles, sur des communaux ou sur des pâturages privés. On paye pour cela une redevance de 0 fr. 50 à 2 francs par tête pour la saison.

On fabrique, sur la montagne ou à la maison, un fromage dit *chevrotin*, assez estimé; on fait aussi du beurre pour la consommation familiale. Les jeunes chevreaux se vendent sur les marchés locaux; quant aux chèvres de réforme, on les tue généralement sur place et leur viande est salée et fumée pour l'usage du ménage.

Comme le lait des chèvres alpines est généralement peu odorant, il convient assez bien pour l'alimentation des enfants; il présenterait, d'autre part, sur celui de vache le grand avantage d'être toujours exempt de germes de tuberculose. Partant de cette constatation particulière, une grande chèvrerie de Paris a eu l'idée de faire des achats de chèvres dans la Haute-Savoie, mais elle ne les a pas continués, car il n'existe pas de maquignons pour ce genre de bétail, et le petit cultivateur ne veut pas se donner le tracas des expéditions au loin. L'usage de ce lait pour les nourrissons est peu répandu dans la Haute-Savoie, car, à tort ou à raison, on lui trouve des inconvénients.

ESPÈCE PORCINE.

Comme la vente du lait aux fruitières supprime presque complètement le laitage chez une foule de petits cultivateurs, l'élevage du porc n'est pas très développé. Souvent on entretient une ou deux bêtes pour les besoins de la maison, mais on ne fait pas naître; on achète de jeunes gorets. Aussi les fruitières ne trouvent pas à s'approvisionner en porcs dans le pays; elles vont en acheter aux marchés de Bourg ou se fournissent chez des marchands locaux en animaux de toute provenance. Ce sont souvent les mêmes marchands qui vendent les jeunes sujets et les rachètent à l'âge adulte.

Le porc est habituellement nourri en stabulation; il va seulement au pâturage autour de la ferme. On le tue vers 15 à 18 mois. Dans les fruitières, les animaux sont achetés à 3 ou 4 mois et revendus à 10 ou 12 mois pour la charcuterie. Il s'en expédie une grande quantité à Lyon et à Genève.

Une fruitière recevant 800 litres de lait par jour entretient de 30 à 40 porcs pour consommer les résidus de la fabrication du fromage, auxquels on ajoute un peu de farineux ou de tourteaux. C'est là souvent pour l'établissement une source importante de profits.

APICULTURE.

Le département de la Haute-Savoie tient en France une place importante pour la production du miel. Le fait est certainement dû à la grande étendue des cultures de sainfoin. On obtient de bon miel, bien parfumé, dans les prairies de montagne, mais, sauf vers Chamonix, il est moins blanc et moins abondant que celui obtenu dans les plaines ensemencées de sainfoin.

Les ruches à cadres mobiles se sont beaucoup vulgarisées, surtout dans les parties basses du département; dans les hautes vallées, à cause de la rigueur de l'hiver, on donne toujours la préférence à l'ancienne ruche en paille.

Le miel se vend souvent au détail ou par quantités de 30 à 50 kilogrammes aux épiceries locales ou de Genève; il s'en expédie au loin, en colis postaux, aux touristes ayant eu occasion d'en apprécier le mérite lors de leur séjour dans la Haute-Savoie.

La production annuelle totale dépasse généralement 100,000 kilogrammes, d'une valeur moyenne de 1 fr. 50 le kilogramme.

ANIMAUX ET PRODUITS DE BASSE-COUR.

La basse-cour n'est nulle part l'objet de spéculations importantes et elle joue un rôle très secondaire dans la production de la ferme. C'est presque toujours la poule commune qu'on rencontre dans les fermes; on élève très peu de canards, d'oies, de dindons, de pigeons et lapins.

Dans l'ensemble, la production de la basse-cour ne suffit pas aux besoins de la consommation locale.

Il ne se fait pas d'engraissement méthodique comme en Bresse; en général les animaux, des poulets de l'année surtout, sont engraissés en liberté, l'emploi de l'épinette est plutôt l'exception; il se pratique un peu dans la vallée de Boëge, qui jouit précisément à Genève d'une certaine réputation pour la production des oiseaux de basse-cour.

Certaines régions du département expédient des œufs et des volailles à Genève, l'arrondissement d'Annecy vend plutôt à Aix-les-Bains. On exporte annuellement à Genève pour 500,000 à 600,000 francs de volailles mortes ou vivantes et pour un million et demi de francs d'œufs.

Il a été fait quelques essais de couveuses artificielles, mais leur emploi ne s'est pas généralisé.

SEINE.

Le département de la Seine offre dans cette enquête une physionomie d'un caractère tout particulier, car, en raison de sa faible superficie et de l'extrême densité de sa population, il constitue pour les produits agricoles de toute nature et notamment pour ceux d'origine animale, un débouché d'une importance considérable, et cela d'autant plus que sa part contributive dans cette production est des plus infimes, voire même à peu près nulle pour certaines catégories de produits.

Aussi bien, les besoins de l'agglomération parisienne donnent-ils lieu à des transactions commerciales agricoles qui intéressent à des titres divers presque toutes les régions de France. Nous avons fait ressortir dans l'enquête sur les productions d'origine végétale l'importance des débouchés offerts par la capitale à la majeure partie des départements pour les produits végétaux nécessaires à l'alimentation de sa population.

Les besoins de Paris et de sa banlieue ne sont pas moindres en produits animaux, et presque tous les départements français contribuent, à des titres divers, à son approvisionnement en chevaux, en animaux de boucherie, en produits de laiterie, de basse-cour, etc.

ESPÈCE CHEVALINE.

Pur-sang. — Le nombre considérable de courses qui ont lieu à Paris et dans la banlieue a provoqué l'établissement de nombreux élevages et de centres d'entraînement aux environs de la capitale, dans les départements de Seine-et-Oise, de Seine-et-Marne, de l'Oise, etc. Des transactions très importantes sur ces animaux ont lieu à Paris, dans un certain nombre d'établissements et notamment au Tattersal. C'est là que s'approvisionnent les manèges et les écoles d'équitation.

Demi-sang. — Le commerce du demi-sang semble diminuer d'importance à Paris depuis quelques années. Quelques-uns attribuent ce ralentissement dans les transactions du demi-sang au développement continu de l'automobilisme. De l'avis de certaines personnalités compétentes, cette opinion peut être critiquée. En tous cas, le concours hippique tenu à Paris en 1907, les manifestations hippiques à l'Olympia, à Lincoln et Richmond en Angleterre, à Dusseldorf en Allemagne, à la Haye en Hollande, à Vienne en Autriche, etc., paraissent avoir démontré que les acheteurs du demi-sang deviennent de plus en plus exigeants. Habitués par la mécanique à obtenir des vitesses inconnues autrefois, ils demandent au cheval des aptitudes et des qualités exceptionnelles.

Le commerce du cheval demi-sang paraît en outre souffrir des achats effectués par la remonte à l'âge de 3 ans 1/2; il est, à Paris, très influencé par ces achats.

Il convient de signaler la présence à Paris d'un grand nombre de chevaux n'appartenant pas au demi-sang. Ces animaux, de tailles très diverses, s'attellent à des voitures d'amateurs et de commerçants de tous ordres (camelots, épiciers, laitiers, etc.), à des voitures légères à quatre roues, mais surtout à deux roues.

Ces chevaux, qui sont ordinairement de petite taille, proviennent surtout du Midi et de la Normandie; un certain nombre sont importés du centre de la France et quelques-uns de Russie, de Danemark et de la Hongrie.

La majeure partie des chevaux de fiacre sont achetés dans ces deux derniers pays. Les Compagnies des «Petites Voitures», de l'«Urbaine», de l'«Abeille» en comptent beaucoup dans leurs effectifs.

Voici, à titre de renseignement, l'importance des achats de chevaux effectués par la «Compagnie générale des Voitures» de 1899 à 1906.

	NOMBRE DE CHEVAUX.	PRIX MOYEN PAR TÊTE.
1899	7,377	824f 80c
1900	1,924	823 53
1901	2,321	770 14
1902	3,007	789 72
1903	1,423	832 00
1904	1,948	806 72
1905	2,591	842 95
1906	2,730	804 72

Chevaux de gros trait et de trait léger. — Ces animaux sont très nombreux à Paris et ils donnent lieu à un trafic extrêmement important.

Le cheval de gros trait, qui appartient généralement aux races boulonnaise et flamande, est réservé pour les gros transports : charbon, pierre, etc. Leur entretien et leur prix d'achat sont très élevés. Depuis quelques années on s'efforce de diminuer leur nombre et de leur substituer des chevaux de trait moyen. C'est en général à cette catégorie d'animaux qu'appartiennent les chevaux de messageries et de camionnages.

Chaque Compagnie de chemin de fer possède à Paris un service des messageries nécessitant l'entretien d'un effectif de 700 à 800 chevaux. Ces animaux sont forts et doivent traîner à une allure vive des masses souvent considérables. Ils sont achetés dans le Perche, le Boulonnais et les Ardennes, au prix de 1,400 à 1,800 francs en moyenne l'unité. Ces Compagnies de factage emploient aussi des chevaux de trait léger très nombreux à Paris pour le transport, à allure rapide, des voyageurs et des marchandises. Le type du cheval est celui des Omnibus de Paris.

En étudiant les effectifs de cette dernière société, nous donnerons une idée complète du commerce de cette catégorie de chevaux à Paris, car les achats considérables et les ventes de réformes effectués par la Compagnie générale des Omnibus alimentent en majeure partie le trafic des chevaux soit pour des commerçants parisiens de toutes catégories : transports de matériaux de construction, de glace, etc., soit pour les agriculteurs des départements voisins.

Depuis 1855, date de la fondation de la Compagnie des Omnibus par la réunion des compagnies diverses qui faisaient le transport en commun à cette époque à Paris, l'effectif de la cavalerie de cette compagnie de transport, qui était de 4,500 chevaux environ, a subi les variations suivantes :

	têtes.		têtes.
1865	10,000	1900	17,500
1875	13,000	1905	14,000
1885	14,500		

et malgré la mise en service des tramways mécaniques et des automobiles, l'effectif est encore de 11,000 en 1907.

Les chevaux achetés pendant cette période de cinquante-deux ans proviennent pour la plupart du Perche (foires aux chevaux de Chartres, Châteaudun, Mondoubleau, la Loupe, Évreux, Louviers, Bonneval, Sillé-le-Guillaume, Dreux, Neubourg, Nogent-le-Rotrou, Senonches, Verneuil, Houdan, le Bourgtheroulde), du pays de Caux, du Boulonnais, des Ardennes et du Berry.

Pendant cette période de plus d'un demi-siècle, il a été acheté environ cent cinquante mille chevaux, qui peuvent être répartis, quant à leur provenance, à peu près dans les conditions suivantes :

	p. 100.		p. 100.
Percherons	65.31	Normands	3.25
Cauchois	9.72	Boulonnais	1.01
Berrichons	6.08	Provenances diverses	8.04
Ardennais	3.79		

Ces derniers viennent d'autres régions diverses de France, et en très petit nombre de l'étranger.

Le prix moyen d'achat a été environ, de 1855 à 1865, de 900 francs, de 1865 à 1885, de 1,050 à 1,200 francs et de 1885 à 1905, de 1,100 francs. Il convient de remarquer que l'élévation du prix moyen de la seconde période provient de ce que les éleveurs durent grandir la taille de leurs chevaux pour pouvoir satisfaire aux demandes de la Compagnie qui exigeait des chevaux plus forts et plus rapides pour les services de tramways, et alors le prix se maintint jusqu'à ce jour.

Aucune race étrangère de trait léger ne paraît pouvoir rivaliser avec les chevaux qui sont achetés en France pour ces services qui nécessitent de la force, de la légèreté et de l'énergie.

Les expériences tentées à diverses reprises avec des chevaux de races étrangères (anglaises, flamandes, belges, allemandes) ont permis de constater la supériorité de résistance des chevaux de trait français. Il convient donc de conserver ces belles races par une sélection sévère. Beaucoup d'éleveurs ont d'ailleurs constaté qu'ils faisaient fausse route en essayant de donner satisfaction aux étrangers, notamment aux Américains, qui préfèrent les chevaux de poids et de couleur noire. L'avenir démontrera sans doute aux éleveurs qu'il importe avant tout de conserver à nos races de chevaux l'énergie et la vitesse.

Les juments qui existaient dans les effectifs de la Compagnie des Omnibus en 1855 ont disparu au bout de quelques années pour réapparaître en 1871. C'est à elles qu'il faut attribuer l'abaissement de la moyenne d'achats. Depuis cette époque, le nombre des chevaux entiers représente chaque année les 4/10 de l'effectif général, celui des chevaux hongres 3/10 et celui des juments un peu moins de 3/10. Et, ce qui est surtout intéressant au point de vue du service de chacune de ces catégories, c'est que la proportion de sortie (réforme et mort) a été pour les cinquante-deux années de :

Entiers	13.90 p. 100.
Hongres	11.86
Juments	13.85

Jusque vers l'année 1877 les robes sombres (baie, alezane, noire) n'entraient dans l'effectif général que pour une proportion de 12.34 p. 100.

Cette proportion évolue ensuite de la manière suivante :

	p. 100.		p. 100.
1880	21.04	1900	60.25
1890	46.69	1907	62.80

Autrefois la Compagnie des Omnibus achetait les chevaux à 5 ans révolus et 6 ans. L'élevage étant plus avancé et l'usure des animaux plus rapide, l'âge d'achat a été abaissé à 4 ans 1/2 et même 4 ans.

Voici la composition de l'effectif des chevaux au 31 décembre 1906 :

	p. 100.		p. 100.
Animaux de 4 et 5 ans	24.52	Animaux de 10, 11 et 12 ans	24.10
Animaux de 6, 7, 8 et 9 ans	41.40	Animaux de 13 ans et au-dessus	9.90

A peu de chose près, la situation est la même chaque année.

En général les chevaux achetés s'attellent de suite et on ne rencontre presque jamais de chevaux rétifs.

Les maladies d'acclimatation sont généralement bénignes.

Les sorties de l'effectif s'opèrent à peu près dans les conditions suivantes : la réforme de 7 à 8 p. 100 de l'effectif moyen, et la mortalité de 3 à 5 p. 100.

Il faut ajouter que depuis 1872 un grand nombre de chevaux malades ou âgés ont été livrés à la boucherie. Cela constitue un excellent débouché pour les animaux qui auraient exigé pour leur guérison une dépense plus élevée que leur valeur. Dans ces dernières années, le nombre des chevaux livrés à la boucherie n'a cessé d'augmenter. La Compagnie livre annuellement aux abattoirs de 600 à 800 chevaux.

La durée moyenne du service des chevaux sortis des effectifs par mort, réforme ou boucherie est de 5 ans 10 mois à 6 ans 11 mois suivant les années.

Les chevaux réformés sont en général achetés pour la culture, à laquelle ils rendent encore plusieurs années de bons services. Il en est vendu dans toutes les parties de la France. Comme on a pu le voir par les chiffres précédents, il est livré à la réforme de 1,000 à 1,500 chevaux chaque année; le prix de réforme varie de 250 à 600 francs, suivant l'âge, le degré d'usure et le motif de réforme.

Quant au mode d'utilisation, tous les chevaux de trait de Paris donnent un travail considérable, aussi bien les camionneurs, les facteurs que les chevaux d'omnibus de toutes catégories. Le travail de ces derniers, mesuré au moyen du dynamomètre, atteint journellement en moyenne la sixième ou la septième partie du travail produit par un cheval-vapeur en vingt-quatre heures et peut descendre jusqu'à un quatorzième.

Tous les auteurs s'accordent à reconnaître que, pour conserver une cavalerie en bon état, le travail journalier à demander ne doit pas dépasser par cheval une charge moyenne de 1,000 à 1,200 kilogrammes, mise en mouvement à l'allure du trot avec une vitesse de 2 mèt. 50 à la seconde ou de 9,000 mètres à l'heure. Mais les chevaux de Paris sont généralement appelés à fournir des efforts plus considérables que ceux relatés ci-dessus.

Les conditions spéciales de charge et de vitesse ne permettent pas de tirer, comme on le voit, un plus grand parti des forces du cheval aux allures vives, car l'animal qui travaille au pas peut être utilisé huit à dix heures et l'effort produit atteint ainsi la moitié ou le tiers du cheval-vapeur en vingt-quatre heures.

Importance de transports de chevaux effectués par voie ferrée à destination de Paris. — Voici quels ont été les transports effectués par les divers réseaux de chemins de fer, à destination de la capitale pendant l'année 1906 :

1° *Réseau de l'Ouest.* — 44,943 têtes en provenances principales de la plaine de Caen, du Perche et de Bretagne.

2° *Réseau de l'État.* — 7,182 têtes (chevaux et mulets) dont 5,688 unités destinées à la boucherie. Les principales gares expéditrices sont : Brou (Eure-et-Loir), La Chartre (Sarthe), Saumur, Vivy (Maine-et-Loire), Saint-Jean d'Angely, Dompierre (Charente-Inférieure), Montaigu (Vendée), Coulonges et Niort (Deux-Sèvres).

3° Le réseau d'Orléans a transporté, en 1906, 6,852 chevaux à destination de Paris. Le tiers environ de ces animaux était destiné à la boucherie. Les principaux centres d'expéditions sont les départements du Cher, du Loiret, de l'Indre-et-Loire, de la Vienne et de la Charente.

4° Le réseau du P.-L.-M. a effectué, en 1906, le transport de 7,988 chevaux vers Paris.

5° Le réseau de l'Est a transporté pendant cette même année 6,521 chevaux en provenance : 1° des régions de Troyes, de Mamarut, de Challerange (animaux de trait); 2° de Hongrie (animaux destinés à la «Compagnie générale des Petites Voitures» et à la « Compagnie de l'Urbaine »); 3° enfin de la région de Nangis, Brie-Comte-Robert et qui consistent pour la majeure partie en animaux de trait envoyés au vert par les marchands de chevaux et les entrepreneurs de transport de la capitale.

6° Enfin le nombre de chevaux expédiés à Paris par les soins de la Compagnie du Nord s'est élevé, en 1906, à 10,768 dont 631 ont été importés de Belgique et de Hollande.

Marché aux chevaux, Boucherie hippophagique. — Le marché aux chevaux se tient à Paris le mercredi et le samedi de chaque semaine. Les introductions de chevaux à ce marché s'élèvent en moyenne chaque année à 40,000 têtes. Les transactions les plus importantes portent sur des animaux destinés à la boucherie. En effet, sur 28,937 chevaux vendus pendant l'année 1906, 22,792 d'entre eux ont été dirigés sur l'abattoir hippophagique de Vaugirard.

Cet abattoir prend d'année en année une importance considérable et telle que, depuis 1901, le nombre des chevaux abattus a presque doublé, le rendement passant de 5 millions à 10 millions de kilogrammes. Cette prospérité tient à ce que la viande de cheval a été reconnue officiellement comme constituant un aliment des plus recommandables.

Le tableau ci-dessous fait ressortir l'importance de cette consommation.

NOMBRE D'ANIMAUX ABATTUS ET RENDEMENT EN VIANDE NETTE.

ANNÉES.	CHEVAUX.	ÂNES.	MULETS.	RENDEMENT.
	têtes.	têtes.	têtes.	kilogrammes.
1901	21,093	299	34	5,309,950
1902	23,587	393	39	5,943,850
1903	28,965	518	63	7,305,650
1904	34,705	394	60	8,727,775
1905	40,269	472	77	10,129,850

D'autre part, les introductions de viande de cheval dans Paris par la porte de Pantin dépassent 2 millions de kilogrammes chaque année.

MARCHÉS DE PARIS.

Avant 1867, les marchés aux bestiaux concourant à l'approvisionnement de la capitale étaient ceux de Sceaux, de Poissy, de La Chapelle, des Bernardins, de Saint-Germain et la Halle-aux-Veaux.

Les bovins étaient vendus à Sceaux, à Poissy, aux Bernardins, à La Chapelle et à la Halle-aux-Veaux.

Les moutons n'étaient approvisionnés que sur les marchés de Sceaux et de Poissy.

Enfin, le commerce des porcs avait lieu seulement sur les marchés de La Chapelle et de Saint-Germain.

Les marchés de Poissy et de Saint-Germain appartenaient aux communes sur le territoire desquelles ils étaient situés. Les quatre autres étaient la propriété de la ville de Paris.

Cette division des centres d'approvisionnement et leur éloignement relatif du lieu de consommation n'étaient pas sans présenter de graves inconvénients. Pour les éviter, l'Administration avisa à la création, dans Paris même, d'un grand marché, en rapport avec ses besoins. Le 7 avril 1859, un décret autorisa à cet effet l'expropriation des terrains situés alors sur le territoire communal de La Villette, pour l'établissement d'un vaste marché aux bestiaux et d'un abattoir. Le 1er janvier 1860, en vertu de la récente loi d'annexion, cet emplacement fut compris dans l'enceinte de Paris. Enfin, un décret de 1864 déclara d'utilité publique la construction d'un embranchement reliant le chemin de fer de Ceinture avec le nouveau marché.

Le marché de La Villette ne fut ouvert que le 21 octobre 1867, jour où les marchés de Sceaux, de La Chapelle, des Bernardins et de la Halle-aux-Veaux furent supprimés.

Des bouveries, porcheries, bergeries et étables à veaux furent aménagées au nord du nouveau marché, en vue du séjour des animaux d'un jour de vente à l'autre. Le marché est relié à l'abattoir par une rampe et deux ponts. La rampe est affectée au passage des porcs et des bestiaux arrivant par chemin de fer. Un service sanitaire vétérinaire, relevant de la Préfecture de police, est établi dans l'intérieur du marché.

Le marché aux bestiaux est ouvert tous les jours excepté le dimanche; mais les ventes n'y ont d'importance que le lundi et le jeudi.

Abattoirs. — Jusqu'au commencement du XIXe siècle, Paris ne possédait aucun abattoir public. Les bouchers et les charcutiers avaient des tueries particulières, où les animaux étaient abattus et préparés pour la vente.

De 1811 à 1818, en vertu d'une décision gouvernementale de 1807, cinq abattoirs publics furent construits; ils étaient dénommés abattoirs de Grenelle, de Villejuif, du Roule, de Montmartre et de Ménilmontant. En 1848, les deux nouveaux abattoirs des Fourneaux et de Château-Landon furent affectés exclusivement au sacrifice des porcs. En 1860, trois abattoirs mixtes sont établis sur les communes annexées des Batignolles, de Belleville et de La Villette, à la disposition du commerce de la boucherie et de la charcuterie. De tous ces abattoirs, il ne reste plus aujourd'hui que ceux de Grenelle, de Villejuif, des Fourneaux et de La Villette. Celui des Fourneaux est affecté à l'abatage exclusif des porcs et celui de Villejuif comprend une section desservant la boucherie hippophagique.

Marché aux viandes. — Pour les viandes abattues au dehors, la vente en gros à la criée est établie aux Halles Centrales depuis 1860.

Ouvert tous les jours, ce marché n'est clos qu'à la fin des enchères.

Marché à la volaille et au gibier. — Pour les ventes amiables et la criée, le marché à la volaille et au gibier est établi, depuis 1868, aux Halles Centrales. Il ne concerne que les ventes en gros, avec un minimum pour les lots, déterminé par arrêtés préfectoraux des 23 juin 1881 et 16 avril 1883.

Beurres, œufs et fromages. — Pour les opérations amiables et la criée, la vente en gros de ces produits est établie depuis 1858 aux Halles Centrales.

Marché aux bestiaux de La Villette. — Sur le marché de La Villette, les bestiaux sont introduits par la gare de *Paris-Bestiaux* et par les portes de la rue d'Allemagne.

La gare de Paris-Bestiaux reçoit environ les deux tiers du gros bétail et des veaux, le tiers seulement des moutons et la presque totalité des porcs.

Par les portes de la rue d'Allemagne entrent principalement les moutons et les autres animaux venus à pied, soit des autres gares de Paris et des environs, soit des fermes ou autres établissements de la banlieue, y compris ceux des laitiers-nourrisseurs de Paris.

Pour les provenances françaises et algériennes, de 1901 à 1906, les introductions au marché de La Villette accusent un fléchissement d'ensemble assez sensible. Les diminutions portent sur le gros bétail et les moutons. Les veaux sont stationnaires; les porcs seuls sont en augmentation.

Les causes déterminantes de cette situation paraissent être :

1° La prospérité rapide de l'abattoir hippophagique;

2° La facilité qu'ont les consommateurs de s'approvisionner directement par colis postaux;

3° L'exode vers la banlieue d'une importante partie de la population ouvrière parisienne, qui ne prend plus dès lors à Paris qu'un repas léger, dont la charcuterie fait fréquemment le fond, ce qui explique que les porcs fassent exception au ralentissement général.

En 1906, il est entré au marché de La Villette 331,563 têtes de gros bétail (bœufs, vaches, taureaux), 192,093 veaux, 1,616,172 moutons et 544,770 porcs.

Le tableau suivant indique la part afférente aux départements les plus importants au point de vue des envois.

MARCHÉ AUX BESTIAUX DE LA VILLETTE.

Principaux lieux de provenance des arrivages (année 1906).

DÉPARTEMENTS.	NOMBRE PAR ESPÈCES.					
	BŒUFS.	TAUREAUX.	VACHES.	VEAUX.	MOUTONS.	PORCS.
Aisne	5,121	308	471	"	52,532	"
Allier	5,868	593	940	253	31,604	18,301
Alpes (Basses-)	"	"	"	"	14,124	"
Alpes (Hautes-)	"	"	"	"	24,486	"
Ardennes	"	"	"	"	4,073	"
Ariège	6	"	"	"	15,617	"
Aube	381	271	603	14,040	25,129	428
Aveyron	30	"	"	7,193	90,067	15,185
Bouches-du-Rhône	"	"	"	"	2,472	128
Calvados	22,102	928	4,014	3,351	1,387	3,477
Cantal	76	9	153	324	58,539	2,969
Charente	5,615	344	918	2,446	17,458	6,251
Charente-Inférieure	1,464	147	295	28	1,156	1,951
Cher	5,551	397	985	"	37,996	12,926
Corrèze	68	55	108	6,920	17,952	16,733
Côte-d'Or	3,381	247	647	46	28,841	110
Creuse	5,748	380	1,413	20	11,064	23,461
Dordogne	3,556	202	649	2,835	27,963	2,173

DÉPARTEMENTS.	NOMBRE PAR ESPÈCES.					
	BOEUFS.	TAUREAUX.	VACHES.	VEAUX.	MOUTONS.	PORCS.
Drôme	"	"	"	"	22,709	"
Eure	1,306	285	1,266	7,301	6,054	186
Eure-et-Loir	2,504	575	1,447	13,481	112,495	695
Finistère	3,376	589	184	503	"	636
Garonne (Haute-)	"	"	"	55	20,618	328
Ille-et-Vilaine	611	305	191	1,548	945	21,044
Indre	3,014	303	591	4,471	13,589	22,456
Indre-et-Loire	2,916	225	542	4,230	8,697	19,101
Loir-et-Cher	49	41	101	331	12,675	2,675
Loire (Haute-)	276	2	"	"	65,148	1,093
Loire-Inférieure	16,890	1,217	1,420	566	7,254	64,345
Loiret	809	451	450	20,055	109,419	330
Lot	57	"	12	590	73,797	10,221
Lot-et-Garonne	21	14	84	272	11,222	186
Lozère	"	"	"	"	33,618	"
Maine-et-Loire	62,923	2,093	4,868	8,037	5,990	77,223
Manche	783	191	561	1,192	710	1,494
Marne	97	28	27	8,353	11,494	1,852
Marne (Haute-)	7	2	49	1,138	19,066	43
Mayenne	9,622	962	977	102	4,690	2,608
Meurthe-et-Moselle	"	"	"	"	2,302	"
Meuse	"	"	31	"	4,857	"
Morbihan	2,144	177	221	229	"	2,057
Nièvre	11,669	969	1,775	235	86,681	295
Oise	501	90	214	576	7,246	"
Orne	18,710	884	3,514	1,700	1,331	85
Pas-de-Calais	30	10	"	1,570	"	95
Puy-de-Dôme	837	104	848	9,227	25,313	20,400
Saône-et-Loire	7,396	486	1,043	"	7,716	38
Sarthe	4,531	1,013	1,386	20,690	3,159	80,840
Savoie	"	"	"	"	2,262	"
Savoie (Haute-)	"	"	"	"	1,392	32
Seine	1,037	152	4,949	685	4,479	3,462
Seine-Inférieure	2,790	545	1,716	8,467	130,414	102
Seine-et-Marne	1,327	486	1,336	7,322	128,246	250
Seine-et-Oise	1,468	406	1,402	9,270	3,872	440
Sèvres (Deux-)	4,743	366	560	282	583	12,891
Somme	258	18	71	159	5,395	80
Tarn	"	"	"	"	85,606	90
Tarn-et-Garonne	"	"	"	40	33,382	112
Vaucluse	"	"	"	"	11,842	"
Vendée	23,244	1,028	2,100	3,278	5,241	68,533
Vienne	11,199	499	1,287	3,686	16,684	8,281
Vienne (Haute-)	4,466	497	1,556	9,430	5,638	14,357
Yonne	1,194	404	594	5,393	28,353	103

Il ressort de ce tableau qu'en ce qui concerne le gros bétail, les expéditions les plus importantes sont faites par le département de Maine-et-Loire. Viennent ensuite, par ordre d'importance, la Vendée, l'Orne, la Loire-Inférieure, la Nièvre, la Vienne, la Mayenne et la Saône-et-Loire.

Les veaux sont principalement fournis par les départements de la Sarthe, du Loiret, de l'Eure-et-Loir, de l'Aube.

Les départements qui expédient le plus de moutons sont ceux de Seine-et-Marne, de Seine-et-Oise, d'Eure-et-Loir, du Loiret, de l'Aisne, et trois départements du Plateau central, l'Aveyron, le Tarn et le Lot.

Quant à l'Algérie, elle a envoyé au marché de La Villette, en 1905, 149,038 moutons.

Enfin, la viande de porc a pour origine principale les départements de la Sarthe, de Maine-et-Loire, de la Vendée, de la Loire-Inférieure et de la Creuse.

Ainsi qu'on peut le constater, ce sont les départements de l'Ouest qui contribuent pour la plus forte part à l'approvisionnement de la capitale en viande.

A part quelques têtes de gros bétail, les provenances étrangères ne portent que sur les moutons. Le tableau ci-dessous fait ressortir l'importance de ces importations de 1900 à 1905.

IMPORTATIONS DE MOUTONS ÉTRANGERS. — PROVENANCES.

ANNÉES.	IMPORTATIONS TOTALES.	ALLEMAGNE.	AMÉRIQUE.	AUTRICHE.	ISLANDE.	RUSSIE.	MONTÉNÉGRO.
1900.........	41,646	21,830	1,260	15,920	//	2,213	423
1901.........	74,925	33,011	//	33,123	310	8,092	389
1902.........	136,461	25,893	800	101,008	//	6,319	2,441
1903.........	67,579	2,984	//	53,939	//	10,046	610
1904.........	14,178	266	//	6,443	//	6,599	870
1905.........	1,176	//	//	//	//	872	304

Ces variations sont dues à des causes diverses dont les principales sont :

1° L'état de prospérité du troupeau français, lequel suffit largement à approvisionner les divers marchés ;

2° L'augmentation du prix des laines qui a favorisé l'élevage ;

3° Les prix élevés du marché allemand qui attirent les moutons austro-hongrois lesquels formaient la partie la plus importante des apports étrangers.

Le sanatorium de La Villette est affecté en principe :

1° Aux moutons algériens qui ne présenteraient pas à l'entrée en France des garanties sanitaires suffisantes ;

2° A tous les moutons étrangers, sauf toutefois à ceux de provenances russe et monténégrine, qui sont surveillés à la traversée par un vétérinaire français.

Sorties. — Un peu plus de la moitié (55 p. 100 environ) des animaux quittent le marché de La Villette pour se rendre directement à l'abattoir contigu, où ils sont sacrifiés. Soit par le chemin de fer de Ceinture, soit par les portes de la rue d'Allemagne, les autres animaux sortent à destination de l'abattoir de Vaugirard, de l'intérieur de Paris ou de l'extérieur de la capitale. Ces dernières réexpéditions portent sur environ 38 p. 100 des entrées au marché.

Le tableau récapitulatif, établi de 1901 à 1905, fait ressortir l'importance des abatages effectués annuellement dans les abattoirs de La Villette et de Vaugirard.

ABATTOIRS. — RÉCAPITULATION.

Introductions et provenances.

CATÉGORIES.	ANNÉES.	INTRODUCTIONS TOTALES.	RÉPARTITION DES INTRODUCTIONS.		PROVENANCES.	
			ABATTOIR de La Villette.	ABATTOIR de Vaugirard.	VENANT des marchés aux bestiaux.	ENVOIS directs.
		têtes.	têtes.	têtes.	têtes.	têtes.
Gros bétail	1901	295,538	253,332	42,206	226,934	68,604
	1902	278,947	235,915	43,032	197,229	81,718
	1903	267,027	224,739	42,288	190,897	76,130
	1904	259,195	215,913	43,282	182,245	76,950
	1905	265,324	218,126	47,198	184,008	81,316
Veaux	1901	384,509	231,316	53,193	125,001	159,508
	1902	275,145	223,057	52,088	116,749	158,396
	1903	274,391	221,730	52,661	111,752	162,639
	1904	274,573	221,118	53,455	108,227	166,346
	1905	277,759	222,705	55,054	111,120	166,639
Moutons	1901	2,102,143	1,801,842	300,301	1,281,791	820,352
	1902	2,091,190	1,792,196	298,994	1,426,803	664,387
	1903	2,047,465	1,748,267	299,198	1,206,172	841,293
	1904	1,924,044	1,629,011	295,033	1,089,419	834,625
	1905	2,008,458	1,679,826	328,632	1,154,881	853,577
Porcs	1901	364,097	234,523	129,574	235,369	128,728
	1902	373,043	234,465	138,578	210,340	162,703
	1903	382,508	233,468	149,040	197,326	185,182
	1904	395,401	239,929	155,472	197,756	197,645
	1905	410,188	256,775	153,413	210,346	199,840

HALLES CENTRALES.

Vente en gros de la viande. — L'approvisionnement des Halles en viande est assuré pour ainsi dire exclusivement par les provenances françaises, celles de l'étranger n'atteignant, en effet, qu'à peine 0,3 p. 100.

Les expéditions par voie ferrée (départements et étranger) qui, en 1901, s'élevaient à 88.9 p. 100, sont en décroissance constante et n'atteignaient plus que 83.8 p. 100 en 1905. En revanche les apports des abattoirs sont en progression continue et ont passé, durant cette même période, de 9 à 14 p. 100. Ces deux faits ont une même cause : la campagne entreprise contre les viandes foraines.

La moyenne annuelle des introductions de viande aux Halles Centrales a été, de 1901 à 1905, de 50,800,000 kilogrammes.

Les deux tableaux ci-après donnent le détail de ces introductions par espèce et leurs provenances.

INTRODUCTIONS PAR ESPÈCE.

ANNÉES.	QUANTITÉS INTRODUITES.	VIANDE DE BOUCHERIE.				VIANDE de PORCS.
		BOEUF.	VEAU.	MOUTON.	TOTAUX.	
	kilogr.	kilogr.	kilogr.	kilogr.	kilogr.	kilogr.
1901	52,433,813	17,892,070	20,289,384	8,040,200	46,221,654	6,212,159
1902	51,165,596	17,899,750	20,057,157	7,461,968	45,418,875	5,746,721
1903	49,644,322	15,328,338	20,284,158	7,301,022	42,913,518	6,730,804
1904	49,465,297	14,781,640	20,574,077	7,834,793	43,190,510	6,274,787
1905	51,213,742	15,453,352	22,306,740	8,324,323	46,084,415	5,129,327

PROVENANCES.

ANNÉES.	QUANTITÉS INTRODUITES.	PROVENANCES				
		FRANÇAISES.	ÉTRANGÈRES.			
			TOTAL.	SUISSE (bœufs).	BELGIQUE ET HOLLANDE (bœufs).	AMÉRIQUE (bœuf et mouton).
	kilogr.	kilogr.	kilogr.	kilogr.	kilogr.	kilogr.
1901	52,433,813	52,288,585	145,228	129,898	"	15,330
1902	51,165,596	51,022,424	143,172	141,811	"	1,361
1903	49,644,322	49,508,631	135,691	130,191	5,500	"
1904	46,465,297	49,350,575	114,722	88,885	25,837	"
1905	51,213,742	51,087,638	126,104	104,197	21,907	"

Les départements qui expédient la plus grande quantité de viande abattue sont :

Pour la viande de bœuf : la Charente, l'Ille-et-Vilaine, le Finistère et le Calvados.

Pour le veau : l'Yonne, l'Indre-et-Loire, le Finistère et la Gironde.

Pour le mouton : la Haute-Vienne, l'Isère, le Cher et l'Algérie :

Pour le porc : la Sarthe, la Mayenne et les Deux-Sèvres.

Là encore, on constate que ce sont les régions de l'Ouest qui contribuent en majeure partie à l'approvisionnement de la capitale.

Volailles et gibier. — La moyenne générale annuelle des introductions de volailles et de gibier a été, de 1901 à 1905, de 24.440.000 kilogrammes approximativement, dont 92 p. 100 pour la volaille et 8 p. 100 pour le gibier.

Les fluctuations de ce marché sont très variables et subordonnées aux conditions météorologiques qui favorisent ou contrarient la production. D'autres causes, ayant un caractère de permanence plus ou moins accusé, enrayent l'extension du marché. Telles sont : la concurrence croissante des grandes maisons d'épicerie, qui ont pris peu à peu l'habitude de traiter directement avec les producteurs; la commodité des colis postaux pour les expéditions aux particuliers; la rareté du gibier en France; enfin, l'augmentation des exportations directes de volailles de choix en Angleterre.

Beurres, œufs et fromages. — Les moyennes des introductions annuelles de ces trois catégories de denrées sont les suivantes :

Beurres	13,663,170 kilogr.
Œufs (17 en moyenne au kilogramme)	17,456,625
Fromages	11,971,894

Les provenances de beurres indigènes alimentent le marché dans la proportion de 98.5 p. 100.

En ce qui concerne les œufs, les provenances étrangères s'élèvent annuellement, en moyenne, à 3,600,000 kilogrammes.

Enfin, pour les fromages, les provenances indigènes alimentent le marché dans la proportion de 98.5 p. 100.

Lait. — La production laitière du département de la Seine s'élève, approximativement, à 600,000 hectolitres chaque année, avec un prix moyen de 27 francs l'hectolitre.

La statistique agricole annuelle indique pour 1905 un nombre de 28,710 vaches laitières dans le département de la Seine, dont 16,482 à l'intérieur de la capitale. D'autre part, la statistique publiée en 1900 par la Préfecture de la Seine indique qu'il existe dans le département 1,750 vacheries, dont 475 à Paris.

Les essais de tuberculinisation révélatrice se généralisent de jour en jour dans le département de la Seine; de plus, les nourrisseurs ayant modifié la façon de renouveler les animaux de leurs vacheries, la tuberculose est devenue rare dans ces établissements. Autrefois, en effet, les nourrisseurs gardaient leurs vaches aussi longtemps qu'ils pouvaient en espérer, après une gestation nouvelle, une nouvelle période de lactation; aujourd'hui le laitier achète ses vaches après la mise bas, en pleine lactation; aussitôt que la production de l'animal diminue, ne compensant plus les frais d'entretien, il le livre à la boucherie.

Les animaux utilisés pour la production du lait appartiennent aux races normande, flamande, hollandaise, bretonne et schwitz. Ces vaches sont entretenues en stabulation permanente pour la presque totalité. L'effectif est variable et, d'une manière générale, plus important en juin.

La production laitière du département est notoirement insuffisante pour satisfaire aux besoins de la consommation. Aussi, Paris reçoit-il journellement des quantités considérables de lait provenant des départements environnants, dans un rayon de 150 kilomètres et plus.

La plus grande partie du lait consommé dans la capitale y est apportée, comme marchandise, en vitesses variées, par les Compagnies de chemin de fer. Ce sont les départements de Seine-et-Oise, de Seine-et-Marne, de l'Oise, de la Seine-Inférieure, de l'Eure, de l'Eure-et-Loir, du Loir-et-Cher, du Loiret, de l'Yonne, de la Marne et de l'Aisne qui concourent principalement à l'approvisionnement de Paris en lait.

Le tableau suivant indique les quantités de lait arrivées à Paris de 1901 à 1905.

RÉSEAUX.	ANNÉES				
	1901.	1902.	1903.	1904.	1905.
	litres.	litres.	litres.	litres.	litres.
Est	29,823,557	30,657,899	35,420,037	36,905,782	40,961,039
Etat	3,540,110	3,645,100	6,195,900	7,961,200	10,640,900
Paris-Lyon-Méditerranée	43,361,600	40,878,700	42,002,000	39,806,000	30,233,200
Nord	39,318,700	40,225,000	55,038,200	45,787,095	49,451,400
Orléans	40,012,032	41,619,155	40,166,026	42,582,800	42,443,600
Ouest	105,469,900	104,118,300	100,058,900	102,949,800	104,187,800
TOTAUX	261,525,899	261,144,154	276,881,063	275,992,177	278,017,939

Le transport a lieu le plus généralement en bidons de 20 litres pesant pleins de 25 à 27 kilogrammes. Les tarifs appliqués sont décroissants avec la distance et le prix de transport par litre oscille suivant l'éloignement et l'importance de l'expédition entre 1 et 2 centimes par litre. Ces apports de lait sont entre les mains de sociétés importantes qui servent d'intermédiaire entre le producteur et le détaillant. Elles ramassent le lait dans les campagnes, le réunissent dans les dépôts situés au voisinage des gares et font quelquefois procéder dans ces dépôts à la pasteurisation. Le lait est ensuite expédié en bidons plombés, dans des wagons à claire-voie circulant la nuit et arrivant en ville le matin de bonne heure. La réfrigération est peu ou pas employée aussi bien dans les laiteries que dans les wagons de transport. Le lait est distribué aux détaillants soit par les dépôts, soit directement des gares d'arrivée par des laitiers qui achètent pour leur compte un certain nombre de bidons qu'ils revendent ensuite aux crémiers ou aux épiciers.

Il s'est fondé depuis quelques années, sur un système différent, plusieurs organisations d'approvisionnements. La caractéristique de ce système est la vente au détail. Ces sociétés ont installé, en effet, dans les différents quartiers de la capitale, un grand nombre de débits où elles vendent à la fois du lait, du beurre et du fromage. Elles possèdent dans les centres de production de grandes laiteries où, après la collecte, le lait est pasteurisé et mis en bouteilles portant la date et le nom de la laiterie. Ces laits qui sont vendus au minimum 40 centimes le litre, trouvent auprès du public une grande faveur, car il espère y trouver une garantie de pureté et des soins spéciaux.

On peut ranger dans cette même catégorie d'établissements quelques organisations moins considérables, mais cependant très intéressantes, car elles constituent en même temps des œuvres de charité privée, ayant pour but de fournir spécialement, à la classe pauvre, du lait de bonne qualité et à bon marché.

Paris dépense annuellement une somme approximative de 55 millions de francs pour sa consommation en lait frais. Le prix du litre est variable puisqu'on le paye depuis 0 fr. 20 jusqu'au delà de 1 franc; mais en moyenne le lait est vendu de 0 fr. 40 à 0 fr. 60 le litre; celui qui provient des vacheries parisiennes est payé un peu plus cher que celui provenant des départements; en outre, il est payé moins cher au producteur direct, puisque le prix moyen pratiqué est de 0 fr. 12 le litre, tandis que pour les vacheries parisiennes le prix de revient s'élève à 0 fr. 20.

SEINE-INFÉRIEURE.

Grâce au climat maritime dont jouit le département, et surtout grâce aux remarquables propriétés physiques de ses fertiles plateaux, la plupart des terres de la Seine-Inférieure se montrent aussi favorables à la pousse de l'herbe qu'à la production des céréales et des plantes industrielles. Depuis une vingtaine d'années, les cultivateurs ont largement tiré parti de cette précieuse aptitude et l'herbage gagne sans cesse sur la terre de labour; aux prairies naturelles des vallées, aux grasses pâtures du pays de Bray se joignent continuellement de nouveaux herbages sur les plateaux du pays de Caux.

En 1886 on trouvait seulement 77,396 hectares de prairies naturelles et d'herbages dans le département; en 1896 ce chiffre s'élevait à 88,637 hectares, pour passer à 131,037 hectares en 1906.

A l'augmentation de la surface enherbée a correspondu un accroissement encore plus sensible de la population animale. Les agriculteurs de la Seine-Inférieure trouvant dans l'élevage et l'exploitation des animaux des profits plus assurés que dans les spéculations végétales, cherchent à augmenter sans cesse le cheptel vivant de leurs fermes.

Déjà en 1882, ainsi qu'il résulte de la statistique agricole décennale, le poids vif total de l'ensemble des animaux de ferme par 100 hectares de terres labourables, de prés et d'herbages, s'élevait au chiffre de 30,767 kilogrammes, ce qui plaçait la Seine-Inférieure au second rang des départements français, après le Nord et bien avant les quatre autres départements normands. La statistique décennale de 1892 a accusé un léger fléchissement — 29,424 kilogrammes de poids vif par 100 hectares — mais il est hors de doute qu'aujourd'hui ce chiffre est très largement dépassé.

ESPÈCE CHEVALINE.

La statistique de 1905 accuse un effectif total de 71,620 têtes, dont 19,718 animaux au-dessous de trois ans.

La Seine-Inférieure n'est pas un pays d'élevage comme la Basse-Normandie. Il n'y a chaque année que quelques milliers de juments livrées aux étalons, et d'après les rapports de l'administration des Haras, le nombre des saillies serait plutôt en décroissance. Pour la saison de 1906, 96 étalons de l'État ont été envoyés dans les 20 stations du département; en outre 111 étalons appartenant à des particuliers ont fait la monte. Ces 205 reproducteurs mâles se répartissaient comme suit : 2 pur-sang, 53 demi-sang et 143 chevaux de trait.

L'entraitage est plus généralisé. Chaque année des milliers de poulains arrivent du Boulonnais (principalement des environs de Desvres et de Marquise), du Perche et quelque peu de Bretagne, dans les fermes du pays de Caux. Grâce à la facilité des travaux de culture, à la richesse en avoine de l'alimentation et à la nature très saine du sol, ces chevaux acquièrent beaucoup de qualité. Le pays de Caux convient, en somme, aussi bien à cette spéculation que le pays Chartrain, et les chevaux de «la Vallée de Dieppe» sont des plus appréciés dans le commerce.

Le commerce des chevaux est concentré à peu près exclusivement dans quelques villes et bourgs du département.

Certains marchés, en particulier ceux de Fauville et Yvetot, sont fréquentés, depuis de longues années, par des marchands allemands qui font des achats considérables pour leur pays.

Les principaux marchés pour les chevaux sont :

	NOMBRE DE TÊTES PAR ANNÉE.		NOMBRE DE TÊTES PAR ANNÉE.
Fauville	5,000	Saint-Saëns	300
Rouen	1,680	Cany	250
Yvetot	1,500	Beaubec-la-Rosière	200
Bacqueville	1,400	Buchy	200
Criquetot-l'Esneval	1,370	Sainte-Croix-sur-Buchy	200
Goderville	900	Yerville	200
Aumale	350		

ESPÈCE BOVINE.

Le gros bétail est celui dont le nombre progresse le plus rapidement. Actuellement, il ne manque pas de fermes du pays de Caux ou de la vallée de Bray qui entretiennent un troupeau représentant beaucoup plus d'une tête de gros bétail à l'hectare, c'est-à-dire ce que les économistes regardaient, il n'y a pas encore longtemps, comme un desideratum bien rarement réalisable.

En 1905 l'effectif des bovins dépasse pour la première fois le chiffre de 300,000 têtes (exactement 300,474). Sur ce total on compte 158,752 vaches, soit une proportion considérable et qui classe (les 5 départements de la Bretagne mis à part, avec leurs bêtes bovines de très faible poids vif) la Seine-Inférieure au quatrième rang, après le Puy-de-Dôme, le Nord et la Manche, pour le nombre de vaches laitières.

La production laitière est donc extrêmement importante en Seine-Inférieure et constitue une grosse part des ressources des fermes (plus de 32 millions de francs par an, d'après la récente enquête sur l'industrie laitière). Dans le rayon des grandes villes, Rouen, le Havre, Dieppe, Elbeuf, le lait est vendu en nature à des prix avantageux, de 0 fr. 15 à 0 fr. 30 le litre; dans l'arrondissement de Neufchâtel, une bonne partie de la production est absorbée par les établissements industriels fort importants de Neufchâtel et surtout de Gournay; dans le reste du département, le lait est transformé en beurre ou utilisé pour l'alimentation des jeunes.

Dans toutes les fermes du département, à l'exception peut-être de quelques grandes exploitations laitières des environs de Gournay, l'élevage des bovidés est pratiqué sur une grande échelle. Nombre de vaches sont achetées en Basse-Normandie, tant pour améliorer les troupeaux d'élevage — dont certains commencent à être renommés et à remporter de brillants succès dans les concours — que pour renouveler les étables des laitiers.

L'engraissement à l'herbage présente une grande importance sur différents points de la Seine-Inférieure, en particulier dans les herbages des alluvions nouvelles de l'embouchure de la Seine, de Tancarville au Havre, et dans les embouches des plateaux des arrondissements d'Yvetot et de Dieppe. Certains engraisseurs de la Vallée de la Seine et des environs de Dieppe mettent chaque année à l'herbe de 200 à 400 bœufs, achetés en Basse-Normandie ou dans le Maine. Dans ses bouveries, le pays de Bray engraisse surtout des vaches qui proviennent de la région.

Dans toutes les régions du département et sur toutes les foires, on trouve des bovidés d'élevage et des vaches; le commerce de ces animaux est celui qui est le moins centralisé.

Les principaux marchés pour les bovidés sont :

	NOMBRE DE TÊTES PAR ANNÉE.			NOMBRE DE TÊTES PAR ANNÉE.	
	Gros bétail.	Veaux.		Gros bétail.	Veaux.
Neufchâtel-en-Bray	4,500	8,000	Doudeville	2,300	//
Lillebonne	4,500	3,000	Saint-Romain	2,100	//
Fauville	3,800	//	Buchy	1,900	//
Forges-les-Eaux	3,500	8,000	Saint-Saëns	1,600	//
Gournay-en-Bray	3,500	10,000	Bosc-le-Hard	1,600	3,800
Goderville	3,000	//	Valmont	1,500	//
Yvetot	3,000	//	Blangy	1,200	//
Criquetot-l'Esneval	2,700	//			

Le commerce du beurre se fait surtout dans les marchés de :

	MOYENNE PAR AN.		MOYENNE PAR AN.
	kilogr.		kilogr.
Gournay	850,000	Gaillefontaine	200,000
Neufchâtel	500,000	Foucarmont	125,000
Buchy	420,000	Doudeville	105,000
Aumale	300,000		

Les quantités de beurres indiquées ci-dessus se rapportent exclusivement aux beurres qui passent sur les marchés.

Le marché de Neufchâtel est de beaucoup le plus important pour les fromages dits *Bondons* ou *Neufchâtels*; on évalue à 4 millions environ le nombre des fromages vendus par an sur ce marché.

ESPÈCE OVINE.

Un moment tout à fait délaissé pour le gros bétail, le mouton reprend peu à peu la place qu'il n'aurait jamais dû perdre. Les troupeaux se reconstituent; la race locale, si parfaitement adaptée au milieu et de qualités précieuses, gagne progressivement cette finesse et cette régularité de conformation qui lui faisaient défaut; les races anglaises améliorées à laine courte ou demi-longue, southdown et oxford-down, fournissent de plus en plus des reproducteurs mâles qui permettent d'obtenir, par le croisement industriel, de superbes agneaux gras.

La statistique de 1905 accuse un total de 156,729 moutons, dont 85,544 brebis. Les troupeaux se rencontrent surtout dans les grandes fermes des arrondissements de Rouen, d'Yvetot et de Dieppe.

Le commerce des moutons se fait de moins en moins dans les marchés et foires à animaux maigres. Les moutons maigres sont achetés directement à la ferme par les intéressés et les moutons gras dirigés sur les grands marchés d'animaux de boucherie (Rouen, Le Havre).

Les principaux marchés pour les moutons sont :

	NOMBRE DE TÊTES PAR ANNÉE.		NOMBRE DE TÊTES PAR ANNÉE.
Lillebonne	800	Tôtes	300
Aumale	350	Auffay	250
Blainville-Crevon	300	Pavilly	250
Saint-Victor-l'Abbaye	300	Valmont	250

ESPÈCE PORCINE.

L'espèce porcine trouve en Seine-Inférieure des conditions très favorables à son élevage. Cependant, bien qu'il existe des porcheries renommées, dans lesquelles on trouve des reproducteurs excellents, le nombre des porcs entretenus dans les fermes du département n'est pas aussi élevé qu'il devrait être (84,811 têtes seulement en 1905).

Ces chiffres comprennent à la fois les porcs gras, les porcs maigres ou coureurs et les porcs de lait, mais les porcs gras entrent à peine pour un dixième dans les totaux.

Les principaux marchés de porcs sont :

	NOMBRE DE TÊTES PAR ANNÉE.		NOMBRE DE TÊTES PAR ANNÉE.
Gournay-en-Bray	15,000	Lillebonne	5,500
Buchy	10,000	Aumale	5,300
Envermeu	8,500	Neufchâtel	5,000
Forges-les-Eaux	7,000	Bolbec	1,300

ANIMAUX ET PRODUITS DE BASSE-COUR.

Leur exploitation est très rémunératrice dans les fermes où elle est l'objet de soins sérieux, ce qui est relativement rare. A noter une spécialité d'un excellent rapport

Planche XXXVI.

BÉLIER CAUCHOIS.

dans les petites vallées qui aboutissent à la Seine, dans la partie occidentale de l'arrondissement de Rouen, l'élevage des canards.

Les principaux marchés pour les animaux de basse cour sont :

	VOLAILLES DE TOUTES SORTES.		VOLAILLES DE TOUTES SORTES.
	têtes par an.		têtes par an.
Bosc-le-Hard	30,000	Dieppe	16,000
Doudeville	29,000	Pavilly	15,000
Duclair	27,000	Londinières	14,000
Auffay	25,000	Elbeuf	13,000
Gournay	23,000	Montivilliers	12,500
Buchy	21,000	Neufchâtel	12,000
Fécamp	20,000		

Les canards se vendent principalement sur les marchés de Duclair, Gournay et Dieppe.

Le commerce des œufs se fait surtout dans les marchés suivants :

	MOYENNE PAR AN.		MOYENNE PAR AN.
	œufs.		œufs.
Pavilly	1,200,000	Foucarmont	650,000
Doudeville	1,000,000	Fécamp	550,000
Auffay	900,000	Londinières	500,000
Bosc-le-Hard	800,000	Blangy	450,000
Envermeu	800,000	Duclair	450,000
Dieppe	750,000	Neufchâtel	400,000
Aumale	700,000	Yvetot	300,000
Bacqueville	700,000		

PRINCIPAUX MARCHÉS AUX ANIMAUX DE BOUCHERIE.

(Les nombres des animaux vendus sur ces marchés se rapportent à l'année 1902; on peut les considérer comme des moyennes.)

Rouen. — Bœufs, 13,173; vaches, 16,692; veaux, 13,958; moutons, 66,588; porcs, 14,402.

Ces chiffres indiquent l'importance considérable du marché de Rouen, qui reçoit non seulement des bêtes de la région, mais encore, de façon courante, des lots importants d'animaux gras expédiés par les départements de l'Ouest. D'ailleurs le marché de Rouen, après avoir assuré l'alimentation de la ville et de sa banlieue (plus de 200,000 habitants), réexpédie nombre d'animaux sur les villes du Nord, Amiens, Arras, Lille, etc.

Le Havre. — Bœufs, 8,918; vaches, 7,263; veaux, 10,871; moutons, 36,703.

Dieppe. — Vaches, 4,000; veaux, 2,700; porcs, 1,700.

PRINCIPAUX MARCHÉS ET FOIRES.

Il existe en Seine-Inférieure 43 villes ou bourgs qui possèdent des marchés importants, sur lesquels se vendent, en sus des grains et des autres produits végétaux, tous les produits d'origine animale et aussi des animaux. La liste de ces marchés, par ordre d'importance, avec l'indication des jours où ils se tiennent, est la suivante :

Rouen. Mardi, vendredi et dimanche. — *Le Havre.* Tous les jours. — *Dieppe.* Lundi, mardi, jeudi, vendredi et samedi. — *Gournay-en-Bray.* Mardi, vendredi et dimanche. — *Neufchâtel.* Mardi, mercredi, vendredi et samedi. — *Elbeuf.* Mardi, jeudi, samedi et dimanche. — *Aumale.* Samedi. — *Bolbec.* Lundi, jeudi et dimanche. — *Yvetot.* Mercredi et dimanche. — *Fécamp.* Samedi. — *Forges-les-Eaux.* Jeudi. — *Montivilliers.* Jeudi. — *Pavilly.* Jeudi. — *Fauville.* Vendredi. — *Saint-Romain-de-Colbosc.* Samedi. — *Buchy.* Lundi. — *Lillebonne.* Mercredi et dimanche. — *Duclair.* Mardi. — *Doudeville.* Samedi. — *Le Tréport.* Samedi (toute l'année); mardi (de juin à septembre). — *Goderville.* Mardi. — *Cany.* Lundi. — *Caudebec-en-Caux.* Samedi. — *Eu.* Lundi, mercredi et vendredi. — *Foucarmont.* Mardi. — *Auffay.* Vendredi. — *Bosc-le-Hard.* Mercredi. — *Monville.* Lundi. — *Londinières.* Jeudi. — *Envermeu.* Samedi. — *Blangy.* Vendredi. — *Saint-Valéry.* Vendredi et dimanche. — *Saint-Saëns.* Jeudi. — *Yerville.* Mardi et dimanche. — *Bacqueville.* Mercredi et dimanche. — *Ry.* Samedi. — *Valmont.* Mercredi. — *Luneray.* Samedi et dimanche. — *Darnetal.* Dimanche. — *Gaillefontaine.* Lundi. — *Barentin.* Samedi et dimanche. — *Cailly.* Samedi. — *Criquetot-l'Esneval.* Vendredi. — *Clères.* Mardi et samedi.

De même, il n'y a pas moins de 70 communes où se tiennent une ou plusieurs foires au courant de l'année. Voici la liste de ces communes, par ordre alphabétique, avec indication des dates des foires :

Angerville-la-Martel. Quatrième lundi de septembre. — *Angerville-l'Orcher.* 2 février, premier lundi après la Fête Dieu, 8 septembre. — *Auffay.* Vendredi saint, 2 novembre. — *Aumale.* 10 août, 11 novembre. — *Bacqueville.* Mercredi des Cendres, deuxième mercredi de mai, deuxième mercredi de juillet, 12 novembre. — *Barentin.* 12 mars, 6 octobre. — *Beaubec-la-Rosière.* 10 août, 26 août. — *Bennetot.* 30 novembre. — *Blainville-Crevon.* Mi-carême, Saint-Michel. — *Blangy.* Troisième mercredi de juillet. — *Bolbec.* Lundi de la Passion, lundi de Pâques, lundi de la Pentecôte, 1er octobre. — *Bosc-le-Hard.* Mercredi-saint, 24 juin, premier mercredi de novembre. — *Bourg-Dun.* 10 octobre. — *Bréauté.* 22 avril, 16 octobre. — *Buchy.* Lundi de Pâques, lundi de Pentecôte, premier lundi de juillet, premier lundi de septembre, premier lundi de décembre. — *Cailly.* Samedi-saint, premier samedi de mai, 28 octobre. — *Cany.* Lundi Gras, lundi de Quasimodo, 11 juin, 1er septembre, dernier mardi d'octobre. — *Caudebec-en-Caux.* 21 mars, 18 juillet, 19 septembre. — *Clères.* Premier mardi d'octobre. — *Criquetot-l'Esneval.* Jeudi des Cendres, lundi du Buis, 25 mai, 30 juillet, 2 novembre, 28 décembre. — *Croixmare.* 1er mars, 30 juin. — *Doudeville.* 28 janvier, lundi de la Trinité, lundi qui suit le deuxième dimanche d'octobre. — *Duclair.* Mardi de Pâques, mardi du Saint-Sacrement, mardi qui précède le 10 octobre. — *Elbeuf.* Foire de la Passion; foire Saint-Gilles (1er au 20 septembre). — *Envermeu.* 18 juillet, 7 novembre. — *Fauville.* 19 février, 26 mars, 25 juin, 7 août, 18 septembre, 22 décembre. — *Fécamp.* Premier samedi de janvier, 25 mai, vendredi avant le dimanche de la Trinité, dernier samedi de septembre. — *Fontaine-le-Dun.* 25 mars, 29 juin, 14 septembre, 25 décembre. — *Forges-les-Eaux.* Deuxième jeudi de mai, deuxième jeudi de septembre. — *Foucarmont.* Premier mardi de chaque mois, deuxième mardi

RACE PORCINE NORMANDE.

VERRAT.

TRUIE.

de juin, octobre et novembre. — *Gaillefontaine*. 24 avril, 25 juillet, 18 octobre. — *Goderville*. 13 janvier, Mi-carême, 29 avril, 22 juillet, 4 octobre, 25 novembre. — *Grainville-la-Teinturière*. 3 février, lendemain de l'Ascension, 25 juillet. — *Grandcamp*. 2 novembre. — *Grandes-Ventes*. 25 mars, 1er mai, 8 décembre. — *Gruchet-le-Valasse*. Deuxième jeudi de juillet. — *Harfleur*. Deuxième mardi de mars, 5 juillet, 12 novembre. — *Hautot-l'Auvray*. 9 septembre. — *Héricourt*. 15 mars, 11 novembre. — *Limésy*. 24 juillet. — *Les Loges*. Troisième lundi de Carême, deuxième lundi d'octobre. — *Luneray*. 4 mai, 1er décembre. — *Montivilliers*. Dernier jeudi de janvier, lundi de Quasimodo, 14 septembre. — *Monville*. Premier lundi d'avril. — *Neufchâtel*. 6 juillet, 13 novembre. — *Normanville*. 13 septembre. — *Octeville-sur-Mer*. Deuxième lundi de Carême, dernier lundi de mai, premier lundi de décembre. — *Offranville*. 2 avril. — *Oissel*. 10 septembre. — *Ouville-l'Abbaye*. 24 février, 29 septembre, 18 novembre. — *Pavilly*. Lundi de la Pentecôte, dernier samedi de septembre, octobre et novembre. — *Rolleville*. Premier lundi qui suit le 3 juin. — *Rouen*. 20 février, foire de l'Ascension, 23 juin, 23 octobre. — *Ry*. Premier samedi de mai, dernier samedi de septembre. — *Sassetot-le-Mauconduit*. Jeudi qui précède le quatrième lundi de septembre. — *Sotteville-sur-Mer*. 9 décembre. — *Sainte-Croix-sur-Buchy*. 14 septembre. — *Saint-Laurent*. 25 avril, 19 juin, 19 août, 20 octobre. — *Saint-Pierre-le-Vieux*. 6 avril. — *Saint-Romain-de-Colbosc*. 23 janvier, troisième jeudi de février, samedi des Rameaux, 17 juin, 31 août, 23 octobre. — *Saint-Saëns*. 8 mai, 24 et 25 novembre. — *Saint-Valéry*. Mardi de Pâques, premier mardi d'octobre. — *Saint-Victor-l'Abbaye*. 21 juillet, 21 octobre. — *Tôtes*. 8 novembre. — *Valmont*. Avant-dernier mercredi gras, premier mercredi de juin et juillet, premier lundi d'octobre. — *Veules-les-Roses*. 9 décembre. — *Vittefleur*. 29 juin, deuxième jeudi d'octobre. — *Yébleron*. Deuxième jeudi de mai. — *Yerville*. Mardi de Pâques, 6 novembre. — *Yvetot*. 15 janvier, 10 mars, 1er mai, premier lundi de juillet, 1er août, 18 octobre.

SEINE-ET-MARNE.

La population animale de Seine-et-Marne se répartit approximativement de la manière suivante :

Espèce chevaline		44,000 à 45,000
Espèce bovine	Taureaux	2,000
	Bœufs de travail	5,000 à 5,500
	Vaches	74,000
	Élèves d'un an et au-dessus	9,000
	Élèves de moins d'un an	6,500
Espèce ovine	Béliers	2,000 à 2,500
	Brebis	240,000
	Moutons de plus d'un an	85,000
	Agneaux et agnelles de moins d'un an	130,000
Espèce porcine	Reproducteurs (mâles et femelles)	300 à 400
	Animaux à l'engrais de plus de 6 mois	5,000 à 6,000
	Animaux à l'engrais de moins de 6 mois	9,000

ESPÈCE CHEVALINE.

Elle est essentiellement représentée par les races percheronne, boulonnaise et ardennaise dans le nord du département; par les races percheronne, bretonne et nivernaise dans les autres régions.

Presque tous les sujets employés sont importés du dehors, quelques agriculteurs seulement se livrant à l'élevage du cheval. C'est ainsi que, sur une population de 44,000 têtes recensées le 1er novembre 1905, il en est à peine 2,400 de moins de 3 ans. Et encore dans ce nombre sont compris beaucoup d'animaux qui ont été introduits à l'âge de 18 mois à 2 ans.

Les foires aux chevaux, d'une certaine importance, sont au nombre de quatre. Elles se tiennent dans deux villes seulement : Fontainebleau et Montereau. Ce sont celles de la Sainte-Catherine (25 novembre) et de la Trinité, pour Fontainebleau; de Saint-Parfait (18 avril) et du troisième mercredi de septembre, pour Montereau.

Aux foires Sainte-Catherine et Saint-Parfait, on compte 400 à 500 chevaux, dont 250 à 300 poulains de 18 mois à 3 ans (percherons, nivernais, bretons), et le surplus, tant en chevaux de commerce qu'en chevaux dits *de main*, sujets âgés de 4 à 6 ans, amenés par les cultivateurs du Gâtinais, qui les ont achetés jeunes aux mêmes foires, pour les revendre avec bénéfice après quelques années d'usage.

Quant aux deux autres foires, elles sont beaucoup moins importantes.

ESPÈCE BOVINE.

1° *Bœufs*. Les bœufs de travail employés en Seine-et-Marne appartiennent en majeure partie à la race charolaise-nivernaise et, pour le reste, aux races parthenaise et de Salers.

Tous sont importés, soit par des commissionnaires en bestiaux, soit directement par les agriculteurs eux-mêmes. Il en est introduit chaque année 1,700 à 1,800. Les principaux centres d'approvisionnement pour les charolais-nivernais sont Autun, Corbigny, Nevers et Moulins.

On les emploie trois ou quatre ans aux travaux de la ferme, puis on les engraisse à la pulpe et aux fourrages secs (menue-paille, foin) et tourteaux. A la fin de l'engraissement, les nivernais pèsent couramment de 800 à 1,000 kilogrammes.

Les animaux gras sont vendus aux bouchers des villes voisines ou conduits à la Villette.

Les bœufs sont surtout employés dans les fermes à betteraves de sucrerie ou de distillerie, qui en comptent de 6 ou 8 à 30, selon leur étendue.

2° *Vaches*. Dans la proportion des trois quarts au moins, les vaches sont importées des régions environnantes par des commerçants. Elles appartiennent pour l'immense majorité à la race normande dans le centre et le sud du département; à la même, mélangée de hollandaise et de flamande, dans l'arrondissement de Meaux, où parfois même ces deux dernières dominent; çà et là enfin, à la race schiwtz et aux races bretonne et jersiaise.

On les exploite pour le lait et ses dérivés pendant trois ou quatre ans, puis on les engraisse à l'étable. Elles se renouvellent ainsi tous les trois ou quatre ans, soit à raison de 20,000 à 25,000 par an. L'élevage local n'en fournissant pas plus de 4,000 à 5,000, il s'ensuit que l'importation annuelle atteint approximativement le chiffre énorme de 15,000 à 20,000 têtes.

En dehors de quelques petits marchés locaux, les vaches ne donnent lieu à un commerce important qu'aux foires déjà indiquées au sujet des chevaux.

A la foire Sainte-Catherine de Fontainebleau, il est amené, tant par les éleveurs de Normandie que par les marchands de bestiaux du pays ou d'ailleurs, 800 à 900 sujets composés de veaux de 12 à 18 mois (*bedons* en terme normand), de génisses pleines de 2 à 3 ans et de reproducteurs mâles.

La Saint-Parfait, à Montereau, ne compte guère qu'une centaine des mêmes animaux.

3° *Veaux de boucherie.* S'il en est produit dans tout le département, au moins pendant les trois ou quatre mois d'été, où la fabrication du fromage cesse d'être avantageuse, ce n'est bien réellement une spécialité que dans la partie sud connue sous le nom de *Gâtinais*. Les veaux gras de cette région font prime à Paris et ailleurs, par suite de la blancheur et de la qualité de leur chair.

Depuis leur naissance jusqu'au moment de leur vente (6 à 12 semaines), ces animaux reçoivent autant de lait qu'ils en peuvent digérer (jusqu'à 20 et 25 litres par jour vers la fin). A ce régime ils s'anémient et fournissent une viande blanche excellente.

Le Gâtinais ne produisant pas suffisamment de nourrissons (*laitons* ou *gosselins*), des marchands, dont c'est la spécialité, vont en chercher dans les fermes de la Brie ainsi que sur les marchés de Coulommiers, Provins, Nangis, etc., c'est-à-dire dans les régions où le lait est utilisé pour la fabrication du fromage et du beurre.

Le seul marché de Coulommiers en fournit de 6,000 à 8,000 par an (400 à 1,200 par mois, selon la saison). Après viennent ceux de Château-Landon, Montereau, Provins, etc.

Ces jeunes sont vendus à 8 ou 15 jours, à des prix variant entre 10 et 35 francs.

Quant aux marchés de *veaux gras*, les principaux sont ceux : d'Égreville, en plein Gâtinais, avec une moyenne de 110 à 140 par marché (440 à 560 par mois); de Nemours, avec une moyenne de 300 à 400 par mois; de Montereau, avec 300; de Château-Landon, avec 150 à 200; de Coulommiers, avec 180; ce qui ne représente pas moins de 17,000 à 18,000 têtes par an, sans compter ceux qui sont achetés directement chez le producteur.

Au moment de la vente, plus ou moins hâtive selon la nature du sujet, selon l'abondance et la qualité du lait reçu, les veaux pèsent 80 à 120 kilogrammes et sont payés à raison de 1 fr. 90 à 2 fr. 30 le kilogramme net, au rendement de 60 p. 100.

L'industrie des veaux gras du Gâtinais périclite de plus en plus, non parce qu'elle n'est pas rémunératrice, mais bien parce que, par suite d'une pratique regrettable, les laitons disponibles se font de plus en plus rares.

Voici en effet ce qui se passe depuis quelques années et qui a déjà été signalé à l'administration centrale par l'autorité préfectorale à la suite d'un rapport du vétérinaire sanitaire départemental : dans plusieurs grandes communes de l'arrondissement de Meaux, des marchands du pays achètent tous les laitons de la commune (200 à 300 par an, pesant à peine 35 kilogr. chacun), les abattent immédiatement puis expédient leur chair à Paris, dans l'Est et le Loiret, où elle est vendue à la criée au prix dérisoire, mais encore trop élevé pour de la viande non mûre, de 1 fr. 20 le kilogramme.

Cet état de choses cause un préjudice considérable à l'industrie du veau gras et a motivé les plaintes de plusieurs centres importants : Château-Landon, en Seine-et-Marne; Milly, en Seine-et-Oise; Bromeilles, dans le Loiret.

Fromages. — Les *centres de production* sont les arrondissements de Coulommiers et de Meaux presque en entier, et, dans l'arrondissement de Melun, le canton du Châtelet-en-Brie et une faible partie des cantons de Melun nord, Mormant et Nangis.

Il existe en Seine-et-Marne trois grands marchés à fromages : Melun, Coulommiers et Meaux.

Le marché de Melun est alimenté par les quatre cantons sus-indiqués, mais surtout par celui du Châtelet, dont l'apport représente plus de la moitié.

La production annuelle du brie de Melun, d'après les chiffres fournis tant par le fermier du droit de place de Melun que par les plus notables producteurs de la région, est d'environ 350,000 fromages du poids de 1 kilogr. 500, ce qui donne environ 525 tonnes de fromage et représente au minimum 3,675 tonnes de lait.

Le prix moyen du fromage est voisin de 2 francs, ce qui fait ressortir le prix du kilogramme à 1 fr. 30.

La valeur totale de la production annuelle, sans compter ce qui est consommé dans les fermes et les villages, est donc d'environ 700,000 francs.

D'après les données recueillies sur place, l'approvisionnement du marché de Coulommiers peut être évalué comme suit : de septembre à fin décembre, l'apport par marché est de 600 douzaines de fromages grand moule, de 2 kilogr. 500 pièce, et de 450 douzaines de fromages petit moule, de 1 kilogr. 500, ce qui, pour 17 marchés, représente 10,200 douzaines ou 122,400 fromages grand moule et 7,650 douzaines ou 91,800 fromages petit moule de 1 kilogr. 500. On estime que la production des huit premiers mois de l'année est à peu près égale à celle des quatre derniers, d'où une production totale annuelle (non compris, bien entendu, la consommation locale), qui est approximativement de 240,000 fromages grand moule et de 180,000 petit moule, ce qui représente un poids de 870 tonnes de fromage, correspondant à plus de 6,000 tonnes de lait.

Quant à la valeur de cette production, le prix moyen du kilogramme de fromage étant voisin de 1 fr. 20, elle atteint au moins un million de francs.

Pour ce qui est de Meaux, il résulte de relevés concernant les dernières années qu'il est apporté annuellement sur son marché environ 100,000 douzaines de fromages de qualité et de formes diverses, soit 1,200,000 fromages représentant comme poids, à raison de 2 kilogrammes en moyenne par fromage, 2,400 tonnes[1] correspondant à plus de 14,400 tonnes de lait.

Le prix moyen du kilogramme semble pouvoir être fixé à 1 fr. 30, ce qui porte la valeur totale de la production annuelle à environ 3 millions de francs. Si l'on considère que la moitié de cette somme est réalisée pendant les trois ou quatre derniers mois de l'année, soit en douze ou dix-sept marchés, on voit qu'il est certains de ces marchés où la vente peut atteindre et même dépasser 100,000 francs.

[1] Le tonnage en fromage transporté de Meaux par la Compagnie de l'Est en 1900 était de 8,038 tonnes.

En résumé les exploitations de Seine-et-Marne consacrent annuellement à la production du fromage pour la vente 24,075 tonnes de lait au minimum (soit un peu plus de la moitié du tonnage du lait dirigé en nature sur Paris : 46,500 tonnes en 1900), avec lesquelles elles produisent 3,795 tonnes de fromage, d'une valeur égale à 4,700,000 francs.

Le brie de Melun est acheté par des marchands affineurs de Melun et des environs, notamment de Lieusaint qui, après un mois et demi, deux, trois ou quatre mois, le revendent en petite quantité sur le marché de Melun et expédient le reste à Paris (1/10 environ) et dans les directions les plus diverses, Arles, Béziers, Besançon, Cambrai, Lille, Nîmes. Les meilleurs brie de Coulommiers sont achetés par des affineurs de Fontainebleau, Lieusaint, La Houssaye, qui les écoulent, les deux premiers dans les principales villes du centre, de l'est et du midi de la France, le troisième surtout sur Paris. Ceux de qualité inférieure sont achetés par des marchands de l'Aisne et de la Marne qui les revendent en détail chez eux.

Enfin, le brie de Meaux est dirigé sur Paris, Aubervilliers, Pantin, où il est affiné quinze jours ou trois semaines, puis revendu en détail dans Paris et la banlieue.

Beurre. En dehors des 175 à 200 tonnes produites annuellement par les établissements industriels et expédiées en presque totalité à Paris, il en est certainement produit encore trois fois autant par les particuliers pour leur consommation personnelle et pour l'approvisionnement des villes et des campagnes du département. C'est ainsi que les mercuriales de certains centres producteurs, Château-Landon et Égreville notamment, accusent un apport de 1,200 à 1,600 kilogrammes de beurre au marché hebdomadaire.

ESPÈCE OVINE.

Cette espèce est très largement représentée dans les grandes fermes de toutes les régions de Seine-et-Marne, où les troupeaux de 600, 700 et même 800 têtes ne sont pas rares. Ces troupeaux qui, il y a vingt ans à peine, étaient presque exclusivement composés de mérinos et de métis-mérinos (dishley-mérinos), se recrutent maintenant de plus en plus parmi les races berrichonne, solognote et southdown, les unes plus rustiques, toutes à gigot plus petit et d'un placement plus facile. Exceptionnellement quelques grands propriétaires entretiennent un troupeau de charmois.

Cette substitution a pour conséquence de diminuer l'élevage local et d'augmenter au contraire le chiffre des importations. Certaines grandes exploitations ne se livrent même plus qu'à l'engraissement de sujets achetés, fin juillet-commencement d'août, pour utiliser d'abord les chaumes de blé et d'avoine après la moisson, puis les feuilles de betteraves et les différentes verdures disponibles. L'engraissement se poursuit à la bergerie avec de la pulpe, des menues pailles, du foin de luzerne, des tourteaux, etc., et est complet au bout de deux mois et demi à quatre mois. On engraisse ainsi dans la même ferme jusqu'à 2,000 et 2,500 moutons dans le cours d'une année.

Plus généralement cependant, on pratique encore l'élevage de métis de dishley, d'une part, et de berrichons, de solognots et de southdown, d'autre part. Les agneaux mâles et une partie des femelles obtenus sont alors engraissés et vendus à l'âge de 6 à 8 mois, quelquefois à 1 an, mais toujours après tonte, la laine d'agneaux faisant prime.

Élevage de béliers. Cette production fait l'objet d'une véritable industrie dans quelques parties du département, réputées pour leurs béliers dishley-mérinos. Il est élevé 100 mâles chaque année et il y en a couramment 200 à 220 de 1 à 3 ans dans la ferme. Ces animaux sont loués ou vendus dans le département de Seine-et-Marne et dans les départements limitrophes, ainsi que dans les Ardennes, la Haute-Marne, la Côte-d'Or et le Berry. Le prix de location, pour un mois et demi à deux mois, varie entre 125 et 200 francs, et le prix de vente, de 150 à 300 francs.

Chiens de berger. — Le département de Seine-et-Marne est le berceau de la race du chien de Brie, animaux dont le concours est indispensable pour la conduite au pâturage des forts troupeaux de cette contrée. Cette race est caractérisée par un poil long laineux, la tête garnie de poils formant moustaches, les oreilles droites, des ergots doubles aux pattes de derrière, une taille de 0 m. 55 à 0 m. 65 et de couleur noir ardoisé, gris foncé, gris fer, la couleur noire étant la plus estimée.

Laine. Généralement achetée à la ferme par des marchands, la laine commence cependant à être présentée dans les grands marchés aux laines de Dijon et de Reims. Grâce à ces marchés sans doute, depuis quelques années la vente en est faite à des prix satisfaisants qui ont atteint en 1906 2 francs à 2 fr. 40 le kilogramme en suint. Aussi on constate une augmentation sensible dans le nombre total des existences depuis 1902, comme le montrent les chiffres suivants des recensements annuels :

	têtes.		têtes.
1902	418,000	1904	439,000
1903	428,000	1905	461,000

Foires ou marchés. Les agneaux gras et les bêtes de réforme engraissées sont utilisés dans la région de production pour l'alimentation, ou vendus à La Villette.

Pour les animaux destinés à l'engraissement, il n'existe qu'un seul marché, celui de la foire Saint-Parfait de Montereau, très important autrefois et ne comptant plus à présent que 2,000 à 3,000 moutons (métis-mérinos et solognots), amenés du Gâtinais et de la Bourgogne et achetés en grande partie par l'Ile-de-France. Les autres importations se font du Berry, de la Sologne et de la Beauce, par les agriculteurs ou des commerçants.

ESPÈCE PORCINE.

Ainsi qu'on en peut juger par le faible effectif des reproducteurs de cette espèce, l'élevage des porcs en Seine-et-Marne est absolument négligeable. D'après les renseignements recueillis, il n'y existe qu'un établissement d'élevage important, à Oissery dans l'arrondissement de Meaux.

Cependant il n'est pas une ferme, si ce n'est dans la Brie melunaise, où l'on n'engraisse chaque année au moins quelques porcs pour la nourriture du personnel. Les laiteries industrielles elles-mêmes en engraissent un assez grand nombre.

Ces animaux proviennent de Normandie, de l'Anjou, du Nivernais, d'où ils sont importés par des marchands qui viennent les offrir dans les fermes. Ils sont engraissés avec du petit-lait et d'autres résidus, et sont abattus quand ils ont atteint le poids de 120 à 160 kilogrammes.

Planche XXXVIII.

CHIEN DE BERGER DE BRIE.

ANIMAUX ET PRODUITS DE BASSE-COUR.

Dans toutes les exploitations on rencontre, selon leur importance, 200 à 400 poules, des canards, des dindes, des oies et des lapins en nombre variable.

La production du lapin commun est particulièrement développée dans le Gâtinais où, pour beaucoup de villages, il remplace la viande de boucherie, d'un prix trop élevé. Certains ménages en élèvent jusqu'à 100 par an. Les marchés de Château-Landon n'en comptent pas moins de 500 à 600 par semaine.

Le Gâtinais est également le pays par excellence de l'élevage des poulets fins qui affluent par 500 et 600 paires sur chaque marché. De même pour les œufs, qui sont apportés par centaines de douzaines (1,100 à 1,800 douzaines).

Le poulet du Gâtinais, élevé librement dans les champs autour des habitations jusqu'à l'âge de 5 à 6 mois, acquiert de la chair et de la rusticité.

On l'enferme alors dans des toits ou cages sombres, frais, tranquilles, et on lui sert une pâtée abondante diversement composée : son fin, petit-lait et riz cuit ou pommes de terre; son mouillé de lait; lait caillé et son; pâtée à la farine d'orge; enfin, chez les meilleurs producteurs, lait pur et mie de pain.

Au bout de trois semaines on obtient une chair blanche, fine, savoureuse. Telle exploitation du canton de Lorrez-le-Bocage produit ainsi chaque année 500 à 600 poulets de choix qui sont vendus en moyenne 8 francs la paire.

Ailleurs, dans les arrondissements de Meaux, Coulommiers, Provins, on produit surtout des œufs (1,000 à 1,200 douzaines dans certaines fermes) qui sont vendus, soit à des marchands en gros, soit aux halles centrales de Paris.

APICULTURE.

L'apiculture est très en honneur dans le département, mais particulièrement dans les arrondissements de Meaux, Coulommiers et Fontainebleau. Les miels de Charny, Trilport, etc., dans l'arrondissement de Meaux sont souvent primés au concours général agricole de Paris. Quant aux miels de sainfoin obtenus dans le Gâtinais, on sait qu'ils sont universellement réputés.

Une société d'apiculture a été fondée il y a quelques années dans l'arrondissement de Meaux. Elle a son siège à Claye-Souilly, dans une région où abondent les ruches et le bon miel.

SEINE-ET-OISE.

Le département de Seine-et-Oise n'est pas un pays d'élevage, et la facilité avec laquelle on vend les foins et les pailles ne devait pas encourager les cultivateurs à diriger leurs efforts vers la production de la viande.

ESPÈCE CHEVALINE.

La population chevaline du département se compose de 50,404 chevaux et de 7,574 juments.

Ces deux chiffres font nettement ressortir que le département de Seine-et-Oise n'est pas et ne peut pas être un pays où l'élevage du cheval peut être tenté.

En effet, les lourds transports de paille, de fourrage et de fumier obligent les cultivateurs qui approvisionnent Paris et sa banlieue à posséder des chevaux robustes et à se priver du service des juments.

Néanmoins il existe plusieurs stations d'étalons subventionnées par l'État, le Conseil général et la Société d'agriculture et des Arts de Seine-et-Oise, qui n'ont pas été sans rendre des services dans les localités où elles ont été établies.

Ces localités sont Milon-la-Chapelle, Dourdan et Septeuil.

ESPÈCE BOVINE.

Les vaches sont plus particulièrement entretenues en vue de la production du lait destiné à l'alimentation de la capitale. Elles appartiennent aux races normande, hollandaise et flamande. Le lait est en grande partie enlevé chaque jour dans les fermes par les agents des grandes sociétés de laiterie dont le siège est à Paris.

D'après la dernière statistique relative aux vaches, la production du lait peut être évaluée à 312,000 litres par jour.

On ne fabrique que très peu de beurre en Seine-et-Oise, le lait étant vendu en nature. Les petites quantités qui sont fabriquées sont vendues sur les marchés de Paris sous le nom de «beurre en livres». Par suite du mode de fabrication suivi, ces beurres sont de qualité ordinaire.

Aux environs de Montfort-l'Amaury, aux Mesnuls notamment, on fabrique dans les fermes une sorte de fromage local, à pâte molle, qui n'est pas sans qualité. Il est connu sous le nom de «fromage de Montfort».

Les bœufs appartiennent aux races charolaise et nantaise; ils sont utilisés, dans les grandes fermes, pour effectuer les travaux des champs. On les réforme au bout de peu d'années, on les engraisse et on les expédie par wagon sur le marché de La Villette.

L'élevage des veaux s'effectue un peu partout dans le département, mais il est surtout développé dans les cantons de Montfort-l'Amaury, de Chevreuse et de Houdan. A Houdan, principal marché aux veaux du département, il a été vendu en 1906 1,038 veaux de boucherie au prix de 2 fr. 09 le kilogramme, et 3,945 veaux nourrissons au prix moyen de 45 francs l'un.

C'est à la foire de Saint-Mathieu que les transactions sont les plus importantes.

ESPÈCE OVINE.

Depuis quelques années, l'élevage du mouton, qui avait été un peu délaissé par suite de la mévente des toisons, commence à se relever. C'est au prix de vente des moutons en chair qu'il faut attribuer cette excellente tendance.

En effet depuis une douzaine d'années, un certain nombre de cultivateurs achètent des brebis berrichonnes de 18 à 20 mois, les font saillir par des béliers southdown et vendent au prix de 36 à 38 francs la pièce les agneaux ainsi obtenus.

Ces agneaux sont âgés de 6 à 8 mois et leur poids moyen est de 36 à 37 kilogrammes. Cette spéculation s'opère également en utilisant les béliers dishley-mérinos.

D'autres cultivateurs se contentent simplement d'acheter des moutons sur les mar-

PLANCHE XXXIX.

RACE OVINE MÉRINOS-RAMBOUILLET.

BÉLIER.

BREBIS.

chés et de les engraisser. L'écart entre le prix d'achat et le prix de vente atteint parfois 15 francs.

Les deux seuls marchés aux moutons du département sont ceux d'Étampes et de Dourdan; sur le premier il est vendu annuellement environ 90,000 moutons et, sur le second, 13,000 seulement.

C'est à Rambouillet que se trouve la bergerie dont le troupeau de béliers est célèbre dans le monde entier. Ces animaux sont des descendants directs des 318 brebis et 41 béliers choisis dans les meilleures «*caraques léonaises*» et installés le 12 octobre 1786 à la ferme expérimentale de Rambouillet dans le but, essentiellement commercial, de chercher à affranchir la Franche de l'importation des laines fines d'Espagne.

ESPÈCE PORCINE.

L'élevage des porcs n'a qu'une importance très relative en Seine-et-Oise. Le plus souvent en effet on se contente, dans la plupart des exploitations, d'engraisser les animaux nécessaires à la consommation du personnel. Les porcelets sont vendus aux agriculteurs par des négociants; ils proviennent surtout de la Seine-Inférieure, de la Sarthe, de la Mayenne et du Loir-et-Cher.

ANIMAUX ET PRODUITS DE BASSE-COUR.

Dans toutes les fermes, on entretient un certain nombre de poules, de canards et d'oies, mais c'est plus particulièrement dans les localités dont Houdan est le centre que l'éducation des volailles est le mieux comprise.

On vend annuellement sur le marché de Houdan plus de 630,000 poulets et environ 10,000 canards, dindes et oies.

C'est naturellement la race dite «de Houdan» qui est la plus estimée. Cependant, la sous-variété, dite «de Faverolles», qui, en réalité, n'est qu'un croisement de la poule de Houdan avec des coqs cochinchinois, brahma-poutra ou dorking, est également très recherchée à cause de l'ampleur et du poids des sujets qu'elle fournit.

DEUX-SÈVRES.

ESPÈCES CHEVALINE ET MULASSIÈRE.

Les principaux centres d'élevage dans les Deux-Sèvres sont : 1° L'arrondissement de Melle; 2° les plaines de Niort, les cantons de Saint-Maixent, Coulonges-sur-l'Autize, et une partie de celui de Champdeniers; 3° On trouve encore des animaux mulassiers en allant vers le nord du département, dans l'arrondissement de Parthenay sur quelques points des cantons de Mazières-en-Gâtine, Thénezay, Airvault.

Les baudets ou ânes mulassiers sont toujours vendus au domicile de l'éleveur ou dans les haras désignés sous le nom «d'ateliers», tandis que les jeunes étalons, chevaux, juments et poulains sont vendus aux foires de Niort, Celles, La Mothe, Champdeniers, Saint-Maixent, Sainte-Néomaye, Lezay, Melle, Chef-Boutonne et Brioux.

Les jeunes mules et mulets sont en grande partie achetés à domicile et livrés au sevrage, vers la fin d'octobre et novembre.

Les mules de l'année ou *jetonnes* sont recherchées par les éleveurs du Poitou.

Les jeunes mulets ou *jetons* sont généralement vendus pour le Sud-Est, la Drôme, l'Isère, le Vaucluse, etc., soit chez l'éleveur soit en foire.

Les animaux conservés dans le pays sont utilisés pour les travaux légers de 18 mois à 3 ans; ils sont ensuite préparés pour la vente qui a lieu pendant l'hiver à domicile, où les marchands du midi de la France et les Espagnols se font conduire par des courtiers du pays.

Les animaux non vendus à la ferme sont amenés aux foires sus-indiquées pour les animaux mulassiers.

La population mulassière du Poitou se compose presque exclusivement de mules.

La proportion de mulets adultes y est extrêmement faible, car tous ont été vendus au sevrage pour le sud-est de la France.

ESPÈCE BOVINE.

La race parthenaise a son berceau dans les cantons de Mazières-en-Gâtine, Parthenay, Secondigny, Menigoute, Champdeniers, Saint-Maixent, Moncoutant, Saint-Loup et Thénezay. C'est dans cette région, sur les plateaux de Gâtine, que l'élevage est le plus intense, mais la production s'étend jusque vers Coulonges, Niort et La Mothe-Saint-Héray.

Les principales foires aux bovidés se tiennent à Parthenay, Bressuire, Champdeniers, l'Absie, Coulonges-sur-l'Autize, Mazières, Saint-Maixent, Secondigny, Ménigoute, Moncoutant (Sanxay dans la Vienne), Niort, La Crèche, Coulon, Magné, etc.

Les animaux gras sont en grande partie achetés chez le cultivateur par des marchands ou courtiers et de là expédiés à La Villette.

Dans la région nord-ouest du département, les cantons de Cerizay, Bressuire, Châtillon-sur-Sèvre, une partie du canton d'Argenton-Château et en un mot dans tout le Bocage, on se livre à l'élevage et à l'engraissement d'un grand nombre de bovidés métis chez lesquels on peut trouver les caractères des animaux parthenais, durham-manceaux, salers, et quelquefois même limousins et nivernais.

Dans la plaine de Thouars et du sud de Niort (dans la Saintonge), la destruction des vignes et la création des laiteries coopératives ont contribué à multiplier les vaches laitières, dont on ne fait d'ailleurs qu'exceptionnellement l'élevage dans la région : par contre dans la partie bocageuse de l'arrondissement de Melle, la production du bétail bovin est importante. On rencontre là des croisements divers de parthenais, maraichins et, dans certaines fermes, des vaches parthenaises et des bœufs de Salers; ces derniers sont amenés tout jeunes sur les foires du sud du département et sont l'objet de spéculations importantes.

ESPÈCE OVINE.

Malgré le prix élevé de la viande de mouton, l'effectif ovin a beaucoup diminué dans les Deux-Sèvres. Cependant les spéculations sur le mouton pourraient donner

BAUDET DU POITOU.

JUMENT MULASSIÈRE DU POITOU.

de sérieux profits si l'on croisait l'ancienne race locale avec le charmois ou le southdown ; il est en effet indispensable d'améliorer la variété actuelle, dont la conformation est quelquefois très défectueuse chez certains sujets.

La pratique des croisements précités commence à se généraliser dans l'arrondissement de Parthenay et dans le sud-ouest de celui de Niort. Dans la partie désignée sous le nom de Saintonge, les moutons poitevins à tête volumineuse, qui fournissent une viande de médiocre qualité, constituent la majeure partie des troupeaux; mais leur nombre tend à diminuer rapidement sous l'influence des laiteries coopératives qui s'efforcent d'obtenir le remplacement du troupeau de moutons par une ou deux vaches chez le petit cultivateur.

ESPÈCE PORCINE.

La variété porcine existant dans les Deux-Sèvres a été l'objet de sensibles améliorations depuis une vingtaine d'années, et actuellement elle se rapproche beaucoup de la race craonnaise. Les porcs donnent lieu à un commerce important; c'est ainsi que chaque semaine il est expédié au marché de Saint-Maixent, le samedi, en moyenne 22 wagons de ces animaux généralement à destination de La Villette.

L'élevage des porcs se fait concurremment avec celui des bovidés et dans les mêmes centres.

ANIMAUX ET PRODUITS DE BASSE-COUR.

Tous les animaux de basse-cour sont largement représentés dans les fermes des Deux-Sèvres.

La poule commune a souvent été améliorée par des croisements avec les races de Houdans, Faverolle, Crèvecœur, Bresse, etc.

Dans le sud des Deux-Sèvres, l'oie et le canard atteignent un poids élevé; on les exploite pour la production de foie gras, surtout dans les cantons de Chef-Boutonne et Sauzé-Vaussais.

Aux environs de Parthenay, on élève l'oie blanche, qui est vendue à des négociants de Poitiers pour les plumes qui sont travaillées afin d'imiter celles du cygne.

On élève également des dindons, des pintades et des lapins.

Les produits de la basse-cour fournissent un chiffre d'affaires de plus de 2 millions par an dans les principaux centres de Niort, Bressuire, Les Aubiers, Parthenay, Thouars et Saint-Maixent.

Le commerce des œufs est également très important; il peut être évalué à près de 3 millions de francs. Les 2/3 de cette production sont expédiés en Angleterre et le reste à Paris.

SOMME.

Au point de vue de la production du bétail, le département de la Somme peut être divisé en deux parties bien distinctes : 1° le Santerre comprenant l'arrondissement de Péronne et les cantons de Roye, Rosières, Moreuil; 2° les autres arrondissements : Amiens, Abbeville, Doullens et les cantons de Montdidier et Ailly-sur-Noye.

Cette division est basée moins sur les diverses races qui peuplent les exploitations que sur la nature des transactions commerciales auxquelles elles donnent lieu.

ESPÈCE CHEVALINE.

La population chevaline de la Somme s'élevait, en 1905, d'après la statistique agricole, à 15,305 animaux au-dessous de 3 ans et 64,000 de 3 ans et au-dessus.

Ces chiffres sont confirmés par les états numériques des chevaux et juments existant au 15 janvier 1906 dans les subdivisions de remonte.

D'après ces états, la population chevaline peut se décomposer ainsi par arrondissement.

ARRONDISSEMENTS.	CHEVAUX ENTIERS.	JUMENTS.	CHEVAUX HONGRES.	TOTAL.
Amiens	1,127	10,354	8,092	19,573
Abbeville	2,594	12,255	7,052	21,901
Doullens	281	5,149	1,945	7,375
Montdidier	1,897	3,218	6,183	11,298
Péronne	1,086	7,685	10,631	19,402
TOTAUX	6,985	38,661	33,903	79,549

Les chevaux de la Somme appartiennent surtout aux races de gros trait : boulonnaise, belge, ardennaise, percheronne; les chevaux normands se rencontrent beaucoup plus rarement.

Ces diverses races sont loin d'être également représentées; la race boulonnaise constitue à elle seule presque toute la population chevaline. On la trouve dans toute sa pureté dans les arrondissements d'Abbeville et de Doullens, surtout dans le Vimeux et le Marquenterre. Dans une partie des arrondissements de Péronne et de Montdidier, le boulonnais est assez souvent remplacé par l'ardennais et le belge. Les chevaux appartenant à ces deux dernières races paraissent mieux résister que le boulonnais aux fatigues qu'entraîne le travail des limons argileux des cantons de Ham, Nesle et Roye.

Pour le service des villes, le boulonnais de gros trait et de trait léger est utilisé en même temps que le percheron et les croisements de chevaux bretons et normands.

L'élevage du cheval se fait principalement dans les arrondissements d'Abbeville et de Doullens. Outre les poulains nés dans le département, on élève encore un certain nombre de sujets achetés dans les fermes du Boulonnais ou sur les foires de Desvres, Marquise, Hucqueliers. Les éleveurs du Vimeux achètent ainsi chaque année une certaine quantité de poulains d'élite, qu'ils soumettent à une stabulation étroite accompagnée d'un régime alimentaire très intensif. Grâce à cette suralimentation, la croissance atteint son maximum.

Les sujets les mieux réussis sont vendus à l'âge de 2 ans 1/2 comme reproducteurs, soit à des étalonniers, soit à des commissions d'achat agissant au nom de divers départements; les meilleurs retournent souvent dans le Pas-de-Calais, ils sont payés de 2,000 à 3,500 l'un. Les poulains qui ont mal résisté au régime excessif auquel ils ont

PLANCHE XLI.

TAUREAU DE RACE PARTHENAISE.

été soumis restent rarement dans leur pays d'origine. Ils sont vendus à l'âge de 18 mois dans les arrondissements d'Amiens, de Péronne et de Montdidier et là on les dresse jusqu'à 5 ans, âge auquel ils vont constituer la cavalerie du lourd camionnage de Rouen, des carrières de l'Oise et de Paris.

Cette sorte de division du travail dans la production du cheval tend à disparaître. En raison du prix élevé des jeunes chevaux, les cultivateurs ne trouvent plus dans le dressage un bénéfice suffisant, et beaucoup d'exploitations qui achetaient des sujets de 18 mois préfèrent employer des chevaux d'âge complètement dressés. Ces achats se font soit dans le Vimeux, soit aux foires du Boulonnais.

Tous les chevaux boulonnais produits dans la Somme n'ont pas les mêmes caractères; ceux du Marquenterre, issus de pesantes juments, constituent des sujets lourds, d'ossature puissante. Dans le Ponthieu et l'Amiénois, les chevaux sont plus légers et particulièrement aptes aux services qui exigent de la force et du poids accompagnés d'une certaine vitesse.

Les transactions relatives aux chevaux se traitent de plus en plus chez les producteurs. Elles sont presque nulles sur les marchés ordinaires, sauf sur ceux d'Amiens et d'Abbeville.

Le marché d'Amiens est approvisionné en chevaux de races diverses, de qualité souvent inférieure. Les transactions portent sur 2,000 à 2,500 têtes par an, sur lesquelles 800 environ vont à l'alimentation. Chaque année il se vend à Amiens une dizaine de convois de chevaux des Pyrénées pouvant représenter un effectif de 200 à 300 têtes.

Le marché d'Abbeville est le plus important du département; il a lieu deux fois par mois et réunit tous les quinze jours plus de 200 chevaux. Ces animaux viennent du Vimeux, du Ponthieu, du pays de Caux. Il sont achetés par la culture et par des marchands qui les expédient dans le Nord, l'Aisne et la Belgique.

En dehors de ces deux marchés, il se tient dans la Somme quelques foires qui ont conservé une certaine importance.

Parmi les plus intéressantes sont celles d'Albert, Doullens, Oisemon Nampont-Saint-Martin, Chaulnes, Rue, Montdidier, Domart-en-Ponthieu.

Ces foires se tiennent souvent à l'automne; elles sont mieux approvisionnées que les marchés en sujets de bonne conformation.

Quelques-unes comme celles d'Oisemont, de Chaulnes sont largement alimentées par de jeunes chevaux, poulains de 18 mois provenant de l'Ouest et en particulier de la Mayenne; ce sont pour la plupart des croisements bretons-normands ou bretons-percherons. La plus grande partie des animaux vendus reste dans le département, une autre va en Belgique, en Allemagne.

L'élevage du cheval est encouragé dans le département par les subventions du Conseil général.

Il s'est formé une association pour l'amélioration du cheval de trait, le *Syndicat hippique du Vimeux*, qui pourrait exercer une action favorable sur l'orientation de la production du cheval boulonnais.

Dans l'arrondissement de Péronne, dans les vallées de la Somme, de la Cologne, de l'Ancre, où les prairies occupent quelque surface, les agriculteurs auraient tout intérêt à faire un peu plus d'élevage, en portant leurs efforts vers la création d'un type bien défini et approprié aux besoins culturaux de la région.

ESPÈCE ASINE.

L'importance de la population asine diminue sensiblement chaque année. On ne compte plus dans le département que 2,900 têtes, adultes et jeunes. La plupart sont des sujets d'importation.

ESPÈCE BOVINE.

L'espèce bovine donne lieu dans le département de la Somme à de nombreuses transactions. D'après la dernière statistique la population bovine comprenait :

Taureaux	2,728	Élèves	d'un an et au-dessus	41,536
Bœufs	6,709		de moins d'un an	29,566
Vaches	97,426			

Elle est surtout dense dans les cantons de Rue, Crécy, Albert, Acheux. Le département n'est le berceau d'aucune race pure et pour améliorer leur bétail bovin, les agriculteurs doivent en importer des départements voisins. La race flamande et sa dérivée la picarde se rencontrent dans les deux tiers du département et en particulier dans les cantons au nord de la vallée de la Somme et dans l'arrondissement de Montdidier. La race normande peuple le[illegible] cantons voisins de la Seine-Inférieure et paraît avoir une tendance à gagner du [illegible]in. La race hollandaise se rencontre surtout dans l'arrondissement de Péronn[illegible] au voisinage des centres populeux, Corbie, Villers-Bretonnex, Albert. Enfin, à côté de ce cheptel, il existe toute une catégorie d'animaux d'importation dont l'ensemble représente le bétail de traction et d'engraissement.

Parmi les spéculations auxquelles donne lieu l'espèce bovine, la plus importante est la production du lait, soit pour la consommation en nature, soit pour la fabrication du beurre ou du fromage.

L'enquête sur l'industrie laitière en a fait connaître le développement.

La production de la viande donne lieu à d'importantes transactions dans la Somme. L'engraissement se fait à l'étable dans l'arrondissement de Péronne et dans les autres points du département où l'agriculture trouve facilement des résidus alimentaires industriels avantageux. Les animaux soumis à l'engraissement dans ces conditions proviennent d'une part de la Normandie, en particulier des environs de Périers, Coutances, Carentan, Valognes; ce sont des génisses destinées à la boucherie, des vaches âgées ou des bœufs de 3 et 4 ans.

La Basse Mayenne en fournit également une partie. Mais ce sont surtout les nivernaises et le charolais qui alimentent la plus grande partie de la région du Santerre.

Dans la partie nord-ouest du département, l'engraissement se fait au pâturage en été. On utilise presque exclusivement des animaux d'origine normande pour les magnifiques herbages du Vimeux et du Marquenterre. Dans les herbages de moins bonne qualité, on engraisse en outre des animaux de la Basse Mayenne.

La production en viande du département de la Somme est insuffisante pour l'approvisionnement de sa population pendant toute l'année. Seule, la région d'Abbeville produit assez pour ses besoins; elle exporte même quelques animaux gras dans le Pas-de-Calais et en particulier sur Berck et Boulogne-sur-Mer.

Le reste du département est alimenté en grande partie par le marché d'Amiens, qui s'approvisionne en été en Normandie et en hiver à La Villette et dans l'arrondissement de Péronne. Du mois de juin au mois de décembre, tous les mercredis il est vendu environ 300 têtes de bétail gras sur le marché d'Amiens; ces animaux proviennent des environs de Dieppe, Formerie, Forges, Grandvillers et du marché de Rouen. Sur ces 300 têtes, 150 environ sont utilisées par la boucherie amiénoise et le reste sert à approvisionner une grande partie du département, moins l'arrondissement d'Abbeville. La région de Péronne se fournit en outre directement en Normandie.

En hiver, le marché d'Amiens ne reçoit que 250 bêtes, 150 environ viennent de La Villette et les autres de la région du Santerre. Les grands bœufs charolais engraissés dans les fermes à betteraves de la Somme ne sont pas consommés sur place. Ils trouveraient difficilement acheteur en raison de leur poids élevé; ils sont expédiés ordinairement aux abattoirs de Paris et de Lille. Pendant cette saison, le marché d'Amiens approvisionne la ville et la boucherie d'une partie des arrondissements de Doullens et de Montdidier; la région de Péronne se suffit à elle-même.

Le commerce des veaux gras présente une certaine importance, mais il n'y a pas d'importation, sauf quand le prix de ces animaux est très élevé. On importe alors des animaux du Limousin, de l'Auvergne; ce sont de gros veaux qui conviennent surtout pour le service de la troupe et des administrations.

Le bétail de traction n'est pas produit dans le pays; il est importé surtout de la Nièvre. Achetés tout dressés à l'âge de 4 ans, les bœufs sont utilisés aux travaux de labours, de charrois. Ils sont engraissés quant ils atteignent 6 à 7 ans.

Dans les régions où les cultures industrielles ne présentent pas un grand développement, dans les arrondissements d'Abbeville, de Doullens, d'Amiens et une partie de celui de Montdidier l'élevage constitue au contraire une spéculation importante. Les transactions auxquelles il donne lieu se traitent, comme pour le cheval, de plus en plus à domicile. Néanmoins quelques marchés, ceux d'Abbeville, de Rue, Ham, Chaulnes, Picquigny, Contay Albert, sont encore assez bien approvisionnés. Les importations de bétail maigre destiné à la reproduction proviennent de la Normandie, de la Manche en particulier, et du département du Nord pour les races flamande et hollandaise. Les exportations consistent exclusivement en vaches laitières de première qualité qui sont vendues pour la laiterie des environs de Paris.

La population bovine de la Somme s'améliore régulièrement grâce à l'importation d'animaux reproducteurs de race pure et à une alimentation plus rationnelle. Il serait très utile d'organiser le contrôle du lait en vue d'une sélection méthodique des vaches laitières. Quelques tentatives ont été faites dans ce sens auprès de plusieurs associations syndicales, mais elles n'ont pas encore donné de résultats.

Lait. — La production totale du lait dans le département de la Somme s'élève annuellement à 1,500,000 hectolitres. Ce produit est utilisé sur place ou concourt à l'alimentation des villes. La consommation de la population est évaluée à 268,900 hectolitres.

Le prix de vente varie entre 0 fr 10 et 0 fr. 30 le litre.

Beurre et fromage. — Le département produit environ 33,000 quintaux de beurre par an, ce qui à raison de 30 litres par kilogramme représente une utilisation de

990,000 hectolitres de lait. Les quatre cinquièmes de la production sont consommés sur place; une partie est exportée dans le Pas-de-Calais.

L'arrondissement de Péronne et les principaux marchands des grandes villes importent, surtout en hiver, des beurres normands, de Lisieux, Vire, Carentan, Valognes. Une certaine quantité de produits importés proviennent également des environs de Formerie (Seine-Inférieure).

La fabrication du fromage est localisée dans les arrondissements de Montdidier et de Péronne. Aux environs d'Albert, on produit surtout des fromages façon-Brie qui sont vendus dans les villes de la région du Nord. Dans l'arrondissement de Montdidier on fabrique annuellement 300,000 fromages de *Rollot* qui sont surtout consommés dans les centres ouvriers du département; une petite partie est expédiée à Paris.

La fabrication du Rollot pourrait prendre une plus grande extension si on lui donnait plus de soins. Ce fromage est trop souvent fabriqué avec du lait partiellement écrémé et sa consommation reste localisée alors qu'elle pourrait gagner dans les grands centres.

ESPÈCE OVINE.

Quoique les troupeaux de moutons y soient moins nombreux qu'autrefois, le département de la Somme est un de ceux qui en comptent encore le plus. La statistique accuse un effectif total de 338,230 têtes.

Ce nombre correspond à 55 têtes par 100 hectares de superficie, moyenne supérieure de 15 p. 100 environ à celle de la France. La population a baissé de près de 200,000 têtes en 50 ans. Elle était en effet de 534,558 en 1852; 504,252 en 1862; 423,948 en 1882; 384,546 en 1898.

Les types exploités répartis en troupeaux de 100 à 300 bêtes, tantôt individuels, tantôt communaux, appartiennent à des races diverses.

L'ancien mouton picard pur est devenu assez rare, il a été remplacé dans les arrondissements d'Abbeville, de Doullens, d'Amiens, soit par le dishley-mérinos, plus souvent par le *boulonnais*, sorte d'artésien dishley volumineux, à longue laine, demi-fine, et produisant des sujets relativement précoces.

Dans les arrondissements de Péronne et de Montdidier, on exploite, outre la race picarde, le mérinos précoce du Soissonnais pur ou croisé avec des bêtes de pays.

La grande majorité des cultivateurs du département fait de l'élevage. Quelques-uns produisent des reproducteurs mâles, mais la plupart font des importations de béliers du Pas-de-Calais, de l'Aisne et de l'Oise.

Dans quelques exploitations, on se livre à la production des agneaux gras qui trouvent un débouché important sur les plages du littoral de la Manche.

La spéculation de l'engraissement s'opère différemment suivant les régions. En général dans les fermes qui entretiennent des troupeaux d'élevage, où les fourrages sont assez abondants, on engraisse les bêtes du troupeau qui doivent être réformées, en raison de leur âge ou de leur conformation. Dans d'autres exploitations, dans l'arrondissement de Péronne en particulier, près des établissements industriels qui livrent d'abondants résidus alimentaires, on opère sur des animaux maigres, achetés sur les marchés de Saint-Quentin, de Noyon (Aisne), spécialement en vue de l'engraissement.

La vente de ces moutons gras a lieu par lots de 10 à 25 bêtes, depuis le mois de décembre jusqu'en avril.

Pendant l'hiver, la production du département suffit à la consommation. Le Santerre surtout livre beaucoup d'animaux gras. Mais en été l'importation est importante. Il arrive chaque année à Amiens environ 3 à 4,000 moutons algériens qui passent d'abord par le marché de La Villette, ou sont triés dans les bergeries de Pantin et envoyés directement dans la Somme. L'Aisne fournit également un contingent sérieux.

Les transactions concernant l'espèce ovine se font généralement à domicile, les foires de Crécy, Oisemont, Rue, Escarbotin, Ham, Albert sont les seules où elles présentent encore une certaine activité (de 400 à 1,000 bêtes).

Les troupeaux de la Somme ont été considérablement améliorés depuis cinquante ans. Cependant on néglige encore l'alimentation des agneaux. Les troupeaux se renouvellent trop lentement, chaque année on réforme un certain nombre de vieilles bêtes, mais on conserve encore trop de mères amaigries par les fatigues d'un élevage répété.

Mais ce qui nuit surtout au développement de la production ovine, c'est le manque de bons bergers. Faute de ces auxiliaires, un certain nombre d'exploitations ont dû renoncer à l'élevage du mouton.

Laine. — Les laines produites dans la Somme peuvent être divisées en deux catégories : 1° celle des métis-mérinos, fine; 2° celle du type picard amélioré, demi-fine, longue. La plus grande partie des producteurs livrent leurs laines en suint.

Les toisons sont roulées et liées pour la vente. Cette préparation n'est pas toujours faite avec tout le soin nécessaire. Le triage ne se fait pas à la ferme, on se contente de séparer la laine des agneaux de celle des adultes.

Le commerce des laines se fait par l'intermédiaire de commissionnaires qui achètent sur place. Les prix s'entendent livrable sur wagon à époque fixée, à la gare la plus rapprochée.

La production lainière du département peut être évaluée à 950,000 kilogrammes par an. Elle est dirigée sur les marchés de Reims et surtout sur Roubaix.

Le commerce des laines se fait dans des conditions très défectueuses. Les troupeaux étant rarement homogènes, les lots de laine manquent d'uniformité et sont souvent payés sur un prix de base inférieur.

Les possesseurs de troupeaux devraient trier leurs toisons et s'associer pour former et vendre en commun des lots de qualité uniforme. Ils obtiendraient ainsi des conditions plus avantageuses.

ESPÈCE PORCINE.

Si la production ovine a diminué, par contre l'espèce porcine compte sensiblement plus de représentants : 90,000 au lieu de 74,000 en 1852.

Le type dominant est le porc normand plus ou moins croisé yorkshire. Dans l'arrondissement d'Abbeville et de Doullens, où l'élevage du porc a pris une grande extension, on importe souvent des reproducteurs des environs de Montreuil, Hesdin, Saint-Pol. L'arrondissement de Péronne est celui où on fait le moins de porcs. Pour l'engraissement on y donne la préférence à la race yorkshire pure que l'on importe de l'Aisne et de l'Oise.

Le commerce des porcs donne lieu à des transactions multiples. Les «coureurs» sont vendus sur les marchés de Saint-Riquier, Oisemont, Roye, Chaulnes, Albert, Péronne, Picquigny. Le marché d'Abbeville est de beaucoup le plus important, les transactions portent sur environ 18,000 bêtes par an. Celui de Doullens vient ensuite avec plus de

1,000 porcs gras, 500 coureurs et 9,000 porcelets par an. Le marché d'Amiens ne compte que 1,200 têtes seulement pour les coureurs, mais il ne s'y vend pas moins de 20,000 porcs gras chaque année : 1/3 provient du marché de La Villette, 1/6e des départements du sud-ouest de la France et le reste de la région. La ville reçoit en outre des environs 175,000 kilos de viande et 140,000 kilos de charcuterie préparée.

La production du porc pourrait encore prendre un plus grand développement dans la Somme. L'hygiène et l'habitation du porc ont subi des changements heureux, mais il reste encore beaucoup à faire dans cet ordre d'idées. Les Sociétés d'agriculture pourraient intervenir davantage pour améliorer cette production.

Les jeunes porcelets sont alimentés à l'aide de barbotages composés de grains cuits, de rebullet, de farines grossières et de petit-lait. Aux porcs coureurs, on donne un peu de grain et de laitage, des betteraves crues qu'on leur jette dans la cour. Les truies nourricières reçoivent communément des moutures de fèves, d'escourgeon, de seigle, des pommes de terre cuites et des eaux grasses.

La nourriture des porcs à l'engrais se compose surtout de bouillies épaisses, faites de pommes de terre cuites écrasées avec des grains. On soumet les porcs à l'engraissement vers l'âge de 5 à 6 mois s'ils sont destinés au commerce et à 10 mois, 1 an, s'ils doivent servir à la consommation de la ferme. Les premiers pèsent 90 à 110 kilogrammes, les autres 130 à 150 kilogrammes.

Les truies sont tuées à 4 ou 5 ans dans les grandes exploitations; on les conserve plus longtemps dans la petite culture. Les verrats sont habituellement réformés entre 2 et 4 ans.

ESPÈCE CAPRINE.

L'espèce caprine ne compte pas moins de 14,000 têtes dans la Somme. Ce sont les cantons de Crécy, Domart, Hollencourt, Acheux, Rue, Doullens qui en renferment le plus.

Les chèvres picardes sont bonnes laitières. Elles ne font l'objet d'aucune transaction. Il s'en vend néanmoins plus de 1,000 par an sur le marché d'Amiens pour l'alimentation.

L'élevage de la chèvre aurait besoin d'être conduit plus rationnellement. Par la sélection on pourrait augmenter encore l'aptitude laitière de cette espèce et améliorer les qualités de la viande. On rendrait ainsi un réel service à une partie de la population des campagnes, et tout particulièrement à la population ouvrière.

ANIMAUX ET PRODUITS DE BASSE-COUR.

La valeur des animaux de basse-cour exploités dans le département dépasse certainement quatre millions de francs.

L'exploitation des volailles se fait dans les fermes et chez les ménagers. Il n'existe pas d'établissements spéciaux d'aviculture importants. Depuis plusieurs années quelques agriculteurs annexent à leurs exploitations des parquets pour l'élevage de volailles de race pure et se livrent au commerce des reproducteurs. Cette orientation exerce une influence heureuse sur l'amélioration des basses-cours, mais tous les progrès désirables sont loin d'être réalisés, tant au point de vue de la sélection des diverses races que de leur entretien.

Les races de poules élevées sont nombreuses; la poule de ferme, variable dans ses caractères, est la plus commune; c'est un type mal défini, mélange hétéroclite, qui a pour principales qualités la rusticité et une ponte assez bonne; mais elle manque de précocité.

La poule commune vit souvent en contact avec des races pures comme le Houdan, l'Orpington et surtout la Faverolle. Le commerce des volailles est très actif; il se fait surtout sur quelques marchés dont le plus important est celui d'Amiens où il se vend en moyenne 100,000 volailles par an. Les marchés de Rue, d'Abbeville, Roy, Combles sont bien approvisionnés; sur celui d'Airaines, il ne se présente pas moins de 3,500 volailles par an. Le département est exportateur sur le Nord et sur Paris. Par contre, les marchands de comestibles des principales villes reçoivent de Seine-et-Oise, de la Sarthe, des poulets gras qui se vendent à un prix beaucoup plus élevé que les produits du pays.

Les oies, les canards et les dindons figurent dans la valeur de la basse-cour pour une somme totale de 450,000 francs, dont plus de la moitié pour les dindons. Une partie de cette production est écoulée sur les centres populeux du Nord et le tiers environ est consommé sur place.

Les lapins donnent lieu à une production dont la valeur atteint près de 400,000 francs. Ils donnent lieu à une très faible exportation. Il s'en vend sur le marché d'Amiens environ 60,000 par an.

Les races de lapins exploitées sont le lapin commun, le géant, le lapin russe. Il existe dans le département une exploitation spéciale de lapins angoras qui ne compte pas moins de 1,000 à 1,500 sujets. Les poils sont vendus à des usines de la région et en particulier aux fabriques de bonneterie de Villers-Bretonneux. Mais en raison de la grande mortalité qui atteint les lapins, cette production ne paraît pas rémunératrice.

Œufs. — La production des œufs a une grande importance dans la Somme; elle peut être évaluée à 150 millions. La vente des œufs s'effectue généralement sans intermédiaire entre les producteurs et les consommateurs. Sur les marchés du département, elle atteint environ 80 millions. Les principaux centres de commerce sont Abbeville, Montdidier, Albert, Airaines et Amiens.

Quelques marchands d'œufs achètent directement dans les fermes et font un grand commerce. Ils approvisionnent les principaux centres du département et expédient le supplément de leurs achats aux Halles de Paris et en Angleterre.

Les principales gares d'expédition sont Amiens, Montdidier, Aumale (pour les produits des cantons de Molliens: Vidame et d'Hornoy), Airaines.

APICULTURE.

L'apiculture est très en honneur dans la Somme. Il existe dans chaque village quelques apiculteurs-amateurs. On trouve également un certain nombre de ruchers bien organisés, de 30 à 50 ruches à cadres de grandes dimensions. La production du miel s'élève à 185,000 kilogrammes, et celle de la cire à 30,600 kilogrammes.

Le miel ne fait pas l'objet d'un commerce actif. Une partie seulement de la production est vendue aux épiceries des grandes villes et aux pharmaciens; le reste est utilisé pour la consommation familiale.

TARN.

ESPÈCE CHEVALINE.

L'espèce chevaline est représentée dans le Tarn par :

Chevaux de plus de 3 ans...	13,600	Mules et mulets...	2,000
Chevaux de moins de 3 ans..	4,000	Anes et ânesses (jeunes et adultes).	4,200

nés dans le département ou importés.

Les chevaux ne servent que rarement aux travaux de la culture; ce sont ou des chevaux de luxe, de camionnage ou d'industrie pour la majeure partie, des juments poulinières et mulassières dont les produits se vendent surtout aux foires d'Albi, de Graulhet et de Puylaurens.

Ces juments servent au transport du cultivateur ou de ses denrées peu encombrantes aux marchés voisins ou à la ville voisine; ce sont d'ailleurs surtout des reproductrices.

Dans le nord du département, arrondissement d'Albi surtout et un peu dans celui de Gaillac, des marchands livrent aux cultivateurs des jeunes chevaux à dresser provenant surtout des départements bretons.

Ces chevaux sont dressés par les cultivateurs et, au bout de quelques années, le marchand vendeur abouche le cultivateur avec un acheteur de l'Aude ou de l'Hérault.

Le cultivateur réalise ainsi comme bénéfice la différence entre les prix d'achat et de vente, le travail et le fumier.

Ce genre de spéculation, très rémunérateur, avait une tendance à augmenter, mais la crise viticole qui sévit actuellement dans le Midi diminue un peu ce trafic, qui reprendra son ancien essor lorsque cette crise aura cessé.

Les mules et les mulets sont vendus dans le Midi ou achetés par des marchands espagnols pour être exportés dans leur pays.

ESPÈCE BOVINE.

Le département exporte une grande quantité d'animaux de boucherie sur Paris et les départements du Midi, Aude, Hérault, Gard, Bouches-du-Rhône et quelque peu sur le marché de Lyon. Ces exportations concernent presque exclusivement les bœufs; les transactions sur les vaches sont très restreintes. Un grand nombre de veaux de plusieurs mois, ayant acquis un certain développement, sont également expédiés dans les mêmes régions. Par suite de la baisse qui a été la conséquence de la sécheresse de 1906, un certain nombre de bœufs ont été expédiés en Espagne cette année.

La gare de Soual a expédié, en 1905, à destination de :

Bœufs. — Carcassonne 13 wagons, Marseille-Arenc 95, Perpignan 5, Narbonne 8, Cette 2, Béziers 2, Revel 3.

Veaux. — Narbonne 24 wagons, Béziers 4, Carcassonne 13, Toulouse 2.

En octobre 1906, 713 veaux ont été expédiés par la gare de Castres, dont 400 pour Béziers, 125 pour le Bousquet-d'Orb, 200 pour Carcassonne, 25 pour Irun,

25 pour Port-Bou. Ce relevé représente un douzième des exportations annuelles. La gare d'Albi, mais surtout celle de Vindrac expédient également de la viande abattue (veaux). Ainsi, du 1er janvier au 30 septembre 1906, la gare de Vindrac a expédié 39,000 kilogrammes de viande sur Paris, Cannes, Montpellier, etc.

Lait. — La partie méridionale du département (environs de Mazamet) commence à faire quelques expéditions de lait sur Béziers, Narbonne, etc. Ces envois sont effectués par les voies rapides. De la région nord du département on a expédié également un peu de lait à Toulouse. Une exploitation sise à Lavergne, commune de Boissezer, expédie du lait stérilisé et maternisé d'après les derniers procédés perfectionnés et même du chocolat au lait stérilisé tout préparé.

Beurre. — Quelques exportations de beurre sont faites des environs de Mazamet vers Cette, Béziers, etc. Ces exportations pourraient prendre de l'extension, car le beurre est en général de très bonne qualité. Des essais d'écrémage centrifuge ont été entrepris avec plein succès, et il serait désirable de voir les propriétaires s'adonner davantage à cette industrie.

Fromages. — Dans la partie montagneuse du Castrais, excepté la Montagne-Noire, et dans une partie de celle de l'Albigeois, on fabrique du roquefort. Autrefois ce fromage était fait dans les fermes, mais depuis la crise qui a sévi sur cette industrie, le lait est ramassé dans les laiteries, qui fabriquent le roquefort dans de bien meilleures conditions. Après quelques jours de stage dans les laiteries, le roquefort est envoyé dans la ville de ce nom et affiné dans les caves, pour le compte desquelles les laiteries travaillent. La production du roquefort se développe d'année en année et les cultivateurs obtiennent ainsi de notables bénéfices de la vente de leur lait. On peut évaluer à 2 millions de litres la quantité de lait mise en œuvre dans les laiteries. Toute la production est livrée aux caves d'affinage et exportée ultérieurement.

ESPÈCE OVINE.

Les moutons gras, connus et très appréciés sous le nom de «moutons albigeois», font l'objet de nombreuses expéditions en dehors du département.

En 1905, 3,700 moutons provenant du sud du département (Mazamet, Saint-Amans-Soult, Castres) ont traversé la gare d'Albi pour aller à Paris-Bestiaux.

La région du nord du département (L'Isle, Gaillac, Tessonnières, Marsac, Albi, Cahuzac, Vindrac) a fourni à l'exportation 61,400 têtes, ce qui fait un total de 64,800 moutons au moins expédiés du Tarn sur Paris par la Compagnie d'Orléans.

La gare de Soual (Midi) a expédié 30 wagons de moutons en 1905 sur Paris-Bestiaux.

On expédie également un certain nombre de moutons sur les marchés méridionaux, mais bien moins qu'à Paris. En 1905, Soual a livré 15 wagons de moutons sur Béziers, Pauillac, Bédarieux et Rieux-Peyriac.

A ces moutons il convient d'ajouter les exportations d'agneaux qui sont faites en quantités importantes vers les mêmes destinations ainsi qu'à Bordeaux.

Ces agneaux proviennent des régions où l'on fabrique le roquefort et où les cultivateurs ont intérêt à sacrifier les jeunes, dès que leur chair peut être consommée, afin de disposer le plus tôt possible du lait pour la vente. Les agneaux sont surtout expédiés de novembre à août.

ESPÈCE PORCINE.

On produit dans le Tarn une quantité importante de porcs gras, recherchés sur le marché à cause de la fermeté de leur chair et de la qualité de leur graisse.

Beaucoup de porcs sont exportés dans les régions méridionales pour alimenter les charcuteries, ainsi que le fait ressortir l'exemple suivant :

En 1905, la gare de Soual a expédié à destination de Saint-Paul-de-Fenouillet 5 wagons de porcs, Cette 12, Mat 6, Perpignan 4, Estagel 1, Vinça 2.

En octobre 1906, la gare de Castres en a expédié 146 têtes sur Béziers, Narbonne, Bédarieux, etc.

En 1905, la gare de Saint-Amans-Soult en a expédié 10 wagons.

La gare de Carcassonne en a expédié également beaucoup.

ANIMAUX ET PRODUITS DE BASSE-COUR.

Volailles. — Les volailles locales sont très appréciées, on en expédie de grandes quantités sur le Midi, Aude, Hérault, etc.

On expédie également des pigeons, des canards et des lapins.

L'exportation de ces animaux s'accroît sensiblement et les prix pratiqués sont très avantageux pour l'agriculture.

On pourrait également, si l'élevage des dindons était plus développé, exporter beaucoup de ces animaux en Angleterre.

Œufs. — Par suite de l'élevage d'une grande quantité de volailles, la production des œufs est considérable. On en expédie beaucoup vers Paris et les régions méridionales, où les débouchés sont largement assurés. Cette exportation va en augmentant.

Du 1er janvier au 30 septembre 1906, la gare d'Albi-Orléans a expédié 45,055 kilogrammes d'œufs sur Paris.

Sur le réseau du Midi les quantités expédiées par la même gare sont plus élevées encore; les principales destinations sont Agde, Bédarieux, Béziers, Montpellier, Marseille.

L'autre gare exportatrice du réseau d'Orléans, Vindrac, a expédié du 1er janvier au 30 septembre 1906, 50,900 kilogrammes d'œufs pour les principales destinations suivantes : Paris, Toulouse, Laguépie, Bordeaux, Clermont, Perpignan, Montpellier, Cette, Béziers.

TARN-ET-GARONNE.

ESPÈCE CHEVALINE.

D'après la statistique de 1905 l'effectif de l'espèce chevaline du département se répartit ainsi qu'il suit.

Chevaux..	Animaux au-dessous de 3 ans	3,304
	Animaux de 3 ans et au-dessus	13,529
Mulets : adultes et jeunes		820
Ânes : adultes et jeunes		1,900

Il n'existe pas de races de chevaux bien caractérisées, mais des types qui peuvent se ranger dans les deux catégories suivantes : le type du cheval de remonte, le type du cheval de trait ou type agricole.

Le cheval de remonte se rencontre particulièrement dans l'arrondissement de Castelsarrasin; il y est élevé ou importé par des naisseurs et des nourrisseurs qui le préparent pour les achats de la remonte; les éleveurs sont de moins en moins nombreux et cèdent la place à des commerçants qui vont de foire en foire en quête du type demandé par la commission d'achat. La plupart des animaux sont des anglo-arabes très bons pour la remonte des régiments de cavalerie légère.

On trouve aussi quelques chevaux de remonte dans les autres arrondissements, mais plus disséminés que dans celui de Castelsarrasin.

Dans l'arrondissement de Montauban, particulièrement dans les cantons de Monclar de Quercy, Négrepelisse, Villebrumier, Montauban, les agriculteurs se livrent à la production du mulet.

Les baudets qui servent à cette production sont de race espagnole; les juments n'appartiennent pas à une race spéciale : ce sont des animaux achetés pour les travaux de la culture, elles sont livrées soit au baudet, soit à l'étalon de gros trait si elles ne peuvent produire avec le premier.

Le commerce des chevaux se fait toute l'année, les agriculteurs qui préparent pour le service des remontes sont constamment à l'affût des occasions. Les particuliers achètent au moment des foires de Montauban, particulièrement à celles des 19 mars, 26 juillet et 13 octobre.

Le commerce des mules et mulets s'est spécialisé depuis longtemps dans quelques localités : A Monclar de Quercy, le 2 novembre; Négrepelisse, le 31 octobre; les foires de Montauban, Lafrançaise, Bourret n'ont presque plus d'importance. Une foire nouvelle semble devoir réussir à Villebrumier.

L'importance des transactions est considérable, mais d'une évaluation difficile; les compagnies de chemins de fer embarquent annuellement dans le département de 600 à 800 chevaux; mais le commerce par voie de terre est le plus important.

Le prix de vente est extrêmement variable. En ce qui concerne les mules et mulets, il se vend annuellement aux foires de Monclar et de Négrepelisse bien près de 1,200 mules ou mulets, les achats à domicile dépassent 300 ou 400. Les prix de vente varient de 350 à 450 et même 500 francs pour les mules, les mulets se vendent 100 à 150 francs de moins en moyenne.

Les acheteurs sont originaires du Midi et surtout d'Espagne. C'est l'animal fin qui est recherché de préférence.

ESPÈCE BOVINE.

L'effectif des animaux de l'espèce bovine se répartit de la façon suivante d'après la statistique de 1905.

Taureaux	1,575
Bœufs	27,484

Vaches	28,203
Élèves de 1 an et au-dessus	15,863
Élèves de moins de 1 an	9,172
TOTAL	72,297

Ces animaux sont répandus dans tout le département. Ils appartiennent à trois races : race garonnaise (de plaine et de coteau), race gasconne et race de Salers. La première est la plus importante et tend à supplanter les deux autres qu'elle refoule, la race gasconne vers le Gers et la Haute-Garonne, la race de Salers vers le Lot et le Tarn.

L'élevage du département ne suffit pas à ses besoins; pour les bœufs de travail il est tributaire des départements voisins, Lot-et-Garonne, Gers, Cantal.

Le commerce du bétail se fait aux foires de Montauban, Caussade, Moissac, Valence-d'Agen, Miramont, Bourg-de-Visa, Montaigu, Lafrançaise, Lavit, Beaumont.

Les meilleures foires de bœufs gras sont celles de Caussade et Saint-Antonin.

Les acheteurs sont les bouchers du département et ceux de Toulouse.

Il existe de gros négociants fournisseurs des marchés du Midi, tels que Nice, Carcassonne, Nîmes, Marseille, Perpignan, Cette, Béziers, Cannes, Bordeaux, Paris. Les marchés sont classés par ordre d'importance, en décroissant.

Les transactions auxquelles donnent lieu les ventes d'animaux de l'espèce bovine sont importantes. Les compagnies transportent annuellement plus de 12,000 têtes destinées aux marchés des départements voisins; beaucoup d'animaux quittent le Tarn-et-Garonne par voie de terre.

La production du lait est très importante, les laitiers sont nombreux autour de toutes les villes; ils entretiennent principalement des animaux de races hollandaise et bordelaise.

Quelques laitiers établis à trop de distance des villes importantes du département trouvent plus avantageux de faire transporter et vendre leur lait sur le marché de Toulouse; ils concourent à l'alimentation de la ville et à la fourniture du lait pour les établissements publics. Le tonnage annuel pour ces expéditions atteint 200 tonnes.

La production du beurre est insignifiante, elle ne suffit pas pour les besoins de la consommation.

Il en est de même de la fabrication des fromages; les fromages du pays genre Rocamadour sont consommés sur place.

ESPÈCE OVINE.

Bien qu'il ait sensiblement diminué, le troupeau du Tarn-et-Garonne est encore important, il comprend :

Béliers au-dessus de 1 an	2,846
Brebis au-dessus de 1 an	65,182
Moutons au-dessus de 1 an	24,503
Agneaux et agnelles de moins de 1 an	27,912
TOTAL	120,443

Les troupeaux se rencontrent principalement dans la région dite *du Quercy* et plus spécialement dans les cantons de Caylus, Saint-Antonin, Caussade qui présentent de grandes étendues de causses.

Les deux races exploitées sont la race des Causses du Lot, qui domine dans le nord et le nord-est du département et la race lauraguaise, qui se rencontre dans le sud et sud-ouest.

Les animaux sont exclusivement entretenus pour la production des jeunes, la production de la viande et de la laine.

Les marchés les plus importants pour le commerce des moutons sont Caylus, Saint-Antonin, Caussade, Montricoux.

Le trafic auquel donne lieu la vente des animaux de l'espèce ovine est très important. Les compagnies transportent annuellement près de 40,000 têtes. De nombreux animaux quittent le département par voie de terre à destination des marchés méridionaux.

La production de la laine dépasse, d'après la dernière statistique, plus de 2,000 quintaux.

Le débouché de cette production se trouvait autrefois à Montauban où de nombreuses filatures transformaient la laine en étoffes désignées sous le nom de *cadis*. Ces industries ont disparu et leur siège s'est transporté dans le Tarn, à Mazamet.

Les brebis ne sont pas entretenues pour la production du lait et la fabrication du fromage, comme dans l'Aveyron.

Des essais sont tentés actuellement en vue de fournir du lait aux sociétés fromagères de Roquefort.

ESPÈCE PORCINE.

Les animaux de l'espèce porcine se répartissent dans les catégories suivantes :

Animaux reproducteurs	Verrats	86
	Truies	2,013
Animaux à l'engrais de plus de 6 mois		21,829
Porcs jeunes de moins de 6 mois		15,500
Total		39,428

Le département ne fait pas naître tous les animaux qui sont élevés dans les fermes; le plus grand nombre est importé par des marchands de porcs qui les achètent dans le Tarn, le Lot et le Gers.

Les animaux n'appartiennent pas à une race unique, la plupart sont le produit de croisements anciens entre les types du pays et les races anglaises. On élève dans la région de Montauban un type à peu près fixé, voisin du Craonnais, désigné sous le nom de porc montalbanais.

Les animaux engraissés sont consommés dans le pays ou dirigés vers les marchés méridionaux, Marseille, Toulon, Béziers, Toulouse, etc.

Les villes du département où se fait le plus grand commerce des porcs sont Montauban, Castelsarrasin, Moissac, Caussade, Valence-d'Agen, Lafrançaise, Nègrepelisse, Monclar, Beaumont-de-Lomagne.

Les compagnies de chemins de fer exportent annuellement de 4,500 à 5,000 têtes; beaucoup d'animaux quittent le département par voie de terre.

Animaux abattus. — Il part des places de Montauban, Castelsarrasin, Moissac, Caussade, des quartiers d'animaux abattus à destination des villes méridionales, principalement Toulouse, Béziers et au delà de cette ville.

Le trafic annuel varie de 260 à 300 tonnes.

ANIMAUX ET PRODUITS DE BASSE-COUR.

L'élevage des animaux de basse-cour est très en honneur dans le département; les marchés des villes et des chefs-lieux de cantons sont toujours bien approvisionnés. Des marchands ambulants vont de foire en foire, recueillent les animaux et les œufs et font les expéditions vers les villes du Midi, plus rarement sur le centre et Paris, en raison de la distance.

La statistique publiée à la suite de l'enquête décennale de 1892 répartissait les animaux de basse-cour de la manière suivante dans le Tarn-et-Garonne.

	NOMBRE.	VALEUR.
	têtes.	francs.
Poules	504,684	839,205
Oies	96,676	482,150
Canards	37,472	78,691
Dindes et dindons	59,731	227,919
Pintades	4,948	14,844
Pigeons	368,098	147,239
Lapins	132,445	154,000
TOTAUX	1,204,054	1,942,048

Les races sont assez mélangées, il existe cependant de nombreux sujets des races gasconne et caussade. Les oies sont du type agricole de l'oie de Toulouse, elles donnent des foies gras pour les conserves.

Une partie importante du trafic s'écoule par voie de terre sur la direction de Toulouse, les chemins de fer transportent annuellement de 1,400 à 1,500 tonnes d'animaux de basse-cour à destination des villes du Midi, Béziers, Cette, Marseille, Toulon, Narbonne, Nice, etc.

Les marchés les plus importants sont Montauban, Castelsarrasin, Caussade, Moissac, Valence-d'Agen, Beaumont, Négrepelisse, Lafrançaise, Molières, etc.

Commerce des œufs. — C'est dans ces mêmes localités que les marchands de volailles trouvent les œufs qu'il expédient sur les marchés du Midi et de Bordeaux.

Le commerce est très actif et les cours élevés. Les compagnies de chemins de fer transportent bon an mal an plus de 400 tonnes d'œufs.

Commerce du gibier. — Il est entre les mains des mêmes industriels qui font le commerce des animaux de basse-cour. Il présente une grande importance; les petits oiseaux et les alouettes, mais surtout les premiers, y entrent pour un chiffre élevé, car le département possède des oiseleurs acharnés à la destruction de la gent ailée.

APICULTURE.

L'élevage des abeilles n'est pas très en honneur dans le Tarn-et-Garonne. Les ruchers disparaissent peu à peu et ne sont pas remplacés. Aussi la petite production de miel et de cire est-elle entièrement consommée dans le pays.

SÉRICICULTURE.

L'élevage du ver à soie perd de plus en plus de son importance; le nombre des éducateurs est passé de 860 en 1892 à 252 en 1901. La quantité de graine mise en incubation a suivi la même marche décroissante; elle était encore de 772 onces en 1892, elle n'était plus que de 214 onces en 1901. Depuis cette époque la réduction s'est accentuée et peu à peu l'élevage du ver à soie disparaît du Tarn-et-Garonne sans retour possible.

La production, qui atteint de 5,000 à 6,000 kilogrammes de cocons frais, trouve son écoulement dans les filatures que possède encore Montauban.

MARCHÉS DU DÉPARTEMENT DE TARN-ET-GARONNE.

Lundi. — Caussade, Lauzerte, Saint-Nicolas.

Mardi. — Caylus, Montech, Négrepelisse, Valence-d'Agen.

Mercredi. — Auvillar, Grisolles, Lafrançaise, Puylaroque.

Jeudi. — Castelsarrasin, Monclar, Montaigu, Montpezat.

Vendredi. — Lavit, Molières, Verdun, Roquecor.

Samedi. — Beaumont, Bourg-de-Visa, Moissac, Montauban, Saint-Antonin.

VAR.

Faute de ressources fourragères suffisantes, l'économie du bétail ne joue qu'un rôle très secondaire dans le Var.

D'après les résultats de l'enquête décennale de 1892, le Var était classé parmi les cinq départements ayant la population animale la plus faible.

A cette époque, on calculait en effet qu'il entretenait moins de 40 kilogrammes de poids total d'animaux par hectare du territoire agricole et 126 kilogrammes par hectare cultivé.

La comparaison des recensements, opérés à de longs intervalles, nous montre que l'ensemble des effectifs des animaux entretenus dans cette partie de la Basse-Provence est en décroissance sensible.

Il ressort du tableau suivant que les moutons et les porcs sont les animaux faisant l'objet, de ce côté du littoral, d'une exploitation relativement importante.

DÉSIGNATION.		1852.	1862.	1882.	1892.	1905.
Chevaux		9,647	10,846	8.866	8,644	12,080
Anes et ânesses		10,163	7,825	6,162	4,333	3,136
Mulets et mules		13,698	15,075	12,625	9,375	8,074
Bêtes	bovines	6,447	5,675	2,852	2,623	4.222
	ovines	241,848	147,599	174,441	161,039	161,365
	caprines	33,823	38,528	39,433	24,473	14,062
	porcines	21,594	26,085	27,852	37,332	30,328
Totaux		336,800	251,623	262,231	247,819	233,267

Les notes suivantes résument les principales entreprises zootechniques auxquelles donnent lieu les différentes espèces animales de la région.

ESPÈCE CHEVALINE.

Il existait autrefois, dans le golfe de Saint-Tropez, des chevaux assez comparables aux camargues par leur taille, par leur sobriété et leur endurance et surtout par le régime auquel ils étaient soumis.

Ces chevaux, qui formaient la race ordinaire des *eygues*, étaient entretenus par petits groupes de 10 à 20 têtes dans les fermes de la plaine.

Leur petitesse était compensée par une vigueur particulière; ils étaient utilisés pour le dépiquage des céréales et pour la selle. Aujourd'hui ils ont presque complètement disparu depuis la mise en culture des terrains incultes et humides.

Dans cette région l'élevage du cheval a perdu son ancienne importance.

Les poulinières existantes, issues, pour la plupart, des croisements entre les eygues et l'étalon anglo-arabe, ne donnent que de rares sujets achetés par la remonte entre 800 et 1,000 francs; ceux qu'elle refuse se vendent dans le pays entre 500 et 700 francs. Sans les primes distribuées annuellement, la production chevaline ne tarderait pas à disparaître.

Depuis la création de dépôts d'étalons, la *production mulassière* a diminué beaucoup dans le Var. Elle est exclusivement localisée dans les cantons d'Aups et de Comps. Il existe à Brovès et sur le plateau de Canjuès 200 à 250 juments mulassières. Pour la monte, on se sert de baudets du pays, de petite taille et sans caractères fixés. Les mulets obtenus sont petits, mais résistants et bien acclimatés. Vers l'âge de 10 mois, après leur sevrage, ils sont vendus aux foires de Grasse et de Bargemon, entre 180 et 200 francs en moyenne.

ESPÈCE BOVINE.

L'élevage des bovins, exclusivement localisé dans le golfe de Saint-Tropez, a pour but l'obtention d'animaux de travail.

Les jeunes bouvillons sont laissés en liberté jusqu'à l'âge de 2 ans dans les terrains de pâture. A partir de cet âge on les prépare progressivement aux labours et aux charrois.

A 3 ans, un bœuf bien dressé se vend de 400 à 500 francs. A 6 ou 7 ans, sa valeur moyenne est de 600 à 625 francs. Employé aux travaux de ferme jusqu'à 11 ou 12 ans, il est ensuite livré à la boucherie après un rapide engraissement.

Les bœufs de 800, 850 et 900 kilogrammes sont assez communs; ils rendent en moyenne 50 p. 100 de viande nette, dont le prix varie entre 1 fr. 40 et 1 fr. 50 le kilogramme.

Les fourrages récoltés dans la région de Cogolin sont généralement grossiers et conviennent mieux aux chevaux qu'aux bovins.

Le bétail est loin d'être homogène au point de vue des races. On trouve des salers, quelques garonnais et des tarentais, plus ou moins mêlés à l'ancienne race ou variété locale à pelage noir, qui vivait en petits troupeaux autour des «garonnes» et des marais et dont on rencontre encore des représentants à peu près purs.

La production laitière est limitée aux besoins de la consommation locale.

Les vaches sont uniquement exploitées pour la production du lait, toujours vendu en nature.

Pour l'approvisionnement seul de Toulon on compte plus de 1,500 vaches laitières et un millier environ pour les besoins des villes d'Hyères, de Draguignan, de Brignoles et autres agglomérations communales.

En général, dans l'intérieur et dans la banlieue des grands centres comme Toulon, l'industrie laitière est entre les mains des nourrisseurs ou bergers.

Entretien des vaches laitières par les nourrisseurs. — Chacun d'eux possède une étable peuplée de 10 à 12 vaches de race montbéliarde, à défaut de milanaises dont l'introduction est grevée d'un droit prohibitif de 20 francs par 100 kilogrammes de poids vif. Ces dernières étaient autrefois très appréciées des nourrisseurs pour la constance et la prolongation de leur lactation.

Les montbéliardes sont achetées dans le Doubs à l'âge de 6 à 10 ans, c'est-à-dire après leur troisième ou quatrième vêlage. Elles pèsent près de 600 kilogrammes et leur prix d'achat moyen est de 600 francs.

Elles sont revendues aux laitiers par les marchands de bestiaux au prix de 700 francs.

On les entretient naturellement en stabulation permanente et, par une alimentation au maximum avec des denrées de premier choix, on vise à les maintenir le plus longtemps possible en pleine période de lactation. Leur ration journalière, composée de foin de première qualité, de tourteau de colza ou de coprah et de repasse, revient à 2 fr. 50 par tête et permet d'obtenir pendant une durée de douze mois un rendement quotidien de 15 litres de lait.

A partir de cette époque la production diminue rapidement et au point de vue de la réussite financière on a intérêt à réformer et vendre à la boucherie les vaches dont le rendement ne dépasse pas largement 8 litres par jour.

Ces vaches copieusement nourries se trouvent en bon état d'engraissement au moment de leur utilisation pour la boucherie. Elles donnent, pour les 4 quartiers, 350 kilogrammes, soit 50 p. 100 de viande nette, leur poids vif atteignant 700 kilogrammes à leur fin de carrière. 350 kilogrammes à 1 fr. 20 le kilogramme = 420 francs, ce qui représente une perte de 280 francs sur leur prix d'achat.

Exploitation des vaches laitières au point de vue agricole. — Dans le voisinage d'Hyères plus particulièrement et dans d'autres centres ruraux, on rencontre quelques rares agriculteurs qui se livrent avec profit à l'exploitation combinée des vaches laitières pour la production du lait et de la viande.

Pour atteindre économiquement ce double résultat, on a recours à l'ovariotomie des vaches laitières.

Depuis 1897, dans deux étables importantes cette opération a toujours été pratiquée avec un plein succès.

Sur plus de 200 vaches castrées avec l'ovariotome Flocard et suivant les instructions de cet opérateur, on n'a jamais eu à déplorer le moindre accident.

Cette pratique paraît n'offrir aucun danger lorsqu'elle est confiée à un vétérinaire expérimenté, et permettrait d'obtenir avec les races des Alpes de meilleurs résultats tels que :

1° Augmentation et prolongation de la lactation;

2° Engraissement plus rapide et augmentation du rendement en viande nette; annuellement 7 p. 100 du poids vif, soit au bout de deux ans 50 kilogrammes de viande nette;

3° Richesse du lait en beurre sensiblement plus grande.

ESPÈCE OVINE.

Dans le Var, l'élevage du mouton est rémunérateur.

Suivant les milieux et les situations, il se pratique de façons différentes : soit par les agriculteurs éleveurs, soit par les bergers, bas-alpins pour la plupart; ces derniers viennent ici louer les «places» pour nourrir leurs troupeaux de novembre à juin.

Le prix des places est peu élevé, les agriculteurs recherchant surtout le fumier laissé par les moutons.

Une place comprend des prés naturels, des pâtures, un peu de bois, une bergerie et un logement pour le berger.

Pendant l'hiver, lorsque le sol n'est point mouillé, les troupeaux paissent; le soir on les rentre à la bergerie où ils reçoivent une ration complémentaire dans laquelle le marc de raisin joue souvent un rôle important.

Les troupeaux paissent dans les prés fauchables, de novembre à février, et toute l'année dans les pâtures.

En juin, ils regagnent la montagne où ils restent jusqu'à fin septembre.

Les agriculteurs éleveurs font également partir leurs troupeaux dans les Alpes pendant la saison sèche; les frais de transhumance s'élèvent de 1 francs à 2 fr. 25 par tête de bétail.

Les exploitants qui visent à la production des agneaux de lait font lutter leurs brebis deux fois par an et cette lutte est graduelle. On partage le troupeau en deux, une partie porte pendant que l'autre se repose; de cette façon on arrive à avoir des agneaux en automne et au printemps. Dans quelques cas exceptionnels, on soumet les brebis à une double portée annuelle, ou mieux on cherche à leur faire produire trois agneaux en deux ans.

Les agneaux destinés à la boucherie reçoivent, en dehors du lait de la mère, du tourteau ou des grains concassés de féveroles, de maïs ou d'orge; on les vend à 15 ou 18 kilogrammes, poids qu'ils atteignent entre le trentième et le quarantième jour.

Les principaux centres d'écoulement sont Marseille, Aix, Toulon, Nice, etc.

On se livre beaucoup aussi à la production de l'agneau gris, de l'antenais et du mouton, dont on vend la viande au cours de 1 fr. 35 à 1 fr. 40 le kilo, poids net.

L'engraissement des vieilles brebis réformées se fait ordinairement vers la fin de l'hiver, après le sevrage des agneaux.

Il existe dans le nord du département plusieurs foires importantes, entre autres celles de Barjols, d'Aups, de Saint-Maximin, de Brignoles, de Carcès, de Comps, de Vidauban, de Seillans, de Bargemon, de Fayence, etc., où les propriétaires peuvent facilement renouveler leurs troupeaux. On y achète des lots entiers descendant des Alpes et composés de brebis généralement pleines et d'agneaux.

Les prix varient entre 27 et 32 francs pour les mères et 15 à 18 francs pour les jeunes.

Comme races, on exploite dans le Var des métis-mérinos croisés avec le barbarin provençal, des barbarins d'Afrique et des moutons dits de Barcelonnette, de plus petite taille que les précédents, mais réputés pour leur rusticité.

La sélection est locale; on garde d'abord plusieurs mâles pour sacrifier plus tard ceux qui ne plaisent pas. Dans un troupeau on compte un bélier pour 30 à 40 brebis. La monte se fait en liberté.

De nos côtés, on n'a pas essayé encore les croisements avec les races étrangères permettant d'obtenir des agneaux plus beaux et plus précoces.

Approximativement on calcule qu'une brebis peut rendre de 25 à 30 francs par an, représentés :

1° Par la vente d'un agneau, 16 à 20 francs.

2° Par 2 kilogrammes de laine de 1 fr. 10 à 1 fr. 40, le kilogramme, soit 2 fr. 20 à 2 fr. 80 en tout.

3° Par 50 à 60 litres de lait susceptibles d'être vendus en nature ou après avoir été convertis en fromage, soit 7 fr. 50 à 8 francs. D'où un bénéfice probable de 25 fr. 25 à 30 fr. 80 par brebis.

ESPÈCE PORCINE.

Suivant son importance et les ressources alimentaires dont elle dispose, chaque ferme engraisse annuellement un ou plusieurs porcs. Une partie est réservée pour la consommation familiale et l'autre vendue pour la boucherie.

La production des porcelets a lieu dans le pays ou dans les environs de Marseille. Une truie donne une moyenne de 12 porcelets par an; elles sont réformées et engraissées vers les 4 ans. On évalue leur nourriture à 0 fr. 35 par jour et les soins à 0 fr. 10, soit à 165 francs par an, contre 220 à 260 francs de produits. La base de leur alimentation consiste en glands de chêne-liège, repasse du blé, herbes, eaux ménagères, etc.

Les porcelets sont achetés vers l'âge de 2 à 3 mois, au prix de 18 à 22 francs suivant leur poids. Ceux destinés à la vente sont engraissés intensivement jusqu'à l'âge de 8 mois; leur poids vif, atteignant 90 kilogrammes, correspond à un produit brut de 90 francs et à un bénéfice de 30 à 50 francs.

Lorsqu'on prolonge l'élevage jusqu'à l'âge d'un an, on diminue, pendant les 10 premiers mois, la quantité et la qualité de la nourriture. Le poids vif est alors de 120 à 140 kilogrammes et le bénéfice varie de 20 à 30 francs.

ANIMAUX ET PRODUITS DE BASSE-COUR.

Tous les agriculteurs possèdent un certain nombre d'animaux de basse-cour pour les besoins du ménage. Par contre très rares sont ceux qui se livrent à une véritable exploitation des volatiles ou des lapins dans un but commercial.

APICULTURE.

On peut évaluer à 50 ou 60,000 kilogrammes la quantité de miel récoltée annuellement dans le Var. Seule, la partie nord du département possède un certain nombre de ruches, éparses pour la plupart, et toutes, sauf chez les apiculteurs de profession, de forme très rudimentaire.

SÉRICICULTURE.

Le Var est sans contredit le premier département séricicole de France, au point de vue de la production des *graines de vers à soie.*

Cette situation favorable est due à la robusticité, à la vigueur des races de vers à soie et aux soins minutieux apportés dans les éducations et dans les opérations du grainage.

En année normale, on réserve 270,000 à 300,000 kilogrammes de cocons pour le grainage, produisant en moyenne 700,000 à 800,000 onces de 25 grammes.

Les ateliers de grainage les plus importants sont situés dans les communes de Cogolin, de Vidauban, des Arcs, de Grimaud, de Cotignac, de Barjols, du Luc, de la Garde-Freinet, du Thoronet, de Trans, de Lorgues, de Villecroze, de Fayence, etc.

A part 65,000 onces, environ, vendues en France, la totalité de la production est vendue à l'étranger.

QUANTITÉS DE GRAINES DE VERS À SOIE EXPORTÉES À L'ÉTRANGER.

PAYS D'EXPORTATION.	CHIFFRES DES EXPORTATIONS.	
	MOYENNES DES 3 DERNIÈRES ANNÉES.	EN 1906.
	onces.	onces.
Turquie d'Europe et d'Asie (y compris la Syrie)	215,000	215,500
Italie	180,000	180,000
Turkestan (russo-chinois et Boukarie)	120,000	50,000
Caucase	20,000	24,000
Perse		1,850
Grèce	20,000	30,000
Bulgarie	20,000	18,000
Espagne	20,000	15,000
Serbie	12,000	14,000
Autriche	10,000	5,000
Roumanie	5,000	8,000
Crête	5,000	5,000

PAYS D'EXPORTATION.	CHIFFRES DES EXPORTATIONS	
	MOYENNE DES 3 DERNIÈRES ANNÉES.	EN 1906.
	onces.	onces.
Chypre	5,000	6,005
République argentine	5,000	4,000
Indo-Chine et Tonkin	2,000	
	639,000	565,000

La diminution du chiffre total des exportations en 1906 est accidentelle.

VAUCLUSE.

L'élevage du bétail est peu en honneur dans le Vaucluse et on peut en trouver la raison dans les diverses cultures qui font la richesse de cette région. Sans doute le département, distribuant l'eau par de nombreux canaux d'irrigation sur une grande surface, peut produire en abondance les fourrages nécessaires à l'entretien d'un nombreux bétail; mais les agriculteurs ont trouvé plus rémunératrice la vente directe des fourrages que leur transformation en viande. Et en effet ce fourrage a toujours rencontré dans les pays vignobles, tels que ceux du Languedoc, un débouché naturel extrêmement avantageux. Dans ces conditions, en présence de cultures faciles on conçoit que les agriculteurs n'aient jamais songé à pratiquer l'élevage du bétail autrement que pour utiliser quelques déchets culturaux ou les herbes impropres à la vente, auxquelles ils ajoutent depuis plusieurs années les pulpes des betteraves sucrières.

ESPÈCE CHEVALINE.

Quoique la race équine soit mise exclusivement à contribution pour les travaux agricoles, son élevage n'est nullement pratiqué. Les chevaux et les mulets employés sont pour la plupart entretenus et achetés au dehors. Les races qui dominent sont celles d'Auvergne, du Perche, du Limousin, des Ardennes et de la Camargue.

ESPÈCE BOVINE.

Les animaux de l'espèce bovine sont recherchés pour la production laitière aux environs des villes ou des grands centres, tandis qu'au contraire, dans les pays de montagne, on vise plutôt à la production de la viande.

Les races dominantes dans le Vaucluse sont les suivantes : comtoise, tarentaise, bretonne, schwitz.

Tous les mercredis matins se tient à Avignon un marché de vaches laitières, ce qui dispense les laitiers d'aller les acheter dans leur pays d'origine.

On fait naître les animaux aux mois de mai, juin et juillet. Le régime imposé aux vaches laitières consiste en deux repas par jour, un à 4 heures du matin, l'autre à 3 heures du soir ; de septembre à fin mai, chaque repas se compose de 3 kilogrammes de foin luzerné de 2e coupe, 1 kilogr. 1/2 de farine de coco délayée dans le breuvage, et 20 à 25 kilogrammes de pulpes de betteraves mélangées avec des balles d'avoine ou de blé, paille à discrétion, ou bien : foin de prairie, 10 kilogrammes; tourteau de maïs, 1 kilogramme; son de fève, 2 kilogrammes; son de boulangerie, 2 kilogrammes; cette ration revient à 0 fr. 70 par jour. En plus, les vaches *boivent en blanc* 100 kilogrammes de farine tous les quinze jours.

De juin à fin août, 5 à 6 kilogrammes de foin 1re coupe, paille à discrétion et eau claire.

Certains éleveurs remplacent la pulpe de betteraves par la drèche de brasserie et ils augmentent la quantité de foin. D'autres encore donnent des pommes de terre et du tourteau de coton; mais on a reconnu que ce dernier aliment ingéré en trop grande quantité portait à la météorisation.

La vente du lait devient moins aisée à partir de fin avril et on l'utilise pour engraisser les veaux destinés à la boucherie.

L'élevage tendant à l'engraissement n'est pratiqué que par un petit nombre d'éleveurs des communes d'Orange, du Thor, de Saint-Saturnin-d'Avignon et Monteux. Le régime alimentaire suivi est le suivant : de mars à fin septembre, deux repas, un à 6 heures du matin, l'autre à 6 heures du soir; chaque repas se compose de 2 à 2 kilogr. et demi de foin de 3e coupe ou du regain de pulpes mélangées, de paille plein les râteliers; d'octobre à fin février, toute la journée au pâturage, les râteliers sont remplis de paille et pendant les rares journées de mauvais temps on donne la ration d'été. Ce mode d'élevage est pratiqué dans les environs d'Avignon à Montfavet.

Il est à remarquer que les animaux à l'engrais ne sont achetés qu'à l'âge adulte, ce qui fait que l'élevage ne dure que quelques mois.

Ce sont principalement les bœufs des races d'Auvergne, salers et aubrac, et les bœufs savoyards que l'on engraisse par le régime de la stabulation permanente. On les achète en septembre et en octobre aux foires de l'Ardèche, du Cantal et de l'Isère; on les revend aux environs de Pâques après leur avoir fait consommer le plus possible de regain, sainfoin et pulpes de betteraves mélangées avec des balles d'avoine ou de blé.

Les bœufs engraissés sont consommés en partie dans le département et l'autre partie est expédiée sur les marchés de Lyon et Saint-Étienne.

ESPÈCE OVINE.

L'espèce ovine forme depuis longtemps la partie principale du bétail de rente du département. Il n'y a pas cependant de race qui lui soit propre, tous les moutons qu'on y exploite viennent des départements voisins; ce sont : 1° la race barcelonnette; 2° la race de Sahune; 3° la race barbarine; 4° la race mérinos.

La race barcelonnette vient des Basses-Alpes; les individus qui la composent sont de taille élevée, se rapprochant par ce trait du barbarin et présentant avec lui un caractère commun d'avoir la tête busquée. Leur laine est grossière; mais ce qui rend cette race précieuse, c'est surtout sa fécondité. Il n'est pas rare que les mères mettent bas deux et même trois agneaux.

La race de Sahune vient des parties élevées de la Drôme. Elle présente une taille moyenne, une tête petite à joues plates, chanfrein très légèrement busqué. Sa laine est fine et peu abondante, le poitrail, les jambes, le dessous du ventre en sont dépourvus. Cette race, comme la première, est très prolifique, très rustique; elle lui est supérieure par la qualité de sa viande, tout en étant moins forte mangeuse.

La race barbarine, constituée de moutons d'Afrique, est l'objet d'un engraissement particulier qui commence dès le débarquement de ces derniers, mais qui ne dure tout au plus qu'un mois et qui a pour but d'améliorer leur viande avant de la livrer à la boucherie.

Le mérinos de Provence est peu apte à l'engraissement et donne une viande peu savoureuse; en revanche il fournit une laine abondante et fine.

Il est soumis à la transhumance, n'étant pas propre à l'engraissement intensif.

Tels sont les caractères des moutons exploités dans le département, où ils forment des troupeaux peu nombreux, variant de 12 à 100 têtes environ, constitués en achetant avant l'agnelage d'hiver, les brebis pleines. Le département fournit alors une alimentation suffisante dans les chaumes où on les envoie.

Trente jours après la parturition, les mères amaigries par l'allaitement sont remise en état plutôt qu'engraissées et livrées à la boucherie.

Les brebis de la race de Sahune sont conservées quelquefois quatre à cinq ans et sont vendues 30 à 40 francs pour la boucherie ayant produit 12 à 13 agneaux et fourni en outre une toison chaque année.

Quant aux agneaux, les mâles sont toujours vendus au bout de 35 à 40 jours; leur poids moyen est de 12 à 14 kilogrammes. Si le prix du kilogramme est au-dessous de 0 fr. 70, on garde les femelles; dans le cas contraire, on vend tous les animaux pour recomposer un nouveau troupeau de la même manière que précédemment.

Lorsqu'on veut que les agnelles reconstituent le troupeau, on a soin de choisir celles qui sont issues des doubles portées, l'expérience ayant démontré que ces animaux seront eux-mêmes prolifiques à leur tour.

La production des agneaux gras est importante dans le département à cause de la place que leur viande tient dans l'alimentation.

Pour l'engraissement du mouton on choisit des animaux que l'on achète à moitié gras et que l'on finit de remettre en bon état. On les revend quatre ou cinq mois après en réalisant un bénéfice de 13 à 15 francs par tête.

D'autres fois les moutons sont achetés maigres en septembre et octobre pour être vendus en avril après engrais.

Enfin on achète encore de jeunes agneaux au prix de 10 à 12 francs; on les garde pendant quatorze mois environ; après quoi ils sont livrés à la boucherie.

On nourrit l'espèce ovine selon les localités, avec du fourrage, du maïs, du sorgho à balais, des pois chiches, ou bien sur le regain des prairies, et, une fois enfermée, avec un mélange de foin de première qualité et d'avoine dans les derniers jours, ou bien encore au vert pendant la belle saison, et l'hiver avec de la luzerne, des fanes de pommes de terre hachées menu et saupoudrées de farine d'arachide, ou de graines mélangées avec les mêmes tourteaux.

Le régime alimentaire adopté est le régime mixte, qui est d'ailleurs celui qui convient le mieux au département de Vaucluse.

ESPÈCE CAPRINE.

L'espèce caprine n'est élevée que dans les pays de montagne pour le lait.

ESPÈCE PORCINE.

La race porcine s'est améliorée et est surtout consacrée à l'engraissement pour l'exportation. Les races de Provence et du Quercy dominent.

La race de Provence n'est autre chose qu'une variété de la race bressane; vigoureuse, forte, marcheuse et rustique, elle est employée pour la recherche des truffes. Sa chair est généralement grossière; mais en revanche les truies sont fécondes et bonnes mères.

La race du Quercy, dont la plupart des individus sont entièrement noirs ou présentent sur le corps des taches blanches plus ou moins étendues, est moins rustique que celle des régions méridionales. La soie est plus abondante, plus grossière et la conformation moins bonne, mais elle s'engraisse avec facilité et donne une viande de très bonne qualité.

Les croisements ont amélioré l'espèce porcine en la rendant plus précoce et plus facile à engraisser. Les principaux croisements s'effectuent avec des yorkshires. Cette race est préférée à cause de sa couleur blanche et de sa précocité.

L'âge de l'engraissement varie suivant le but qu'on se propose; ainsi les porcelets ne sont engraissés avant le sevrage que pour être vendus comme cochons de lait; le prix de vente en est de 20 à 25 francs. Ces petits cochons de deux mois à peine, ainsi vendus, sont conservés environ trois mois et revendus ensuite lorsqu'ils donnent un bénéfice de 18 à 20 francs.

L'engraissement du porc ne commence que vers l'automne, lorsque l'animal a atteint 16 ou 18 mois; c'est le moyen d'arriver à avoir le maximum de chair et de graisse. La nourriture comprend du fourrage vert, des pommes de terre, des eaux grasses, des racines, des glands de chêne et du maïs.

ANIMAUX ET PRODUITS DE BASSE-COUR.

La basse-cour joue un rôle assez considérable dans les exploitations rurales du département. Les races que l'on y élève sont la poule commune de pays, la poule de Houdan, celle de Crèvecœur, de la Bresse.

On fait à Orange un grand commerce de volailles, les poulets, canards, dindes, abondent sur les marchés.

A Avignon se tient chaque samedi un important marché de volailles mortes, où les chapons de la Berthebasse sont très recherchés pour la blancheur et la finesse de leur chair.

La vente des œufs est assez importante; ils sont expédiés surtout sur les marchés de Lyon, Saint-Étienne et Marseille.

On élève aussi dans le département les lapins en quantité; ils abondent tous les vendredis sur le marché de Carpentras et forment l'objet d'une exportation assez grande sur Nîmes, Montpellier, Aix et Marseille.

On a même dans certains villages, à Saint-Saturnin d'Avignon par exemple, la vente assurée des lapins tués et dépouillés, à raison de 0 fr. 65 le kilogramme pour l'expédition sur les divers marchés hors de la région.

APICULTURE.

L'apiculture est peu pratiquée dans le département; aussi les productions en miel et en cire y sont-elles peu élevées. La statistique nous donne comme nombre de ruches en activité 9,585, qui ont produit 32,514 kilogrammes de miel et 15,719 kilogrammes de cire.

La production d'une ruche est donc peu importante puisqu'elle est en moyenne de 3 kilogr. 39 de miel et 1 kilogr. 64 de cire.

Ce faible rendement ne doit être attribué qu'à l'insouciance de l'apiculteur qui se contente de placer ses ruches à l'alignement contre un mur exposé aux rayons brûlants du soleil, et qui, au mois de septembre, étouffe la plus grande partie de la colonie, en enfumant les abeilles afin de retirer le miel.

Les rendements pourraient être considérablement accrus par la mise en œuvre des nouvelles ruches à cadre et par des soins mieux entendus.

VENDÉE.

ESPÈCE CHEVALINE.

Demi-sang.

L'élevage du cheval de sang a pris en Vendée depuis près de vingt années un accroissement considérable; les juments poulinières sont réparties dans tout le département; cependant quelques régions possèdent un élevage particulièrement important.

Le Marais du nord est riche en juments possédant de la taille, de l'ampleur et une bonne conformation; leurs meilleurs produits deviennent des étalons soit pour les particuliers, soit pour l'administration des Haras; les autres font des carrossiers de luxe et des chevaux de remonte de tête.

Le Marais du sud et la Plaine produisent le cheval de demi-sang un peu fort, genre artillerie.

Dans le Bocage, les poulinières sont moins nombreuses que dans les précédentes régions; elles sont en outre de conformation moins régulière, de taille plus réduite, pourvues de membres plus légers; leurs produits deviennent des chevaux de troupe et de petit commerce.

On évalue à près de 5,000 le nombre des poulinières vendéennes de demi-sang.

Poulains. — Les poulains que donnent les étalons de l'administration des Haras avec les poulinières en question sont nourris de préférence au pacage.

Les meilleurs sont achetés à six mois chez les naisseurs par les principaux éleveurs de la Vendée, des départements voisins et même de Normandie; ces établissements d'élevage en font des étalons pour les haras, des chevaux d'hippodrome, des carrossiers de luxe ou des chevaux de selle. Ceux de ces établissements situés en Vendée sont à Angles, à Nalliers, à La Roche-sur-Yon et à Saint-Vincent-sur-Graon.

Les autres poulains restent chez le naisseur ou sont vendus aux foires pour passer le plus généralement chez d'autres éleveurs de la même région.

Chevaux. — Les animaux qui n'ont pas été exportés à 6 mois figurent dans les concours à 3 ans; à ce moment les marchands achètent les meilleurs pour en faire des carrossiers; ensuite la remonte de l'armée en prend un grand nombre (entre 800 et

1,000 par an); les moins bons sont enlevés par des acheteurs spéciaux qui recrutent les chevaux de fiacre pour les grandes entreprises de transport de Paris.

Les principaux marchés aux poulains et aux chevaux sont la Garnache et Challans pour le Marais du nord, Luçon, Fontenay-le-Comte et Nalliers pour la Plaine et le Marais du sud, enfin l'Oie pour le Bocage.

Gros trait et élevage mulassier.

Cet élevage spécial est localisé dans une région qui occupe le tiers environ du département au sud-est. Il comprend l'élevage d'une race chevaline spéciale dite *mulassière* qui fournit des chevaux de gros trait destinés à la vente et des juments mulassières qui restent au pays; à côté existe une race asine dont l'effectif est en réalité très faible et qui n'a d'autre but que de fournir des géniteurs mâles destinés à saillir les juments mulassières pour la production de la mulasse.

Les étalons-chevaux et les étalons-ânes sont entretenus dans des haras particuliers, notamment au Langon; les premiers ont souvent du sang boulonnais, percheron ou breton; les baudets sont tous de la race locale pure.

Poulains. — Les poulains sont vendus par les naisseurs le plus généralement à 6 mois aux foires de novembre; ils sont dirigés, pour un certain nombre, vers les régions qui emploient le cheval comme animal de travail, notamment vers la Beauce, le Berry, la Saintonge; mais beaucoup sont achetés par des agriculteurs du pays qui les gardent jusqu'à 2 ans ou plus.

Les pouliches restent pour le plus grand nombre dans le pays et sont l'objet à 6 mois de transactions purement locales.

Chevaux. — A partir de 2 ans les produits mâles sont de nouveau conduits aux foires et il en est vendu un assez grand nombre pour faire des chevaux de culture ou de gros trait; ils sont dirigés vers les mêmes régions que les poulains.

En ce qui concerne les juments, il ne se fait généralement de transactions qu'entre éleveurs de la région; elles sont en effet conservées pour la continuation de l'élevage.

Mules et mulets. — C'est encore à 6 mois et aux foires de novembre que le naisseur vend le plus communément ses produits mulassiers; ils sont dirigés vers les départements viticoles du midi, vers le Dauphiné et même en Espagne; ceux qui n'ont pas trouvé preneurs à 6 mois sont vendus à 3 ans ou au plus tard à 4 ans. Ils sont expédiés vers les mêmes régions et quelques-uns vont jusqu'en Amérique.

Les foires les plus importantes pour les produits de l'élevage mulassier et de gros trait sont celles de Luçon, Fontenay-le-Comte, Benet, Le Langon et Sainte-Hermine.

On peut évaluer de 700 à 800 le nombre des produits d'espèce chevaline et de 400 à 500 celui des mules et mulets exportés annuellement par la Vendée.

ESPÈCE BOVINE.

L'espèce bovine représente la part la plus importante de la fortune animale de la Vendée. Son effectif atteint 400,000 têtes dont 140,000 vaches.

Le département tout entier se livre à la production des bovins, mais c'est surtout dans les deux Marais et dans le Bocage qu'elle prend le plus d'importance. Les marchés sont nombreux et beaucoup de bourgades vendéennes doivent à ces marchés une réelle prospérité.

Les géniteurs mâles ne donnent lieu qu'à des transactions sans grand intérêt; le département se fournit même au dehors en taureaux améliorés des races parthenaise, charolaise, normande ou mancelle.

Vaches. — Entretenues au pacage en été et à l'étable en hiver, les vaches sont exploitées partout en vue de la production des veaux et du lait; dans quelques petites fermes de la plaine et du bocage on leur demande du travail; elles sont finalement engraissées et vendues à la boucherie.

Les transactions auxquelles elles donnent lieu sont nombreuses, mais en somme il en sort peu du département; celles-là sont envoyées comme spécialement laitières dans les départements peuplés d'animaux peu laitiers, limousins, salers, manceaux, etc. On les conduit surtout aux foires de Luçon, Nalliers, Fontaines, Fontenay-le-Comte, Soullans, Les Moutiers-les-Mauxfaits, Bournezeau et Mareuil.

Veaux de boucherie. — Ces veaux allaités jusqu'au moment de la vente, qui a lieu vers l'âge de 6 semaines ou de 2 mois, sont destinés à la consommation locale; quelques-uns seulement sont expédiés vers les villes voisines, Niort, La Rochelle, Nantes, Tours; ceux qui vont jusqu'à Paris sont abattus par les bouchers vendéens avant l'expédition.

Élèves des deux sexes. — Soumis au même régime que les vaches, ces animaux sont l'objet de transactions assez nombreuses; on les conduit aux mêmes foires que les vaches; ils sont achetés le plus souvent par des agriculteurs du pays; quelques-uns toutefois sont dirigés vers les Charentes.

Bœufs de travail. — Les bœufs sont dressés au travail dès l'âge de 2 ans; ils changent quelquefois de ferme et de région, mais la plupart ne quittent pas leur région d'origine; le Marais en fournit toutefois au Bocage, à la Bretagne et aux Charentes. On les trouve aux foires énumérées ci-dessus.

Animaux gras. — Les vaches sont livrées à l'engraissement dès que leur production en veaux et en lait cesse d'être rémunératrice; les bœufs sont engraissés après une carrière de travail de plus en plus courte, soit actuellement à un âge qui varie entre 4 et 6 ans; les taureaux sont de même livrés à l'engraissement le plus souvent avant l'âge de 3 ans. Tous ces animaux mis à l'état de gras, quelquefois de demi-gras, sont l'objet d'un trafic très considérable.

Le Marais engraisse à l'herbage au printemps et vend en juin et en juillet; le reste du département engraisse principalement en hiver à l'étable et vend le plus grand nombre de ses sujets entre février et avril; en fait on trouve des animaux gras aux foires dans tout le département et toute l'année, mais la grosse vente se fait aux époques indiquées ci-dessus pour chaque région d'élevage.

Il y a actuellement une tendance générale à fréquenter les foires moins assidument, les marchands expéditeurs faisant de plus en plus leurs achats dans les étables.

Outre les localités indiquées plus haut pour les vaches, les principaux marchés pour les bœufs gras sont les suivants : La Roche-sur-Yon, Aizenay, Coëx, Challans, La

Chaize-le-Vicomte, Chantonnay, Pouzauges, La Mothe-Achard, l'Herbergement, Belleville-sur-Vie, Montaigu et La Châtaigneraie.

Les sujets gras sont expédiés aux villes les plus importantes de la région : Nantes, Tours, Poitiers, Chartres, La Rochelle, Bordeaux et surtout à Paris. Le marché de La Villette reçoit en moyenne par an 30,000 bovins adultes provenant du département de la Vendée sur un total d'arrivages de 280,000 têtes.

Les animaux demi-gras sont réservés à l'usine de conserves de viande de La Roche-sur-Yon ou expédiés pour les établissements similaires de Paris et de Rochefort.

Viande abattue. — La boucherie vendéenne, non contente d'abattre le bétail qui doit servir à la consommation locale, travaille aussi pour l'exportation; la viande est expédiée par elle aux villes importantes de la région, Nantes, Tours, La Rochelle, Bordeaux, mais surtout et encore sur Paris.

Ainsi il a été vendu en 1902 aux Halles centrales de Paris 17 millions de kilogrammes de viande de boucherie, dont 154,000 kilogrammes provenant de Vendée.

Beurre. — L'exportation du beurre s'est considérablement accrue depuis la constitution des grands établissements de laiterie. La production est surtout importante dans la Plaine et dans le Marais du sud; les produits de cette région sont expédiés principalement par les gares de la Bretonnière, Luçon, Nalliers, Velluire, l'Ile-d'Elle et Benet. L'écoulement se faisait encore il y a moins de dix ans pour la presque totalité sur Paris; un courant d'exportation sur l'Angleterre, établi assez timidement il y a peu d'années, tend à prendre de plus en plus d'importance.

Le nord du département ne possède pas de grands établissements de beurrerie; le beurre de ferme y est préparé depuis quelques années avec plus de soin et avec un matériel plus moderne comprenant souvent une petite écrémeuse centrifuge; il est résulté de ce changement que le commerce accepte plus volontiers le beurre de cette région et que l'exportation a pris une importance relative; l'écoulement se fait sur Nantes et sur Bordeaux.

La quantité totale exportée annuellement par le département peut être évaluée à 2 millions de kilogrammes de beurre.

Fromages. — Il se fait peu de fromages dans les exploitations et toute la production est absorbée par la consommation locale.

Dans le sud du département il existe un petit nombre de fromageries industrielles, notamment à Vix, à Doix et au Poiré-sur-Velluire; les produits de ces établissements sont le hollande, le fromage dit *de curé*, et en plus petite quantité le façon brie et le façon camembert; la plus grande quantité de ces fromages se consomme dans un rayon peu étendu; il s'en fait cependant quelques expéditions sur les villes du voisinage, Niort, La Rochelle et même sur Paris. Le total de ces exportations peut être évalué à 300,000 kilogrammes par an.

ESPÈCE OVINE.

Bien moindre est l'importance de l'élevage de l'espèce ovine, dont l'effectif n'est que de 133,000 têtes en Vendée. Cette production ne présente quelque importance que dans les cantons du littoral, à cause de la présence des dunes et des surfaces encore assez considérables laissées en pâtis; la Plaine et le Marais desséché du sud possèdent également des troupeaux de moutons.

Les marchés les plus importants pour le mouton sont ceux de Soullans, Challans, La Mothe-Achard, Les Moutiers-les-Mauxfaits, Luçon, Fontenay-le-Comte et Maillezais.

Les animaux qui ne sont pas réservés pour la consommation locale sont expédiés pour la plus grande partie sur Nantes, Saint-Nazaire, La Rochelle, Niort et Cholet, en quantité relativement moins importante sur Paris.

En ce qui concerne cette dernière place, la statistique permet de préciser l'importance des transactions dont l'élevage vendéen est l'objet : La Villette reçoit annuellement au total 768,000 moutons, dont 7,000 environ provenant de la Vendée.

Laine. — La production de la laine est assez peu importante en Vendée; l'industrie locale en utilise la plus grande partie, le reste est dirigé sur les filatures de la région de l'Ouest.

ESPÈCE PORCINE.

Depuis l'extension prise par les établissements de laiterie et surtout depuis la constitution d'une importante maison d'expédition de porcs vivants, la production porcine vendéenne s'est considérablement accrue.

L'effectif est de 93,000 têtes et les exportations annuelles peuvent être évaluées à 70,000 têtes environ.

Au point de vue de cette production le département peut être divisé en trois régions :

La région du nord-ouest est limitée par une ligne allant des Sables-d'Olonne à La Roche-sur-Yon et à Clisson; elle produit relativement beaucoup moins de porcs que les deux autres et la viande y est de qualité moindre; l'écoulement se fait surtout sur le marché de Nantes; le nombre des porcs expédiés annuellement sur cette ville est d'environ 4,000. Les principales gares d'expédition sont Montaigu, l'Herbergement et Challans.

La région du nord-est est limitée par une ligne allant de Clisson à La Roche-sur-Yon et à Saint-Hilaire-des-Loges; elle produit une quantité importante de porcs particulièrement de novembre à avril; elle emploie principalement la pomme de terre à leur alimentation. Comme la consommation locale est grande dans cette région et en cette saison, les expéditions sont moins considérables que celles de la troisième région; elles se font surtout par les gares de La Roche-sur-Yon, Chantonnay, Pouzauges et La Châtaigneraie; elles sont destinées à peu près en totalité à la ville de Paris et atteignent le chiffre de 25,000 porcs par an. La viande est de première qualité.

Enfin la région du sud est limitée par une ligne allant des Sables-d'Olonne à La Roche-sur-Yon et à Saint-Hilaire-des-Loges; elle est relativement la plus productive; c'est la région des laiteries; elle emploie les sous-produits de ces établissements à l'alimentation des porcs; sa période de grande activité dure de mai à octobre, pendant laquelle elle expédie la totalité du disponible sur Paris, soit environ 41,000 porcs par an; la viande ici aussi est de première qualité. Les principales gares expéditrices sont La Bretonnière, Luçon, Nalliers, Velluire, Fontenay-le-Comte et Benet.

La statistique de La Villette accuse comme arrivage moyen pour une année entière un total de 400,000 porcs, sur lequel la Vendée figure pour le chiffre important de 46,000. En outre la Vendée exporte également sur Paris environ 20,000 porcs qui se rendent directement à l'abattoir sans passer par La Villette.

Contrairement à ce qui se passe pour d'autres espèces d'animaux, les achats se font chez le producteur; il n'y a donc pas de marchés importants de porcs.

ANIMAUX ET PRODUITS DE BASSE-COUR.

Poulets. — La production des poulets était déjà importante il y a quelques années, mais elle a tendance à prendre encore plus d'extension, surtout dans les parties du département où le système d'exploitation par fermage est le plus répandu. Ces poulets sont vendus aux marchés et aux foires; les marchands expéditeurs les dirigent d'ordinaire à l'état vivant soit sur Paris, soit sur les villes de la région, Bordeaux, Nantes, La Rochelle, etc.; quelques-uns expédient des volailles mortes aux Halles centrales de Paris, mais en quantité assez limitée jusqu'ici.

Canards. — Dans les deux Marais on élève le canard sur une très grande échelle; les villes de Luçon et de Challans sont en même temps que les marchés les mieux approvisionnés, les lieux d'expédition les plus importants. Les canards s'écoulent surtout sur Paris, mais aussi sur Nantes, Angers, Tours, Bordeaux, etc.

Œufs. — La production et la vente des œufs a subi depuis quelques années un accroissement considérable; les œufs sont achetés soit dans les fermes par des marchands ambulants, soit aux marchés par des marchands expéditeurs. L'écoulement se faisait surtout jusqu'à ces dernières années sur Nantes et sur Bordeaux; depuis peu, des expéditions très importantes se font régulièrement sur Paris et sur l'Angleterre.

APICULTURE.

Les ruchers sont peu nombreux dans le département; le miel est livré à la consommation locale et aux pharmaciens du pays; la cire de même est employée presque entièrement pour les besoins locaux; les exportations n'ont qu'une importance minime.

VIENNE.

Le département de la Vienne n'est pas un pays d'élevage proprement dit. Les herbages et les bons pacages manquent pour mettre le jeune bétail au dehors en toute liberté pendant la belle saison, condition essentielle pour un élevage rationnel et économique.

Les agriculteurs vendent leurs veaux à la boucherie vers 5 ou 6 semaines et pour peupler leurs étables, ils achètent des animaux parthenais, limousins, salers, voire même charolais et normands âgés de 15 à 18 mois.

Les jeunes bouvillons continuent à croître jusqu'au moment où on commence à les faire travailler vers 28 à 30 mois. Ils sont utilisés jusqu'à l'âge de 5 à 6 ans comme animaux de trait, puis soumis à l'engraissement.

Quant aux vaches, elles sont très rarement livrées au travail et les bonnes laitières sont conservées jusqu'à 12 ou 15 ans.

L'élevage du cheval est pratiqué dans les arrondissements de Montmorillon, Civray, Châtellerault et Poitiers.

L'espèce ovine est l'objet d'un bel élevage dans les arrondissements de Montmorillon et de Civray.

Quant à l'espèce porcine, elle est représentée un peu partout et fait l'objet de très bonnes spéculations.

Voici quelles étaient les existences à la fin de 1903 :

ANIMAUX.		NOMENCLATURE DES ARRONDISSEMENTS.					TOTAUX.
		POITIERS.	CHÂTELLERAULT.	CIVRAY.	LOUDUN.	MONTMORILLON.	
Espèce chevaline		10,756	5,731	6,911	6,729	4,565	34,692
Animaux mulassiers		2,325	741	2,320	1,514	478	7,378
Espèce asine		4,149	2,999	3,289	1,542	4,706	16,685
Espèce bovine.	Taureaux	1,046	563	99	292	934	2,934
	Bœufs	17,099	7,682	13,864	3,673	20,479	62,797
	Vaches	10,642	10,812	3,808	8,632	6,679	40,573
	Élève d'un an et au-dessus	6,370	2,373	4,795	1,937	6,946	22,421
	Élève de moins d'un an	3,730	1,210	3,143	1,096	3,084	12,263
Espèce ovine.	Béliers au-dessus d'un an	979	1,039	871	429	2,418	5,736
	Brebis au-dessus d'un an	30,773	26,330	48,120	9,065	89,619	203,907
	Moutons au-dessus d'un an	10,092	8,937	8,111	9,065	25,553	61,758
	Agneaux et agnelles de moins d'un an	11,340	7,826	13,982	2,653	22,992	58,793
Espèce porcine.	Animaux reproducteurs. Verrats	132	124	206	85	312	859
	Animaux reproducteurs. Truies	4,033	1,896	4,426	1,706	7,131	19,192
	Animaux à l'engrais de plus de six mois	7,656	6,708	7,628	3,094	13,153	38,239
	Porcs jeunes de moins de 6 mois	14,756	8,138	14,782	7,039	30,932	75,647
Espèce caprine		11,212	9,208	8,377	3,521	3,578	35,886

Pendant l'année 1903, les mouvements suivants ont été constatés dans les gares :

NOMS DES GARES.		BŒUFS ET VACHES.		MOUTONS.		PORCS.	
		ARRIVAGES.	EXPÉDITIONS.	ARRIVAGES.	EXPÉDITIONS.	ARRIVAGES.	EXPÉDITIONS.
Les Ormes		313	903	6,053	739	1,665	6,703
Daugé		145	286	"	86	174	583
Ingrandes		56	425	"	1	357	1,184
Châtellerault.	Orléans	1,708	1,205	4,052	981	1,012	1,427
	État	434	162	209	37	349	215

NOMS DES GARES.	BŒUFS ET VACHES.		MOUTONS.		PORCS.	
	ARRIVAGES.	EXPÉDITIONS.	ARRIVAGES.	EXPÉDITIONS.	ARRIVAGES.	EXPÉDITIONS.
Les Barres	18	181	60	//	213	//
La Tricherie	102	4	//	//	//	//
Dissais	14	10	4	45	//	//
Clan	20	36	11	112	6	//
Chasseneuil	74	108	//	//	857	231
Poitiers. { Orléans	1,149	959	1,431	307	2,685	1,470
Poitiers. { État	3,672	198	1,078	113	325	875
Saint-Benoît. { Orléans	5	1	16	//	5	//
Saint-Benoît. { État	198	//	//	50	//	//
Ligugé	16	20	//	//	//	//
Iteuil	52	99	//	195	1	7
Vivonne	294	1,527	//	215	426	3,530
Auché-Voulon	3	52	60	57	//	//
Couhé-Vérac	2,177	1,182	//	4,102	154	2,307
Épanvilliers	10	7	//	140	//	//
Saint-Saviol. { Orléans	1,306	817	388	344	527	2,149
Saint-Saviol. { Ch^ins de fer départ^aux.	214	182	215	221	710	277
Mignaloux	24	//	489	16	1,024	365
Nieuil-l'Espoir	151	338	19	380	4	//
Lhommaizé	35	58	//	722	53	18
Lussac-les-Châteaux	1,806	739	2,540	4,661	267	590
Montmorillon	1,634	1,439	2,981	10,156	848	971
Lathus	104	869	274	1,915	326	925
Civray	90	307	477	5,822	1,131	7,491
Charroux	93	1,543	//	2,421	19	491
Mauprevoir	288	105	//	57	//	185
Saint-Martin-Lars	269	950	236	1,102	19	254
Le Vigeant	38	33	22	466	//	//
Availles-Limousine	41	178	205	1,045	9	1,496
L'Isle-Jourdain	876	2,590	77	9,306	145	8,153
Moussac	8	//	63	//	//	//
Persac	30	233	//	350	120	1,079
Senillé	17	1	//	//	//	//
Leigné-les-Bois	120	22	57	60	//	//
Pleumartin	432	178	//	2,010	13	1,679
La Roche-Posay	320	187	//	898	13	1,194
Saint-Julien Lars	65	173	//	//	1,650	21
Jardres	8	36	//	//	//	//
Chauvigny	759	1,938	54	6,025	269	3,151
Paizay-le-Sec	54	38	//	//	//	22
Saint-Savin	512	1,368	//	9,983	12	1,227
Journet	//	24	//	//	//	//
La Trimouille	89	1,686	388	3,703	252	2,613
Liglet	4	15	//	173	41	162

NOMS DES GARES.	BOEUFS ET VACHES.		MOUTONS.		PORCS.	
	ARRIVAGES.	EXPÉDITIONS.	ARRIVAGES.	EXPÉDITIONS.	ARRIVAGES.	EXPÉDITIONS.
Beuxes	13	//	//	//	//	//
Basses-Jamarçolles	24	3	//	//	//	141
Loudun	1,165	1,123	425	883	54	720
Arçay	95	23	//	9	//	254
Martaize	//	87	//	208	154	25
Moncontour	110	18	47	//	5	205
Saint-Jean-de-Sauves	60	100	569	141	20	1,255
Mirebeau	190	272	248	752	155	1,464
Noiron	12	//	//	//	266	172
Villemalnommée	1	4	72	//	//	//
Neuville	713	31	123	247	438	548
Avanton	28	24	//	//	//	36
Migné-Lourdines	1	1	//	//	5	54
Motte-Bourbon	22	27	//	//	//	//
Saint-Léger de Montbrillais	6	33	//	//	23	615
Les Trois-Moutiers	94	208	62	61	34	406
Le Bouchet	20	19	//	//	//	34
Mouts-sur-Guesnes	541	553	283	1,118	//	211
Berthegon	238	253	158	565	73	398
Savigny-sous-Faye	7	18	//	696	//	295
Lencloître	461	159	//	4,930	26	4,219
Saint-Genest	//	//	//	//	10	//
Scorbé-Clairvaux	27	26	246	5,910	16	1,640
Châtellerault-Châteauneuf	330	6	448	//	276	91
Chalandray	30	81	//	//	3	22
Ayron-Latille	298	304	//	3	39	36
Villiers-Vouillé	34	5	//	//	31	530
Coulombiers	51	151	1,021	//	1	//
Lusignan	834	1,033	293	143	//	196
Rouillé	12	404	513	145	//	537
TOTAUX	25,264	28,378	25,957	84,827	17,310	67,149
Excès des arrivages sur les expéditions	//	//	//	//	//	//
Excès des expéditions sur les arrivages	//	3,114	//	58,870	//	49,839

Les animaux importés sont jeunes et viennent du Limousin, de l'Auvergne pour les bovins mâles, des Deux-Sèvres, de la Normandie, de l'Anjou et de la Bretagne pour les vaches.

Les animaux exportés sont engraissés et presque tous à destination de Paris.

Quant aux porcs et aux moutons, on importe peu, les mouvements ont lieu d'une gare à l'autre du département.

Quelquefois aussi, comme aux Ormes, à Chasseneuil, etc., les animaux sont tués sur place par des bouchers et expédiés en viandes mortes à Paris.

ANIMAUX ET PRODUITS DE BASSE-COUR.

Le département est un grand producteur de volailles et de lapins qu'on expédie, après avoir pourvu à la consommation locale, à Bordeaux et à Paris, dans les proportions de neuf dixièmes pour la première ville et un dixième pour la seconde.

Vers Noël, on expédie également directement en Angleterre quelques belles dindes, mais les quantités expédiées ne modifient pas sensiblement les proportions indiquées plus loin.

Il est très difficile de recueillir des chiffres concernant les expéditions des animaux de basse-cour. En effet, dans les gares tous ces produits sont confondus avec d'autres sous la dénomination de denrées agricoles. Ce n'est donc qu'à la suite d'une enquête très approfondie chez les principaux producteurs et acheteurs qu'ont été dressés les tableaux suivants dont les chiffres ne doivent revêtir qu'une valeur approximative.

EXISTENCES TOTALES DU DÉPARTEMENT.

Oies	138,200	Canards	75,300
Dindes	65,350	Lapins	875,900
Poules	1,150,000		

Cette population permet de livrer à la consommation chaque année :

Oies	255,000	Canards	146,000
Dindes et dindons	108,000	Lapins	1,650,000
Poules et poulets	2,250,000		

En défalquant les pertes par maladie, cette consommation paraît se décomposer ainsi :

DÉSIGNATION.	OIES.	DINDES ET DINDONS.	POULES ET POULETS.	CANARDS.	LAPINS.
Consommation locale	70,000	35,000	950,000	56,000	720,000
Exportation	185,000	73,000	1,300,000	90,000	930,000
TOTAUX	255,000	108,000	2,250,000	146,000	1,650,000

Voici quelles sont les expéditions faites par voie ferrée.

NOMS DES GARES.	OIES.	DINDES ET DINDONS.	POULES ET POULETS.	CANARDS.	LAPINS.
Poitiers	85,000	32,000	420,000	43,000	180,000
Châtellerault	70,000	26,000	310,000	21,000	315,000
Civray	4,000	1,200	95,000	5,000	45,000
Chauvigny	4,000	2,000	135,000	8,000	60,000
Neuville	6,000	500	15,000	1,000	125,000
Migné-Lourdines	2,000	800	25,000	2,000	35,000
Villiers-Vouillé	4,000	500	40,000	3,000	30,000
Vivonne	2,000	1,000	90,000	5,000	55,000
Dans les autres gares	8,000	9,000	170,000	2,000	85,000
Totaux	185,000	73,000	1,300,000	90,000	930,000

Ces animaux de basse-cour ne sont pas livrés aux consommateurs dans un état d'engraissement très avancé; leur prix en est donc peu élevé, ce qui n'empêche pas d'ailleurs leur chair d'être très savoureuse.

Dans certaines fermes on élève une variété d'oies extrêmement blanches que l'on commence à plumer vers trois mois. Puis quand la plume est repoussée, les oies sont achetées par des industriels qui les écorchent aussitôt après les avoir tuées et préparent ces peaux ainsi revêtues de leur plume pour faire des imitations de peaux de cygne.

Cette préparation se fait du commencement d'octobre à fin janvier. On compte qu'il est ainsi sacrifié à cet usage, à Poitiers et à Châtellerault, environ 130,000 oies par an; les peaux sont vendues, avant toute préparation, de 50 à 60 francs la douzaine à des chamoiseurs de Poitiers qui les préparent et les réexpédient dans toutes les directions, tant en France qu'à l'étranger, surtout en Allemagne et dans l'Amérique du Sud.

Œufs. — La production des œufs dans ce département est considérable. Les œufs sont achetés sur les foires et marchés par des marchands qui les revendent en gros; souvent même ces marchands parcourent la campagne et échangent des œufs contre des produits d'épicerie et de mercerie.

On peut évaluer que la production des œufs de poules, les seuls qui soient livrés à la consommation, dépasse 100 millions par an et que 60 millions environ sont exportés.

Les principaux centres d'expédition sont Poitiers, Châtellerault, Civray, Chauvigny, Lhommaizé, Montmorillon, Rouillé, Saint-Jean-de-Sauves, Neuville, Villiers-Vouillé.

Les quatre cinquièmes de ces œufs vont à Paris et un cinquième environ à Londres.

PRODUITS ANIMAUX DIVERS.

Chevreaux. — Les neuf dixièmes des chevreaux qui naissent dans la Vienne sont tués à l'âge de 4 ou 5 semaines.

Leur chair sert à l'alimentation locale ou est expédiée à Paris.

Leurs peaux sont envoyées à Grenoble chez des mégissiers qui les préparent pour la ganterie.

On compte qu'il est exporté annuellement 60,000 peaux de chevreaux et la viande de 45,000 environ, un quart suffisant à la consommation locale.

Chaque chevreau est vendu en moyenne 4 à 5 francs.

Laine. — Le département produit annuellement environ 400 tonnes de laine, sur lesquelles environ 350 sont exportées.

Ces laines sont vendues les deux tiers en suint et le reste lavées.

On expédie les laines en suint à Châteauroux, Orléans, Roubaix, Tourcoing, etc., et les laines lavées à Angoulême, Cholet, Bordeaux et Paris, pour servir à la fabrication des draps, feutres et flanelles diverses.

La saison de vente commence vers le 20 avril et se termine fin mai.

La laine du mouton poitevin a un brin très long, mais elle manque de souplesse et de finesse, celle des moutons charmois est supérieure et se paye un peu plus cher.

Beurres et fromages. — L'invasion du phylloxera a déterminé la création d'une assez grande étendue de prairies artificielles, qui ont permis d'augmenter le nombre des vaches et par conséquent la production du lait.

Il s'est créé sur différents points du département des laiteries coopératives ou industrielles qui recueillent quotidiennement le lait produit dans la région avoisinante et fabriquent du beurre. Le petit-lait est rendu aux propriétaires pour la nourriture des porcs ou des veaux.

Presque toute la production beurrière est expédiée à Paris, en général par mottes de 5 kilogrammes.

Voici quelles ont été les quantités exportées en 1903 et leurs valeurs :

	QUANTITÉS EXPORTÉES.	PRIX MOYEN DE VENTE DU KILOGRAMME.
	kilogrammes.	fr. c
Vivonne	38,000	2 80
Arçay	82,000	3 00
Basses-Sammarçolles	86,000	2 60
Les Trois-Moutiers	47,000	3 00
Angliers	98,000	2 70
Fontenay-sur-Dine	36,000	2 60
Dangé	157,000	2 85
Les Ormes	160,000	2 90
Châtellerault	110,000	2 70
Chauvigny	35,000	2 80
Vouillé	29,000	2 90
Gençay	38,000	3 00
TOTAL	916,000	

On fait dans la Vienne, avec le lait de chèvre, un excellent fromage appelé *chabichou*, mais ce fromage ne donne lieu à aucun mouvement commercial puisqu'il est loin de suffire à la consommation du département.

A Ayron il a été installé une fromagerie industrielle qui, avec du lait de vache, fabrique annuellement 6,000 kilogrammes de fromage, qui se consomme à Poitiers, Tours et Angers.

Miel et cire. — On compte dans la Vienne environ 35,000 ruches d'abeilles, qui produisent une moyenne annuelle de 5 kilogrammes de miel et 1 kilogramme de cire. La consommation locale absorbe à peu près toute la production. Cependant, en 1904, il s'est fait quelques acquisitions pour Paris : environ 10,000 kilogrammes de miel, qui a été vendu 110 francs les 100 kilogrammes, par bidons de 25 à 30 kilogrammes.

SITUATION ET AVENIR DES PRODUCTIONS ANIMALES DANS LE DÉPARTEMENT.

La situation des productions animales dans le département est dans l'état le plus prospère, depuis que la chaire d'agriculture et le Syndicat des agriculteurs de la Vienne ont généralisé d'une façon si intense l'emploi méthodique et raisonné des engrais sur les prairies naturelles et artificielles et sur les autres plantes fourragères.

L'excédent des produits qui en est résulté a contribué à mieux entretenir et à augmenter considérablement l'effectif des animaux.

Les grandes laiteries coopératives et industrielles ont aussi provoqué l'entretien d'un plus grand nombre de vaches, qu'on nourrit également beaucoup mieux qu'autrefois.

HAUTE-VIENNE.

Les ventes auxquelles donnent lieu les animaux domestiques sont beaucoup plus importantes que celles des produits agricoles; elles entrent certainement pour plus des deux tiers dans la production de l'agriculture limousine.

Au point de vue de l'importance des transactions auxquelles elles donnent lieu, on peut classer les espèces dans l'ordre suivant :

1° L'espèce bovine; 2° l'espèce porcine; 3° l'espèce ovine; 4° la basse-cour; 5° l'espèce chevaline.

CHIFFRE DES EXISTENCES EN 1905.

Chevaux	9,600	Ovidés	455,300
Bovidés	234,700	Suidés	210,600

ESPÈCE CHEVALINE.

Les transactions, relativement peu importantes, auxquelles donne lieu la production chevaline ne présentent d'intérêt, au point de vue de l'importance et de la qualité des animaux vendus, que dans les cantons du Dorat, de Magnac-Laval, de Saint-Sulpice-les-Feuilles et un peu aussi, mais en proportion beaucoup plus faible, dans les environs de Magnac-Bourg, Nexon et Limoges où existent quelques bonnes écuries dont une de chevaux de courses à Nexon.

Cet élevage n'a réellement un caractère bien agricole que dans la région allant du Dorat à la Souterraine. Dans la plupart des métairies, qui y sont grandes et disposent de vastes et bons pacages, on entretient une ou plusieurs juments poulinières généralement bien choisies et convenablement nourries. Les poulains, en très sérieuse amélioration depuis quelques années surtout, sont recherchés par les éleveurs de l'Ouest et spécialement de la Vendée, où ils prennent plus d'ampleur qu'en Limousin, tout en y conservant de l'énergie et de l'élégance. Ces achats de poulains se font habituellement à l'écurie et le plus souvent à l'occasion des concours de juments poulinières qui se tiennent au Dorat. Beaucoup de poulains sont ainsi livrés au sevrage; d'autres, généralement les moins bons, sont élevés dans le pays et livrés à la remonte, qui fait dans la région du Dorat d'importants achats de chevaux d'arme très estimés. C'est le type anglo-arabe qui prédomine. Il y a une heureuse tendance à conserver dans le pays les meilleures pouliches pour la reproduction.

Il se tient annuellement à Limoges, le 22 mai, un concours-marché qui réunit une trentaine de poulains d'un an nés dans le département; mais le Dorat reste de beaucoup le meilleur centre pour ces achats de poulains ou de chevaux.

ESPÈCE BOVINE.

Élevage et engraissement. — A part quelques gros engraisseurs qui envoient directement leurs animaux gras (bœufs, vaches, génisses et taureaux) au marché de La Villette, toutes les ventes du bétail d'élevage et de boucherie se font sur les nombreuses foires qui se tiennent à dates fixes dans la plupart des localités importantes du département.

Ce n'est qu'à titre exceptionnel que des commissionnaires viennent à certaines époques (automne et hiver) acheter à l'étable les meilleurs animaux de boucherie, qu'ils envoient directement soit à des bouchers importants dont ils sont les agents, soit, pour leur propre compte, sur le marché de La Villette. Mais le plus souvent ils achètent en foire.

La préparation des animaux en vue de la boucherie a considérablement augmenté depuis une vingtaine d'années; localisée autrefois dans le nord de la Haute-Vienne, elle se fait aujourd'hui dans tout le département et surtout pendant la période comprise entre septembre et fin mai. L'engraissement se fait toujours à l'étable, sauf pour quelques génisses préparées parfois à l'herbe de septembre à octobre. L'engraissement s'est beaucoup développé par suite d'une plus large utilisation des pommes de terre, des topinambours, des betteraves et surtout des farineux (seigle, orge, maïs et blé noir), du son et des tourteaux. Les animaux de boucherie sont beaucoup plus lourds qu'autrefois.

C'est l'arrondissement de Bellac, et plus particulièrement les cantons du Dorat, de Magnac-Laval, de Mézières, de Saint-Sulpice-les-Feuilles, de Bellac et de Châteauponsac, qui engraissent le plus d'animaux et surtout de bœufs atteignant le poids de 800 à 1,000 kilogrammes et presque tous vendus pour Paris.

Vient ensuite l'arrondissement de Limoges qui, tout en faisant une large place à l'élevage, prépare en très grand nombre des génisses, des vaches et même des bœufs, surtout dans la région de Pierrebuffière, en vue de la boucherie.

L'engraissement, quoique en progrès, présente moins d'importance dans les arrondissements de Rochechouart et de Saint-Yrieix, qui engraissent surtout des femelles (génisses et vaches) et relativement peu de bœufs.

RACE BOVINE LIMOUSINE.

TAUREAU.

VACHE.

Les foires grasses se tiennent surtout de décembre à mai. Les plus importantes sont, pour les bœufs, Bellac, le Dorat, Arnac-la-Poste et Châteauponsac; pour les animaux gras de toutes catégories (génisses, vaches et bœufs), celles de Limoges, Saint-Léonard, Nexon, Saint-Junien, Châlus, Saint-Yrieix et Oradour-sur-Vayres.

Les ventes se font généralement «à la vue», mais le plus souvent les vendeurs ont pesé au préalable, sur les bascules publiques ou privées, leurs animaux dont ils savent du reste parfaitement apprécier la valeur, tant au point de vue du poids et du rendement que de la qualité et presque tous sont très exactement renseignés sur les cours du moment par les mercuriales que publient les journaux spéciaux et par les ventes réalisées aux environs.

La viande produite par les animaux de race limousine est tout particulièrement appréciée par la boucherie parisienne qui lui attribue habituellement ses cours les plus élevés. La capitale est le principal débouché pour les meilleurs animaux engraissés dans le département et notamment pour les bœufs et les fortes génisses. Un fort courant d'exportation se produit chaque année, surtout en ce qui concerne les animaux jeunes et de poids moyen, sur Saint-Étienne, Lyon et la vallée du Rhône, et souvent aussi au delà de la frontière de l'Est, vers la Suisse. Une plus grande rapidité dans les moyens de transport du bétail vivant et une meilleure soudure des trains à la jonction des réseaux de l'Orléans, du P.-L.-M. et de l'Est auraient très probablement comme conséquence de développer ces exportations vers l'Est. Ces améliorations sont très vivement sollicitées par les engraisseurs du département et leurs clients de Lyon.

Le bétail de qualité inférieure, notamment les vaches engraissées après réforme, est surtout utilisé dans la consommation locale et particulièrement à celle de Limoges.

On doit engraisser en moyenne chaque année de 9,000 à 11,000 bœufs et de 35,000 à 40,000 femelles, génisses ou vaches.

Veaux de lait. — Ils proviennent, pour la plupart, des vaches laitières assez nombreuses sur les exploitations situées dans la banlieue des villes ou qui existent, à raison d'une ou deux, sur les autres exploitations pour produire le lait nécessaire à la famille du cultivateur. Presque toujours les meilleurs produits de vaches limousines sont élevés.

La plupart des veaux de lait produits dans le centre et le sud du département sont achetés par les bouchers du pays et servent surtout à la consommation locale. Dans quatre cantons du nord-est, ceux du Dorat, de Châteauponsac, de Bessines et de Laurières, les petits cultivateurs se livrent avec succès à la production des veaux de lait, mieux nourris, plus lourds et de très bonne qualité. Achetés en foire, mais souvent aussi à l'étable, presque toujours au poids, par des bouchers du pays, ils sont abattus, tués, préparés et expédiés chaque jour aux halles de Paris, où ils sont très appréciés. Ces expéditions, favorisées depuis deux ans surtout par la mise en circulation des wagons réfrigérés, peuvent maintenant se continuer même en été et augmentent d'importance. Des recherches sont faites actuellement pour essayer d'ouvrir un débouché à ces veaux de lait sur le marché de Londres. Jusqu'à présent cette production est facilement absorbée par les halles de Paris et les veaux s'écoulent dans des conditions satisfaisantes pour les producteurs. Il s'en expédie annuellement de 22,000 à 25,000 sur Paris; Limoges en consomme plus de 20,000.

Animaux d'élevage. — A part quelques cantons de la région nord de l'arrondissement de Bellac, qui engraissent plus qu'ils n'élèvent, l'élevage présente encore plus d'importance que l'engraissement dans tout le reste du département.

La vente des animaux de travail et d'élevage (bœufs, vaches, génisses et veaux sevrés) présente son maximum d'importance de la fin septembre à la fin juin. Il n'y a pas à proprement parler de grosses foires de bœufs de travail dans la Haute-Vienne, la plupart des exploitations n'élèvent que les bœufs nécessaires aux besoins de la culture et destinés à être engraissés dès l'âge de cinq ans. Les mieux approvisionnées en bœufs de travail sont celles de Bellac et du Dorat, mais un certain nombre de bœufs travaillant dans le département viennent soit de Masseret (Corrèze) pour le sud, soit de l'Indre et de la Vienne pour le nord du département. C'est aux foires voisines des limites de la Haute-Vienne, que l'on va généralement s'approvisionner quand on manque de bœufs de travail. Autant que possible on préfère les élever sur l'exploitation. Sur plus des deux tiers du département, tous les travaux agricoles sont faits par les vaches.

Les foires très importantes de Limoges, Saint-Léonard, Nexon, Châlus, Saint-Junien reçoivent beaucoup plus de vaches de travail et d'élevage, de génisses et surtout de veaux de 9 à 12 mois, pour faire des bœufs exportés dans les régions de Bellac, du Dorat, en Poitou, en Charente, en Périgord, en Berry et en Corrèze. Ces jeunes animaux s'exportent actuellement dans une vaste région du sud-ouest de la France et c'est leur production, en bonne voie d'amélioration, qui constitue en somme la spéculation agricole de beaucoup la plus importante pour près des deux tiers du département. Les foires, très connues, sont régulièrement fréquentées par de nombreux acheteurs (cultivateurs ou marchands). Sur ces grosses foires la vente des animaux se fait dans des conditions satisfaisantes pour les vendeurs comme pour les acheteurs.

Ce sont les foires de Limoges et de Saint-Léonard et aussi les concours-marchés qui se tiennent dans le courant d'avril à Limoges, Saint-Léonard, Aixe, Nieul, Ambazac, qui sont de beaucoup les centres les mieux pourvus en reproducteurs de choix (taureaux et génisses), recherchés pour la reproduction, non seulement par les éleveurs du département, mais aussi par ceux des départements voisins et du Sud-Ouest. Le concours-marché qui se tient à Limoges le mercredi qui précède la très grosse foire du dernier jeudi d'avril groupe de 600 à 700 animaux reproducteurs de choix. Il est visité par de très nombreux agriculteurs qui y font chaque année des achats très importants, surtout en étalons de 10 à 12 mois. Les meilleurs reproducteurs mâles et femelles sont conservés dans la Haute-Vienne.

Produits de laiterie. — Il n'y a pas à proprement parler d'industrie laitière dans le département. On préfère s'y adonner à l'élevage, qui absorbe en presque totalité le lait fourni par les vaches limousines et qui ne s'améliore que grâce à un allaitement copieux et prolongé.

Le lait nécessaire aux centres urbains, et tout particulièrement à Limoges, y est porté chaque jour pour y être vendu directement aux consommateurs, en même temps que les légumes frais, par les cultivateurs de la banlieue dans une zone de 8 à 10 kilomètres.

Bien que la consommation du beurre soit relativement faible, l'habitude étant de préparer la cuisine au lard ou au saindoux, la production locale n'y pourvoit pas. A part quelques beurres frais, de bonne qualité, mais en faible quantité, préparés par les laitiers des environs des villes, une bonne part de la consommation locale est assurée par des beurres importés de la Creuse et des départements de l'Ouest et revendus aux consommateurs par les épiciers.

ESPÈCE OVINE.

A part les régions montagneuses disposant de parcours secs et qui entretiennent un assez grand nombre de petits troupeaux de brebis pour la reproduction, l'élevage proprement dit est relativement peu important dans la Haute-Vienne et a diminué avec les défrichements des terrains incultes. Par contre la production des moutons pour la boucherie y reprend, depuis quelques années surtout, une importance croissante.

Ces opérations temporaires et à court terme s'adaptent mieux à notre climat généralement humide, à nos hivers longs et rigoureux et à l'irrigation qui rend pendant une bonne partie de l'année la dépaissance des prairies arrosées peu favorable aux troupeaux. On doit produire annuellement près de 200,000 ovins pour la boucherie.

On s'efforce de plus en plus à y produire pour la consommation des moutons jeunes (de 8 mois à 2 ans) obtenus par des croisements entre les brebis du pays et des béliers de races améliorées (charmoise, southdown, dishley) qui donnent de la taille et surtout plus de précocité. Certains même, et ils s'en trouvent généralement bien, limitent cette production à un premier croisement entre antenaises (doublonnes) de race limousine et béliers de races améliorées, livrent dès l'âge de 8 à 12 mois tous les produits à la boucherie et réforment généralement les mères engraissées dès qu'elles ont donné deux ou trois agneaux.

Souvent aussi, car les spéculations auxquelles donne lieu la production du mouton varient beaucoup d'une exploitation à l'autre, on engraisse à l'herbe, surtout au printemps et en automne, sur les prairies et les chaumes de céréales, et en hiver à la bergerie avec les betteraves, les raves, les topinambours, des animaux, des moutons surtout, achetés maigres ou simplement en état, dans la région montagneuse (canton d'Eymoutiers dans la Haute-Vienne et plateau de Millevache s'étendant, à l'Est du département, sur la Creuse et la Corrèze), où sont entretenus de nombreux et importants troupeaux de brebis appartenant à la race limousine plus ou moins mélangée de sang Crevant.

Les parties montagneuses, particulièrement l'est du canton d'Eymoutiers, où se trouvent de grandes étendues en bruyères, entretiennent toute l'année d'importants troupeaux de race limousine assez pure, nés parfois dans le pays, mais le plus souvent achetés à l'âge de 1 ou 2 ans aux éleveurs de la région plus inculte comprise entre La Celle et Meymac (Corrèze).

Après y avoir été entretenus pendant quelques mois, ces animaux vont directement à la boucherie, s'ils sont suffisamment gras; mais parfois aussi ils sont revendus maigres ou demi-gras aux cultivateurs des régions plus fertiles de la Haute-Vienne (cantons de Saint-Léonard, Châteauneuf, Nexon, Limoges, Aixe, Nieul, Châlus, etc.), qui achèvent leur engraissement et les revendent soit pour la consommation du pays, soit surtout pour Paris.

Les autres cantons plus ou moins montagneux (Laurière, Bersac, Châteauponsac, Ambazac, Nantiat), se livrent à la fois à l'élevage et à l'engraissement de moutons de race très incertaine, mais où se retrouvent presque toujours des traces manifestes de croisements southdown et charmois.

L'achat des moutons à engraisser ainsi que des doublonnes destinées à la production des agneaux précoces, issus d'un premier croisement, se fait surtout aux foires de Bujaleuf, Peyrat-le-Château, Eymoutiers et Sauviat dans la Haute-Vienne, mais plus fréquemment aux foires plus importantes de La Celle, Bugeat, Peyrolles et Meymac (Corrèze), Faux et Féniers (Creuse). Quant aux moutons bons pour la boucherie, ils se vendent surtout sur les foires de Saint-Léonard, Bujaleuf, Compreignac, Nexon, Flavignac, Solignac, Aixe, Oradour-sur-Glane, Bellac, le Dorat, etc., mais un peu aussi dans les trop nombreuses foires qui se tiennent, à raison d'une ou deux par mois, dans la plupart des communes du département.

La région du Dorat, qui dispose des meilleurs pacages, produit un mouton de boucherie très estimé, qui a sa cote particulière sur le marché de La Villette. Cette production porte en grande partie sur des sujets plus ou moins croisés de charmois ou de dishley élevés pour la plupart sur les confins de la Vienne et de la Charente et engraissés dans la région fertile du Dorat.

Les achats de moutons se font toujours à la vue et sur estimation en foire du poids et de la qualité.

En plus de la consommation locale qu'ils assurent, les moutons engraissés dans le département sont expédiés en grand nombre, soit sur pied soit plus généralement abattus et dépouillés, à Paris, qui reste notre principal débouché. L'expédition directe aux halles de Paris de moutons abattus par les gares de Pierrebuffière, Solignac, Limoges, Bersac, Bessines, Thiat, etc., prend depuis quelques années beaucoup d'importance. Elle porte annuellement sur plus de 100,000 têtes.

Enfin il existe dans la Haute-Vienne quelques bergeries réputées se livrant à la production de béliers de choix (southdown, dishley et charmois purs) fournissant aux éleveurs de la région les reproducteurs nécessités par les croisements industriels ou l'amélioration des troupeaux indigènes par croisements continus.

La laine, dont la qualité s'est considérablement améliorée à la suite de ces croisements et d'un meilleur entretien des troupeaux, se vend directement aux négociants ou industriels du pays, abstraction faite de celle qui est directement utilisée par les cultivateurs. Il n'existe pas de marchés spéciaux pour les laines dans la région.

ESPÈCE PORCINE.

La production du porc est intensive dans tout le département et cela s'explique par le grand développement qu'y a prise la culture de la pomme de terre, base de l'alimentation de ces animaux. Chaque exploitation, aussi petite soit-elle, produit au moins la viande de porc et le lard nécessaires à la consommation de l'année. Le fait se produit même chez la plupart des ouvriers ruraux. Sauf dans les grandes exploitations du nord, où la plupart des métayers préfèrent acheter des porcelets de 5 à 6 mois que de les élever, chaque exploitation, suivant son étendue, entretient une ou plusieurs truies «portières» dont les produits, après prélèvement de ceux que l'on veut engraisser, sont vendus vers l'âge de 3 mois.

L'arrondissement de Saint-Yrieix est toutefois celui qui, relativement à l'étendue, élève et engraisse le plus. Tant pour l'élevage que pour les animaux engraissés, les foires de Saint-Yrieix sont les plus importantes du département; elles réunissent jusqu'à 3,000 et 4,000 porcs gras de janvier à mars; les porcelets de la race spéciale de cet arrondissement (porcs à robe pie-noire) y sont présentés en grand nombre pendant le reste de l'année; il en est de même, mais avec une importance un peu moindre, sur les foires de la Meyze et de Nexon.

C'est aux environs de Saint-Yriex que se trouvent les meilleurs reproducteurs.

L'arrondissement de Rochechouart engraisse moins mais fait naître beaucoup de porcelets blancs (d'un type se rapprochant beaucoup du craonnais et du poitevin), pour la vente aux engraisseurs de la Charente et des Deux-Sèvres. Les foires les plus importantes sont celles de Châlus, Oradour-sur-Vayres, Saint-Mathieu, Rochechouart et Saint-Junien.

Dans l'arrondissement de Bellac, l'engraissement a généralement beaucoup plus d'importance que l'élevage, surtout dans les cantons du Dorat, Magnac-Laval et Saint-Sulpice-les-Feuilles, Châteauponsac, Bessines et Laurière. On y engraisse surtout des porcelets du type poitevin, achetés vers l'âge de 5 à 6 mois dans les cantons limitrophes de la Vienne ou sur les foires du département. Il n'est pas rare de trouver de 25 à 30 porcs à l'engrais sur chacun des grands domaines (70 à 80 hectares) de cette région. Les grosses foires se tiennent à Bellac, le Dorat, Nantial, Châteauponsac et Laurière, etc. La région de Saint-Sulpice-les-Feuilles et d'Arnac vend ses porcs gras aux très importantes foires de la Souterraine (Creuse), qui en est peu éloignée.

Alors que les porcs à robe pie-noire de Saint-Yrieix (race limousine) sont surtout dirigés sur Bordeaux, Bayonne, la région viticole du Sud-Ouest et souvent même jusqu'en Espagne, les porcs plus grands, mais d'un engraissement généralement moins fini et produits dans le nord du département, sont dirigés en plus grande proportion sur Paris et l'est de la France. La région de Limoges, qui produit des porcs plus précoces (croisements plus ou moins avancés avec le yorkshire) et d'un engraissement plus poussé, mais généralement moins lourds, pourvoit à la consommation de Limoges mais fait aussi d'importantes expéditions vers Bordeaux, Lyon et Paris. Les foires les mieux pourvues en porcs gras et en porcs d'élevage sont celles de Limoges, Saint-Léonard, Ambazac, Saint-Priest, Nieul.

Les porcs de Saint-Yrieix, dont l'engraissement se fait généralement tard (18 à 24 mois) mais avec beaucoup de soin, fournissent des produits en lard et en viande tout particulièrement estimés. Cette supériorité paraît être due surtout aux aliments consommés en plus grande quantité (châtaignes et blé noir) et leur assure presque toujours une plus-value de 8 à 10 francs par 100 kilogrammes sur les porcs blancs plus ou moins croisés de yorkshire.

En foire, la presque totalité des ventes de porcs gras se font au poids, l'unité adoptée étant le petit quintal de 50 kilogrammes et les animaux sont pesés sur la bascule publique en présence de l'acheteur et du vendeur avant la livraison ou l'embarquement. L'engraissement doit porter chaque année sur 90,000 porcs, et il se vend plus de 100,000 porcelets pour l'Ouest et le Midi.

PRODUITS DE BASSE-COUR.

La basse-cour occupe une assez grande place dans chaque exploitation et son importance relative est en quelque sorte en raison inverse de l'étendue du domaine;

elle y est la source de profits appréciables. Dans les conditions culturales et économiques actuelles, elle ne semble pas appelée à y prendre beaucoup plus d'extension.

Les volailles ne paraissent être ici d'un entretien réellement avantageux qu'autant qu'une bonne partie de leur alimentation provient de ce qu'elles recueillent en parcourant les cours et les champs ou des menus grains et déchets de minime valeur. Cette production des volailles est généralement en déficit dès que l'alimentation doit être assurée pour une grosse part à l'aide de produits pouvant être vendus au marché. Quelques essais de production intensive de volailles tentés sur différents points du département n'ont donné, au point de vue économique, que des résultats peu encourageants.

La consommation locale, et surtout celle relativement très importante de Limoges, absorbent aisément la production du département en volailles et en œufs et on n'éprouve pas le besoin de chercher à l'extérieur de nouveaux débouchés pour ces produits.

La production de la région porte surtout sur les poulets de consommation courante (vendus plutôt maigres que gras sur les marchés locaux, où la volaille de luxe obtiendrait difficilement des prix rémunérateurs), les œufs et les lapins. Ce n'est qu'exceptionnellement qu'on se livre à l'élevage des dindons, qui s'accommodent mal de nos hivers longs et humides, ainsi que des oies dont le parcours est nuisible aux prairies. Tout en étant plus importante, la production du canard ne dépasse pas les besoins de la consommation locale.

Depuis quelques années surtout, on importe assez fréquemment les variétés de poules recommandables par leur développement, leur précocité et leurs qualités de pondeuses; mais ces variétés se conservent rarement longtemps pures et contribuent le plus souvent à améliorer, par croisements répétés, la race locale, qui est encore la plus répandue.

Pour toutes les volailles produites dans le voisinage des villes, les ventes se font directement par les cultivateurs qui suivent assez régulièrement les marchés et traitent sans intermédiaire avec les consommateurs. Sur les exploitations plus éloignées, les achats sont faits à la ferme par de petits commerçants spéciaux qui vont revendre soit aux halles soit sur les marchés œufs, poulets et lapins, ainsi que le gibier durant la saison de la chasse.

APICULTURE.

Il existe un certain nombre de vieilles ruches (paniers en paille tressée avec abris pour l'hiver) sur la plupart de nos exploitations.

Mais par suite de l'insuffisance, pour ne pas dire de l'absence de soins, ces ruches défectueuses ont une production très faible et fort aléatoire et les cultivateurs s'en désintéressent de plus en plus.

Même dans les rares années favorables, elles ne fournissent en petite quantité qu'un miel coloré, de très médiocre qualité qui est consommé sur place et, pour la presque totalité, par les producteurs eux-mêmes.

Ce n'est que depuis quelques années qu'un certain nombre d'agriculteurs, surtout dans la région de Limoges, ont installé ou fait installer par des spécialistes quelques ruches à cadres qui, tant qu'elles sont surveillées et soignées, donnent des résultats plus satisfaisants au point de vue de la qualité et de la quantité.

Planche XLIII.

VERRAT RACE LIMOUSINE.

Il n'est malheureusement pas certain que cette amélioration se propage rapidement : nos cultivateurs, absorbés par les travaux d'extérieur que leur impose une culture de jour en jour plus intensive, consentiront difficilement à donner à ces ruches les soins nécessaires; par ailleurs, avec ses hivers humides, longs et rigoureux, ses floraisons tardives au printemps et rares en été, le Limousin est beaucoup moins favorisé que d'autres régions au point de vue apicole.

VOSGES.

L'exploitation du bétail sous toutes ses formes constitue la source principale des revenus de l'agriculture vosgienne. 138,000 hectares de cultures fourragères diverses permettent d'entretenir 31,784 chevaux, 309 ânes et mulets, 148,420 bovins, 35,200 ovins et 13,870 caprins.

ESPÈCE CHEVALINE.

Les chevaux, presque exclusivement de trait, sont produits surtout dans les cantons de Châtel, Rambervillers, Mirecourt, Châtenois, Bulgnéville, Charmes, Neufchâteau. Ils sont utilisés dans le pays par les agriculteurs, les industriels, les entreprises de transports ou vendus sur les différents marchés lorrains, à tout âge, suivant le profit qu'on croit devoir en retirer. Les marchés principaux sont ceux de Mirecourt (1,150 animaux présentés en 1905), de Poussay (600 poulains amenés à la foire annuelle) et de Boulaincourt (200). Quelques chevaux de demi-sang sont livrés tous les ans à la remonte, mais cet élevage se restreint pour faire place à celui plus avantageux du cheval de trait, dont le type ardennais est le plus apprécié.

ESPÈCE BOVINE.

Les bovins sont exploités de différentes façons, selon les spéculations que se proposent les agriculteurs.

Vente du lait en nature. — Cette industrie, très lucrative, est fort active dans les localités voisines des grands centres : Epinal, Saint-Dié, Remiremont, Bruyères, Mirecourt, Neufchâteau, Rambervillers, Corcieux, Thaon, Châtel, etc. Des entreprises qui se multiplient tous les jours envoient du lait à Nancy. Les vaches sont achetées fraîches vêlées et revendues dès que la période de lactation est terminée. Très souvent les agriculteurs s'adressent à des intermédiaires qui leur fournissent les laitières et les reprennent ensuite dans des conditions déterminées.

Production du beurre. — Elle est surtout localisée dans la plaine, là où le lait ne peut être vendu en nature. Le beurre est expédié sur tous les marchés du département ainsi qu'à Paris, Chaumont, Toul, Nancy, Bar-le-Duc, etc. La production reste inférieure aux besoins de la consommation, car il se fait dans les villes des arrivages de beurres de Normandie, de Bretagne et des Charentes.

Production du fromage. — Elle constitue une véritable industrie dans la montagne. Tout le lait qui n'est pas consommé en nature est utilisé pour la fabrication des fromages façons Géromé, Gérardmer ou Münster. On évalue cette production à 7 millions de francs. Ces fromages sont consommés en grande partie dans les Vosges; le surplus est vendu dans les départements limitrophes, dans les ports et à Paris. Des expéditions importantes se font à Marseille, en Algérie, en Tunisie et même à Madagascar. Dans la plaine, des fromageries industrielles se sont créées; elles préparent des façons Brie, Camembert, Coulommiers, qui sont presque entièrement consommées sur place.

Élevage. — L'élevage des bêtes à cornes se fait dans tout le département, mais surtout dans la Vôge. Dans les cantons de Bains, Épinal, Plombières, Xertigny, on élève des bœufs de travail qui sont vendus entre 10 et 15 mois ou plus tard, entre 2 et 4 ans, aux agriculteurs et aux commerçants de la montagne. Ces bœufs, principalement de race vosgienne, sobres et rustiques, sont très estimés pour le transport souvent pénible des bois. Les génisses par contre sont vendues dans la Haute-Saône. Dans la plaine, on élève exclusivement les génisses qui sont vendues, ainsi que les vaches laitières, aux nourrisseurs des grandes villes, des centres industriels et de la montagne. La montagne commence à son tour à élever le bétail pour avoir des animaux appropriés au climat des Vosges et pour supprimer le prélèvement des intermédiaires. Les principales foires sont celles de Xertigny, où l'on conduit annuellement 3,500 bœufs de travail, 1,850 vaches et génisses et 750 animaux de boucherie; de Mirecourt (1,200 génisses et vaches et 300 bêtes de boucherie); du Val d'Ajol (1,000 bœufs de travail, 600 vaches et génisses et 500 animaux de boucherie); de Saint-Dié (1,100 bœufs de travail, 650 vaches et génisses et 1,720 bêtes de boucherie); d'Épinal, de Remiremont, etc.

Engraissement. — La plaine et la Vôge engraissent un nombre considérable de têtes de bétail, vaches surtout et bêtes maigres venant en grande partie de la Franche-Comté et du Charolais. Ces animaux sont vendus dans tous les centres de consommation du département, ainsi qu'à Nancy, Toul, Bar-le-Duc, Chaumont, Belfort, etc.

Veaux. — Les veaux font l'objet d'un commerce important dans tout le département. Dans la montagne et chez les nourrisseurs, partout où le lait a une grande valeur, on vend les veaux très jeunes, à quelques semaines. Dans la plaine au contraire, on les livre plus âgés et engraissés. Les marchés de Bruyères et de Saint-Dié sont les plus réputés sous ce rapport. En 1905, 1,200 veaux ont été conduits au marché de Saint-Dié. Les animaux non consommés dans le département sont expédiés sur les places de Nancy, Chaumont, Troyes, Paris, Toul, Bar-le-Duc, etc., le plus souvent par l'intermédiaire des commerçants qui visitent régulièrement les fermes. En résumé le bétail sous toutes ses formes fait l'objet d'un trafic important s'élevant à plusieurs millions.

ESPÈCE OVINE.

La population ovine va toujours en diminuant en raison même de l'extension de la race bovine. Cette diminution est due à plusieurs causes, en particulier au développement de la culture intensive, à la suppression des parcours, au manque de bergers et au défaut d'entente entre les habitants. L'élevage du mouton n'a guère d'importance que dans les cantons de Coussey, Châtenois, Neufchâteau et Rambervillers. Les animaux produits sont consommés dans le département, qui est obligé d'en importer du Centre, du Midi et de l'Algérie.

ESPÈCE PORCINE.

Avec le petit-lait résultant de la fabrication du beurre et du fromage, auquel on adjoint les produits de la ferme, on élève et on engraisse près de 80,000 porcs, qui servent en partie à l'alimentation des populations rurales. L'excédent s'écoule facilement sur les marchés lorrains et dans les villes voisines, où la charcuterie est en honneur. Des petits porcs de 5 à 7 semaines sont expédiés dans les départements voisins et dans les localités vosgiennes où la vente du lait en nature ne permet pas l'élevage du porc. On vend couramment aussi sur les marchés des porcelets âgés de 4 à 5 mois, castrés, pesant 40 kilogrammes environ, qui sont sacrifiés dès qu'ils atteignent le poids de 80 à 100 kilogrammes. Les marchés principaux pour les porcs sont Bruyères (4,136 amenés en 1905), Xertigny (3,000), Mirecourt (3,400), le Val d'Ajol (2,600), Gérardmer (2,250), Saint-Dié (2,800), Épinal.

ANIMAUX ET PRODUITS DE BASSE-COUR.

Ils donnent lieu dans les Vosges à un trafic important, mais ces produits sont inférieurs aux besoins de la consommation, car on importe beaucoup d'œufs et de volailles de Bresse. Des établissements d'élevage commencent à s'organiser autour des centres industriels (Neufchâteau, Châtel, Charmes, etc.).

APICULTURE.

Le département produit en abondance du miel, notamment dans la montagne, où il jouit d'une grande réputation. Ces produits sont utilisés sur place; le surplus s'écoule dans les départements limitrophes.

PISCICULTURE.

Le poisson est produit en quantité appréciable dans les Vosges, où il est très estimé. Cette denrée fait l'objet d'une exportation assez importante, notamment le brochet et la truite. De grands efforts sont faits pour repeupler les ruisseaux en truites et écrevisses. 200,000 alevins de truite et d'ombre-chevalier ont été déversés en 1906 par l'établissement de Retournemer dans les différents cours d'eau vosgiens.

CONCLUSIONS.

L'agriculture vosgienne s'oriente de plus en plus vers la production fourragère et l'exploitation du bétail, ce qui est conforme à la nature du sol, ainsi qu'aux conditions climatériques et économiques. Le débouché offert par le développement sans cesse grandissant de l'industrie en est d'ailleurs un puissant stimulant. Des progrès considérables ont été réalisés dans l'élevage et l'entretien du bétail, mais il serait nécessaire d'apporter un peu plus d'uniformité dans les races bovines, qui sont en variation désordonnée. Il serait indispensable également d'améliorer la fabrication du beurre et du fromage, qui trop souvent laisse à désirer et d'organiser la vente de ces produits. Des laiteries industrielles se sont déjà installées dans la plaine et ont fait faire des progrès sensibles dans la région, mais il reste beaucoup d'améliorations à réaliser dans la fabrication du Géromé. Une société coopérative pour la vente des fromages de Gérardmer s'est fondée en août dernier à Vagney et un syndicat pour la vente des fruits fonctionne depuis quelques années à Vittel. Ces résultats sont très modestes, mais ils pourront être le prélude de nombreuses sociétés similaires, car les agriculteurs vosgiens ne sont pas rebelles au progrès.

YONNE.

ESPÈCE CHEVALINE.

Les opérations de l'industrie chevaline sont spécialisées, dans le département de l'Yonne, en trois régions bien distinctes :

1° *La région de production* des jeunes, constituée par l'Avallonnais et la Puisaye, où l'abondance des prairies naturelles permet l'entretien des juments poulinières;

2° *La région d'élevage*, formée par la zone de terres légères ou tout particulièrement propres à la culture des céréales du nord-ouest et de l'ouest;

3° *La région d'exploitation*, dans laquelle nous rangeons tout le reste du département.

La production des poulains prend de plus en plus d'extension dans l'Avallonnais et la Puisaye. On y fait naître surtout des chevaux de trait de race nivernaise, dont la vente est beaucoup plus sûre et plus rémunératrice que celle des chevaux de demi-sang; les étalons rouleurs, utilisés en Puisaye, appartiennent généralement à des éleveurs nivernais qui les envoient dans l'Yonne pendant la saison de monte. Les juments poulinières sont suffisamment nombreuses pour effectuer sans fatigue tous les travaux de la culture. Elles sont saillies tous les ans ou tous les deux ans; on estime que dix juments fournissent annuellement cinq poulains, vendus à 6 ou 18 mois aux éleveurs du nord-ouest du département (Gâtinais), de la Beauce et du Perche, à un prix variant de 500 à 700 francs. L'Avallonnais exporte ainsi chaque année 800 poulains environ. La Puisaye vend annuellement 1,000 chevaux de moins de cinq ans, dont 250 à 300 poulains; la moitié est livrée à destination de la Suisse, par les gares de Verrières et de Genève. Les meilleures foires sont celles de Lainsecq, Saint-Sauveur et Villiers-Saint-Benoît.

La région d'élevage comprend les arrondissements de Sens, en entier; de Joigny (cantons de Cerisiers, Charny, Saint-Julien-du-Sault et Villeneuve-sur-Yonne); d'Auxerre (canton de Saint-Florentin); et enfin de Tonnerre (cantons de Flogny et d'Ancy-le-Franc. Toutefois les opérations commerciales ayant pour objet l'élevage des jeunes chevaux ne sont véritablement importantes que dans la seule partie nord-ouest du département (Gâtinais et Sénonais).

Les cultivateurs achètent eux-mêmes :

1° Dans les pays de production et les centres commerciaux, aux foires de Bray,

Montereau et Fontainebleau (Seine-et-Marne); de Courtenay (Loiret), d'Avallon Lainsecq, Saint-Sauveur-en-Puisaye, Vézelay et Villiers-Saint-Benoît (Yonne); Tannay (Nièvre) et Semur (Côte-d'Or);

2° Aux marchands courtiers avec lesquels ils se trouvent en relations d'affaires, des animaux de races de trait, âgés de 6 mois et surtout de 18 mois à 2 ans. Le canton de Pont-sur-Yonne acquiert ainsi d'assez nombreux sujets de race boulonnaise ou percheronne. Mais les animaux de race nivernaise dominent dans la presque totalité de la région d'élevage du département. A côté d'eux on y rencontre, suivant les conditions locales, des chevaux boulonnais, bretons, normands et percherons.

Du fait de ces acquisitions, la population chevaline totale de la région d'élevage de l'Yonne comprend, pour deux tiers environ, des chevaux d'âge de toutes races, généralement utilisés jusqu'à leur mort aux travaux des champs, et, pour l'autre tiers, des jeunes poulains importés, élevés et conservés jusqu'à l'âge adulte. Des courtiers parcourent le pays, visitent les fermes, achètent directement de gré à gré, au domicile du vendeur, les meilleurs chevaux de cinq ans dont le prix de vente moyen est d'environ 1,000 francs. Les animaux qui laissent à désirer sont généralement conduits et vendus aux foires de Chéroy, Courtenay, Égreville, Montereau, etc. Tous les animaux livrés par les éleveurs de l'Yonne sont destinés aux entreprises industrielles des grandes villes; un courant d'affaires est nettement marqué vers Paris, Marseille et Valence-sur-Rhône.

La région d'exploitation des animaux adultes comprend les cantons à la fois viticoles et agricoles, c'est-à dire ceux d'Aillant-sur-Tholon, Brienon et Joigny (arrondissement de Joigny) et la presque totalité de ceux des arrondissements d'Auxerre et de Tonnerre. Les opérations commerciales y sont d'ailleurs peu importantes, les animaux achetés par l'intermédiaire de courtiers, à l'âge de 3 à 8 ans, étant conservés par leurs acquéreurs jusqu'à la mort ou l'usure complète. Ce sont les chevaux bretons qui sont le plus fréquemment utilisés, car ils conviennent fort bien pour la culture des vignes. Ils constituent environ la moitié de la population chevaline, l'autre fraction étant représentée par des chevaux de race nivernaise, de demi-sang, originaires des environs de Semur et enfin par des animaux de réforme des régiments de cavalerie de la région ou de la Compagnie des Petites Voitures de Paris.

ESPÈCE BOVINE.

Dans l'espèce bovine, les spéculations animales comprennent :

1° *L'élevage et l'exploitation des vaches laitières*, appartenant, dans l'ensemble du département, à la race normande;

2° *La production des veaux gras*, très répandue dans les arrondissements de Sens et de Joigny;

3° *L'élevage et l'engraissement d'animaux de boucherie*, bœufs ou génisses de race charolaise et charolaise-nivernaise, très prospère dans l'Avallonnais et la Puisaye;

4° *L'élevage et l'entretien de bœufs de trait*, qui offrent peu d'importance.

1° *Vaches laitières, lait, beurre et fromage.* — Les vaches laitières d'origine normande sont achetées, directement ou par l'intermédiaire de courtiers, à l'âge moyen de 18 mois. On estime que la moitié des individus de cette catégorie de la population bovine de l'Yonne sont amenés, soit des départements normands, soit de la région mancelle, sans passer par des marchés spéciaux de l'Yonne. L'autre moitié est élevée dans le département, très peu dans la partie viticole, beaucoup plus dans le centre de production que constituent la Puisaye, où domine la race nivernaise, et les cantons de Charny, Bléneau et Saint-Fargeau, où l'on préfère la race normande. Les produits en sont vendus dans les foires locales (Leugny, Saint-Fargeau et Toucy).

Un certain nombre de bonnes étables se recrutent par l'importation directe et l'élevage de vaches d'origine : hollandaise (régions de Saint-Florentin et de Tonnerre); montbéliarde (Tonnerrois et Sénonais); fribourgeoise et schwytz (Tonnerrois) et enfin nivernaise (Auxerrois et Puisaye). Dans un certain nombre de communes des arrondissements d'Auxerre, Avallon et Tonnerre, on trouve des vaches laitières de race charolaise pure ou croisée, dont les reproducteurs sont tirés de l'Avallonnais ou de la Nièvre (foires d'Avallon et de Vézelay). Enfin il existe encore chez les cultivateurs les plus retardataires des vaches laitières appartenant à un type mal défini, dit de pays, qui donnent naissance à un commerce tout local et peu actif.

Les vaches laitières sont vendues, pleines ou engraissées, à l'âge de 6 ou 7 ans; seules les bonnes laitières sont conservées jusqu'à un âge plus avancé.

Elles sont très recherchées par les nourrisseurs du Midi de la France, aussitôt après le vêlage. Dans les vallées de l'Armançon et du Serein notamment, les vaches de race schwytz sont très estimées et les cultivateurs de la région auraient tout intérêt à élever et sélectionner des animaux aptes à la reproduction pour les vendre à très bon prix, comme il est possible de le faire.

Les vaches laitières engraissées servent surtout à la consommation locale.

La moitié environ des vaches laitières âgées sont livrées sur les foires du pays, l'autre moitié est achetée par des courtiers à l'étable même.

Le lait produit dans le département est consommé exclusivement sur place, dans la région essentiellement viticole, où la production est peu supérieure aux besoins de la population locale. Il est vendu, dans les différentes agglomérations urbaines, au prix de 0 fr. 15 à 0 fr. 20 le litre, soit par les producteurs eux-mêmes, soit par l'intermédiaire de ramasseurs qui l'achètent de 0 fr. 10 à 0 fr. 13, à la ferme. Sept laiteries industrielles achètent environ 40,000 hectolitres de lait dans l'arrondissement de Sens, au prix de 0 fr. 08 à 0 fr. 10 le litre, pour les expédier à Paris. A Auxerre, une fabrique de lait en poudre paye le lait, rendu à son quai de réception, douze à treize centimes le litre en moyenne. Enfin douze laiteries industrielles, particulières ou d'origine coopérative, fabriquent, dans les différentes régions du département, du beurre et des fromages, notamment des fromages façon Coulommiers.

Lorsque le lait produit à la ferme ne peut être vendu en nature, il est utilisé à la fabrication du beurre ou du fromage.

Les débouchés offerts à la production beurrière du département ont été à peu près limités jusqu'à l'heure actuelle aux marchés du pays. Aussi, les transactions, qui se rattachent exclusivement aux besoins de la consommation locale, sont restées peu importantes. Les prix de vente du beurre oscillent généralement entre 0 fr. 90 et

1 fr. 50 la livre. Toutefois, depuis l'ouverture de nouvelles voies de communication, la Puisaye envoie son beurre à Paris, Nancy et Troyes : elle dispose annuellement de 150,000 kilogrammes de beurre, sans compter celui qui sert aux besoins de la consommation locale.

Les fromages maigres sont consommés à la ferme.

Le marché de la ville de Saint-Florentin livre annuellement au commerce de gros et de détail environ 110.000 fromages dits de Saint-Florentin ou de Soumaintrain, à pâte molle et enveloppe jaune, très réputés dans la région et dont la vente est assurée à bon prix. Enfin, au voisinage de la Côte d'Or, et notamment dans le canton de Guillon, on fabrique du fromage dit d'Epoisses, dont l'exportation, plutôt faible, se fait par les marchés de Guillon et de l'Isle-sur-Serein.

En raison de la faible importance des débouchés et du manque d'organisation pour la vente, la fabrication du beurre, — opération de transformation du lait la plus généralement répandue, — a laissé jusqu'ici de faibles bénéfices. Aussi les cultivateurs se sont-ils livrés de plus en plus à la production des veaux gras, qui exige beaucoup moins de main-d'œuvre.

2° *Veaux gras.* — Tout l'arrondissement de Sens, et, dans celui de Joigny, les cantons de Charny, Villeneuve-sur-Yonne et Saint-Julien-du-Sault produisent le veau gras à destination de Paris. Les marchés de Bléneau, Châteaurenard, Courtenay et Egreville centralisent, en quelque sorte, toutes les ventes.

Il est difficile d'évaluer exactement le nombre des animaux engraissés dans l'Yonne, et livrés, depuis l'âge de deux mois et demi jusqu'à celui de quatre mois et demi, sous le nom de veaux blancs. Il est à coup sûr très élevé puisque le remplacement des vaches adultes se fait, au moins pour la moitié, par importation directe de génisses normandes. A Toucy, on embarque chaque samedi, jour de marché, 60 à 90 veaux gras à destination de Paris; la Puisaye en livre annuellement à elle seule environ 5,000.

Le reste du département livre généralement les veaux qui ne servent pas à l'élevage à la boucherie locale, à un âge variant de trois à dix semaines, suivant les circonstances.

3° *Animaux de boucherie.* — L'exploitation des animaux de boucherie se fait en Puisaye et surtout dans l'Avallonnais, dont elle constitue la richesse principale. Elle comprend deux opérations, l'élevage et l'engraissement.

L'élevage des jeunes, appelés châtrons (mâles castrés) ou taures (génisses), se fait dans les régions les moins fertiles de l'Avallonnais, en particulier dans les terres granitiques du Morvan. Mais dans ces sols, pauvres en acide phosphorique, la population bovine dégénère rapidement et les éleveurs doivent recourir à de nouveaux reproducteurs achetés dans le Charolais et le Nivernais.

Taures et châtrons sont vendus aux emboucheurs à l'âge de 18 ou 30 mois, à moins que leur état de graisse ne permette de les livrer de suite à la boucherie vers 2 ans et demi.

L'engraissement des animaux de boucherie se poursuit sur des jeunes de 30 mois et des bœufs de travail de 4 ans et plus. Il se fait dans les prairies d'embouche des cantons d'Avallon, l'Isle-sur-Serein et Guillon. On peut fixer à 6,000 têtes environ le nombre des animaux jeunes ou adultes soumis annuellement aux diverses opérations commerciales rendues nécessaires par les méthodes de production employées dans l'Avallonnais.

4° *Bœufs de trait.* — On rencontre un certain nombre de bœufs de trait, surtout dans les cantons de Quarré-les-Tombes, Saint-Fargeau et Saint-Sauveur, où on les utilise pour le travail. Le commerce en est relativement peu important. On les achète aux foires d'Avallon, Lormes, Quarré-les-Tombes, Saint-Germain-des-Champs et Vézelay. Ils sont employés aux travaux de la ferme pendant deux ou trois ans.

Leur engraissement, commencé au pâturage au printemps, est terminé à l'étable en automme et en hiver. On expédie chaque année de la Puisaye sur Auxerre, Nancy et Paris, 1,200 à 1,500 bœufs de travail engraissés.

ESPÈCE OVINE.

Le département de l'Yonne est essentiellement un pays d'élevage de moutons, en raison de la nature du sol qui se prête merveilleusement à ce genre d'opération. Les ovins de l'Yonne sont réputés pour leur chair succulente due à la flore des terrains qui leur sont livrés en dépaissance.

Les éleveurs cherchent à obtenir un agnelage intensif, afin de produire le plus de viande possible. Ils opèrent ensuite de deux façons très distinctes.

Dans les exploitations insuffisamment pourvues de ressources alimentaires, les agneaux âgés de 6 mois et les bêtes de réforme sont vendus maigres à des marchands qui les placent en Brie. Ces animaux, engraissés pendant l'hiver, sont consommés à Paris.

Dans les fermes mieux dirigées ou plus riches en fourrages, les produits de l'élevage sont engraissés sur place. Les agneaux mâles et femelles, estimés insuffisants pour être employés à la reproduction, sont vendus gras à l'âge de 6 à 10 mois aux bouchers des environs ou expédiés sur Paris. Les moutons engraissés sont vendus de 2 à 4 ans. Il n'y a pas de foires ou marchés spéciaux.

On peut fixer à environ 10,000 le nombre des agneaux vendus et de 20 à 30,000 la quantité de moutons et bêtes de réforme engraissés.

On rencontre dans le département des races ovines diverses : mérinos du Tonnerrois; dishley-mérinos (Auxerrois, Tonnerrois et Sénonais); charmois (Auxerrois); berrichonne et de pays (un peu partout).

Le croisement industriel de brebis berrichonnes, achetées dans leur pays d'origine, avec des béliers précoces, southdown et dishley-mérinos, se répand de plus en plus.

Le commerce de la laine se fait à la ferme, par l'intermédiaire de courtiers qui la ramassent, de mars à juin, pour le compte de différentes maisons et fabriques. Depuis quelque temps les envois effectués aux marchés aux laines de Reims et de Dijon sont de plus en plus fréquents.

La laine est quelquefois vendue lavée à dos, mais beaucoup plus souvent en suint. On estime que la production moyenne par tête de gros mouton varie de 2 kilogr. 500 à 3 kilogr. 500, suivant la race; qu'elle atteint 1 kilogr. 500 pour un agneau de grosse race. Les prix ont été en 1906 de 200 francs le quintal en suint et 350 francs le quintal en laine lavée à dos.

ESPÈCE PORCINE.

L'élevage des porcs est peu important dans le département. Il ne suffit pas, dans l'Avallonnais, aux besoins de cette région. Les cantons de Bléneau, Saint-Fargeau et Saint-Sauveur envoient les produits de leur élevage dans tout le reste de l'Yonne, soit en les faisant passer par les marchés d'Auxerre et de Toucy, soit en les livrant par l'intermédiaire de marchands ambulants.

Les opérations commerciales relatives à l'espèce porcine sont réduites au minimum. On élève pour les engraisser, les utiliser dans la ferme ou les vendre, en faibles quantités, aux charcutiers du pays, des porcelets achetés à tout âge, dès le sevrage et jusqu'à six mois, suivant les conditions locales. Ils sont importés de la Mayenne, de la Sarthe et de la Vienne; de l'Allier, du Loiret et de la Nièvre; de la Bresse même. En général, on préfère les porcs craonnais.

ANIMAUX ET PRODUITS DE BASSE-COUR.

L'exploitation des poules est la source de profits assez considérables, surtout pour les régions du Gâtinais, de la Puisaye et de Saint-Florentin.

On estime de 10 à 12 le nombre moyen des poules ou poulets entretenus à l'hectare dans le département. Ce chiffre est beaucoup moins élevé dans le sud de l'Yonne que dans la zone voisine de Paris : la capitale constitue le débouché principal de l'aviculture de la Basse-Bourgogne. Les marchés de Bléneau, Bray, Chéroy, Champignelles, Châteaurenard, Courtenay, Egleny, Egreville, Saint-Florentin, Saint-Sauveur et Toucy l'alimentent. Les poulets sont amenés sur ces places diverses après un premier groupement effectué par un intermédiaire très actif, dit marchand coquetier ou regrattier, qui parcourt les campagnes et achète à son compte pour expédier directement à Paris ou vendre sur les marchés locaux.

La vente des poulets a lieu de juin à décembre. Les premiers sont livrés à l'âge de 3 ou 4 mois, en pleine période de croissance. Les derniers sont vendus à 6 mois, après avoir atteint leur complet développement et même avoir subi un léger engraissement. Les prix varient, suivant la rareté des produits et par conséquent suivant la saison, de 4 à 8 francs la paire.

Une ferme de moyenne importance vend annuellement de 100 à 200 poulets au prix moyen de 2 fr. 70 environ.

La race exploitée est généralement la volaille blanche du Gâtinais, de grande taille, bonne pondeuse, à chair, peau et plumage blancs, collerette noire et pattes roses. On y adjoint les races de Crèvecœur, de Houdan et, dans la région de Saint-Florentin, celle de Faverolles.

Les régions de production des poulets destinés à l'exportation sont l'arrondissement de Sens (120,000 poulets), le Gâtinais, la Puisaye, la région de Saint-Florentin (vente moyenne annuelle 10,000, au marché de cette ville). La production des autres régions de l'Yonne sert aux besoins de la consommation locale (marchés d'Auxerre, d'Avallon, de Tonnerre, etc.).

Les *œufs* sont l'objet d'un commerce important, centralisé dans les régions et marchés précédemment indiqués. Au seul marché de Saint-Florentin, il est vendu chaque année 55,000 douzaines d'œufs. 4 à 5 millions d'œufs sortent annuellement des marchés de Bléneau, Champignelles, Saint-Sauveur et Toucy.

La Puisaye élève les *oies*. Les oisillons sont vendus à l'âge de 3 à 6 semaines. Les oies grasses sont livrées en décembre et janvier, au nombre d'environ 3,000. Les environs de Sens exploitent également l'oie.

Le Gâtinais forme une région d'élevage pour les *dindons*, livrés aux marchés de Bléneau et de Champignelles pour l'exportation en Angleterre.

L'arrondissement de Sens, notamment les cantons de Sens et de Sergines, quelques communes des environs de Joigny et de la région de Saint-Florentin livrent, pour Paris et Troyes, une importante quantité de *lapins* (marchés de Sens et de Bray; de Saint-Florentin).

En outre, il est expédié pour Paris des *canards* et des *pigeons* de différents points du département, notamment du marché de Sens.

APICULTURE.

L'Yonne est un département d'élevage des abeilles et le commerce des essaims s'y fait sur une grande échelle. La plupart des apiculteurs élèvent pour le Gâtinais (pays d'étouffeurs). Il y est fait chaque année une exportation assez importante, à raison de 13 à 16 francs la ruche dite «marchande».

On évalue à 45,000 le nombre des ruches exploitées, tant pour la production du miel que pour la vente des essaims, à environ 110,000 kilogrammes le miel récolté chaque année et à 33,000 kilogrammes la cire provenant des divers systèmes de ruches. Le miel se vend, dans la contrée même et à Paris, à raison de 100 à 120 francs les 100 kilogrammes en gros, et à 1 fr. 50 le kilogramme en détail. Le prix moyen de la cire est de 330 à 360 francs les 100 kilogrammes en gros.

AVENIR RÉSERVÉ AUX PRODUCTIONS ANIMALES DANS LE DÉPARTEMENT DE L'YONNE.

L'importance des spéculations animales dont nous avons essayé d'esquisser le caractère commercial est destinée à s'accroître dans un intervalle de temps très rapproché.

Les ressources fourragères progressent constamment par suite de l'introduction de meilleures méthodes de culture et de l'augmentation des superficies consacrées aux prairies naturelles et artificielles. D'autre part, la mévente actuelle des vins arrête le mouvement de la reconstitution du vignoble. Il est en outre évident que les bonnes terres à céréales plantées en vignes à la suite de l'invasion phylloxérique, trop fraîches ou trop fertiles pour assurer la préservation des raisins contre les maladies cryptogamiques qui les menacent sans cesse, feront retour à la culture dans un délai très bref.

Aussi, faut-il prévoir l'utilisation nécessaire d'une plus grande quantité de fourrages déterminant surtout l'accroissement des animaux de l'espèce bovine et aussi de l'espèce porcine en raison de l'emploi des résidus laitiers. Enfin, le relèvement actuel du prix de la laine et l'écoulement rémunérateur assuré a la viande de mouton détermineront les éleveurs de l'Yonne à persévérer dans la production des ovins.

Pourtant, il existe quelques obstacles sérieux à l'essor complet des spéculations animales.

Les terres cultivées sont généralement trop dispersées pour favoriser la création des herbages et pâturages en terres convenables : les échanges et remembrements territoriaux s'imposent.

Les animaux reproducteurs que l'on trouve entre les mains des petits ou moyens cultivateurs sont le plus souvent insuffisants pour fournir un bon rendement en lait ou en viande. Aussi la création de syndicats d'élevage rendrait d'inappréciables services à l'agriculture de l'Yonne.

Enfin, les débouchés sont parfois insuffisants. Il faudrait pouvoir organiser la vente coopérative des produits.

TABLE DES PLANCHES.

TABLE DES MATIÈRES.

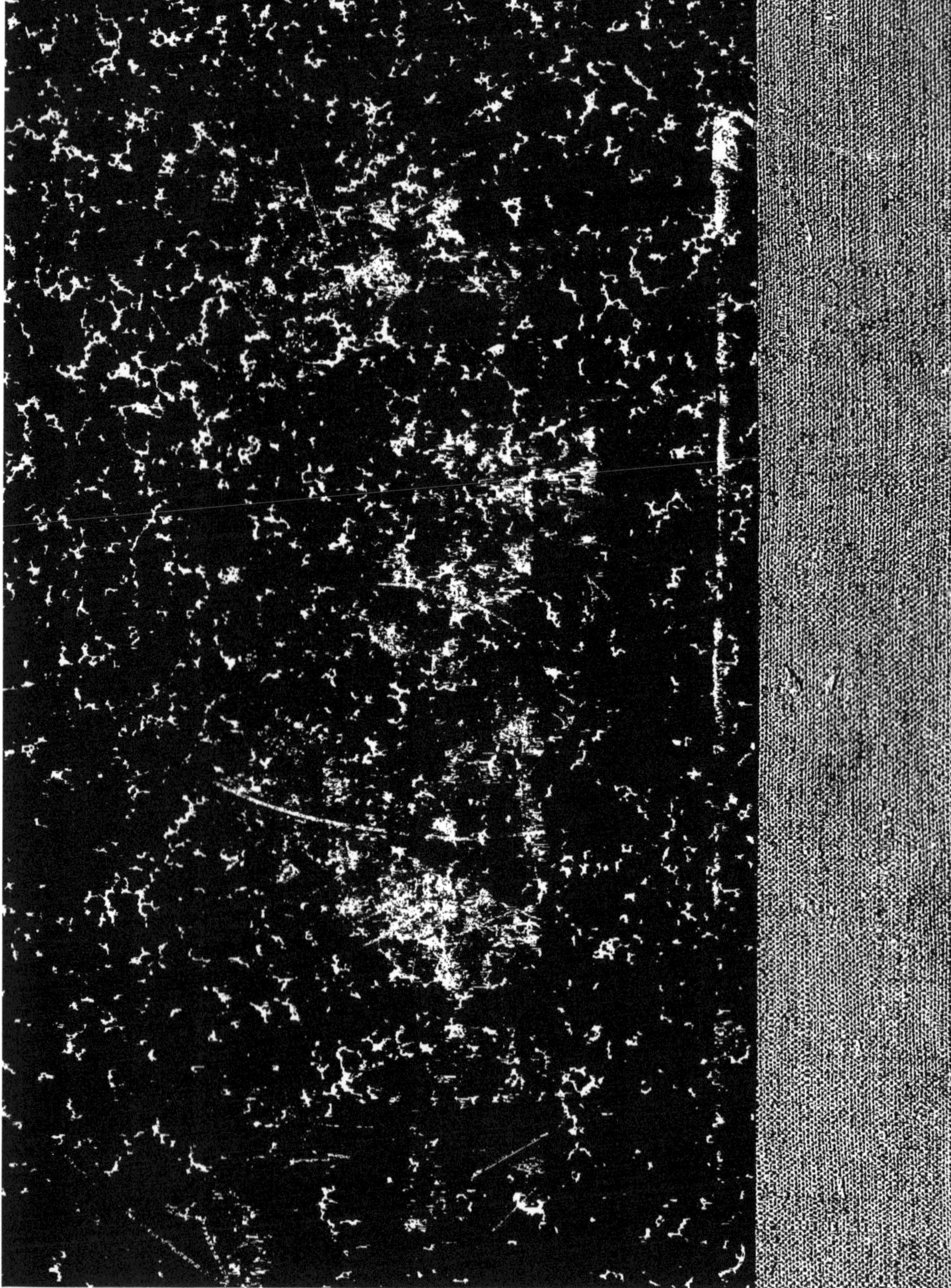